电子信息科学与工程类专业系列教材

模拟电子电路基础

武汉大学电子线路课程组　编著

電子工業出版社
Publishing House of Electronics Industry
北京・BEIJING

内 容 简 介

模拟电子电路（模电）是指用来对模拟信号进行传输、变换、处理、放大、测量和显示等工作的电路，主要包括放大电路、信号运算和处理电路、振荡电路、调制和解调电路及电源等。本书紧扣电子技术基础经典理论，以课程实践模块设计为主线，以工程素养培养为目的，结合教学实际编写，内容全面，例题和习题丰富，主要内容包括电路分析基础、半导体二极管与等效模型、三极管及其等效模型、晶体管放大器及其基本分析方法、集成电路与运算放大器、反馈放大器、集成运算放大器的应用、直流稳压电源、电子电路的仿真分析。本书的教学大纲、教案、实验指导、部分习题答案等上网开放。

本书可作为电子信息类本、专科生的专业基础课教程，也可作为信息工程类相关技术人员的参考书。

图书在版编目（CIP）数据

模拟电子电路基础/武汉大学电子线路课程组编著. —北京：电子工业出版社，2022.9

ISBN 978-7-121-44219-3

Ⅰ. ①模… Ⅱ. ①武… Ⅲ. ①模拟电路－高等学校－教材 Ⅳ. ①TN710.4

中国版本图书馆 CIP 数据核字（2022）第 158155 号

责任编辑：谭海平
印　　刷：三河市鑫金马印装有限公司
装　　订：三河市鑫金马印装有限公司
出版发行：电子工业出版社
　　　　　北京市海淀区万寿路 173 信箱　　邮编：100036
开　　本：787×1092　1/16　印张：22.25　字数：569.6 千字
版　　次：2022 年 9 月第 1 版
印　　次：2023 年 1 月第 2 次印刷
定　　价：69.80 元

凡所购买电子工业出版社图书有缺损问题，请向购买书店调换。若书店售缺，请与本社发行部联系，联系及邮购电话：（010）88254888，88258888。

质量投诉请发邮件至 zlts@phei.com.cn，盗版侵权举报请发邮件至 dbqq@phei.com.cn。

本书咨询联系方式：（010）88254552，tan02@phei.com.cn。

前　　言

进入 21 世纪后，电子信息技术和通信产业得到了飞速发展，以网络与移动通信为代表的信息技术改变了人们的生活方式、生产方式和工作方式。伴随着技术的进步与新市场的不断拓展，社会对专业人才的需求提出了更高、更多层次的要求。要满足社会人才需求，就需要大批具备专业知识的高层次人才，高等学校也势必要在当今的历史背景下行使其历史使命。同时，网络与信息技术的发展从根本上说得益于电子元器件与集成芯片的不断发展。2014 年，国务院发布的《国家集成电路产业发展推进纲要》中明确指出要着力发展集成电路产业。2017 年，教育部开始推进新工科建设，全力探索国际先进的工程教育中国模式、中国经验，助力高等教育强国路线。在当前国家大力推进工科与工业技术的背景下，教学改革势在必行。

“模拟电子技术基础”是电子信息类专业核心基础课，也是微电子专业核心基础课，历来在人才的培养环节有着举足轻重的作用。随着时代的发展和社会需求的不断变化，高等学校在教学过程中需要重新考虑课程的定位与教学需求的变化，努力做出更多的教学创新。2018 年 6 月，教育部召开本科教育工作会议，对新时代课程的建设提出了新的要求。为了进一步提升拔尖人才的培养，课程建设和人才培养模式的改革是推进大学“双一流”建设的重点。目前，我国工程教育已经站在一个新的起点，高等学校在工程科技创新与产业创新方面要发挥主体作用。结合当前高校人才培养的新形势和新要求，武汉大学电子线路课程组从 2015 年开始不断总结、尝试各种先进教学方法，不断进行教学创新。课程组经过多年积累、教学研讨，在教学过程中不断验证和不断完善教材内容的基础上，最终形成了适用于教学主导或教学研究型高等院校，强调物理概念，简化理论推导，理论联系实际的基础课教材。经过整体规划教学资源体系，本书对大类招生、宽口径培养及强调实践能力为特点的读者会有较好的适用性。整体教学学时建议为 68 左右（含实验学时），适合作为电子信息类本、专科生的专业基础课教材，也适合作为信息工程类相关技术人员的参考书。

本书是在清华大学出版社出版的第一版教材《电子线路（I）》（2006 年）的基础上，经过大量变更、补充和重新编订而成的。第一版教材是“新坐标大学本科电子信息类专业系列教材”，主要面向全国教学研究型与教学主导型普通高等学校电子信息类专业的本科教学。本书结合当今高等教育基础课教学改革的背景，涵盖了部分“电路分析”课程的内容，力争将电路分析与模拟电路的基础内容结合起来，在小信号条件下，对非线性器件的线性化进行近似，利用线性电路的分析方法获得相关的结论。新时代背景下集成电路的内容会逐渐占更多的篇幅，本书以分立器件为中心，以集成电路为主线，将基本理论、基本电路及基本方法贯穿始终。最后一章介绍了电路仿真分析的方法，对各章节中的典型电路进行了 Multisim 仿真分析，结合教学内容进行了仿真举例。

全书共 9 章，分别介绍了电路的基本理论、半导体基础知识、放大器的基本构成、运算放大器的基本应用及稳压电源等五部分。大多数读者对电子电路的认识是从了解电路的基本原理及定律开始的，其中的一些读者可能有机会深入探索各种电子设备的内部构造及信号的传输机制。因此，这种先介绍电路基本理论的叙述顺序（由简到难的顺序）是比较适合大多数读者学习模拟电子技术基础的，尽管模拟电子电路事实上只是各种电子设备内部电路的一小部分。

第 1 章介绍电路的一些基础理论与定律。通过对这章内容的学习，读者将接触到大量电路的术语，能够从宏观上了解电子信号在整个电子设备中的运行机理；认知电阻、电容、电感等线性元件上的电压、电流在电路中的具体表现。然而，为了获得信号电路更多的特性，读者还需要阅读接下来的 8 章内容。

第 2 章和第 3 章介绍半导体材料与半导体器件的一些基本知识，通过引入 PN 结探讨模拟电子电路中的三大核心组件（二极管、双极性三极管与场效应管）的构成及其工作机理。分析三大组件的伏安特性、电路模型及应用参数，为放大电路的分析和集成电路的展开进行合理铺垫。

第 4 章介绍由双极性三极管和场效应管组成的基本放大电路。从信号激励、传输与响应电路的基本概念出发，将电压或电流信号分解成直流信号和交流信号之和，分别讨论三极管放大器的直流与交流工作状态。其中，直流工作状态与第 3 章相呼应，而交流工作状态则通过图解法和引入小信号模型来分析基本放大电路的性能参数，为放大电路的分析提供理论引导。

第 5 章针对电子电路集成化的发展方向，简介集成电路的基本知识，重点介绍集成运算放大器的内部构成及其基本电路单元，并以其输出单元的构成为基础，探讨甲类和乙类功率放大电路。集成运算放大器的内部构造涵盖了电路设计中的方方面面，是一个包含输入/输出、多级放大、偏置设置以及温度与频率补偿等涵盖放大器所有知识点的综合性电路，在电子电路的设计与应用中有着广泛的参考价值与现实意义，希望读者通过这一章的学习领略模拟电子电路设计的精髓。

第 6 章介绍放大电路引入反馈的重要性。这一章在介绍反馈的概念、反馈的分类、反馈对放大器的影响等基本概念的基础后，重点讲述放大器引入四种负反馈的分析方法；通过方框图法与深度负反馈的近似分析法，介绍负反馈对放大器的性能改善，分析多级放大器产生自激的原因，并给出提高放大器稳定性的基本方法。

第 7 章介绍集成运算放大器的基本应用。通过集成运算放大器的线性和非线性应用简介，为模拟电子电路的实践环节打开创新之门；各种运算电路的设计与分析、滤波器的典型设计与分析方法、多种比较器设计与分析，是模拟电子电路与现实工程紧密结合的具体体现。

第 8 章介绍直流稳压电源电路，包括直流稳压电源的种类、结构及主要技术参数，还介绍开关型稳压电源的原理、计算方法等内容。

第 9 章介绍电子设计 EDA 的基本概念，以及模拟电路仿真软件 Multisim 的使用方法，对书中的主要内容与重点模型都进行仿真讨论，以帮助读者进一步理解其中的内容。进入 21 世纪后，各技术领域都与计算机有着广泛而又深远的联系，读者学习电路设计离不开 EDA 软件，学好电路仿真对提高电路设计与制作效率具有重要意义。

本书参考了国内外多种模拟电路的著名教材、期刊文献、会议论文等。在内容的安排上，尽量做到保留传统经典内容的同时兼顾技术发展趋势。希望能够通过对模拟电路各个知识点的阐述，让读者对电路概念与电路有一个完整的认知。本书末尾列出了参考文献，以示作者的感谢与敬意。另外，附录 A 提供了全书物理量符号的检索表。

本书由武汉大学电子线路课程组编著。全书由代永红统编，课程组的其他老师参与编写，具体写作分工如下：王敏编写 1.1～1.3 节、2.1～2.2 节、3.1 节、4.1 节和 9.2 节；刘彦飞编写 1.4～1.5 节、3.2 节、5.1 节、7.1 节、9.1 节、9.3 节和附录 A；其余章节由代永红编写；高洵规划了全书的内容，对照和校正了所有章节中的英文术语；王晓艳、黄珺、樊凡检验和修订了统编后的试用文稿与习题。

感谢武汉大学甘良才教授对本书编写提供的指导。本书在编写期间还得到了武汉大学本科生院、武汉大学电子信息学院的大力支持，在此表示诚挚的谢意！由于编者水平有限，书中难免有疏漏之处，恳请广大读者不吝赐教。

部分习题答案

编著者

于武汉大学电子信息学院

目 录

第 1 章　电路分析基础

1.1　电路的基本概念

1.1.1　电路的模型与基本物理量

1. 电路的组成

电路（Circuit）是由若干电子设备（Equipments）和电子元件（Components）按一定方式连接而成的电流（Current）通路。生产实践中的电路由实际的电子元件组成，这些电子元件主要有电阻（Resistor）、电容（Capacitor）、电感（Inductance）、半导体晶体管（Semiconductor Transistor）等。

电路一般由电源（Power Source）、负载（Load）和中间环节三部分组成。

（1）电源

电源是将其他形式的能量转换成电能的装置，如电池（Battery）、发电机（Electric Generator）和信号源（Signal Source）。电池将化学能转换成电能，发电机将机械能转换成电能。随着科学技术的高速发展和能源的开发与利用，水资源、原子能、太阳能、地热能、风能等已成为电能的主要来源。

（2）负载

负载（Load）是用电设备的统称，电路中的负载能将电能转换成其他形式的能量。例如，日光灯（Fluorescent Lamp）、电动机（Electric Motor）、电磁炉（Induction Cooker）、扬声器（Loudspeaker）、显像管等均称为电路中的负载。

（3）中间环节

中间环节是连接电源和负载的部分，起传输、控制和分配电能的作用，如输电线、变压器（Transformer）、配电（Distribution）装置、开关（Switch）、放大器（Amplifier）以及各种保护和测量装置等。在电路中，电源内部的通路称为内电路（Internal Circuit）；由导线（Wire）等中间环节和负载组成的电路称为外电路（External Circuit）。

2. 电路的作用

电路可实现控制（Control）、计算（Compute）、通信（Communicate）、放大（Amplify）、测量（Measure）以及发电（Generate Electricity）和配电等功能，种类繁多、功能各异，其作用主要体现在以下两个方面。

（1）电能的输送和变换

在电力系统中，电路的主要功能是用来传输、分配和变换电能。发电厂的发电机首先将水能、热能、核能、风能、海洋能等转换成电能，然后通过输电线和变电站（Converting Station）的升压（Step Up）和降压（Step Down）变压器传送到用电设备，最后根据需要将电能转换成机械能、热能（Thermal energy）和光能等其他形式的能量。

（2）信号的传递和处理

电视机（Television）首先通过接收装置接收载有语音（Voice）、文字（Characters）、图像（Image）、音乐（Music）等的电磁波（Electromagnetic Wave）后，将其转换成相应的电信号，然后通过多种中间环节对信号进行变换和处理，最后通过显示器和扬声器等将信号转换成原始信息。

电路中的电源和信号源电压（Voltage）或电流称为激励（Excitation），它推动电路工作。激励作用到电路中的各部分所产生的电压或电流称为响应（Response）。已知激励求响应的过程称为分析（Analysis），已知响应求激励的过程称为综合（Synthesis）或设计（Design）。

总之，在电路中，随着电流的流通，既进行从其他形式的能量转换成电能的过程，又进行电能的传输、分配以及将电能转换成所需其他形式能量的过程。

3．电路模型

电路中的元件多种多样，并且在电路中表现出不同的电磁特性。一种电子元件往往兼有两种以上的电磁特性。例如，灯泡除了具有消耗电能的电阻特性，还具有电感特性，能向外辐射光波；又如，蓄电池除了将化学能转换成电能所对应的电动势，又具有一定的电阻特性，即其内阻会消耗一部分电能，将这部分电能转换成热能。

为了分析实际的电路，可对实际元件进行理想化（Idealization）或模型化（Modeling），即在一定的条件下，突出主要的电磁特性而忽略次要的因素，将它近似为理想的电路元件。因此，理想电路元件是具有某种确定电磁特性的假想元件，是一种理想化的模型，具有精确的数学定义。

理想电路元件包括理想无源（Passive）元件和理想有源（Active）元件。前者主要包括理想电阻、理想电感和理想电容；后者主要包括理想独立电源和理想受控电源，这些元件分别由相应的符号和参数表征。

一个实际电路元件可能同时具有几种不同的电磁特性，因此可用几种不同电磁特性的理想元件及其组合来代替这个实际元件。例如，上面提到的蓄电池可视为由理想电源元件和理想电阻元件串联而成。“理想”二字通常可以省略，后面若无特殊申明，则“元件”指的是“理想元件”。

注意，在不同条件下，同一元件可能需要使用不同的电路模型来模拟；例如，当信号源的工作频率（Frequency）较高时，电感线圈绕线之间的电容效应（Capacitive Effects）就不能忽略，这时，电感线圈较精确的电路模型除了包含电感元件，还应包含电容元件。实践表明，在电路分析中，如果模型选取适当，电路分析得到的结果与在对应的实际电路中测得的结果基本一致，不会造成较大的误差。

1.1.2 直流电与交流电

1．直流电

方向（正负极性）不随时间变化的电压/电流称为直流（Direct-current）电压/电流，大小（Magnitude）和方向（Direction）都不随时间变化的电压/电流称为恒定（Constant）直流电压/电流，大小变化而方向不变的电压/电流称为脉动（Pulsating）直流电压/电流。图 1-1-1(a)和(b)分别为恒定直流电压和脉动直流电压的波形示意图。图中的波形表明，脉动电压的大小虽然可变，但方向不随时间出现正负交替变化。

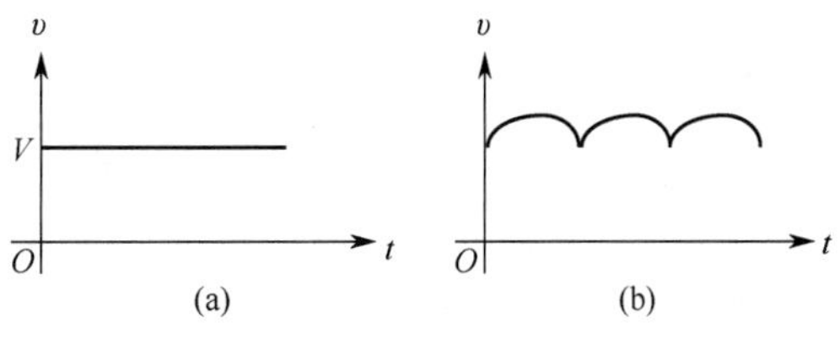

图 1-1-1　直流电压波形示意图

2．交流电

大小和方向都随时间变化的电压/电流称为交流（Alternating Current）电压/电流。如果电压/电流随时间变化的规律满足正弦（Sine）规律，那么这样的电压/电流称为*正弦交流电压/电流*。在实际工程应用中交流电通常特指正弦交流电（Sinusoidal Alternating Current）。实际上，正弦交流电只是交流电的一个特例，例如，电压/电流的大小和方向随着时间变化满足矩形（Rectangular）、三角形（Triangular）规律的也是交流电。图 1-1-2 给出了几种交流电电压的波形，其中图 1-1-2(a)为正弦波交流电、图 1-1-2(b)为矩形波交流电、图 1-1-2(c)为三角波交流电。可见，电压大小随时间变化出现了正负交替，因此称为交流电。

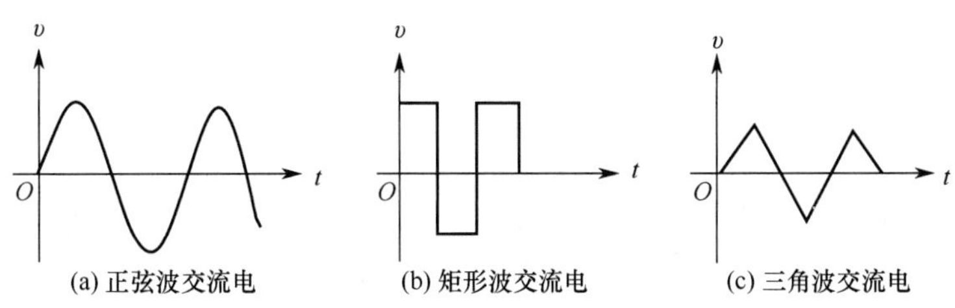

图 1-1-2　几种交流电电压波形示意图

1.1.3　模拟信号与数字信号

1．模拟信号

现代电子技术基础由模拟（Analog）电子技术和数字（Digital）电子技术两部分组成。模拟信号是随时间连续变化的电压或电流信号，波形如图 1-1-3 所示。上述正弦交流电是一种典型的模拟信号。

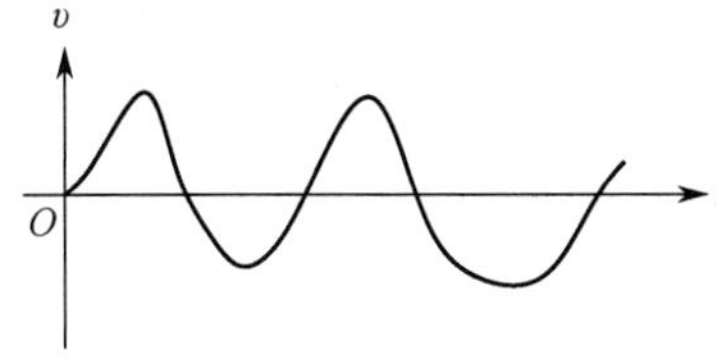

图 1-1-3　模拟信号波形示意图

处理模拟信号的电子线路称为*模拟电路*。无线电接收机的天线接收到的信号一般都是模拟信号。在无线电接收机中，需要对模拟信号进行滤波、放大、解调等一系列处理，完成电能的传输与转换，最后通过扬声器、显示器等转换成数据、图像、声音等原始信息。这些电路都是模拟电路。

2．数字信号

数字信号（Digital Signal）是指随着时间断续变化的电压或电流信号，如方向不变但大小随时间变化的方波。

处理数字信号的电路称为*数字电路*。数字信号一般只有两种状态（state），它们对应于开（on）、关（off）两种状态，具有较强的抗干扰能力，在传输过程中还可通过压缩，占用较少的带宽，实现在相同带宽内传输更多音频、视频的效果。此外，数字信号还可用半导体存储器存储，直接由计算机处理。因为具有上述突出优点，数字信号在现代电子电路中得到了广泛应用。随着数字信号处理技术的发展，数字信号发挥的作用越来越大，几乎所有复杂的信号处理都离不开数字信号，因此是现代电子线路的重要组成部分。

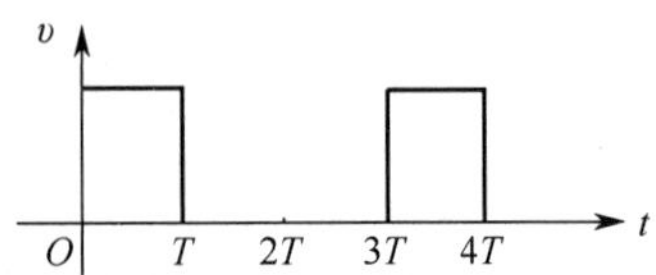

图 1-1-4 数字信号波形示意图

图 1-1-4 给出了典型的数字信号波形示意图，图中的电压只有高电平、低电平两种状态，且高、低电平具有相同的码元周期。

在实际应用中，模拟信号与数字信号往往密不可分：模拟信号经过采样（Sample）、保持（Hold）、量化（Quantization）与编码（Code），可以转换成数字信号；数字信号按二进制的位权值转换成模拟量，并将对应的模拟量逐位相加，就能转换成模拟信号。现代电子线路中信号与信息的处理，实际上是模拟与数字混合的产物。

1.1.4 电路的基本物理量与参考方向

电路实现能量转换时，涉及电压、电流、电动势、电功率等基本物理量，而电路分析的目的就是对这些物理量进行分析与计算。

1. 电流及其参考方向

（1）电流

电荷（Electric Charge）在电场力的作用下定向移动形成电流，正电荷（Positive Charge）移动的方向（或者负电荷移动的反方向）规定为电流的实际方向。电流的大小（强弱）用电流强度（Current Intensity）来度量，它定义为单位时间内通过导体横截面的电荷量。

电流强度通常简称电流，某个时刻的瞬时电流表示为

$$i(t)=\frac{\mathrm{d}q}{\mathrm{d}t} \tag{1-1-1}$$

式中，$\mathrm{d}q$ 是 $\mathrm{d}t$ 时间内通过导体横截面的电荷量。

当电流为常数时，表示电流的大小和方向都不随时间变化，此时称其为恒定电流（Constant Current），简称直流电流，常用大写字母 I 表示。大小和方向随着时间变化的电流称为交流电流，用小写字母 i 表示，例如，正弦交流电流就是一种交流电流。直流电流 I 的表达式为

$$I=\frac{Q}{t} \tag{1-1-2}$$

式中，I 为电流，Q 为电荷量，t 为时间。在国际单位制中，Q 的单位为库仑（C），t 的单位为秒（s），I 的单位为安培（Ampere），简称安（A）。计量微小的电流时，可以毫安（mA）、微安（μA）、纳安（nA）、皮安（pA）为单位，它们之间的关系为

$$1\mathrm{A}=10^{3}\mathrm{mA}=10^{6}\mu\mathrm{A}=10^{9}\mathrm{nA}=10^{12}\mathrm{pA} \tag{1-1-3}$$

（2）电流的参考方向

在分析和计算比较复杂的电路时，事先往往较难判断支路中电流的实际流向，这时可以任意选定某个方向为电流的参考方向（Reference Direction），或者称为电流的正方向（Positive Direction）。

电流的参考方向常用箭头标记，也可用双下标表示。例如，假设电流从 a 点流向 b 点，则其表示为 I_{ab}，如图 1-1-5 所示。

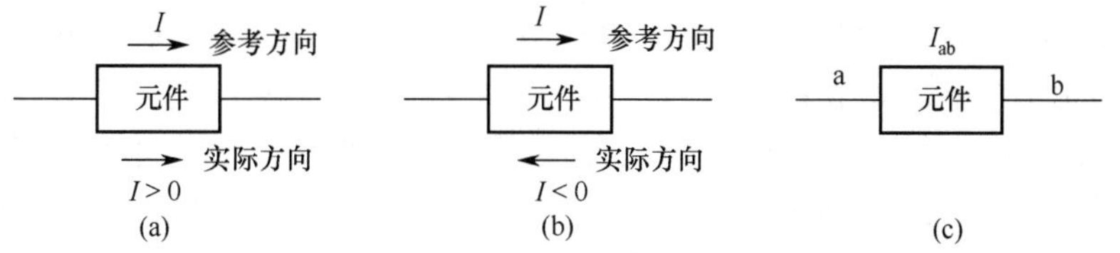

图 1-1-5　电流的参考方向

注意，参考方向不一定与电流的实际方向一致；两者的方向相同时，电流取正值，反之取负值。只有选定参考方向后，电流才能表示为代数量，这时讨论电流的正负才有意义。通常首先选择电流的参考方向，然后根据电流的正负值来确定电流的实际流向。在后面的电路分析中，必须养成标注电流参考方向的习惯，尤其是在用双下标表示电流的方向时，因为这时字母的顺序代表电流的流向：

$$I_{ab} = -I_{ba} \tag{1-1-4}$$

【例 1-1-1】 电路如图 1-1-6 所示，已知通过元件的电流如图 1-1-7 所示，则在从 $t = 0$ 到 $t = 4.5\text{s}$ 期间，流过元件的电荷量为多少？

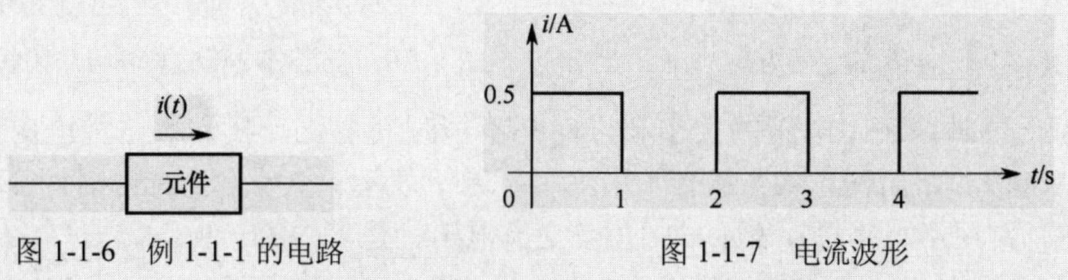

图 1-1-6　例 1-1-1 的电路　　图 1-1-7　电流波形

解：通过元件的电流是脉冲电流，可用分段积分来确定流过该元件的电荷量：

$$q = \int_0^{4.5} i(t)\mathrm{d}t = \int_0^1 0.5\mathrm{d}t + \int_2^3 0.5\mathrm{d}t + \int_4^{4.5} 0.5\mathrm{d}t = 1.25\text{C}$$

2．电压、电动势及其参考方向

（1）电压和电动势

电压表征的是电场力对电荷做功的能力，表示单位正电荷从 A 点移动到 B 点时电场力所做的功。A、B 两点之间的瞬时电压表示为

$$\upsilon_{AB} = \frac{\mathrm{d}W_{AB}}{\mathrm{d}q} \tag{1-1-5}$$

根据电位的概念，规定单位正电荷从电场内的 A 点移动到无穷远处时，电场力对电荷所做的功为 A 点的电位（Electric Potential），记为υ_A，一般认为无穷远处的电场为 0，因此其电位也为 0，可见 A、B 两点之间的电压就是 A、B 两点之间的电位差，记为

$$\upsilon_{AB} = \upsilon_A - \upsilon_B \tag{1-1-6}$$

电动势（Electromotance）E 是用来衡量电源力对电荷做功能力的基本物理量，电源内部在电源力的作用下，总是不断地将其他形式的能量转换成电能，以维持电路的持续工作。

电压、电位、电动势的标称单位都是伏特（Voltage），简称伏（V），数字较小时，可以毫伏（mV）、微伏（μV）等作为单位。

（2）电压和电动势的参考方向

为了确定电压、电动势的方向，我们首先做如下规定：电压的实际方向规定为从高电位

指向低电位的方向，即电位降低的方向；电动势的实际方向规定为电源内部由低电位指向高电位的方向，即电位升高的方向。

电压和电动势的参考方向都可以任意指定，常用箭头标注，如图 1-1-8 所示，也可用符号“+”“−”及双下标表示，如υ_{AB}表示 A 点到 B 点之间的电压参考方向是从 A 指向 B 的。因为电压和电动势的实际方向前面进行了规定，因此要注意电压υ和电动势 E 的参考方向之间的不同内在含义。

在电路中，我们通常需要设定某个元件两端的电压和流过它的电流的参考方向，进行这样的设定时，我们习惯于将电压υ和电流 i 的参考方向设定得一致，这称为**关联参考方向**，如图 1-1-9(a)所示，否则称为**非关联参考方向**，如图 1-1-9(b)所示。注意，在后面的电路分析中，关联参考方向可表示为电阻的电压与电流的内在逻辑关联。

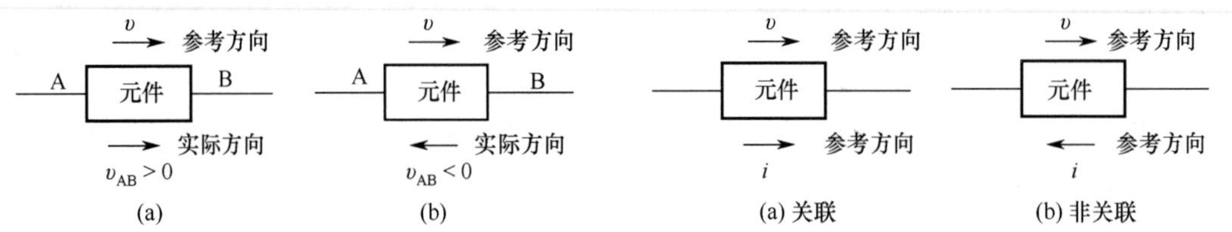

图 1-1-8　电压的参考方向　　图 1-1-9　电压与电流的关联与非关联参考方向

电压为常数时，表示电压的大小和方向都不随时间变化，我们称这种电压为**恒定电压**（Constant Voltage），简称**直流电压**，常用大写字母 V 表示。大小和方向随时间变化的电压称为**交流电压**，常用小写字母υ表示，如正弦交流电压就是其中的一种。

3. 功率与能量

（1）功率

功率（Power）定义为单位时间内能量的变化，即能量对时间的导数，也称**瞬时功率**，用小写字母 p 表示，即

$$p=\frac{\mathrm{d}w}{\mathrm{d}t}=\frac{\upsilon\mathrm{d}q}{\mathrm{d}t}=\upsilon i \tag{1-1-7}$$

电压的单位为伏特，电流的单位为安培，功率的单位为瓦特，简称瓦（W），比瓦更大的单位有千瓦（kW），比瓦更小的单位有毫瓦（mW）、微瓦（μW），它们之间的关系为

$$1\mathrm{W}=10^{-3}\mathrm{kW}=10^{3}\mathrm{mW}=10^{6}\mu\mathrm{W}$$

在直流电路中，已知元件两端的电压和流过的电流时，该元件的功率可由式（1-1-7）求出，这时功率用大写字母 P 表示，它是求瞬时功率的一种特例。当电压与电流采用关联参考方向时，有

$$P=VI \tag{1-1-8}$$

若按照式（1-1-7）计算得到 $p>0$，则说明电场力对电荷做功，表明元件正在吸收或消耗功率，在电路中起负载的作用；若 $p<0$，则说明外力对电荷做功，表明元件正在产生或提供功率，在实际电路中起电源的作用。

反之，当电压与电流采用非关联参考方向时，若仍然规定 $p>0$ 时表示元件正在吸收或消耗功率，$p<0$ 表示元件产生或提供功率，则相应的功率计算公式修改为

$$p=-\upsilon i \tag{1-1-9}$$

规定了功率的正、负取值，我们就可以直观地根据电压和电流的实际方向来确定特定的电路元件是电源还是负载。如果电流的实际方向是从电压的高电位端流出，那么表明是产生功率，该元件是电源；如果电流的实际方向是从电压的高电位端流入，那么表明是消耗功率，该元件是负载。

（2）电能

从功率的阐述中可以看出，功率是能量（Energy）的平均转换率，有时也称*平均功率*（Average Power）。对于发电设备（电源）来说，功率是单位时间内产生的电能（Electric Energy）；对用电设备（负载）来说，功率就是单位时间内消耗的电能。无论是电源还是负载，其电能均可表示为该设备功率对时间的积分。

若用电设备的功率为 p，使用时间为 t，则该设备消耗的电能为

$$w = \int_0^t p\mathrm{d}t = \int_0^t \upsilon i\mathrm{d}t \tag{1-1-10}$$

若功率的单位是瓦（W），时间的单位是秒（s），则电能的单位是焦耳（J）；若功率的单位是千瓦（kW），时间的单位是小时（h），则电能的单位是千瓦时（kW·h），俗称度。1 度电相当于 1 千瓦时的电能。

【例 1-1-2】 直流电路如图 1-1-10 所示，各点对地的电压分别为 $V_a = 5\text{V}$，$V_b = 3\text{V}$，$V_c = -5\text{V}$，说明元件 A、B、C 是电源还是负载。

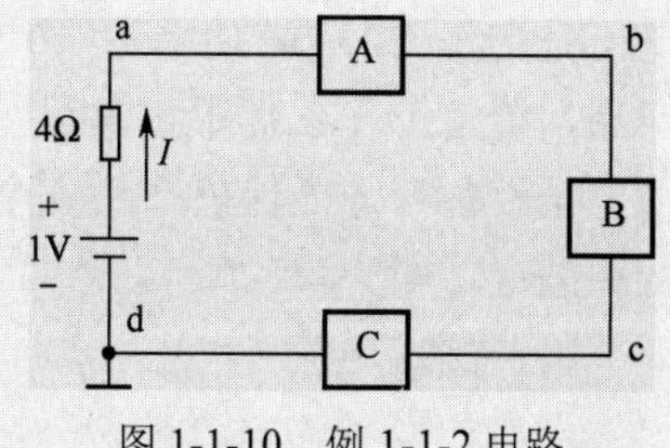

图 1-1-10　例 1-1-2 电路

解： d 点为参考点，a、b、c 各点的电压为常数，电路为直流电路，4Ω 电阻两端的电压为 5V − 1V = 4V，根据题图可知

$$I = -\frac{5-1}{4} = -1\text{A}$$

实际电流方向与参考方向相反。

对元件 A，a 点电位比 b 点电位高，电流的实际方向是从高电位 a 点流出，发出功率，起电源作用。

对元件 B，b 点电位比 c 点电位高，电流的实际方向是从高电位 b 点流出，发出功率，起电源作用。

对元件 C，c 点电位比 d 点电位低，电流的实际方向是从高电位 d 点流入，消耗功率，起负载作用。

（3）功率的平衡

电路在实际工作时，各个电源元件所产生或发出的功率之和，必定等于各个负载元件所消耗或吸收的功率之和，这就是*功率平衡原理*。从能量的角度看，各个电源元件产生或发出的电能之和，必定等于各个负载元件吸收或消耗的电能之和，这就是*能量守恒原理*。电能不可能自生自灭，电源产生或发出的电能必定可以通过其他元件和途径加以吸收或消耗。因此，分析电路时，可以首先根据电路中各个元件的电压和电流的参考方向，计算出元件两端的电压和流过的电流，然后根据实际的数值来判断电路中的哪些元件是电源，哪些元件是负载，最后检验其是否满足功率平衡，以衡量计算值的正确性。

功率平衡检验是判断计算结果正确性的一个重要过程。在后面的电路分析中，我们可能会遇到多个形式相同和不同的电源，这些“电源”元件在电路中是否一定起电源的作用呢？答案是不一定，我们需要借助这些“电源”元件的电压和电流值来进行判定。这些“电源”元件可能全部起电源的作用，也可能一部分起电源的作用，另一部分起负载的作用。然而，绝对不可能全部起负载作用，在学习这门课程时，我们必须明了这个概念。

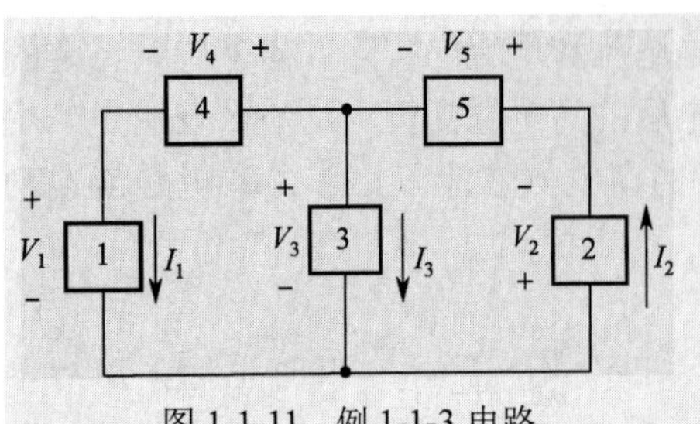

图 1-1-11 例 1-1-3 电路

【例 1-1-3】在图 1-1-11 所示的直流电路中，五个元件分别表示电源或负载，有关各元件的电压和电流参考方向如图所示。通过测量已知 $I_1 = -2\text{A}$，$I_2 = 3\text{A}$，$I_3 = 5\text{A}$；$V_1 = 70\text{V}$，$V_2 = -45\text{V}$，$V_3 = 30\text{V}$，$V_4 = -40\text{V}$，$V_5 = 15\text{V}$，试计算各元件的功率，判断各元件是电源还是负载，并检验功率平衡。

解：对图中的元件 1、2、3、4、5，它们的电压和电流均为关联参考方向，且数值固定不变，为直流电路。其中，元件 1、4 串联，流过元件 4 的电流与流过元件 1 的电流相等；元件 2、5 串联，流过元件 5 的电流与流过元件 2 的电流相等。它们的功率分别表示为

$$P_1 = V_1 I_1 = 70 \times (-2) = -140\text{W}\ ,\quad P_2 = V_2 I_2 = (-45) \times 3 = -135\text{W}\ ,\quad P_3 = V_3 I_3 = 30 \times 5 = 150\text{W}$$

$$P_4 = V_4 I_1 = -40 \times (-2) = 80\text{W}\ ,\quad P_5 = V_5 I_2 = 15 \times 3 = 45\text{W}$$

由计算结果可知：元件 1、2 的功率为负值，表示这两个元件产生功率，为电源；元件 3、4、5 的功率为正值，表示这三个元件消耗功率，为负载；电源发出的功率为 140 + 135 = 275W，负载消耗的功率为 150 + 80 + 45 = 275W。可见，在电路中，电源产生的功率与负载消耗的功率是相等的，满足功率平衡。

4．电路基本物理量的额定值

各种电子设备的电压、电流及功率都有一个额定值（Rated Value）。例如，一只灯泡的电压是交流 220V，功率是 60W，这就是这只灯泡的额定值。额定值是设计和制造厂家为使产品在给定工作条件下正常运行所规定的允许值，是对产品的使用规定。只有按照额定值使用电子设备，才能保证产品安全可靠。额定值常用下标 N 表示，如额定电压 V_N、额定电流 I_N 和额定功率 P_N 等。

（1）额定电流

当电子设备的电流过大时，电流的热效应加剧，导致电子设备的温度过高，加速电子设备的老化与变质，如绝缘层硬化、电线的漆包层脱落等，进而导致设备漏电、短路甚至烧毁。为了使电子设备的温度不超过规定的最高工作温度，对其最大容许电流做了限制，我们常将这个限定的电流值称为该电子设备的*额定电流* I_N。

（2）额定电压

电子设备的绝缘层材料承受的电压过高时，其绝缘性能会受到损害，有可能产生绝缘层击穿现象，导致电子设备损坏；另一方面，电压过高会使得电流过大。为了限定电子设备所承受的电压，对每个电子设备规定了限定工作电压，我们通常将这个限定的电压值称为该电子设备的*额定电压* V_N。

使用电子设备时，首先要确定电子设备的额定电压与电源电压是否相符。当然，如果电子设备使用的电压与电流低于它们的额定值，那么电子设备可能不能正常工作，或者达不到预期的工作效果。

（3）额定功率

综合考虑电子设备的额定电压和额定电流，对电子设备也规定了最大允许功率，称之为*额定功率* P_N。

注意，电子设备工作时的实际值，尤其是电流和功率的实际值不一定等于额定值，而要由电子设备及其负载的性质和大小来确定。一般来说，电子设备在额定电压下使用时，其电流和功率正好达到额定值，这种状态称为*满载状态*；然而，有些电子设备，如发动机、变压器等，虽然也在额定电压下使用，但其电流和功率可能达不到额定值（这种状态称为欠载状

态），也可能超过额定值（这种状态称为过载状态）。这是因为发动机或变压器等的电流和输出功率还取决于其外部负载或所带的电负荷。电子设备虽然在额定电压下工作，但是仍然存在过载的可能性，如果过载时间过长，那么可能会损坏电子设备。在实际工作中，为了防止可能发生的过载情况，除了合理选择电子设备的额定值，电路中时常装有过载保护装置，以便必要时自动断开过载的电子设备。

【例 1-1-4】 两个电阻的额定值分别为 39Ω、3W 和 100Ω、3W，它们允许通过的电流是多少？如果将两个电阻串联起来使用，其两端最高允许的电压可以加到多大？

解： 根据欧姆定律，电阻两端的电压为 $V = RI$，当电阻两端加额定电压时，流过的电流为额定电流，因此有 $V_{N1} = RI_{N1}$，$V_{N2} = RI_{N2}$。根据关系 $P_N = V_N I_N$ 可得

$$P_N = V_N I_N = I_N^2 R$$

因此有

$$I_{N1} = \sqrt{\frac{P_{N1}}{R_1}} = \sqrt{\frac{3}{39}} = 0.277\text{A}，\quad I_{N2} = \sqrt{\frac{P_{N2}}{R_2}} = \sqrt{\frac{3}{100}} = 0.173\text{A}$$

两个电阻串联后，允许通过的最大电流只能以较小的那个额定电流为参考，因此两端允许的电压为

$$V = I_{N2}(R_1 + R_2) = 0.173 \times (39 + 100) = 24.047\text{V}$$

这个例子说明，在选取电阻或电子设备时，不能只考虑负载电阻值的大小，还要注意考虑其允许耗散的功率。特别地，当不同阻值的电子设备串联或并联使用时，要考虑每个电子设备是否都需要满足容许的额定功率需求；注意，某些设备不满足其额定功率时，不一定能正常工作。因此，在电路设计中要谨慎地对待电子元件的串联或并联。

1.2　无源元件

一般来说，电路中除了产生电能的过程，还普遍存在两个基本的能量转换过程：电能的消耗过程，以及磁场和电场能量的存储与转换过程。用来表征电路中这两种能量转换过程的物理特性的元件是电阻、电感和电容，由于这三种元件本身不产生电能，因此称其为电路中的无源元件。

1.2.1　电阻元件

电阻元件是实际电阻器的理想化模型。电阻元件的伏安特性曲线是通过坐标原点的一条直线时，称该电阻元件是线性电阻元件。图 1-2-1 给出了线性电阻元件的电路符号与伏安特性曲线。电阻元件的伏安特性为曲线时，我们称其为非线性电阻元件。线性电阻元件两端的端电压 υ 与通过它的电流 i 成正比，满足欧姆定律（Ohm Law）。

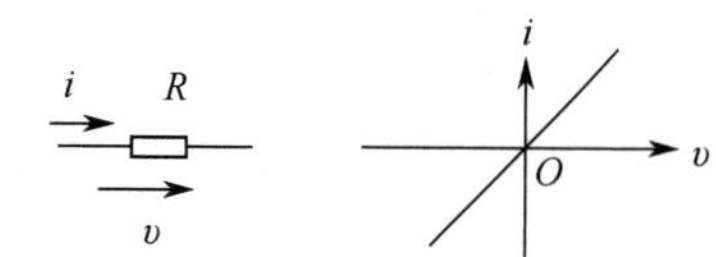

图 1-2-1　电阻的电路符号与伏安特性

选取关联参考方向时，欧姆定律可以写为

$$\upsilon = Ri \tag{1-2-1}$$

式中，电阻的单位为欧姆（Ω），电阻的倒数称为电导 G，它表明的是电阻元件的导电能力，即电阻越小，电导 G 的值越大，导电能力越强。电导的单位为西门子，简称西（S）。

若电压和电流选取非关联参考方向，则欧姆定律可修正为$\upsilon=-Ri$。使用欧姆定律时，必须配合使用关联参考方向。

当电压和电流采用关联参考方向时，任何线性电阻元件吸收的电功率为

$$p_{\mathrm{R}}=\upsilon i=i^2R=\frac{\upsilon^2}{R}=\upsilon^2G \tag{1-2-2}$$

可见，由于电阻 R、电导 G 都为正数，电阻的功率 p_{R} 与 i^2 和 υ^2 成正比，且总是大于等于 0，说明在任何时刻电阻元件都不产生电能，而只吸收电能，并将其转换成其他形式的能量（如热能、光能等）。因此，电阻总是耗能元件。

在直流电路的稳态分析中，可以按照下式来计算线性电阻所消耗的功率，这时的电压、电流和功率均用大写字母来表示：

$$P_{\mathrm{R}}=VI=I^2R=\frac{V^2}{R}=V^2G \tag{1-2-3}$$

【例 1-2-1】 在一定条件下，灯泡可视为一种电阻元件，将额定电压为 220V、额定功率为 100W 和 25W 的两只灯泡串联起来接 220V 电源，哪只灯泡更亮？

解： 将 100W 灯泡的电阻记为 R_1，将 25W 灯泡的电阻记为 R_2，则 R_1 和 R_2 分别为

$$R_1=\frac{V^2}{P_{\mathrm{N1}}}=\frac{220^2}{100}=484\Omega,\quad R_2=\frac{V^2}{P_{\mathrm{N2}}}=\frac{220^2}{25}=1936\Omega$$

两只灯泡串联后，实际的电流为

$$I=\frac{V}{R_1+R_2}=\frac{220}{484+1936}\approx 0.09\mathrm{A}$$

实际消耗的功率为

$$P_{\mathrm{R1}}=I^2R_1=0.09^2\times 484\approx 4\mathrm{W},\quad P_{\mathrm{R2}}=I^2R_2=0.09^2\times 1936\approx 15.7\mathrm{W}$$

25W 灯泡的实际功率比 100W 灯泡的实际功率大，两只灯泡串联后，25W 灯泡更亮。

1.2.2 电感元件

将导线绕成线圈或者在骨架上绕制多圈导线，以增强线圈内部的磁场（Magnetic Field）来满足某种实际工作的需要，这样的线圈（Coil）称为**电感线圈或电感器**（Inductor）。电感元件是实际电感器的理想模型，由于磁场具有能量，因此将电感元件称为**储能元件**，电感存储的能量是磁场能量。

电感元件的自感磁通量（Magnetic Flux）ψ 与元件中的电流 i 之间存在如下关系：

$$\psi=Li \tag{1-2-4}$$

磁通量 ψ 的单位是韦伯（Wb）；L 是电感元件的自感或电感，单位为亨利（H）。

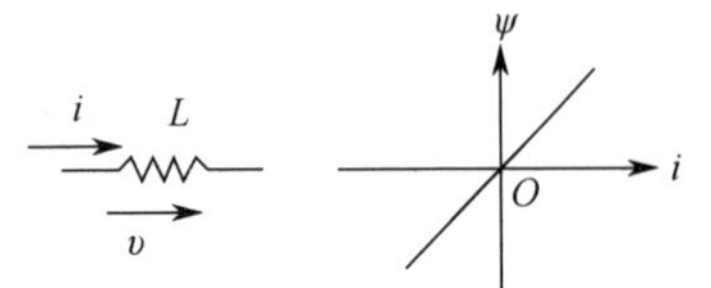

图 1-2-2 线性电感的符号与韦安特性

线性电感元件的韦安特性是通过坐标原点的一条直线，图 1-2-2 所示为线性电感的符号与韦安特性。

当线性电感元件的电流发生变化时，穿过电感元件的磁通量相应地发生变化，根据楞次定律（Lenz's Law），在电感元件两端产生的感应电压为

$$\upsilon=\frac{\mathrm{d}\psi}{\mathrm{d}t} \tag{1-2-5}$$

又因为$\psi=Li$，在电压与电流为关联参考方向的前提下，有

$$\upsilon = \frac{\mathrm{d}\psi}{\mathrm{d}t} = L\frac{\mathrm{d}i}{\mathrm{d}t} \tag{1-2-6}$$

式（1-2-6）反映了电感元件两端的电压与其电流之间的约束关系。它表明某个时刻电感元件两端的电压只取决于该时刻电流的变化率，而与该时刻电流的大小无关。电流变化越快，其两端的电压就越大，从最基本的物理概念出发，电感元件的感应电压具有阻碍电流变化的作用。式（1-2-6）还反映了电感元件的一个十分重要的特性，即电感元件电流的变化具有连续性（Continuance），不能发生跃变（Saltus）。若电流发生跃变，则电感两端的电压必然为无穷大，这显然是不可能的，因为电路中元件两端的电压总要受到基尔霍夫电压定律的制约。

如果写成积分式，那么电流可以表示为

$$i = \frac{1}{L}\int_{-\infty}^{t}\upsilon\mathrm{d}t = \frac{1}{L}\int_{-\infty}^{0}\upsilon\mathrm{d}t + \frac{1}{L}\int_{0}^{t}\upsilon\mathrm{d}t = i(0) + \frac{1}{L}\int_{0}^{t}\upsilon\mathrm{d}t \tag{1-2-7}$$

式中，$i(0)$表示电感元件中电流的初始值，即电感中的原有电流；同时，它说明电感中的电流与其初始值 $i(0)$及从 0 到 t 的所有电压值 υ 有关。可见，电感是一种“记忆”元件。

当电压和电流取关联参考方向时，电感元件吸收的功率为

$$p_{\mathrm{L}} = \upsilon i = Li\frac{\mathrm{d}i}{\mathrm{d}t} \tag{1-2-8}$$

在从 0 到 t 的时间内，电感元件吸收的电能为

$$W_{\mathrm{L}} = \int_{0}^{t}P_{\mathrm{L}}\mathrm{d}t = \int_{0}^{t}Li\frac{\mathrm{d}i}{\mathrm{d}t}\mathrm{d}t = L\int_{0}^{t}i\mathrm{d}i = \frac{1}{2}Li^2(t) - \frac{1}{2}Li^2(0) \tag{1-2-9}$$

如果 $t = 0$ 时电感的电流为零，那么式（1-2-9）可以写成

$$W_{\mathrm{L}} = \frac{1}{2}Li^2(t) \tag{1-2-10}$$

式（1-2-10）说明，电感元件存储的磁场能量与通过电感的电流有关。电流增大时，存储的磁场能量增加，电感从电源吸收电能并将其转换成磁场能量进行存储；电流减小时，存储的磁场能量减少，电感元件释放能量。由此可见，理想的电感元件只有存储和释放磁场能量的性质，本身不消耗能量，因此称电感元件是一种储能元件。另外，电感释放的能量不可能多于其存储的能量，从这一点看，电感是无源元件。

注意，由于导线具有一定的电阻，而电阻总会消耗一定的能量，因此在不可忽略内阻的条件下，常将实际的电感元件等效为理想的电感元件和电阻元件的串联。

电感元件的内阻一般很小，在直流且稳定的工作条件下，流过电感的电流恒定，这时电感两端的电压近似为零，电感元件相当于短路线。

【例 1-2-2】 理想电感元件的电感量为 1H，流过电感的电流 i 的波形如图 1-2-3 所示，求电感元件两端的电压 υ 的波形。

解：在从 0 到 1s 期间，电感元件两端的电压为

$$\upsilon(t) = L\frac{\mathrm{d}i}{\mathrm{d}t} = 1\times\frac{0.1}{1} = 0.1\mathrm{V}$$

1s 后，电感两端的电压为

$$\upsilon(t) = L\frac{\mathrm{d}i}{\mathrm{d}t} = 0\mathrm{V}$$

可知电感上的电压可以突变，但流过它的电流不能突变，电压 υ 的波形如图 1-2-4 所示。

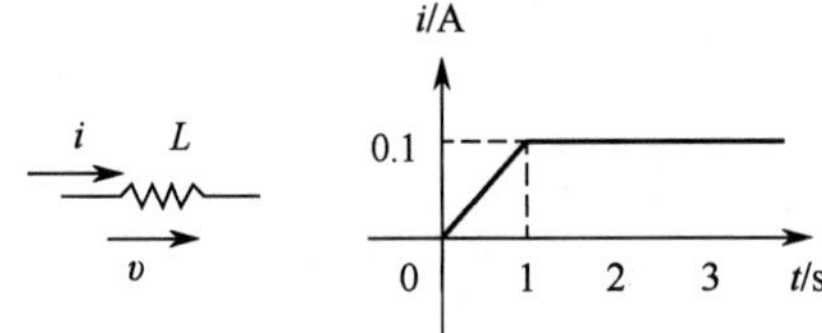

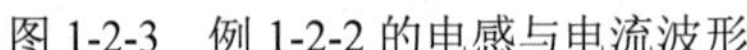

图 1-2-3　例 1-2-2 的电感与电流波形

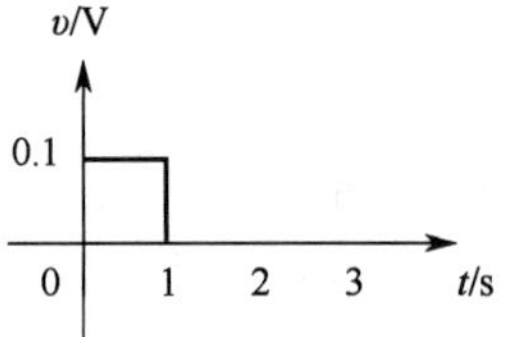

图 1-2-4　例 1-2-2 的题解

1.2.3　电容元件

电容元件是实际电容器的理想化模型。在外电源的作用下，电容的两个极板上分别聚集等量的异性电荷，而当外电源撤去后，极板上的电荷虽然能够依靠电场力的作用相互吸引，但因两个极板被绝缘层隔离而不能中和，这样电荷便可长期地存储起来。电荷聚集的过程就是电场建立的过程，在这一过程中，外力所做的功等于电容器中存储的能量，因此电容是一种储能元件，它存储的能量是电场能。

设电容极板上充有电荷 q，电容两端的端电压为 υ，则二者的比值称为电容的容量，常用字母 C 表示，即

$$C = \frac{q}{\upsilon} \tag{1-2-11}$$

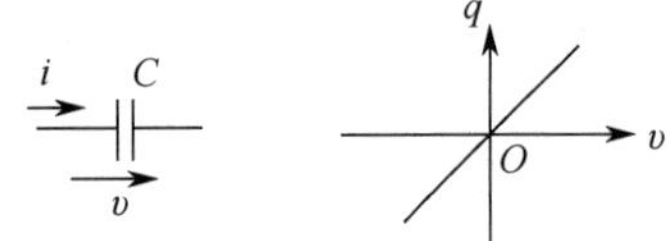

图 1-2-5　电容的符号及其库伏特性

线性电容的库伏特性是过坐标原点的一条直线。图 1-2-5 给出了电容的符号及其库伏特性。

在国际单位中，电容的单位是法拉（Farad），简称法（F）。由于单位法拉在实际应用中显得太大，还常用微法和皮法等较小的单位来表示，它们的关系如下：

$$1\mu\text{F} = 10^{-6}\,\text{F} = 10^{6}\,\text{pF}$$

仅当电容元件极板上的电荷量 q 发生变化时，与电容相连的导线上才有电荷运动形成电流，即

$$i = \frac{\mathrm{d}q}{\mathrm{d}t} \tag{1-2-12}$$

在电压 υ 、电流 i 关联参考方向下，有

$$i = C\frac{\mathrm{d}\upsilon}{\mathrm{d}t} \tag{1-2-13}$$

式（1-2-13）反映了电容元件两端的电压与其流过的电流之间的约束关系。它表明某个时刻流过电容元件的电流只取决于该时刻电压的变化率，而与该时刻电压的大小无关。电压变化越快，电流就越大。

在直流且稳定的工作状态下，由于电容两端的电压恒定，根据式（1-2-13），流过电容的电流为零，说明电容相当于开路，因此电容具有隔断直流的作用。

将式（1-2-13）写成积分形式，有

$$\upsilon = \frac{1}{C}\int_{-\infty}^{t} i\mathrm{d}t = \frac{1}{C}\int_{-\infty}^{0} i\mathrm{d}t + \frac{1}{C}\int_{0}^{t} i\mathrm{d}t = \upsilon(0) + \frac{1}{C}\int_{0}^{t} i\mathrm{d}t \tag{1-2-14}$$

式中，$\upsilon(0)$ 表示电容元件两端电压的初始值，即电容充电之前，电容元件两端的原有电压；同时也说明电容元件两端的电压 υ 与其初始值 $\upsilon(0)$ 以及从 0 到 t 的所有电流 i 有关，可见电容元件也是一种 “记忆” 元件。

在电压 υ、电流 i 为关联参考方向时，电容元件吸收的功率可以表示为

$$p_C = \upsilon i = \upsilon C\frac{d\upsilon}{dt} \tag{1-2-15}$$

在从 0 到 t 的时间内，电容元件吸收的电能为

$$W_C = \int_0^t p_C dt = \int_0^t \upsilon C\frac{d\upsilon}{dt}dt = C\int_0^t \upsilon d\upsilon = \frac{1}{2}C\upsilon^2(t) - \frac{1}{2}C\upsilon^2(0) \tag{1-2-16}$$

如果 $t=0$ 时刻电容元件的原有电压 $\upsilon(0)$ 为 0，那么上式可以表示为

$$W_C = \frac{1}{2}C\upsilon^2(t) \tag{1-2-17}$$

式（1-2-17）说明电容元件存储的电场能量与其端电压有关。当电压增高时，存储的电场能量增大，电容元件从电源吸收能量，相当于被充电；当电容元件的端电压降低时，存储的电能减少，这时电容元件释放能量，相当于放电。可见电容元件只有存储电场能量的性质而不消耗能量，是一种储能元件。同样，电容元件释放的能量也不可能多于其存储的能量，因此也是一种无源元件。

上面的分析还可以说明电容元件的一个十分重要的特性，即电容元件两端电压的变化具有连续性，不会发生跃变。若电压发生跃变，则流过电容元件的电流必然为无穷大，这显然是不可能的，因为电路中流过任何元件的电流总要受到基尔霍夫电流定律的制约。从能量的角度看，电容两端的电压也不可能跃变，若电容两端的电压跃变，则能量的跃变必定要有无穷大的输入功率，这当然也不可能实现。

1.3　有源元件

电路中的有源元件（Active Element）包括两大类，即独立源（Independent Source）和受控源（Dependent Source）。独立源包括电压源和电流源，它们在电路中起激励源（Excitation Source）的作用，电路中由它们引起的各部分电压和电流称为响应（Response），所以说独立源是任何完整电路不可或缺的组成部分。受控源在电路中不起激励作用，其电压或电流要受电路中其他某个支路的电流或电压控制。受控源在电路中也起非常重要的作用，本节主要讨论独立源，受控源将在后面逐步介绍。

1.3.1　电压源

1. 理想电压源

理想电压源（Ideal Voltage Source）是实际电压源的一种理想化模型（Model）。理想电压源两端的电压 $\upsilon_S(t)$ 与通过它的电流无关，其端电压总保持为某给定时间的函数。除了直流的电压源（方向不变、大小可变），同样存在交流的电压源，其电压的大小和方向总随着时间的变化而变化。

理想电压源一般具有以下特性：

① 电压随时间的函数是固定的，不会因为其连接的外电路的不同而改变（负载不能短路），如果电压源没有接外电路，那么这时的电压源处于开路状态，输出的电流为零，电压源两端的电压称为开路电压。

② 电压源的电流随其所连接的外电路的不同而不同，即电压源的电流随负载的变化而变化。

③ 理想电压源的内阻为零，即一个端电压为零的电压源相当于一条短路线。

④ 在功率允许的范围内，多个电压源可以串联使用。

⑤ 电压不同的电压源不允许并联，尤其是在电压源的函数不同时，因为这会引起电压源的短路，进而损坏电压源。

电压源在电路中的符号如图 1-3-1 所示，其中 υ_s 为理想交流电压源的电压。如果 υ_s 是一个恒定值，记为 $\upsilon_s = V_S$，则将这个电压源称为*恒定直流电压源*，其符号如图 1-3-1(b)所示，其中线段长的一端表示直流电压源的高电位端，短的一端表示电压源的低电位端。直流电压源的伏安特性是不通过原点且与电流轴平行的一条直线，如图 1-3-2 所示。

图 1-3-1 理想电压源的符号　　图 1-3-2 理想电压源的伏安特性

2．实际电压源

严格地讲，理想电压源是不存在的，因为实际电压源内部总存在一定的内阻。实际电压源的模型可用一个理想电压源和一个电阻串联来表示。一个电压源的内阻越小，电压源输出的电压变化就越小，性能就越优越。当电压源内阻为零时，就变成理想电压源，电压保持为恒定值。图 1-3-3 所示为实际交流电压源的等效模型以及实际直流电压源的伏安特性，其中的实线表明随着输出电流的增加，其内阻上产生的压降逐渐增加，输出电压逐渐下降。

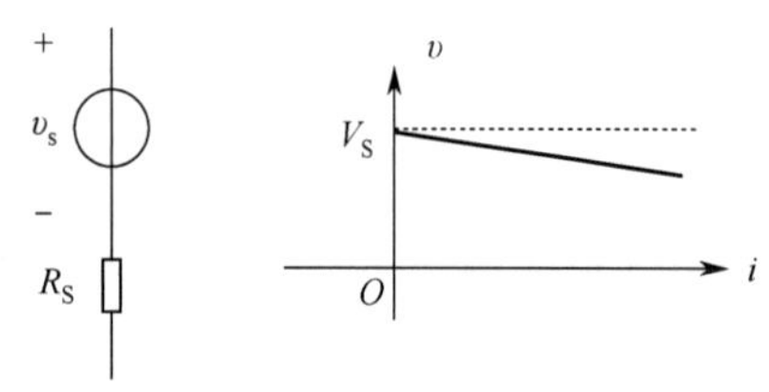

图 1-3-3 实际电压源的模型及其伏安特性

【例 1-3-1】一个 10V 理想电压源在下列情况下的输出功率是多少？（1）将它开路；（2）连接电阻为 10Ω 的负载；（3）将它短路，并说明与实际的电压源短路是否一致。

解：（1）开路时，因为 $V = V_S = 10\text{V}$，$I = 0$，故 $P = VI = 0\text{W}$。

（2）接电阻为 10Ω 的负载时，因为 $V = V_S = 10\text{V}$，有

$$I = \frac{V}{R} = \frac{10}{10} = 1\text{A}，\quad P = VI = 10 \times 1 = 10\text{W}$$

（3）短路时，因为 $V = V_S = 10\text{V}$（理想电压源的特点），输出电流无穷大，输出功率也无穷大。而实际电压源由于含有内阻，发生短路时有 $V = V_S - IR_S = 0$，所以输出功率为 0W。

可见，短路时理想电压源和实际电压源表现出了不一样的性质。理想电压源在短路时输出了无穷大的功率，而实际电压源在短路时产生的功率全部消耗在内阻 R_S 上，其输出功率为零，说明实际应用电压源时要防止短路发生。

1.3.2 电流源

1．理想电流源

理想电流源（Ideal Current Source）简称*电流源*，是实际电流源的一种理想化模型。理想电流源的电流为给定的时间函数，而与其端电压无关。例如，利用太阳能发电的光电池产生的电流大小主要取决于光照强度和电池面积，在光照强度和电池面积一定的条件下，其输出电流基本上保持恒定。

理想电流源一般具有下列特性：

① 输出电流是固定时间或一定时间的函数，它不因其连接的外电路的不同而改变（负载不能开路）。

② 理想电流源两端的电压随其连接的外电路的不同而不同，即电压随负载的变化而变化。

③ 电流源的内阻为无穷大，即一个输出电流为零的电流源相当于开路。

④ 在功率允许的范围内，多个电流源可以并联使用。

⑤ 一般条件下，多个电流源不允许串联，电流源的外电路不允许开路，否则端电压 υ 将趋于无穷大，这也是不允许的。

电流源在电路中的符号见图 1-3-4(a)，其中 i_s 为理想电流源的电流。若 i_s 为一个恒定的值，记为 $i_s = I_S$，则将该电流源称为*恒定直流电流源*，其伏安特性可用图 1-3-4(b)表示。直流电流源的伏安特性是不过原点且与电压轴平行的一条直线，这说明电流源的端电压理论上可以为任意值。

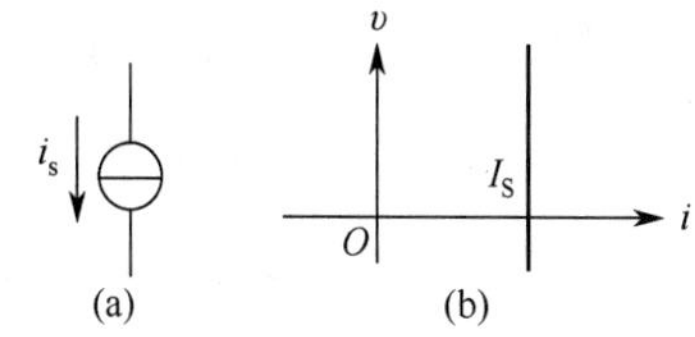

图 1-3-4 电流源的符号及其伏安特性

2．实际电流源

实际电流源在向外电路提供电流的同时，也存在一定的内能消耗，这时可用一个理想电流源和一个内电阻的并联组合来代替，图 1-3-5(a)所示为实际电流源的等效模型，可以看出，内阻 R_S 越大，等效模型就越接近于理想电流源。图 1-3-5(b)所示为含有内阻 R_S 的恒定直流电流源的伏安特性。

【例 1-3-2】 电路如图 1-3-6 所示。（1）求图中的电压 υ；（2）求图中 1V 电压源的功率，并指出它是吸收还是提供功率；（3）求图中 1A 电流源的功率，并指出它是吸收还是提供功率。

解：（1）因为图中 4Ω 的电阻、1A 的电流源和 2V 的电压源相串联，流过它们的电流为 1A，根据 KVL 定律有 $\upsilon = -1\times 4 + 1 = -3\text{V}$。

（2）流过 1V 电压源的电流为 $I = 3-1 = 2\text{A}$，其功率表示为 $P = VI = 1\times 2 = 2\text{W}$，在电压、电流的关联参考方向下，功率为正值，实际吸收功率。

（3）1A 电流源两端的电压为 $V = -3-2 = -5\text{V}$，其功率表示为 $P = VI = -5\times 1 = -5\text{W}$，在电压、电流的关联参考方向下，功率为负值，实际提供功率。

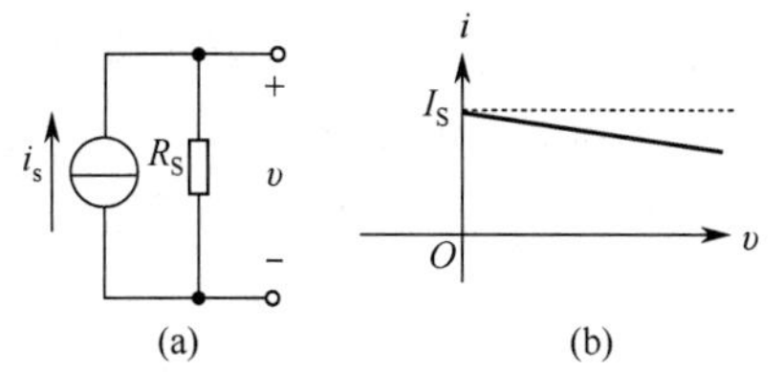

图 1-3-5 实际电流源的等效模型及其伏安特性

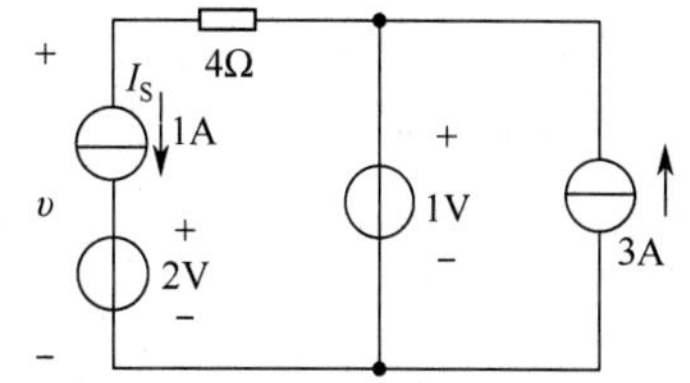

图 1-3-6 例 1-3-2 所示电路

1.4 基本定律和定理

1.4.1 基尔霍夫定律

基尔霍夫定律是分析与计算电路的最基本的定律。一般来说，电路所遵循的基本定律主要体现在两个方面：一是元件本身的特性，如电阻、电感、电容等元件各自的电压和电流之间的关系；二是电路的整体规律，它表明了电路整体服从的约束（Restrain）关系，这个关系与元件的具体性质无关，而只与各元件之间的连接关系有关。基尔霍夫定律就是用来描述电路整体必须遵循的基本定律。

电路中各个元件之间的连接关系主要涉及支路（Branch）、节点（Node）、回路（Loop）等基本概念。为了介绍基尔霍夫定律，下面先讨论电路相关的基本概念。电路中的每个分支称为*支路*；每个支路流过一个电流，称为*支路电流*；电路中三个或以上支路的交汇点称为*节点*；回路是由一条或多条支路组成的闭合电路。

基尔霍夫定律包含基尔霍夫电流定律（KCL）和基尔霍夫电压定律（KVL）。KCL 应用于电路中的节点，KVL 应用于电路中的回路。

1．基尔霍夫电流定律（KCL）

基尔霍夫电流定律（Kirchhoff's Current Law，KCL）表述为：对于电路中的任何一个节点，在任一时刻，流入该节点的电流之和等于流出该节点的电流之和，或者说电路中任何一个节点的电流的代数和恒等于零，即

$$\sum i=0 \quad 或 \quad \sum_{\text{in}} i=\sum_{\text{out}} i \tag{1-4-1}$$

它反映了节点处各电流之间的约束关系，是电流连续性和电荷守恒定律的集中体现。它的使用取决于电路的拓扑结构（Topological Structure），而与电路元件的性质无关。KCL 可以推广到闭合面（广义节点），即流入某闭合面的电流必定等于流出该闭合面的电流。

2．基尔霍夫电压定律（KVL）

基尔霍夫电压定律（Kirchhoff's Voltage Law，KVL）表述为：对于电路中的任何一个闭合回路，在任一时刻，沿该闭合回路的电压降之和等于电压升之和，或者说沿某闭合回路的所有元件上的电压的代数和恒等于零，即

$$\sum \upsilon=0 \quad 或 \quad \sum_{\text{up}} \upsilon=\sum_{\text{down}} \upsilon \tag{1-4-2}$$

KVL 的物理本质是能量守恒原理，电荷沿闭合回路绕行一周后，所获得的能量与所消耗的能量必然相等。它同样与电路元件自身的性质无关，且可用于假想的回路和广义回路。

基尔霍夫定律反映了电路的最基本的规律。因此，无论是交流电路还是直流电路，无论是线性电路（Linear Circuit）还是非线性电路（Nonlinear Circuit），无论是平面电路（Planar Circuit）还是非平面电路（Non-planar Circuit），基尔霍夫电压或电流定律都是普遍适用的。

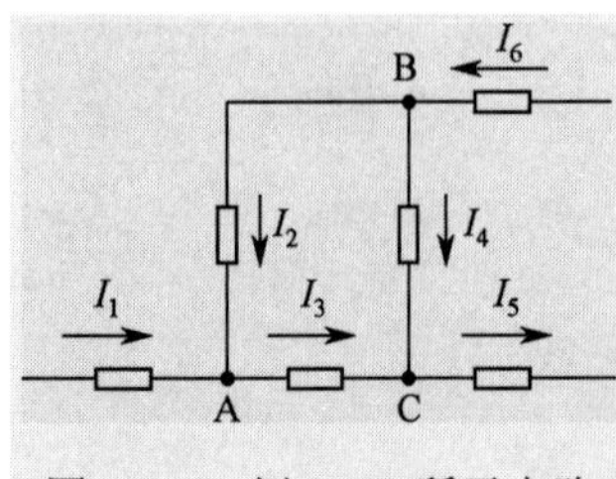

图 1-4-1 例 1-4-1 所示电路

【例 1-4-1】在图 1-4-1 中，已知 $I_1=2\text{A}$，$I_2=-3\text{A}$，$I_5=4\text{A}$。试求 I_3、I_4 和 I_6。

解：根据图中节点 A 的 KCL 方程得 $I_3=I_1+I_2=2+(-3)=-1\text{A}$；根据图中节点 C 的 KCL 方程得 $I_4=I_5-I_3=4-(-1)=5\text{A}$；根据图中节点 B 的 KCL 方程得 $I_6=I_2+I_4=(-3)+5=2\text{A}$。如果将 A、B、C 组成的闭合面作为广义节点，也可表示为

$$I_6=I_5-I_1=4-2=2\text{A}$$

【例 1-4-2】在图 1-4-2 所示的直流电路中，已知 $R_1 = R_2 = 2\Omega$，$R_3 = 6\Omega$，$E_1 = 2V$，$E_2 = 4V$，$V_B = 10V$。试求开关 S 断开和闭合时 A 点的电位 V_A。

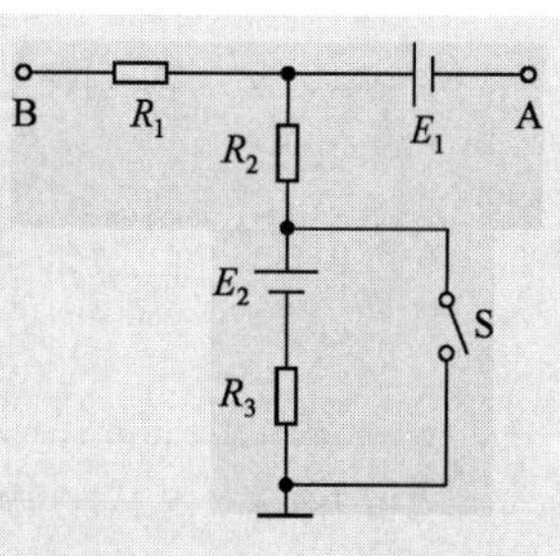

图 1-4-2　例 1-4-2 所示电路

解： 当 S 断开时，节点 B、R_1、R_2、E_2、R_3 和参考点（地）组成一个闭合回路，设流过 R_1、R_2 和 R_3 的电流为 I_1，根据 KVL 有

$$R_1I_1 + R_2I_1 + E_2 + R_3I_1 = V_B\text{，}\quad I_1 = \frac{V_B - E_2}{R_1 + R_2 + R_3} = \frac{10-4}{2+2+6} = 0.6A$$

节点 A、E_1、R_2、E_2、R_3 和参考点（地）组成一个闭合回路，由 KVL 有

$$V_A = -E_1 + R_2I_1 + E_2 + R_3I_1 = 6.8V$$

当 S 闭合时，节点 B、R_1、R_2 与参考点（地）组成闭合回路，流过 R_1、R_2 的电流为 I_2，由 KVL 有 $R_1I_2 + R_2I_2 = V_B$，$I_2 = \frac{V_B}{R_1 + R_2} = \frac{10}{2+2} = 2.5A$。

节点 A、E_1、R_2 和参考点（地）组成一个闭合回路，由 KVL 有

$$V_A = -E_1 + R_2I_2 = (-2) + 2\times 2.5 = 3V$$

1.4.2　叠加定理

叠加定理是分析线性电路的重要定理，它反映了线性电路普遍具有的基本性质。应用叠加定理分析电路，可将一个复杂的电路简化成几个简单的电路来处理。

叠加定理表述为：在含有多个独立源的线性网络中，任何一个支路的响应电流（或电压）等于电路中各个独立源单独作用时，在该支路中产生的电流（或电压）的代数和。

应用叠加定理时应注意如下几点：

① 从数学概念上说，只有线性方程满足可加性，叠加定理不适用于非线性电路。

② 叠加定理仅适用于线性电路中电压、电流的叠加，且在叠加时应注意各电压、电流的参考方向。

③ 在电路中，功率不能叠加，功率与电压或电流的平方有关，不具有线性关系。

④ 在使用叠加定理的过程中，不能改变电路的结构。也就是说，对暂时不起作用的电源，其内阻应保留在电路中，因为这些内阻对作用于它的电源来说仍是负载。

⑤ 当某电源不起作用时，应将其置零。独立的理想电压源暂时不起作用时，应将其短接；独立的理想电流源暂时不起作用时，应将其开路。实际的电压源或电流源不起作用时，应当用其内阻进行等效。这对使用叠加定理至关重要。

【例 1-4-3】采用叠加定理，求图 1-4-3 所示电路中电阻 R_3 上的电压 V_3 及其消耗的功率。已知 $R_1 = 3\Omega$，$R_2 = 4\Omega$，$R_3 = 2\Omega$，$V_S = 9V$，$I_S = 6A$。

解： 当电压源 V_S 单独作用时，等效电路如图 1-4-4(a)所示，有

$$V_3' = \frac{V_SR_3}{R_1 + R_2 + R_3} = \frac{9\times 2}{3+4+2} = 2V$$

当电流源 I_S 单独作用时，等效电路如图 1-4-4(b)所示，有

$$V_3'' = -\frac{I_SR_1}{R_1 + R_2 + R_3}\cdot R_3 = -\frac{6\times 3}{3+4+2}\times 2 = -4V$$

由叠加定理，电阻 R_3 两端的电压为 $V_3 = V_3' + V_3'' = 2 + (-4) = -2V$，$R_3$ 消耗的功率为

$$P_3 = \frac{V_3^2}{R_3} = \frac{4}{2} = 2W$$

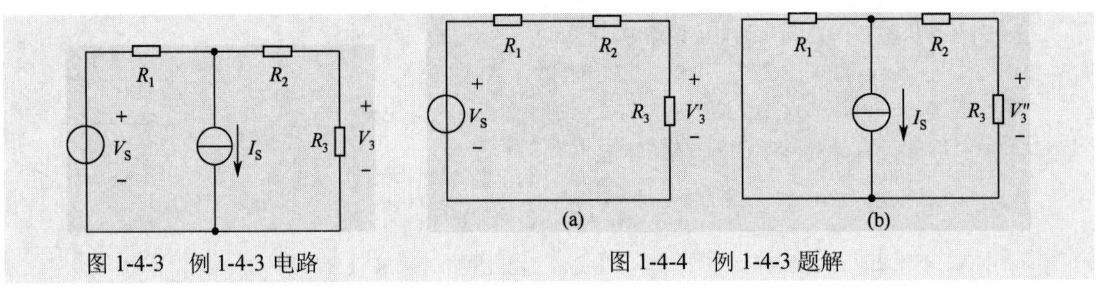

图 1-4-3　例 1-4-3 电路　　图 1-4-4　例 1-4-3 题解

1.4.3　戴维南定理与诺顿定理

计算复杂电路中某个支路的电流时，有时可以采用等效电源的方法。所谓等效电源，是指将待计算的支路断开，而将其余部分视为一个有源二端网络。所谓有源二端网络，是指含有独立源的带有两个端钮的线性电路，有源二端网络可以是简单或复杂的电路。但是，无论其复杂度如何，对待计算的支路而言，它都仅相当于一个电源，因为它给这个支路提供电能。因此，这个有源二端网络一定可以等效为一个电源，经过这种等效变换后，对应支路中的电流 I 和两端的电压 V 不变。

实际的电源可以采用两种模型来表示：一是用理想电压源和电阻的串联来等效；二是用理想电流源和电阻的并联来等效。由此，引出了如下两个定理。

1. 戴维南定理

任何一个有源二端线性网络都可等效为一个理想电压源和一个电阻的串联。等效电压源的电压 V_S 就是有源二端网络的开路电压 V_{OC}，等效电压源的内阻 R_S 等于有源二端网络的所有独立源都为零时，得到的无源网络在两个端钮之间看去的等效电阻（Equivalent Resistance），这就是戴维南定理（Thevenin's Theorem）。

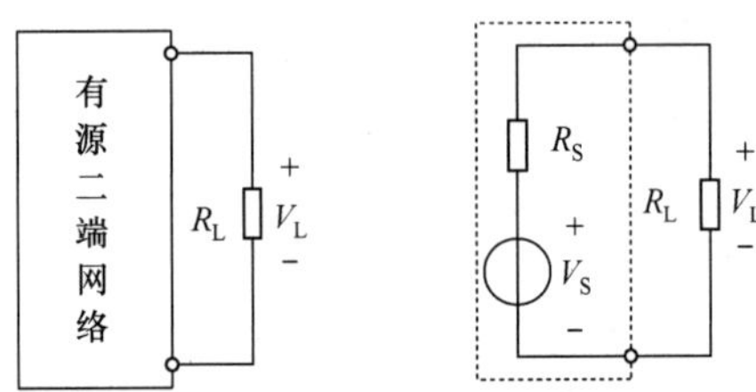

图 1-4-5　有源二端网络与戴维南等效电路

图 1-4-5 给出了有源二端网络及其戴维南等效电路。图中虚线框中的电路为戴维南等效电源。这样，支路（或负载）中的电压和电流就可以表示为

$$V_L = \frac{R_L}{R_S + R_L} \cdot V_S \tag{1-4-3}$$

$$I_L = \frac{V_S}{R_S + R_L} \tag{1-4-4}$$

【例 1-4-4】 采用戴维南定理，计算图 1-4-6 中电阻 R_3 两端的电压 V_3 和流过的电流（电压、电流取关联参考方向），并用叠加定理加以验证，已知 $R_1 = 3\Omega$，$R_2 = 4\Omega$，$R_3 = 5\Omega$，$V_{S1} = 9V$，$I_{S1} = 1A$。

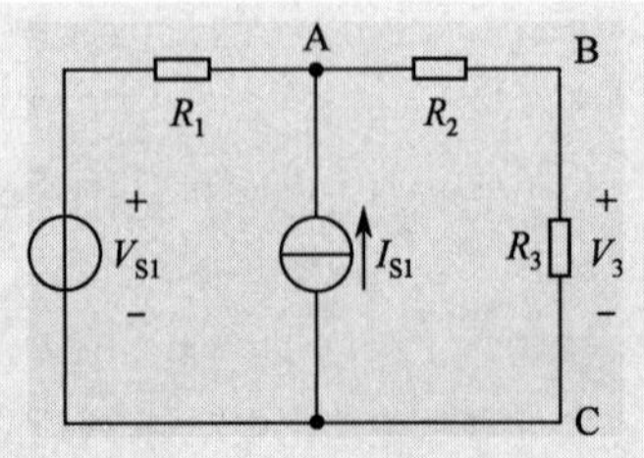

图 1-4-6　例 1-4-4 电路

解： 当 R_3 开路时，电路中只有一个闭合回路，电阻 R_2 中没有电流，所以开路电压为

$$V_S = V_{oc} = R_1 I_{S1} + V_{S1} = 3 \times 1 + 9 = 12\,\text{V}$$

当独立源为零时，从 BC 支路看去的等效电阻为

$$R_S = R_1 + R_2 = 3 + 4 = 7\Omega$$

根据戴维南定理，流过 R_3 的电流为

$$I_3 = \frac{V_S}{R_S + R_3} = \frac{12}{7+5} = 1\text{A}$$

电阻 R_3 两端的电压为

$$V_3 = \frac{V_S R_3}{R_S + R_3} = \frac{12\times 5}{7+5} = 5\text{V}$$

应用叠加定理，V_{S1} 单独作用时和 I_{S1} 单独作用时的电压分别为

$$V_3' = \frac{V_{S1} R_3}{R_1 + R_2 + R_3} = \frac{9\times 5}{3+4+5} = \frac{15}{4}\text{V}\ ,\ V_3'' = \frac{I_{S1} R_1}{R_1 + R_2 + R_3}\cdot R_3 = \frac{1\times 3}{3+4+5}\times 5 = \frac{5}{4}\text{V}$$

根据叠加定理，V_{S1} 和 I_{S1} 共同作用时 R_3 两端的电压为

$$V_3 = V_3' + V_3'' = \frac{15}{4} + \frac{5}{4} = 5\text{V}$$

可见，使用戴维南定理和叠加定理得到的电阻 R_3 上的电压均为 5V。这说明在电路响应的分析和计算中，使用戴维南定理和叠加定理可以得到相同的结论，戴维南定理将有源二端网络简化为等效电压源，为电路响应的求解提供了一种新思路。

2．诺顿定理

任何一个有源二端线性网络都可等效为一个理想电流源和一个电阻的并联。这个等效电流源的电流 I_S 就是有源二端网络的短路电流 I_{SC}，等效电源的内阻 R_S 等于有源二端网络的所有独立源都为零时，得到的无源网络在两个端钮之间的等效电阻，这就是诺顿定理。

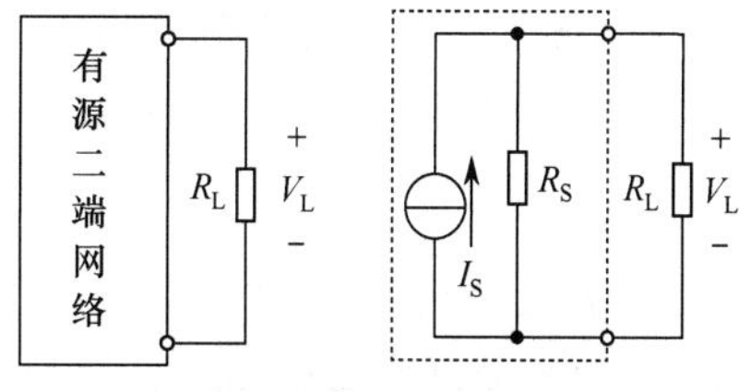

图 1-4-7　有源二端网络及其诺顿等效电路

图 1-4-7 给出了有源二端网络及其诺顿定理等效电路。这样，在支路（或负载）中的电压和电流可以分别表示为

$$V_L = \frac{I_S R_S R_L}{R_S + R_L}\ ,\ I_L = \frac{R_S}{R_S + R_L}\cdot I_S \tag{1-4-5}$$

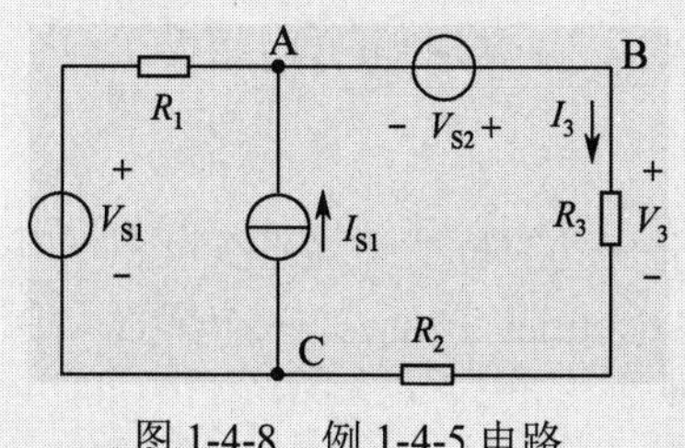

图 1-4-8　例 1-4-5 电路

【例 1-4-5】 用诺顿定理计算图 1-4-8 中电阻 R_3 两端的电压。已知 $R_1 = 3\Omega$，$R_2 = 2\Omega$，$R_3 = 5\Omega$，$V_{S1} = 9\text{V}$，$V_{S2} = 3\text{V}$，$I_{S1} = 1\text{A}$。

解： 要求 R_3 两端的电压，可将图中的 B、C 两点作为一个支路。如果 B、C 之间开路，那么可得诺顿定理的等效电阻：

$$R_S = R_1 = 3\Omega$$

如果 B、C 之间短路，那么利用叠加定理可得诺顿定理的等效电流源：

$$I_S = \frac{V_{S1}}{R_1} + I_{S1} + \frac{V_{S2}}{R_1} = \frac{9}{3} + 1 + \frac{3}{3} = 5\text{A}$$

$$I_3 = \frac{R_S}{R_S + R_L}\cdot I_S = \frac{3}{3+2+5}\times 5 = 1.5\text{A}\ ,\ V_3 = I_3 R_3 = 1.5\times 5 = 7.5\text{V}$$

1.5　正弦交流电路

在直流电路中，电压和电流的大小与方向都不随时间的变化而变化，但是在交流电路中，电压和电流的大小与方向都随时间的变化而变化，且变化规律多种多样，而应用最普遍

的是按正弦规律变化的正弦交流电。

正弦交流电本身存在一些优良的特性，因为在所有做周期变化的函数中，正弦函数是简谐函数（Simple Harmonic Function）。同一频率的正弦量通过加（Plus）、减（Subtract）、积分（Integrate）、微分（Differential）等运算后，结果仍为同一频率的正弦量，这就使得电路的计算变得十分简单。

正弦交流电通常分为单相（Single-Phase）和三相（Three-Phase）两种。单相交流电的一些基本原理、基本规律和基本分析方法同样适用于三相电路。另外，直流电路中的一些基本的原理及分析方法等在交流电路中同样适用。在交流电路中，由于电压、电流等均为随时间变化的物理量，所以交流电路的分析方法与直流电路相比，概念上仍有一些差别，分析时应加以注意。

电路中含有一个或多个频率相同且按正弦规律变化的交流电源时，常称这种电路为**正弦交流电路**（Sinusoidal Alternating Circuit）。

1.5.1 正弦交流电的基本概念

1. 正弦交流电的方向

图 1-5-1 所示为某一正弦电压（或电流）的波形图，由于正弦交流电压或电流的大小和方向都随时间按正弦规律变化，其实际方向经常变动，如果不规定电压和电流的参考方向，就很难用一个表达式来确切表示出任意时刻电压、电流的大小及其实际方向。因此，正弦交流电存在一个选定参考方向的问题。参考方向的规定与前面的一致，电流的参考方向用箭头表示，电压的参考方向还可用极性“+”“−”表示。

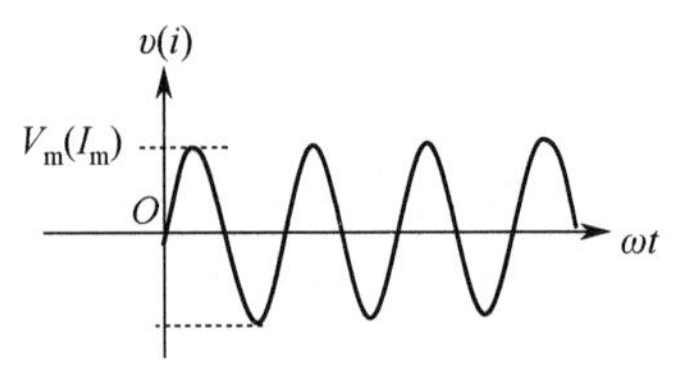

图 1-5-1 正弦电压（或电流）的波形图

当正弦电压或电流的瞬时值 υ 或 i 大于零时，正弦波形处于正半周，否则就处于负半周。电压 υ 或电流 i 的参考方向代表正半周时的方向，在正半周，电压 υ 或电流 i 的值为正，参考方向与实际方向相同；在负半周，电压 υ 或电流 i 的值为负，实际方向与参考方向相反。

2. 正弦交流电的基本参数

按正弦规律变化的电压、电流、电动势均称为**正弦量**。正弦量的特征体现在变化的大小或幅值（Amplitude）、快慢或频率（Frequency）以及初相位（Initial Phase）三个方面。因此，幅值、频率、初相位是确定正弦交流电最基本的三个要素。

（1）正弦交流电的瞬时值、幅值和有效值

正弦电压或电流在每个瞬时的数值称为**瞬时值**，用小写字母 υ 或 i 表示。瞬时值中的最大值称为**幅值**，用带有下标 M 的 V_M 或 I_M 表示。在交流电的分析与计算中，讨论瞬时电压或电流没有实际意义，常引入一个表示正弦电压和电流的特定值，即有效值（Effective Value）。

正弦交流电的有效值是由电流的热效应（Heat Effect）规定的，当交流电流在电阻上产生的热效应与某一直流电流在该电阻上产生的热效应相同时，称这个直流电流为这个交流电流的**有效值**。正弦交流电的有效值与幅值的关系为

$$V=\frac{V_M}{\sqrt{2}},\quad I=\frac{I_M}{\sqrt{2}} \tag{1-5-1}$$

通常所说的正弦电压或电流的大小指的都是它们的有效值。各种交流电压表和交流电流表的读数指的也是有效值，例如，通常所说的市电 220V 指的是有效值 220V。有效值用大写字母表示，与直流的表示相同，使用时要注意区别。

（2）正弦交流电的频率与周期

正弦交流电完成一个循环变化所需的时间称为周期（Period），其单位为秒（s）；1 秒内的周期数称为频率，其国际单位为赫兹（Hz），简称赫。可见，频率和周期互为倒数（Reciprocal），即

$$f = 1/T \tag{1-5-2}$$

正弦交流电变化的快慢还可用角频率（Angular Frequency）或角速度（Angular Velocity）来衡量，它用字母 ω 表示：

$$\omega = 2\pi/T = 2\pi f \tag{1-5-3}$$

上式说明，角频率或角速度 ω 表示单位时间内正弦量经历的电角度，其单位是弧度/秒，用字母 rad/s 表示。

我国和其他大多数国家都规定电力系统供电的标准频率为 50Hz，我们习惯上称其为工频，而称标准的 220V 交流电为市电。普通家用电器使用工频交流电。针对电力系统的供电电压并无国际标准，各个国家的标准电压也不相同，交流供电电压最低的是日本，它采用 110V、50/60Hz 交流电。目前，我国常用的电压等级为 220V、380V、6kV、10kV、35kV、110kV、220kV、330kV、500kV、1000kV 等，电力系统一般由发电厂、输电线路、变电站、配电线路和用电设备构成。

（3）正弦交流电的初相与相位差

要完整地确定一个正弦量，除了知道幅度和频率，还要知道正弦交流电的初相。正弦交流电压可用下式表示：

$$\upsilon = V_{\mathrm{M}} \sin(\omega t + \varphi_0) \tag{1-5-4}$$

式中，$\varphi(t) = \omega t + \varphi_0$ 称为正弦电压的相位角，$t = 0$（计时起点）时的相位角 φ_0 称为初相角，简称初相。图 1-5-2 给出了不同初相的正弦电压的波形。

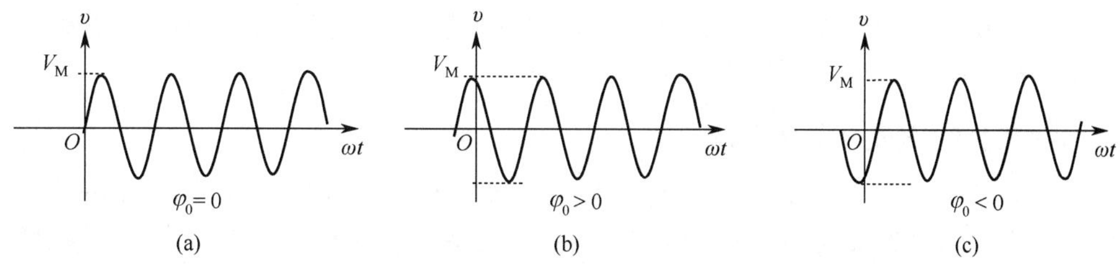

图 1-5-2　不同初相的正弦电压的波形

初相角的单位可用弧度或度表示，初相角的大小与起始时间的选择有关。在正弦交流电的分析中，有时要比较同频率的正弦量之间的相位差（Phase Difference）。例如，在电路中，若某个元件两端的电压和流过的电流的频率相同，设

$$\upsilon = V_{\mathrm{M}} \sin(\omega t + \varphi_{\upsilon 0}) \;,\quad i = I_{\mathrm{M}} \sin(\omega t + \varphi_{i0})$$

它们的初相分别为 $\varphi_{\upsilon 0}$ 和 φ_{i0}，则它们的相位差可表示为

$$\varphi = (\omega t + \varphi_{\upsilon 0}) - (\omega t + \varphi_{i0}) = \varphi_{\upsilon 0} - \varphi_{i0} \tag{1-5-5}$$

两个相同频率的正弦信号之间的相位差就是其初相之差，它不随时间变化而变化。当

$\varphi=\varphi_{v0}-\varphi_{i0}>0$ 时，说明电压总比电流先经过零点或最大值，即电压比电流超前 φ 角，或电流比电压滞后 φ 角，如图 1-5-3(a)所示；当 $\varphi=0$ 时，说明电压与电流同相，如图 1-5-3(b)所示；当 $\varphi=\pi$ 时，说明电压与电流反相，如图 1-5-3(c)所示。

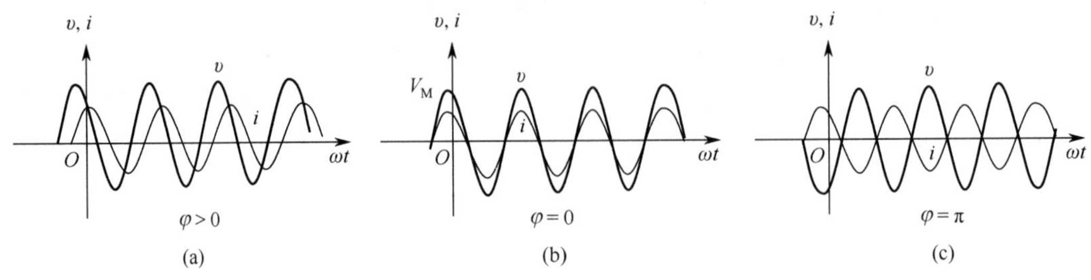

图 1-5-3　正弦电压和电流的相位差

1.5.2　正弦交流电相量法分析

正弦量通常有两种表示方法：一种是数学的三角函数解析式（Analytical Formula），例如式（1-5-4）是一个正弦电压的解析式，是正弦量最基本的表示方法；另一种是用波形图（Waveform Plot）来表示。这两种方法均能正确无误地表达出正弦量的三要素。但是，在正弦交流电的分析和计算中，有时使用这两种方法显得非常烦琐，结果还容易出错，因此在分析和实际计算中往往采用相量（Phasor）表示法，通过相量运算可使电路的分析和计算变得十分简便。

1．有向线段和正弦量

一个正弦量可用一条初始角等于正弦量初相 φ_0 的旋转有向线段来表示。由于正弦电路中各正弦量的频率相同，因此分析时可以暂时略去角频率这个要素，而只需要有向线段的长度和初始角。因此，一个正弦量可以用一条有向线段来唯一地表示。

结合坐标系，以 x 的正方向为正向，以原点为起点，以有向线段与 x 轴的夹角为初始相角，在正弦量与有向线段之间，可用有向线段以角速度 ω 绕原点旋转建立对应的关系。有向线段的长度为正弦量的幅值，有向线段在 y 轴上的投影为正弦量，在 x 轴上的投影为余弦量，图 1-5-4 用虚线给出了有向线段与正弦量之间的关系。

2．正弦交流信号的相量表示法

正弦量可用有向线段来表示，结合复数坐标系，有向线段又可用复数（Complex）表示。因此，也可用复数来表示正弦量。相量表示法就是以复数为运算基础的，正弦量的复数表示如图 1-5-5 所示。

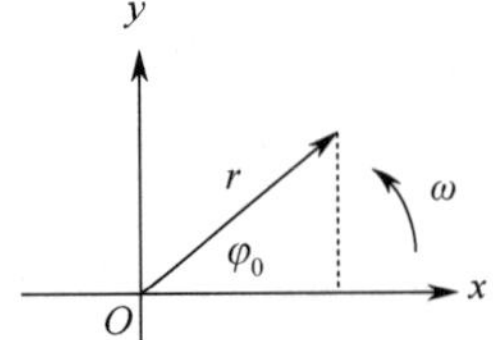

图 1-5-4　有向线段与正弦量之间的关系

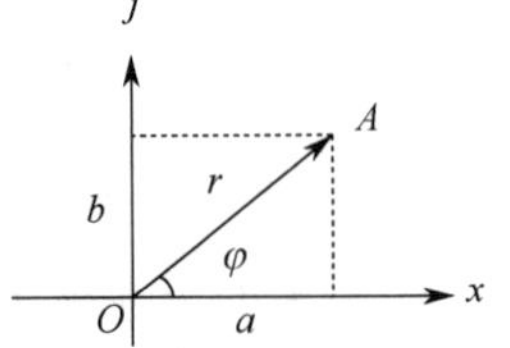

图 1-5-5　正弦量的复数表示

复数 A 可用如下形式表示。

（1）代数形式：

$$A = a + \mathrm{j}b \tag{1-5-6}$$

式中，j 为虚数单位。

（2）三角形式：

$$A = a + \mathrm{j}b = r(\cos\varphi + \mathrm{j}\sin\varphi) \tag{1-5-7}$$

式中，$r = \sqrt{a^2 + b^2}, \tan\varphi = \dfrac{b}{a}, \varphi = \arctan\dfrac{b}{a}$，$\varphi$ 称为复数 A 的辐角。

（3）指数形式：

根据欧拉公式

$$\mathrm{e}^{\mathrm{j}\varphi} = \cos\varphi + \mathrm{j}\sin\varphi \tag{1-5-8}$$

得

$$\cos\varphi = \frac{\mathrm{e}^{\mathrm{j}\varphi} + \mathrm{e}^{-\mathrm{j}\varphi}}{2},\quad \sin\varphi = \frac{\mathrm{e}^{\mathrm{j}\varphi} - \mathrm{e}^{-\mathrm{j}\varphi}}{2\mathrm{j}} \tag{1-5-9}$$

复数 A 写成指数形式为

$$A = r\,\mathrm{e}^{\mathrm{j}\varphi} \tag{1-5-10}$$

（4）极坐标形式：

$$A = r\angle\varphi \tag{1-5-11}$$

上式就是复数 A 的三角形式和指数形式的简写形式。

上述几种复数形式的表达式可以相互转化。复数的加减运算常采用代数形式，而乘除运算常采用指数形式和极坐标形式。

为了与一般的复数相区别，我们将表示正弦量的复数称为相量，用大写字母并在其上方加一个“·”来表示。例如，正弦电压 $\upsilon = V_{\mathrm{M}}\sin(\omega t + \varphi_{\upsilon 0})$，表示它的相量为

$$\dot{V}_{\mathrm{M}} = V_{\mathrm{M}}(\cos\varphi_0 + \mathrm{j}\sin\varphi_0) = V_{\mathrm{M}}\mathrm{e}^{\mathrm{j}\varphi_0} = V_{\mathrm{M}}\angle\varphi_0 \tag{1-5-12}$$

$$\dot{V} = V(\cos\varphi_0 + \mathrm{j}\sin\varphi_0) = V\mathrm{e}^{\mathrm{j}\varphi_0} = V\angle\varphi_0 \tag{1-5-13}$$

式（1-5-12）是用幅值表示的相量，称为振幅相量；式（1-5-13）是有效值相量，其模值用有效值表示。在后面的电路分析中，若无特殊说明，我们一般使用有效值相量。

【例 1-5-1】 某正弦电压 $\upsilon = 10\sqrt{2}\sin(\omega t + 30°)$，求其相量表示形式。

解： 其相量表示形式为 $\dot{V} = 10(\cos30° + \mathrm{j}\sin30°) = 10\angle30°$ 。

【例 1-5-2】 求下列相量对应的正弦量，设角频率为 ω：（1）$\dot{V}_1 = 30\angle45°\mathrm{V}$；（2）$\dot{V}_2 = 50\angle-90°\mathrm{V}$；（3）$\dot{I}_1 = (-50 + \mathrm{j}86.8)\ \mathrm{mA}$；（4）$\dot{I}_2 = (5 - \mathrm{j}12)\ \mathrm{mA}$。

解： 四个正弦量分别表示为

（1）$\upsilon_1 = 30\sqrt{2}\sin(\omega t + 45°)\ \mathrm{V}$；

（2）$\upsilon_2 = 50\sqrt{2}\sin(\omega t - 90°)\ \mathrm{V}$；

（3）$\dot{I}_1 = (-50 + \mathrm{j}86.8)\ \mathrm{mA} = \sqrt{50^2 + 86.8^2}\angle(180° - \arctan\dfrac{86.8}{50})\ \mathrm{mA} = 100.17\angle120°\ \mathrm{mA}$，所以

$i_1 = 100.17\sqrt{2}\sin(\omega t + 120°)\ \mathrm{mA}$；

（4）$\dot{I}_2 = (5 - \mathrm{j}12)\ \mathrm{mA} = 13\angle-67.4°$，所以 $i_2 = 13\sqrt{2}\sin(\omega t - 67.4°)\mathrm{mA}$。

3. 相量图与相量运算

（1）相量图

相量用有向线段表示在复平面上就构成相量图（Phasor Diagram），有向线段的长度表示相量的模（Module），有向线段与实轴的夹角就是相量的辐角（Radiation Angle）。如果多个相同频率的相量画在同一个复平面内，那么各有向线段的长度必须与它们的模成比例。另外，有时也可不画出复平面的实轴和虚轴。

注意，只有正弦量才能用相量图表示。只有同一频率的正弦量才能画在同一相量图中，否则就无法进行比较。

（2）相量的四则运算

虽然相量图表示了各相量之间的大小和相位关系，能够在一定程度上帮助我们定性地分析较复杂的问题，但从相量图中很难看出精确的结果。因此，在做正弦交流电路的定量分析时，我们广泛采用相量分析法，即相量的四则运算。

① 加减运算。相量的加减运算可用代数式进行。设有两个相量 $\dot{A}=a+\mathrm{j}b$ 和 $\dot{B}=c+\mathrm{j}d$，则它们的相量加或减运算表示为

$$\dot{A}\pm\dot{B}=(a\pm b)+\mathrm{j}(c\pm d) \tag{1-5-14}$$

相量的加或减运算也可采用平行四边形法在复平面上作图来进行，这种方法也称相量图法，这里不加以说明，读者可以自行分析。

② 乘除运算。相量 A 和 B 相乘时，常用指数和极坐标形式表示。若 $\dot{A}=r_{\mathrm{A}}\mathrm{e}^{\mathrm{j}\varphi_{\mathrm{A}}}$，$\dot{B}=r_{\mathrm{B}}\mathrm{e}^{\mathrm{j}\varphi_{\mathrm{B}}}$，则它们相乘可以表示为

$$\dot{A}\dot{B}=r_{\mathrm{A}}r_{\mathrm{B}}\mathrm{e}^{\mathrm{j}(\varphi_{\mathrm{A}}+\varphi_{\mathrm{B}})} \tag{1-5-15}$$

$$\dot{A}\dot{B}=r_{\mathrm{A}}\angle\varphi_{\mathrm{A}}\cdot r_{\mathrm{B}}\angle\varphi_{\mathrm{B}}=r_{\mathrm{A}}r_{\mathrm{B}}\angle(\varphi_{\mathrm{A}}+\varphi_{\mathrm{B}}) \tag{1-5-16}$$

可见，两个相量相乘可以表示为模相乘、幅角相加。

相量 A 除以相量 B 可以写为

$$\frac{\dot{A}}{\dot{B}}=\frac{r_{\mathrm{A}}}{r_{\mathrm{B}}}\mathrm{e}^{\mathrm{j}(\varphi_{\mathrm{A}}-\varphi_{\mathrm{B}})} \tag{1-5-17}$$

$$\frac{\dot{A}}{\dot{B}}=\frac{r_{\mathrm{A}}\angle\varphi_{\mathrm{A}}}{r_{\mathrm{B}}\angle\varphi_{\mathrm{B}}}=\frac{r_{\mathrm{A}}}{r_{\mathrm{B}}}\angle(\varphi_{\mathrm{A}}-\varphi_{\mathrm{B}}) \tag{1-5-18}$$

可见，两个相量相除可以表示为模相除、幅角相减。

1.5.3 正弦交流电的简单分析与计算

引入相量法后，可将直流电路的一些规律应用于交流电路，并对正弦交流电路做一些简单的分析与计算。

1. 基尔霍夫定律的相量形式

（1）KCL 的相量形式

对电路中的任一节点，任一时刻流入该节点的电流相量之和等于流出该节点的电流相量之和，或者说流入或流出该节点的电流相量的代数和等于零，表示为

$$\sum_{i=0}^{n}\dot{I}=0 \tag{1-5-19}$$

式中，n 表示某个节点的电流个数，若以流入节点的电流为参考正向，则流出节点的电流应取负号，使用时应注意参考方向的选取。

式（1-5-19）反映了节点处各电流相量之间的约束（Constraint）关系，同样是电流连续性和电荷守恒定律的集中体现，其使用取决于电路的拓扑结构，而与电路元件的性质无关。式（1-5-19）也可推广到交流电路，说明直流电路的相关定律同样适用于交流电路。

（2）KVL 的相量形式

对电路中的任何一个闭合回路，任一时刻沿某闭合回路的相量电压降之和等于电压升之和，或者说沿某闭合回路的所有元件上的电压相量的代数和恒等于零，表示为

$$\sum_{i=0}^{n}\dot{V}=0 \tag{1-5-20}$$

前面说过 KVL 的物理本质就是能量守恒原理，电荷沿闭合回路绕行一周后，所获得的能量与所消耗的能量必然相等。

交流电路的表达式形式上相同，只需将正弦交流电中的电压和电流改成相量形式。

2. 电阻元件的正弦交流响应

（1）电阻元件的电压与电流的相量关系

图 1-5-6(a)是一个线性电阻元件的交流电路，电阻上的交流电压和交流电流是同一频率的正弦量，它们间的数值关系满足欧姆定律，相位相同，电压、电流的波形图如图 1-5-6(b)所示。

如果综合考虑大小和相位，那么可用相量表示为

$$\dot{V}=\dot{I}R \tag{1-5-21}$$

相量图如图 1-5-6(c)所示，电阻元件两端的电压和流过它的电流的方向一致。

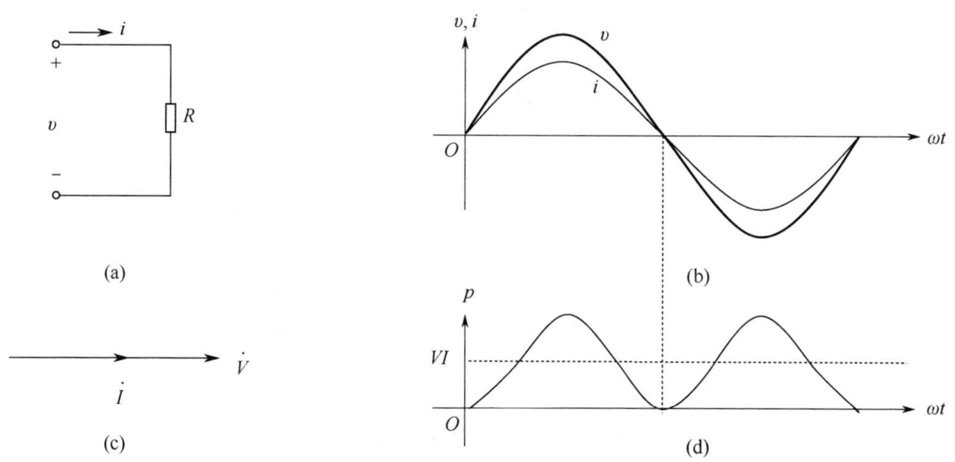

图 1-5-6　电阻元件的交流电路

（2）电阻的瞬时功率和有功功率

图 1-5-6(d)显示了线性电阻消耗的瞬时功率随时间变化的规律。我们将任意时刻电阻元件的瞬时（Instantaneous）电压与瞬时电流的乘积称为电阻元件的**瞬时功率**，常用小写字母 p 表示。线性电阻在任意时刻消耗的瞬时功率为

$$p = p_R = \upsilon i = V_M \sin\omega t I_M \sin\omega t = \frac{V_M I_M}{2}(1-\cos 2\omega t) = VI(1-\cos 2\omega t) \tag{1-5-22}$$

可以看出，p 由两部分组成。第一部分是常数 VI，第二部分是以常数 VI 为幅值、以角频率 2ω 随时间变化的交变量，两部分合成的结果表现为瞬时功率的曲线总为正值，这说明电阻元件在任何时刻都从电源吸收电能并将电能转换成热能，且这种转换是不可逆的。

瞬时功率虽然能够充分反映电阻元件在交流电路中的物理特性，但由于它是一个随时间变化的量，计算中仍有不便，因此在进行计算时常取瞬时功率在一个周期内的平均值表示，这种功率称为*平均功率*（Average Power），用大写字母 P 表示，即

$$P = \frac{1}{T}\int_0^T p_R \mathrm{d}t = \frac{1}{T}\int_0^T VI(1-\cos 2\omega t)\mathrm{d}t = VI \tag{1-5-23}$$

平均功率是电阻消耗的功率，常称*有功功率*（Active Power），单位为瓦（W）或千瓦（kW），反映了电阻在一个周期内消耗电能的平均速度。

3. 电感元件的正弦交流响应

（1）电感元件的电压与电流的相量关系

图 1-5-7(a)是线性电感元件的交流电路，在关联参考方向下，电感上的电压和电流满足微分关系 $\upsilon_L = L\frac{\mathrm{d}i_L}{\mathrm{d}t}$。在交流电路中，由于电流 i 随时间按正弦规律变化，在电感 L 两端产生交流电压，因此仍是一个正弦函数，这个感应的交流电压对电感中的电流的变化起阻碍作用。

设 $i_L = I_M \sin\omega t$，则有

$$\upsilon_L = L\frac{\mathrm{d}i}{\mathrm{d}t} = L\frac{\mathrm{d}(I_M \sin\omega t)}{\mathrm{d}t} = LI_M \omega\cos\omega t = V_M \sin(\omega t + 90°) \tag{1-5-24}$$

可以看出，在理想电感电路中，电感上的电压 υ_L 超前于电流的相位 90°，如图 1-5-7(b)所示。

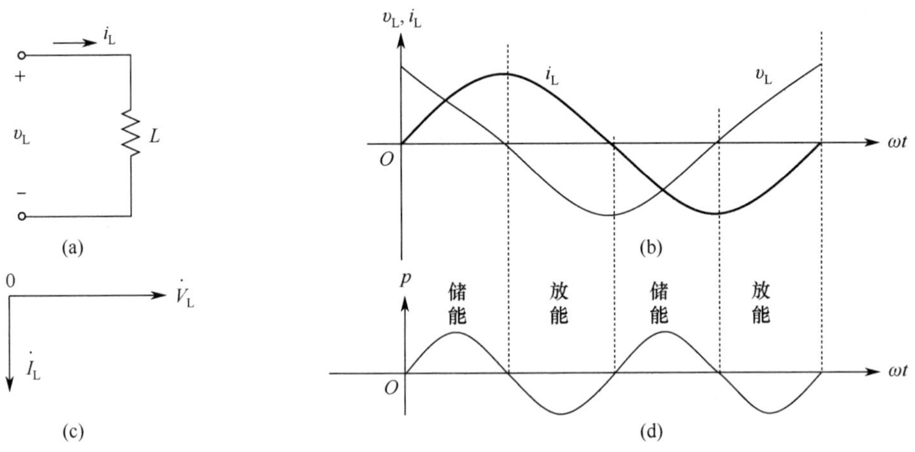

图 1-5-7 电感元件的交流电路

用相量来表示电感的电压和电流的大小与方向之间的关系时，有

$$\dot{V}_M = \mathrm{j}\omega L\dot{I}_M \quad 或 \quad \dot{V} = \mathrm{j}\omega L\dot{I} = \mathrm{j}X_L\dot{I} \tag{1-5-25}$$

式中，X_L 称为电感元件的感抗，其量纲与电阻的相同，也是欧姆（Ω），其大小与频率 f 和电感量 L 成正比。频率越高，电感量越大，它对电流的阻碍作用越强。频率为高频时，电感的感抗很大，可视为开路；电流为直流时，感抗很小，相当于短路，其相量图如图 1-5-7(c)所示。

注意，电感的感抗 X_L 是电感电压与电流幅值或有效值的比值，而不是瞬时值的比值。在式（1-5-25）表示的相量中，既包含了电压与电流大小之间的关系，又包含了电压超前电流 90°相位的概念，在实际应用中应特别注意。

如果电感中电流的初始相位不为零，如 $\dot{I}=I\angle\varphi_i$，那么 $\dot{V}=V\angle(\varphi_i+90°)$，对电感元件来说，电压总是超前电流 90°，其相位相差 90°具有绝对性。

（2）电感的瞬时功率及无功功率

图 1-5-7(d)所示为线性电感的功率。设 $i_L=I_M\sin\omega t$，$\upsilon_L=V_M\sin(\omega t+90°)$，则电感的瞬时功率为

$$p=p_L=\upsilon i=V_M\cos\omega t I_M\sin\omega t=VI\sin2\omega t \tag{1-5-26}$$

从图 1-5-7(d)可以看出，电感元件吸收和释放的能量相等，说明电感元件实际上不消耗能量。其有功功率或平均功率等于零，这可由瞬时功率的数学推导来说明：

$$P=\frac{1}{T}\int_0^T p_L\mathrm{d}t=\frac{1}{T}\int_0^T V_M\cos\omega t I_M\sin\omega t\mathrm{d}t=0 \tag{1-5-27}$$

电感元件虽然不消耗能量，但是体现了其能量交换的物理属性。为了衡量这种能量交换的规模或程度，往往引入无功功率（Reactive Power）这个基本概念，并且规定无功功率等于瞬时功率的幅值，常用 Q_L 表示：

$$Q_L=VI=I^2X_L=\frac{V^2}{X_L} \tag{1-5-28}$$

为了与有功功率相区别，无功功率的单位为乏（Var）或千乏（kVar）。

注意，实际的电感总含有内阻，电感可视为由内阻与一个理想的电感串联而成。串联后的总阻抗可表示为

$$Z=R_0+\mathrm{j}X_L=\sqrt{R_0^2+X_L^2}\angle\arctan\frac{X_L}{R_0} \tag{1-5-29}$$

式中的总阻抗就是电感元件的复阻抗（Complex Impedance），其实部（Real Part）是电阻部分，体现了阻抗的耗能性质；其虚部（Imaginary Part）是电抗部分，表达了电感元件能量存储与交换的性质。

4．电容元件的正弦交流电路

（1）电容元件的电压与电流的相量关系

图 1-5-8(a)所示为一个线性电容元件的交流电路，在关联参考方向下，电容上的电压和电流满足微分关系

$$i_C=C\frac{\mathrm{d}\upsilon_C}{\mathrm{d}t}$$

在交流电路中，电容 C 不断地充电和放电，电容 C 上的电压和电流也随时间按正弦规律变化。设 $\upsilon_C=V_M\sin\omega t$，则有

$$i_C=C\frac{\mathrm{d}\upsilon_C}{\mathrm{d}t}=C\frac{\mathrm{d}(V_M\sin\omega t)}{\mathrm{d}t}=\omega CV_M\cos\omega t=I_M\sin(\omega t+90°) \tag{1-5-30}$$

可以看出，在理想电容电路中，电容上的电压 υ_C 相位上比电流 i_C 滞后 90°，如图 1-5-8(b)所示。

用相量来表示电容的电压和电流的大小与方向之间的关系时，有

$$\dot{V}_M=\frac{1}{\mathrm{j}\omega C}\dot{I}_M=-\mathrm{j}\frac{1}{\omega C}\dot{I}_M \quad 或 \quad \dot{V}=\frac{1}{\mathrm{j}\omega C}\dot{I}=-\mathrm{j}\frac{1}{\omega C}\dot{I}=-\mathrm{j}X_C\dot{I} \tag{1-5-31}$$

式中，X_C 称为电容元件的容抗，其量纲与电阻的相同，也是欧姆（Ω），其大小与频率 f 和电容 C 的乘积成反比，频率越高，电容量越大，它对电流的阻碍作用就越小。频率为高频时，电容的容抗很小，可视为短路；电流为直流时，容抗很大，相当于开路，其相量图如图 1-5-8(c)所示。

（2）电容的瞬时功率及无功功率

图 1-5-8(d)所示为线性电容的瞬时功率的波形图。设 $\upsilon_C=V_M\sin\omega t$，$i_C=I_M\sin(\omega t+90°)$，则电容的瞬时功率为

$$p=p_C=\upsilon_C i_C=V_M\sin\omega t I_M\cos\omega t=VI\sin2\omega t \tag{1-5-32}$$

从图 1-5-8(d)可以看出，电容元件吸收和释放的能量相等，这说明电容元件实际上不消耗能量。其有功功率或平均功率等于零，这可由瞬时功率的数学推导来说明：

$$P=\frac{1}{T}\int_0^T p_C\mathrm{d}t=\frac{1}{T}\int_0^T V_M\sin\omega t I_M\cos\omega t\mathrm{d}t=0 \tag{1-5-33}$$

电容元件虽然不消耗能量，但是它也体现了能量交换的物理属性，还规定电容元件的无功功率等于其瞬时功率幅值的负值，并用 Q_C 表示：

$$Q_C=-VI=-I^2X_C=-\frac{V^2}{X_C} \tag{1-5-34}$$

电容元件无功功率的单位也为乏（Var）或千乏（kVar）。

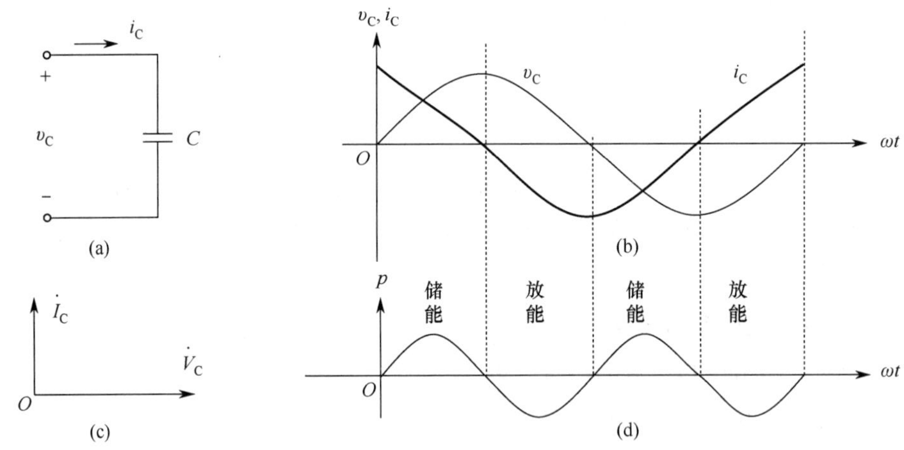

图 1-5-8 电容元件的交流电路

5. 复阻抗电路

在实际的电路中，许多元件本身就是复阻抗电路，且许多电路都是由阻抗的串联、并联和混联得到的。

（1）阻抗的串联

多个阻抗串联时，电路的总阻抗为

$$Z=\sum_i^n Z_i=\sum_i^n R_i+\mathrm{j}\sum_i^n X_i=|Z|\angle\varphi \tag{1-5-35}$$

式中，

$$|Z| = \sqrt{\left(\sum_{i=1}^{n} R_i\right)^2 + \left(\sum_{i=1}^{n} X_i\right)^2},\ \varphi = \arctan\sum_{i=1}^{n}\frac{X_i}{R_i}$$

这说明多个阻抗串联后，电路的总阻抗等于各部分阻抗相加，串联总阻抗的电阻等于各部分电阻之和，串联总阻抗的电抗等于各部分电抗的代数和，其中感抗取正号，容抗取负号。

各阻抗的分压为

$$\dot{V}_{\mathrm{K}} = \dot{I}Z_{\mathrm{K}} = \frac{\dot{V}}{Z}Z_{\mathrm{K}} \tag{1-5-36}$$

（2）阻抗的并联

两个阻抗的并联可用一个等效的阻抗 Z 来等效：

$$\frac{1}{Z} = \frac{1}{Z_1} + \frac{1}{Z_2} \quad 或 \quad Z = \frac{Z_1 Z_2}{Z_1 + Z_2} \tag{1-5-37}$$

若有 n 个阻抗并联，则可以推出

$$\frac{1}{Z} = \sum_{i}^{n}\frac{1}{Z_i} \tag{1-5-38}$$

各个阻抗的分流（以两个阻抗为例）表示为

$$\dot{I}_1 = \frac{\dot{V}}{Z_1} = \frac{Z_2}{Z_1 + Z_2}\dot{I} \tag{1-5-39}$$

$$\dot{I}_2 = \frac{\dot{V}}{Z_2} = \frac{Z_1}{Z_1 + Z_2}\dot{I} \tag{1-5-40}$$

【例 1-5-3】 在图 1-5-9 所示的电路中，已知 $R_1 = 10\Omega$，$R_2 = 1\mathrm{k}\Omega$，$L = 500\mathrm{mH}$，$C = 10\mu\mathrm{F}$，当输入的激励电压 $\upsilon = 100\sqrt{2}\sin 314t$ V 时，求电容两端的电压 υ_{C}。

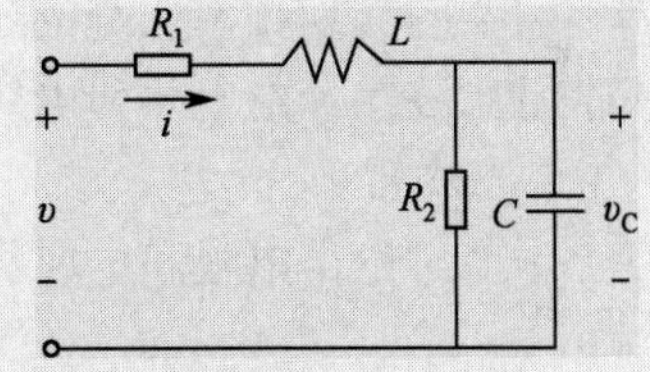

图 1-5-9　例 1-5-3 电路

解： 激励电压的相量形式为

$$\dot{V} = 100\angle 0°\mathrm{V},\quad X_{\mathrm{L}} = \omega L = 314 \times 500 \times 10^{-3} = 157\Omega$$

$$X_{\mathrm{C}} = \frac{1}{\omega C} = \frac{1}{314 \times 10 \times 10^{-6}} = 318.47\Omega$$

R_2 与 C 并联的阻抗为

$$Z_1 = \frac{R_2(-\mathrm{j}X_{\mathrm{C}})}{R_2 - \mathrm{j}X_{\mathrm{C}}} = \frac{1000(-\mathrm{j}318.47)}{1000 - \mathrm{j}318.47} = 92.08 - \mathrm{j}289\ \Omega$$

电路的总阻抗为

$$Z = R_1 + \mathrm{j}X_{\mathrm{L}} + Z_1 = 10 + \mathrm{j}157 + 92.08 - \mathrm{j}289 = 102.08 - \mathrm{j}132 = 167\angle -52.31°\ \Omega$$

因此有

$$\dot{I} = \frac{\dot{V}}{Z} = \frac{100\angle 0°}{167\angle -52.31°} = 0.599\angle 52.31°\ \mathrm{A}$$

$$\dot{V}_{\mathrm{C}} = \dot{I}Z_1 = 0.599\angle 52.31° \times 303.3\angle -72.33 = 181.7\angle -20.02°\mathrm{A}$$

$$\upsilon_{\mathrm{C}} = 181.7\sqrt{2}\sin(314t - 20.02)\ \mathrm{V}$$

【例 1-5-4】 复阻抗 $Z_1 = 100 + \mathrm{j}200\Omega$ 和复阻抗 $Z_2 = 100 - \mathrm{j}100\Omega$ 并联后，接到市电交流电 $\upsilon = 220\sqrt{2}\sin 100\pi t$ V 的电源上，求并联后的总电流 I 和瞬时值 i。

解： 两个阻抗分别表示为

$$|Z_1| = \sqrt{100^2 + 200^2} = 223.6\text{，}\quad \varphi_1 = \arctan\frac{200}{100} = 63.4°$$

$$|Z_2| = \sqrt{100^2 + 100^2} = 141.4\text{，}\quad \varphi_2 = \arctan\frac{-100}{100} = -45°$$

即 $Z_1 = 100 + \mathrm{j}200 = 223.6\angle 63.4°$，$Z_2 = 100 - \mathrm{j}100 = 141.4\angle -45°$。阻抗 Z_1、Z_2 并联后的等效阻抗为

$$Z = \frac{Z_1 Z_2}{Z_1 + Z_2} = \frac{223.6\angle 63.4° \times 141.4\angle -45°}{100 + \mathrm{j}200 + 100 - \mathrm{j}100} = \frac{31617\angle 18.4°}{223.6\angle 26.6°} = 141.4\angle -8.2°$$

于是总电流相量为

$$\dot{I} = \frac{\dot{V}}{Z} = \frac{220\angle 0°}{141.4\angle -8.2°} = 1.56\angle 8.2°\ \mathrm{A}$$

并联后的总电流的有效值为 1.56A。于是，电流的瞬时值可以表示为 $i = 1.56\sqrt{2}\sin(100\pi t + 8.2°)$。

1.6 频率响应分析方法

在交流电路中，电容元件的容抗和电感元件的感抗都与频率有关，但当频率一定时，它们都有确定值。当电源电压、电流（或激励）的频率改变（即使它们的幅值不变）时，电容元件的容抗和电感元件的感抗都随之变化，从而使电路中各部分产生的电流、电压（或响应）的大小与相位也随之改变。响应与频率的关系称为电路的频率特性或频率响应。在电子技术和控制系统中，经常要研究电路在不同频率下的工作情况。

在交流电路中，我们讨论的电压和电流都是时间的函数，同时也是频率的函数。在时间域对电路进行分析常称为时域分析，在频率域对电路进行分析常称为频域分析。频率分析是分析滤波器的基础，滤波器就是利用电容的容抗或电感的感抗随频率而变化的特性，使不同频率的输入信号（激励）产生不同的响应电路，即让需要的某些频率成分的信号通过，而抑制不需要的其他频率成分的电路。根据电路通过的频率范围，滤波器分为低通、高通、带通或带阻滤波器。由电感和电容组成的滤波器称为 LC 滤波器，由电阻和电容组成的滤波器称为 RC 滤波器。

本节讨论由电阻和电容组成的几种简单的 RC 滤波器。

1.6.1 RC 低通滤波电路

图 1-6-1 所示是一阶 RC 低通滤波的典型电路，其中 $\upsilon_\mathrm{i}(\mathrm{j}\omega)$ 是输入电压的频率表达式，$\upsilon_\mathrm{o}(\mathrm{j}\omega)$ 是输出电压的频率表达式，电路的输出电压（响应）与输入电压（激励）的比值称为电路的传递函数或转移函数，用 $T(\mathrm{j}\omega)$ 表示，它是一个复数，反映输出信号幅度和相位与输入信号频率之间的依赖关系。

如图 1-6-1 所示，采用电阻和电容的分压关系可得 RC 低通滤波器电压的传递函数：

$$T(\mathrm{j}\omega) = \frac{\upsilon_\mathrm{o}(\mathrm{j}\omega)}{\upsilon_\mathrm{i}(\mathrm{j}\omega)} = \frac{\dfrac{1}{\mathrm{j}\omega C}}{R + \dfrac{1}{\mathrm{j}\omega C}} = \frac{1}{1 + \mathrm{j}\omega RC} = |T(\mathrm{j}\omega)|\angle\varphi(\mathrm{j}\omega) \tag{1-6-1}$$

式中，$|T(\mathrm{j}\omega)| = \dfrac{1}{\sqrt{1 + (\omega RC)^2}}$ 是 $T(\mathrm{j}\omega)$ 的模，它是角频率的函数，称为幅频特性。

$\varphi(\mathrm{j}\omega) = -\arctan\omega RC$ 是 $T(\mathrm{j}\omega)$ 的辐角，它也是角频率的函数，称为相频特性。$|T(\mathrm{j}\omega)|$ 和

$\varphi(\mathrm{j}\omega)$ 统称滤波器的频率特性。为了作图和计算方便，幅频特性曲线的纵坐标常以分贝为单位，横坐标常以频率的对数为刻度，这样的幅频特性曲线又称波特图（Bode Plot），记为

$$T(\omega)=20\lg\left|T(\mathrm{j}\omega)\right|=-20\lg(\sqrt{1+(\omega RC)^2})=-20\lg(\sqrt{1+(\omega/\omega_{\mathrm{H}})^2})\ \mathrm{dB} \tag{1-6-2}$$

式中，$\omega_{\mathrm{H}}=1/RC$。为了绘制波特图，下面分三种情况进行讨论：

（1）$\omega \ll \omega_{\mathrm{H}}$，$T(\omega)\approx 0\ \mathrm{dB}$，$\varphi(\omega)\approx 0$。

（2）$\omega = \omega_{\mathrm{H}}$，$T(\omega)=-3\ \mathrm{dB}$，$\varphi(\omega)=-45°$。

（3）$\omega \gg \omega_{\mathrm{H}}$，$T(\omega)=20\lg\omega_{\mathrm{H}}-20\lg\omega(\mathrm{dB})$，$\varphi(\omega)\approx -90°$。

图 1-6-2 所示为 RC 低通滤波器的幅频和相频特性曲线。在实际应用中，低通滤波器的通带内的输出电压不能下降过多，通常规定输出电压下降到输入电压的－3dB 就是最低限，此时 $\omega=\omega_{\mathrm{H}}$，而将频率范围 $\omega\leqslant\omega_{\mathrm{H}}$ 称为通频带，将 ω_{H} 称为上限截止频率，又称半功率点频率或－3dB 频率。

从图 1-6-2(a)可知，当 $\omega \ll \omega_{\mathrm{H}}$ 时，输出电压幅度与输入电压幅度接近；当 $\omega > \omega_{\mathrm{H}}$ 时，输出信号的幅频响应是频率每十倍频程幅度下降 20dB，其幅频特性可用图中的两条虚线模拟；当 $\omega = \omega_{\mathrm{H}}$ 时，等于－3dB，可以光滑的曲线来逼近。

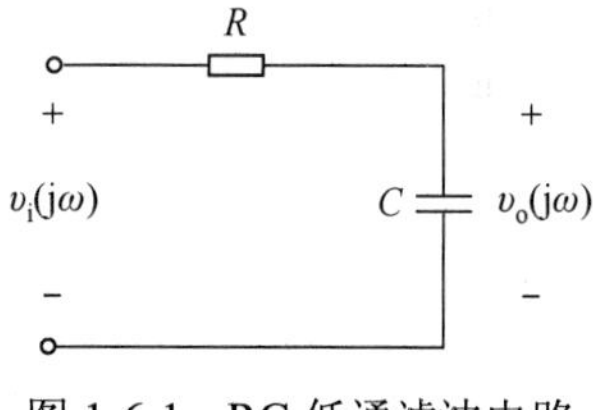

图 1-6-1　RC 低通滤波电路

由图 1-6-2(b)可知，当 $\omega \ll \omega_{\mathrm{H}}$ 时，输出电压相位与输入电压相位接近，近似为 0°；当 $\omega = \omega_{\mathrm{H}}$ 时，输出电压的相位滞后输入电压的相位 45°；当 $\omega \gg \omega_{\mathrm{H}}$ 时，输出电压相位滞后于输入电压相位 90°，其相频特性可用图中的三条线段模拟。

频率响应表明，上述 RC 电路具有使低频信号较易通过而抑制较高频率信号的作用，故常称为低通滤波器。

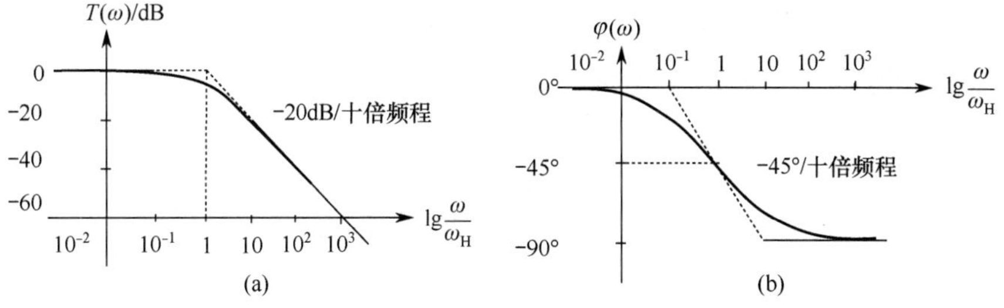

图 1-6-2　RC 低通滤波器的幅频和相频特性曲线

1.6.2　RC 高通滤波电路

互换低通滤波器中的电阻与电容，从电阻两端输出电压，得到的电路如图 1-6-3 所示。该电路的传递函数为

$$T(\mathrm{j}\omega)=\frac{v_{\mathrm{o}}(\mathrm{j}\omega)}{v_{\mathrm{i}}(\mathrm{j}\omega)}=\frac{R}{R+\dfrac{1}{\mathrm{j}\omega C}}=\frac{\mathrm{j}\omega RC}{1+\mathrm{j}\omega RC}=\left|T(\mathrm{j}\omega)\right|\angle\varphi(\mathrm{j}\omega) \tag{1-6-3}$$

式中，

$$\left|T(\mathrm{j}\omega)\right|=\frac{1}{\sqrt{1+\left(\dfrac{1}{\omega RC}\right)^2}},\ \varphi(\mathrm{j}\omega)=\frac{\pi}{2}-\arctan\frac{1}{\omega RC} \tag{1-6-4}$$

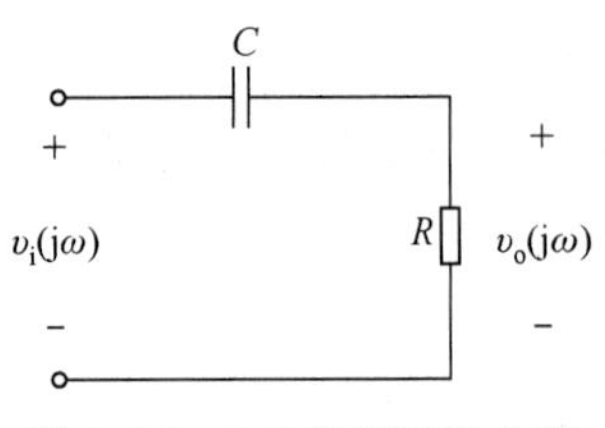

图 1-6-3 RC 高通滤波电路

同样，令 $\omega_L = 1/RC$，为了绘制波特图，也分三种情况进行讨论：

（1）$\omega \ll \omega_L$，$T(\omega) = 20\lg\omega - 20\lg\omega_L\,(\text{dB})$，$\varphi(\omega) \approx 90°$。

（2）$\omega = \omega_L$，$T(\omega) = -3\text{dB}$，$\varphi(\omega) = 45°$。

（3）$\omega \gg \omega_L$，$T(\omega) \approx 0\text{dB}$，$\varphi(\omega) \approx 0$。

频率特性如图 1-6-4 所示。由图可见，上述 RC 电路有使高频信号较易通过而抑制低频信号的作用，故称高通滤波电路。

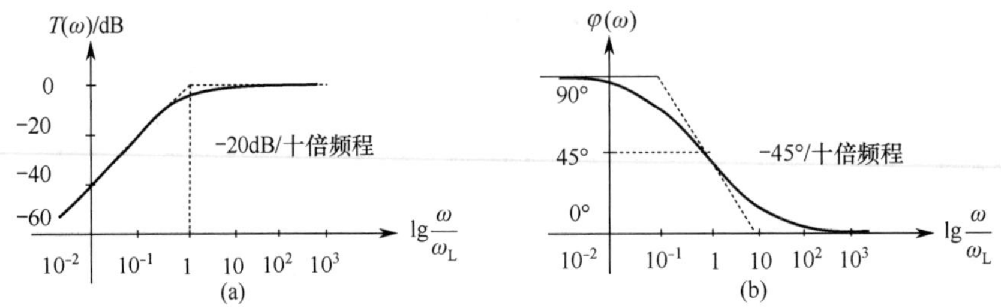

图 1-6-4 RC 高通滤波电路的频率特性

1.6.3 RC 带通滤波电路

电阻 R、电容 C 与电阻 R 和电容 C 并联的电路相串联，就可组成如图 1-6-5 所示的带通滤波电路，其对应的传递函数为

$$T(j\omega) = \frac{v_o(j\omega)}{v_i(j\omega)} = \frac{\dfrac{R}{1+j\omega RC}}{R + \dfrac{1}{j\omega C} + \dfrac{R}{1+j\omega RC}} = \frac{j\omega RC}{(1+j\omega RC)^2 + j\omega RC} = |T(j\omega)|\angle\varphi(j\omega) \quad (1\text{-}6\text{-}5)$$

式中，幅频特性和相频特性分别表示为

$$|T(j\omega)| = \frac{1}{\sqrt{3^2 + \left(\omega RC - \dfrac{1}{\omega RC}\right)^2}} \quad (1\text{-}6\text{-}6)$$

$$\varphi(j\omega) = -\arctan\frac{\omega RC - \dfrac{1}{\omega RC}}{3} \quad (1\text{-}6\text{-}7)$$

令 $\omega_0 = 1/RC$，画出其频率响应特性曲线如图 1-6-6 所示。

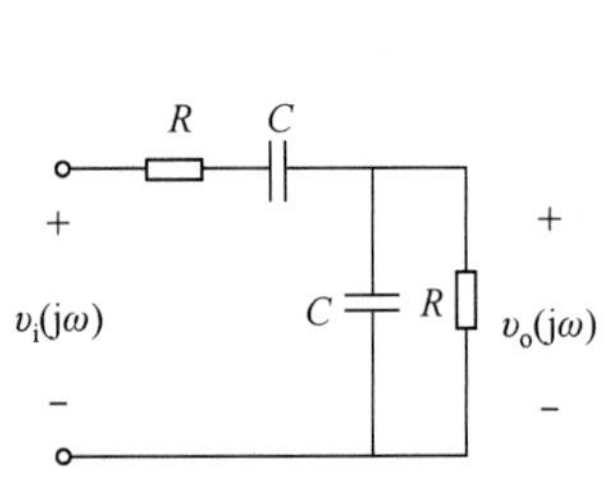

图 1-6-5 RC 带通滤波电路

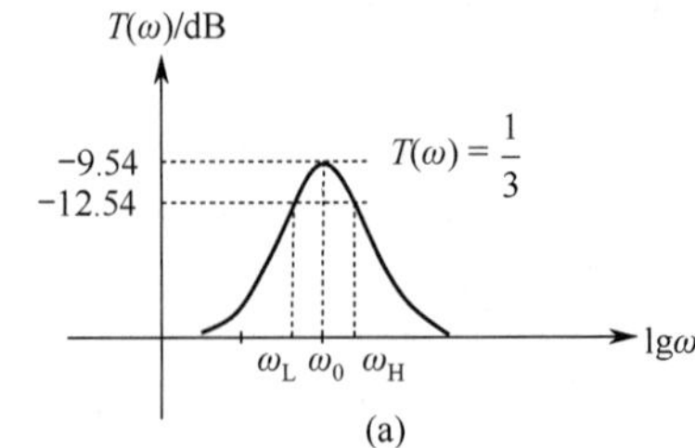

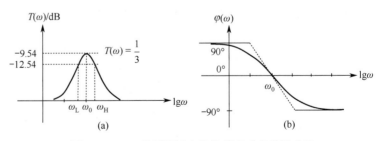

图 1-6-6 RC 带通滤波电路的频率响应特性曲线

由图可见，当 $\omega=\omega_0$ 时，$T(\omega)=1/3$，用 dB 表示为-9.54dB，且输出电压与输入电压同相。当幅度取-3dB 的带宽时，对应的两个频率分别称为下限转折频率 ω_L 和上限转折频率 ω_H，代入传递函数的表达式得

$$\omega_L=\frac{\sqrt{13}-3}{2}\omega_0\text{，}\quad \omega_H=\frac{\sqrt{13}+3}{2}\omega_0 \tag{1-6-8}$$

定义上限转折频率 ω_H 与下限转折频率 ω_L 之差为通频带宽度，简称通频带，即

$$\Delta\omega=\omega_H-\omega_L=3\omega_0 \tag{1-6-9}$$

由图 1-6-6 可以看出，RC 串/并联电路在频率 ω_0 附近可以通过，但在中心频率处有衰减，且当频率偏离中心频率时衰减更快，因此该电路具有选频滤波能力，称为带通滤波器。

习　题　1

1.1　电路一般由哪几部分组成？各部分的作用是什么？

1.2　电流电压的参考方向和实际方向有何区别？什么是关联或非关联参考方向？

1.3　怎样判断一个元件在电路中是起电源作用还是起负载作用？

1.4　应用叠加定理时应注意什么问题？

1.5　正弦交流电的三要素是什么？相量和正弦量有何区别？

1.6　在题图 P1.6 中，各点对地的电压为 $V_a=12V$、$V_b=-8V$ 和 $V_c=-15V$，则元件 A、B、C 发出或吸收的功率分别是多少瓦？

1.7　题图 P1.7 所示电路为一直流电源，其额定功率为 100W，额定电压为 V_S = 50V，内阻 R_S 为 0.5Ω，负载 R_L 可调。求开路条件下的电源端电压、短路状态下的电流、额定工作条件下的电流及负载电阻。

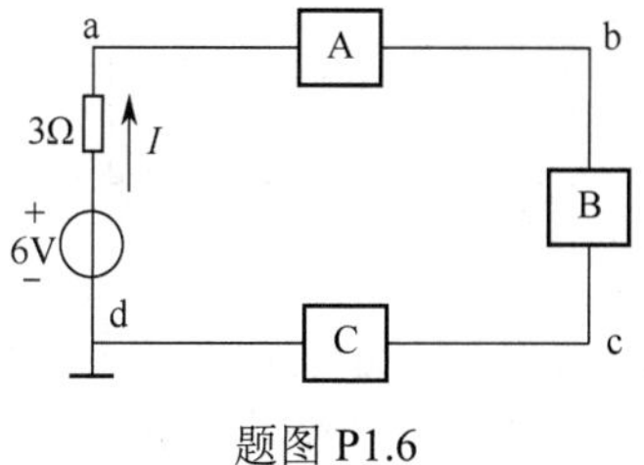

题图 P1.6

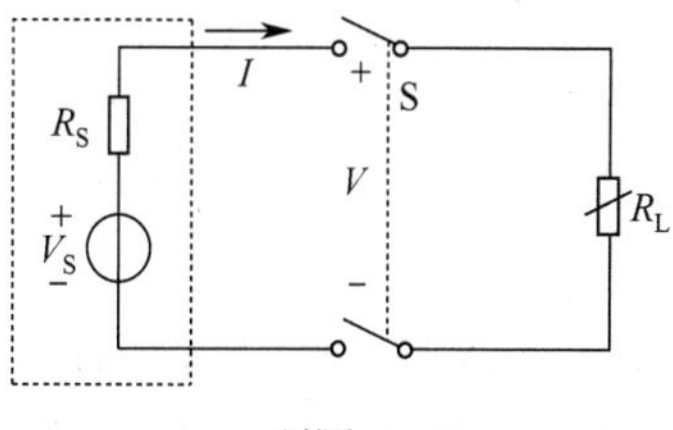

题图 P1.7

1.8　某电感元件的电流为 $i(t)=100mA$，储能为 $W(t)=4\times10^{-3}J$，其电感量是多少？

1.9　若 10μF 电容上的电荷为 500nC，则电容两端的电压 V_C 和储能各为多少？

1.10　在题图 P1.10 中，电位器的电阻值为 R_P = 330Ω，R_1 = 330Ω，R_2 = 560Ω，设输入电压 V_i = 12V，求输出电压的变化范围。

1.11　题图 P1.11 所示为某个局部电路，已知 $I_1=60mA$，$I_2=-30mA$，$I_5=40mA$，$I_6=-20mA$，$I_7=10mA$，求支路电流 I_3、I_4。

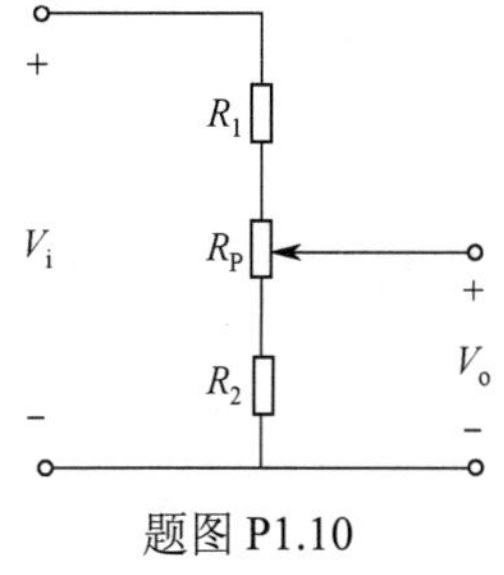

题图 P1.10

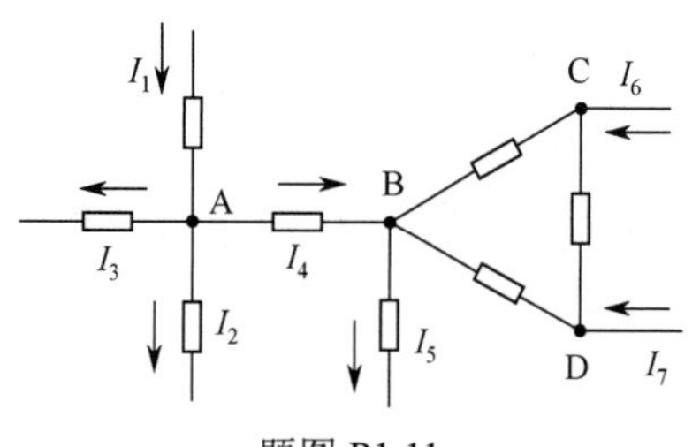

题图 P1.11

1.12 题图 P1.12 所示电路由九个元件组成，已知 $V_1 = 1\text{V}$，$V_2 = -0.4\text{V}$，$V_3 = 0.6\text{V}$，$V_4 = 0.5\text{V}$，$V_6 = 0.7\text{V}$，求 V_5、V_7、V_8 和 V_9。

1.13 试用叠加定理求题图 P1.13 所示电路中的电流 I。

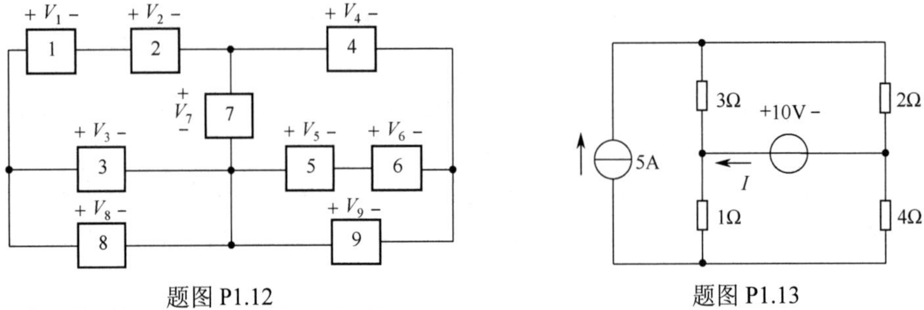

题图 P1.12　　　　题图 P1.13

1.14 已知正弦波电流 $i = 141.1\sin(314t + 30°)\text{mA}$，求该电流的振幅 I_M、有效值 I、频率 f、初始相角 ψ_0，并求该电流通过 100Ω 电阻时所消耗的功率。

1.15 已知电路中通过的信号的频率为 1kHz，求下列相量对应的正弦量：（1）$10\angle 30°\text{mV}$；（2）$20\angle 60°\text{mA}$；（3）$5 + \text{j}5\text{mA}$；（4）$4 - \text{j}3$。

1.16 将下列复数化为代数形式：（1）$5\angle 45°$；（2）$6\angle 60°$；（3）$10\angle 240°$；（4）$50\angle 330°$。

1.17 有两个相量 $A = 2 + \text{j}2$ 和 $B = -4 + \text{j}6$，求：（1）$A + B$；（2）$A \cdot B$；（3）A/B。

1.18 题图 P1.18 所示电路由 1、2、3 三个元件串联而成，已知电源的频率为 100Hz，各个元件上的电压分别为 $\dot{V}_1 = 5\angle 30°\ \text{V}$，$\dot{V}_2 = 4\angle 60°\ \text{V}$ 和 $\dot{V}_3 = 2\angle 45°\ \text{V}$，求三个元件串联后的总电压 V 的正弦表达式。

1.19 在题图 P1.19 所示的电路中，已知 $I_1 = I_2 = 0.1\text{A}$，$V = 10\text{V}$，相量 $\dot{I}$ 与 $\dot{V}$ 同相，求 I、R、X_L 和 X_C。

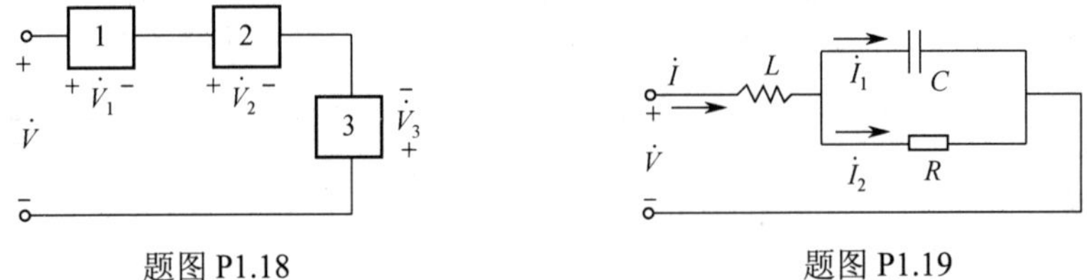

题图 P1.18　　　　题图 P1.19

1.20 额定容量为 40kW 的电源，额定电压为 220V，供照明电路使用。（1）如果使用额定电压为 220V、功率为 40W 的普通白炽灯，最多可以点亮多少只？（2）如果使用 220V、40W、$\cos\psi = 0.5$ 的日光灯，最多可以点亮多少盏？

1.21 什么是传递函数？什么是频率特性？

1.22 题图 P1.22 是一个移相电路，已知 $R = 100\Omega$，输入信号的频率为 500Hz，如果要求输出电压与输入电压的相位差为 45°，试求电容的值。

1.23 题图 P1.23 是一个移相电路，$C = 0.01\mu\text{F}$，输入电压 $v_i = \sqrt{2}\sin 6280t\ \text{V}$，如果要使输出电压超前输入电压 60°，应加多大的电阻 R？此时，输出电压的有效值是多少？

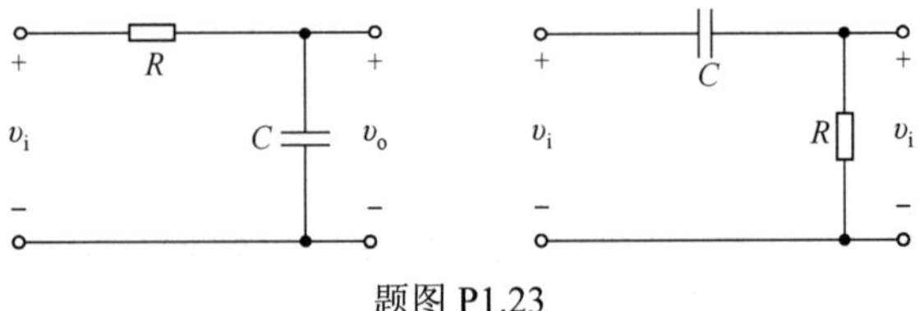

题图 P1.23

第 2 章　半导体二极管与等效模型

半导体二极管（Semiconductor Diode）是常用的半导体器件，是模拟电子线路（Analog Electronic Circuits）的重要组成部分。为了合理选择和正确使用这些器件，并为其他相关课程提供必要的基础知识，应详细讨论这些器件（Components）的工作原理、端口（Port）特性以及它们在电路中的基本模型。在后面的讨论中，我们将认识到：半导体器件均属于非线性器件（Nonlinear Device），若给这些器件设置适当的静态工作点（Quiescent Operation Point），且在小信号（Small Signal）工作条件下，则又可将它们视为线性器件（Linear Device）来处理；半导体二极管在电路中除了器件固有的特性，还与其所处的外部条件有关。本章首先介绍半导体和 PN 结（Positive-Negative Junction）的导电特性；然后介绍不同外部条件下 PN 结或二极管的等效电路模型（Circuit Models）；最后逐一介绍常用二极管器件在电路中的基本应用。

2.1　半导体的导电特性

电阻率（Resistivity）的大小决定了物体的导电性能。根据电阻率大小的不同，物质可分为导体（Conductor）、半导体（Semiconductor）和绝缘体（Insulators）三类。通常将电阻率小于$10^{-4}\,\Omega\cdot cm$ 的容易导电的物体称为导体，金属一般都是导体，如金、银、铜、铝等，它们具有良好的导电性能；将电阻率大于 $10^{10}\Omega\cdot cm$ 的几乎不导电的物体称为绝缘体，如陶瓷、云母、橡胶和塑料等，它们不传导电流；将电阻率为$10^{-3}\sim10^{9}\Omega\cdot cm$ 的物体称为半导体，如目前制造半导体器件最常用的材料硅（Si）、锗（Ge）和砷化镓（GaAs）等，它们的导电性能介于导体和绝缘体之间。

2.1.1　本征半导体

1．原子结构与简化模型

半导体的导电性能与其原子结构（Atomic Structure）有关。原子由带正电的原子核（Atomic Nucleus）和带负电的分层绕核运动的电子（Electron）组成。原子最外层的电子称为价电子（Valence Electron），物体的许多物理和化学性质都是由这些价电子决定的。物质不同，原子序数也不同。例如，硅（Silicon）原子的质子数为 14，锗（Germanium）原子的质子数为 32，它们的价电子结构如图 2-1-1 所示。

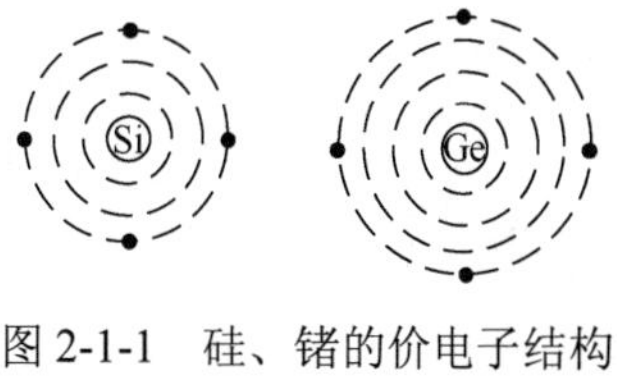

Si　Ge

图 2-1-1　硅、锗的价电子结构

从原子核的电子云（Electron Cloud）结构分布可知，它们的核外电子数分别是 14 和 32，且它们的最外层都有 4 个价电子，属于四价元素，整个原子的质子数和电子数相等，呈电中性（Electric Neutrality）状态。

2．本征半导体和本征激发

纯净的硅和锗都可以构成晶体（Crystal），晶体原子是有规则地排列的，并通过价电子组成的共价键（Covalent Bond）将相邻原子牢固地联系在一起。所谓共价键，是指相邻两个原子通过共用电子对形成的结合形式。在硅和锗晶体中，每个原子都有 4 个价电子，它与相邻的 4 个原子组成 4 个共价键。图 2-1-2 是硅、锗的共价键平面分布图。

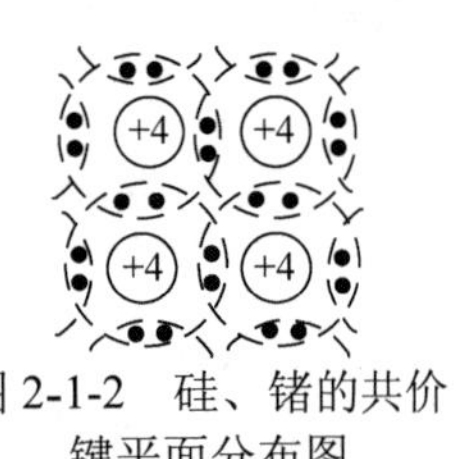

图 2-1-2 硅、锗的共价键平面分布图

晶体又分为单晶（Monocrystal）和多晶（Polycrystal）两种，整块晶体内局部晶格排列方向完全一致的称为单晶，各局部晶格排列方向不完全一致的称为多晶。纯净的、结构完整的半导体晶体称为*本征半导体*（Intrinsic Semiconductor）。它们是制造半导体器件的基本材料，所以半导体管又称*晶体管*（Transistor）。

本征半导体在热力学温度 T = 0K（K 为开氏温度单位，0K 对应−273.15℃）和没有外界激发的条件下，其价电子都束缚在共价键上不能移动，称为*束缚电子*（Bound Electron），由于没有载流子（Carrier）的移动，这时半导体不导电，相当于绝缘体。当温度上升或受到光照时，部分价电子获得能量挣脱共价键的束缚，成为自由电子（Free Electron），同时在共价键上留下与其数量相等的“空位”（空穴），这种现象称为*本征激发*（Intrinsic Excitation）或*热激发*（Thermal Excitation）。当共价键中出现空位时，相邻原子的价电子就比较容易离开它所在的共价键，填充到这个空位上，那个失去价电子的共价键又留下新的空位，这个空位又可被相邻原子的价电子填充，以此类推，便形成了空位的移动。由于带负电荷的价电子依次填充空位的作用与带正电荷的粒子做反方向运动的效果相同，因此可将空穴（Hole）的移动视为带正电荷的载流子的移动。可见，半导体中能参与导电的载流子有两种，即自由电子和空穴。在热激发作用下，两种载流子总是成对出现的，因此在本征半导体中，自由电子和空穴的数量总是相同的。热激发在产生自由电子−空穴对（Free Electron Hole Pair）的同时，自由电子也可能跳入空穴，重新为共价键束缚，自由电子与空穴同时消失，这种现象称为复合（Recombination）。

3．本征载流子浓度

本征激发产生载流子，随着载流子浓度的增加，复合作用也在加强。当温度一定时，载流子的产生与复合达到动态平衡，本征载流子浓度为某一热平衡值。如果温度升高，那么载流子的产生与复合会在新的、较大浓度值的基础上达到新的平衡。我们用 n_0 表示热平衡时的自由电子浓度，用 p_0 表示空穴浓度，它们统称为*本征载流子浓度*，用 n_i 表示。由于它们的数量相同，且分别带负电和正电，半导体仍呈电中性状态，所以两种载流子浓度值的乘积恒为 $n_0 p_0 = n_i^2$。

根据固态物理理论（在费米−狄拉克分布的玻尔兹曼近似条件下），本征半导体载流子的热平衡浓度值 n_i 为

$$n_i = A_0 T^{\frac{3}{2}} e^{-\frac{E_{g0}}{2kT}} \tag{2-1-1}$$

式（2-1-1）中，A_0 是与半导体材料有关的一个比例系数，硅的 $A_0 = 3.88 \times 10^{16}\,\text{cm}^{-3}\text{K}^{-3/2}$，锗的 $A_0 = 1.76 \times 10^{16}\,\text{cm}^{-3}\text{K}^{-3/2}$；$T$ 为开氏温度；E_{g0} 是温度 T = 0K（热力学零度）时的禁带宽度，其单位为电子伏特（eV）（硅的禁带宽度为 1.21eV，锗的禁带宽度为 0.785eV）；k 为玻

尔兹曼常数，采用不同单位时可以表示为 $k = 8.63\times10^{-5}$ eV/K = 1.38×10^{-23} J/K。

由式（2-1-1）可知，本征半导体中载流子的浓度值取决于禁带宽度 E_{g0} 和温度 T。半导体材料一定时，n_i 将随温度的增加而按指数规律增大。例如，在常温 $T = 300$K（室温 27℃）下，本征硅的 $n_i \approx 1.5\times10^{10}\,\text{cm}^{-3}$，本征锗的 $n_i \approx 2.4\times10^{13}\,\text{cm}^{-3}$；而温度每升高 11℃，本征硅的 n_i 就增大一倍，温度每升高 12℃，本征锗的 n_i 也增大一倍。可见，本征半导体的载流子浓度随温度的变化十分敏感，因此，半导体器件的导电性能与温度变化密切相关。值得说明的是，温度变化不仅是外界环境变化的结果，而且与器件消耗电能而产生的热能密切相关。

本征载流子在常温条件下的浓度看起来似乎很大，但它仅占原子密度很小的百分比。例如，硅原子的浓度为 $5\times10^{22}\,\text{cm}^{-3}$，$n_i$ 只相当于其原子密度的三万三千亿分之一。可见，本征半导体的导电能力很弱。为了改善半导体的导电性能，可在本征半导体中掺入杂质，制成杂质半导体。

2.1.2　杂质半导体

在本征半导体中，掺入微量特定的杂质元素，就成为杂质半导体（Doped Semiconductor）。根据掺入杂质性质的不同，杂质半导体可分为电子型半导体（Negative-type Semiconductor）和空穴型半导体（Positive-type Semiconductor）两类，简称 N 型半导体和 P 型半导体。

1．N 型半导体

在本征半导体中，掺入微量的五价元素如磷（Phosphorus）的杂质，可使晶体中的自由电子浓度大大增加，这种以自由电子为主要载流子的杂质半导体称为 N 型半导体。

由于五价元素的原子有五个价电子，将它掺入本征硅，用来代替晶体中的四价元素原子时，五价元素原子的四个价电子将与周围的四个硅原子以共价键形式相结合，多余一个不受共价键束缚的价电子，这个价电子在室温条件下获得的热能足以使它挣脱原子核的吸引而成为自由电子，如图 2-1-3 所示。可见，磷原子在晶体中电离产生一个自由电子，杂质原子便成为带一个电子电荷量的正离子，正离子束缚在晶体的空间点阵中，不能移动，也不能像空穴那样起导电作用。能释放自由电子的杂质称为*施主杂质*（Donor Impurity）。杂质原子电离释放的自由电子不是共价键的价电子，因此不产生空穴，这与本征激发是不同的。

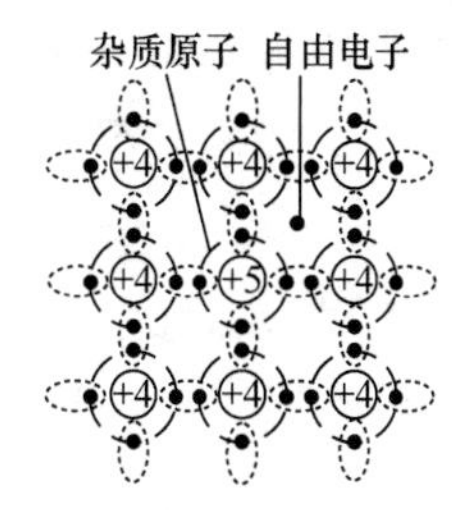

图 2-1-3　N 型半导体结构示意图

室温下，在 N 型半导体中，热激发产生自由电子-空穴对，杂质原子全部电离也产生自由电子，因此在 N 型半导体中，自由电子为多数载流子（Majority Carriers），简称*多子*；空穴为少数载流子（Minority Carriers），简称*少子*。与本征半导体一致，N 型半导体中自由电子和空穴的浓度也会随着本征激发与本征复合两种运动达到动态平衡（Dynamic Balance）。动态平衡时的浓度分布满足如下关系：

$$n_{n0} \cdot p_{n0} = n_i^2 \tag{2-1-2}$$

式中，n_{n0} 和 p_{n0} 分别表示 N 型半导体中自由电子和空穴的热平衡浓度，二者浓度的乘积恒等于同等温度下本征载流子浓度的平方。

本征半导体掺杂后，整块杂质半导体内应保持电中性，即正、负电荷的数量相等。室温下，杂质原子全部电离，在 N 型半导体中，自由电子浓度等于正离子浓度和空穴浓度之和。当施主杂质的浓度用 N_D 表示时，通常 $N_D \gg p_{n0}$，则 N 型半导体的电中性方程式可以表示为

$$n_{n0} = N_D + p_{n0} \approx N_D \tag{2-1-3}$$

根据式（2-1-2），可求得 N 型半导体中的少子浓度为

$$p_{n0} \approx \frac{n_i^2}{N_D} \tag{2-1-4}$$

2. P 型半导体

在本征半导体中掺入微量的三价元素（如硼）的杂质，可使晶体中的空穴浓度大大增加，这种以空穴为主要载流子的半导体称为 P 型半导体（或空穴型半导体）。

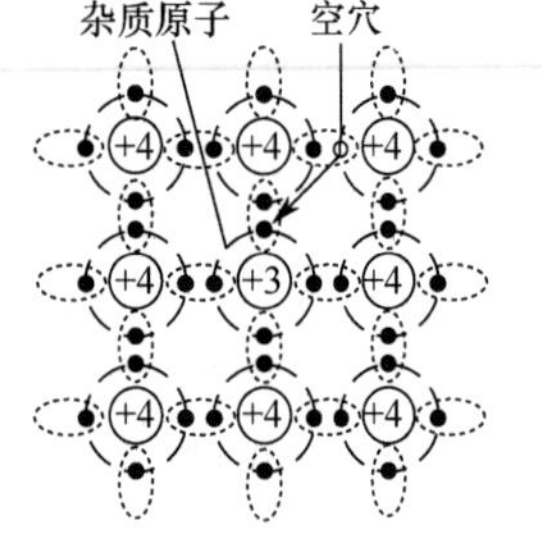

图 2-1-4 P 型半导体结构示意图

由于三价元素原子的最外层只有三个价电子，因此，当它与附近的硅原子形成共价键时，还缺少一个价电子，这样，硼原子就具有从附近的硅原子夺取一个价电子来填充这个空位的能力。常温下，相邻原子的价电子很容易填补这个空位，硼原子产生电离获得一个价电子，变成带负电的硼离子，如图 2-1-4 所示。可见，杂质原子电离产生空穴的同时，并未产生新的自由电子，负离子束缚在晶体的空间点阵中，不能移动，也不能像自由电子那样起导电作用。能接受一个电子的杂质原子称为受主杂质（Acceptor Impurity）。

室温下，在 P 型半导体中，由于热激发产生自由电子-空穴对，杂质原子全部电离也产生空穴，空穴的数量多于自由电子的数量，因此，在 P 型半导体中，空穴为多子，自由电子为少子。

P 型半导体中自由电子和空穴的浓度也随着载流子产生与复合两种运动达到动态平衡；两种载流子达到动态平衡时的浓度同样满足如下关系式：

$$p_{p0} \cdot n_{p0} = n_i^2 \tag{2-1-5}$$

式中，p_{p0} 和 n_{p0} 分别是 P 型半导体中空穴和自由电子的浓度，类似于 N 型半导体中的关系，P 型半导体热平衡时的载流子浓度也可表示为

$$p_{p0} = N_A + n_{p0} \tag{2-1-6}$$

式中，N_A 是受主杂质浓度，通常 $N_A \gg n_{p0}$，所以多子的浓度 $p_{p0} \approx N_A$，而少子的浓度可以近似表示为

$$n_{p0} \approx \frac{n_i^2}{N_A} \tag{2-1-7}$$

由以上分析可知，杂质半导体的多子浓度值近似等于掺杂浓度值，而少子浓度反比于掺杂浓度，正比于 n_i^2。因此，当温度上升时，多子浓度几乎不变，而少子浓度则迅速增大，可见，少子的浓度随温度变化是影响半导体器件特性的主要因素。

【例 2-1-1】 一块本征硅片中掺入五价元素砷，浓度 $N_D = 8\times10^{16}\text{cm}^{-3}$，求室温 $T = 300\text{K}$ 下自由电子和空穴的热平衡浓度值。

解： 五价元素砷为施主杂质，室温下杂质全部电离，多子为自由电子，掺杂后的半导体为 N 型半导

体。已知 $N_D = 8\times10^{16}\,\text{cm}^{-3}$，其值远大于硅片中的本征载流子浓度 n_i（$n_i = 1.5\times10^{10}\,\text{cm}^{-3}$），故多子自由电子的浓度值为

$$n_{n0} = N_D + p_{n0} \approx N_D = 8\times10^{16}\,\text{cm}^{-3}$$

相应地，少子空穴的浓度值可以表示为

$$p_{n0} = \frac{n_i^2}{n_{n0}} \approx \frac{n_i^2}{N_D} = 2.8\times10^3\,\text{cm}^{-3}$$

【例 2-1-2】 有一 N 型半导体，假设 N_D 远大于 n_i，那么可以认为多子的浓度值 $n_{n0} \approx N_D$。但是，如果假设条件不成立，即 N_D 并非远大于 n_i，则自由电子浓度就不等于施主杂质浓度 N_D。以电中性为前提，推算任意 N_D 值时 n_{n0} 和 p_{n0} 的表达式。

解：由于该杂质半导体呈电中性，所以

$$N_D + p_{n0} = n_{n0}$$

在 N 型半导体中，热平衡浓度值 n_{n0}、p_{n0} 的乘积恒等于本征载流子浓度的平方，即

$$n_{n0} \cdot p_{n0} = n_i^2 \quad \Rightarrow \quad p_{n0} = \frac{n_i^2}{n_{n0}}$$

将上式代入 $N_D + p_{n0} = n_{n0}$ 得 $n_{n0}^2 - n_{n0} \cdot N_D - n_i^2 = 0$，解此一元二次方程，可得

$$n_{n0} = \frac{N_D}{2} \pm \sqrt{\left(\frac{N_D}{2}\right)^2 + n_i^2}$$

因为 n_{n0} 一定为正，式中的根号前应取正号。如果 $N_D \gg n_i$，那么 $n_{n0} \approx N_D$；而当 $N_D = 0$ 时，自由电子浓度值 $n_{n0} = n_i$，即

$$n_{n0} = \frac{N_D}{2} + \sqrt{\left(\frac{N_D}{2}\right)^2 + n_i^2}$$

有关空穴浓度的表达式也可推导如下。

将 $n_{n0} = \dfrac{n_i^2}{p_{n0}}$ 代入方程 $N_D + p_{n0} - n_{n0} = 0$ 可得

$$p_{n0}^2 + p_{n0} \cdot N_D - n_i^2 = 0 \quad \Rightarrow \quad p_{n0} = -\frac{N_D}{2} \pm \sqrt{\left(\frac{N_D}{2}\right)^2 + n_i^2}$$

同样，p_{n0} 的值也为正，所以上式根号前应取正号，即

$$p_{n0} = -\frac{N_D}{2} + \sqrt{\left(\frac{N_D}{2}\right)^2 + n_i^2}$$

2.1.3　半导体中的漂移电流与扩散电流

半导体与导体不同，导体中只有自由电子这一种载流子参与导电，而半导体中有两种载流子（自由电子和空穴）同时参与导电。因此，半导体与导体的导电机理是不同的。为了说明半导体的导电机理，下面首先介绍半导体中的漂移电流和扩散电流。

1．漂移电流

在外加电场（Electric Field）的作用下，半导体中的载流子在热骚动状态下产生定向运动，其中自由电子产生逆电场方向的运动，空穴产生顺电场方向的运动。载流子在电场力的作用下形成的定向运动称为*漂移运动*（Drift Motion），由此产生的电流称为*漂移电流*（Drift Current）。可见，半导体中的漂移电流为两种载流子漂移电流之和，且电流流向与电场方向一致。

通过单位截面积的漂移电流称为漂移电流密度（Current Density）。根据电学理论，单位体积内的电子电荷量（$-nq$）与平均漂移速度$\overline{v}_n$($\mu_n E$)的乘积为电子漂移电流密度J_{nt}，其欧姆定律的微分表达式为

$$J_{nt}=-(-q)n\mu_n E=qn\mu_n E \tag{2-1-8}$$

同样，空穴漂移电流密度为

$$J_{pt}=qp\mu_p E \tag{2-1-9}$$

因此，总漂移电流密度为

$$J_t=J_{nt}+J_{pt}=q(n\mu_n+p\mu_p)E \tag{2-1-10}$$

式中，n、p 分别为自由电子和空穴的浓度，q 是电子电量（Electronic Voltmeter），E 为外加电场强度（Electric-field Intensity），μ_n、μ_p 分别为自由电子和空穴的迁移率（Mobility）。迁移率是单位场强下的平均漂移速度（Average Drift Velocity），其单位是 $cm^2/V\cdot s$（V 代表伏特，s 代表秒）。

半导体材料不同，载流子的迁移率（Carrier Mobility）也不同。在同一半导体材料中，自由电子的迁移率比空穴的大。这是因为空穴导电实际上是价电子在共价键内依次填补空位的移动，不如自由电子移动那样容易。迁移率影响半导体器件的工作速度或工作频率，采用迁移率大的材料（例如 GaAs，其μ_n = 8500cm^2/V·s，μ_p = 400cm^2/V·s）可以制成工作速度或工作频率高的半导体器件。

半导体的导电能力还可用电导率（Electronic Conductivity）来表示，电导率的单位是 S/cm（西门子/厘米）。对于本征半导体，因 $n=p=n_i$，故电导率为

$$\sigma_i=qn_i(\mu_n+\mu_p) \tag{2-1-11}$$

对于 N 型半导体，通常满足 $n_{n0}\gg p_{n0}$，$n_{n0}\approx N_D$，故电导率为

$$\sigma_n=q(n_{n0}\mu_n+p_{n0}\mu_p)\approx q\mu_n N_D \tag{2-1-12}$$

对于 P 型半导体，由于 $p_{p0}\gg n_{p0}$，$p_{p0}\approx N_A$，故电导率为

$$\sigma_p=q(n_{p0}\mu_n+p_{p0}\mu_p)\approx q\mu_p N_A \tag{2-1-13}$$

【例 2-1-3】 求室温 $T=300K$ 下本征半导体硅和掺杂浓度为 $N_D=5\times10^{16}\ cm^{-3}$ 的 N 型半导体硅的电导率（$T=300K$ 时，硅的 $\mu_n=1300cm^2/V\cdot s$，$\mu_p=500cm^2/V\cdot s$）。

解： 由式（2-1-11）可求本征半导体硅的电导率为

$$\sigma_i=qn_i(\mu_n+\mu_p)=1.6\times10^{-19}\times1.5\times10^{10}\times1800=4.32\mu S/cm$$

由式（2-1-12）求得 N 型半导体硅的电导率为

$$\sigma_n\approx q\mu_n N_D=1.6\times10^{-19}\times1300\times5\times10^{16}=10.4S/cm$$

可见 N 型半导体硅的电导率比本征半导体高六个数量级。杂质半导体中多子的浓度远大于本征半导体中载流子的浓度，所以其导电性能得到了极大的改善。

2．扩散电流

在本征半导体中，本征激发（Intrinsic Excitation）吸收热能产生成对的载流子，本征复合释放热能使载流子成对地减少，热平衡时，空穴与电子两种载流子的数量相等，浓度一致，空穴与电子两种载流子称为平衡载流子（Equilibrium Carriers）。如果在本征半导体中掺入施主杂质，那么本征半导体成为 N 型半导体，电子浓度由 n_i 增至 n_{n0}，空穴浓度则由 p_i（$p_i=n_i$）降至 p_{n0}，这里 n_{n0} 为平衡多子浓度，p_{n0} 为平衡少子浓度。

处于热平衡状态且半导体受到光照射时，价电子吸收光能产生激发，挣脱共价键的束缚成为载流子。因此，光照使得自由电子比平衡时多出一部分，空穴也多出一部分，且多出的部分数量相等，光照产生的这部分载流子称为*非平衡载流子*（Non-equilibrium Carriers）。对 N 型半导体来说，多出的这部分电子称为*非平衡多数载流子*（Non-equilibrium Majority Carrier），多出的这部分空穴称为*非平衡少数载流子*（Non-equilibrium Minority Carrier）。

若将某种载流子注入半导体，且该载流子浓度大于平衡时的浓度，则由于浓度梯度（Gradient）的不同，载流子将从浓度高的地方向浓度低的地方扩散。例如，在图 2-1-5 所示的 N 型半导体的左端设法注入空穴，使左端的空穴浓度增大，显然，这些空穴成为 N 型半导体的非平衡少子。由于浓度差的存在，会有相当一部分空穴从左向右运动。这样，在热运动（Thermal Motion）的基础上，载流子从较高浓度区域向较低浓度区域的定向运动称为*扩散运动*（Diffusional Motion）。载流子扩散运动形成的电流称为*扩散电流*（Diffusional Current）。

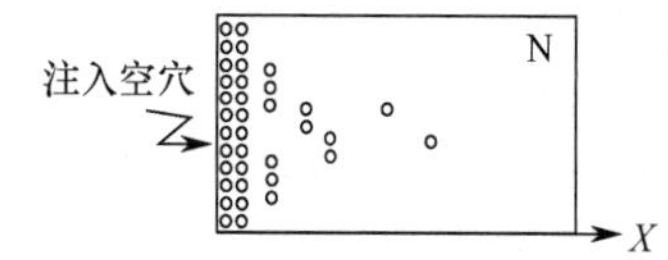

图 2-1-5　非平衡少子的扩散示意图

在 N 型半导体中，将空穴浓度 p 随 x 方向的变化率记为浓度梯度 dn/dx，单位时间内，因扩散运动通过单位截面积的空穴数量与浓度梯度成正比。因此，沿 x 正方向的空穴扩散电流密度 J_{pd} 可以表示为

$$J_{\mathrm{pd}}=-qD_{\mathrm{p}}\frac{\mathrm{d}p}{\mathrm{d}x} \tag{2-1-14}$$

同理，若在 P 型半导体中注入电子，则自由电子扩散电流密度 J_{nd} 为

$$J_{\mathrm{nd}}=-(-q)D_{\mathrm{n}}\frac{\mathrm{d}n}{\mathrm{d}x}=qD_{\mathrm{n}}\frac{\mathrm{d}n}{\mathrm{d}x} \tag{2-1-15}$$

式（2-1-14）和式（2-1-15）中，q 为电子电量（1.6×10^{-19} C），比例常数 D_{p}、D_{n} 分别称为空穴、自由电子的*扩散系数*（Diffusion Coefficient），单位为 cm^2/s，它们的大小反映了扩散运动的难易程度。当浓度梯度一定时，扩散系数越大的材料，其扩散电流也越大，因此，扩散系数是影响半导体器件导电性能的一个重要参数。当 x 增加时，空穴浓度 p 减小，故 dp/dx 为负值。为使 J_{pd} 为正值，在式（2-1-14）中加了一个负号；同理，当自由电子浓度 n 沿 x 方向减小时，dp/dx 为负值，即电子扩散电流密度为负值，表明自由电子扩散电流方向与浓度减小方向相反。

扩散系数 D 和迁移率 μ 都反映了载流子在半导体中定向运动的难易程度，它们之间存在内在联系，爱因斯坦 1905 年发现，对于同一种材料，它们之间的关系如下：

$$\frac{D_{\mathrm{p}}}{\mu_{\mathrm{p}}}=\frac{D_{\mathrm{n}}}{\mu_{\mathrm{n}}}=\frac{kT}{q}=V_{\mathrm{T}} \tag{2-1-16}$$

上式称为*爱因斯坦关系式*，它具有电压（Voltage）的量纲，该电压与温度有关，用热电压 V_{T}（Thermal Voltage）表示。式（2-1-16）中，K 为玻尔兹曼常数，q 为电子电量，T 为开氏温度。当 T = 300K 时，可求得 $V_{\mathrm{T}}\approx0.026$V。一般而言，在讨论半导体器件的性能时，均假定在室温（T = 300K）条件，所以热电压 V_{T} 常用 26mV 表示。

综上所述，半导体中有两种电流，一种是电场作用下载流子的漂移电流，另一种是由非平衡少子的浓度差引起的扩散电流。在半导体器件中，这两种电流往往同时存在，因此掌握这两种电流的特点，特别是扩散电流的性质，对于理解半导体器件的工作原理十分重要。

2.2 PN 结与半导体二极管

PN 结是结型半导体器件的核心，是学习和分析半导体器件与集成电路（Integrated Circuit）的基础。本节主要讨论 PN 结的形成、PN 结的单向导电性（Unilateral Conductivity）、PN 结电容（Junction Capacitance）和 PN 结击穿（Breakdown）等。

在同一块半导体的两边，若采用杂质注入的方法分别掺入不同的杂质，使一部分呈 N 型半导体，另一部分呈 P 型半导体，则在 P 型半导体与 N 型半导体的交界面处就会形成 PN 结。根据 P 区与 N 区的掺杂浓度是否相等，PN 结分为对称结（Symmetric Junction）和不对称结（Asymmetric Junction）。两个区中有效掺杂浓度相等的 PN 结记为对称结。实际的 PN 结都是不对称结，其中 P 区掺杂浓度大于 N 区的记为 $P^{+}N$ 结，N 区掺杂浓度大于 P 区的记为 PN^{+}结。

半导体二极管是由 PN 结加上管壳与引线构成的。PN 结和二极管本质上相同，关注物理学概念时使用 PN 结，关注电路设计时往往使用二极管。

2.2.1 动态平衡时的 PN 结

1. PN 结的形成

采用杂质扩散形成的半导体，一边为 P 型区，另一边为 N 型区，它的平衡结构示意图如图 2-2-1 所示。

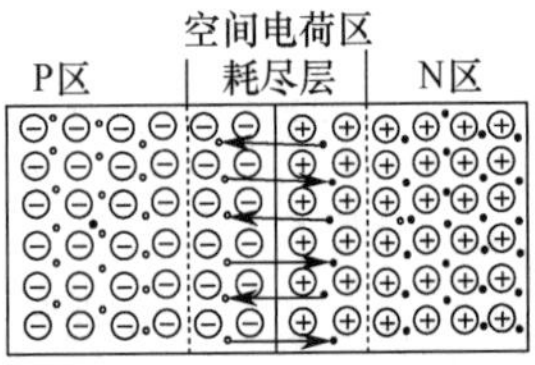

空间电荷区
P区 耗尽层 N区

图 2-2-1 PN 结的形成

常温下，P 型区的受主杂质（Acceptor Impurity）原子电离为负离子（Anion）（图中用⊖表示），产生大量的空穴（图中用∘表示），因此空穴是 P 区的多子，而自由电子（图中用 • 表示）由本征激发（Intrinsic Excitation）产生，是 P 区的少子。N 型区的施主杂质（Donor Impurity）原子电离为正离子（Positive Ion）（图中用⊕表示），产生大量的电子（Electron）（自由电子），因此 N 区中的自由电子是多子，空穴是少子。由于两区中的多子浓度均远大于对方的少子浓度，在交界面附近，两区同类载流子之间出现浓度差，由于浓度差的存在，P 区内的空穴向右侧的 N 区扩散，这部分空穴穿过交界面到达右侧的 N 区，与 N 区的多子（自由电子）复合而成对消失；同样，N 区的多子（自由电子）向左穿过交界面到达 P 区，与 P 区的空穴复合。这样，在交界面的右侧（N 区），原子核因失去电子而仅剩下带正电的离子；在交界面的左侧（P 区），原子核因失去空穴仅剩下带负电的离子。在 P 区和 N 区的交界面处形成了一个空间电荷区，这个空间电荷区就是 PN 结。空间电荷区通常也称耗尽层（Depletion Layer）、阻挡层（Barrier Layer）、势垒区（Barrier Region）。

在空间电荷区内，正、负离子的数量相等，正、负离子之间产生由 N 区指向 P 区的内电场（Inner Electric Field）E。这个电场将阻止多子的扩散，同时使得 N 区中的少子空穴漂移到 P 区，P 区中的少子自由电子漂移到 N 区。当参与扩散运动的多子数量与参与漂移运动的少子数量相等时，达到动态平衡，形成 PN 结。显然，动态平衡时，空间电荷区内空穴的扩散电流密度 J_{pd} 与漂移电流密度 J_{pt} 大小相等、方向相反，净空穴电流密度为零，即

$$J_{pd} + J_{pt} = 0 \tag{2-2-1}$$

同理，动态平衡时，空间电荷区内，净电子电流密度也为零，即

$$J_{nd} + J_{nt} = 0 \tag{2-2-2}$$

可见，动态平衡下的 PN 结，空间电荷区内正、负离子的数量相等，空间电荷区的宽度保持一定，并具有一定的内建电位差（Build-up Potential）。

2. 内建电位差

图 2-2-2(a)显示了动态平衡时的不对称 PN 结。由图 2-2-2(b)可见，结区内不同点的电场强度不同，交界面处的电场强度最强，结边界处$(-x_p, 0)$或$(x_n, 0)$的电场强度为零，两个中性区没有电场。

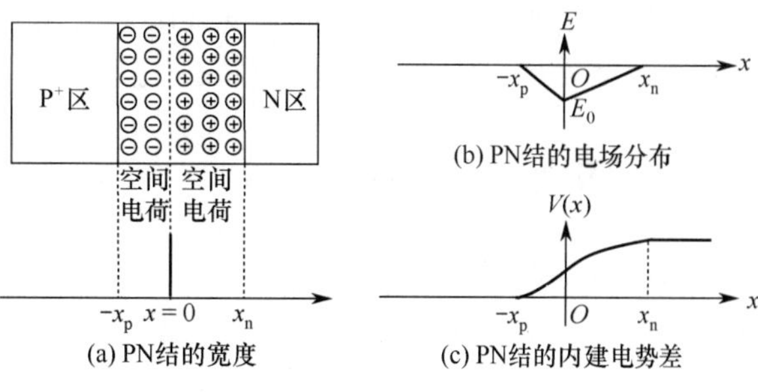

(a) PN结的宽度　(b) PN结的电场分布　(c) PN结的内建电势差

图 2-2-2　动态平衡时的不对称 PN 结

空间电荷区电场的存在，导致空间电荷区内各点的电位不同，如图 2-2-2(c)所示。由于电场中各点的电场强度为该点电位梯度的负值，即 $E(x) = -\mathrm{d}V/\mathrm{d}x$，故 PN 结两边界之间的电位差（用 V_d 表示）可以确定为

$$V_d = \int_{V(-x_p)}^{V(x_n)} \mathrm{d}V = -\int_{-x_p}^{x_n} E(x)\mathrm{d}x = -\int_{-x_p}^{x_n} \frac{J(x)}{\sigma}\mathrm{d}x \tag{2-2-3}$$

式中，$V(-x_p)$是靠近 P 区结边界的电位，其值最低；$V(x_n)$是靠近 N 区结边界的电位，其值最高，内建电位差是结两边界之间的电位差 $V_d = V(x_n) - V(-x_p)$。根据动态平衡，在阻挡层内，净空穴电流为零，即由式（2-2-1）和爱因斯坦关系式 $D_p/\mu_p = V_T$ 可得

$$V_d = \int_{V(-x_p)}^{V(x_n)} \mathrm{d}V = -V_T \int_{p_p}^{p_n} \frac{1}{p}\,\mathrm{d}p \tag{2-2-4}$$

在耗尽区内，当 x 从$-x_p$变到 x_n时，空穴浓度从 p_{p0}变到 p_{n0}，对应的电位从 $V(-x_p)$变到 $V(x_n)$，积分可得内建电位差为

$$V_d = V(x_n) - V(-x_p) = V_T \ln\frac{p_{p0}}{p_{n0}} \tag{2-2-5}$$

因为 $p_{p0} = N_A + n_{p0} \approx N_A$，$p_{n0} = n_i^2/n_{n0} \approx n_i^2/N_D$，将它们代入上式得

$$V_d \approx V_T \ln\frac{N_A N_D}{n_i^2} \tag{2-2-6}$$

上式表明，PN 结两边区域的杂质浓度越高，V_d 越大；温度升高时，因 n_i^2 增长很快，故 V_d随温度的上升而减小，通常温度每升高 1℃，V_d约减小 2.5mV。锗的 n_i 大于硅，因此硅的 V_d大于锗。室温下锗的 V_d为 0.2～0.3V，硅的 V_d为 0.5～0.7V。

3. 阻挡层宽度

从图 2-2-2(a)所示的 P^+N 结的平面结构示意图可知，如果结的截面积为 S，则阻挡层在 P 区一边的负电荷量为 $Q_- = -qSx_pN_A$，阻挡层在 N 区一边的正电荷量为 $Q_+ = qSx_nN_D$。它们的绝对值相等，即$|Q_-| = |Q_+|$。于是，阻挡层两侧的宽度与掺杂浓度的关系为

$$x_p = \frac{N_D}{N_A}x_n \tag{2-2-7}$$

上式表明，在阻挡层内，掺杂浓度高的一侧宽度较窄，掺杂浓度低的一侧宽度较宽，即阻挡层宽度主要向掺杂浓度低的一侧扩展。对于 P^+N 结，阻挡层宽度主要决定于 N 侧的宽度，有 $x_n > x_p$。实际上，PN 结的总宽度 $L_0 = x_n + x_p$ 很小，小到微米量级以下。

上面讨论的PN结由均匀掺杂的P型和N型半导体构成。因此，当交界面上的杂质分布出现突变时，这种PN结称为突变结（Abrupt Junction）；当交界面上的杂质分布是缓变的，这种PN结称为缓变结（Graded Junction）；当交界面上的杂质分布是超突变的时，这种PN结称为超突变结（Hyperabrupt Junction）。

2.2.2 PN结的导电特性

PN结的导电特性是指当PN结外加电压时，通过PN结的电流与外加电压之间的关系。根据其与电源正负极的连接方式，导电特性可分为正向特性和反向特性。

1．正向特性（外加正向偏置电压）

图2-2-3(a)所示为PN结外加正向电压时的情况，由图可见，外加电压源（Voltage Source）V_F的正端接P区、负端接N区，V_F形成的外电场与PN结内的电场方向相反。在这个外加电场的作用下，P区中的多子空穴和N区中的多子自由电子均向空间电荷区移动，当P区的一部分空穴进入空间电荷区后，就与一部分负离子中和，使P侧空间电荷数量减少。同样，当N区的一部分电子进入空间电荷区后，会和一部分正离子中和，使N侧空间电荷的数量减少，进而使得PN结宽度变窄。因此，这个方向的外加电压称为**正向电压**或**正向偏置电压**（Forward Bias Voltage）。在正向偏置电压的作用下，P区中的多子（空穴）源源不断地通过阻挡层注入N区，成为N区中的非平衡少子，并通过边扩散、边复合，在N区形成非平衡少子的浓度分布曲线$p_n(x)$。同理，N区中的多子（自由电子）也通过阻挡层注入P区，成为P区中的非平衡少子，并通过边扩散、边复合，建立少子浓度分布曲线$n_p(x)$。如图2-2-3(c)所示，图中的n_{p0}和p_{n0}分别是P区和N区中的热平衡少子浓度。

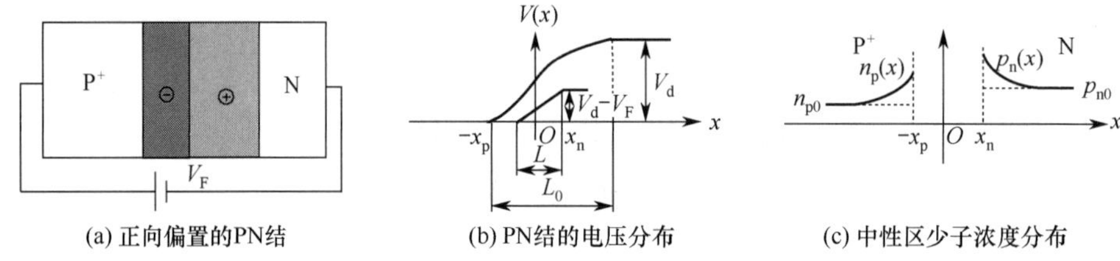

图2-2-3 正向偏置时的PN结

可见，外加正向偏置电压时，通过PN结的电流是由两个区的多子通过阻挡层的扩散而形成自P区流向N区的正向电流I_F。当外加电压V_F升高时，PN结的内电场进一步减弱，扩散电流随之增加，且呈指数（Exponent）规律增长。值得说明的是，当PN结在正向偏置时，PN结外加较小的增量电压就有较大的电流变化，正向导通电阻较小。

为了保证整个闭合回路（Closed-loop）中电流的连续性（Continuity），外电源必须源源不断地向P区和N区补充扩散和复合中损失的空穴和自由电子。

2．反向特性（外加反向偏置电压）

图2-2-4(a)所示为PN结外加反向电压时的情况，由图可见，外加电压源V_R的正端接N区、负端接P区，V_R形成的外电场方向与PN结内的电场方向相同。

这种连接方式称为PN结的**反向偏置**（Reverse Bias）。在这个外加电场的作用下，P区中的空穴和N区中的电子都会进一步离开PN结，使得PN结的宽度变宽，打破PN结的动态平衡状态，少子的漂移得到加强，多子的扩散受到抑制，即 $J_t > J_d$。这样，在内电场的作用下，P 区在阻挡层边界处的少子自由电子漂移到 N 区，N 区在阻挡层边界处的少子空穴漂移到 P 区，因此阻挡层两侧边界处的少子浓度近似为零，在 P 区和 N 区形成如图 2-2-4(c)所示的少子浓度分布。

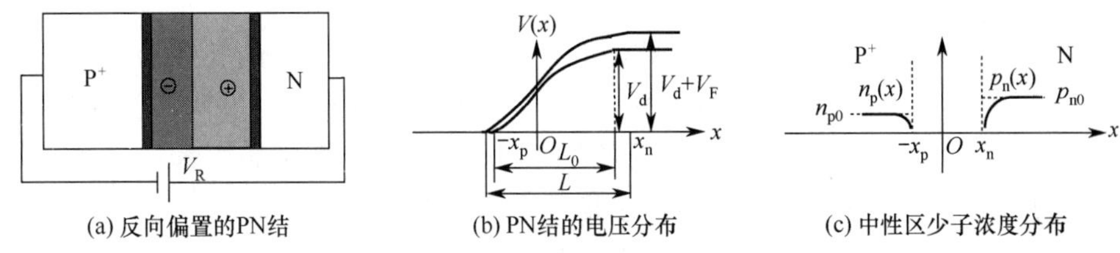

(a) 反向偏置的PN结　(b) PN结的电压分布　(c) 中性区少子浓度分布

图 2-2-4　反向偏置时的 PN 结

可见，外加反向偏置电压时，通过阻挡层的电流主要是由两中性区靠近阻挡层边界的少子在内电场作用下通过漂移而形成的自 N 区流向 P 区的反向电流 I_R。由于热平衡少子浓度远小于多子浓度，PN 结反向偏置时，少子形成的反向电流数值上远小于正向偏置时的电流。当反向电压的绝对值增大时，反向电流几乎不变，故又称反向电流为反向饱和电流（Reverse Saturation Current），用 I_S 表示。

由以上讨论可知，漂移电流的大小与少子的浓度有关。而少子的浓度与以下两方面的因素有关：

（1）半导体的掺杂浓度越高，相应的热平衡少子浓度就越小。

（2）温度升高，本征激发加剧，少子浓度增加。

可见，在半导体器件中，当掺杂浓度一定时，少子的浓度主要取决于温度，反向饱和电流随温度的上升而增大是影响半导体器件性能的重要因素。为了保证电路不受反向电流变化的影响，一般应选取温度性能较好的器件。硅 PN 结的 I_S 是 $10^{-9}\sim10^{-16}$ A，锗 PN 结的 I_S 是 $10^{-6}\sim10^{-8}$ A，因此，硅半导体的温度稳定性要比锗半导体的好。

3. PN 结的伏安特性

在半导体的 P 区与 N 区的交界面会形成 PN 结，流过 PN 结的电流 i_D 与 PN 结外加电压 υ_D 之间的关系称为 PN 结的伏安特性，它可近似地表示为

$$i_D = I_S\left(e^{\frac{\upsilon_D}{mV_T}} - 1\right) \tag{2-2-8}$$

式中，υ_D 为 PN 结两端的外加电压；I_S 为 PN 结的反向饱和电流，它由少数载流子形成，大小与 υ_D 无关；$V_T = kT/q$ 为热电压，室温时约为 26mV；m 为尺寸系数，它与 PN 结的制造工艺有关，典型值为 1～2，对于硅集成电路，m 值接近 1，在本书中，为了讨论问题方便，令 $m = 1$。可以看出，电流 i_D 服从指数分布，主要由多数载流子形成，大小与外加电压 υ_D 密切相关。

对于典型的 PN 结，通常端电压 υ_D 远大于 V_T。一个典型分立低功耗硅 PN 结要形成 1mA 的电流，需要 υ_D 值约为 0.7V，若 $m = 1$，则 $\upsilon_D / V_T \approx 27$，$e^{27} = 5.32\times10^{11}$，与 e^{27} 相比，可忽略式中的“−1”，则可得到

$$I_S = \frac{i_D}{e^{27}} \approx 1.88\times10^{-15}\ \text{A} \tag{2-2-9}$$

可见，二极管的反向饱和电流 I_S 极小，故流过二极管的电流 i_D 可按照以下方式处理：

（1）PN 结反向偏置时，$i_D \approx -I_S$。

（2）PN 结正向偏置时，其反向饱和电流可以忽略，电流 i_D 可以表示为

$$i_D = I_S e^{\frac{\upsilon_D}{V_T}} \tag{2-2-10}$$

在大多数应用中，PN 的反向饱和电流 I_S 都很小，使用传统测量方法很难测量，常将其忽略不计。

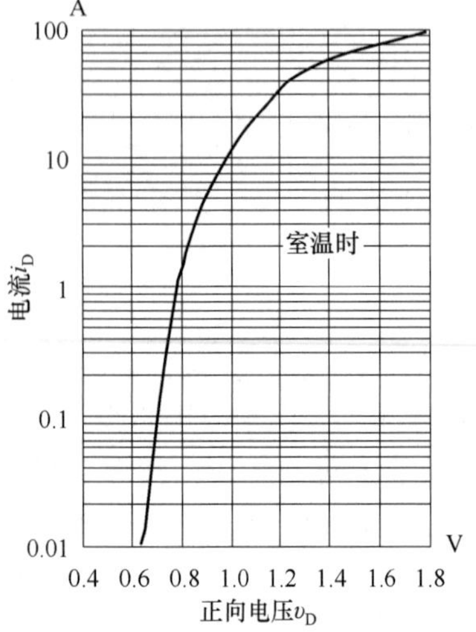

图 2-2-5　PN 结二极管的伏安特性曲线

图 2-2-5 所示为典型硅 PN 结二极管的伏安特性曲线（$I_S = 10^{-15}$A，$m = 1$）。由图 2-2-5 可见，当$\upsilon_D > 0.6$V 后，通过二极管的正向电流才出现明显增长，电流 i_D 与υ_D之间为理想指数关系（为了增大电流的表示范围，图中的纵坐标采用了对数形式）。当$\upsilon_D < 0.6$V 时，尽管$\upsilon_D > V_T$，根据式（2-2-9），二极管的反向饱和电流 I_S 仅为 10^{-15}A，因此，这时的正向电流仍然很小，可以认为二极管未导通，其伏安特性曲线与横轴重合。

为了进一步理解外加正向电压与流过 PN 结的电流之间的关系，可分析式（2-2-10）对应的数学表达式，得出电流成倍率增长对应的电压变化规律。可以发现，当二极管正向偏置时，流过 PN 结的电流成倍增长所对应的端电压υ_D的增量是一个常数。设电流 i_{D1} 和 i_{D2} 对应的端电压分别是υ_{D1}和υ_{D2}，根据式（2-2-10），可按下列方法来求取 i_{D1} 和 i_{D2}:

$$i_{D1} = I_S e^{\frac{\upsilon_{D1}}{V_T}},\quad i_{D2} = I_S e^{\frac{\upsilon_{D2}}{V_T}}$$

以上两式相比，可去掉反向饱和电流，即

$$\frac{i_{D2}}{i_{D1}} = e^{\frac{\upsilon_{D2} - \upsilon_{D1}}{V_T}} \tag{2-2-11}$$

当 $i_{D2}/i_{D1} = 2$ 时，式（2-2-11）两边同时取自然对数，可得$\upsilon_{D2} - \upsilon_{D1}$的值为

$$\upsilon_{D2} - \upsilon_{D1} = V_T \ln 2 = 0.693V_T = 18\text{mV} \tag{2-2-12}$$

可见，在室温下热电压 V_T = 26mV 的条件下，当$\upsilon_{D2} - \upsilon_{D1}$ = 18mV，即υ_D增加 18mV 时，会使电流 i_D 加倍；当υ_D增加 2×18mV = 36mV 时，i_D 增加为原来的 4 倍；当υ_D增加 3×18mV = 54mV 时，i_D 增加为原来的 8 倍；以此类推，当υ_D增加 180mV 时，i_D 增加为原来的 1024 倍。可见，电压很小的变化将导致电流的很大变化，也说明电流的适度变化对二极管正向电压的影响很小。

由上述分析，可以得出如下结论。

（1）当 PN 结加正向电压时，只有在正向电压大于阈值电压 V_{th}（图 2-2-5 中 V_{th} = 0.65V）时，正向电流才明显增加，电流 i_D 与υ_D之间为近似理想的指数关系。当 PN 结加反向偏置电压时，通过二极管的电流为反向电流，其值小到近似为零，相当于二极管处于截止状态。通常情况下，加正向电压时，二极管导通，加反向电压时，二极管截止，表现出明显的单向导电性。

（2）由于硅的本征载流子浓度比锗的低一千多倍，即硅二极管的反向饱和电流比锗的要小几个数量级，因此硅二极管的阈值电压比锗的大。锗二极管的阈值电压为 0.2～0.3V。

（3）由于二极管电流的适度变化对正向电压的影响很小，因此在实际应用中，二极管导通时的端电压可认为基本不变，这一点非常重要。

温度对 PN 结的影响是显著的。由电流方程可知，I_S 和 V_T 均与温度密切相关。当温度上升时，少子浓度增加，I_S 随温度的上升而迅速增加。因此，当 υ_D 大于 V_{th} 且为定值时，随着二极管温度的升高，流过二极管的电流也随之增加，伏安特性曲线向左移动；当二极管电流保持恒定时，随着结温的升高，二极管的阈值电压降低。温度每上升 1℃，正向导通电压减小 2～2.5mV。通常情况下，为了保证二极管正常安全地工作，应使其消耗的功率小于最大允许的功耗值。

2.2.3　PN 结的击穿特性

当 PN 结外加反向电压不大时，反向电流很小，但当反向电压增大到一定值时，反向电流急剧增大，这种现象称为 PN 结的*反向击穿*（Reverse Breakdown），如图 2-2-6 所示。反向击穿时对应的外加电压称为*击穿电压*（Reverse Breakdown Voltage），用 $V_{(BR)}$表示。PN 结的击穿有电击穿和热击穿（Thermal Breakdown）两种，其中电击穿又包括雪崩击穿（Avalanche Breakdown）和齐纳击穿（Zener Breakdown）。电击穿是可恢复的，热击穿是不可恢复的，这里主要介绍电击穿。

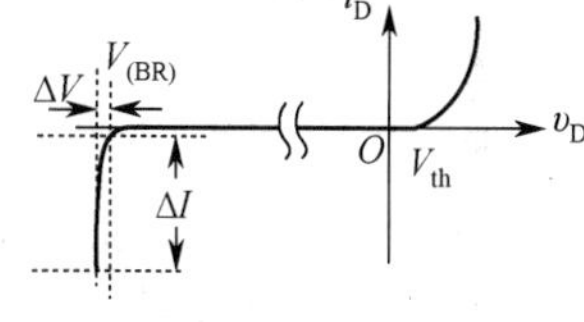

图 2-2-6　PN 结的击穿特性

1．雪崩击穿

PN 结反向电压增大时，阻挡层内部的电场增强，阻挡层中载流子的漂移速度加快，动能加大。当内电场增强到一定值时，一些获得足够能量的载流子在漂移过程中与原子发生“碰撞”，并将价电子从共价键中碰撞出来，产生自由电子-空穴对。新产生的载流子在强电场作用下，再碰撞其他的中性原子，又产生新的自由电子-空穴对。这样的连锁反应使得阻挡层中载流子的数量出现倍增效应，载流子浓度增长极快，在强电场的作用下，这些自由电子和空穴分别被吸入 N 区和 P 区，使反向电流急剧增大，这个过程就像雪崩一样，所以将这种因碰撞电离而产生的击穿称为*雪崩击穿*。

雪崩击穿不仅与电场强度有关，而且与阻挡层的宽度有关。因为载流子动能的积累，需要在电场作用下有个加速的过程，所以阻挡层越宽，越容易发生雪崩击穿。因此，雪崩击穿常发生在掺杂浓度较低的 PN 结中。阻挡层越宽，要达到碰撞电离要求的电场强度，所需的外加反向电压就越大，因此雪崩击穿的电压较高，其值随掺杂浓度的降低而增大。

2．齐纳击穿

当 PN 结两侧的掺杂浓度都很高时，阻挡层变得很薄，载流子在阻挡层内与中性原子碰撞的机会减小，因此不易发生雪崩击穿。但是，在这种阻挡层内，加上不大的反向电压，就能建立很强的电场（如超过 5×10^5V/cm），这样，阻挡层内一些原子的价电子就很可能被强电场直接从共价键中拉出来，产生自由电子-空穴对，这个过程称为*场致激发*（Field Excitation）。场致激发在极短的时间内使阻挡层内的载流子浓度剧增，进而导致反向电流急剧增加，这种场致激发引起的击穿称为*齐纳击穿*。可见，齐纳击穿发生在掺杂浓度较高的 PN 结中，对应的击穿电压较低，且其值随掺杂浓度的增加而减小。

3．击穿电压的温度特性

雪崩击穿电压具有正温度系数，因为温度升高时，晶格的热振动加剧，致使载流子运动的平均自由路程缩短。因此，在与原子碰撞前，由外加电场加速获得的能量减小，发生碰撞电离的可能性相应地减小。这时，只有提高反向电压，进一步增强电场，才能发生雪崩击穿。因此，雪崩击穿电压随温度升高而提高，具有正温度系数。

齐纳击穿电压具有负温度系数。因为温度升高时，被束缚在共价键中的价电子具有较高的能量状态，因此在电场作用下，比较容易挣脱共价键的束缚，产生自由电子–空穴对，形成场致激发。因此，齐纳击穿电压随温度升高而降低，具有负温度系数。

由上述讨论可知，两种击穿电压的温度系数恰好相反。一般来说，6V 以下的击穿属于齐纳击穿，高于 6V 的击穿主要是雪崩击穿。当稳压管的稳定电压约为 6V 时，两种击穿将同时发生，其温度系数可接近于零。

2.2.4 PN 结的电容特性

由 PN 结构成的二极管都存在结电容（Junction Capacitance）。在 PN 结两端外加电压时，外加电压的变化引起结区内和结边界处电荷量的变化，这种变化量的比值 dQ/dV 呈现出电容效应。因此，PN 结的电容 C_J 包含势垒（Barrier）电容 C_B 和扩散（Diffusion）电容 C_D，即

$$C_J = C_B + C_D \tag{2-2-13}$$

1．势垒电容 C_B

当 PN 结的反偏电压增大时，阻挡层宽度变宽，结区内存储的数值相等，极性相反的离子电荷量增加，相当于充电；当 PN 结的反偏电压减小时，阻挡层宽度变窄，结区内正、负离子电荷量减少，相当于放电。也就是说，外加 PN 结反偏电压的变化引起结区内电荷量的增、减效应与极板电容的充放电非常相似，因此将这种效应等效为势垒电容，用 C_B 表示：

$$C_B = \frac{dQ}{dV} \approx \frac{\Delta Q}{\Delta V} \tag{2-2-14}$$

由于势垒区的电荷量 Q 随外加反向偏置电压的变化而变化，且表现为非线性关系，因而在反向偏置电压的作用下，dQ/dV 体现的电容值 C_B 与外加反向偏置电压之间呈现非线性特性，它们之间的关系如图 2-2-7 所示，这条曲线称为变容特性曲线。

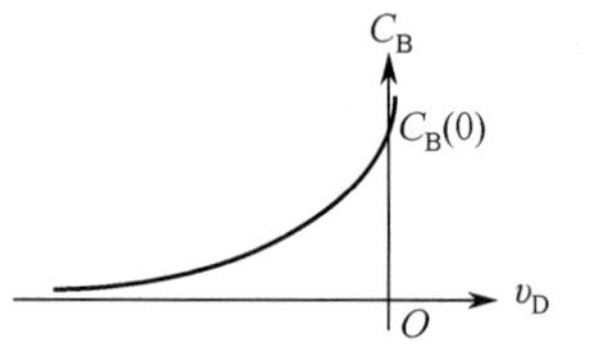

图 2-2-7 势垒电容与反向偏置电压的关系

经测试分析，C_B 可用式（2-2-15）来表示，式中的 V_d 为内建电位差；γ 为常数，称为变容指数，其值与 PN 结的工艺结构有关，对于突变结，变容指数 $\gamma = 1/2$，对于缓变结，$\gamma = 1/3$；对于超突变结，$\gamma = 1/2 \sim 6$。

$$C_B = \frac{C_B(0)}{(1 - \upsilon_D / V_d)^\gamma} \tag{2-2-15}$$

2．扩散电容

当 P^+N 结加正偏电压 V_F 时，流过结的扩散电流为 $I_D = I_F$。由于 P^+N 结正偏，P^+区的多子注入 N 区，成为该区的非平衡少子，结边界（x_n）处的浓度最大，其值为 $p_n(0)$；同理，

N 区中的多子也成为 P^+区中的非平衡少子，结边界（$-x_p$）处的浓度 $n_p(0)$值最大，浓度分布曲线如图 2-2-8 所示。

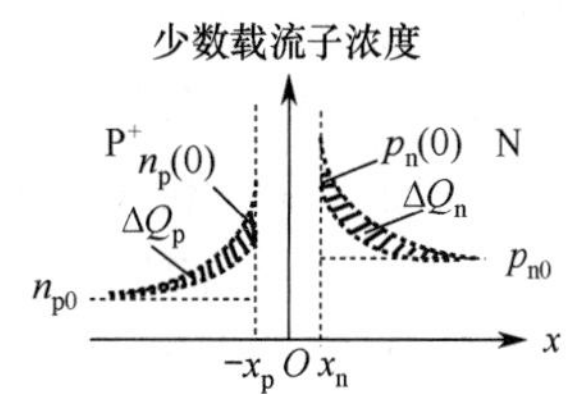

图 2-2-8　扩散电容与少子浓度分布曲线

由图可见，非平衡少子浓度 $p_n(0)$或 $n_p(0)$与正偏电压有关。当正偏电压增大 ΔV 时，注入对方区域的非平衡少子浓度也增加；因此，非平衡少子浓度分布曲线上移，即外加正向电压从 V 增加到 $V + \Delta V$ 时，正偏电压变化 ΔV，两条曲线之间的载流子浓度积分之差为电荷量的增量 ΔQ。显然，外加电压的变化使积累的载流子电荷量发生了变化。扩散电容 C_D 就是表征该电荷的变化量与外加电压变化量之比，即

$$C_D = \frac{dQ_p}{dV} + \frac{dQ_n}{dV} \tag{2-2-16}$$

（1）在中性区内，由于电中性的要求，P^+区向 N 区每注入一个非平衡少子，均有一个多子在它附近出现，于是构成了一个点电容。扩散电容 C_D 就是由无数个点电容构成的。在电中性的 P 型区和 N 型区，不仅有非平衡少子的积累，而且有相对应的非平衡多子的积累。高浓度掺杂的 P^+区与 N 区构成的不对称 P^+N 结的 C_D，主要是由 N 型中性区内非平衡少子空穴与非平衡多子电子的积累产生的。

（2）扩散电容本质上是 PN 结正偏时表现的一种微分电容效应，是分布电容，与势垒电容的本质不同，但可等效并联到 PN 结上。经推导，C_D 可转换为与电流的关系，即

$$C_D = K_D(I_D + I_S) \tag{2-2-17}$$

式中，K_D 为一常数，其值与 PN 结两边的掺杂浓度等有关；I_S 为反向饱和电流；I_D 为通过 PN 结的正向电流。通常扩散电容 C_D 比势垒电容 C_B 要大几个数量级。

由于 C_B 和 C_D 是并联的，所以 PN 结的总结电容为二者之和，即

$$C_J = C_B + C_D \tag{2-2-18}$$

由以上讨论可知，外加反向电压时，PN 结的电容 C_J 主要由势垒电容 C_B 决定；外加正向电压时，PN 结的电容 C_J 以扩散电容 C_D 为主。

注意，PN 结的结电容很小（一般为皮法量级），当 PN 结外加频率较低的交流信号时，结电容可以忽略，表现为明显的单向导电性；但是，当外加电压信号的频率较高时，由于结电容的影响，其单向导电性被破坏，这一点要特别关注。

2.2.5　二极管的主要参数类型

1．二极管的主要参数

半导体二极管由一个 PN 结及其所在的半导体，再加上电极引线和管壳构成的。二极管的主要参数如下。

（1）最大平均正向整流电流（Maximum Average Forward Rectified Current），表示为 I_{FM}。

最大平均正向整流电流是指二极管长期运行时，允许通过的最大正向平均电流，其大小取决于 PN 结的面积、材料和散热条件。由于电流通过管子时，PN 结要消耗一定的功率而发热，电流太大将使得 PN 结过热而烧毁。因此，使用时不要超过 I_{FM} 值。

（2）最高反向电压（Maximum Reverse Voltage），表示为 V_{RM}。

当反向电压增加到击穿电压 $V_{(BR)}$时，反向电流剧增，二极管的单向导电性被破坏，甚至因过热而烧毁。为了确保管子安全运行，V_{RM} 值通常取击穿电压的一半。

（3）反向电流（Reverse Current），表示为 I_R。

指管子未击穿时的反向电流最大值，其值越小，管子的单向导电性就越好。

（4）最高工作频率（Maximum Operating Frequency），表示为 f_M。

指二极管单向导电的最高工作频率，主要由管子的势垒电容和扩散电容决定。一般而言，结电容越大，最高的工作频率就越低。

二极管的参数是使用二极管的依据。二极管的参数可从半导体器件手册中查出。

2．二极管的类型

半导体二极管按功能不同，可分为整流二极管（Rectifier Diode）、稳压二极管（Regulator Diode）、变容二极管（Varactor Diode）、发光二极管（Light Emitting Diode，LED）、光电二极管（Photo Diode）、隧道二极管（Tunnel Diode）、检波二极管（Detector Diode）、参量二极管（Parameter Diode）等。下面仅就整流二极管、稳压二极管、变容二极管、发光二极管、光电二极管做简要的说明。

（1）整流二极管

整流二极管是一种用于将交流电转换为直流电的半导体器件，它最重要的特性就是单向导电性。通常它包含一个 PN 结，有正极和负极两个端子。整流二极管可用半导体锗、硅等材料制造。硅整流二极管的击穿电压高，反向漏电流小，高温性能好。通常整流二极管都用高纯度单晶硅制造，这种器件的结面积较大，能通过较大的电流，但工作频率不高，一般在几十千赫以下。整流二极管的符号如图 2-2-9 所示。

正 负

正 负

图 2-2-9 整流二极管的符号

选用整流二极管时，主要考虑其最大整流电流、最大反向工作电压、截止频率及反向恢复时间等参数。例如，常用的 1N4000 系列二极管的额定工作电流为 1A，对应的电气参数如表 2-1 所示，SM5390 系列二极管的额定工作电流为 1.5A，SM5400 系列二极管的额定工作电流为 3A，它们的参数分别如表 2-2 和表 2-3 所示。

表 2-1 1N4000 系列二极管的电气参数

型 号	1N4001	1N4002	1N4003	1N4004	1N4005	1N4006	1N4007
击穿电压	50V	100V	200V	400V	600V	800V	1000V
整流电流	1A	1A	1A	1A	1A	1A	1A

表 2-2 SM5390 系列二极管的电气参数

型 号	SM5391	SM5392	SM5393	SM5395	SM5397	SM5398	SM5399
击穿电压	50V	100V	200V	400V	600V	800V	1000V
整流电流	1.5A	1.5A	1.5A	1.5A	1.5A	1.5A	1.5A

表 2-3 1N5400 系列二极管的电气参数

型 号	1N5400	1N5401	1N5402	1N5404	1N5406	1N5407	1N5408
击穿电压	50V	100V	200V	400V	600V	800V	1000V
整流电流	3A	3A	3A	3A	3A	3A	3A

（2）稳压二极管

由图 2-2-6 可见，当 PN 结反向击穿时，其击穿电压为 $V_{(BR)}$。在 $V_{(BR)}$的基础上，反向电压只变化很小的 ΔV，由于曲线非常陡峭，由此引起的电流变化 ΔI 是很大的。或者说，当 PN 结处于反向击穿状态时，通过的电流变化很大，而反向的端电压几乎不变，这样一种特性被用来制成稳压二极管（Regulator Diode），其符号如图 2-2-10(a)所示。图 2-2-10(b)所示为稳压二极管构成的最简单的稳压电路，图中 R 是限流电阻，用来限制稳压管击穿时流过二极管的电流不超过允许值，稳压管正常工作时应处于反向击穿状态，输入端的电压 V 是不稳定的，而输出端的电压 V_Z 是稳定的。温度影响 PN 结的击穿电压，为了改善稳压电路的温度特性，很多电子设备常将两个温度系数相反的二极管串联起来，电路符号如图 2-2-11 所示。

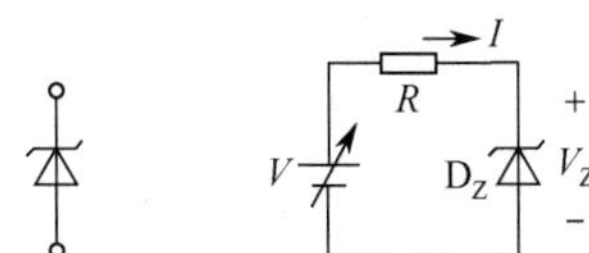

(a) 稳压二极管符号　(b) 简单稳压电路

图 2-2-10　稳压二极管符号及稳压电路

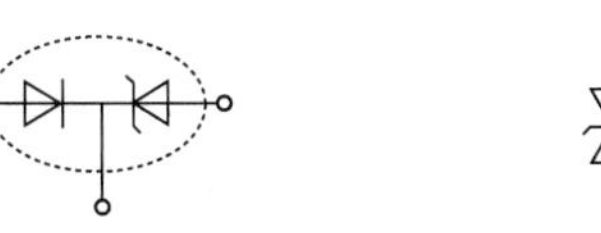

(a) 二极管与稳压二极管的连接　(b) 两个稳压二极管的连接

图 2-2-11　具有温度补偿的稳压管

图 2-2-11(a)是一个具有正温度系数的稳压管和一个具有负温度系数的二极管的串联，图 2-2-11(b)是两个正温度系数的稳压管的串联。可见，无论稳定电压是正电压还是负电压，总有一个稳压管被反向偏置，温度系数为正，而另一个稳压管为正向偏置，温度系数为负。这两种连接方式均具有温度补偿作用。

选择稳压管时，除了选用稳压管的稳定电压，还要注意稳压管的功率。表 2-4、表 2-5 和表 2-6 分别给出了常用额定功率稳压二极管的型号与参数。稳压二极管正常使用时，必须工作在击穿状态，I_{ZK} 决定了其正常工作时的最小电流，I_{ZM} 决定了其正常工作时的最大电流；正常使用时，流过稳压管的电流应介于 I_{ZK} 与 I_{ZM} 之间。由图 2-2-6 所示的 PN 结的反向击穿特性可以看出，二极管反向击穿电压不是一个定值，而在 I_{ZK} 与 I_{ZM} 之间，且其变化量为 ΔV，只是这个值很小，往往可以忽略。

表 2-4　常用 1W 稳压二极管的型号与参数

型　号	1N4728	1N4729	1N4730	1N4731	1N4732	1N4733	1N4734
稳压值	3.3V	3.6V	3.9V	4.3V	4.7V	5.1V	5.6V
I_{ZK}/mA	1	1	1	1	1	1	1
I_{ZM}/mA	276	252	234	217	193	178	162
型　号	1N4735	1N4736	1N4737	1N4738	1N4739	1N4740	1N4741
稳压值	6.2V	6.8V	7.5V	8.2V	9.1V	10V	11V
I_{ZK}/mA	1	1	0.5	0.5	0.5	0.25	0.25
I_{ZM}/mA	146	133	121	110	100	91	83
型　号	1N4742	1N4743	1N4744	1N4745	1N4746	1N4747	1N4748
稳压值	12V	13V	15V	16V	18V	20V	22V
I_{ZK}/mA	0.25	0.25	0.25	0.25	0.25	0.25	0.25
I_{ZM}/mA	76	69	61	57	50	45	41
型　号	1N4749	1N4750	1N4753	1N4754	1N4759	1N4761	1N4764
稳压值	24V	27V	36V	39V	62V	75V	100V
I_{ZK}/mA	0.25	0.25	0.25	0.25	0.25	0.25	0.25
I_{ZM}/mA	38	34	25	23	14	12	9

表 2-5　常用 500mW 稳压二极管的型号与参数

型　号	1N5226	1N5227	1N5228	1N5229	1N5230	1N5231	1N5232
稳压值	3.3V	3.6V	3.9V	4.3V	4.7V	5.1V	5.6V
I_{ZK}/mA	0.25	0.25	0.25	0.25	0.25	0.25	0.25
I_{ZM}/mA	138	126	115	106	97	89	81
型　号	1N5234	1N5235	1N5236	1N5237	1N5239	1N5240	1N5241
稳压值	6.2V	6.8V	7.5V	8.2V	9.1V	10V	11V
I_{ZK}/mA	0.25	0.25	0.25	0.25	0.25	0.25	0.25
I_{ZM}/mA	73	67	61	55	50	45	41
型　号	1N5242	1N5243	1N5245	1N5246	1N5248	1N5250	1N5252
稳压值	12V	13V	15V	16V	18V	20V	24V
I_{ZK}/mA	0.25	0.25	0.25	0.25	0.25	0.25	0.25
I_{ZM}/mA	38	35	30	28	25	23	19.1

表 2-6　常用 2W 的 2EZXXXX 系列稳压二极管的型号与参数

型　号	3.6D10	3.9D10	4.3D10	4.7D10	5.1D10	5.6D10	6.2D10
稳压值	3.6V	3.9V	4.3V	4.7V	5.1V	5.6V	6.2V
I_{ZK}/mA	1	1	1	1	1	1	1
I_{ZM}/mA	504	468	434	386	356	324	292
型　号	6.8D10	7.5D10	8.2D10	9.1D10	10D10	11D10	12D10
稳压值	6.8V	7.5V	8.2V	9.1V	10V	11V	12V
I_{ZK}/mA	1	0.5	0.5	0.5	0.25	0.25	0.25
I_{ZM}/mA	266	242	220	200	182	166	152
型　号	13D10	14D10	15D10	16D10	18D10	Z20D10	22D10
稳压值	13V	14V	15V	16V	18V	20V	22V
I_{ZK}/mA	0.25	0.25	0.25	0.25	0.25	0.25	0.25
I_{ZM}/mA	138	130	122	114	100	90	82

3. 变容二极管

二极管结电容的大小，除了与其结构和工艺有关，还与外加电压有关，即结电容随反向电压的增加而减小，这种效应显著的二极管称为变容二极管（Varactor Diode），其特性曲线如图 2-2-7 所示。变容二极管的符号及等效电路如图 2-2-12 所示。

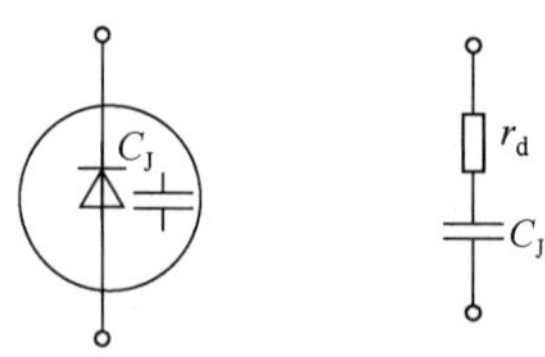

(a) 变容管符号　(b) 变容管等效电路

图 2-2-12　变容二极管符号及等效电路

变容二极管等效电路中的 r_d 是管子耗尽层之外 P 型和 N 型半导体的体电阻；因变容管工作时反偏，与 C_J 并联的结电阻极大，一般都可以忽略。

变容二极管在通信电子线路中获得了广泛应用。例如，在谐振回路中作为电调谐元件，在压控振荡器中作为被控元件等。不同型号的管子，电容调节范围不同，可根据实际要求选用相应的变容二极管。

4．发光二极管

发光二极管（Light Emitting Diode，LED）由含镓（Ga）、砷（As）、磷（P）、氮（N）等的化合物制成。发光二极管与普通二极管一样，都由一个 PN 结组成，都具有单向导电性。给发光二极管加正向电压后，从 P 区注入 N 区的空穴和从 N 区注入 P 区的电子，在 PN 结附近数微米的间距内分别与 N 区的电子和 P 区的空穴复合，产生自发辐射的荧光。不同半导体材料中电子和空穴所处的能量状态不同，当电子和空穴复合时，释放出的能量多少也不同，释放的能量越多，发出的光波长越短。单色发光二极管的发光颜色与发光的波长有关，而发光的波长又取决于制造发光二极管所用的半导体材料。红色发光二极管的波长为 620～750nm，橙色发光二极管的波长为 590～620nm，黄色发光二极管的波长为 570～590nm，绿色发光二极管的波长为 495～570nm，蓝色发光二极管的波长为 476～495nm，紫色发光二极管的波长为 380～450nm。发光二极管的正向阈值电压一般大于 1.5V，其正向伏安特性曲线很陡，使用时必须串联限流电阻以控制通过二极管的电流。

5．光电二极管

光电二极管（Photo-Diode）是将光信号转换成电信号的光电转换器件。和普通二极管一样，它也是由一个 PN 结组成的半导体器件，具有单方向导电特性。但在电路中，它不是整流元件，而是将光信号转换成为电信号的器件。光电二极管是在反向电压作用下工作的，没有光照时，反向电流极其微弱，称为暗电流，有光照时，反向电流迅速增大到几十微安，称为光电流。普通二极管在反向电压作用时处于截止状态，只能流过微弱的反向电流，光电二极管在设计和制作时要尽量使 PN 结的面积相对较大，以便接收入射光，形成大电流。光的强度越大，反向电流也越大。因此，可以把光信号转换成电信号，成为光电传感器件。

光电二极管的参数包括光谱响应范围、光电流、暗电流、最高工作电压等。光谱响应范围指光电二极管响应光的波长范围。光电流指在一定反向电压下，入射光强为某一定值时流过管子的（反向）电流。光电二极管的光电流一般为几十微安，并与入射光强度成正比，该值越大越好。暗电流指在一定的反向电压下，无光照时流过管子的（反向）电流，一般小于 0.1～0.2nA，该值越小越好。最高工作电压指在无光照、反向电流不超过规定值时，允许的最高反向工作电压，一般为 10～50V，使用中不要超过这个值。光灵敏度指光电二极管对光线的敏感程度。

总之，应根据应用要求选择不同功能的二极管。要特别注意的是，变容二极管、光电二极管、稳压二极管应用于反向工作状态，其他种类的二极管一般应用于正向工作状态。

2.3　半导体二极管的等效模型与分析方法

二极管的基本特性就是 PN 结的特性。由上述讨论可以看出，PN 结在外电路的作用下表现出单向导电性、非线性的电阻特性、电容效应、反向击穿特性、温度特性等，这些特性是分析二极管电路的基础。由于二极管特性的非线性，因此分析二极管电路时，应采用适合于非线性器件的分析方法。限制作用于非线性器件的电压和电流的范围，可将非线性器件近似地视为线性元件，或者将其作为分段线性的元件来处理。因此，在一定电压或电流的范围内，就可使用线性电路的方法分析二极管电路。

2.3.1 半导体二极管在电路中的等效模型

1. 指数模型

二极管电流与其外加电压之间的关系呈指数关系，即

$$i_D = I_S\left(e^{\frac{\upsilon_D}{V_T}} - 1\right) \tag{2-3-1}$$

指数关系是在对半导体 PN 结伏安特性分析过程中总结出的数学模型，是实际二极管伏安特性的逼近。在具体应用中，可利用方程描述的伏安特性曲线，根据电路规律，列写含有二极管电路的 KVL 方程，通常采用数值迭代法求解电路中各元件两端的电压和流过它的电流。该计算过程复杂，常用于计算机仿真；实际分析计算常采用其他二极管简化模型来近似地计算。

2. 理想二极管开关模型

在实际电路中，当电源电压远大于二极管的导通压降时，二极管上的管压降可以忽略不计，即当二极管正向偏置（$i_D > 0$）时，其管压降为零（$\upsilon_D = 0$）；当二极管反向偏置（$\upsilon_D < 0$）时，电流为零（$i_D = 0$）。这时，二极管可视为理想二极管，如图 2-3-1 所示，图 2-3-1(a)为理想二极管符号，用 D_{Ideal} 表示，图 2-3-1(b)为其伏安特性曲线。该模型代替实际的二极管时，尽管含有误差，但误差不大。

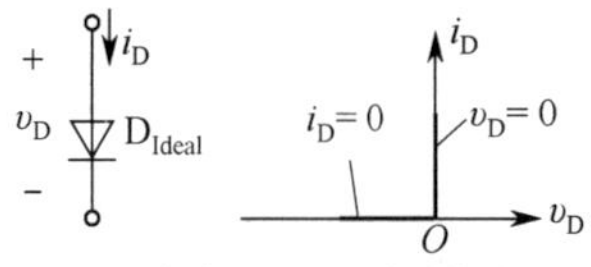

(a) 二极管符号 (b) 特性曲线

图 2-3-1 理想二极管特性

理想二极管导通时，两端的电压为零（$\upsilon_D = 0$）；截止时，通过二极管的电流为零（$i_D = 0$）。所以理想二极管可用一个理想的开关来等效，如图 2-3-2 所示。图 2-3-2(a)表示二极管反向偏置时（$\upsilon_D < 0$）开关打开，图 2-3-2(b)表示二极管正向偏置时开关闭合。而开关的状态取决于外电路对二极管的作用，确定开关的状态，即确定二极管的工作状态，通常并不简单。有些电路中，二极管的状态非常明显；但对有些电路，尤其是包括多个二极管的电路，判断二极管的工作状态就比较复杂，这时可以使用逐步逼近法，首先假设二极管的工作状态，然后逐步修正，直到得到正确的结果。如果假定二极管反向偏置（开关打开），则得到的结果电压应是负值，因此，一旦分析电路得到二极管的端电压是正值，就说明初始假设是错误的。类似地，如果假设二极管正向偏置（开关闭合），则二极管电流应是正值，因此，一旦分析结果是负值，就说明初始的假设是错误的。如果电路中有多个二极管，则需要对每个二极管的工作状态做出假设，虽然假设有多种，但只有一个结果符合电路的实际工作状态，即只有一个结果是正确的。如果分析结果是二极管的电压和电流值都为零，则二极管的两种工作状态都存在，即此时的二极管处于导通与截止的边缘。

(a) 开关打开 (b) 开关闭合

图 2-3-2 利用开关仿真理想二极管特性

理想模型与工程应用存在一定的误差，当电源的电压远大于二极管的导通电压，且在电路中要确定二极管的通断判断时，往往使用理想模型。

【例 2-3-1】 图 2-3-3 所示的二极管电路中，$R_A = 1k\Omega$，$R_B = 1k\Omega$，$R_C = 10k\Omega$，$V_A = 50V$，$V_B = 30V$，判断二极管开关工作状态。

解：（1）在图 2-3-3 中，假设两个二极管 D_1 和 D_2 都是反向偏置的（相当于开关打开），电阻 R_C 上没

有电流通过，则有 $V_C = 0$；由于二极管电流是零，所以 $V_{D1} = V_A = 50V$，$V_{D2} = V_B = 30V$。因为二极管反向偏置时，其端电压必定为负值，但根据假设，两个二极管所加的电压均为正向电压，因此假设是错误的。

（2）假设两个二极管都是正向偏置的，相当于开关闭合，这时的等效电路如图 2-3-4 所示。根据电路中的电流关系可得

$$\frac{V_A - V_C}{R_A} + \frac{V_B - V_C}{R_B} = \frac{V_C}{R_C}$$

化简得

$$V_C\left(\frac{1}{R_A} + \frac{1}{R_B} + \frac{1}{R_C}\right) = \frac{V_A}{R_A} + \frac{V_B}{R_B}$$

代入数据得 $V_C = 38.1V$。由此得到二极管的电流如下：

$$I_{D1} = \frac{V_A - V_C}{R_A} = 11.9mA\text{，}\quad I_{D2} = \frac{V_B - V_C}{R_B} = -8.1mA$$

因为通过 D_2 的电流为负，所以二极管都正偏的假设是错误的，应是一个二极管正偏而另一个反偏。

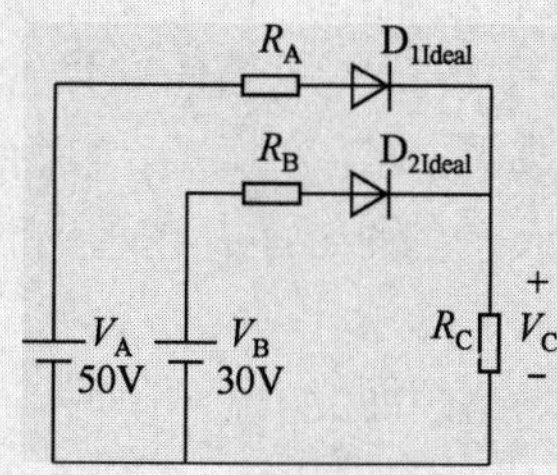

图 2-3-3　二极管逻辑电路

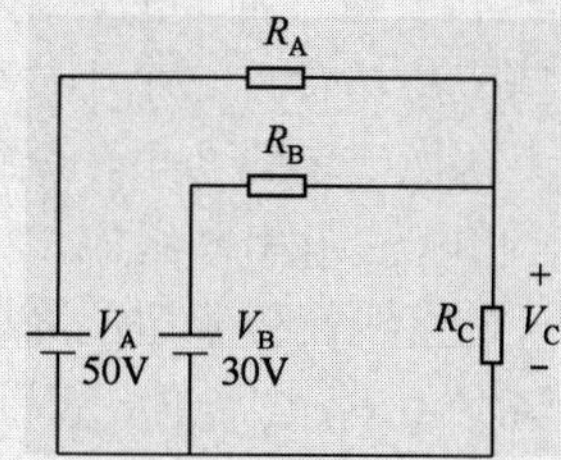

图 2-3-4　假设二极管都正偏的等效电路

（3）假定 D_1 导通（即开关闭合）、D_2 反向截止（即开关打开），求得如下结果：

$$I_{D_2} = 0\text{，}\quad I_{D_1} = \frac{V_A}{R_A + R_C} = 4.55mA\text{，}\quad V_C = 45.5V\text{，}\quad V_{D_2} = V_B - V_C = -15.5V$$

由于 $I_{D_1} > 0$，$V_{D_2} < 0$，与假设吻合，所以该结果是正确的。

尽管两个二极管还有一种偏置组合状况，但没有必要再进行分析，因为电路只有一个有效解。有时，为了找到快速满足条件的有效解的组合，往往根据二极管断开时电压差的大小来确定二极管的通断，即断开后电压差越大的优先假设其导通，上例中步骤（1）得到的 D_1 电压差大，可以从步骤（1）直接跳至步骤（3），从而减少假设组合的个数。

3．二极管恒压降模型

从实际应用角度看，理想二极管模型受到一定的限制。对图 2-3-3 所示的电路，如果电源电压只有 5V、3V，二极管的正向压降就不可以忽略，此时可使用恒压降模型。这种模型将二极管导通时的压降视为恒定值，记为 $V_{D(on)}$（硅二极管的压降近似为 0.7V）。这种模型可用电动势为 $V_{D(on)}$ 的电压源与理想二极管串联表示，如图 2-3-5 所示。

下面使用恒压降模型重新分析图 2-3-3 所示的电路。等效电路如图 2-3-6 所示，$V_{D(on)} = 0.7V$。根据理想模型的求解结果，假设 D_1 正向偏置（开关闭合），D_2 反向偏置（开关打开），求得的结果如下：

$$I_{D_1} = \frac{(V_A - V_{D(on)})}{(R_A + R_C)} = 0.391mA\text{，}\quad V_C = 3.91V\text{，}\quad V_{D_2} = V_B - V_C = -0.91V$$

可见，流过 D_1 的电流是正值，而 D_2 两端的电压小于 $V_{D(on)}$，符合假设情况。这样，采

用恒压降模型得到的电压和电流就与实际的电压和电流更接近，精度更高。

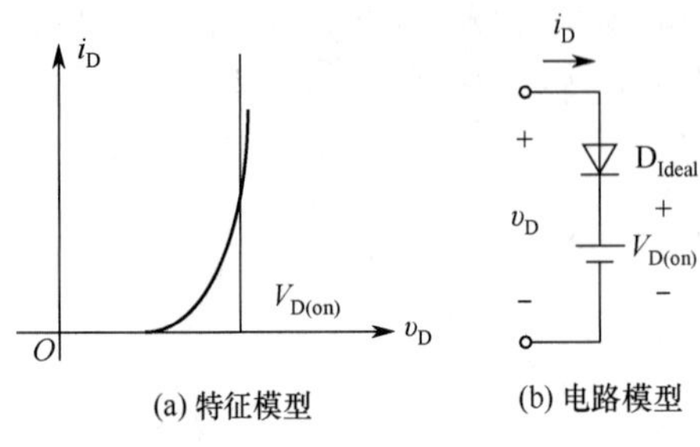

(a) 特征模型　(b) 电路模型

图 2-3-5　二极管恒压降模型

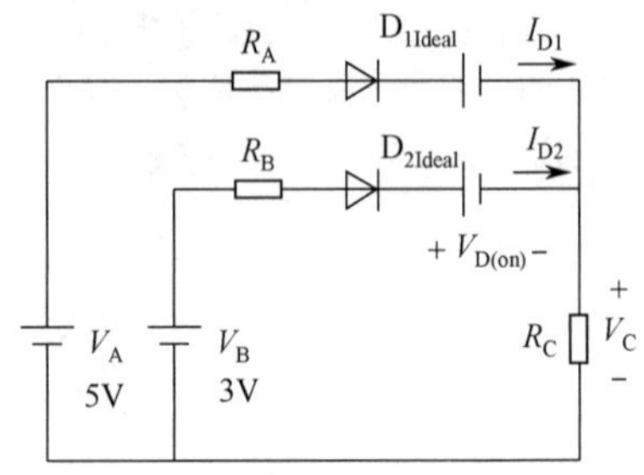

图 2-3-6　恒压降模型得到的等效电路

4．折线模型

恒压降模型的基本思想是，二极管的正向管压降是一个定值，与二极管电流（$i_D > 0$）无关。从对 PN 结伏安特性曲线的讨论可以看到，二极管端电压的很小变化就能引起电流的很大变化，在有些应用场合，这个小变化不能忽略。为了较真实地描述二极管的伏安特性，在恒压降的基础上再做一定的修正，就得到折线模型，如图 2-3-7 所示。实际二极管由理想二极管、电源 V_{th} 和电阻 r_d 串联组成，如图 2-3-7(b)所示；在图 2-3-7(a)所示的折线模型中，用一条斜率为 $1/r_d$ 的直线代替了恒压降模型中的垂直线。

根据模型可知，当 $\upsilon_D < V_{th}$ 时，二极管不导通，$i_D = 0$；而当 $\upsilon_D > V_{th}$ 时，二极管导通，流过二极管的电流为

$$i_D = \frac{\upsilon_D - V_{th}}{r_d} \tag{2-3-2}$$

二极管导通时，有

$$\upsilon_D = V_{th} + i_D r_d \tag{2-3-3}$$

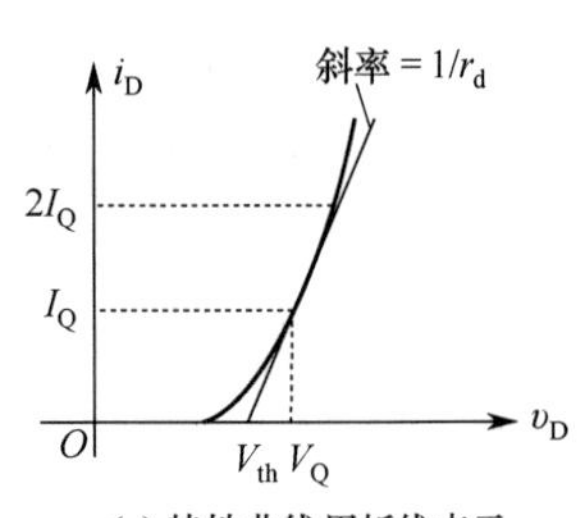

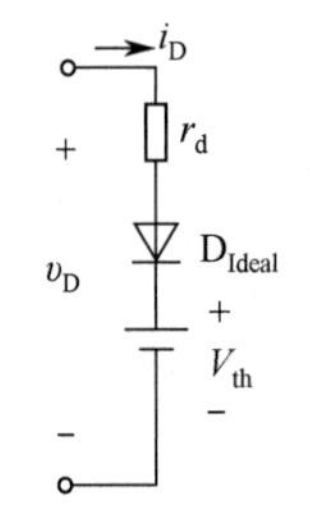

(a) 特性曲线用折线表示　(b) 二极管采用折线模型的等效电路

图 2-3-7　二极管的折线模型

图 2-3-7 中二极管的等效电阻 r_d 是图示直线斜率的倒数。当 $\upsilon_D > V_{th}$ 时，其管压降可由式（2-3-3）确定；当 $\upsilon_D < V_{th}$ 时，相当于开路。

要使用折线模型，就要先确定 V_{th} 和 r_d 的值，V_{th} 和 r_d 与等效前二极管的工作状态有关。在图 2-3-7(a)中的 Q 点（采用恒压降模型时对应的点），$i_D = I_Q$，$\upsilon_D = V_Q$。Q 点处曲线的斜率为

$$\frac{1}{r_d} = \left.\frac{di_D}{d\upsilon_D}\right|_Q = \frac{I_Q}{V_T} \tag{2-3-4}$$

当二极管采用折线模型且 i_D 和 υ_D 的值在点 $Q(V_Q, I_Q)$附近时，折线模型中的直线正切于该点。由式（2-3-4）可见，采用折线模型时，由于电路中二极管的工作状态不同，直线的斜率是不同的。因此，模型中 r_d 的阻值是 V_T/I_Q。当电流为 1mA 时，$r_d = 26\Omega$（$V_T = 26mV$）。等效电压 V_{th} 可根据切线的斜率得到：

$$\frac{1}{r_d} = \frac{I_Q}{V_T} = \frac{I_Q}{(V_Q - V_{th})} \tag{2-3-5}$$

$$V_Q - V_{th} = V_T \text{，} \quad V_{th} = V_Q - V_T \tag{2-3-6}$$

可见，电压 V_{th} 的值非常接近 V_Q（当 $V_T = 26\text{mV}$ 时，二者仅差 26mV），当 $i_D = 2I_Q$ 时，根据折线模型得到的二极管端电压是 $V_{th} + 2V_T$。

5．小信号电路模型

前面讨论的理想化模型、恒压降模型、折线模型都是在信号较大时对指数特性曲线的近似等效。如果外加信号仅在二极管特性曲线的某个较小范围内工作，且二极管电流的变化量与外加电压的变化量之间为线性关系，则可用小信号电路模型来等效，如图 2-3-8 所示。图 2-3-8(a)为特性模型，图中的 Q 点表示未加交流信号时，外电路为二极管设置的静态工作点，记为(V_Q, I_Q)，其中 V_Q 为二极管两端的电压，I_Q 为流过二极管的电流。在工作点，当外加交流电压 υ_d 时，二极管电流产生相应的变化可以表示为

$$i_D = T_S e^{\frac{V_Q + \upsilon_d}{V_T}} = I_S e^{\frac{V_Q}{V_T}} + \left.\frac{\partial i_D}{\partial \upsilon_D}\right|_Q \upsilon_d + \left.\frac{\partial^2 i_D}{\partial^2 \upsilon_D}\right|_Q \upsilon_d^2 + \cdots \tag{2-3-7}$$

若电压 υ_d 足够小（$|\upsilon_d| < 5.2\text{mV}$），则变化电流 i_d 的二次或二次以上的项可以忽略，

$$\frac{1}{r_d} = \left.\frac{\partial i_D}{\partial \upsilon_D}\right|_{\upsilon_D = V_Q} = \frac{\partial}{\partial \upsilon_D}\left[I_S e^{\frac{\upsilon_D}{V_T}}\right]\Bigg|_{\upsilon_D = V_Q} = \frac{I_Q}{V_T} \quad \text{或} \quad r_d = \frac{V_T}{I_Q} \tag{2-3-8}$$

式中，r_d 为 Q 点处曲线斜率的倒数，称为 PN 结的动态电阻，$I_Q = I_S e^{V_Q/V_T}$ 为 Q 点的电流。图 2-3-8(b)所示为小信号电路模型，考虑到 P 区、N 区的体电阻和引线接触电阻之和 r_S 时，电路模型等效为 PN 结的动态电阻 r_d 与 r_S 的串联值。当外加电压的频率较高时，还要计及 PN 结电容 C_J 的影响，图 2-3-8(c)所示为考虑 C_J 后的二极管高频小信号电路模型。可见，二极管小信号模型是将输入电压信号分解成直流和交流分量后，只考虑其交流成分（信号较小）时，二极管响应电流与其外加交流电压呈线性关系的基波分量。

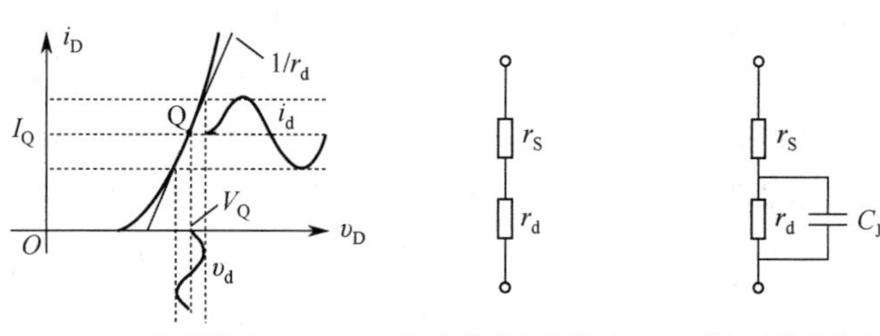

图 2-3-8　二极管的小信号模型

2.3.2　二极管电路的分析方法

图 2-3-9(a)所示为二极管电路，是由电压源、电阻和二极管串联而成的电路，若采用基尔霍夫电压定律和元件的电压电流约束关系对电路求解，则得到的是关于 i_D 和 υ_D 的超越方程，初等代数较难求解，为了求得二极管的 i_D 和 υ_D 值，通常可以采用图解法及前面讨论的近似模型法。

1．图解法

（1）静态工作点的图解

图解法将电路分为两部分：一部分是具有非线性电阻特性的二极管，其伏安特性曲线满足元件的电压电流规律；另一部是为线性电路部分，电流 i_D 与电压 υ_D 呈线性关系，

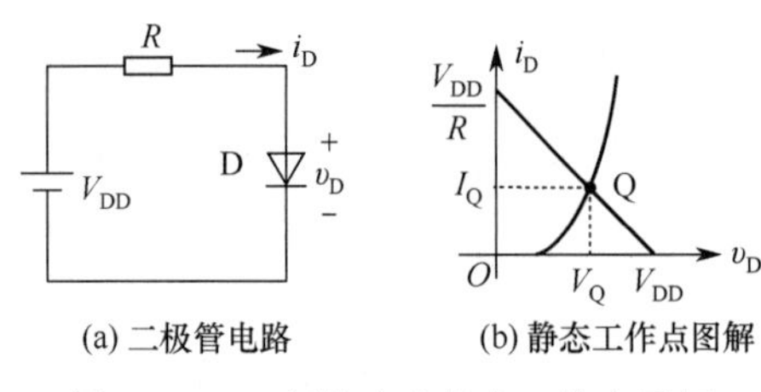

(a) 二极管电路 (b) 静态工作点图解

图 2-3-9 二极管电路静态工作点图解

满足 KVL 电路定律。它们的交点既满足元件的伏安特性关系，又满足电路 KVL 定律，即二极管上真实的电压与电流。图解法是指采用作图方法求出二极管电路中的电流及其两端的电压，图解过程如图 2-3-9(b)所示。

线性电路方程为

$$\upsilon_D = V_{DD} - i_D R \tag{2-3-9}$$

二极管的伏安特性曲线如图 2-3-9(b)所示。根据式（2-3-9），令 $i_D = 0$，则 $\upsilon_D = V_{DD}$，得线性方程与横轴的交点(V_{DD}, 0)；令 $\upsilon_D = 0$ 有 $i_D = V_{DD}/R$，得到线性方程与纵轴的交点 $(0, V_{DD}/R)$，连接上述两点构成的直线与曲线的交点为 Q 点，Q 点对应的电流 I_Q 和电压 V_Q 称为二极管电路的**静态电流**和**静态电压**。图中的直线通常称为**直流负载线**，负载线的斜率为 $-1/R$。

（2）交流信号的图解分析

在图 2-3-9(a)所示的电路中加入交流小信号 $\upsilon_i = V_{im}\sin\omega t$ 后，得到的电路如图 2-3-10(a)所示。在电路中加入交流信号后，回路输入端电压的总瞬时值为 $V_{DD}+\upsilon_i$，它在直流 V_{DD} 的基础之上叠加一个交流正弦电压，进而在回路中产生电流 $i_D = I_Q + i_d$，即在一个直流的基础上叠加一个交流信号的电流。由于二极管电路没有变化，因此仍然可以采用上述图解法在图 2-3-9(b)上图解，观察输入信号电压的变化引起的回路中的电流变化情况。图解过程重新画在图 2-3-10(b)中。

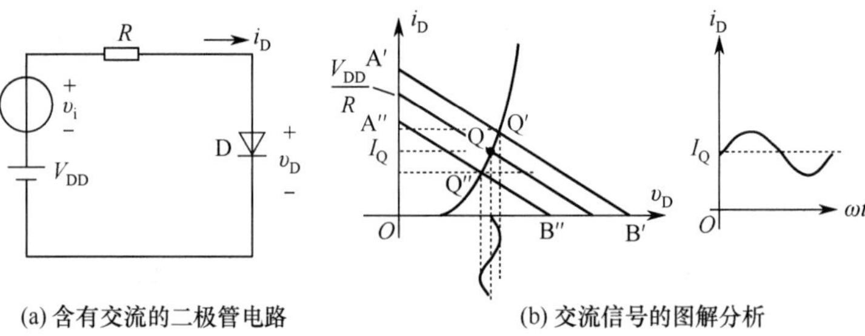

(a) 含有交流的二极管电路 (b) 交流信号的图解分析

图 2-3-10 含有交流的二极管电路图解分析

在图 2-3-10(a)所示的二极管回路中，KVL 线性电路方程为

$$\upsilon_D = V_{DD} + V_{im}\sin\omega t - i_D R = V'_{DD} - i_D R \tag{2-3-10}$$

利用式（2-3-10），求其与横、纵坐标的交点：

$$令\ i_D = 0,\ \upsilon_D = V_{DD} + V_{im}\sin\omega t$$

$$令\ \upsilon_D = 0,\ i_D = \frac{V_{DD}}{R} + \frac{V_{im}}{R}\sin\omega t$$

确定对应的坐标点，画出负载线的变化情况，由于串联电阻 R 未变，故负载线斜率不变，它只随输入交流信号的变化而平移。当 $\upsilon_i = V_{im}$ 时，$V'_{DD} = V_{DD} + V_{im}$，负载为 A′B′，负载线与曲线的交点为 Q′；当 $\upsilon_i = -V_{im}$ 时，$V''_{DD} = V_{DD} - V_{im}$，负载线为 A″B″，负载线与曲线的交点为 Q″。可见，输入信号电压 υ_i 变化，Q 点在曲线上移动，从而可以画出二极管两端电压 $\upsilon_D = V_Q + \upsilon_i$ 的波形以及电路中电流 $i_D = I_Q + i_d$ 的波形。

图解法的主要优点是，它直观地给出了二极管上随时间变化的瞬时电压与瞬时电流之间的对应关系，对我们理解二极管在工作点附近的电压与电流瞬时特性，以及工作原理具有现实意义；但其缺点也较为明显，即读数不准确及伏安特性的作图复杂。在实际工程应用中，如果要求满足一定精度的条件，可以采用工程近似分析法。

2. 工程近似分析法

在由二极管组成的电路中，利用二极管的单向导电性可构成整流电路、限幅及低电压稳压电路等。在对这些电路的分析和计算中，二极管可采用理想模型、折线模型和恒压降模型作为工程近似的分析方法。当然，这种近似肯定存在误差，但在多数条件下仍然满足工程要求。在今后的工程应用中，我们普遍采用这些近似模型来进行电路的设计与分析。

（1）整流电路分析

图 2-3-11(a)所示的电路为半波整流电路（Half-wave Rectifier）。

当输入信号 υ_i 为交流正弦信号时，其波形如图 2-3-11(b)所示，若 υ_i 的幅度较大（V_{im} 远大于 $V_{D(on)}$），则分析该电路时，二极管可采用理想化模型。也就是说，当 $\upsilon_i > 0$ 时，二极管导通，二极管的两端无压降（$\upsilon_D = 0$），输出为正弦信号的正半周；当 $\upsilon_i < 0$ 时，二极管截止（$i_D = 0$），输出电压 $\upsilon_o = 0$。采用上述简单和定性的近似分析，很快就能得出输出电压的波形为原输入电压波形的一半，如图 2-3-11(c)所示。若 υ_i 的幅度与二极管的导通电压 $V_{D(on)}$ 相比不是足够大，则二极管可采用恒压降模型，也可方便地得出输出端的电压波形，如图 2-3-11(d)所示，显然，这时的波形不到输入信号周期的一半，且负载上的输出电压的幅度也小于输入电压的幅度。

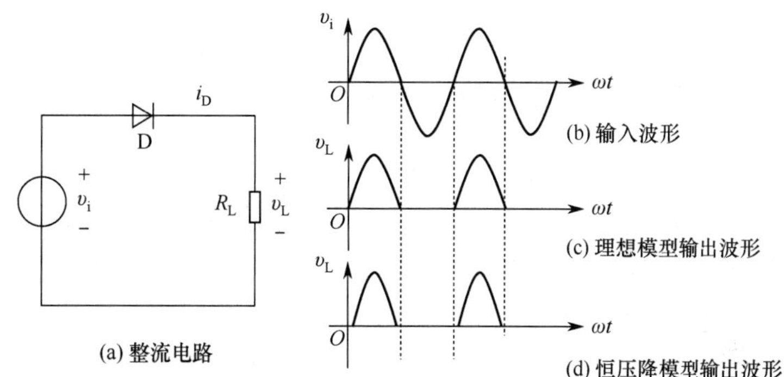

图 2-3-11　二极管半波整流电路

由图 2-3-11 可以看出，通过二极管的单向导电性可将一个交流信号变成直流信号，但这个直流是脉动的，将交流电转换成脉动直流电的电路就是整流电路。整流根据输出波形的不同可以分成半波整流和全波整流（Full-wave Rectifier）。图 2-3-11 所示的电路实现的是半波整流，输出波形中只有正半周，没有负半周。若采用多个二极管将输入波形的负半周也搬移到时间轴以上，就可以实现全波整流。

（2）限幅电路分析

在电子技术应用中，常用限幅电路对各种信号进行处理。限幅电路将信号限制在预置的电平范围内，有选择地传输一部分信号。下面举例说明。

【例 2-3-2】 图 2-3-12(a)接有二极管 D_1 和 D_2，画出 υ_o 随 υ_i 变化的传输特性。

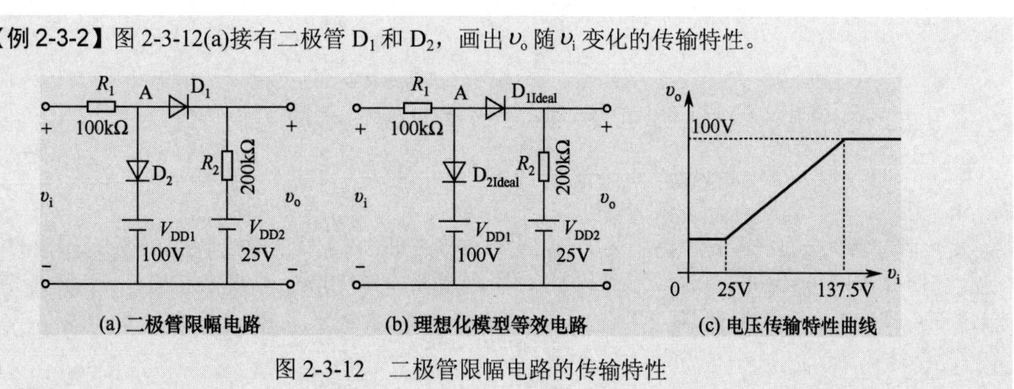

图 2-3-12　二极管限幅电路的传输特性

解：由于二极管的导通电压 $V_{D(on)}$远小于外电路电源电压 V_{DD1} 和 V_{DD2}，故二极管采用理想化模型，其理想化的等效电路如图 2-3-12(b)所示。

当输入电压 υ_i 低于 25V 时，两个二极管均截止，输出电压 υ_o 由 V_{DD2} 提供，由于输出没有闭合回路，R_2 上的压降为 0，因此输出电压 $\upsilon_o = 25\text{V}$。

当输入电压大于 25V 时，随着输入电压 υ_i 的增大，二极管 D_1 导通，二极管 D_2 仍处于截止状态，这时流过 D_1 的电流为

$$i_{D1} = \frac{\upsilon_i - V_{DD2}}{R_1 + R_2} = \frac{\upsilon_i - 25}{300 \times 10^3}$$

输出电压为

$$\upsilon_o = V_{DD2} + i_{D1}R_2 = 25 + \frac{2(\upsilon_i - 25)}{3} = \frac{25 + 2\upsilon_i}{3}$$

上式表明，随着输入电压 υ_i 的增大，输出电压 υ_o 随输入电压线性增大，在 D_1 导通时，由于 A 点对地的电压就是输出电压，当 A 点的电压升高到 V_{DD1} 即 100V 时，D_2 开始导通，此时输出电压就被限定在 100V，对应的输入电压为

$$\upsilon_i = \frac{3\upsilon_o - V_{DD2}}{2} = 137.5\text{V}$$

这时，即使继续增大输入电压，输出电压也维持为 100V 不变。根据以上的分析，输出电压 υ_o 与输入电压 υ_i 的传输特性曲线如图 2-3-12(c)所示。

（3）稳压电路分析

二极管正向导通时，其两端的端电压变化不大，特别是流过的电流变化不大时，可以通过多个二极管的级联来将负载两端的电压维持在一定的变化范围内，实现稳压目的。

【例 2-3-3】 图 2-3-13 是由两个二极管串联而成的电路，二极管两端形成了约 1.4V 的电压。当电源电压变化量为±1V 时，确定 2kΩ 负载两端的电压变化量，已知二极管的导通电压为 $V_{D(on)} = 0.7\text{V}$，$V_T = 26\text{mV}$。

解：在图 2-3-13(a)中将二极管支路断开，将其他电路等效为戴维南电路，如图 2-3-13(b)所示。

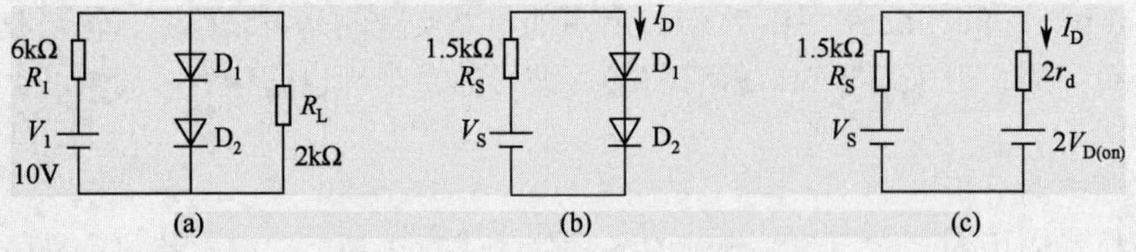

图 2-3-13 二极管组成的稳压电路

在图 2-3-13 中，戴维南等效电路的相关参数为

$$V_S = \frac{R_L V_1}{R_1 + R_L} = 2.5\text{V}, \quad R_S = \frac{R_L R_1}{R_1 + R_L} = 1.5\text{k}\Omega$$

使用二极管的恒压降模型，当 V_1 等于 10V 时，通过二极管的电流为

$$I_D = \frac{V_S - 2V_{D(on)}}{R_S} = 0.733\text{mA}$$

此时，负载上的电压是 1.4V，为了确定电源电压的变化对负载的影响，可以使用二极管的折线模型，将图 2-3-13(b)所示的二极管用折线模型取代，得到图 2-3-13(c)所示的等效电路。假定流过二极管的电流在 0.733mA 附近变化，则有

$$r_d = V_T / I_D = 35.5\Omega$$

如果二极管上的电流为 I_D，对应的电压为 $V_{D(on)}$，当电源电压增大到 11V 或下降至 9V 时，对应的等效戴维南电压、流过的电流及两端的电压分别为

$$V_{S_1}=\frac{11R_L}{R_1+R_L}=2.75\text{V}\ ,\quad V_{S_2}=\frac{9R_L}{R_1+R_L}=2.25\text{V}$$

$$I_{D_1}=\frac{V_{S_1}-2V_{D(on)}}{R_S+2r_d}=0.859\text{mA}\ ,\quad I_{D_2}=\frac{V_{S_2}-2V_{D(on)}}{R_S+2r_d}=0.54\text{mA}$$

$$V_{D_1}=2I_{D_1}r_d+2V_{D(on)}=1.461\text{V}\ ,\quad V_{D_2}=2I_{D_2}r_d+2V_{D(on)}=1.438\text{V}$$

$$\Delta V_D=V_{D_1}-V_{D_2}=1.461-1.438=23\text{mV}$$

可见，当电源电压在±1V 的范围内变化时，负载上的电压只变化 23mV，相当于实现了稳压。

【例 2-3-4】电路如图 2-3-14 所示，用 1N4736 稳压二极管（6.8V）设计一个稳压电路，当输入电压 V_i 在±20%的变化范围内时，要求 136Ω 负载上的电压为 6.8V，试确定输入电压的大小和分压电阻 R 的值。

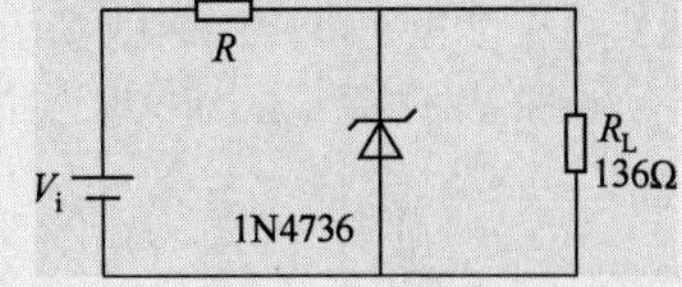

图 2-3-14　二极管组成的稳压电路

解：根据稳压二极管 1N4736 的特性，其稳定工作电流在 I_{ZK}（1mA）到 I_{ZM}（133mA）之间。当输入电压波动到最小工作电压时，流过稳压二极管的电流最小为 I_{ZK}，电阻 R 上的电流为稳压二极管流过的电流 I_{ZK} 和负载电阻上的电流 I_L 之和，根据题意得

$$V_i(1-20\%)=R\left(I_{ZK}+\frac{V_L}{R_L}\right)+V_L=0.051R+6.8 \tag{1}$$

当波动到最大电压时，稳压二极管流过最大电流 I_{ZM}，有

$$V_i(1+20\%)=R\left(I_{ZM}+\frac{V_L}{R_L}\right)+V_L=0.183R+6.8 \tag{2}$$

联立式（1）和式（2）得 $V_i=10.54\text{V}$，$R=31.9\Omega$。

注意，稳压二极管工作时，一定要工作在击穿状态。

习　题　2

2.1　本征半导体与杂质半导体有何区别？

2.2　解释空穴的作用，它与正离子比较有什么不同？

2.3　半导体中扩散电流和漂移电流有什么区别？

2.4　PN 结反向偏置时，为什么反向电流几乎与反向电压无关？

2.5　将二极管视为一个电阻时，它与一般由导体组成的电阻有何区别？

2.6　室温 300K 下一个锗晶体中的施主原子数为 $N_D=2\times10^{14}\text{cm}^{-3}$，受主原子数为 $N_A=8\times10^{14}\text{cm}^{-3}$。(a)求晶体中的自由电子浓度和空穴浓度，确定晶体是 N 型半导体还是 P 型半导体。晶体的导电功能主要是由自由电子来体现还是由空穴来体现？(b)若 $N_A=N_D=2\times10^{15}\text{cm}^{-3}$，重做(a)问；(c)若 $N_A=10^{16}\text{cm}^{-3}$，$N_D=2\times10^{14}\text{cm}^{-3}$，重做(a)问。

2.7　一块本征硅半导体中掺入+5 价的元素砷，浓度为 10^{14}cm^{-3}，分别给出温度 300K、500K 时自由电子和空穴的浓度，并指出其是哪种半导体。

2.8　若在每 10^5 个硅原子中掺杂一个施主原子，计算 $T=300\text{K}$ 时自由电子和空穴的热平衡浓度值，并求掺杂前后半导体的电导率之比。

2.9　硅材料生成的 P^+N 结的两个区的掺杂浓度分别为 $N_A=5\times10^{17}\text{cm}^{-3}$、$N_D=10^{15}\text{cm}^{-3}$，求 T 为 300K 和 340K 时 PN 结的内建电位差 V_D。

2.10　根据二极管指数形式的等效模型，证明二极管正向偏置时，其交流等效电阻可以表示为 $r_d=V_T/I_D$。

2.11　二极管的正向伏安特性如题图 P2.11 所示，室温下测得二极管的电流为 20mA，确定二极管的静态直流

电阻 R_D 和动态电阻 r_d 的大小。

2.12 由理想二极管组成的电路如题图 P2.12(a)和(b)所示，求图中标注的电压 V 和电流 I 的大小。

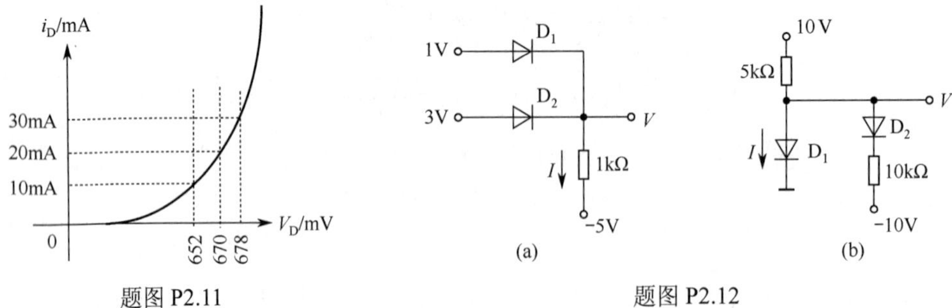

题图 P2.11　　题图 P2.12

2.13 二极管电路如题图 P2.13 所示，判断图中的二极管是导通还是截止，确定图中标注的输出电压 V_o，设二极管的导通电压为 0.7V。

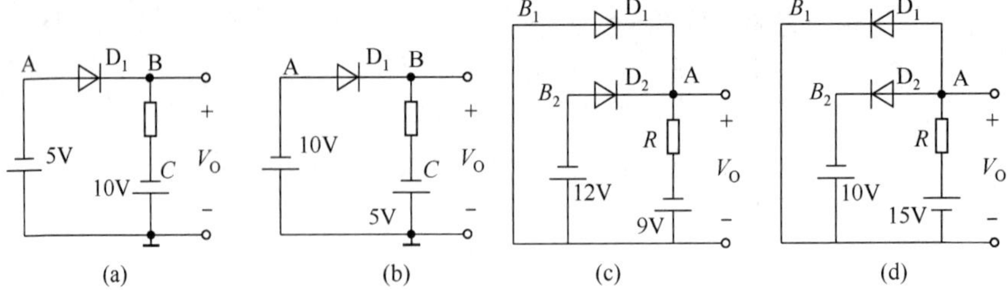

题图 P2.13

2.14 变容二极管的变容指数为 0.5，内建电势差为 0.73V，反向偏置电压等于 10V 时，测得变容二极管的结电容为 60pF，如果要求电容二极管提供 120pF 的电容，变容二极管上应加多大的反向电压？

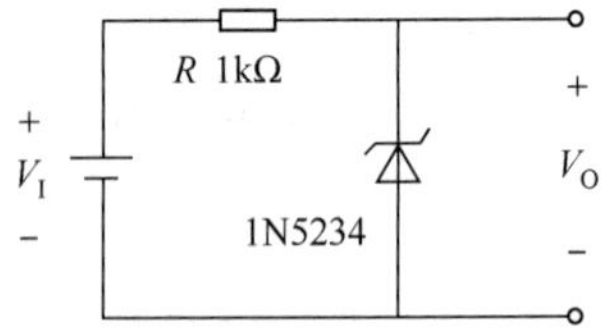

2.15 在题图 P2.15 所示的电路中，稳压管采用 1N5234，稳定电压为 6.2V，额定功率为 500mW，最小稳定电流 I_{ZK} = 0.25mA，最大稳定电流 I_{ZM} = 73mA。(a)当电源电压从 18V 到 50V 变化时，输出电压 V_O 是多少？稳压管是否可以稳定地工作？(b)若电源电压为 5V，输出电压 V_O 是多少？(c)要使稳压管起稳压作用，电源电压的大小应满足什么条件？

题图 P2.15

2.16 在单相半波整流电路中，交流电压 $V_S=\sqrt{2}V_2\sin 314t$ V，其中 V_2 远大于二极管 D 的导通电压，问负载电阻上的平均电压是多少？

2.17 题图 P2.17 是二极管全波整流电流图，已知 $V_S=\sqrt{2}V_2\sin 314t$ V，其中 V_2 远大于二极管的导通电压，画出负载上的输出电压的波形，并求负载的平均电压。

2.18 题图 P2.18 是一个由二极管组成的电路，已知 $V_S=10\sqrt{2}\sin 3140t$ mV，图中的两个电容 C 对 500Hz 的交流信号而言可视为短路，直流恒流源为 1mA，直流电压源为 2V，确定负载 650Ω 电阻上的电压。

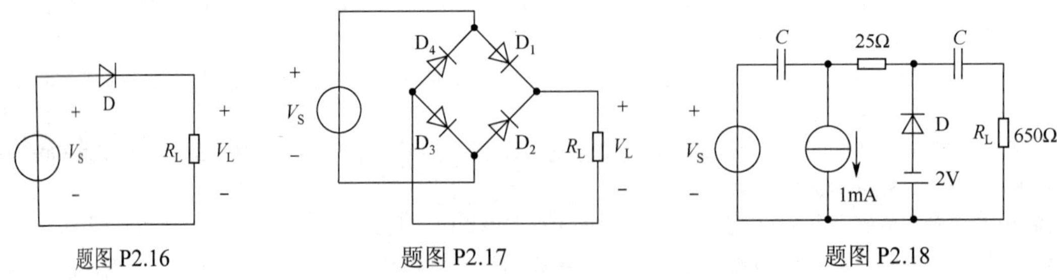

题图 P2.16　　题图 P2.17　　题图 P2.18

第 3 章　三极管及其等效模型

3.1　双极性晶体管

双极性三极管又称*双极结型晶体管*（Bipolar Junction Transistor），是电子技术基础中最基本的半导体器件之一，它由两个 PN 结和三个电极组成；在电路中，双极性三极管有两种载流子参与导电，因此也称*双极性半导体器件*，由于其独特的性能在电子技术中得到了广泛应用。本节首先讨论双极性三极管的基本结构、类型及其内部载流子的传输过程，然后分析其外特性及基本的性能参数。

3.1.1　双极性三极管的结构与电路符号

双极性三极管具有三个区和两个 PN 结，是从三个区分别引出三个电极而构成的。双极性三极管的结构和符号示意图如图 3-1-1 所示。

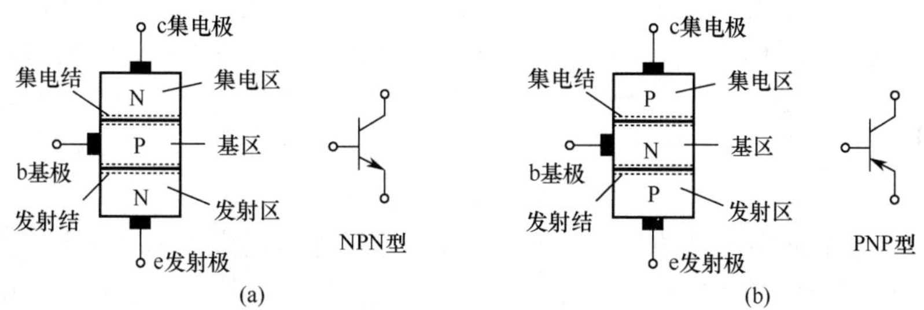

图 3-1-1　双极性三极管的结构和符号示意图

双极性三极管内部的三个区（Region），分别为发射区（Emitter Region）、基区（Base Region）和集电区（Collector Region）。其中，基区非常薄，一般为微米量级，掺杂浓度较低，载流子数量较少；发射区和集电区掺杂浓度较高，载流子数量较多。从三个区引出的电极分别称为*发射极*（e）、*基极*（b）和*集电极*（c），基区与发射区之间的 PN 结称为*发射结*（Emitter Junction），基区与集电区之间的 PN 结称为*集电结*（Collector Junction），从工艺形成上满足发射结面积小于集电结的面积，这是三极管作为通用放大组件的基本条件之一。

按照三个区的掺杂（Doping）形式不同，三极管可以分为 NPN 管和 PNP 管两种，分别如图 3-1-1(a)和(b)所示。在电路符号中，NPN 管的发射极箭头向外，PNP 管的发射极箭头向内。箭头的方向表示发射结正向偏置时的电流方向。

双极性三极管根据所用的半导体材料不同可以分为硅三极管、锗三极管和其他材质三极管；根据工作频率不同可以分为低频（Low Frequency）和高频（High Frequency）三极管；根据功率不同可以分为大、中、小功率管等。本书以硅材料的 NPN 管为例来进行分析与讨论，PNP 管的工作原理与之类似。

3.1.2　双极性三极管的电流放大作用

为了说明双极性三极管的电流分配及放大作用，下面以由硅三极管组成的常用共发射极放大电路为例讨论三极管的电流分配及放大作用。

图 3-1-2 所示为共射极放大器的电源偏置电路，图中 V_{BB} 为基极的供电电源，它使三极管的发射结正向偏置；V_{CC} 为集电极供电电源，它使三极管的集电结反向偏置；发射极接地为放大器电路提供参考电位点，这是三极管处于放大状态的外部条件。图 3-1-3 所示为三极管内部载流子的运动示意图，它可以直观地反映三极管的各级电流的分配关系。

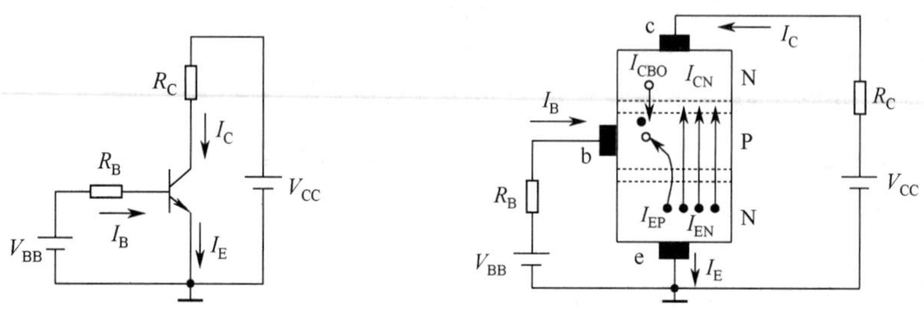

图 3-1-2　电源偏置电路　　　　图 3-1-3　内部载流子的运动

1. 发射区向基区注入载流子形成发射极电流 I_E

由于发射结正向偏置，发射区中的多数载流子自由电子在外加基极电源的作用下，不断地越过发射结进入基区形成 I_{EN}；同时，基区中的多数载流子空穴也越过发射结进入发射区形成 I_{EP}。这里，I_{EN} 是由自由电子的运动形成的，其电流方向与其运动方向相反。两个电流之和为发射极电流，即

$$I_E = I_{EN} + I_{EP} \tag{3-1-1}$$

由于发射区是高掺杂浓度的，其多数载流子电子的浓度远大于基区中多子空穴的浓度，因此，通过发射结的电子的电流 I_{EN} 远大于空穴的电流 I_{EP}，故 I_{EN} 是发射极电流的主要成分。通常将 I_{EN} 与 I_E 的比值称为发射效率（Emission Efficiency），记为 γ：

$$\gamma = \frac{I_{EN}}{I_E} = \frac{I_{EN}}{I_{EN} + I_{EP}} \tag{3-1-2}$$

一般来说，为了提高发射效率，应使发射区掺杂的浓度比基极的高几十倍到几百倍，使 I_{EP} 相对于发射极电流可以忽略。

2. 基区中非平衡少子的扩散和复合

发射区注入基区的电子称为基区的非平衡少子，它在发射结边界附近积累，使基区电子存在浓度梯度，由于浓度差，这些非平衡少子将继续向集电区扩散（Diffuse），在扩散的过程中，一部分会与基区中的空穴复合，基区的电源也会不断地补充基区中的空穴，形成基极电流 I_B；也有大部分电子被集电结的反向电场吸引，造成自由电子向集电结边缘扩散，最后被集电极收集形成 I_{CN}。晶体管的放大能力取决于基区中自由电子扩散的电子电流与复合电流的比例。

为了衡量基区载流子的传输能力，常将 I_{CN} 和 I_{EN} 的比值定义为基区的传输效率 η，故

$$\eta = \frac{I_{CN}}{I_{EN}} = \frac{I_{EN} - I_{BN}}{I_{EN}} = 1 - \frac{I_{BN}}{I_{EN}} \tag{3-1-3}$$

可见，为了提高传输效率，要尽可能减小基区复合电流。因此，在制造三极管时，减小三极管基区的有效宽度，可以减小非平衡少子电子在扩散过程中的复合概率，同时保证集电区的面积大于发射区的面积，保证基区扩散到集电结边缘的非平衡少子能够被集电极收集。

3. 集电极收集电子形成集电极电流 I_C

集电结外加反向偏压，其内电场加强，阻止集电区的多数载流子自由电子向基区扩散。但基区扩散到集电结边缘的非平衡少子在强电场的作用下很快漂移（Drift）到集电区，被集电区所收集，并流向集电极，构成集电极电流 I_C 的主要成分。此外，集电区和基区的少数载流子也会产生漂移运动，形成较小的反向饱和电流 I_{CBO}，该电流受温度的影响较大。

根据 KCL 定律，三个电流之间的关系式为

$$I_E = I_C + I_B \tag{3-1-4}$$

实验表明，当 V_{BE} 在一定的变化范围内时，I_C 和 I_B 差不多是按照一定的比例变化的，其比值可以用 $\bar{\beta}$ 来表示，称为共射极（Common Emitter）直流电流放大系数（Current Amplification Factor），一般为几十倍到几百倍左右，写成

$$\bar{\beta} = \frac{I_C - I_{CEO}}{I_B} \approx \frac{I_C}{I_B} \quad 或 \quad I_C \approx \bar{\beta} I_B \tag{3-1-5}$$

式中，I_{CEO} 是集电极-发射极反向饱和电流。它表示基极开路时，集电结反偏而发射结正向偏置时的穿透电流（Current Tunneling）。

由此可以得到

$$I_E = I_C + I_B \approx \bar{\beta} I_B + I_B = (1+\bar{\beta}) I_B \tag{3-1-6}$$

可见，尽管 I_B 很小，但对 I_C 有控制作用，相当于 I_C 随着 I_B 变化而变化，这就是三极管的电流放大作用。这种放大作用可以理解为小电流 I_B 对大电流 I_C 的控制能力。

3.1.3 双极性三极管的伏安特性曲线

双极性三极管的伏安特性曲线（Volt-Ampere Characteristic Curve）是说明三极管各极电压和电流之间关系的曲线，是分析含有三极管电路的工作过程、工作原理的基本依据。

三极管是一个三端器件，其输入和输出共用发射极连接成如图 3-1-4 所示的双口网络（Dual Port Network），它的每个端口均有两个变量（端口电压和端口电流），共有四个变量，因而要在平面坐标上表示双极性三极管的伏安特性曲线，就必须有两组特性曲线簇（Characteristic Curve Cluster），用得较多的是输入特性曲线簇和输出特性曲线簇。输入特性曲线簇是以输出电压为某一确定参考值时，描述输入电流与输入电压之间变化规律的曲线；输出特性曲线簇是以输入电流（或输入电压）为参考量，描述输出电流与输出电压之间变化规律的曲线。由于双极性三极管有不同的连接方式，因此有不同的伏安特性曲线。下面以共发射极连接方式为例讨论三极管的伏安特性曲线。伏安特性曲线可以通过晶体管参数测试仪直接测出，也可以通过实验方法测得。图 3-1-4 所示为共射极特性曲线测试电路图。

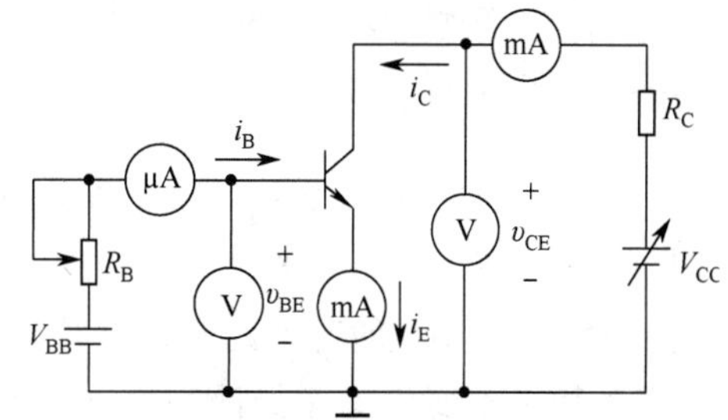

图 3-1-4　共射极特性曲线测试电路图

1．输入特性曲线

共射极输入特性曲线是当三极管共射极连接、输出端口电压 υ_{CE} 为一定值时，输入的基极电流 i_B 与输入端口电压 υ_{BE} 之间关系的曲线，其数学表达式为

$$i_B = f(\upsilon_{BE}, \upsilon_{CE}) \tag{3-1-7}$$

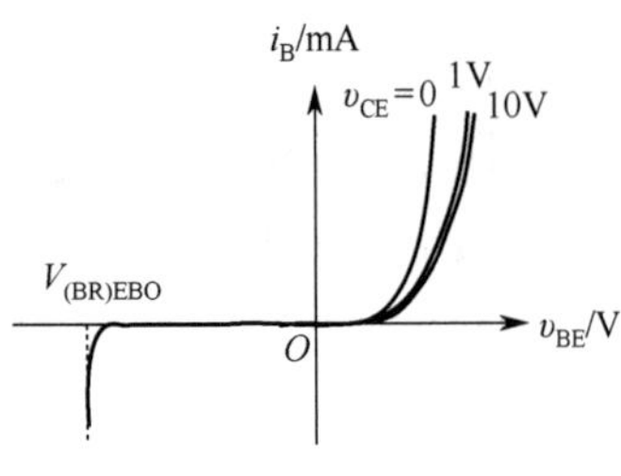

图 3-1-5 共射极的输入特性曲线

如图 3-1-5 所示，给定一个 υ_{CE}，就可以测得一条 i_B 随 υ_{BE} 变化的曲线，这样就得到了一条输入特性曲线。当 $\upsilon_{CE}=0$ 时，三极管相当于两个 PN 结并联，而且都处于正向偏置状态，输入特性类似于 PN 结的伏安特性，也有一段死区，硅管的死区电压约为 0.5V，锗管的死区电压约为 0.2V。当 υ_{BE} 大于死区电压时，发射结正向导通，基极电流随着 υ_{BE} 的增大而迅速增大，导通后，对于硅材料的晶体管，发射结正向电压为 0.6～0.7V，一般取 0.7V；对于锗材料的晶体管，发射结正向电压为 0.2～0.3V，一般取 0.2V。

当 $\upsilon_{CE}>0$ 时，集电结从原来的正偏向反偏转化，三极管集电区的收集作用增强，在这一过程中，i_B 显著减小；随着 υ_{CE} 逐渐升高，集电结从正向偏置转变成反向偏置，集电结的收集作用进一步加强，基区中电子和空穴复合的概率下降，导致 i_B 下降，而 υ_{CE} 继续升高，引起基区宽度变窄，非平衡少子在基区的复合电流减小，进而使得 i_B 也减小，所以随着 υ_{CE} 的增加，特性曲线向右移动。

当 $\upsilon_{CE}\geqslant 1V$ 时，集电结处于反向偏置状态，三极管工作于放大区，由于集电极电源的作用，发射区扩散到基区的绝大部分自由电子被吸收到集电区，υ_{CE} 对基极电流的影响减小，输入特性曲线几乎重合。常用 $\upsilon_{CE}\geqslant 1V$ 的一条曲线来表示共射极放大接法的输入特性曲线。

值得说明的是，当 $\upsilon_{BE}<0$ 时，发射结反偏，三极管处于截止状态。如果 $\upsilon_{BC}<0$，集电结也反偏，则基极反向电流为发射结和集电结反向饱和电流之和。当 υ_{BE} 的负压增大到某一幅值时，也会引起反向电流急剧增大，出现发射结反向击穿（Reverse Breakdown）现象，其击穿电压用 $V_{(BR)EBO}$ 表示。

2．输出特性曲线

输出特性曲线有两种表示方法。第一种以输入电流 i_B 为参考量，输出电流 i_C 与输出电压 υ_{CE} 之间关系的曲线用函数表达式可以表示为

$$i_C = f(\upsilon_{CE}, i_B) \tag{3-1-8}$$

第二种以输入电压 υ_{BE} 为参考量，输出电流 i_C 与输出电压 υ_{CE} 之间关系的曲线用函数表达式可以表示为

$$i_C = f(\upsilon_{CE}, \upsilon_{BE}) \tag{3-1-9}$$

第一种方法绘制的输出特性曲线如图 3-1-6(a)所示，第二种方法绘制的输出特性曲线如图 3-1-6(b)所示。对于图 3-1-6(a)所示的曲线，从特性曲线来看，当 υ_{CE} 较小时，输出电流 i_C 随着输出电压 υ_{CE} 的升高而急剧上升，输出电流 i_C 不受 i_B 的控制；当 υ_{CE} 较大时，输出电流 i_C 基本趋于不变，受 i_B 的控制影响较大，而受输出电压 υ_{CE} 的控制影响较小。

根据不同区域的特点，共射极接法的输出特性曲线可划分为饱和区（Saturation Region）、放大区（Amplifier Region）、截止区（Cut-off Region）和击穿区（Breakdown Region）。三极管若

工作于饱和区、放大区或截止区，则称之为正常工作状态；三极管若工作于击穿区，则可能导致三极管损坏，称之为非正常工作状态。

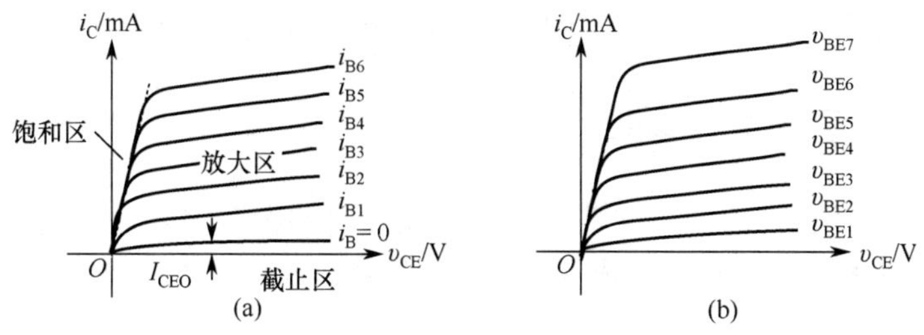

图 3-1-6　共射极接法的输出特性曲线

（1）截止区

将 $i_B=0$ 以下的区域称为截止区，这时 $I_C=I_{CEO}$，双极性三极管的集电极与发射极之间近似于断路，相当于开关的断开状态，不起放大作用，呈高阻（Hi-impedance）状态。严格上讲，截止区中发射结、集电结均处于反向偏置状态。

（2）放大区

当 $i_B>0$ 时，输出特性曲线近似平行于横轴的曲线部分称为放大区。在放大区中，集电结反偏，发射结正偏，三极管具有电流放大作用。v_{CE} 在一定范围内变化时，输出电流 i_C 的大小基本趋于不变，呈恒流特性。但随着 v_{CE} 的增大，i_C 受 i_B 的控制，各条曲线略向上倾斜，说明在该区域内 i_C 主要受 i_B 的控制，v_{CE} 对 i_C 影响由基区宽度调制效应产生，即 v_{CE} 增加，集电结空间电荷区变宽，基区有效宽度减小，载流子在基区复合的概率减小，使得电流放大系数 $\bar{\beta}$ 略有增加，在保持 i_B 不变的前提下，i_C 随着 v_{CE} 的增大而略有增加，各条输出特性曲线略向上翘，若将各条输出特性曲线向 v_{CE} 的负轴方向延长，它们将近似相交于该轴上的 A 点，如图 3-1-7 所示，A 点对应的电压用 V_A 表示，称为厄尔利（Early）电压，厄尔利电压一般在几伏到几百伏之间，它的大小反映输出特性曲线向上翘的程度，厄尔利电压越大，表示曲线越平坦，v_{CE} 对 i_C 影响就越小。

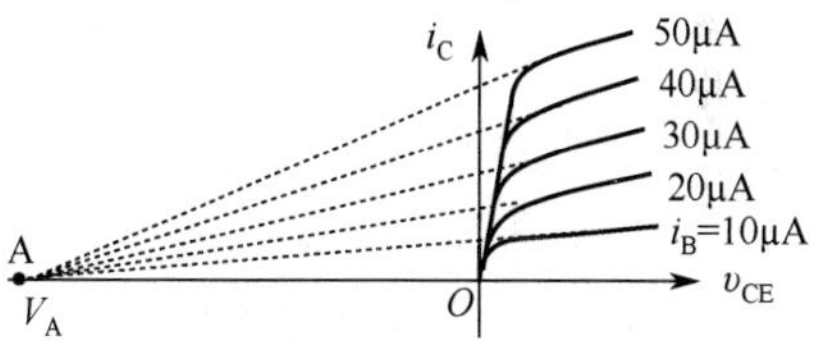

图 3-1-7　基区宽度调制效应

（3）饱和区

当 v_{CE} 较小时，输出电流 i_C 曲线陡峭上升的部分称为饱和区。由于输出电流 i_C 较大，且不受 i_B 的控制，当 v_{CE} 不变时，即使 i_B 增加，i_C 也几乎不变，好像达到饱和一样；而 v_{CE} 对 i_C 的影响较大，即在饱和区 i_C 受 v_{CE} 的控制，这主要是因为当 v_{CE} 增大时，集电结偏置由正向偏置向反向偏置转化，集电区收集电子的能力增强，因而 i_C 随 v_{CE} 的增大而增大。

三极管处于饱和状态时，三极管的集电极和发射极之间的电压降称为饱和压降（Saturation Voltage Drop），用 V_{CES} 表示，其值很小（实际应用中，一般取 0.3V），接近于短路，相当于开关接通的状态，为低阻状态（Low Resistance State）。此时，集电结和发射结均处于正向偏置状态。

（4）击穿区

若 v_{CE} 足够大，则三极管将发生击穿现象，对应 $i_E=0$（$I_C=-I_{CBO}$）的击穿电压为 $V_{(BR)CBO}$，对应 i_B=0（I_C=$-I_{CEO}$）的击穿电压为 $V_{(BR)CEO}$，通常 $V_{(BR)CBO}>V_{(BR)CEO}$。

综上所述，双极性三极管工作在放大区时，表现为恒流（Constant Current）特性，并且具有电流放大作用，广泛应用于各种信号的放大电路。而工作在饱和区和截止区时具有开关（On-Off）的性能，相当于开关的通、断状态，广泛应用于开关控制和数字电路（Digital Circuit）。

3.1.4 双极性三极管的主要参数

双极性三极管的各种性能和应用范围均可以通过它的参数来表征，这些参数是分析双极性三极管组成的电路和选用三极管的依据。本节从选择和安全使用的角度介绍一些主要参数。

1. 使用参数

（1）直流电流传输系数 $\overline{\beta}$ 和 $\overline{\alpha}$（或电流放大系数）

共射极电流传输系数（Transmission Coefficient）$\overline{\beta}$ 也称直流（静态）电流放大系数，它是静态时集电极电流 I_C 和基极电流 I_B 的比值，即采用共射极接法时，集电极输出电流与基极输入电流的比值，是三极管连接成共射极放大器的直流电流放大系数：

$$\overline{\beta}=\frac{I_C}{I_B} \tag{3-1-10}$$

双极性三极管也常采用共基极连接方式。此时，发射极电流为输入电流，集电极电流为输出电流，也可以用输出电流与输入电流的比值来定义电流放大系数或者传输系数，即共基极直流电流传输系数 $\overline{\alpha}$，它是静态时集电极输出电流 I_C 和发射极输入电流 I_E 的比值：

$$\overline{\alpha}=\frac{I_C}{I_E} \tag{3-1-11}$$

根据三极管的电流关系 $I_E=I_C+I_B$ 可得

$$\overline{\alpha}=\frac{\overline{\beta}}{1+\overline{\beta}},\qquad \overline{\beta}=\frac{\overline{\alpha}}{1-\overline{\alpha}} \tag{3-1-12}$$

（2）交流电流传输系数 β 和 α（或电流放大系数）

共射极交流电流传输系数 β 为变化的交流电流放大系数，是集电极电流变化量 Δi_C 和基极电流变化量 Δi_B 的比值，即

$$\beta=\frac{\Delta i_C}{\Delta i_B} \tag{3-1-13}$$

共基极交流电流传输系数 α 为变化的交流电流放大系数，是集电极电流变化量 Δi_C 和发射极电流变化量 Δi_E 的比值，即

$$\alpha=\frac{\Delta i_C}{\Delta i_E} \tag{3-1-14}$$

同理可得

$$\alpha=\frac{\beta}{1+\beta},\qquad \beta=\frac{\alpha}{1-\alpha} \tag{3-1-15}$$

尽管 β、α 和 $\overline{\beta}$、$\overline{\alpha}$ 表示的含义不同，但当频率较低时，可以认为 $\beta\approx\overline{\beta}$，$\alpha\approx\overline{\alpha}$。后面如不做特殊说明，均用 β 和 α 来表示三极管相应的电流传输系数。

（3）结电容

三极管的发射结电容 $C_{b'e}$ 由发射结势垒电容和扩散电容两部分组成。当发射结正向偏置

时，扩散电容（Diffusion Capacitance）起主要作用。

三极管的集电结电容 $C_{b'c}$ 由集电结势垒电容和扩散电容两部分组成。当集电结反向偏置时，势垒电容（Barrier Capacitance）起主要作用。

三极管的结电容一般为几皮法到几十皮法。在低频条件下，结电容呈现的容抗较大，结电容均可忽略；当频率较高时，这些电容往往不能忽略，为了提高三极管使用的上限频率（Upper Limit Frequency），在制作三极管时应尽量减小它们的数值。

2. 反向参数

（1）集电结反向饱和电流 I_{CBO}

当发射极开路（$I_E=0$）时，在电源 V_{CC} 的作用下，集电结反向偏置，由集-基之间少数载流子引起的反向电流称为**集电结反向饱和电流**，如图 3-1-8 所示。该电流受温度的影响较大，硅材料的温度稳定性好，硅三极管比锗三极管的 I_{CBO} 要小许多。

（2）集电极到发射极的穿透电流 I_{CEO}

当基极开路（$I_B=0$）时，在电源 V_{CC} 的作用下，集电结击穿，发射结导通，集电极和发射极之间产生穿透电流，如图 3-1-9 所示。

$$I_{CEO}=(1+\beta)I_{CBO} \tag{3-1-16}$$

I_{CEO} 为集电极电流 I_C 的一部分，受温度的影响较大。选用双极性三极管时，总希望 I_{CEO} 越小越好。集电极到发射极的穿透电流 I_{CEO} 也反映了双极性三极管内载流子的分配原则，即发射极向基极提供一个供复合用的载流子（这个复合用的载流子是由集电结的反向漂移电流产生的），一定向集电极提供 β 个载流子。

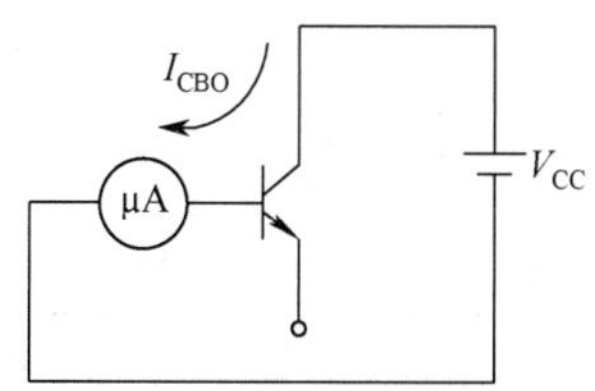

图 3-1-8　I_{CBO} 测试电路

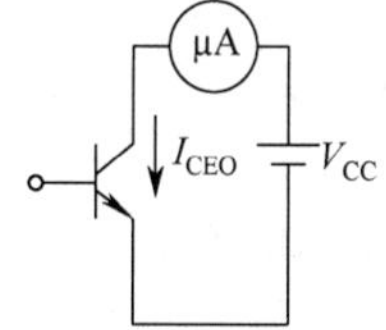

图 3-1-9　I_{CEO} 测试电路

3. 极限参数

为了保证双极性三极管的安全使用，必须理解三极管的极限参数（Limit Parameter）。

（1）集电极最大允许的电流 I_{CM}

双极性三极管的电流传输系数 β 一般会随集电极电流的变化而变化。当 I_C 较小时，电流传输系数 β 也较小，随着 I_C 的增长，β 开始变大，当 I_C 增大到一定的数值时，β 又会下降，β 下降到正常值的 2/3 时所对应的 I_C 称为**集电极最大允许电流** I_{CM}，当集电极电流达到 I_{CM} 时，容易引起三极管的集电结发热而导致损坏。

（2）反向击穿电压 $V_{(BR)CEO}$

当基极开路时，集电极-发射极之间最大允许的电压称为**反向击穿电压** $V_{(BR)CEO}$。当集电极电压达到 $V_{(BR)CEO}$ 时，容易引起三极管的集电结产生热击穿而导致损坏。为了保证三极管的正常工作，一般集电极供电电压取

$$V_{CC}\leqslant(1/2\sim2/3)V_{(BR)CEO} \tag{3-1-17}$$

（3）集电极允许功耗 P_{CM}

电流通过三极管时，在发射结和集电结上会产生功率耗散，这些功率应等于结电压和通过结的电流的乘积。由于 $I_C \approx I_E$，发射结正偏，其结电压很小；集电结反偏，结电压很大。因此，集电结上耗散的功率远大于发射结上消耗的功率，因此三极管消耗的功率主要消耗在集电结上，其功率用 P_C 表示。这个功率将导致集电结发热，结温升高，当结温超过三极管允许的最高温度时，三极管的性能下降，甚至被烧坏。为了使结温不超过规定值，集电结的 P_C 会被限制，P_C 的最大允许值为 P_{CM}：

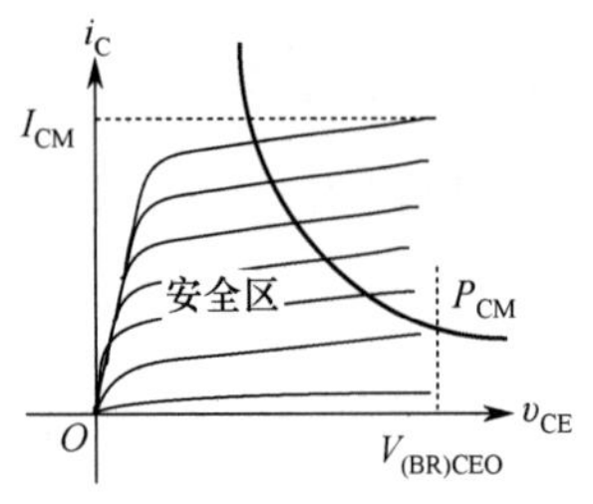

图 3-1-10 晶体管的安全工作区

$$P_C = I_C V_{CE} \tag{3-1-18}$$

由 I_{CM}、$V_{(BR)CEO}$、P_{CM} 包围的区域称为双极性三极管的安全工作区，如图 3-1-10 所示。

双极性三极管在实际工作时，其 I_C 和 V_{CE} 均应被限定在该区域内。表 3-1 中给出了几种常用双极性三极管及其基本参数，具体的元件参数细节请查阅相关的元器件手册。

表 3-1 几种常用双极性三极管及其基本参数

型号	管型	β	I_{CBO}	I_{CM}	P_{CM}	$V_{(BR)CBO}$	$V_{(BR)BEO}$
2SC9013	NPN	64～202	10nA	500mA	625mW	40V	5V
2SC9014	NPN	60～1000	50nA	100mA	450mW	50V	5V
2SC9015	PNP	60～1000	-50nA	-100mA	450mW	-50V	-5V
2SC9018	NPN	28～198	50nA	50mA	400mW	30V	5V
2SC1815	NPN	70～700	100nA	150mA	400mW	60V	5V
2SC2625	NPN	>10	1mA	20A	80W	450	7V
2SC5200	NPN	55～160	5μA	15A	150W	230	5V
2SA1943	PNP	55～160	-5μA	-15A	150W	-230	-5V
S8550	PNP	85～300	100nA	-0.5A	625mW	-40	-5V
BFG425W	NPN	50～120	15nA	30mA	135mW	10V	1V
BC846AW	NPN	110～800	15nA	200mA	200mW	80V	6V
BC856W	PNP	110～800	-15nA	-200mA	200mW	-80V	-6V

【例 3-1-1】 图 3-1-11 所示电路由电流放大系数 $\beta = 40$ 的三极管 2SC9018 组成，已知直流供电电压 V_{CC}=5V、偏置电阻 R_C=3.3kΩ、R_B=33kΩ，试分析在输入电压 V_I 为 0V、1.5V 和 5V 时三极管分别处于何种工作状态，输出电压 V_O 分别是多少？

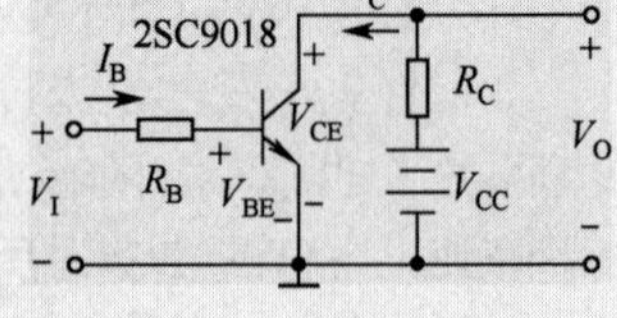

图 3-1-11 例 3-1-1 的电路

解：（1）当输入电压为 0V 时，三极管的发射结零偏，不导通，三极管处于截止工作状态，这时电流 I_B=0、I_C=0，因此输出电压 V_O=5V。

（2）当输入电压为 1.5V 时，三极管的发射结正向偏置，根据输入回路的 KVL 方程得

$$V_I - I_B R_B - V_{BE} = 0$$

由恒压降模型得

$$I_B = \frac{V_I - V_{BE}}{R_B} = \frac{1.5 - 0.7}{33} = 0.024\text{mA}$$

假设三极管处于放大状态，I_C=0.024×40 ≈ 1mA，由输出回路的 KVL 方程得

$$V_{CE}=V_{CC}-I_C R_C=5-1\times 3.3=1.7\text{V}$$

可见，V_{CE}=1.7V > 1V，假设是成立的。因此，三极管处于放大状态，输出电压 V_O=1.7V。

（3）当输入电压为 5V 时，三极管的发射结正向偏置，根据输入回路的 KVL 方程得

$$I_B=\frac{V_I-V_{BE}}{R_B}=\frac{5-0.7}{33}=0.13\text{mA}$$

假设电路处于饱和状态，则在饱和状态下，三极管集电极电流 I_C 为饱和电流，记为 I_{CS}，集电极与发射极之间的电压 V_{CE} 为饱和压降，记为 V_{CES}。其输出回路的 KVL 方程为

$$V_{CC}-I_{CS}R_C-V_{CES}=0$$

一般情况下，饱和压降很小，对于 2SC9018，其饱和压降 V_{CES}=0.3V，达到饱和时的集电极电流为

$$I_{CS}=\frac{V_{CC}-V_{CES}}{R_C}=\frac{5-0.3}{3.3}=1.42\text{mA}$$

则饱和区和放大区的转折点对应的基极电流为

$$I_{BS}=\frac{I_{CS}}{\beta}=\frac{1.42}{40}=0.036\text{mA}$$

可见，$I_B > I_{BS}$，假设是成立的，放大器处于饱和工作状态，输出电压 $0 < V_O < 0.3\text{V}$。

3.2　金属氧化物半导体场效应管

双极性三极管内部有两种载流子（多子和少子）参与导电，因此称为**双极性晶体管**，它从工作机理上使用较小的基极电流控制较大的集电极电流，故称为**电流控制器件**。与双极性三极管不同，场效应管（Field Effect Transistor）的工作电流主要由半导体中多数载流子的漂移运动形成，称为**单极性晶体管**（Unipolar Junction Transistor）。同时，场效应管具有很高的输入阻抗和极小的输入电流，通常采用一定的输入电压控制较大的输出电流，故又称**电压控制器件**。

场效应管具有输入电阻（Input Resistance）高（可达 $10^{15}\Omega$）、噪声低（Low Noise）、热稳定性（Thermal Stability）好、抗辐射（Anti-radiation）能力强、功耗低、制作工艺简单、易于集成等优点，因而得到了广泛应用。一般而言，FET 按照栅极（Grid Electrode）与导电沟道（Conductive Channel）的连接方式进行分类，从目前的使用来看主要分为如下四类。

（1）金属绝缘栅半导体 FET（MISFET）。它的栅极通过一个绝缘层（Insulating Layer）与沟道分开，是目前应用最广泛的类型之一。金属氧化物半导体场效应管（MOSFET）就属于此类。

（2）结型场效应管（JFET）。这类 FET 依靠负偏置的 PN 结分开沟道和栅极。

（3）金属半导体 FET（MESFET）。它将负偏置的 PN 结换成肖特基（Schottky）接触，沟道能被控制，其物理特性与结型场效应管的基本相似。

（4）异质 FET（Hetero FET）。异质 FET 的结构依赖单一的半导体材料，使用不同半导体层之间的突变（Abrupt）过渡。目前，高电子迁移率晶体管（HEMT）就属于此类，在超高速电路中广泛采用。

在 MISFET 和 JFET 中，由于存在由栅极和绝缘体或负偏置 PN 结形成的大电容，因此具有较低的上限截止频率（Upper Cut-off Frequency），通常工作在低频和中频范围内。本节重点讨论 MOSFET、JFET 的工作原理和特性。

3.2.1 MOS 场效应管的结构与电路符号

MOS 场效应管由金属、二氧化硅绝缘层和半导体组成。按照导电沟道的不同，分为 N 沟道和 P 沟道；按照导电沟道的形成不同，又分为增强型（Enhancement Type）和耗尽型（Depletion Type）。所谓耗尽型，是指当控制电压等于零时，存在导电沟道的场效应管；所谓增强型，是指当控制电压等于零时，不存在导电沟道，场效应管漏极电流等于零，只有当控制电压大于某个数值后，才开始产生漏极电流的场效应管。

1. MOS 场效应管的结构和符号

图 3-2-1 所示为绝缘栅 N 沟道增强型场效应管结构图，它采用一块掺杂浓度较低的 P 型硅作为衬底（Substrate），采用扩散的方法在 P 型衬底中生成两个高掺杂的 N^+区，分别称为源区（Source Region）和漏区（Drain Region），它们各自与衬底形成 PN 结。衬底表面生长着一薄层二氧化硅（Silicon Dioxide）的绝缘层，绝缘层上覆盖了一层金属（Metal），并引出一个电极，称为栅极（Grid），用 G 表示。自源区和漏区引出的电极分别称为源极（Source）和漏极（Drain），用 S 和 D 表示。由于栅极同其他电极及硅衬底之间是绝缘（Insulation）的，所以称为绝缘栅型场效应管，简称 MOS（Metal Oxide Semiconductor）管。

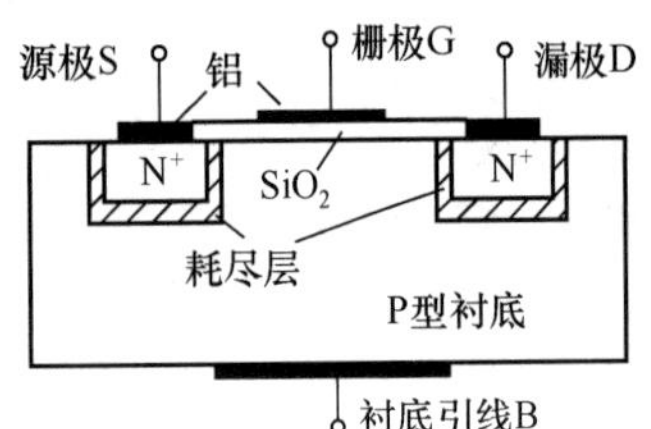

图 3-2-1 N 沟道增强型场效应管结构图

如果衬底采用 N 型硅片，两个重掺杂的区为 P^+型区，那么可制成 P 沟道增强型 MOS 场效应管。若衬底也引出一个电极 B，就构成四极管，通常条件下，N 沟道 MOS 管的衬底与源极相连，P 沟道 MOS 管的衬底与漏极相连，构成场效应三极管。

图 3-2-2(a)和(b)分别给出了 N 沟道和 P 沟道增强型场效应管的电路符号，其中，漏源电极之间的直线分为三段，表示不加栅极电压时，不存在导电沟道，而栅极电压引线的位置偏向源极，衬底引线上的箭头指向里面表示 N 沟道，指向外面表示 P 沟道。

耗尽型 MOS 管的结构与增强型的结构基本相同，不同的是，在 SiO_2 的绝缘层中掩埋了不能移动的带电离子，对于 N 沟道掩埋正离子，对于 P 沟道掩埋负离子，使得没有外加栅压时就存在导电沟道。图 3-2-3(a)和(b)给出了 N 沟道和 P 沟道耗尽型场效应管的电路符号，其中，漏源电极之间为一段直线，表示不加栅极电压时就存在导电沟道，而栅极电压引线的位置也偏向源极，衬底引线上的箭头指向里面表示 N 沟道，指向外面表示 P 沟道。

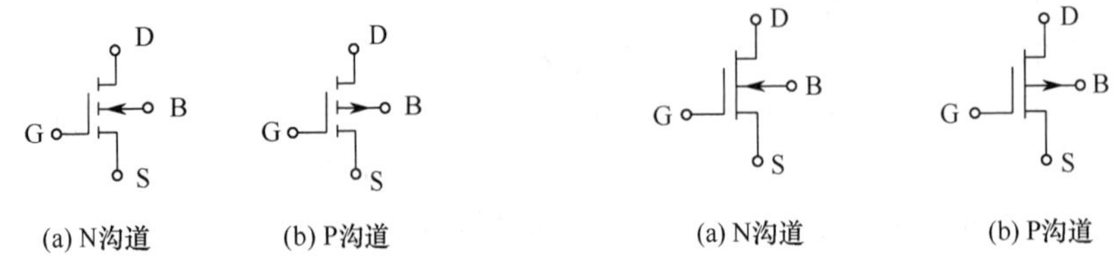

图 3-2-2 增强型场效应管的电路符号　　图 3-2-3 耗尽型场效应管的电路符号

2. MOS 场效应管的工作原理

下面以 N 沟道增强型场效应管为例，讨论场效应管的工作原理和特性。N 沟道 MOS 管的衬底 B 和源极内部相连，并且处于外加电压的最低电位，外加栅源电压 V_{GS} 和漏源电压

V_{DS}的连接示意图如图 3-2-4 所示。

（1）N 沟道增强型 MOS 管的工作原理

当 $V_{GS}=0$ 或者悬空时，在 D、S 之间加外加电源 V_{DS}，无论外加电源如何变化，总有一个 PN 结是反向偏置的，漏极电流 $I_D=0$。可见，G、S 之间的电压为 0 或者悬空时，由于 D、S 之间没有导电沟道，不管 D、S 之间的电压如何变化，它们之间不可能形成电流。

当 D、S 短接（即 $V_{DS}=0$），G、S 之间加正向电压 V_{GS}（栅极接电源正极，源极接电源负极）时，若 V_{GS}增大但较小时，在 V_{GS}电压的作用下，由于源极与衬底相连，在 SiO_2绝缘层中会产生指向 P 型衬底且垂直于衬底的正电场，这个电场将吸引 P 型衬底中的少数载流子电子，同时排斥多数载流子空穴。由于 V_{GS} 较小，垂直电场吸引电子的能力不强，电子的数量不多，D、S 之间无导电沟道，即使 V_{DS}不等于 0，漏极电流 $I_D=0$。

随着 V_{GS} 继续增大，SiO_2 绝缘层中的电场强度随之增大，SiO_2 绝缘层下聚集的电子数量逐渐增多，使得 D、S 连通，进而在 D 和 S 之间形成导电沟道，形成反型层（Inversion Layer）。我们将开始形成导电沟道的栅源阈值电压（Threshold Voltage）称为开启电压，记为 $V_{GS(th)}$，随着 V_{GS} 的增大，导电沟道加宽，沟道的电阻变小，如图 3-2-5 所示。

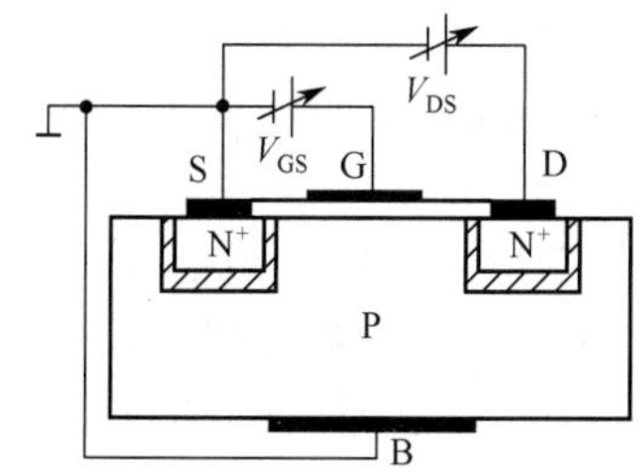

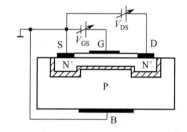

图 3-2-4　N 沟道增强型场效应管工作原理图

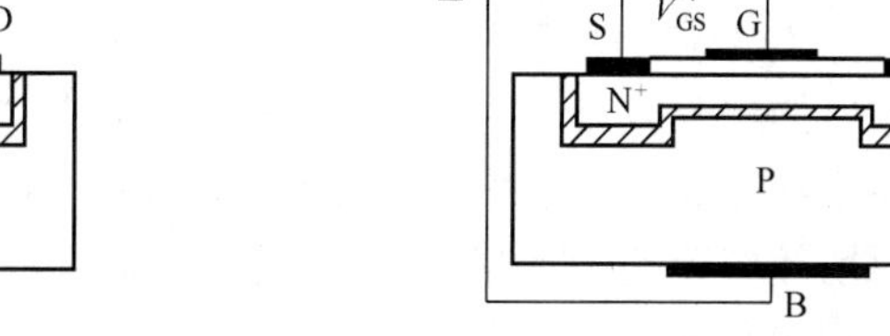

图 3-2-5　N 沟道增强型场效应管沟道形成图

$V_{GS}\geqslant V_{GS(th)}$后，导电沟道形成，漏源极之间加正向电压 V_{DS} 时，V_{DS} 将沿沟道形成从漏极指向源极的横向电场，在此电场的作用下，电子从源区漂移到漏区，形成漏极电流。该电流从漏极经过沟道流向源极，在沟道内产生横向的电势梯度，靠近漏极的地方电位最高，靠近源极的地方电位最低。这样，栅极与漏极的电位差 $V_{GD}=V_{GS}-V_{DS}$ 最小，因而沟道最薄；栅极与源极的电位差最大，因而沟道最厚。

可见，V_{DS} 的引入使得沟道的宽窄出现不均匀的分布，当 V_{DS} 很小时，沟道分布的不均匀性不是很明显，若继续增大 V_{DS}，则沟道的横向电场增强，沟道中电子的漂移运动速度加快，I_D增加。但是，随着 V_{DS} 的增大，又会使栅极与漏极沟道间的电压 V_{GD}减小，近漏区的沟道变薄，当 V_{DS} 增大到使 $V_{GD}=V_{GS(th)}$时，靠近漏端的沟道消失，近漏极端被夹断，称为预夹断（Prepinch-off）。沟道的分布如图 3-2-6 所示，其中夹断点（Pinch-off Point）为 A。继续增大 V_{DS}，夹断点向源极方向移动，夹断点到源极之间的电压 V_{AS} 固定不变（因为 $V_{GA}=V_{GS}-V_{AS}=V_{GS(th)}$）。可见，在漏极被夹断后，增加的电压 $V_{DS}-V_{AS}$ 落在夹断区，漏极夹断后，当电子从源区出发，经过沟道漂移到夹断点后，将立即被强电场拉向漏区，形成漏极夹断后的漏极电流 I_D。由于夹断点 A 到源极的电压不变，且沟道变化长度也近似不变（向源极的移动很小，可以忽略），I_D 近似维持恒流特性。事实

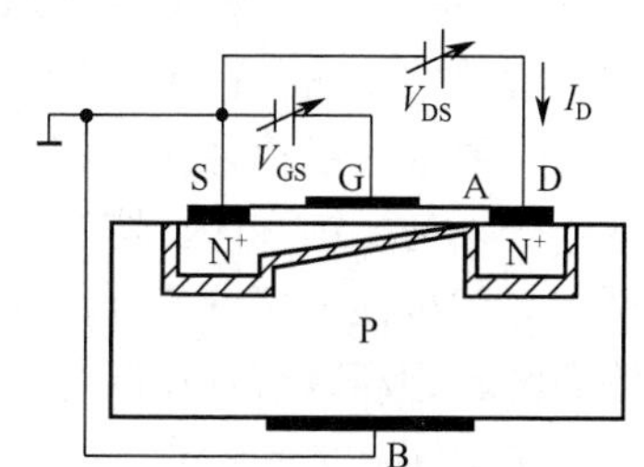

图 3-2-6　N 沟道增强型场效应管沟道预夹断

上，随着 V_{DS} 的增加，沟道长度也会适当减小，沟道电阻相应地有所减小，漏极电流略有增大，体现出沟道调制效应。

以上分析说明，漏极电流 I_D 主要受 V_{GS} 的控制，在漏极预夹断之前还受 V_{DS} 的影响；在漏极预夹断之后，I_D 表现为受 V_{GS} 控制的恒流特性。

（2）N 沟道耗尽型 MOS 管的工作原理

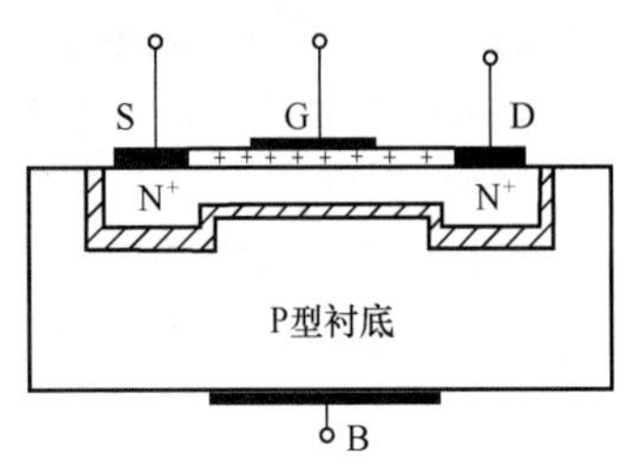

图 3-2-7 N 沟道耗尽型场效应管结构示意图

N 沟道耗尽型场效应管结构示意图与增强型场效应管非常相似，如图 3-2-7 所示。所不同的地方是，在制造过程中，在 SiO_2 绝缘层中掺入了大量金属正离子（如钠离子或钾离子）。因此，即使是在没有外加栅压的情况下，依靠这些正离子建立的电场也可形成反型层，进而形成 N 型导电沟道。

当 V_{DS} 一定时，在 G、S 之间加正电压，沟道中电子的浓度增大，沟道变厚，沟道电阻减小，漏极电流 I_D 增大；在 G、S 之间加负电压，V_{GS} 抵消 SiO_2 中正离子的作用，沟道中电子的浓度减小，沟道变薄，沟道电阻增大，漏极电流 I_D 减小。当 V_{GS} 负电压的绝对值增加到一定的值时，整个沟道消失，漏极电流 I_D 为零，这时对应的 V_{GS} 称为*夹断电压*（Pinch-off Voltage），记为 $V_{GS(off)}$或 V_P。可见，耗尽型场效应管的夹断电压 $V_{GS(off)}$与增强型场效应管的开启电压 $V_{GS(th)}$的物理意义是一致的，都表示场效应管导通和截止分界的栅源电压 V_{GS}。不过，N 沟道耗尽型场效应管的 $V_{GS(off)}$为负值。

由此可见，除了在 V_{GS} 为正、零和负值时均可以工作，N 沟道耗尽型场效应管的工作原理和特性与增强型场效应管的基本相似。因此，前面讨论的 N 沟道增强型场效应管所对应的结论，也基本适用于 N 沟道耗尽型场效应管。

值得注意的是，N 沟道场效应管的工作机理对于 P 沟道场效应管也普遍适用。但使用时应注意，P 沟道场效应管的外加电压和实际极性与 N 沟道场效应管的相反，漏极电流也与 N 沟道场效应管的相反，N 沟道的电流 i_D 是流入漏极的，P 沟道的电流 i_D 是流出漏极的。

3．MOS 场效应管的特性曲线

（1）输出特性曲线

在 MOS 场效应管中，栅极由于 SiO_2 的阻断实现了与半导体的绝缘，其电流近似为零，因此，场效应管采用共源极接法时，MOS 的特性曲线用输出特性曲线来表示：

$$i_D = f(\upsilon_{DS})\big|_{\upsilon_{GS}=\text{const}} \tag{3-2-1}$$

根据输出特性曲线的定义，每给出一个 υ_{GS} 的值，就可以测出一条 i_D 随着 υ_{DS} 变化的曲线，图 3-2-8 给出了某 N 沟道增强型场效应管的输出特性曲线簇。由图可见，它与双极性三极管的共射极输出特性曲线相似，可划分为四个区，分别为非饱和区、饱和区、截止区和击穿区。与双极性三极管一样，场效应管工作于非饱和区、饱和区或截止区称之为*正常工作状态*，在击穿区外电路没有合理的控制时，也会导致场效应管损坏，称之为*非正常工作状态*。

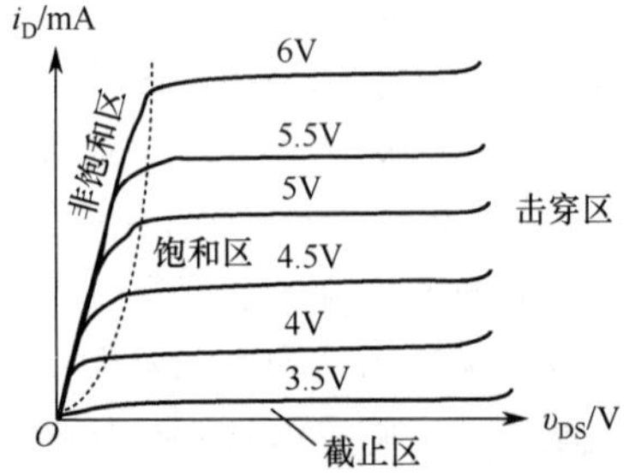

图 3-2-8 N 沟道增强型场效应管的输出特性曲线簇

① 非饱和区。非饱和区又称可变电阻区（Variable Resistance Region），对应于υ_{DS}较小、近漏极区还没有被夹断时的情况。这时，漏极电流i_D不仅受υ_{GS}的控制，而且随着υ_{DS}的增大而增大，可以用函数式来模拟：

$$i_D = \frac{\mu_n C_{ox} W}{2L}\left[2(\upsilon_{GS} - V_{GS(th)})\upsilon_{DS} - \upsilon_{DS}^2\right] \quad (3\text{-}2\text{-}2)$$

式中，μ_n 称为电子的迁移率（Mobility），C_{ox}为单位面积的栅极电容，二者的乘积可以表示为$K_P = \mu_n C_{ox}$，是特定 CMOS 工艺的工艺参数，其单位为 A/V^2；L 为沟道长度；W 为沟道宽度。当υ_{DS}很小时，其平方项可以忽略，表示为

$$i_D = \frac{\mu_n C_{ox} W}{L}(\upsilon_{GS} - V_{GS(th)})\upsilon_{DS} \quad (3\text{-}2\text{-}3)$$

可见，当υ_{DS}很小时，i_D和υ_{DS}呈线性，可将 N 沟道增强型场效应管视为一个受υ_{GS}控制的可变电阻，表示为

$$R_{(on)} = \frac{L}{\mu_n C_{ox} W(\upsilon_{GS} - V_{GS(th)})} \quad (3\text{-}2\text{-}4)$$

② 饱和区。场效应管的漏极被夹断后，i_D 几乎不再随着υ_{DS}的增大而上升，其电流达到恒定，这一工作区域称为饱和区（Saturation Region），也称放大区（Amplifer Region）。饱和区的电流 i_D 也可以用数学函数来模拟：

$$i_D = \frac{\mu_n C_{ox} W}{2L}\left(\upsilon_{GS} - V_{GS(th)}\right)^2 \quad (3\text{-}2\text{-}5)$$

饱和区的主要表现是随着υ_{GS}的增大，沟道中多数载流子的浓度增加很快，沟道变宽，沟道电阻减小，导致漏极电流随υ_{GS}呈平方律变化，场效应管放大器通常工作于饱和区。实际上，i_D随着υ_{DS}变化的曲线在饱和区不是平坦的，而是随着υ_{DS}的增大略微上翘，常采用参数λ对漏极输出特性曲线进行修正，修正的漏极电流公式为

$$i_D = \frac{\mu_n C_{ox} W}{2L}\left(\upsilon_{GS} - V_{GS(th)}\right)^2\left(1 + \lambda\upsilon_{DS}\right) \quad (3\text{-}2\text{-}6)$$

式中，λ不是一个常数，而是与沟道长度有关的一个参量，厄尔利等人研究了场效应管的沟道长度调制效应，一般认为$\lambda = 1/|V_A|$，V_A称为厄尔利电压。

③ 截止区。当$\upsilon_{GS} < V_{GS(th)}$时，沟道还没有形成，无论$\upsilon_{DS}$如何变化，总有一个 PN 结处于反向偏置状态，漏极电流近似为零。在数字电路中，可以通过控制υ_{GS}的大小，让其在非饱和区和截止区进行合理的交互，实现开关工作状态，进而实现相应的逻辑控制。

④ 击穿区。当$\upsilon_{GS} > V_{GS(th)}$时，$\upsilon_{DS}$较大且达到一定数值时，漏极电流急剧增大，这时场效应管进入击穿状态。对应υ_{DS}的值称为漏源击穿电压，用$V_{(BR)DS}$表示。这种击穿通常为漏极与衬底之间 PN 结的雪崩击穿，如果外电路不加以控制，可能导致场效应管损坏，出现电路故障，因此使用时应避免出现这种状态。

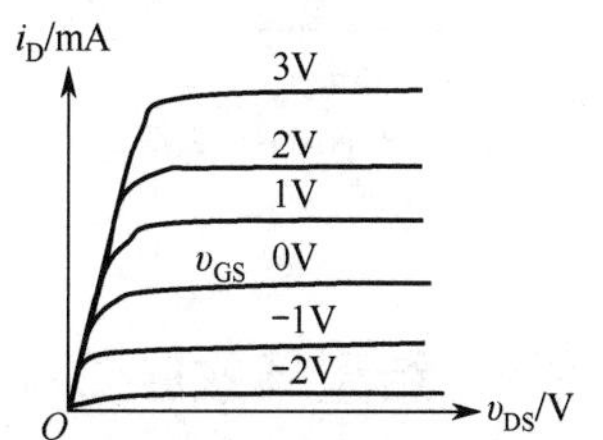

图 3-2-9　N 沟道耗尽型场效应管输出特性曲线

图 3-2-8 所示场效应管的输出特性曲线均是$\upsilon_{GS} \geqslant 3.5$V 的曲线簇，主要是增强型场效应管，只有在$\upsilon_{GS} \geqslant V_{GS(th)}$时才能建立沟道产生漏极电流。图 3-2-9 给出了典型 N 沟道耗尽型场效应管的输出特性曲线，υ_{GS}在一定的正、负电压范围内，场效应管均可导通。

图 3-2-10(a)和(b)分别给出了 P 沟道场效应管的输出特性曲线，与 N 沟道 MOS 管不同的是，P 沟道的υ_{DS}和i_D均为负值，读者可以根据前面的场效应管的工作机理进行类似的分析。

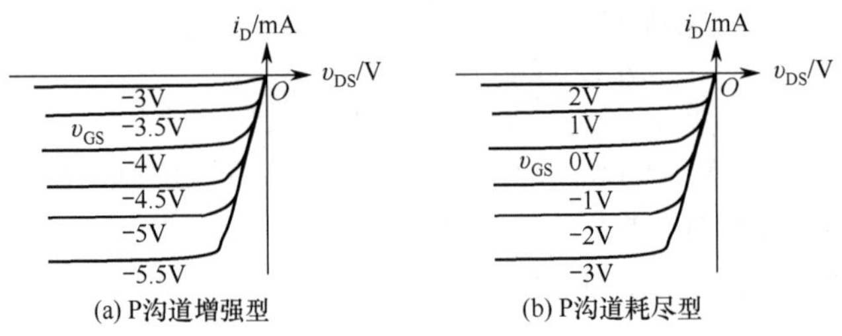

图 3-2-10　P 沟道场效应管共源输出特性曲线

（2）转移特性曲线

在场效应管的共源接法中，由于场效应管的栅极电流 i_G 很小，讨论输入电流 i_G 随着输入电压υ_{GS}的变化规律没有实际意义，因此，场效应管没有输入特性曲线，通常讨论其转移特性曲线。所谓转移特性曲线，是指在输出电压υ_{DS}一定的条件下，输出电流 i_D 随着输入电压υ_{GS}变化的曲线，即

$$i_D = f(\upsilon_{GS})|_{\upsilon_{DS}=\text{const}} \tag{3-2-7}$$

由转移特性曲线的定义可知，当输出电压一定时，输出电流 i_D 随着输入电压υ_{GS}变化的伏安特性曲线称为场效应管共源极连接的转移特性曲线，可以通过输出特性曲线求得：在场效应管输出特性曲线的饱和区内，取不同的υ_{DS}，相当于在共源极连接的输出特性曲线基础上作一系列垂直于横轴的平行线，得到转移特性曲线簇，但输出电流 i_D 随着输出电压υ_{DS}变化差别甚微，通常转移特性曲线可用一条曲线来表示，图 3-2-11 分别给出了不同沟道的增强型和耗尽型场效应管的转移特性曲线，图 3-2-11(a)为 N 沟道增强型的转移特性曲线，其伏安特性全部位于第一象限内，沟道的开启电压 $V_{GS(th)}$为正值；图 3-2-11(b)为 N 沟道耗尽型的转移特性曲线，其伏安特性一部分位于第一象限内，一部分位于第二象限内，沟道的夹断电压 $V_{GS(off)}$为负值；同理，由图 3-2-10 可得 P 沟道增强型和 P 沟道耗尽型的转移特性曲线，分别如图 3-2-11(c)和(d)所示。

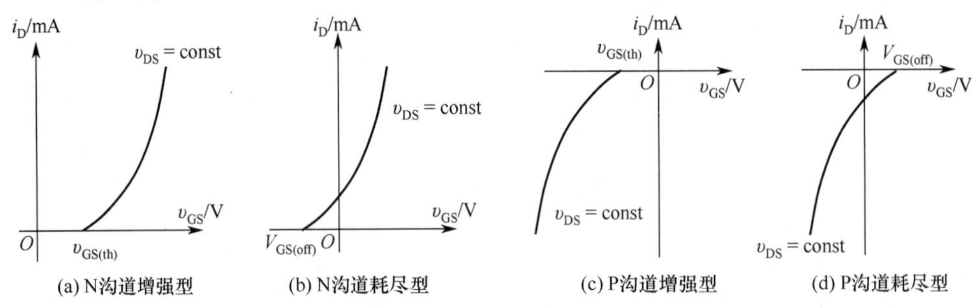

图 3-2-11　MOSFET 的转移特性曲线

3.2.2　结型场效应管

结型场效应管也分为 N 沟道和 P 沟道结型场效应管。N 沟道结型场效应管的结构示意图如图 3-2-12 所示。它在一块 N 型硅片的上下两端各引出两个电极，分别称为漏极 D 和源极 S。在基片的两侧各制作一个高浓度的 P^+区，并将两个 P^+区并接后连接出一个电极，称为

栅极 G。这样，在两个 P^+区和 N 型基片之间就形成了两个 PN 结。这两个 PN 结中间就是电子连通的通道，称为 N 沟道（导电沟道），这样就形成了一个 N 沟道结型场效应管。

在 P 型硅片上，采用同样的方法，可得 P 沟道结型场效应管。图 3-2-13 给出了 N 沟道和 P 沟道结型场效应管的电路符号图。图中箭头表示栅源间 PN 结加正向偏置电压时栅极电流的流向，箭头朝里为 N 沟道，箭头朝外为 P 沟道。注意，无论是 N 沟道还是 P 沟道，结型场效应管正常工作时，PN 结必须外加反向偏置电压。

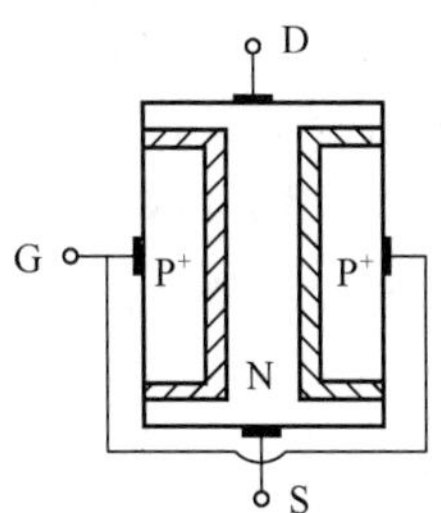

图 3-2-12　N 沟道结型场效应管结构示意图

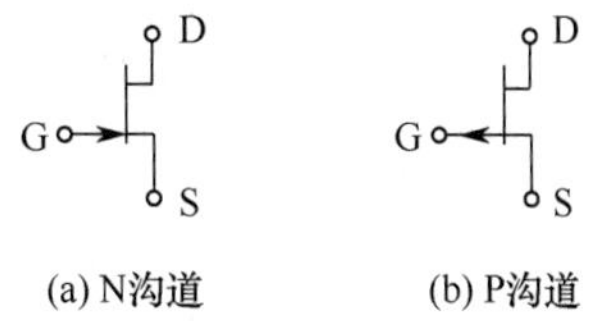

图 3-2-13　结型场效应管电路符号

1．结型场效应管的工作原理

下面以 N 沟道结型场效应管为例来说明其工作原理。图 3-2-14 给出了 N 沟道结型场效应管外加电源时的工作原理示意图。由图可见，正常工作时栅源电压 υ_{GS} 处于反向偏置状态，当栅源电压 υ_{GS} 为零且在漏源之间加正向电压 υ_{DS} 时，源区的电子经过沟道漂移到漏极形成电流 i_D，增大 υ_{DS} 时，i_D 通过导电沟道在沟道内产生电位梯度，靠近漏极的地方电位高，靠近源极的地方电位低，从而引起沟道的分布不均匀，如图中所示。

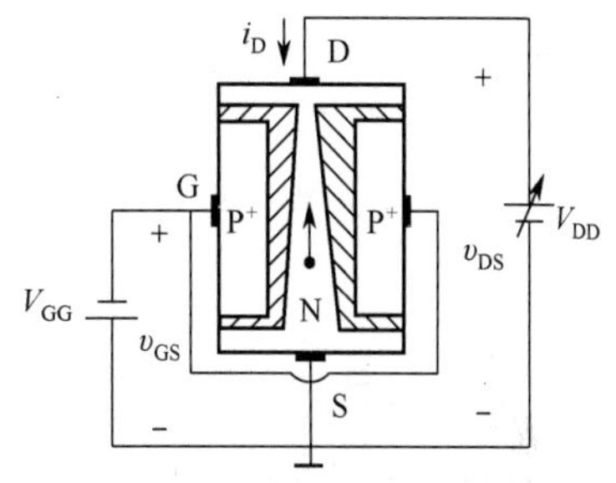

图 3-2-14　N 沟道结型场效应管外加电源时的工作原理示意图

若继续增大 υ_{DS}，当 $\upsilon_{DS}=\upsilon_{GS}-V_{GS(off)}$ 时，将出现漏极夹断，称为预夹断。所对应的漏极电流为饱和漏极电流，记为 I_{DSS}，它是 N 沟道结型场效应管正常工作时的最大电流。实际上，预夹断之后，若继续增大 υ_{DS}，夹断点向下移动，沟道的长度略有变化，沟道电阻也相应减小，漏极电流略有增大，并非完全不变，同样出现沟道调制效应。

为了使场效应管具有较大的输入电阻，栅源之间必须加反向电压，对于 N 沟道场效应管，应在负栅压下和零偏压下工作。

在栅源之间加反向偏压即 $\upsilon_{GS}<0$ 时，栅极与沟道之间的 PN 结加厚，并且主要向浓度较低的沟道延伸，使沟道变窄，沟道的截面积减小，沟道电阻变大，i_D 减小。当栅源间的反向偏压增大到一定值时，耗尽层将占满整个沟道，导电的沟道几乎不存在，这时沟道电阻极大，$i_D\approx 0$，这种情况称为全夹断，这时，栅源之间的外加电压也称夹断电压，用 $V_{GS(off)}$表示。

综上所述，结型场效应管的工作原理和绝缘栅场效应管的工作原理相似，它们的不同点在于结型场效应管对漏极电流的控制作用主要是通过改变半导体内沟道的截面积来实现的，故称这种器件为体内场效应器件；而 MOS 管通过 υ_{GS} 改变衬底表面层中的电子浓度来实现，这种器件称为表面场效应器件。

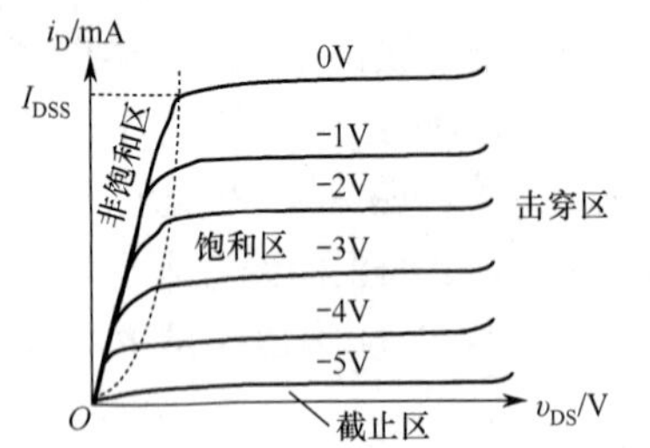

图 3-2-15 N 沟道结型场效应管输出特性曲线

2．结型场效应管的特性曲线

（1）输出特性曲线

仿照 MOS 管输出特性曲线的定义，N 沟道结型场效应管的共源输出特性曲线如图 3-2-15 所示，它与耗尽型 MOS 场效应管的特性曲线十分相似。不同的是，耗尽型场效应管的υ_{GS}可正、可负，而结型场效应管为了保证正常工作，其栅源电压υ_{GS}只能为负值，最大值等于零。

结型场效应管的特性曲线也分为四个区，分别为非饱和区、饱和区、截止区和击穿区。

① 非饱和区。也称可变电阻区。在这个区域，$\upsilon_{GS}>V_{GS(off)}$，$\upsilon_{DS}\leqslant\upsilon_{GS}-V_{GS(off)}$，同时受$\upsilon_{GS}$和$\upsilon_{DS}$的控制，可以用函数式来近似：

$$i_D=\frac{I_{DSS}}{V_{GS(off)}^2}\left[2(\upsilon_{GS}-V_{GS(off)})\upsilon_{DS}-\upsilon_{DS}^2\right] \tag{3-2-8}$$

当υ_{DS}很小时，其平方项可以忽略，可表示为

$$i_D=\frac{2I_{DSS}}{V_{GS(off)}^2}(\upsilon_{GS}-V_{GS(off)})\upsilon_{DS} \tag{3-2-9}$$

可见，当υ_{DS}很小时，也可将 N 沟道结型场效应管视为一个受υ_{GS}控制的可变电阻，该电阻的大小可表示为

$$R_{(on)}=\frac{V_{GS(off)}^2}{2I_{DSS}(\upsilon_{GS}-V_{GS(off)})} \tag{3-2-10}$$

② 饱和区。也称放大区。在这个区域，$\upsilon_{GS}\geqslant V_{GS(off)}$，$\upsilon_{DS}\geqslant\upsilon_{GS}-V_{GS(off)}$。饱和区的电流也可以用数学函数来模拟：

$$i_D=I_{DSS}\left(1-\frac{\upsilon_{GS}}{V_{GS(off)}}\right)^2 \tag{3-2-11}$$

饱和区的主要表现是漏极电流近似与υ_{GS}的平方律有关。在饱和区，i_D与υ_{DS}的曲线并不是很平坦，为了表达出 i_D 随着υ_{DS}的升高而有所上升，也引入参量λ对漏极电流进行修正，修正后的i_D可以表示为

$$i_D=I_{DSS}\left(1-\frac{\upsilon_{GS}}{V_{GS(off)}}\right)^2(1+\lambda\upsilon_{DS}) \tag{3-2-12}$$

③ 截止区。当$\upsilon_{GS}<V_{GS(off)}$时，沟道被夹断，漏极电流近似为零，同样可以通过控制υ_{GS}使其在$V_{GS(off)}$上下变化，进而使其在截止区和非饱和区之间转换，实现对结型场效应管的开关控制。

④ 击穿区。当$\upsilon_{GS}>V_{GS(off)}$且在$\upsilon_{DS}$增大到一定值时，漏极电流急剧增大，导致场效应管进入击穿状态。对应υ_{DS}的值称为漏源击穿电压，用 $V_{(BR)DS}$ 表示。这种击穿通常为漏极与衬底之间 PN 结的雪崩击穿。使用时，应该避免出现这种状态。

（2）转移特性曲线

有关转移特性曲线的定义与 MOS 场效应管的相同，也表示在输出电压一定时，输出电流随着输入电压变化的伏安特性。

在结型场效应管的输出特性曲线上，如图 3-2-15 作垂直于横轴的直线，根据 i_D 与 υ_{GS} 的关系逐点描绘，可以得到结型场效应管的转移特性曲线。对于不同的 υ_{DS} 值，所得的曲线差别甚微，通常只用一条曲线来表示，如图 3-2-16 所示。N 沟道结型场效应管的转移特性曲线处于第二象限内。转移特性曲线描述的是 i_D 与 υ_{GS} 之间的关系，可以用式（3-2-11）来模拟，它反映了在饱和区内，输出电流与输入电压之间满足平方律关系。这也说明输入电压在只有较小的变化时，才可能出现输出电压与输入电压的近似线性。

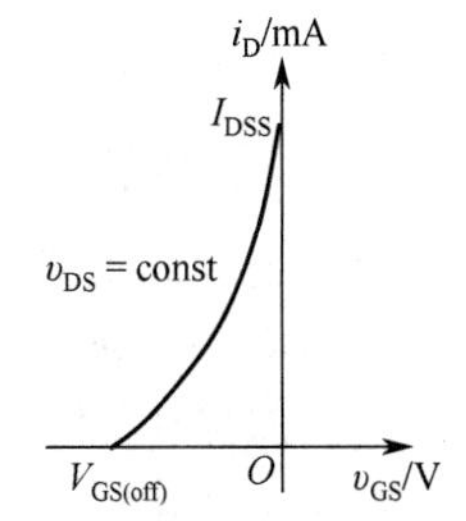

图 3-2-16　N 沟道 JFET 的转移特性

3.2.3　场效应管的主要参数

场效应管的各种性能和应用范围均可通过它的参数来表征，这些参数是分析场效应管电路和选用这些三极管的依据。下面简要介绍一些主要参数。

1．使用参数

（1）开启电压 $V_{GS(th)}$和夹断电压 $V_{GS(off)}$。

当 V_{DS} 为定值时，沟道将 D、S 连接起来所需的最小 υ_{GS} 值是一个阈值。对于增强型 MOS 场效应管，它称为**开启电压** $V_{GS(th)}$；对于耗尽型 MOS 管和结型场效应管，它称为**夹断电压** $V_{GS(off)}$。该参数的离散性较大，芯片手册中一般只提供一个上、下限值，设计应用中应事先进行测量。

（2）饱和漏极电流 I_{DSS}。

I_{DSS} 为耗尽型 MOS 管和结型场效应管的参数。对于耗尽型 MOS 管，在正、零和负的栅压下都可以工作，当 $\upsilon_{GS}=0$ 时，在 $\upsilon_{DS}>\upsilon_{GS}-V_{GS(off)}$ 的区域内，对应的漏极电流称为**饱和漏极电流** I_{DSS}，由式（3-2-5），将开启电压代换为夹断电压，可得

$$\frac{\mu_n C_{ox} W}{2L}=\frac{I_{DSS}}{V_{GS(off)}^2} \tag{3-2-13}$$

上式建立了耗尽型场效应管饱和漏极电流与沟道参数之间的关系。

（3）低频跨导 g_m。

低频跨导 g_m 定义为 υ_{DS} 为定值时，漏极电流变化量 Δi_D 与栅源电压变化量 $\Delta\upsilon_{GS}$ 之比，即

$$g_m=\left.\frac{\Delta i_D}{\Delta\upsilon_{GS}}\right|_{\upsilon_{DS}=\text{const}} \tag{3-2-14}$$

g_m 的单位为西门子（S），场效应管的 g_m 一般为几毫西，其大小反映了栅极电压对漏极电流的控制能力，是反映场效应管放大能力的最重要参数。g_m 实际上是转移特性曲线上某点处切线的斜率，它与管子的工作点有关。

（4）极间电容。

栅极电容 C_{gs} 为栅极与沟道形成的沟道电容及栅极与源极间的寄生电容之和，栅极电容是限制场效应管工作频率的主要因素，要提高场效应管的工作频率，就要减小栅极电容。栅漏电容 C_{gd} 为栅极与漏极之间的电容，其值一般较小，但它提供了共源输出到输入的交流反馈通路，因而特别有害。

除此以外，栅极和衬底之间还存在 C_{gb}，源极与衬底之间的 PN 结存在 C_{sb}，漏极与衬底

之间存在 C_{db}，这些电容的存在都会影响场效应管的高频响应。

2．极限参数

（1）最大耗散功率 P_{DM}。

场效应管漏极平均消耗的功率 $P_D=I_DV_{DS}<P_{DM}$，P_{DM} 受温度的影响较大。

（2）漏源击穿电压 $V_{(BR)DS}$。

漏源击穿电压 $V_{(BR)DS}$ 是漏源之间承受的最大电压，当衬底与源极相连时，漏源电压 V_{DS} 对漏极的 PN 结是反向偏置的，当 V_{DS} 增大到一定程度时，近漏极 PN 结就会发生雪崩击穿。漏源击穿电压是场效应管工作在极限应用条件下，使用时不允许超过的电压值，否则将造成器件损坏。

（3）栅源击穿电压 $V_{(BR)GS}$。

在增加栅源电压的过程中，使栅极电流从 0 开始剧增时的 V_{GS} 值，是栅源之间承受的最大电压，超过这个电压，就会导致场效应管损坏。

场效应管的参数较多，主要包括开启电压、夹断电压、低频跨导、最大漏极电流、最大耗散功率及极限参数等，相比双极性三极管，场效应管只有多数载流子参与导电，其抗噪声性能优于双极性三极管，在低噪声放大器中有着广泛的应用。为方便读者选用，表 3-2 中给出了几种常用场效应管及其基本参数。

表 3-2 几种常用场效应管及其基本参数

型 号	管 型	开启电压	g_m	I_{DM}	P_{DM}	$V_{(BR)DS}$	$V_{(BR)GS}$
AOD4185	PMOS	−(1.7～3.9)V	50S	−40A	62.5W	−40V	20V
AO3404	NMOS	(1.2～2.4)V	15S	5A	1.4W	30V	−20V
AO3415A	PMOS	−(0.3～0.9)V	20S	−4A	1.5W	−20V	8V
BSS83	NMOS	0.1～2V	15mS	50mA	230mW	10V	-12.5V
BSH111	NMOS	0.4～1.3V	380mS	335mA	830mW	55V	−10V
MBFF2201	NMOS	1.0～2.4V	450mS	300mA	150mW	20V	−20V
2N7002E	NMOS	1～2.5V	80S	260mA	300mW	60V	−20V
NTA4153N	NMOS	0.4～1.1V	1.4S	915mA	300mW	20V	−6V
IRF4905S	PMOS	−(2～4)V	21S	−74A	3.8W	−55V	20V
2SK133	NMOS	0.15～1.45V	1.0S	7A	100W	120V	14V
2SK209	JFET	−(0.2～1.5)V	15mS	14mA	150mW	−50V	—
2SK3018	NMOS	0.8～1.5V	20mS	100mA	200mW	30V	−20V
IRF620	NMOS	2～4V	3.5S	6A	70W	200V	−20V
IRF840	NMOS	2～4V	6S	8A	125W	500V	−20V
IRF3710	NMOS	2～4V	32S	57A	200W	100V	−20V
IRF9640	PMOS	−(2～4)V	6S	11A	125W	200V	−20V
NCE7560K	NMOS	2～4V	60S	60A	140W	75V	−25V
SI2301	PMOS	≤−0.45V	6.5S	−2.2A	1.25W	−20V	8V

【例 3-2-1】由 2N7002E 组成的电路如图 3-2-17 所示，已知直流供电电压 $V_{DD}=12V$，开启电压 $V_{th}=2.267V$，$\mu_n C_{ox}W/(2L)=0.379A/V^2$，偏置电阻 $R_D=3.3k\Omega$、$R_G=330k\Omega$、$R_S=1k\Omega$，试分析在输入电压 V_I 为 1.5V、3V 和 8V 时，场效应管分别处于何种工作状态，输出电压 V_O 分别是多少？

解：（1）因 $V_I < V_{GS(th)}$，场效应管处于截止工作状态，输出电压 V_O=12V。

（2）输入电压为 3V 时，场效应管漏极电流不等于零，$V_{GS}=V_I-I_DR_S$，假设场效应管工作在饱和区，根据场效应管饱和区漏极电流的模拟表达式得

$$I_D=\frac{\mu_n C_{ox} W}{2L}(V_{GS}-V_{GS(th)})^2=\frac{\mu_n C_{ox} W}{2L}(V_I-I_DR_S-V_{GS(th)})^2$$

解上述一元二次方程，可得电流 I_D=0.69mA，I_D=0.77mA（舍去）。

场效应管的输出端的 KVL 方程可以表示为 $V_{DD}-I_D(R_D+R_S)-V_{DS}=0$，得到 V_{DS}=9.033V。

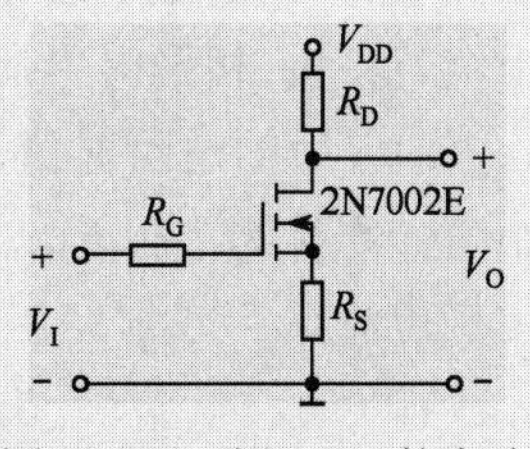

图 3-2-17　例 3-2-1 的电路

可见，$V_{DS} > V_{GS}-V_{GS(th)}$，假设成立。因此，场效应管处于饱和状态，输出电压 V_O=9.723V。

（3）当输入电压为 8V 时，场效应管漏极电流不等于零，这时 $V_{GS}=V_I-I_DR_S$，假设场效应管工作于非饱和区，根据场效应管非饱和区漏极电流的模拟表达式得

$$I_D=\frac{\mu_n C_{ox} W}{2L}\left[(V_{GS}-V_{GS(th)})V_{DS}\right]=\frac{\mu_n C_{ox} W}{2L}(V_I-I_DR_S-V_{GS(th)})V_{DS}$$

联立 $V_{DD}-I_D(R_D+R_S)-V_{DS}=0$，解得电流 I_D=2.79mA，V_{DS}=0.003V。

可见，$V_{DS} < V_{GS}-V_{GS(th)}$，假设成立。因此，场效应管处于非饱和状态，输出电压 V_O=2.793V。

3.3　三极管等效模型

双极性三极管和场效应管的基本特性是，在其构成的双口网络中，输入电压、输入电流、输出电压和输出电流等相互关系表现出了基本的伏安特性。由前面的讨论可以看出，在外电路的作用下表现出非线性的电阻特性、电容效应、反向击穿特性等，是分析三极管电路的基础。

由于三极管输入、输出和转移特性的非线性，在分析三极管电路时，应采用适合于非线性器件的分析方法。通过分析三极管的输入、输出及转移伏安特性，发现其伏安特性均有一段线性范围。在这样的一段线性范围内，可将非线性三极管近似视为线性元件来处理。因此，在一定的电压或电流范围内，就可用线性电路的方法分析三极管电路。

下面以共射极特性曲线测试电路为例加以说明。去掉测试仪表，将其重绘于图 3-3-1 中。在该电路中，输入信号可表示为$\upsilon_{BE}=V_{BE}+\upsilon_i$，其中$\upsilon_{BE}$（采用小写字母和大写下标）表示交流和直流电压之和，V_{BE} 是直流电压信号，是不变量，对应电路中的静态工作点；υ_i 是交流激励电压信号，如果这个信号很小，就可将该电路视为线性电路来处理。

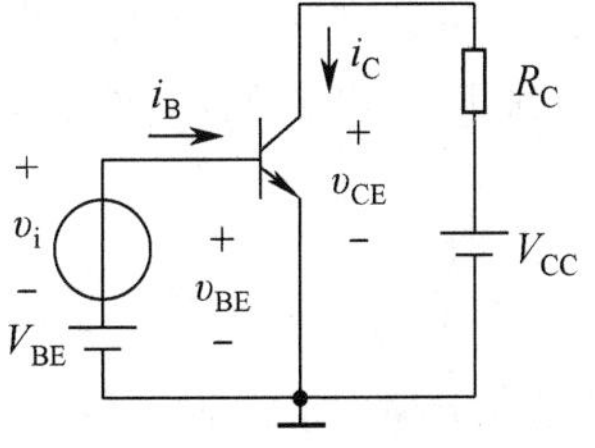

图 3-3-1　共射极放大原理图

线性电路满足叠加定理。在图 3-3-1 所示的电路中，输入信号包含两个独立源（交流电源υ_i和直流电源 V_{BE}），电路中任意响应电压（或电流）等于独立源单独作用时产生的响应电压（或电流）的代数和。当直流电源 V_{BE} 作用于该电路时，电路工作在直流工作状态，直流激励求解直流响应就是求解静态工作点问题（第 4 章将进行详细分析）；当交流电源υ_i作用于该电路时，电路处于小信号工作状态，交流激励求解交流响应就是动态分析问题。小信号模型的分析方法是将三极管等效为线性元件来处理，以解决动态分析问题。

3.3.1　双极性晶体管的小信号等效电路模型

下面在由双极性三极管组成的共射极放大原理电路中，对输入和输出的相关信号进行简

要分析。υ_i 是交流电压信号，是动态量、变化量，V_{BE} 是不变量、静态量，输入 υ_i 后，瞬时电流 i_B、i_C 和瞬时电压 υ_{BE} 和 υ_{CE} 分别是在静态电流或电压基础上叠加交流瞬时值 i_b、i_c、υ_{be}、υ_{ce} 后的总瞬时值。输入 υ_i 为小信号时，可以当成线性电路来处理。那么，输入信号多小时才能称为小信号，才能使半导体三极管呈现线性特征呢？从 PN 结的指数模型可知，集电极电流 i_C 与发射结电压 υ_{BE} 之间可以用指数关系来模拟，即

$$i_C = I_S e^{\frac{\upsilon_{BE}}{V_T}} = I_S e^{\frac{V_{BE}+\upsilon_i}{V_T}} \tag{3-3-1}$$

输入 υ_i 为零时，即输入为静态量时，对于伏安特性而言相当于一个点，即静态工作点，记为 Q。因此，对应的 V_{BE} 记为 V_{BEQ}，I_C 记为 I_{CQ}，有

$$I_{CQ} = I_S e^{\frac{V_{BEQ}}{V_T}} \tag{3-3-2}$$

将上式代入式（3-3-1）得

$$i_C = I_{CQ} e^{\frac{\upsilon_i}{V_T}} \tag{3-3-3}$$

当输入交流信号 υ_i 的振幅小于 V_T 时，可将式（3-3-3）展开成幂级数：

$$i_C = I_{CQ}\left[1+\frac{\upsilon_i}{V_T}+\frac{1}{2!}\left(\frac{\upsilon_i}{V_T}\right)^2+\cdots+\frac{1}{n!}\left(\frac{\upsilon_i}{V_T}\right)^n+\cdots\right] \tag{3-3-4}$$

式中，i_C 为总瞬时电流，I_{CQ} 为静态电流，所以集电极的交流电流 i_c 的瞬时值为

$$i_c = i_C - I_{CQ} = \frac{I_{CQ}}{V_T}\upsilon_i + \frac{I_{CQ}}{2!}\left(\frac{\upsilon_i}{V_T}\right)^2+\cdots+\frac{I_{CQ}}{n!}\left(\frac{\upsilon_i}{V_T}\right)^n+\cdots \tag{3-3-5}$$

可见，当 V_{im} 远小于 V_T 时，可以忽略二次及二次以上的项，将 i_c 近似表示为

$$i_c \approx \frac{I_{CQ}}{V_T}\upsilon_i = g_m\upsilon_i \tag{3-3-6}$$

式中，$g_m = I_{CQ}/V_T$，称为三极管的跨导。输出交流电流的瞬时值 i_c 与输入电压 υ_i 的瞬时值呈线性关系，可见小信号的条件就是 $V_{im} \ll V_T$。一般取 $V_{im} \leqslant 10\text{mV}$ 来进行小信号分析。

有了小信号的概念，就知道当三极管电路在静态工作点叠加交流小信号时，三极管对交流小信号具有线性传输特性，这时三极管可以用线性有源网络来等效；如果某线性有源网络的端电压、端电流与三极管的端电压和端电流完全一样，那么该网络就是三极管的小信号等效模型，通常称为三极管的小信号等效电路。

1. 双极性三极管的 *H* 参数模型

在图 3-3-1 中，根据输入和输出特性曲线，非线性三极管的输入电流 i_B、输入电压 υ_{BE}、输出电流 i_C、输出电压 υ_{CE} 可以分别用非线性的二元函数来表示：

$$\upsilon_{BE} = f_1(i_B, \upsilon_{CE}) \tag{3-3-7}$$

$$i_C = f_2(i_B, \upsilon_{CE}) \tag{3-3-8}$$

将 υ_{BE} 和 i_C 在静态工作点 Q 处展开成泰勒级数的形式：

$$\upsilon_{BE} = f_1(I_{BQ}, V_{CEQ}) + \left.\frac{\partial \upsilon_{BE}}{\partial i_B}\right|_Q \cdot i_b + \left.\frac{\partial \upsilon_{BE}}{\partial \upsilon_{CE}}\right|_Q \cdot \upsilon_{ce} + \cdots \tag{3-3-9}$$

$$i_C = f_2(I_{BQ}, V_{CEQ}) + \left.\frac{\partial i_C}{\partial i_B}\right|_Q \cdot i_b + \left.\frac{\partial i_C}{\partial \upsilon_{CE}}\right|_Q \cdot \upsilon_{ce} + \cdots \tag{3-3-10}$$

上面两式中，第一项分别为 V_{BEQ}、I_{CQ}，均是直流静态量。对于交流小信号，忽略二次和二次以上的高阶项，有

$$\begin{aligned} \upsilon_{be} &= \left.\frac{\partial \upsilon_{BE}}{\partial i_B}\right|_Q \cdot i_b + \left.\frac{\partial \upsilon_{BE}}{\partial \upsilon_{CE}}\right|_Q \cdot \upsilon_{ce} \\ i_c &= \left.\frac{\partial i_C}{\partial i_B}\right|_Q \cdot i_b + \left.\frac{\partial i_C}{\partial \upsilon_{CE}}\right|_Q \cdot \upsilon_{ce} \end{aligned} \tag{3-3-11}$$

下面引入四个参数 h_{ie}、h_{re}、h_{fe}、h_{oe} 来代替其中的偏导数，这四个参数均表示变化的电压或者电流与引起其变化的对应量之间的比值。引入四个参数后，可将交流输入电压和输出电流改写为下面的两式：

$$\begin{aligned} \upsilon_{be} &= h_{ie} i_b + h_{re} \upsilon_{ce} \\ i_c &= h_{fe} i_b + h_{oe} \upsilon_{ce} \end{aligned} \tag{3-3-12}$$

其中，对于输入电压表达式，可用 KVL 来绘制输入等效电路，即表示为流过电流 i_b 的一个电阻（h_{ie}）和一个受控电压源（$h_{re}\upsilon_{ce}$）的串联电路；对于输出电流表达式，可以用 KCL 定律来绘制相应的输出等效电路，即流过电阻（$1/h_{oe}$）的电流和受控电流源（$h_{fe}i_b$）的代数和。将输入和输出综合，可得三极管的小信号等效电路如图 3-3-2 所示。其中，h_{ie}、h_{re}、h_{fe}、h_{oe} 分别是交流小信号的等效参数。为了进一步确定小信号等效电路的参数，先讨论这四个参数的物理意义。

$$h_{ie} = \left.\frac{\partial \upsilon_{BE}}{\partial i_B}\right|_Q = \left.\frac{\upsilon_{be}}{i_b}\right|_{\upsilon_{ce}=0} \tag{3-3-13}$$

h_{ie} 为输出交流短路时，半导体三极管的输入电阻，它表示输出电压等于常数时，输入特性曲线上 Q 点的切线斜率的倒数，如图 3-3-3 所示。

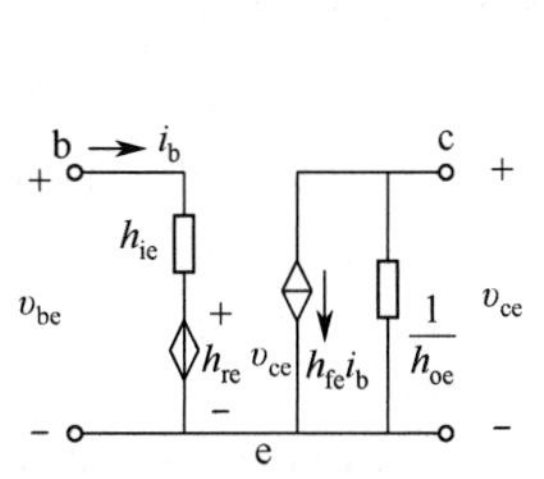

图 3-3-2　H 参数等效电路模型

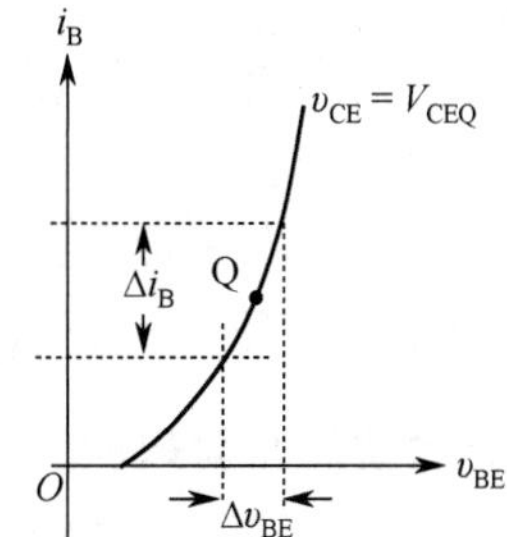

图 3-3-3　从输入特性曲线求 h_{ie}

由于三极管发射结通常处于正向偏置状态，故 h_{ie} 的值不大，通常为几百到几千欧姆：

$$h_{fe} = \left.\frac{\partial i_C}{\partial i_B}\right|_Q = \left.\frac{i_c}{i_b}\right|_{\upsilon_{ce}=0} \tag{3-3-14}$$

h_{fe} 为输出交流短路时，半导体三极管的正向交流电流传输系数或放大倍数。h_{fe} 的值通常在几十到几百之间。对共射极接法而言，就是共发射极电流传输系数 β，它表示输出电压等于常数时，输出特性曲线上 Q 点集电极电流的变化量与基极电流变化量的比值，体现了基极输入电流对集电极输出电流的控制作用，如图 3-3-4 所示。

h_{re} 为输入交流开路时，三极管的反向电压传输系数，即输出电压对输入电压的影响程度，也称内反馈系数。内反馈易造成放大器工作不稳定，在实际应用中，希望其越小越好，通常为10^{-4}数量级，常忽略它的影响。

$$h_{re}=\left.\frac{\partial \upsilon_{BE}}{\partial \upsilon_{CE}}\right|_{Q}=\left.\frac{\upsilon_{be}}{\upsilon_{ce}}\right|_{i_b=0} \tag{3-3-15}$$

$$h_{oe}=\left.\frac{\partial i_{C}}{\partial \upsilon_{CE}}\right|_{Q}=\left.\frac{i_{c}}{\upsilon_{ce}}\right|_{i_b=0} \tag{3-3-16}$$

h_{oe} 为输入交流开路时，三极管的输出电导，其量纲为西门子。从图 3-3-5 可以看出，h_{oe} 为曲线上 Q 点输出电压变化量与输出电流变化量的比值，表示曲线在 Q 点的切线斜率的倒数，反映输出特性曲线的倾斜程度，其值一般在10^{-5}数量级。

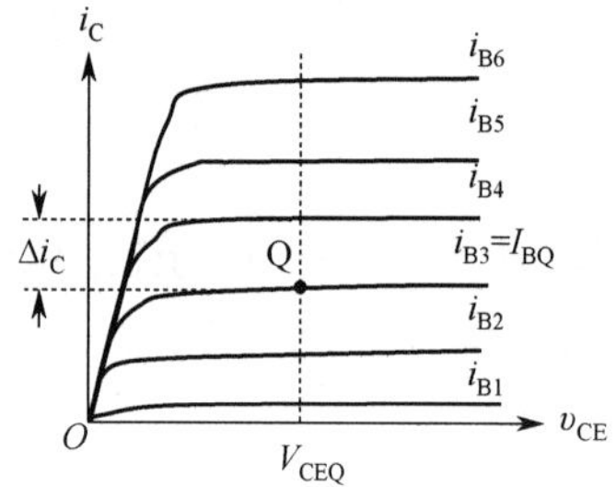

图 3-3-4 从输出特性曲线求 h_{fe}

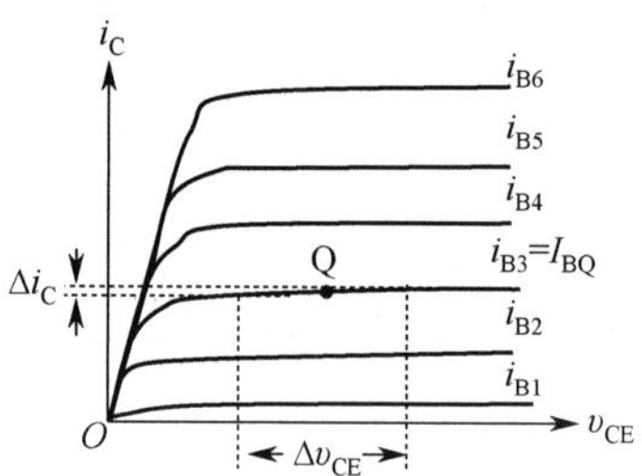

图 3-3-5 从输出特性曲线求 h_{oe}

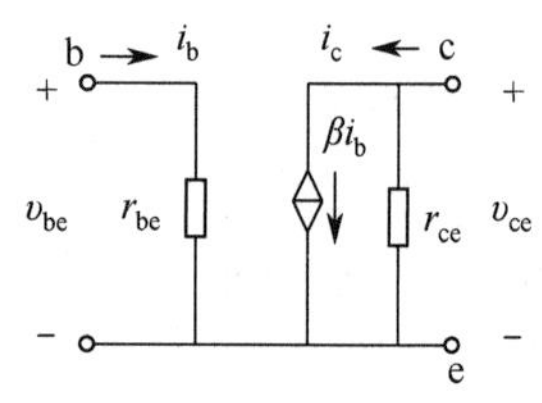

图 3-3-6 H 参数等效简化模型

忽略 h_{re} 的反向电压传输系数后，双极性三极管的小信号等效电路如图 3-3-6 所示。

在图 3-3-6 中，将 h_{ie} 用基极到发射极的电阻 r_{be} 取代，将双极性三极管的正向交流电流传输系数或放大倍数 h_{fe} 用 β 取代，如果负载电阻 R_L 比 $r_{ce}=1/h_{oe}$ 小得多，还可忽略三极管的输出电阻 r_{ce} 的影响。

综上所述，H 参数模型具有参数少和便于测量等优点，用来分析低频小信号电路比较方便，但当信号的频率较高时，三极管的结电容影响不能忽略时，不仅各 H 参数都变为与频率有关的复数，而且这时的 H 参数也很难测量。因此，分析放大器的高频特性时，广泛采用三极管的混合 π 参数等效电路模型。

2．双极性三极管的 π 参数模型

参照 H 参数分析方法，π 参数等效电路分别使用输入和输出特性曲线得到两个二元函数：

$$i_B=f_1(\upsilon_{BE},\upsilon_{CE}) \tag{3-3-17}$$

$$i_C=f_2(\upsilon_{BE},\upsilon_{CE}) \tag{3-3-18}$$

将 i_B 和 i_C 在静态工作点 Q 处展开成泰勒级数的形式：

$$i_B=f_1(V_{BEQ},V_{CEQ})+\left.\frac{\partial i_B}{\partial \upsilon_{BE}}\right|_{Q}\cdot\upsilon_{be}+\left.\frac{\partial i_B}{\partial \upsilon_{CE}}\right|_{Q}\cdot\upsilon_{ce}+\cdots \tag{3-3-19}$$

$$i_C=f_2(V_{BEQ},V_{CEQ})+\left.\frac{\partial i_C}{\partial \upsilon_{BE}}\right|_{Q}\cdot\upsilon_{be}+\left.\frac{\partial i_C}{\partial \upsilon_{CE}}\right|_{Q}\cdot\upsilon_{ce}+\cdots \tag{3-3-20}$$

上面两式中，第一项分别是 I_{BQ} 和 I_{CQ}，对交流小信号，忽略二次和二次以上的高阶项，有

$$i_b = \left.\frac{\partial i_B}{\partial \upsilon_{BE}}\right|_Q \cdot \upsilon_{be} + \left.\frac{\partial i_B}{\partial \upsilon_{CE}}\right|_Q \cdot \upsilon_{ce} \tag{3-3-21}$$

$$i_c = \left.\frac{\partial i_C}{\partial \upsilon_{BE}}\right|_Q \cdot \upsilon_{be} + \left.\frac{\partial i_C}{\partial \upsilon_{CE}}\right|_Q \cdot \upsilon_{ce} \tag{3-3-22}$$

为了简化分析，引入四个 g 参数来描述由式（3-3-21）和式（3-3-22）组成的线性方程组：

$$g_{b'e} = \left.\frac{\partial i_B}{\partial \upsilon_{BE}}\right|_Q,\quad g_{b'c} = -\left.\frac{\partial i_B}{\partial \upsilon_{CE}}\right|_Q,\quad g_m = \left.\frac{\partial i_C}{\partial \upsilon_{BE}}\right|_Q,\quad g_{ce} = \left.\frac{\partial i_C}{\partial \upsilon_{CE}}\right|_Q \tag{3-3-23}$$

这四个参数都是微分电流（或者交流电流）与微分电压（或交流电压）的比值，因此这里的 g 都是交流参数。其中，$g_{b'e}$ 是输出交流短路（$\upsilon_{ce}=0$）时的输入电导，g_m 是输出交流短路时的正向传输电导，简称跨导；$g_{b'c}$ 和 g_{ce} 分别是输入交流短路（$\upsilon_{be}=0$）时的反向传输电导和输出电导，反映输出电压 υ_{ce} 对输入电流 i_b 和输出电流 i_c 的控制能力。

引入这四个参数后，可以将式（3-3-21）和式（3-3-22）分别改写成

$$i_b = g_{b'e}\upsilon_{be} - g_{b'c}\upsilon_{ce} \tag{3-3-24}$$

$$i_c = g_m\upsilon_{be} + g_{ce}\upsilon_{ce} \tag{3-3-25}$$

为了通过式（3-3-24）和式（3-3-25）绘制等效电路，要考虑输出电压与输入电压之间的关系，可将两式改写成

$$i_b = g_{b'e}\upsilon_{be} - g_{b'c}\upsilon_{ce} + g_{b'c}\upsilon_{be} - g_{b'c}\upsilon_{be} = (g_{b'e} - g_{b'c})\,\upsilon_{be} + g_{b'c}(\upsilon_{be} - \upsilon_{ce}) \tag{3-3-26}$$

$$\begin{aligned} i_c &= g_m\upsilon_{be} + g_{ce}\upsilon_{ce} + g_{b'c}\upsilon_{be} - g_{b'c}\upsilon_{be} + g_{b'c}\upsilon_{ce} - g_{b'c}\upsilon_{ce} \\ &= g_{b'c}(\upsilon_{ce} - \upsilon_{be}) + (g_m + g_{b'c})\upsilon_{be} + (g_{ce} - g_{b'c})\upsilon_{ce} \end{aligned} \tag{3-3-27}$$

式（3-3-26）说明，输入电流是由两个电流合成的，是输入电压形成的电流、输入电压和输出电压之差在公共元件 $g_{b'c}$ 上形成的电流的代数和；式（3-3-27）说明输出电流由三个电流构成，即输入电压和输出电压之差在公共元件 $g_{b'c}$ 上形成的电流、输入电压控制的电流和输出电压在 $g_{ce}-g_{b'c}$ 上形成的电流的代数和，g 参数等效电路如图 3-3-7 所示。

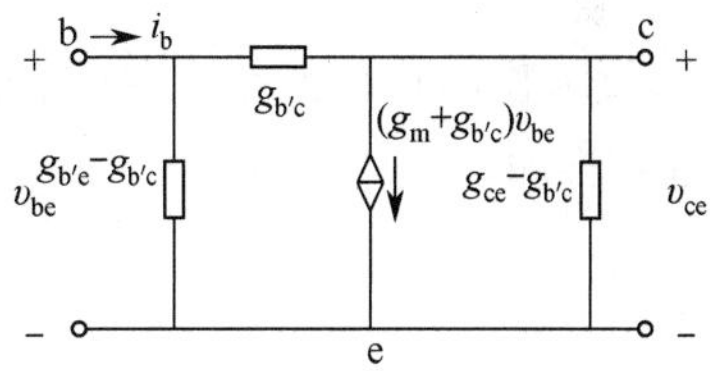

图 3-3-7　g 参数等效电路模型

在上述模型的建立过程中，没有考虑各区的体电阻及引线电阻的影响。由于发射区和集电区掺杂浓度高，体电阻及引线电阻都较小，通常可以忽略不计。但是基区很薄，其体电阻 $r_{bb'}$ 相对大一些，基区的体电阻在几欧姆至几百欧姆，一般不能忽略。

考虑 $r_{bb'}$ 的影响，且认为 $g_m + g_{b'c} \approx g_m$，$g_{b'e} - g_{b'c} \approx g_{b'e}$，$g_{ce} - g_{b'c} \approx g_{ce}$，同时将电导用电阻取代，可得双极性三极管的线性等效模型，如图 3-3-8 所示。当双极性三极管处于放大状态时，集电结反偏，其结电阻很大，因此 $g_{b'c} \approx 0$，对应的 $r_{b'c}$ 很大，通常可以忽略，可将其简化为图 3-3-9 所示的电路。

3. 双极性三极管的两种小信号模型对比及参数确定

在低频时，对比图 3-3-6 和图 3-3-9 发现两者非常一致，唯一不同的是受控源的控制量不一样，但从等效的原理来看两者应当是一致的，因此有

$$g_m v_{b'e} \approx \beta i_b \tag{3-3-28}$$

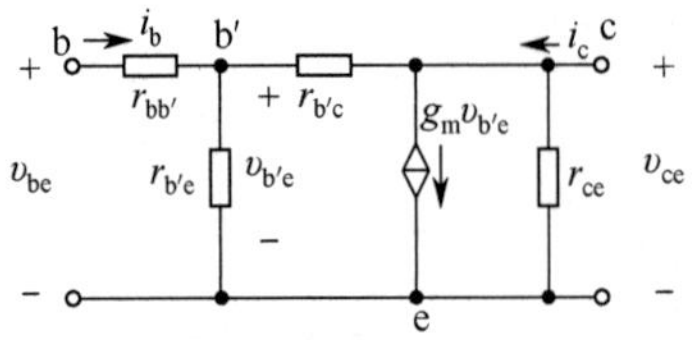

图 3-3-8　低频混合 π 参数等效模型 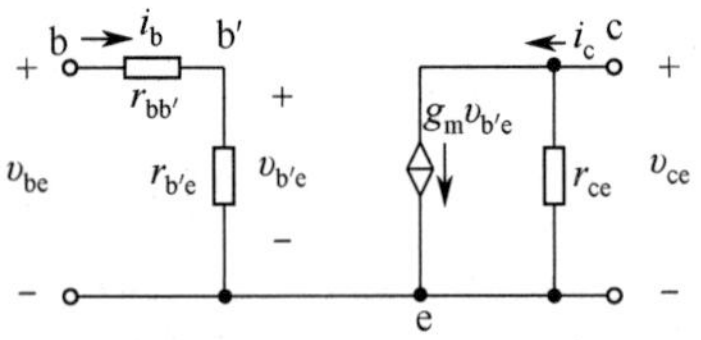　　　　图 3-3-9　低频混合 π 参数简化模型

从图 3-3-9 可以看出，$v_{b'e} = i_b r_{b'e}$，因此有

$$g_m r_{b'e} = \beta \tag{3-3-29}$$

双极性三极管在正向工作区的电流 i_C 和 i_B 可以用下式来估算：

$$i_C = I_S e^{\frac{v_{BE}}{V_T}} \quad 和 \quad i_B = \frac{I_S}{\beta} e^{\frac{v_{BE}}{V_T}} \tag{3-3-30}$$

于是三极管的跨导可以表示为

$$g_m = \left.\frac{\partial i_C}{\partial v_{BE}}\right|_Q = \frac{1}{V_T} I_S e^{\frac{V_{BEQ}}{V_T}} = \frac{I_{CQ}}{V_T} = \frac{\alpha I_{EQ}}{V_T} = \frac{\alpha}{r_e} \tag{3-3-31}$$

式中，$r_e = V_T / I_{EQ}$，表示三极管的发射结正向偏置时所呈现的动态电阻。V_{BEQ} 和 I_{CQ} 分别表示发射结正向偏置时，发射结上所加的正向静态电压和集电极静态电流。

$$g_{b'e} = \left.\frac{\partial i_B}{\partial v_{BE}}\right|_Q = \frac{1}{V_T}\frac{I_S}{\beta} e^{\frac{V_{BEQ}}{V_T}} = \frac{I_{BQ}}{V_T} = \frac{1}{(1+\beta) r_e} \tag{3-3-32}$$

$$r_{b'e} = \frac{1}{g_{b'e}} = (1+\beta) r_e = (1+\beta)\frac{V_T}{I_{EQ}} \tag{3-3-33}$$

g_{ce} 反映输出特性曲线上翘的程度，采用参数 λ 对输出特性曲线进行修正，修正后的集电极电流方程为

$$i_C = I_S e^{\frac{v_{BE}}{V_T}} (1 + \lambda v_{CE}) \tag{3-3-34}$$

$$g_{ce} = \left.\frac{\partial i_C}{\partial v_{CE}}\right|_Q = \lambda I_S e^{\frac{V_{BEQ}}{V_T}} \approx \lambda I_{CQ} \tag{3-3-35}$$

$$r_{ce} = \frac{1}{g_{ce}} \approx \frac{1}{\lambda I_{CQ}} = \frac{|V_A|}{I_{CQ}} \tag{3-3-36}$$

r_{ce} 的值一般在几十千欧到几百千欧以上，其大小反映了输出特性曲线上翘的程度，又称基区宽度调制参数。

$$g_{b'c} = -\left.\frac{\partial i_B}{\partial v_{CE}}\right|_Q = -\frac{1}{\beta}\left.\frac{\partial i_C}{\partial v_{CE}}\right|_Q = \frac{g_{ce}}{\beta} \tag{3-3-37}$$

$$r_{b'c} = \frac{1}{g_{b'c}} = \frac{\beta}{g_{ce}} = \beta r_{ce} \tag{3-3-38}$$

集电结反向偏置时，结电阻很大，一般在几百千欧到几十兆欧之间，反映了输出电压对输入电流的影响，也是一个基区宽度调制参数。

可见，静态工作点确定后，三极管的小信号参数均可确定，其中无法确定的是三极管的基区体电阻 $r_{bb'}$。不同三极管的基区体电阻不同，后面为了方便分析问题，如果不做特殊说明，在分析由三极管组成的放大电路中，$r_{bb'}$ 统一用 200Ω 代替，并用近似表达式来估算 r_{be}：

$$r_{be} = r_{bb'} + r_{b'e} = 200 + (1+\beta)r_e = 200 + (1+\beta)\frac{V_T}{I_{EQ}} \tag{3-3-39}$$

综上所述，在小信号状态下，双极性三极管可用 H 或 π 参数的电路模型等效，这些小信号模型可以应用于不同的工作场合。在低频工作的条件下，它们之间可以通用。

3.3.2 双极性晶体管的频率特性

频率增加时，双极性三极管的两个结电容的影响不能忽略，在三极管的 π 参数等效电路中，还应当包含结电容 $C_{b'e}$ 和 $C_{b'c}$。考虑这两个结电容后，双极性三极管的等效模型称为三极管的高频混合 π 参数等效模型，如图 3-3-10 所示。

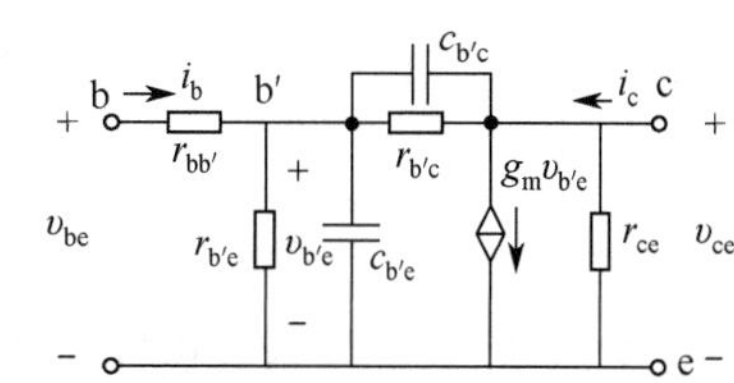

图 3-3-10　高频混合 π 参数等效模型

由于集电结在反向偏置时结电阻很大，一般可以忽略，这样晶体管高频混合 π 参数的等效模型可以简化为图 3-3-11 所示的电路。

根据式（3-3-14）可知

$$\beta = \left.\frac{\partial i_C}{\partial i_B}\right|_Q = \left.\frac{i_c}{i_b}\right|_{\upsilon_{ce}=0} \tag{3-3-40}$$

若将图 3-3-11 的输出端交流短路，则得计算 β 的等效电路模型，如图 3-3-12 所示。

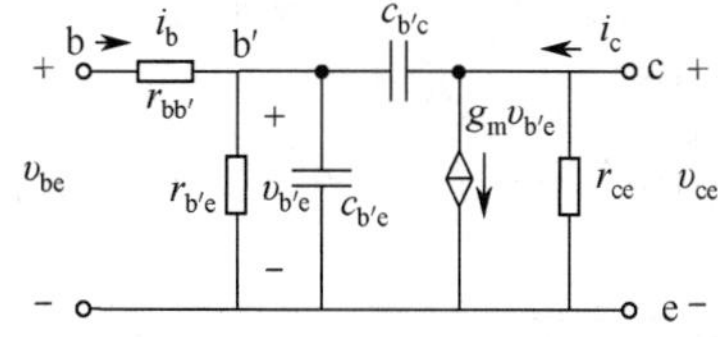

图 3-3-11　高频混合 π 参数简化模型

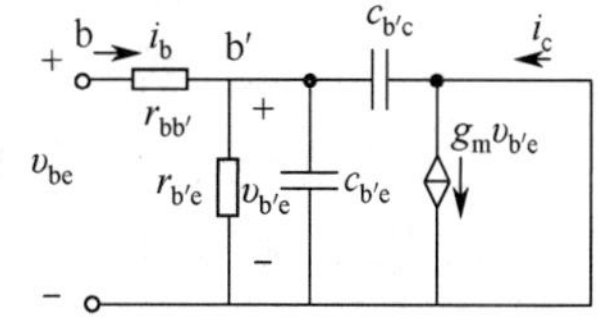

图 3-3-12　β 计算模型图

在图 3-3-12 中，集电极的短路电流为

$$\dot{I}_c = (g_m - j\omega C_{b'c})\dot{V}_{b'e} \tag{3-3-41}$$

其中，输入电压和电流放大系数可以表示为

$$\dot{V}_{b'e} = \dot{I}_b\left(r_{b'e} \left\| \frac{1}{j\omega C_{b'e}} \right\| \frac{1}{j\omega C_{b'c}}\right) \tag{3-3-42}$$

$$\beta(j\omega) = \frac{\dot{I}_c}{\dot{I}_b} = \frac{g_m - j\omega C_{b'c}}{\dfrac{1}{r_{b'e}} + j\omega(C_{b'e} + C_{b'c})} \tag{3-3-43}$$

一般条件下，在三极管的正常工作频率范围内，皆有 $g_m \gg j\omega C_{b'c}$，因此有

$$\beta(j\omega) \approx \frac{g_m r_{b'e}}{1 + j\omega(C_{b'e} + C_{b'c})r_{b'e}} \tag{3-3-44}$$

可见，电流放大系数 β 是一个与频率有关的量，其模值为

$$|\beta(\mathrm{j}\omega)|=\frac{\beta_0}{\sqrt{1+[\omega(C_{\mathrm{b'e}}+C_{\mathrm{b'c}})r_{\mathrm{b'e}}]^2}}=\frac{\beta_0}{\sqrt{1+(\omega/\omega_\beta)^2}}=\frac{\beta_0}{\sqrt{1+(f/f_\beta)^2}} \tag{3-3-45}$$

根据式（3-3-45）可以绘出 β 的频率特性曲线，如图 3-3-13 所示，且其上限频率为

$$f_\beta=\frac{1}{2\pi r_{\mathrm{b'e}}(C_{\mathrm{b'e}}+C_{\mathrm{b'c}})} \tag{3-3-46}$$

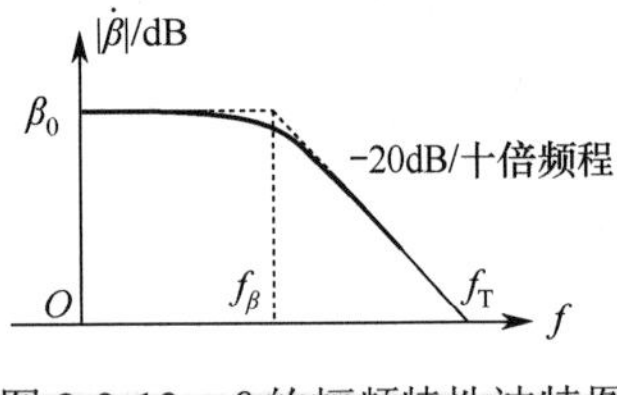

图 3-3-13 β 的幅频特性波特图

f_β 称为三极管的共发射极截止频率，主要决定于三极管的结构。

从图 3-3-13 中可以发现三极管的共射电流放大系数 β 是一个随频率变化的量，只在频率较低时，β 才可认为是常数 β_0。

随着频率的增加，β 的频率响应以-20dB/十倍频程的速率下降，当 β 下降到 0dB 时，所对应的频率称为三极管的特征频率，记为 f_T，由式（3-3-45）和式（3-3-46）可得

$$f_\mathrm{T}=\frac{g_\mathrm{m}}{2\pi(C_{\mathrm{b'e}}+C_{\mathrm{b'c}})}=\beta_0 f_\beta \tag{3-3-47}$$

特征频率是描述双极性三极管频率响应的最重要参数，常用三极管的特征频率典型值在 100MHz 到 1GHz 之间。三极管在高频使用时，往往可以根据式（3-3-45）至式（3-3-47）求对应频率下的共射极电流传输系数 β。

3.3.3 场效应管的小信号等效电路模型

场效应管的栅极电流近似为零，一般不加以讨论。这样，描述场效应管的参数就只有三个，即 υ_GS、υ_DS 和 i_D，它们之间的关系可用输出特性曲线即函数 $i_\mathrm{D}=f(\upsilon_\mathrm{GS},\upsilon_\mathrm{DS})$ 来表示。当场效应管工作在饱和区并加入小信号时，场效应管的三个参数可以表示为

$$\upsilon_\mathrm{GS}=V_\mathrm{GS}+\upsilon_\mathrm{gs},\quad \upsilon_\mathrm{DS}=V_\mathrm{DS}+\upsilon_\mathrm{ds},\quad i_\mathrm{D}=I_\mathrm{D}+i_\mathrm{d} \tag{3-3-48}$$

当场效应管处于小信号线性工作状态时，其输出交流电流、输出交流电压和输入交流电压之间的关系可以用下式来近似：

$$i_\mathrm{d}=\left.\frac{\partial i_\mathrm{D}}{\partial \upsilon_\mathrm{GS}}\right|_\mathrm{Q}\cdot\upsilon_\mathrm{gs}+\left.\frac{\partial i_\mathrm{D}}{\partial \upsilon_\mathrm{DS}}\right|_\mathrm{Q}\cdot\upsilon_\mathrm{ds} \tag{3-3-49}$$

式中，

$$\left.\frac{\partial i_\mathrm{D}}{\partial \upsilon_\mathrm{GS}}\right|_\mathrm{Q}=g_\mathrm{m} \tag{3-3-50}$$

g_m 为场效应管的跨导，反映栅极电压对漏极电流的控制能力。

$$\left.\frac{\partial i_\mathrm{D}}{\partial \upsilon_\mathrm{DS}}\right|_\mathrm{Q}\approx\left.\frac{\Delta i_\mathrm{D}}{\Delta \upsilon_\mathrm{DS}}\right|_\mathrm{Q}=\frac{1}{r_\mathrm{ds}} \tag{3-3-51}$$

式中，r_ds 称为输入交流短路时漏极的输出电阻，表示栅源电压为常数时，漏源电压变化量与漏极电流变化量的比值，相当于恒流区输出特性曲线在静态工作点处的切线斜率的倒数。将 g_m 与 r_ds 代入式（3-3-49）得

$$i_\mathrm{d}=g_\mathrm{m}\upsilon_\mathrm{gs}+\upsilon_\mathrm{ds}/r_\mathrm{ds} \tag{3-3-52}$$

根据式（3-3-52）可以绘出场效应管的小信号等效电路，反映了输入交流电压 υ_gs 对输出交流电流 i_d 的控制能力，如图 3-3-14 所示。值得注意的是，在图 3-3-14 中，场效应管的栅极电流近似为零，相当于开路。

考虑极间电容时，场效应管的高频小信号等效电路如图 3-3-15 所示。在图 3-3-15 中，C_{gs}为栅极电容，C_{gd}为栅漏电容，C_{ds}为漏极电容。在 JFET 中，C_{gs}和C_{gd}是反向 PN 结的势垒电容，典型值为几皮法；在 MOSFET 中，C_{gs}还包括沟道电容，即栅极与沟道载流子电荷间形成的电容。

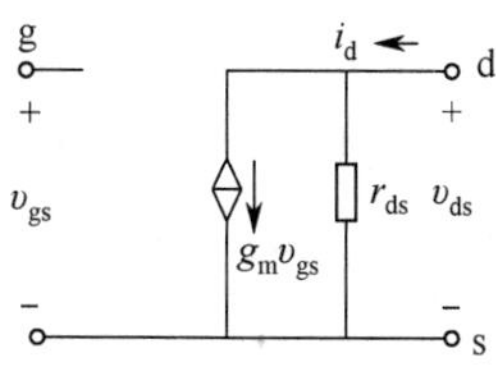

图 3-3-14　FET 低频小信号等效电路

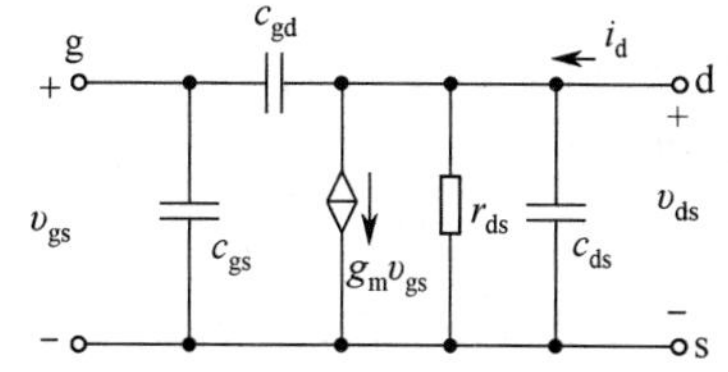

图 3-3-15　FET 高频小信号等效电路

在实际应用中将场效应管应用于饱和区的电流近似方程代入式（3-3-50）和式（3-3-51），便可求出相应的小信号等效参数。

【例 3-3-1】已知某 N 沟道 JFET 的 $I_{DSS}=5\text{mA}$，$V_{GS(off)}=-2\text{V}$，厄尔利电压 $V_A=-120\text{V}$，$C_{gs}\approx 3\text{pF}$，$C_{gd}\approx 0.5\text{pF}$，$C_{ds}=0.4\text{pF}$，试求它在 $V_{DS}=10\text{V}$、$V_{GS}=-1\text{V}$ 时的高频小信号等效电路图。

解：首先计算静态工作电流：

$$I_D = I_{DSS}\left(1-\frac{V_{GS}}{V_{GS(off)}}\right)^2(1+\lambda V_{DS}) = 5\times\left(1-\frac{1}{2}\right)^2\times\left(1+\frac{10}{120}\right)=1.35\text{mA}$$

漏极动态电阻为 $r_{ds}=\dfrac{|V_A|}{I_D}=\dfrac{120}{1.35}=88.9\text{k}\Omega$，

$$g_m = -\frac{2I_{DSS}}{V_{GS(off)}}\left(1-\frac{V_{GS}}{V_{GS(off)}}\right)(1+\lambda V_{DS})$$

$$=\frac{2\times 5}{2}\times\left(1-\frac{1}{2}\right)\times\left(1+\frac{10}{120}\right)=0.00271\text{S}$$

高频小信号等效电路如图 3-3-16 所示。

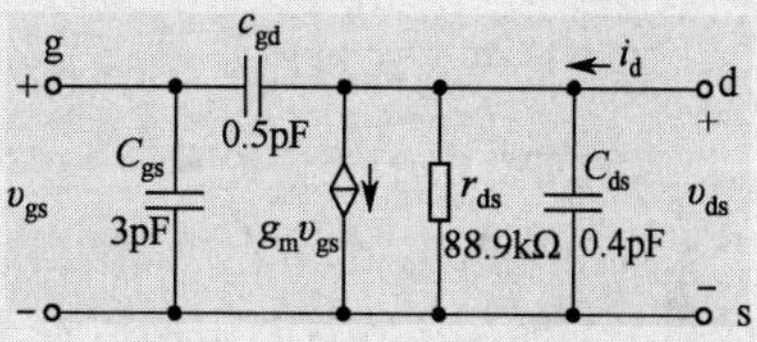

图 3-3-16　题解高频小信号等效电路

3.3.4　两种三极管的对比

1．控制量及温度稳定性对比

场效应管和双极性三极管都是具有受控作用的半导体器件。场效应管为电压控制器件，它是利用多子的漂移导电的，是一种单极性器件。由于多子受温度、光照及外界因素的影响较小，因此温度特性较好，并且存在零温度系数点。双极性三极管为电流控制器件，多子和少子均参与导电。由于少子浓度受温度、光照及外界因素的影响大，所以双极性三极管的温度特性较差。在环境条件变化较大的场合，采用场效应管比较适合。

2．输入电阻对比

双极性三极管工作在放大状态时，其发射结均正向偏置，因而输入电阻较小，约几百欧到几千欧姆。而 JFET 栅源间的 PN 结反向偏置，输入电阻可达 $10^7\Omega$ 以上，MOSFET 栅源间有绝缘层隔离，输入电阻更高，可达 $10^{11}\Omega$ 以上。

3．焊接、保存工艺对比

由于 MOSFET 的输入电阻很大，若栅极感应少量电荷，就不易泄放，又由于栅源间的绝缘隔离层很薄，极间电容 C_{gs} 很小，当带电物体靠近栅极时，感应的少量电荷会产生很高的电压，将 SiO_2 绝缘薄膜击穿，使场效应管损坏，因此使用时要特别小心。为避免栅极击穿，焊接场效应管时，烙铁外壳接地要良好；测试仪器也应良好接地，防止仪器漏电；存放场效应管时，应尽可能采用栅极与源极短路保护 MOS 管，避免栅极悬空。

4. 结构对比

双极性三极管发射区是重掺杂的，集电区是轻掺杂的，正常使用时，发射极和集电极一般不能互换。而 MOSFET、JFET 由于结构上的对称性，在漏极和源极对称的条件下是可以互换使用的。但要注意，对于分立元件的场效应管，大部分厂家已将衬底与源极在管内短接（N 沟道 MOS 管）或者将衬底与漏极在管内短接（P 沟道 MOS 管），这时漏极、源极不能互换使用。

5. 噪声对比

场效应管的噪声系数比双极性三极管的小，特别是结型场效应管，噪声系数极低。这是场效应管的一个极为可贵的优点，低噪声放大器的前级常选用场效应管。

6. 工作电压对比

正常工作时，耗尽型 MOSFET 的栅极电压可以是正值，也可以是负值，灵活性较大。而增强型 MOSFET、JFET 的栅极电压和双极性三极管的基极偏压只能是一种极性。

7. 生产工艺对比

MOSFET 工艺最简单（与 JFET，双极性三极管相比），功耗又小，封装密度极高，应用于大规模集成电路、超大规模集成电路中。双极性三极管具有跨导大、电路增益高、非线性失真小、性能稳定等优点，所以在分立元件电路和中、小规模模拟集成电路中，双极性三极管电路占优。

8. 应用环境对比

场效应管工作于小电流、低电压时，漏源之间可以等效成受栅源电压控制的可变电位器，即压控电阻器，场效应管的这一特点被广泛应用于自动增益和可变衰减器中。

习 题 3

3.1 双极性三极管有哪几个工作区？各有何特点？

3.2 双极性三极管的集电结反向电压越大，对载流子的吸引力越大，这就是集电极电流随集电结反向电压增大而增大的原因。这种说法是否正确，为什么？

3.3 双极性三极管的基区为什么做得很薄？

3.4 双极性三极管的发射区和集电区有哪些异同点？

3.5 基区宽度调制效应是什么？它对双极性三极管的工作有何影响？

3.6 给你一个万用表，判断一个双极性三极管是 NPN 型的或 PNP 型的，并分辨出三个电极，说明理由。

3.7 题图 P3.7 中给出了实测的双极性三极管各个电极对地电位，判定这些双极性三极管是否处于正常工作状态（放大、饱和、截止）？如果不正常（击穿），是短路还是断路？如果正常，是工作于放大状态、截止状态还是饱和状态？

3.8 两个工作在放大电路中的半导体双极性三极管，测得电流如题图 P3.8 所示，判断它们是 NPN 型三极管还是 PNP 型三极管，标出 e、b、c 极，并估算它们的 β 值。

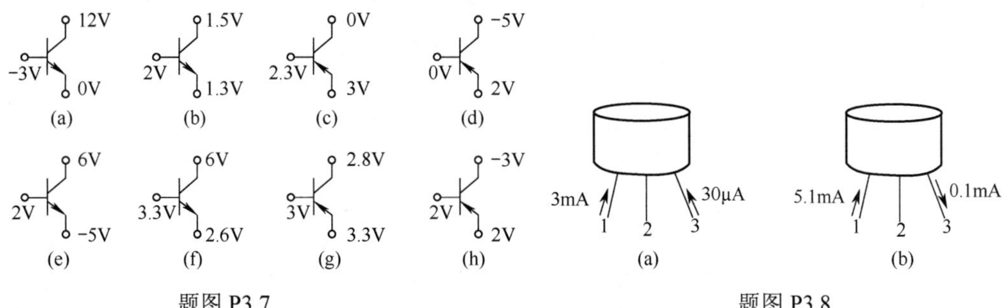

题图 P3.7　　　　题图 P3.8

3.9 若电路中双极性三极管的三个电极的电位分别为下列各组数值，试确定它们的电极和三极管的类型：(a) ①5V，②1.2V，③0.5V；(b)①6V，②5.8V，③1V；(c)①-8V，②-0.7V，③0V。

3.10 已知电路如题图 P3.10 所示，试判断下列两种情况下半导体硅三极管的工作状态：(a)$V_{CC}=15V$，$R_B=390k\Omega$，$R_C=3.3k\Omega$，$\beta=100$；(b)$V_{CC}=18V$，$R_B=330k\Omega$，$R_C=4.7k\Omega$，$\beta=100$。

3.11 已知 PNP 管接成如题图 P3.11 所示的电路，试判断下列两种情况下半导体硅三极管的工作状态：(a)$V_{CC}=-6V$，$R_B=100k\Omega$，$R_C=1k\Omega$，$\beta=80$；(b)$V_{CC}=-12V$，$R_B=330k\Omega$，$R_C=3.9k\Omega$，$\beta=100$。

题图 P3.10　　　　题图 P3.11

3.12 某双极性三极管的共射极输出特性曲线如题图 P3.12 所示，从图中确定该三极管的主要参数：I_{CEO}、P_{CM}、$V_{(BR)CEO}$、β（在 $V_{CE}=10V$，$I_C=40mA$ 附近）。

3.13 某 NPN 型三极管接成题图 P3.13 所示的两种电路，试分析三极管在这两种电路中分别处于何种工作状态。设三极管的 $V_{BE}=0.7V$，电流放大系数 $\beta=40$。

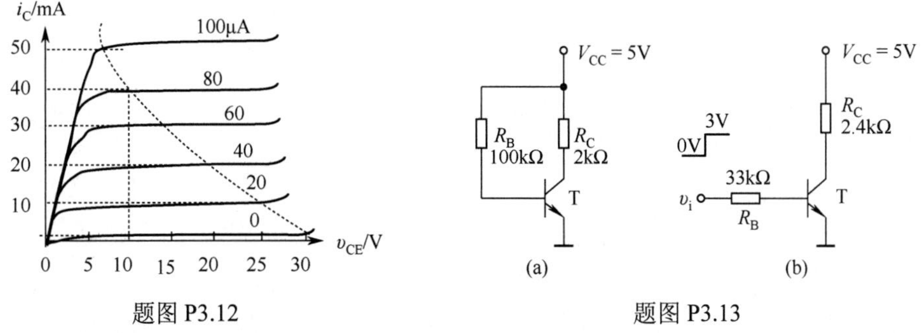

题图 P3.12　　　　题图 P3.13

3.14 场效应管从结构上可以分为哪几种类型？各有何特点？

3.15 场效应管为何没有输入特性曲线？

3.16 如何从场效应管的输出特性曲线求转移特性曲线？

3.17 场效应管与双极性三极管的工作原理有什么不同？MOS 场效应管与结型场效应管又有什么不同？

3.18 场效应管中的沟道夹断与预夹断有什么区别？场效应管用于放大时，应工作在什么区域？

3.19 题图 P3.19 为几种场效应管的转移特性曲线，试通过曲线确定场效应管的类型。

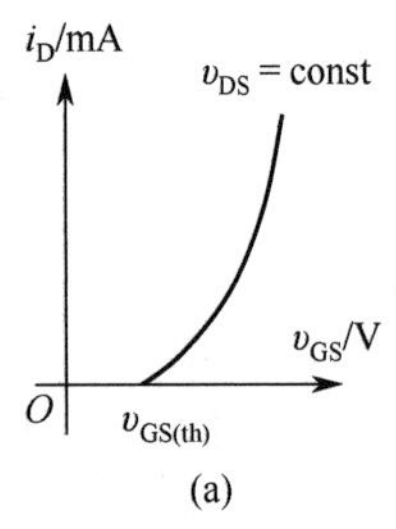

(a)

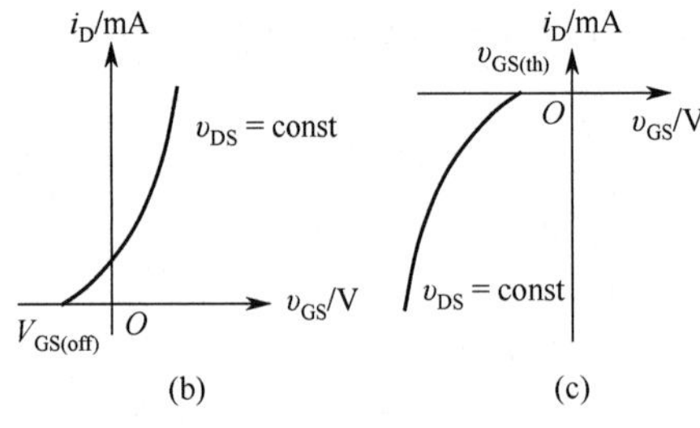

(b) (c)

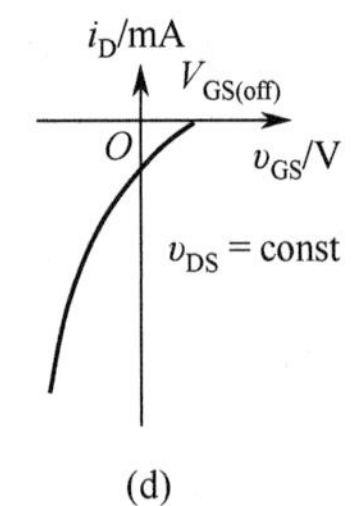

(d)

题图 P3.19

3.20 一个场效应管的输出特性如题图 P3.20 所示，试根据图形分析：(a)它属于何种类型的场效应管？(b)它的开启电压 $V_{GS(on)}$或夹断电压 $V_{GS(off)}$大约是多少？(c)它的饱和漏极电流 I_{DSS}是多少？

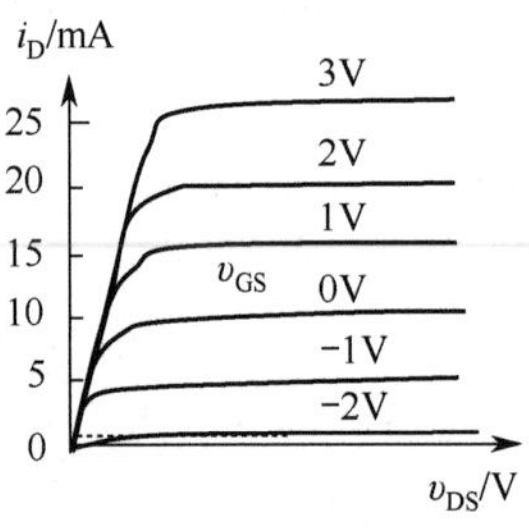

题图 P3.20

3.21 增强型和耗尽型 MOS 场效应管的主要区别是什么？增强型场效应管能否用自给偏压的方法获得静态工作点？

3.22 比较双极性三极管的 H 参数等效电路和混合 π 参数等效电路，它们各应用于什么条件下，两者的参数有何关系？

3.23 半导体器件在什么条件下才可视为线性器件？什么是双极性三极管的物理参数模型和网络参数模型？

3.24 已知双极性三极管静态工作点电流 $I_{CQ}=2\text{mA}$，$\beta=80$，$|V_A|=100\text{V}$，试画出器件的混合 π 参数小信号等效电路，并求其参数 r_{be}、g_m 和 r_{ce} 的值。

3.25 已知结型场效应管的 $I_{DSS}=10\text{mA}$，$V_{GS(off)}=-4\text{V}$，试画出它的转移特性曲线，并证明通过转移特性曲线上 $\upsilon_{GS}=0\text{V}$ 处的切线与横轴的交点是 $V_{GS}=V_{GS(off)}/2$。

3.26 某 N 沟道 JFET 的 $I_{DSS}=10\text{mA}$，$V_{GS(off)}=-2\text{V}$，厄尔利电压 $V_A=90\text{V}$，$C_{gs}\approx 3\text{pF}$，$C_{gd}\approx 1\text{pF}$，$C_{ds}=0.4\text{pF}$，试求它在 $V_{DS}=10\text{V}$、$V_{GS}=-1\text{V}$ 的高频和低频小信号等效电路图。

第 4 章　晶体管放大器及其基本分析方法

放大电路是模拟电子线路最重要的单元电路，也称放大器（Amplifier）。所谓“放大”，是指用微弱的输入信号（电压、电流、功率）去控制电路，使输出信号（电压、电流、功率）按照输入信号的变化规律而变化的工作过程，即在输入信号的激励下，将电源提供的能量转换为输出信号的能量，且满足输出功率大于输入功率的物理过程。工程上的各类放大器都是由若干基本放大电路级联而成的，基本放大电路又几乎是所有模拟集成电路与系统的基本单元。本章重点学习基本放大电路的工作原理、基本概念、主要特征和基本分析方法。

4.1　放大器的基本概念

放大器是电路系统中最基本的组成单元。电子设备中通常包含各种形式和功能的放大器，例如在电视机（Television）中，高频头（High Frequency Head）将接收天线（Antenna）输入的微弱电信号选择性输出，送入中频放大器（Intermediate-Frequency Amplifier）放大，放大后的信号才可以进行同步分离（Synchronizing Separation）和视频处理；家用机顶盒（Set-top Box）将处理好的音视频信号输出到其他设备时需要进行一定的放大，以便控制或驱动视频和音频设备（Peripherals）。

放大器的主要功能是放大电信号。这里主要涉及两个关键性问题。第一是能量守恒，放大器输出的功率必须大于输入功率，因此，放大器必须外加电源来提供输出信号所需的能量，或者说输出的能量来源于电源。通过学习，大家后面会发现几乎所有的输出能量都来自供电电源；第二是放大器输出信号应当反映输入信号的变化规律，这就要求能量的转换应该是受输入信号控制的，电路中应该有受控器件（Controlled Components），并在输入信号控制下将电源能量转换为输出信号的能量。

从放大器所涉及的关键问题可以看出，放大的本质是能量的控制与转换过程。要构成放大器，一要有提供稳定能量的电源（一般采用直流稳压电源来实现），二要有受控的能量转换器件（前面介绍的双极性三极管和场效应管均具有受控作用，它们可作为放大器的核心器件）。当然，要实现信号的放大，还应将输入信号源、放大器、负载（接收输出信号的部分）正确地连接。放大器系统的总体结构可表示为信号源、双口网络（Two-port Network）和负载的级联。双口网络的输入端连接激励源（信号源），输出端连接作用对象（负载）。

要理解放大器的工作原理和性能指标（Performance Index），就要对输入信号源、放大器、负载这三个环节进行合理的剖析，找出它们相应的电压与电流之间的对应关系。放大器的输入、输出信号形式不同（电压、电流、功率），对放大器的性能要求也有一定的区别，有时需要放大电压，有时需要放大电流，有时需要放大功率。

4.1.1　放大器的基本组成

放大系统的基本组成框图如图 4-1-1 所示，图中的双口网络（四端网络）就是放大器。信号源为放大器提供输入激励信号，它既可以是前级电路的输出，又可以是将非电量的物理量变换为电信号的换能器（Transducer）。例如，将声音变换为电信号的话筒（Microphone），将图像变换为电信号的摄像头（Camera）等，均可以视为信号源。放大器输入端的信号源可视为一个含有激励源的二端网络（Active Two-terminal Network），常用戴维南或诺顿等效电路来等效。图 4-1-1 所示电路中的信号源是采用戴维南等效电路进行等效的；它以信号源为分析对象，信号源的后级电路可以当作一个二端网络，可用输入阻抗来代替，视为信号源的负载；以负载为研究对象，负载的前级电路也可视为一个有源二端网络，同样也可用戴维南或诺顿等效电路来等效。

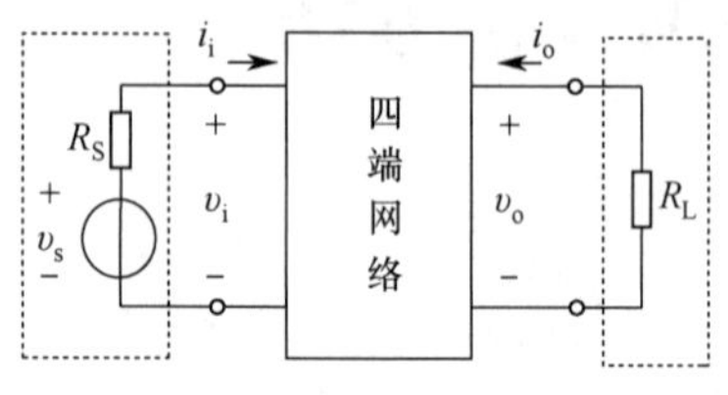

图 4-1-1 放大器的基本组成框图

放大器的作用对象 R_L 称为负载（Load），负载是指连接在电路中，能够将电能转换成其他形式能量的电子器件的总称，它可以是电阻、喇叭、显像管等消耗电能的电子元件。当然，负载也可以是一个电路模块，比如在多级放大器中，后级放大器可以作为前级放大器的负载。

放大器、信号源、负载三者之间级联构成输入和输出回路。激励信号源与放大器的输入端连接形成输入回路，放大器的输入端从信号源获得输入电压 v_i 和输入电流 i_i；放大器的输出端与负载连接形成输出回路，在负载两端获得输出电压 v_o 和输出电流 i_o。

放大器包含直流电源、有源器件以及为有源器件提供合适静态工作点的偏置电路。有源器件是放大器的核心，起能量转换和控制作用，即在输入信号源的激励下，将直流电源提供的能量转换成输出信号的能量，同时尽可能保证输出信号不失真。

4.1.2 放大器的性能指标

分析各种放大器时，均可用图 4-1-1 所示的框图来表示。当输入信号较小且在线性工作区时，放大器可当作线性电路来处理。放大器的性能指标可通过与其相连的输入信号源和输出负载上的电压、电流等信号之间的对应关系来反映。事实上，放大器的输入激励信号是千变万化的，但它们都可表示为若干不同幅度、不同频率的正弦信号的代数和。根据叠加定理，在线性工作区，放大器的输出响应信号可表示为这些不同幅度、不同频率的正弦信号单独作用时产生响应的代数和。因此，用正弦信号作为放大器的输入激励信号对放大器进行性能分析有普遍意义，同时，正弦信号可用相量来表示，可以简化放大器相关性能参数的计算。下面以正弦信号作为激励源，讨论放大器的主要性能指标，包括增益（Gain）、输入阻抗（Input Impedance）、输出阻抗、频率响应（Frequency Response）特性、非线性失真（Nonlinear Distortion）等。

1. 增益

增益又称放大倍数（Magnification），是衡量放大器放大能力的指标，可以表示为输出量与输入量的比值。由于放大器的输入和输出均可用电压或电流的相量形式表示，因此，放大器在考虑不同的输入量、输出量时有四种不同的增益形式。

（1）电压增益

电压增益（Voltage Gain）表示放大器放大电压信号的能力，定义为负载上的输出电压与放大器的输入电压之比，其表达式为

$$\dot{A}_{\upsilon}=\frac{\dot{V}_{o}}{\dot{V}_{i}} \tag{4-1-1}$$

如果考虑输入信号源的内阻 R_S，也可用源电压增益来表示，此时定义为负载上的输出电压与信号源的源电压之比，其表达式为

$$\dot{A}_{\upsilon s}=\frac{\dot{V}_{o}}{\dot{V}_{s}} \tag{4-1-2}$$

当放大器在中频区工作时，放大器的输出电压、输入电压的相位相对固定，电压增益和源电压增益一般可以用有效值或幅度来表示。当输入信号的频率较高或较低时，放大器的输出电压和输入电压之间的相对相位会随着输入频率的变化而变化，这时的电压放大倍数用模和幅角表示。

（2）电流增益

电流增益（Current Gain）表示放大器放大电流信号的能力，定义为负载上的输出电流与放大器的输入电流之比，表达式为

$$\dot{A}_{i}=\frac{\dot{I}_{o}}{\dot{I}_{i}} \tag{4-1-3}$$

如果考虑输入信号源的内阻 R_S，也可用源电流增益来表示，此时定义为负载上的输出电流与输入信号源的源电流之比，表达式为

$$\dot{A}_{is}=\frac{\dot{I}_{o}}{\dot{I}_{s}} \tag{4-1-4}$$

（3）互导增益

互导增益（Transconductance Gain）定义为负载上的输出电流与放大器的输入电压之比，表达式为

$$\dot{A}_{g}=\frac{\dot{I}_{o}}{\dot{V}_{i}} \tag{4-1-5}$$

（4）互阻增益

互阻增益（Transresistance Gain）定义为负载上的输出电压与放大器的输入电流之比，表达式为

$$\dot{A}_{r}=\frac{\dot{V}_{o}}{\dot{I}_{i}} \tag{4-1-6}$$

（5）功率增益

功率增益（Power Gain）定义为负载上的输出信号功率与放大器的输入信号功率之比，表达式为

$$A_{P}=\frac{P_{o}}{P_{i}}=\frac{V_{o}I_{o}}{V_{i}I_{i}}=A_{\upsilon}A_{i} \tag{4-1-7}$$

在上述增益中，功率增益、电压增益、电流增益是无量纲的，工程上常用分贝（decibel）表示。分贝是一种以 10 为底的对数单位，定义如下：

功率增益 A_P（dB）$=10\lg|A_P|$

因为功率与电压或电流的平方成正比，所以有

电压增益 A_{υ}（dB）$=20\lg|A_{\upsilon}|$；　　电流增益 A_i（dB）$=20\lg|A_i|$

采用分贝表示增益，可以使多级放大器增益的运算变得简单，即增益相乘可表示为增益相加。后面的分析会发现：当信号频率改变时，放大器会有不同的传输效果，即放大器具有频率响应特性，采用增益的分贝表示形式可以为绘制放大器的频率特性曲线带来方便。

在工程应用中，根据输入信号、输出信号中所取电流或电压形式的不同，放大电路有四种类型：电压放大器、电流放大器、互阻放大器和互导放大器。一般而言，当信号源内阻较小时，输入信号在放大器输入端有较小的电压变化，宜用输入电压作为参考量描述；而当信号源内阻较大时，在放大器输入端有较小的电流变化，宜用输入电流作为参考量描述。当负载上的输出电压受传输信道的影响不大时，宜采用输出电压作为参考量描述；当负载上的输出电压受传输信道的影响较大（特别是远距离传输）时，宜采用输出电流作为参考量描述。放大器根据其输入和输出的参考对象不同，分别对应于以上分析的四种增益：电压增益、电流增益、互阻增益和互导增益。实际应用中，往往更关注功率的放大，常采用功率增益来反映放大器的放大能力。

2．输入阻抗（输入电阻）

输入阻抗（Input Impedance）反映了放大器接收信号源电压或电流的能力。

如图 4-1-2 所示，以放大器为分析对象，从图中虚框中的信号源向放大器输入端看，放大器和负载 R_L 组成的电路对于信号源而言可等效为一个交流负载，这个交流负载的阻抗就是放大器的输入阻抗，记为 Z_i，其值为输入电压与输入电流之比，用公式表示为

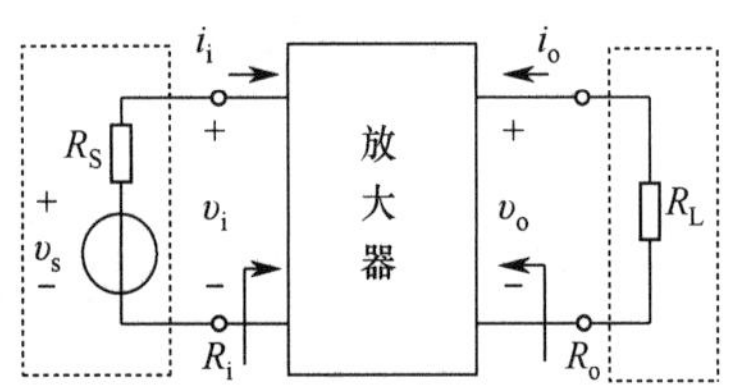

图 4-1-2　放大器输入、输出阻抗示意图

$$Z_i = \frac{\dot{V}_i}{\dot{I}_i} \tag{4-1-8}$$

若输入交流电压与输入交流电流不同相，则输入阻抗呈电抗性；当放大器工作于中频频段时，放大器的输入电压和输入电流一般处于同相状态，因此，输入阻抗为纯电阻。在后面的讨论中，若没有特别说明，输入阻抗均为纯电阻，即输入电阻 R_i。

实际信号源都具有内阻，放大器的输入电阻 R_i 和信号源内阻 R_S 形成信号分配关系。为了更好地实现信号的放大，希望放大器输入端能够从信号源获得尽可能大的电压、电流或功率。信号源类型不同，放大性能要求不同，这就使得对放大器输入电阻的要求也不同，主要有以下三种情况。

（1）对于电压放大器或者互导放大器，其输入激励为电压。一般要求放大器输入端从信号源获得较大且稳定的输入电压 v_i，于是放大器输入电阻应满足 $R_i \gg R_S$（当信号源内阻 R_S 较小时，信号源电压具有恒压源的特性，可满足输入端的要求），因此，电压放大器或者互导放大器的输入电阻越大越好。

（2）对于电流放大器或者互阻放大器，其输入激励为电流。一般要求放大器输入端从信号源获得较大且稳定的输入电流 i_i，于是放大器输入电阻应满足 $R_i \ll R_S$（当信号源内阻 R_S 较大时，信号源具有恒流源的特性，可满足输入端的要求），因此，电流放大器或者互阻放大器的输入电阻越小越好。

（3）对于功率放大器，一般要求放大器输入端从信号源获得较大且稳定的输入功率 $P_i = V_i I_i$，应使放大器的输入电阻等于信号源的内阻，实现最大的功率传递。此时，功率放大器可以获得信号源提供的最大功率，这种状态称为阻抗匹配（Impedance Matching）。在高

频放大电路中，尤其要注意阻抗匹配，从电磁波的角度看，只有实现阻抗匹配，才能保证放大器输入阻抗能够最大限度地吸收信号源的全部能量（实现最大功率传输），而不至于产生反射而导致电路自激。

3．输出阻抗（输出电阻）

输出阻抗的大小决定了放大器带负载的能力。所谓带负载的能力，是指接入负载后或负载发生变化时，负载上的输出信号保持不变的能力。如图 4-1-2 所示，对负载 R_L 而言，从放大器输出端看，激励源和放大器组成的电路相当于负载的信号源，根据戴维南定理，其可等效为一个电压源和一个阻抗的串联，这个串联的阻抗即为输出阻抗，记为 Z_o。当放大器工作在中频频段时，输出阻抗表现为纯电阻，即输出电阻 R_o。

放大器两个输出端之间还可用诺顿等效电路等效，即电流源与输出阻抗并联。这里需要说明的是，无论是诺顿等效电路中的电流源，还是戴维南等效电路中的电压源，都应该是受控源，在放大器中都受控于某个特定的作用对象。

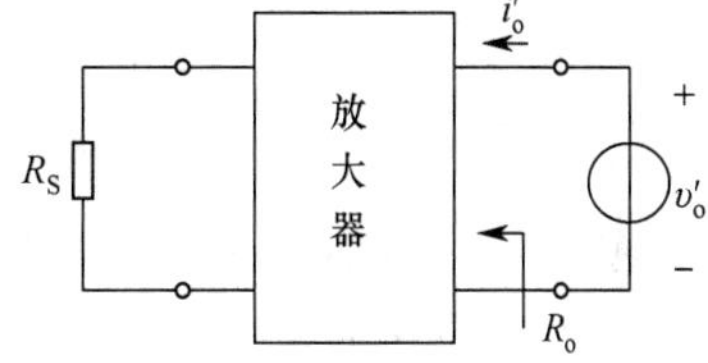

图 4-1-3　放大器输出电阻求解框图

定量分析放大器的输出电阻 R_o 时，可采用图 4-1-3 所示的方法。将输入激励信号置零，并保留其内阻 R_S；在输出端将负载开路，加入一个测试电压信号 v'_o，由此产生一个测试电流 i'_o，可得到输出电阻的关系式：

$$Z_o = R_o = \frac{v'_o}{i'_o} \tag{4-1-9}$$

放大器种类不同，输出信号的参考量不同，对输出电阻 R_o 的要求也不同，主要有以下三种情况。

（1）对于电压放大器和互阻放大器，其输出量为电压信号。放大器应将输出电压尽可能地加载到负载上，使输出电压稳定地反映输入信号的变化规律。因此，应尽量减小输出电阻对输出电压的分压。这就要求放大器具有较小的输出电阻 R_o（放大器的输出等效为恒压源输出）。

（2）对于电流放大器和互导放大器，其输出量为电流信号，应将放大器的输出电流尽可能地加载到负载上，使输出电流稳定地反映输入信号的变化规律，减小放大器输出电阻的分流影响。这就要求放大器应具有较大的输出电阻（放大器的输出等效为恒流源输出）。

（3）对于功率放大器，应将放大器的输出功率尽可能地传输到负载上，这就要求放大器的输出电阻与负载实现匹配。

放大器是一个双端口网络，其内部结构变化多样，但从其外部的电流或电压信号形式来看，均可归为四大类，其性能参数也可通过端口的电流、电压关系来描述。因此，可将任意放大器用与其原电路有相同端口伏安关系的简化模型等效，利用等效参数直观反映放大器的性能，便于实际应用时根据性能要求选择合适的放大器。

由前面的分析可以看出，对于放大系统，激励信号源可以表示为含有内阻的电压源或电流源，放大器输入端可以等效为输入阻抗，输出端可视为含有内阻的受控电压源或电流源。放大器的类型取决于实际应用中的激励源的形式和所需输出信号的形式。例如，对于常用的电压放大器，输入信号为电压信号，要得到与输入电压成比例关系的输出电压，可将放大器输出端电路等效为实用的受控电压源。无论放大器采用何种内部构成形式，电压放大器都可采用图 4-1-4 的简化模型来描述。其他类型放大器的简化模型以此类推。

4．频率特性

一般而言，放大器的输入信号并不是单一频率的正弦信号，而是由许多频率成分组合而成的复杂信号。例如音频信号的频率范围为 20Hz～20kHz，其中人的语音信号频率范围为 300Hz～3.4kHz，而模拟视频信号的频率范围可以达到 0～6MHz。实际放大电路中包含有电抗元件，如电容、电感元件及电子器件的极间电容、分布电容和分布电感等，它们的电抗值与频率相关。因此，对于不同频率的信号，放大器具有不同的能量分配关系，可以得到不同的增益值并产生不同的相移。因此，放大器的增益可表示为频率的复函数，即

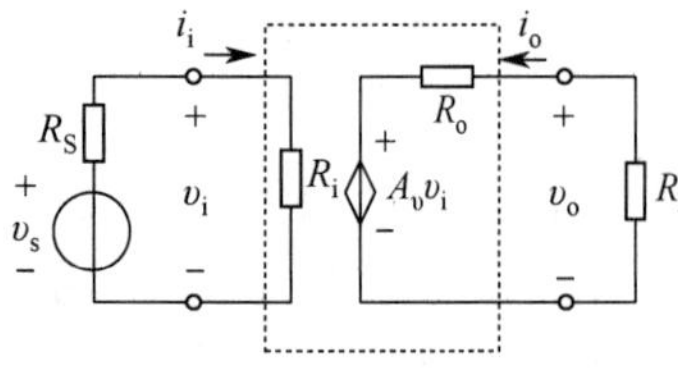

图 4-1-4 电压放大器等效模型

$$\dot{A}_\upsilon(j\omega)=\frac{\dot{V}_o(j\omega)}{\dot{V}_i(j\omega)}=A_\upsilon(\omega)e^{j\phi_A(\omega)} \tag{4-1-10}$$

式中，$A_\upsilon(\omega)$ 为电压增益的模（Modulus），它显然是频率的函数（Function），称为放大电路的幅频特性（Amplitude-Frequency Characteristics）；$\phi_A(\omega)$ 为电压增益的相角，称为放大器的相频特性（Phase-Frequency Characteristics）。$A_\upsilon(\omega)$ 及 $\phi_A(\omega)$ 合称放大器的频率特性。

放大器电压增益的典型频率特性曲线如图 4-1-5 所示。该频率特性曲线分为三段：低频段、中频段、高频段。从图中的曲线可见，中频段的增益幅值和相位基本保持不变，在低频段和高频段，随着频率的降低或升高，增益 $A_\upsilon(\omega)$ 下降，相位也在 0°的基础上产生一个附加相移。中频段所对应的稳定增益称为中频增益（Intermediate Frequency Gain），用 $A_{\upsilon0}$ 表示，当 $A_\upsilon(\omega)$ 下降到 $A_{\upsilon0}$ 的 0.707 倍（或-3dB）时，所对应的两个频率称为下限频率和上限频率，分别用 f_L 和 f_H 表示，f_H 和 f_L 之间的频率范围称为放大器的通频带（放大器的频带宽度），用 BW 表示：

$$BW=f_H-f_L \tag{4-1-11}$$

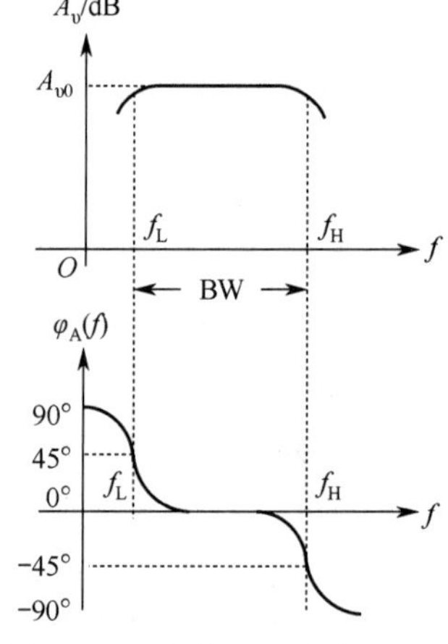

图 4-1-5 放大的频率特性曲线

5．频率失真

放大器的带宽是一个很重要的技术指标，如果放大器的带宽不够，放大器对输入信号中各种频率成分的放大倍数和相移不同，在输出信号中每个频率分量叠加后就会使总信号产生失真，这种失真称为频率失真（Frequency Distortion）。对不同频率信号的放大倍数不同导致输出信号产生的失真为幅度失真（Amplitude Distortion）；对不同频率的信号产生的相移不同导致的失真是相位失真（Phase Distortion）。对于单个频率的信号而言，输出与输入信号仍然表现为线性关系，出现频率失真时，输出信号中不产生输入信号中所没有的新生频率成分，因此频率失真也称线性失真（Linear Distortion）。

6．非线性失真

非线性失真（Nonlinear Distortion）是另一种波形失真，主要是由半导体器件中伏安特性的非线性产生的失真。出现非线性失真时，即使输入单一的正弦激励信号，输出信号与输入信号也不呈线性关系，输出信号中产生新的谐波（Harmonic Wave）成分，原信号频谱发

生改变，非线性失真包括谐波失真、瞬态互调失真、互调失真等。

（1）非线性失真产生的原因

在双极性三极管组成的放大电路中，输入正弦信号时，由于双极性三极管伏安曲线的非线性，可能使三极管输出的集电极电流转换成非正弦波形（如波形上、下半波不对称而产生了畸变）；由于输入信号是周期重复的正弦信号，因此，输出仍为周期重复的非正弦信号，根据傅里叶级数，可将输出的集电极电流分解为基波和各次谐波之和，即

$$i_{C} = I_{CQ} + I_{C1}\sin\omega t + I_{C2}\sin 2\omega t + \cdots \tag{4-1-12}$$

可见，当放大器输入为单频正弦信号时，由于晶体管伏安曲线的非线性，输出信号中产生了输入信号中所没有的新生频率成分 $n\omega$（n 取 2, 3,⋯），这种失真称为**非线性失真**。

（2）非线性失真系数 γ

非线性失真系数定义为输出信号中由失真引起的谐波功率的总和与基波功率之比的平方根，即

$$\gamma = \sqrt{\frac{P_{O2} + P_{O3} + \cdots}{P_{O1}}} \tag{4-1-13}$$

式中，$P_{O1}+P_{O2}+P_{O3}+\cdots$ 为输出信号中的基波、二次谐波、三次谐波、高次谐波的输出功率，通常四次以上的谐波振幅很小，将四次谐波以上功率忽略时，非线性失真系数可近似为

$$\gamma = \sqrt{\gamma_2^2 + \gamma_3^2} \tag{4-1-14}$$

式中，$\gamma_2 = \sqrt{P_{O2}/P_{O1}}$ 和 $\gamma_3 = \sqrt{P_{O3}/P_{O1}}$ 为各谐波功率与基波功率之比的算术平方根。

非线性失真系数通常用百分数表示，工程上常用中频段的某个频率上的非线性失真系数来估算放大器的非线性失真（400Hz 或 1000Hz 上），常取 $\gamma \leqslant 5\%$。

非线性失真通常在信号较大时产生，而信号较小时，非线性失真是很小的，通常不考虑，即在小信号时，通常认为半导体三极管为线性有源器件。

上述讨论中的频率失真及非线性失真是两种性质不同的失真。频率失真的特点是输出信号中不产生输入信号中所没有的新频率成分，仅仅是不同频率信号产生的幅度和相移不同而导致的波形变化。非线性失真的特点是在输出信号中产生新频率成分。两种失真产生的原因不同，为使放大器不失真地放大信号，应分别从不同角度合理设置，避免出现任何一种失真。另外，在一些特定情况下，可以利用放大器的失真完成某些特殊功能或实现某些性能的改善，比如利用放大管工作在非线性区，混频（Frequency Mixing）电路可产生新的频率成分实现频谱搬移（Spectrum Shifting），乙类功率放大电路进行波形补偿可以提高功率传输效率等。

7. 最大输出信号幅度

放大电路在电路参数已确定，输出端不发生饱和失真（Saturation Distortion）和截止失真（Cut off Distortion）时，最大输出电压信号的幅值称为**最大输出电压幅值** V_{om}。设 V_f 是受截止失真限制的输出信号幅值，V_r 是受饱和失真限制的输出信号幅值，则放大器最大不失真输出电压的幅值可以表示为

$$V_{om} = \min(V_f, V_r) \tag{4-1-15}$$

4.2　基本放大电路及其分析方法

双极性三极管或场效应管是组成基本放大电路的主要器件，而它们的伏安特性都是非线

性的，因此，对放大电路进行定量分析时，主要矛盾在于如何处理放大器件的非线性问题。对此问题，常用的解决办法有两个：第一是图解法，即在放大管特性曲线为非线性的前提下，在其特性曲线的线性工作范围内，用作图的方式逐点描绘输入电压和电流的波形，进而逐点描绘输出电压和电流。第二是微变等效电路法，其实质是在一个比较小的信号变化范围内，可以近似地认为双极性三极管和场效应管的特性曲线是线性的，由此导出放大器件的等效电路及相应的微变等效参数，进而将非线性的问题转化为线性问题，以便利用电路原理中介绍的适用于线性电路的各种定律、定理等来对放大电路进行求解。因此，放大电路最常用的基本分析方法就是图解法和微变等效电路法。对放大电路进行定量分析时，首先要进行静态分析，即分析未加输入信号时的工作状态，估算电路中各处的直流电压和直流电流。然后进行动态分析，即分析加上交流输入信号后的工作状态，估算放大电路的各项动态性能指标，如电压放大倍数、输入电阻、输出电阻、通频带、最大输出信号幅度、非线性失真等。

4.2.1 共射放大器

1. 共射放大器的工作原理

（1）电路组成与各元件的作用

图 4-2-1 所示为一个固定偏置的共射放大器。图中υ_s为信号源电压，R_S为信号源内阻，υ_i为放大电路的输入电压，C_B是输入端的交流耦合电容，双极性三极管 T 是放大元件。

V_{BB}是基极回路的直流供电电源，R_B是基极回路的偏置电阻，它们为发射结提供了正向偏置电压 V_{BE}；V_{CC}是集电极直流供电电源，它一方面保证集电结反偏，另一方面为整个放大器提供能量。R_C是集电极偏置电阻，它一方面形成集电极的直流通路，另一方面在空载（负载无穷大）时将集电极电流转化为输出电压。R_L为放大器的负载，交流输出时，它与集电极偏置电阻 R_C 并联作为放大器的交流负载。C_C是输出端的交流耦合电容，它一方面起隔离直流的作用，使集电极的直流电压不能传输到 R_L 上，保证放大器的直流工作点不受负载R_L的影响，另一方面又起着耦合交流的作用，保证交流信号能传输到负载上。

（2）直流工作状态

输入激励电压$\upsilon_s=0$时，放大器的工作状态为直流工作状态。直流工作时，电容应做开路处理，由此可得图 4-2-1 所示电路的直流通路如图 4-2-2 所示，此时有

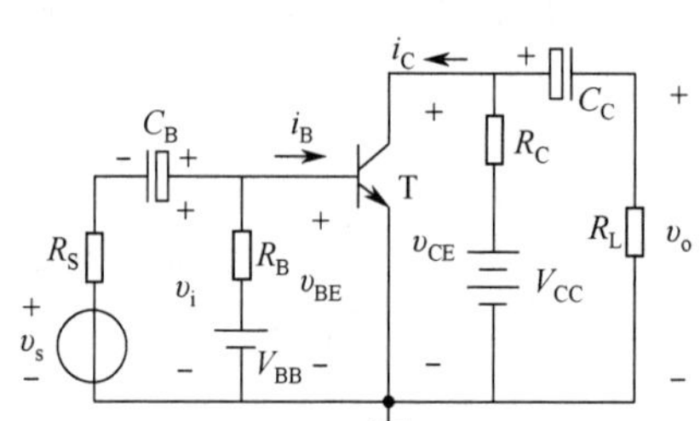

图 4-2-1 固定偏置的共射放大器

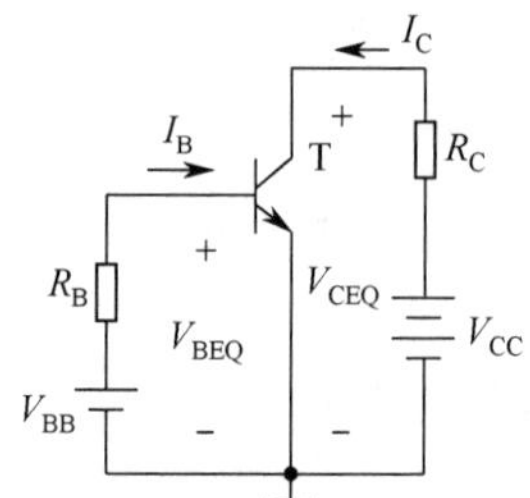

图 4-2-2 固定偏置的共射直流通路图

$$\upsilon_{BE}=V_{BE}=V_{BE(on)} \tag{4-2-1}$$

V_{BB}和R_B与三极管发射结构成输入回路，由输入回路的 KVL 方程得

$$i_B=I_B=\frac{V_{BB}-V_{BE}}{R_B} \tag{4-2-2}$$

根据三极管的电流受控作用，可得

$$i_C = I_C = \beta I_B \tag{4-2-3}$$

V_{CC}和 R_C 与三极管的集-射极组成输出回路，由输出回路的 KVL 方程得

$$\upsilon_{CE} = V_{CE} = V_{CC} - I_C R_C \tag{4-2-4}$$

可见，在直流通路中，共射放大器的瞬时输入电压和输入电流变为静态不变量 V_{BE}、I_B，瞬时输出电流和输出电压也变为静态不变量 I_C、V_{CE}，在伏安特性曲线上，相当于一个固定的点，也称静态工作点（Quiescent Working Point），用 Q 表示，相应的参量也用带 Q 的下标描述，即 V_{BEQ}、I_{BQ}、I_{CQ}、V_{CEQ}。

（3）三极管各极电压和电流的瞬时表达式及波形

动态工作状态是在输入交流激励电压 $\upsilon_s \neq 0$ 时，放大器的交流工作状态，在这种工作状态下，半导体三极管各电极电流和电压都随输入激励信号的变化而变化。图 4-2-3 给出了共射放大时，半导体三极管各电极电流、电压的变化情况。

假设放大器的输入电压为 $\upsilon_i = V_{im}\sin\omega t$，则在图 4-2-3 中有

$$\upsilon_{BE} = V_{BEQ} + \upsilon_i = V_{BEQ} + V_{im}\sin\omega t \tag{4-2-5}$$

$$i_B = I_{BQ} + i_b = I_{BQ} + I_{bm}\sin\omega t \tag{4-2-6}$$

$$i_C = I_{CQ} + i_c = I_{CQ} + \beta I_{bm}\sin\omega t \tag{4-2-7}$$

$$\upsilon_{CE} = V_{CC} - I_{CQ}R_C - I_{cm}R_L'\sin\omega t \tag{4-2-8}$$

式（4-2-8）中，R_L' 为 R_C 和 R_L 并联所呈现的交流负载电阻，因为交流电流 i_c 流过电阻 R_C 和 R_L 组成并联电路。$\upsilon_{BE}, i_B, i_C, \upsilon_{CE}$ 表示直流与交流叠加后的信号。

图 4-2-3 为共射放大器的电流和电压波形图，从图中及上述分析可总结如下几点。

① 当输入信号电压为零时（$\upsilon_i = 0$），三极管各电极的电流、电压均为直流量，放大器处于直流工作状态，I_{BQ}, V_{BEQ}, I_{CQ}, V_{CEQ} 表示静态工作点 Q 对应的电流和电压。当放大器输入交流信号电压 υ_i 后（$\upsilon_i \neq 0$），输入与输出的瞬时电压和瞬时电流 υ_{BE}, i_B, i_C, υ_{CE} 均在直流的基础上叠加了一个交流分量，见图 4-2-3 以及式（4-2-5）至式（4-2-8）。可见，当交流信号变化时，直流分量与交流分量叠加所形成的瞬时电压和瞬时电流始终为正，只是幅度的增加或减小随交流信号的变化而变化。

② 在共射放大器中，在输入小信号和不考虑电抗元件影响的条件下，υ_i，i_b，i_c, υ_o 等交流分量都是同频率的正弦信号。υ_i，i_b，i_c 之间的相位相同，而输出电压 υ_o 与输入电压 υ_i 之间的相位相差 180°。为了说明输出电压与输入电压之间是反相关系，将图 4-2-1 中的 R_L 断开，此时交流电流 i_c 的负载只有 R_C，式（4-2-8）可以表示为

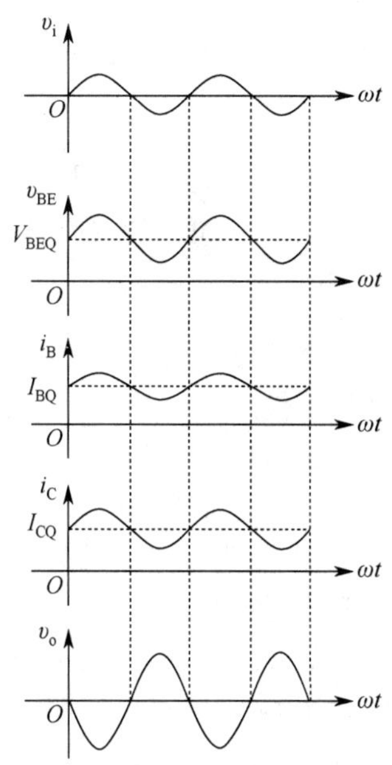

图 4-2-3　共射放大器的电流和电压波形及相位关系图

$$\upsilon_{CE} = V_{CC} - I_{CQ}R_C - i_c R_C = V_{CEQ} - I_{cm}R_C\sin\omega t = V_{CEQ} + \upsilon_o \tag{4-2-9}$$

从图 4-2-3 可见，当输入交流电压 υ_i 增加时，υ_{BE} 随之增加，导致基极电流 i_B 增大，由于三极管的电流受控作用引起集电极 i_C 也增大，集电极与发射极之间的电压 υ_{CE} 则减小；反

之，当输入交流电压 υ_i 减小时，υ_{CE} 增加。也就是说，输出电压与输入电压的相位是相反的，这种现象称为放大器的“倒相”作用。

③ 在图 4-2-1 所示的共射电路中，由于集电极输出电流振幅 $I_{cm}=\beta I_{bm}$，即它是输入基极电流 I_{bm} 的 β 倍（β 一般为几十到几百），因而实现了电流放大；这个放大的输出电流在负载上形成的输出电压幅度比输入电压幅度大，又实现了电压放大；在电压和电流放大的同时，也实现了功率放大。可见，共射放大器对输入信号的电流、电压、功率都具有放大作用，因此，共射放大器是双极性三极管放大电路中最常用的组态。

（4）共射放大电路的一般结构

图 4-2-4 所示为共射放大器的一般结构，其中用一个电源 V_{CC} 取代了两个电源，V_{CC} 只需标出它的正极而负端不画出。R_B 为基极偏置电阻，这种偏置称为固定偏置电路。改变 R_B 的阻值可改变 I_{BQ}，从而调节 I_{CQ} 的大小，即可改变放大器的工作点 Q。为了分析放大器的性能，通常需要画出放大器的直流通路和交流通路。

直流通路：画直流通路是为了在计算放大器静态工作点时能一目了然。具体的画法是将放大电路中的耦合电容和旁路电容断开，图 4-2-4(b)为图 4-2-4(a)的直流通路。

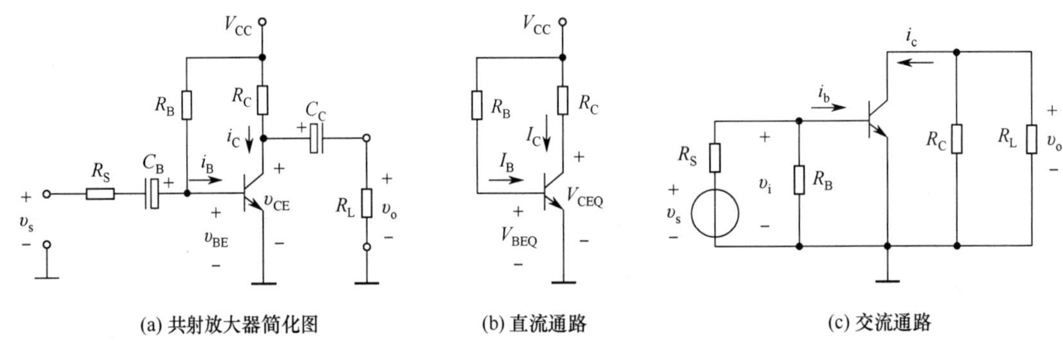

图 4-2-4 共射直流与交流通路图

交流通路：所谓交流通路，是指交流信号在放大电路中流通的路径，是在静态工作点的基础上做出的一种交流等效。交流通路是分析放大器的增益、输入阻抗和输出阻抗等各种性能指标的基础。

交流通路的画法如下。

① 令直流电压源为短路（电压源的交流电阻为 0），直流电流源为开路（电流源的交流电阻为无穷大）。

② 对于电路中的耦合电容 C_B、C_C 等，由于考虑信号的中频段，其容抗很小，可视为短路。图 4-2-4(c)给出了图 4-2-4(a)的交流通路。

2．共射放大器的静态分析

在放大器中，半导体器件只有具备适当的直流工作点后才能正常工作，合适的静态工作点是提高放大器性能参数的重要保证。放大器的静态工作点的分析方法主要有图解分析法和工程近似计算法。

（1）图解分析法

从图 4-2-4(b)可见，V_{CC}、R_B、基极 b、发射极 e 到 V_{CC} 的负极（参考地）组成输入回路。设其回路电流为 I_B，根据输入回路的 KVL 方程得

$$V_{BE} = V_{CC} - I_B R_B \quad (4\text{-}2\text{-}10)$$

上式为一线性方程，称为输入直流负载线方程。

将晶体管的输入特性 $i_B = f(\upsilon_{BE})$ 用曲线表示，如图 4-2-5(a)所示，并在上面画出输入直流负载线方程所确定的直线 MN，两者的交点即为 Q 点，Q 点所对应的(V_{BEQ}, I_{BQ})为输入回路的静态工作点。图中 M 点的坐标为(0, V_{CC}/R_B)，N 点的坐标为(V_{CC}, 0)，直线 MN 称为输入回路的直流负载线，其斜率为$-1/R_B$。

由图 4-2-4(b)可见，从 V_{CC} 的正极、R_C、集电极 c、发射极 e 到 V_{CC} 的负极组成输出回路，输出回路的电压关系方程可以表示为

$$V_{CE} = V_{CC} - I_{CQ} R_C \quad (4\text{-}2\text{-}11)$$

输出直流负载线的图解过程如图 4-2-5(b)所示。根据 $i_C = f(\upsilon_{BE})$ 绘制晶体管的输出特性曲线，并画出输出回路线性方程所对应的直线，令 $\upsilon_{CE} = 0$，$i_C = V_{CC}/R_C$，得到 M 点；令 $i_C = 0$，$\upsilon_{CE} = V_{CC}$ 得到 N 点。连接 M、N 两点成直线 MN，直线 MN 与 $i_B = I_{BQ}$ 所对应的输出特性曲线的交点，即为输出回路的静态工作点(V_{CEQ}, I_{CQ})。式（4-2-11）称为输出回路的直流负载线方程，它所对应的直线称为直流负载线，其斜率为$-1/R_C$。

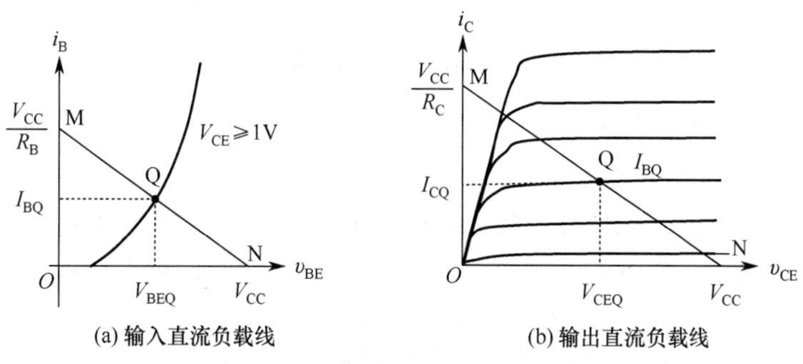

(a) 输入直流负载线　　(b) 输出直流负载线

图 4-2-5　共射静态工作点的图解分析

以上通过输入和输出特性曲线，得到了放大器静态工作点的四个参量：V_{BEQ}、I_{BQ}、I_{CQ} 和 V_{CEQ}。

（2）工程近似计算法

图解法能够直观地显示晶体管在特性曲线中的工作点 Q 的位置，也能够清晰地反映外部参数的影响。但由于晶体管特性曲线的离散性很大，同一型号晶体管的特性曲线也不一致，加上图解法的作图也很复杂，所以实际工作中较少采用图解法求静态工作点。

由双极性三极管的共射输入伏安特性可知，当电路工作在放大区时（$\upsilon_{CE} \geqslant 1V$），输入特性几乎与 υ_{CE} 无关。当 υ_{BE} 达到导通电压后，υ_{BE} 稍有变化，i_B 的变化就非常大，也就是说，i_B 的变化很大，而 υ_{BE} 的变化很小，并且近似等于导通电压 $V_{BE(on)}$。输出特性曲线则近似为一簇水平线，即 i_C 与 υ_{CE} 无关。根据上述特点，作为近似计算，可以给出以下两个假定：一是在放大区，假定 V_{BEQ} 为定值（硅管为 0.6～0.7V，锗管为 0.2～0.3V）；当 I_{BQ} 较大时，V_{BEQ} 取上限（硅管为 0.7V，锗管为 0.3V）；当 I_{BQ} 较小时，V_{BEQ} 取下限（硅管为 0.6V，锗管为 0.2V）。二是假定 i_C 与 υ_{CE} 无关，输出与输入服从直流电流传输方程，在忽略 I_{CBO}、I_{CEO} 的条件下，它们有以下的近似关系：

$$I_C = \beta I_B + (1+\beta) I_{CBO} \approx \beta I_B \quad (4\text{-}2\text{-}12)$$

$$I_C = \alpha I_E + I_{CBO} \approx \alpha I_E \quad (4\text{-}2\text{-}13)$$

$$I_E = (1+\beta)I_B + I_{CEO} \approx (1+\beta)I_B \tag{4-2-14}$$

利用上述的两个假定条件，即采用器件的简化电路模型，再根据电路的输入回路、输出回路的电压方程，便可计算出静态工作点的电压、电流值。具体步骤如下。

① 画出放大器对应的直流通路，标出各支路电流。

② 由输入偏置电路，根据基尔霍夫电压定律确定输入回路的电压方程。

③ 由输出回路，根据基尔霍夫电压定律确定输出回路电压方程。

④ 求解方程，确定 I_{BQ}、I_{CQ}、V_{CEQ} 值（V_{BEQ} 已知），验证电路的工作状态。

【例 4-2-1】 在图 4-2-4(b)所示的直流通路中，$R_B = 470\text{k}\Omega$，$R_C = 3.9\text{k}\Omega$，电源电压 $V_{CC} = 12\text{V}$，三极管的 $V_{BEQ} = 0.6\text{V}$，$\beta = 50$。试用工程近似计算法求该电路的静态工作点。

解： 根据输入回路的 KVL 方程有

$$I_{BQ} = \frac{V_{CC} - V_{BEQ}}{R_B} = \frac{12-0.6}{470\times10^3} \approx 24\times10^{-6}\text{A} = 24\mu\text{A}$$

假设放大器处于放大状态，即有

$$I_{CQ} \approx \beta I_{BQ} = 50\times24\times10^{-6} = 1.2\times10^{-3}\text{A} = 1.2\text{mA}$$

$$V_{CEQ} = V_{CC} - I_{CQ}R_C = 12 - 1.2\times3.9 = 7.32\text{V}$$

由于 $V_{CEQ} \geqslant 1\text{V}$，假设成立，故该电路的静态工作点为题解所求数值。

3．共射放大器的动态分析

（1）图解分析法

动态图解分析法以器件的特性曲线为基础，采用作图法在特性曲线上分析放大器工作点的变化过程。动态图解法的特点是比较直观，能反映器件的非线性特性，能清楚地展示信号放大的物理进程。动态图解法在直流工作点的基础上，通过画交流负载线的方式来分析放大器的交流特性，进而通过分析波形来评价放大器的性能参数。

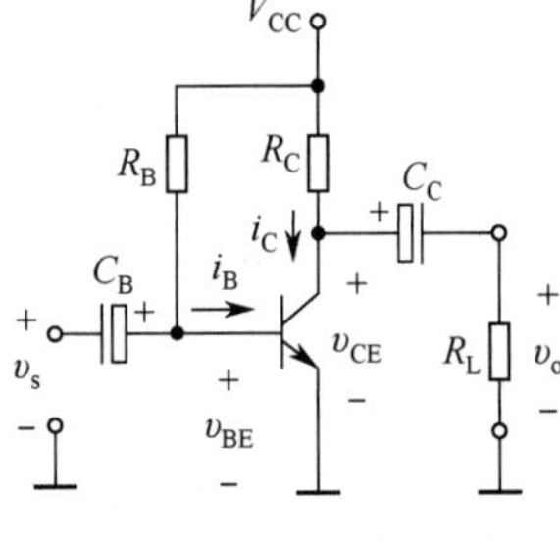

图 4-2-6　共射放大器

为了更好地说明在信号源的激励下放大器各极的交流电压和电流是如何工作的，取图 4-2-4(a)中的信号源内阻为零，即 $R_S = 0$，将其转换成图 4-2-6 所示的共射放大器。输入是一个内阻为 0 的理想电压源，假定该电压源的幅值 V_{sm} 很小，满足小信号条件，且为正弦输入信号，则根据图 4-2-6 得

$$\upsilon_s = \upsilon_i = \upsilon_{be} = V_{sm}\sin\omega t \tag{4-2-15}$$

① 输入回路图解

根据图 4-2-6 所示的放大器输入回路，放大器的发射结上所加的电压为

$$\upsilon_{BE} = V_{BEQ} + \upsilon_i = V_{BEQ} + V_{sm}\sin\omega t \tag{4-2-16}$$

υ_{BE} 满足双极性三极管的共射输入伏安特性曲线

$$i_B = f(\upsilon_{BE})\big|_{\upsilon_{CE}=\text{const}} \tag{4-2-17}$$

当 $\upsilon_{CE} \geqslant 1\text{V}$ 时，输入特性可以近似用一条曲线表示。由式（4-2-16）可知，动态时，三极管发射结瞬时输入电压 υ_{BE} 等于在静态值 V_{BEQ} 上叠加一个正弦信号 υ_i，如图 4-2-7 所示。由图可知，当 υ_{BE} 从 V_{BEQ} 上升到 $V_{BEQ}+V_{im}$ 时，放大器输入回路的工作点由点 Q 沿着输入特性曲线移到点 Q_A，基极电流 i_B 从 I_{BQ} 增大到 I_{Bmax}；当 υ_{BE} 从 V_{BEQ} 下降到 $V_{BEQ}-V_{im}$ 时，工作点从

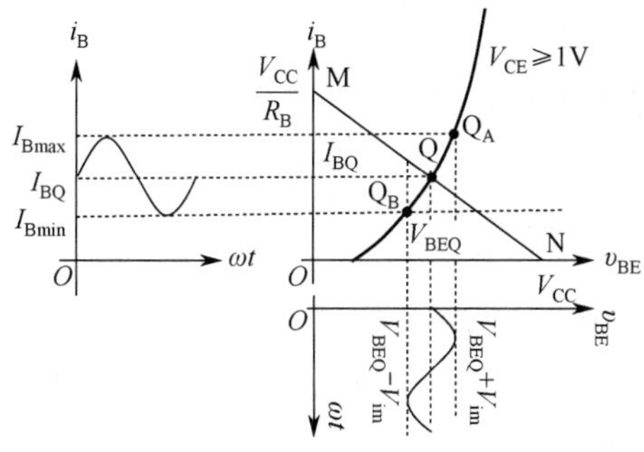

图 4-2-7　共射输入回路图解分析

Q 下降到点 Q_B，i_B 从 I_{BQ} 减小到 I_{Bmin}，以此类推。因此，i_B 沿着输入特性曲线变化，当激励信号很小时，这段曲线近似为直线，i_B 在静态 I_{BQ} 的基础上叠加一个交流成分 i_b，即 $i_B = I_{BQ}+i_b$。

② 输出回路图解

类似上述分析过程，在输出回路中，放大器的集电极电流 i_C 和电压 υ_{CE} 遵循三极管的输出特性，用输出特性曲线簇来描述，即

$$i_C = f(\upsilon_{CE})\big|_{i_B=\text{const}} \tag{4-2-18}$$

在图 4-2-6 的输出回路中，负载电阻 R_L 的接入会改变动态时输出回路的外特性。但由于耦合电容 C_C 的存在，负载电阻 R_L 的接入并不会改变放大器的静态工作点 Q。因此，有

$$\upsilon_{CE} = V_{CEQ} + \upsilon_{ce} = V_{CEQ} + \upsilon_o \tag{4-2-19}$$

在式（4-2-19）中，$\upsilon_{ce} = \upsilon_o = -i_{R_C} R_C = -i_{R_L} R_L = -i_c R_L'$，其中 $R_L' = \dfrac{R_C R_L}{R_C + R_L}$。考虑 i_C 的静态值 I_{CQ}，式（4-2-19）可以写成

$$\upsilon_{CE} = V_{CEQ} + \upsilon_o = V_{CEQ} - i_c R_L' = V_{CEQ} - (i_C - I_{CQ})R_L' \tag{4-2-20}$$

式（4-2-20）称为动态时输出回路的电路方程式，又称交流负载线方程，表明 i_C 和 υ_{CE} 之间的关系是线性的。根据式（4-2-20）作出的直线 AB 称为交流负载线，它是过 Q 点、斜率为 $-1/R_L'$ 的直线，如图 4-2-8 所示。

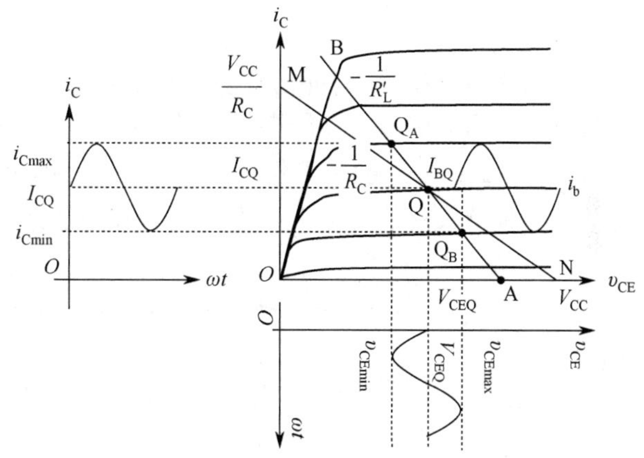

图 4-2-8　共射放大器图解分析

作交流负载线的方法有两种。第一种方法是两点式，即找到直线上的两个点，连接两点画直线。第一个点就是静态工作点 Q（因为 $i_c = 0$ 时 $\upsilon_{CE} = V_{CEQ}$，因此交流负载线必过 Q 点）；第二个点可以根据式（4-2-20）取横轴上的点 A，连接 AQ 两点形成直线，记为 AB，其中 A 点的坐标值 V_{CEA} 可将 $i_C=0$ 代入式（4-2-20）求得：

$$V_{CEA} = V_{CEQ} + I_{CQ} R_L' \tag{4-2-21}$$

第二种方法是点斜式，即过点 Q 作一条斜率为 $-1/R_L'$ 的直线，得到输出回路的交流负载线 AB。

交流负载线 AB 与输出特性曲线（$i_B = I_{BQ}$）的交点为放大器动态时的工作点，即动态工作点。由于集电极电流 i_C 受基极电流 i_B 的控制，由图 4-2-8 可见，当电流 i_B 从 I_{BQ} 增大到 i_{Bmax} 时，输出回路的动态工作点由 Q 点沿着交流负载线 AB 移动到与 i_{Bmax} 所对应的输出特性曲线的交点 Q_A，i_C 从 I_{CQ} 增大到 i_{Cmax}，υ_{CE} 从 V_{CEQ} 下降到 V_{CEmin}，以此类推。所以，集电极电流 i_C、集电极与发射极之间的电压 υ_{CE} 都随着基极电流 i_B 的变化而变化，它们分别在静态值 I_{CQ}、V_{CEQ} 的基础上叠加一个交流成分 i_c、υ_{ce}，即 $i_C = I_{CQ} + i_c$，$\upsilon_{CE} = V_{CEQ} + \upsilon_{ce}$，其波形与激励电压波形相同，但 υ_{ce} 与激励相位相反。

由交流负载线方程及输出回路的图解可以得到如下结论。

① 交流负载线必过点 Q，点 Q 既可理解为无信号输入时的静态工作点，又可理解为当输入信号瞬时值变为零时的动态工作点。

② 当 $R_L \to \infty$（R_L 开路）时，交流负载线 AB 与直流负载线 MN 重合。由此可见，直流负载线是放大器未接 R_L 时，交流负载线的一种特例。

③ 根据工作点 Q 的位置，放大器的动态范围的最大值可相应地确定。由图 4-2-8 可见，交流负载线与横轴的交点为 $V_{CEQ} + I_{CQ}R'_L$，它与 V_{CEQ} 的间距为 $V_f = I_{CQ}R'_L$；交流负载线和临界饱和线的交点所对应的电压 V_{CES} 与静态电压 V_{CEQ} 的间距为 $V_r = V_{CEQ} - V_{CES}$，这两个间距中较小的那个间距所决定的电压值，是放大器所能输出的最大幅度。

④ 当输入电压瞬时值增大时，输入电流的瞬时值随之增大，输出电流的瞬时值也相应地增大，根据交流负载线，输出电压的瞬时值相对减小，可见共射放大器的输出电压与输入电压反相。

（2）微变等效电路分析方法

图解法可以分析放大器的动态特性，对放大信号的作用机理描述清晰、直观，但作图过程非常复杂，特别是输入和输出特性曲线还要借助于较多的测量仪器，不适合于工程应用。作为工程分析与设计，常采用微变等效电路分析方法，即在分析放大器静态工作点的基础上，将放大器交流通路中的三极管用微变参数等效，形成微变等效电路，然后在此基础上进一步分析放大器的增益、输入阻抗和输出阻抗等动态性能。

图 4-2-9(a)为图 4-2-4(a)所示共射放大器的交流通路图，图 4-2-9(b)是将三极管用混合 π 形模型等效后共射放大器的微变等效电路图。在图 4-2-9(b)中，三极管的微变等效参数 $r_{b'e}$、g_m、r_{ce} 与三极管的静态工作点密切相关，工作点不同，相应的参数就不同。放大器的微变等效电路也称放大器交流小信号等效电路，是分析放大器交流性能的最基本等效电路之一。

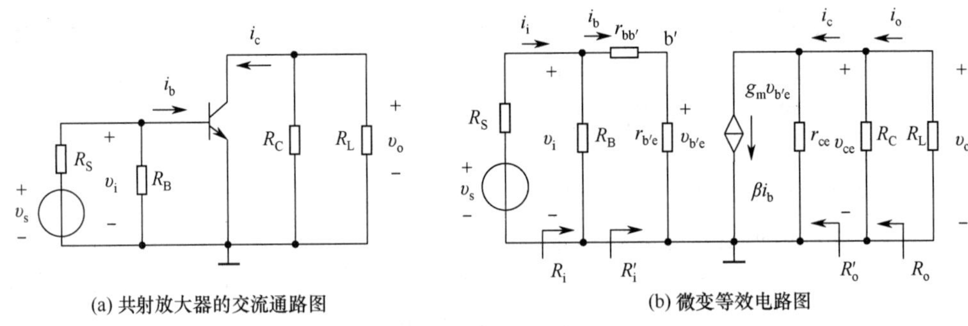

(a) 共射放大器的交流通路图　　(b) 微变等效电路图

图 4-2-9　共射放大器动态分析等效电路图

① 输入电阻 R_i

由图 4-2-9(b)可见，从三极管的基极看进去，放大器对应的输入电阻为

$$R'_i = \frac{v_i}{i_b} = r_{be} = r_{bb'} + r_{b'e} = r_{bb'} + (1+\beta)r_e = r_{bb'} + (1+\beta)\frac{V_T}{I_{EQ}} \tag{4-2-22}$$

考虑到基极偏置电阻，放大器的输入电阻为

$$R_i = R_B \parallel R'_i = R_B \parallel r_{be} \tag{4-2-23}$$

可见，共射放大器的输入电阻 R_i 小于共射放大器从基极看进去的输入电阻 r_{be}，它受偏置电阻 R_B 和静态工作点的限制，一般在几百欧姆到几千欧姆之间。

② 电压增益 A_υ

放大器的电压增益可以表示为

$$A_\upsilon = \frac{\upsilon_o}{\upsilon_i} = \frac{\upsilon_{ce}}{\upsilon_{be}} = \frac{-\beta i_b R_L'}{i_b r_{be}} = -\frac{\beta R_L'}{r_{be}} \tag{4-2-24}$$

在式（4-2-24）中，负号表示输出电压与输入电压反相，$R_L' = R_C \parallel R_L \parallel r_{ce}$。适当提高 R_L 的值或减小 r_{be} 的值，都会导致电压增益增加，而 r_{be} 与三极管的静态工作点电流（$I_{CQ} \approx I_{EQ}$）有关，所以电压增益与三极管的静态电流有密切的关系。静态电流增加时，发射结动态电阻（$r_e = V_T / I_{EQ}$）减小，r_{be} 减小，电压增益 A_υ 增大。

值得注意的是，三极管的基区体电阻 $r_{bb'}$ 较小，一般只有几欧姆到几百欧姆，故有

$$r_{be} = r_{bb'} + (1+\beta) r_e \approx (1+\beta) r_e$$

于是有

$$A_\upsilon = \frac{\upsilon_o}{\upsilon_i} \approx -\frac{\beta R_L'}{(1+\beta) r_e} \approx -\frac{R_L'}{r_e} = -\frac{R_L' I_{EQ}}{V_T} \tag{4-2-25}$$

式（4-2-25）说明，共射放大器的 A_υ 与 β 基本无关，而只与工作点的电流 I_{EQ} 有关，可见在负载一定的情况下，放大器的电压放大倍数主要由工作点确定。在实际设计中，往往通过调节晶体管的静态电流来设定放大器的放大倍数。

③ 电流增益 A_i

$$A_i = \frac{i_o}{i_i} = \frac{i_o}{i_c}\frac{i_c}{i_b}\frac{i_b}{i_i} \tag{4-2-26}$$

式中，$i_o = \dfrac{R_C}{R_L + R_C} i_c$，$\dfrac{i_o}{i_c} = \dfrac{R_C}{R_L + R_C}$。由 $i_c = g_m \upsilon_{b'e} + \dfrac{\upsilon_{ce}}{r_{ce}} = \beta i_b + \dfrac{\upsilon_{ce}}{r_{ce}}$，$\upsilon_{ce} = -i_c R_L'$ 得

$$\frac{i_c}{i_b} = \frac{\beta}{1 + R_L'/r_{ce}} \approx \beta, \quad i_b = \frac{R_B}{R_B + r_{be}} i_i, \quad \frac{i_b}{i_i} = \frac{R_B}{R_B + r_{be}}$$

因此，共射放大器中频区的电流增益为

$$A_i = \frac{i_o}{i_i} = \frac{i_o}{i_c}\frac{i_c}{i_b}\frac{i_b}{i_i} = \frac{R_B}{R_B + r_{be}} \cdot \frac{\beta}{1 + R_L'/r_{ce}} \cdot \frac{R_C}{R_C + R_L} \tag{4-2-27}$$

可见，在共射放大器中，若满足 $R_C \gg R_L$，$r_{ce} \gg R_L'$，$R_B \gg r_{be}$ 的条件，$A_I \approx \beta$，则这时的电流增益主要取决于晶体管的共射电流放大系数。

④ 功率增益 A_P

按照功率增益的定义，有

$$A_P = \frac{P_o}{P_i} = \frac{V_o I_o}{V_i I_i} = A_\upsilon A_i = \frac{R_B}{R_B + r_{be}} \cdot \frac{R_C}{R_C + R_L} \cdot \frac{\beta^2 R_L'}{r_{be}\left(1 + R_L'/r_{ce}\right)} \tag{4-2-28}$$

⑤ 输出电阻 R_o

根据输出电阻的定义，将图 4-2-9(b)改画为求输出电阻的电路，如图 4-2-10 所示。

在图 4-2-10 中，$i_b = 0$，受控源及其左边的电路均不予考虑，从输出偏置电阻 R_C 两端看进去，其等效输出电阻为

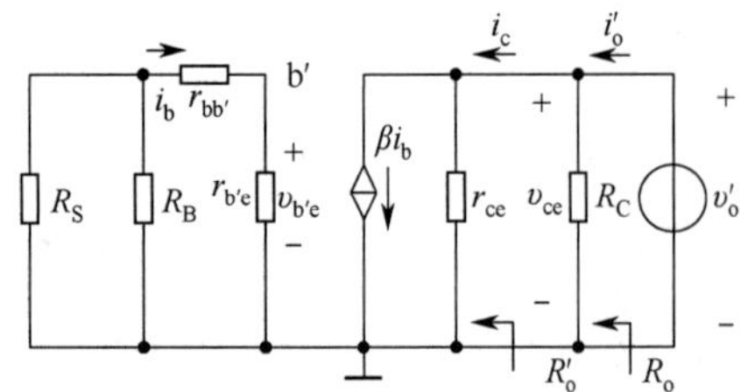

图 4-2-10 共射放大器输出电阻等效图

$$R'_o = \frac{v'_o}{i_c} = r_{ce} \tag{4-2-29}$$

共射放大器的输出电阻为 R'_o 与 R_C 的并联：

$$R_o = \frac{v'_o}{i_c} = r_{ce} \parallel R_C \approx R_C \tag{4-2-30}$$

4．偏置电路对放大器的影响及偏置电路的优化

放大电路中的半导体三极管具备适当的直流工作点后才能正常工作，设置静态工作点的电路称为放大器的*偏置电路*，它的主要作用有两个：一是为半导体器件提供所需的静态点（Q 点）；二是在外界因素（温度、电源电压等）变化时保持 Q 点的稳定。下面分析偏置电路对放大器的影响、静态工作点稳定性分析和偏置电路的优化。

（1）偏置电路对放大器的影响

对于图 4-2-6 所示的电路，如果放大器的静态工作点位置不适合，或者输入激励信号过大，都可能会产生严重的非线性失真，这种失真的产生，根本原因在于三极管的动态工作范围超出其特性曲线的线性区，进入了非线性区。另外要说明的是，即使在放大区内，三极管的输入特性曲线也存在一定程度的弯曲、输出特性曲线间距并不完全均匀，如果信号比较大，也会使 i_B、i_C 和 v_{CE} 正、负半周不对称，产生非线性失真。不过，晶体管在放大区工作时的非线性失真的影响较小，一般可以忽略。静态工作点的位置和输入信号幅度的大小决定放大器是否会出现非线性失真，非线性失真主要有以下两种情况：

① 截止失真。如果静态工作点 Q 设置偏低，当输入信号较大时，在信号负半周的部分区域，晶体管会进入截止区，无法实现线性放大，造成输出波形相应的部分产生失真，这种失真称为**截止失真**，其工作波形情况如图 4-2-11 所示。

解决截止失真的办法是减小基极偏置电阻 R_B 的值，使 Q 点上移，或者减小激励电压的大小，进而减小输出电压信号的动态范围。

② 饱和失真。如果静态工作点 Q 设置偏高，当输入信号较大时，在信号正半周的部分区域，晶体管会进入饱和区，无法实现线性放大，造成输出波形相应的部分产生失真，这种失真称为**饱和失真**，其工作波形情况如图 4-2-12 所示。

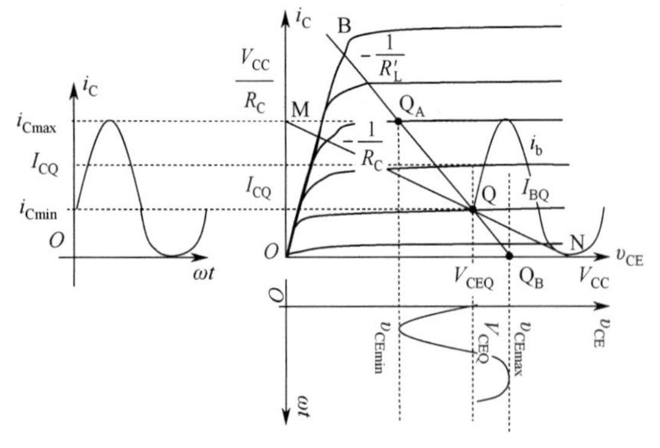

图 4-2-11 共射放大器截止失真分析

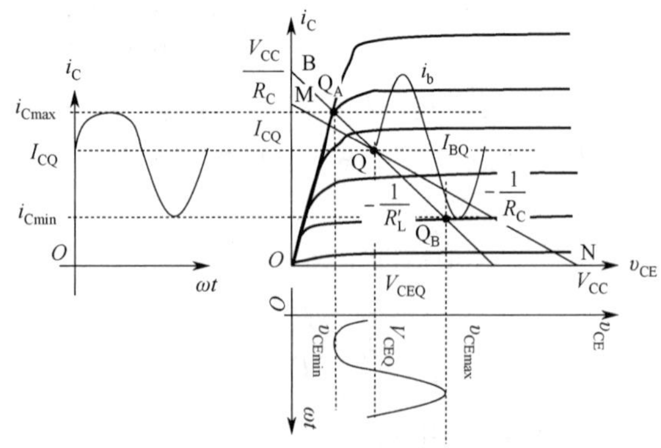

图 4-2-12 共射放大器饱和失真分析

解决饱和失真的办法是增大基极偏置电阻 R_B 的值，使 Q 点下移，或者减小激励电压的大小，进而减小输出电压信号的动态范围。

【例 4-2-2】 在如图 4-2-6(a)所示的放大器中，已知 $\beta = 100$，$I_{CEO} = 0$，$V_{CES} = 0.5V$，$V_{CC} = 20V$，$R_B = 1.2M\Omega$，$R_C = 10k\Omega$，$R_L = 10k\Omega$，$V_{BE(on)} = 0.7V$，要求：

① 用微变等效电路求放大器的输入电阻、输出电阻和电压放大倍数。

② 求输入正弦信号时，放大电路的最大不失真输出电压的有效值。

③ 为得到尽可能大的不失真输出电压幅值，电阻 R_B 的值应该改为多少？

解： ① 根据工程近似计算法可得

$$I_{BQ} = \frac{V_{CC} - V_{BEQ}}{R_B} = \frac{20 - 0.7}{1.2} = 16.08\mu A$$

假定放大器工作在放大状态，则有

$$I_{CQ} = \beta I_{BQ} = 16.08 \times 100 \times 10^{-3} \approx 1.6mA$$

$$V_{CEQ} = V_{CC} - I_{CQ}R_C = 20 - 1.6 \times 10 = 4V \geqslant 1V$$

放大器工作状态的假定是成立的。

$$r_{be} = r_{bb'} + r_{b'e} = 200 + (1+100) \times \frac{26}{1.6} \approx 1841\Omega$$

$$R_i = r_{be} \| R_B \approx 1.8k\Omega$$

$$R_o = R_C = 10k\Omega$$

$$A_v = -\frac{\beta R_L'}{r_{be}} = -\frac{100 \times 5}{1.8} \approx -277.8$$

② 为求不失真的最大输出电压，先分别求静态工作点与饱和电压和截止电压的间距：

$$V_f = I_{CQ}R_L' = 1.6 \times 5 = 8V$$

$$V_r = V_{CEQ} - V_{CES} = 4 - 0.5 = 3.5V$$

最大不失真输出正弦电压的幅度为

$$V_{om} = \min(V_r, V_f) = 3.5V$$

输出电压的有效值为

$$V_{orms} = \frac{V_{om}}{\sqrt{2}} = \frac{3.5}{\sqrt{2}} = 2.48V$$

③ 如果静态工作点与饱和区的间距和截止区的间距相等，若输入信号增加，则饱和失真和截止失真同时产生，这时的输出电压的幅度最大，因此有

$$I_{CQ}R_L' = V_{CEQ} - V_{CES} \quad \Rightarrow \quad 5I_{CQ} = V_{CEQ} - 0.5$$

$$V_{CEQ} = V_{CC} - I_{CQ}R_C \quad \Rightarrow \quad V_{CEQ} = 20 - 10I_{CQ}$$

联立上面两式可得

$$I_{CQ} = 1.3mA\ ,\ V_{CEQ} = 7V$$

由输入回路，可得

$$R_B = \frac{V_{CC} - V_{BEQ}}{I_{BQ}} = \frac{V_{CC} - V_{BEQ}}{I_{CQ} / \beta} = \frac{20 - 0.7}{1.3 / 100} \times 10^3 \approx 1.48M\Omega$$

（2）静态工作点稳定性分析

静态工作点是影响放大器增益的主要参数，要使放大器稳定工作，就需要偏置电路既能提供合适的静态工作点，又能保证静态工作点是稳定的。如果半导体器件的热稳定性不好，特别是放大电路在外界条件发生变化时，可能会造成静态工作点移动，从而引起信号失真。如何稳定静态工作点是设计放大电路的一个重要问题。

实际应用中，导致静态工作点不稳定的因素很多，如温度变化、直流电源的波动、元件老化导致元件的参数变化等，其中温度变化的影响最严重。下面简单介绍温度变化导致的几

个影响。

① 温度对反向饱和电流 I_{CBO} 的影响。I_{CBO} 是少数载流子在集电结反向电压的作用下形成的反向电流，温度每上升 10℃，I_{CBO} 约增加一倍。双极性三极管的穿透电流 $I_{CEO}=(1+\beta)I_{CBO}$ 随之加大，直接导致晶体管的输出特性上移，使静态工作点 Q 上移。

② 温度对电流放大系数 β 的影响。电流放大系数 β 随温度的上升而增大。温度每升高 1℃，β 值增大 0.5%～1%，最大可增加 2%，造成电路工作不稳定。

③ 温度对发射结压降的影响。NPN 三极管发射结导通电压 V_{BE}、PNP 三极管发射结导通电压 V_{EB} 随温度变化而变化。一般双极性三极管的发射结导通电压的温度系数为 $-(2-2.5)\,\text{mV/℃}$，即温度每升高 1℃，V_{BE}（或 V_{EB}）约减小 2.5mV，造成三极管的输入特性左移，Q 点上移，导致 I_{BQ} 增大。反之，温度降低时，Q 点下移，导致 I_{BQ} 减小。

对于图 4-2-6 所示的固定偏置的共射放大器，当电源电压不变时，温度变化导致双极性三极管的 I_{CBO}、V_{BE} 和 β 等参数都发生变化，使得 I_{CQ} 变化，温度升高时，Q 点上移，温度降低时，Q 点下移。可见，温度变化会影响放大器静态工作点的稳定性，严重时会使得放大器无法工作。

（3）偏置电路的优化

为了得到稳定的静态工作点，对图 4-2-6 所示的共射放大器多采用分压式偏置电路来进行偏置电路的优化，它在固定偏置式共射放大电路的基础上增加了两个电阻，如图 4-2-13(a)所示。图 4-2-13(a)所示分压式共射放大器的直流通路如图 4-2-13(b)所示。分压式偏置电路采用合适的分压电阻 R_{B1} 和 R_{B2}，可以得到稳定的基极电位 V_B。

假设 $I_2 \gg I_B$，则有

$$I_1 = I_2 + I_B \approx I_2 \tag{4-2-31}$$

$$V_B = \frac{R_{B2}V_{CC}}{R_{B1}+R_{B2}} \tag{4-2-32}$$

选定 R_{B1}、R_{B2} 值后，三极管基极电位 V_B 近似为稳定值，与双极性三极管参数无关，不受温度变化的影响。

由前面的分析可知，当温度升高时，I_{CBO}、V_{BE}、β 等参数随着温度的升高均导致 I_C 的增加，进而导致发射结电流 I_E 增大，而这必将导致发射极电位 V_E 增大。而 $V_{BE}=V_B-V_E$，V_B 的电位固定不变，V_E 的增大导致 V_{BE} 下降，根据三极管的输入特性可知 V_{BE} 的下降导致 I_B 下降，进一步导致 I_C 下降。可见，温度上升引起集电极电流 I_C 增大，但由于 R_E 的负反馈作用，最后又使 I_C 减小，R_E 值越大，电路的工作稳定性越好。

上面的分析是在 $I_2 \gg I_B$ 的情况下得出的，若将图 4-2-13(b)重绘于图 4-2-14(b)，并将其虚线左侧用戴维南电路等效，如图 4-2-14(a)所示，那么分压式偏置电路经戴维南等效后的电路如图 4-2-14(c)所示。经过等效后，放大器的输入回路变成了单个回路，使得求解放大器的静态工作点更方便。根据 KVL 定律有

$$\frac{R_{B2}V_{CC}}{R_{B1}+R_{B2}} - I_{BQ}R_B - V_{BEQ} - (1+\beta)I_{BQ}R_E = 0$$

$$I_{BQ} = \left(\frac{R_{B2}V_{CC}}{R_{B1}+R_{B2}} - V_{BEQ}\right)\Big/\left[R_B + (1+\beta)R_E\right] \tag{4-2-33}$$

求得 I_{BQ} 即可确定静态工作点。将图 4-2-13(a)中所示的交流通路和微变等效电路绘制为如图 4-2-15(a)和(b)所示，进一步确定放大器的动态性能指标。

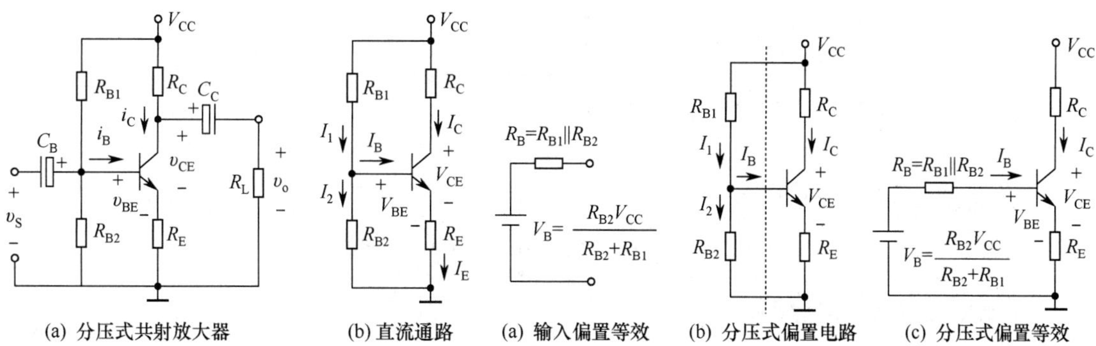

(a) 分压式共射放大器
(b) 直流通路
(a) 输入偏置等效
(b) 分压式偏置电路
(c) 分压式偏置等效

图 4-2-13　分压式共射放大器及其直流通路图　　图 4-2-14　分压式共射放大器及其偏置等效电路

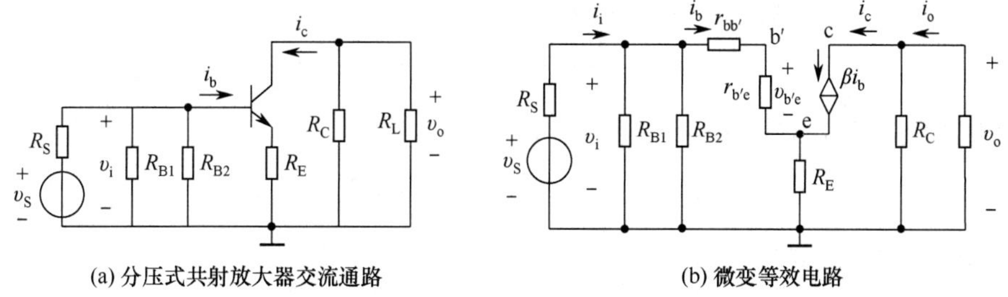

(a) 分压式共射放大器交流通路
(b) 微变等效电路

图 4-2-15　分压式共射放大交流通路与微变等效电路图

根据图 4-2-15(b)可得输入电压和输出电压分别为

$$\upsilon_i = i_b r_{be} + (1+\beta) i_b R_E\ ,\quad \upsilon_o = -i_c R_L' = -\beta i_b R_L' = -\beta i_b \frac{R_C R_L}{R_C + R_L}$$

放大器的电压放大倍数为

$$A_\upsilon = \frac{\upsilon_o}{\upsilon_i} = -\frac{\beta i_b R_L'}{r_{be} i_b + (1+\beta) i_b R_E} = -\frac{\beta R_L'}{r_{be} + (1+\beta) R_E} \qquad (4\text{-}2\text{-}34)$$

前已说明，在分压式偏置电路中，R_E 越大，放大器的工作点越稳定；由式（4-2-34）可知：R_E 值太大时，会使得电压放大倍数减小，放大电路的 Q 点降低，双极性三极管的动态范围变窄，一般 R_E 为几百到几千欧。

在实际的应用电路中，发射极电阻 R_E 的两端会并联一个发射极旁路电容 C_E，这样电路既能稳定静态工作点，又能为交流信号提供低阻通路，使电压放大倍数基本不受影响，C_E 一般为几十微法到几百微法，如图 4-2-16 所示。

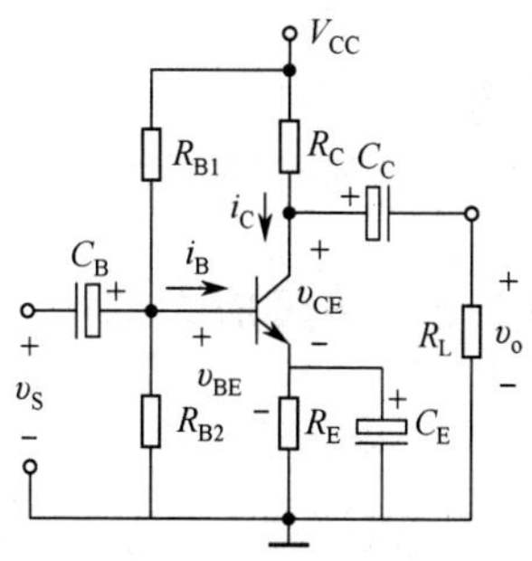

图 4-2-16　分压式共射放大器实用电路

【例 4-2-3】在图 4-2-16 所示的电路中，已知 $\beta=30$，$V_{CC}=12V$，$R_{B1}=7.5k\Omega$，$R_{B2}=2.5k\Omega$，$R_C=2k\Omega$，$R_E=1k\Omega$，$R_L=1k\Omega$，$C_B=C_C=C_E=100\mu F$，$V_{BEQ}=0.7V$。试求：

（1）静态工作点 Q。

（2）C_E 接入前后所对应的中频电压放大倍数 A_υ。

（3）C_E 接入前后所对应的输入和输出电阻。

解：（1）画出图示的直流等效电路，如图 4-2-14(b)所示。

$$V_B = \frac{R_{B2} V_{CC}}{R_{B1} + R_{B2}} = \frac{2.5 \times 12}{2.5 + 7.5} = 3V$$

$$I_{BQ}=\frac{\frac{R_{B2}V_{CC}}{R_{B1}+R_{B2}}-V_{BEQ}}{R_B+(1+\beta)R_E}=\frac{3-0.7}{\frac{2.5\times7.5}{2.5+7.5}+31}=0.07\text{mA},\ I_{CQ}=\beta I_{BQ}=30\times0.07=2.1\text{mA}$$

$$V_{CEQ}=V_{CC}-I_{CQ}R_C-I_{EQ}R_E\approx12-2.1\times3=5.7\text{V}$$

（2）基极-发射极之间的电阻 r_{be} 为

$$r_{be}=r_{bb'}+(1+\beta)\frac{V_T}{I_{EQ}}=r_{bb'}+\frac{V_T}{I_{BQ}}=200+\frac{26}{0.07}\approx571\Omega$$

C_E 接入后的电压放大倍数 A_υ：

$$A_\upsilon=\frac{\upsilon_o}{\upsilon_i}=\frac{-\beta i_b R_L'}{i_b r_{be}}\approx-35$$

C_E 接入前的电压放大倍数 A_υ：

$$A_\upsilon=\frac{\upsilon_o}{\upsilon_i}=-\frac{\beta R_L'}{r_{be}+(1+\beta)R_E}=-0.63$$

（3）C_E 接入后，从晶体管基极看进去的输入电阻为

$$R_i'=\frac{\upsilon_i}{i_b}=\frac{i_b r_{be}}{i_b}=r_{be}=0.571\text{k}\Omega$$

C_E 接入后，放大器的输入电阻为

$$R_i=R_B\parallel R_i'=\frac{R_B r_{be}}{R_B+r_{be}}=\frac{0.571\times1.875}{1.875+0.571}\approx0.438\text{k}\Omega$$

C_E 接入前，从晶体管基极看进去的输入电阻为

$$R_i'=\frac{\upsilon_i}{i_b}=\frac{i_b r_{be}+(1+\beta)i_b R_E}{i_b}=0.571+31=31.571\text{k}\Omega$$

C_E 接入前，放大器的输入电阻为

$$R_i=R_B\parallel R_i'=\frac{R_B R_i'}{R_B+R_i'}=\frac{1.875\times31.571}{1.875+31.571}\approx1.77\text{k}\Omega$$

对于输出电阻，在 C_E 接入前后一致，均为 $R_0=R_C=2\text{k}\Omega$。

4.2.2 共集放大器

1. 电路组成

在双极性三极管组成的放大电路中，若将集电极作为输入和输出的公共端，且为交流参考点，输入电压从基极对地（集电极）输入，输出电压从发射极对地（集电极）取出，则这种放大器称为共集放大器，其原理图如图 4-2-17 所示。图 4-2-17 中三极管的集电极连接直流电源的正极，电源的负极连接“直流地”，如果将“直流地”作为直流信号和交流信号的公共参考点，并引入“交流地”的概念来分析放大器的电路组成，那么由于理想的直流电压源两端的电压是不变的（变化的电压为 0，即两端的交流电压为 0），因此，对于交流信号而言，直流电压源可以等效为短路线，即其正极相对于交流信号而言也是交流的地电位。可见，在图 4-2-17 所示的电路中，集电极是输入交流电压 υ_i 和输出交流电压 υ_o 的共同参考电极（交流地），故称其为共集放大器。

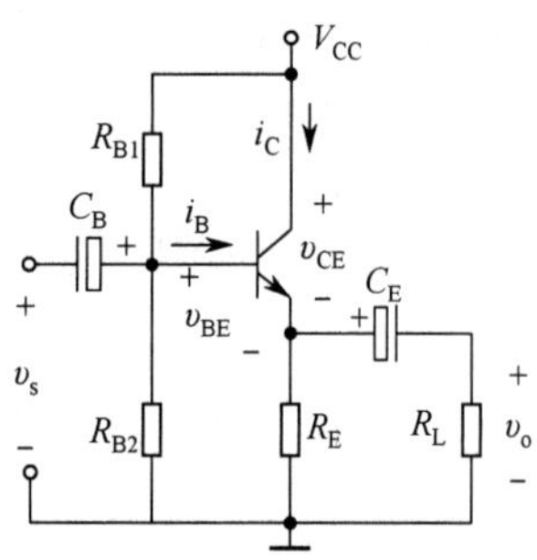

图 4-2-17 共集放大器电路

2. 工作原理

（1）静态分析

由图 4-2-17 可绘制出共集放大器直流通路图，如图 4-2-18 所示。该电路的静态工作点与分压式共射放大电路的直流通路图大致相同。

在输入回路中，等效的直流电压源 V_B 和等效内阻 R_B 分别为

$$V_B = \frac{R_{B2}V_{CC}}{R_{B1}+R_{B2}},\quad R_B = R_{B1} \| R_{B2} = \frac{R_{B1}R_{B2}}{R_{B1}+R_{B2}}$$

由输入回路的 KVL 方程可得

$$I_{BQ} = \left(\frac{R_{B2}V_{CC}}{R_{B1}+R_{B2}} - V_{BE}\right)\Big/\left[R_B + (1+\beta)R_E\right] \tag{4-2-35}$$

根据三极管的电流受控作用，其集电极静态电流为

$$I_{CQ} = \beta I_{BQ} \approx I_{EQ}$$

在输出回路中，回路的 KVL 方程为

$$V_{CC} - V_{CEQ} - I_{EQ}R_E = 0$$

集电极电流和发射极电流近似相等，可得集电极与发射极之间的静态电压为

$$V_{CEQ} = V_{CC} - I_{EQ}R_E \approx V_{CC} - I_{CQ}R_E \tag{4-2-36}$$

（2）动态分析

图 4-2-19 所示为共集放大电路的混合 π 形微变等效电路，由此可以求出放大器的输入电阻、输出电阻、电压增益、电流增益等性能参数。

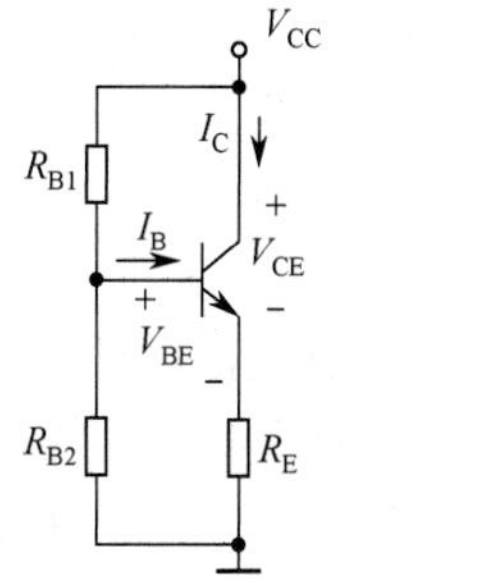

图 4-2-18　共集放大器直流通路图

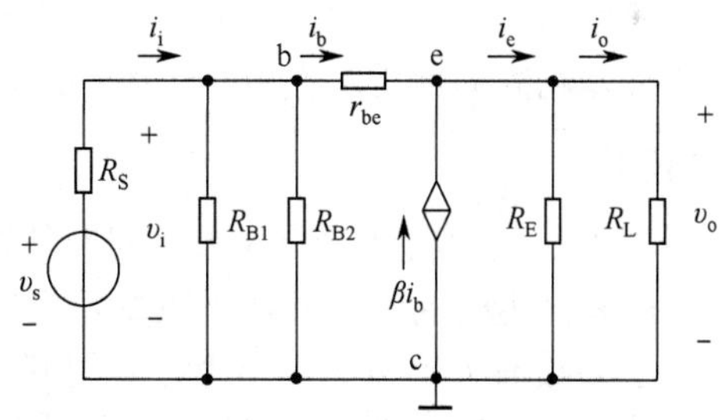

图 4-2-19　共集放大电路的混合 π 形微变等效电路

① 输入电压：

$$v_i = i_b r_{be} + i_e(R_E \| R_L) = i_b r_{be} + (1+\beta)i_b R'_L \tag{4-2-37}$$

式中，$R'_L = R_E \| R_L = R_E R_L / (R_E + R_L)$。

② 输出电压：

$$v_o = i_e(R_E \| R_L) = (1+\beta)i_b R'_L \tag{4-2-38}$$

③ 电压放大倍数。中频区的电压放大倍数表示为输出电压与输入电压之比，即

$$A_v = \frac{v_o}{v_i} = \frac{(1+\beta)i_b R'_L}{r_{be}i_b + (1+\beta)i_b R'_L} = \frac{(1+\beta)R'_L}{r_{be} + (1+\beta)R'_L} \tag{4-2-39}$$

一般条件下，$(1+\beta)R'_L \gg r_{be}$，因此 $A_v \approx 1$。这说明共集放大器没有电压放大能力，也就是说 $v_o \approx v_i$，即输出电压跟随输入电压，且输出电压与输入电压同相位，故该电路又称射极跟随电路，简称射极跟随器。此外，由于输出电流 $i_e = (1+\beta)i_b$，所以电路具有较强的电流放

大和功率放大作用。

④ 忽略偏置电路的输入电阻 R_L' 为

$$R_L' = \frac{\upsilon_i}{i_b} = \frac{i_b r_{be} + i_e(R_E \parallel R_L)}{i_b} = r_{be} + (1+\beta)R_L' \tag{4-2-40}$$

可见，共集放大器的输入电阻很大，与理想电压放大器的输入电阻类似。

⑤ 放大器的输入电阻 R_i 为

$$R_i = \frac{\upsilon_i}{i_i} = R_B \parallel R_i' = R_B \parallel [r_{be} + (1+\beta)R_L'] \tag{4-2-41}$$

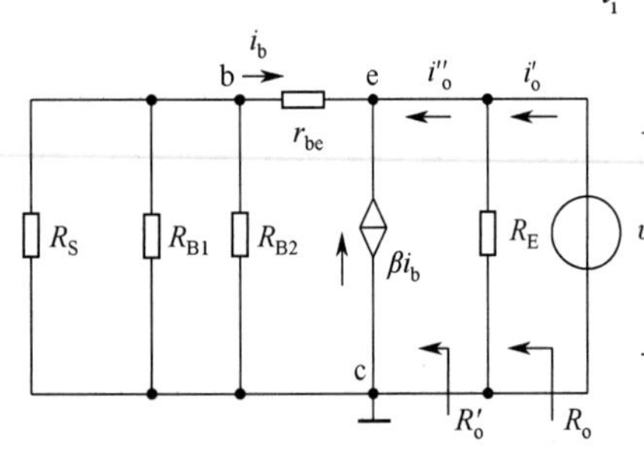

图 4-2-20 共集放大器的输出电阻求解图

偏置电阻减小了共集放大器的输入电阻，但 R_i 的值仍然很大，一般为几十千欧到几百千欧。

⑥ 输出电阻 R_o。根据图 4-2-19 绘制出共集放大器的输出电阻求解电路，如图 4-2-20 所示。在图 4-2-20 中，将负载断开，在输出端外加电压源 υ_o'，且输入信号源置零，得

$$\upsilon_o' = -i_b(r_{be} + R_S'),\quad i_o'' = -(1+\beta)i_b$$

式中，$R_S' = R_S \parallel R_{B1} \parallel R_{B2}$，因此有

$$R_o' = \frac{\upsilon_o'}{i_o''} = \frac{R_S' + r_{be}}{1+\beta},\qquad R_o = \frac{\upsilon_o'}{i_o'} = R_E \parallel R_o'$$

可见，输出电阻 R_o 值较小，一般为几十欧姆到几百欧姆。

综上所述，共集放大电路具有电压放大倍数小于 1（近似等于 1）、输出电压与输入电压同相位、电压跟随特性好、输入电阻高、输出电阻低、能放大电流和功率等特点，且具有与理想电压放大器相同的性质，在电子线路中应用十分广泛。

3．应用简介

（1）用于多级放大电路的输入级，利用其输入阻抗高的特点来提高放大电路接收电压信号的能力，可将高阻抗的信号源在不改变输出电压的条件下，变成低阻抗的信号源。

（2）用于多级放大电路的输出级，利用其输出阻抗低的特点来改善放大电路带负载的能力，对多级放大器最后一级输出阻抗较大的电路尤为适用。

（3）用于多级放大电路的中间缓冲级，利用 $\upsilon_o = \upsilon_i$ 的特点隔离前后级，使其不相互影响，解决阻抗变换和信号传输等问题。

【例 4-2-4】 如图 4-2-21 所示的共集放大电路，已知 $\beta = 40$，$R_B = 300\text{k}\Omega$，$R_E = 5.1\text{k}\Omega$，$R_L = 2\text{k}\Omega$，$V_{CC} = 12\text{V}$，$V_{BE} = 0.7\text{V}$，耦合电容 C_B 和 C_E 对输入信号频率可视为短路，信号源内阻 $R_S = 0$。试求静态工作点、中频区的电压放大倍数、输入电阻和输出电阻。

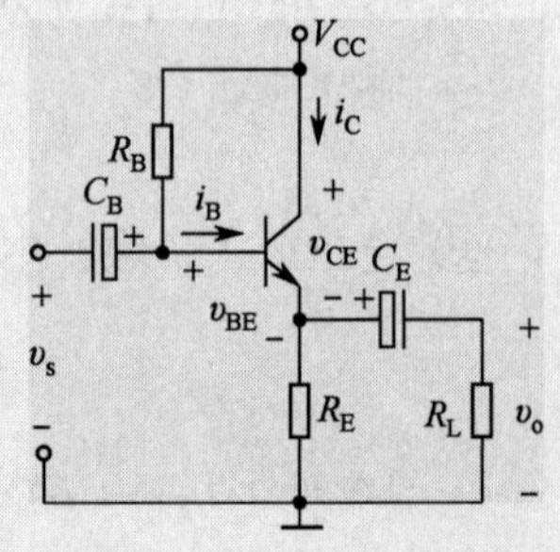

图 4-2-21 共集放大电路

解： ① 静态工作点。根据输入回路的 KVL 方程，可得

$$I_{BQ} = (V_{CC} - V_{BE})/[R_B + (1+\beta)R_E]$$

代入 V_{CC}、V_{BE}、R_B、R_E、β 等数据得

$$I_{BQ} = 0.022\text{mA}$$

假定电路工作于放大状态，则有

$$I_{CQ} = \beta I_{BQ} = 40 \times 0.022 = 0.88\text{mA}$$

将上式代入输出回路的 KVL 方程，可得

$$V_{CEQ} = V_{CC} - I_{EQ}R_E \approx V_{CC} - I_{CQ}R_E = 12 - 0.88 \times 5.1 = 7.5\text{V}$$

可见，电路工作于放大状态，假设成立。

② 电压放大倍数。根据工程近似计算法，可得微变等效参数：

$$r_{be} = r_{bb'} + (1+\beta)\frac{V_T}{I_{EQ}} = r_{bb'} + \frac{V_T}{I_{BQ}} = (200 + 41 \times 26/0.88) \times 10^{-3} \approx 1.41\text{k}\Omega$$

其交流负载为

$$R_L' = R_E \parallel R_L = \frac{R_E R_L}{R_E + R_L} = \frac{5.1 \times 2}{5.1+2} = 1.44\text{k}\Omega$$

将上式代入共集放大器的电压增益表达式，可得

$$A_\upsilon = \frac{\upsilon_o}{\upsilon_i} = \frac{(1+\beta)R_L'}{r_{be} + (1+\beta)R_L'} = \frac{41 \times 1.44}{1.41 + 41 \times 1.44} = 0.98$$

③ 输入电阻：

$$R_i' = r_{be} + (1+\beta)R_L' = r_{be} + (1+\beta)\frac{R_L R_E}{R_L + R_E} = 60.45\text{k}\Omega$$

$$R_i = \frac{\upsilon_i}{i_i} = R_B \parallel R_i' = \frac{300 \times 60.45}{300 + 60.45} \approx 50.3\text{k}\Omega$$

④ 输出电阻：

$$R_o' = \frac{R_S' + r_{be}}{1+\beta} = \frac{R_S \| R_B + r_{be}}{1+\beta} = 0.034\text{k}\Omega$$

$$R_o = \frac{\upsilon_o'}{i_o'} = R_E \parallel R_o' = \frac{5.1 \times 0.034}{5.1 + 0.034} \approx 0.033\text{k}\Omega = 33\Omega$$

4.2.3　共基放大器

1. 电路组成

在由双极性三极管组成的放大电路中，将基极作为输入和输出的公共端（交流地），输入电压从发射极对地（基极）输入，输出电压从集电极对地（基极）取出，这种放大器称为共基放大器，共基放大器的原理电路如图 4-2-22 所示。图 4-2-22 中 V_{CC}、R_{B1}、R_{B2}、R_E 和 R_C 为三极管提供直流偏置（发射结正向偏置，集电结反向偏置）。C_B 对交流信号视为短路，故基极交流接地，输入信号通过 C_E 耦合到发射极（输入端）。当输入信号 υ_i 增加时，发射极电位 υ_E 增加，由于基极电位 υ_B 不变，因而发射结电压 $\upsilon_{BE} = \upsilon_B - \upsilon_E$ 减小，导致晶体管的各电极的电流相应减小，即集电极电流也减小，从而使得集电极电位 υ_C 升高；反之，当输入信号 υ_i 减小时，集电极电位降低。可见，输出信号 υ_o 随着输入信号 υ_i 同增同减，输出信号与输入信号的相位相同，因此，共基放大器是一种同相放大器。

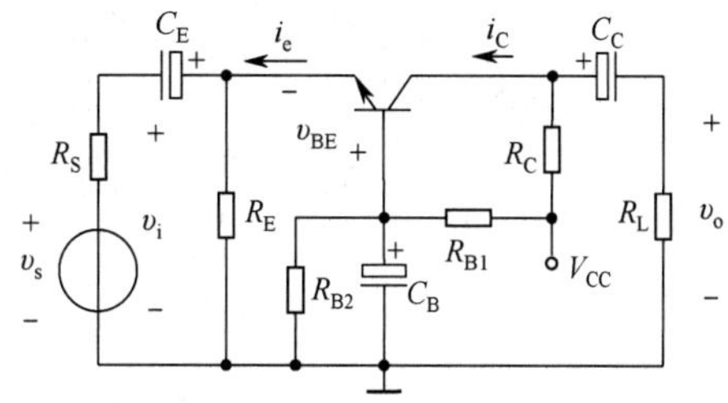

图 4-2-22　共基放大器的原理电路

2. 工作原理

（1）静态分析

共基放大电路直流通路图与具有分压式偏置电路的共射放大器完全一样。将共基放大电

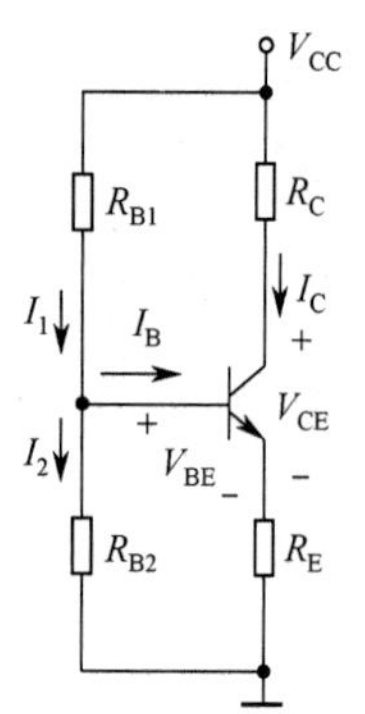

图 4-2-23　共基放大电路直流通路图

路直流通路图重绘为如图 4-2-23 所示。

在发射结偏置电路中，戴维南等效的直流电压源 V_B 和等效内阻 R_B 可分别表示为

$$V_B = \frac{R_{B2}V_{CC}}{R_{B1}+R_{B2}},\quad R_B = R_{B1} \parallel R_{B2} = \frac{R_{B1}R_{B2}}{R_{B1}+R_{B2}}$$

由输入回路对应的 KVL 方程可得基极静态电流为

$$I_{BQ} = \left(\frac{R_{B2}V_{CC}}{R_{B1}+R_{B2}} - V_{BE}\right)\Big/\left[R_B + (1+\beta)R_E\right] \tag{4-2-42}$$

根据双极性三极管的电流分配关系，可得

$$I_{CQ} = \beta I_{BQ} \approx I_{EQ}$$

在实际设计中，总使 $I_2 \gg I_B$，则发射极静态电流可以近似为

$$I_{EQ} = \frac{V_B - V_{BEQ}}{R_E} \approx I_{CQ} \tag{4-2-43}$$

输出回路的 KVL 方程为

$$V_{CC} - V_{CEQ} - I_{EQ}R_E - I_{CQ}R_C = 0$$

其静态 V_{CEQ} 可以表示为

$$V_{CEQ} = V_{CC} - I_{EQ}R_E - I_{CQ}R_C \approx V_{CC} - I_{CQ}(R_E + R_C) \tag{4-2-44}$$

值得说明的是，以上静态参量是在假设放大器工作于晶体管放大区的条件下得出的，还需要进行放大区的实际验证。

（2）动态分析

图 4-2-24(a)和(b)分别为共基放大器的交流通路和微变等效电路。值得注意的是，电阻 R_{B1} 和 R_{B2} 在交流时，由于与电容 C_B 并联，对交流呈现短路，在电路中没有绘出。

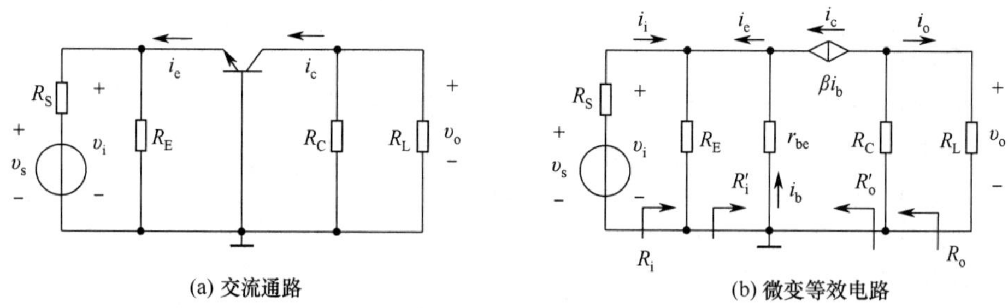

图 4-2-24　共基放大器动态分析图

① 忽略偏置电路后的输入电阻：

$$v_i = -i_b r_{be}$$

$$R'_i = \frac{v_i}{-i_e} = \frac{-i_b r_{be}}{-(1+\beta)i_b} = \frac{r_{be}}{1+\beta} \tag{4-2-45}$$

② 放大器的输入电阻：

$$R_i = \frac{v_i}{i_i} = R_E \parallel R'_i \approx \frac{r_{be}}{1+\beta} \tag{4-2-46}$$

可见，共基放大器的输入电阻很小。在基区体电阻较小时，共基放大器的输入电阻近似等于发射结结电阻。

③ 电压增益：

$$v_o = -i_c(R_C \parallel R_L) = -\beta i_b R'_L$$

$$A_v = \frac{v_o}{v_i} = \frac{-\beta i_b R'_L}{-r_{be} i_b} = \frac{\beta R'_L}{r_{be}} \tag{4-2-47}$$

可见，共基放大器的电压放大倍数与共射放大器的放大倍数从表达式看大小一致，不同的是前面没有负号，这说明共基放大器是同相放大器，输出和输入电压的相位相同。

④ 电流增益：

$$A_i = \frac{i_o}{i_i} = \frac{i_o}{i_c} \cdot \frac{i_c}{i_e} \cdot \frac{i_e}{i_i} \tag{4-2-48}$$

$$\frac{i_o}{i_c} = -\frac{R_C}{R_C + R_L},\ \frac{i_c}{i_e} = \alpha = \frac{\beta}{1+\beta},\ \frac{i_e}{i_i} = -\frac{R_E}{R_E + R'_i} \approx -1$$

可见，共基放大器的电流增益小于 1，而且随着负载的增加而减小。

⑤ 输出电阻。由微变等效电路图可知，在输入信号源为 0 时，求输出电阻的等效电路如图 4-2-25 所示。为了求放大器的输出电阻，将 r_{ce} 绘出。

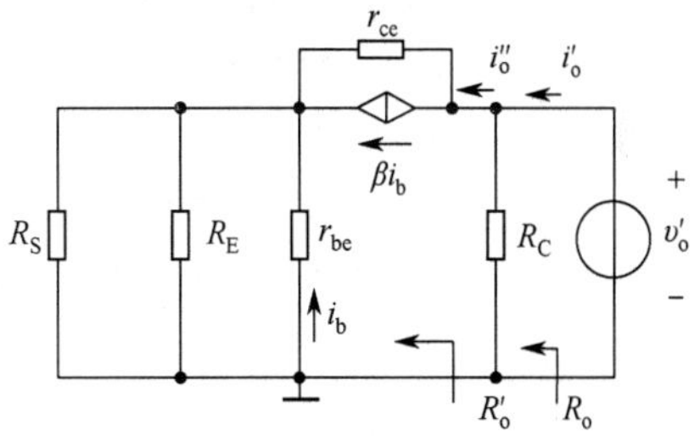

图 4-2-25　共基输出电阻求解图

由图 4-2-25 可见

$$v'_o = i''_o(R_S \parallel R_E \parallel r_{be}) + (i''_o - \beta i_b) r_{ce}$$

对于 R_S、R_E、r_{be} 并联的支路有

$$i''_o(R_S \parallel R_E \parallel r_{be}) = -i_b r_{be}$$

联立上述两式得

$$v'_o = i''_o(R_S \parallel R_E \parallel r_{be}) + i''_o\left(1 + \frac{\beta(R_S \parallel R_E \parallel r_{be})}{r_{be}}\right) r_{ce}$$

由此得出图 4-2-25 中的 R'_o 为

$$R'_o = \frac{v'_o}{i''_o} \approx \left(1 + \frac{\beta(R'_S \parallel r_{be})}{r_{be}}\right) r_{ce} = \left(1 + \frac{\beta R'_S}{R'_S + r_{be}}\right) r_{ce}$$

式中，$R'_S = R_S \parallel R_E$。电阻 R'_o 较大，因此，输出电阻可以表示为

$$R_o = \frac{v'_o}{i'_o} = R'_o \parallel R_C \approx R_C \tag{4-2-49}$$

可见，共基放大器的输出电阻主要取决于集电极偏置电阻 R_C，一般较大。综合而言，共基放大器的输入电阻较小，输出电阻较大，与理想的电流放大器类似。

4.2.4　场效应管放大器

场效应管放大器和双极性三极管放大器类似，可分为共源放大器、共漏放大器和共栅放大器三种，分析方法也是先画电路的直流通路，分析电路的静态工作点，再画出电路的交流通路，用微变等效电路分析法来解析电路的交流特性。

本节首先介绍场效应管放大器的偏置电路，然后在讨论场效应管静态工作点计算方法的基础上，重点分析场效应管三种组态放大器的交流特性和性能参数。

1. 场效应管偏置电路

在小信号场效应管放大器中，和双极性三极管放大器一样，也需要有合适的静态工作点，同时要求工作点尽可能稳定。由于场效应管的类型比双极性三极管复杂，既有 N 沟道、P 沟道之分，又有耗尽型、增强型之分。因此，偏置电路形式和所加电源极性应根据不同类型的场效应管加以区别。

为了保证场效应管工作在恒流区（放大区），应使$|V_{DS}| > |V_{GS} - V_{GS(th)}|$。此外，考虑到场效应管的安全工作，应选 $V_{DD} < V_{(BR)DS}$，$I_D < I_{DM}$，$P_D = I_{DQ}V_{DSQ} < P_{DM}$。场效应管放大器静态工作点的分析方法，一般也分为图解法和近似计算法。下面对不同偏置状态的静态工作点进行分析。

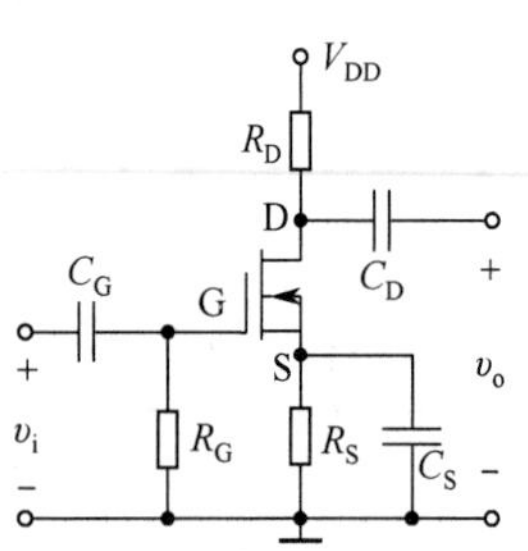

图 4-2-26 耗尽型场效应管自偏压电路

（1）自偏压电路

利用耗尽型 MOSFET 在 $V_{GS} = 0$ 时 $I_D \neq 0$ 的特点，可组成自偏压电路，N 沟道耗尽型 MOS 管的自偏压电路如图 4-2-26 所示。

在图 4-2-26 中，由漏极电流 I_D 在源极电阻 R_S 上的电压降构成栅源之间所需的偏置电压；由于源极电压 $V_S = I_D R_S$，栅极电流 $I_G \approx 0$，栅极经电阻 R_G 接地，其上不产生压降（忽略泄漏电流，注意，这个电阻不可太小，也不可省略），有 $V_G = 0$：

$$V_{GS} = V_G - V_S = -I_D R_S \tag{4-2-50}$$

已知耗尽型 MOS 管 I_D 和 V_{GS} 的关系式为

$$I_D = I_{DSS}\left(1 - \frac{V_{GS}}{V_{GS(off)}}\right)^2 \tag{4-2-51}$$

联立式（4-2-50）和式（4-2-51）可求得提供静态工作点电流 I_{DQ} 所需的 R_S 值为

$$R_S = -\frac{V_{GS(off)}}{I_{DQ}}\left(1 - \sqrt{\frac{I_{DQ}}{I_{DSS}}}\right) \tag{4-2-52}$$

若已知场效应管的转移特性曲线，则可用图解法确定工作点 Q，如图 4-2-27 所示。

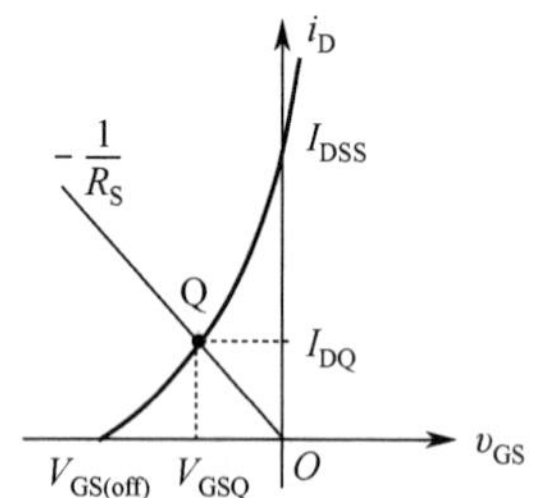

图 4-2-27 图解法确定工作点

式（4-2-50）所示的偏置电路方程为一条过原点的直线，其斜率为$-1/R_S$，该直线称为*直流负载线*。它与转移特性曲线的交点即为静态工作点 Q，对应的静态工作电压、电流分别为 V_{GSQ}、I_{DQ}，由输出回路的 KVL 方程可得静态工作电压 V_{DSQ} 为

$$V_{DSQ} = V_{DD} - I_{DQ}(R_D + R_S) \tag{4-2-53}$$

这种自偏置方式的优点是电路简单，R_S 同时构成直流负反馈，可以起到稳定工作点的作用。自偏置方式只能用于耗尽型场效应管和结型场效应管，其静态 V_{GSQ} 的值为负。

（2）混合偏置电路

图 4-2-28 所示为 N 沟道耗尽型 MOSFET 的混合偏置电路，它是在自偏压基础上又加上正向固定偏压构成的。栅极电压是由电源电压 V_{DD} 经 R_{G1}、R_{G2} 分压得到的（所以也称*分压式偏置电路*），R_{G3} 是为了提高输入电阻所用的隔离电阻，一般该电阻在兆欧数量级，其上没有电流，当然也不存在直流压降，因此栅极的静态电位与 R_{G1} 和 R_{G2} 分压后所得的静态电位

相同，R_S 用以构成自偏压电路。

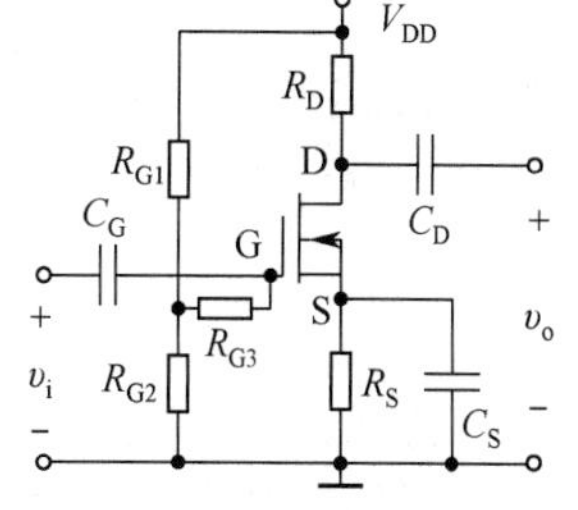

图 4-2-28　耗尽型混合偏置电路

由图 4-2-28 可得正向固定偏置点栅极的电位为

$$V_G = \frac{V_{DD}R_{G2}}{R_{G1}+R_{G2}} \tag{4-2-54}$$

自偏压点源极的电位可以表示为

$$V_S = I_{DQ}R_S \tag{4-2-55}$$

由式（4-2-54）和式（4-2-55）可得栅源电压为

$$V_{GS} = V_G - V_S = \frac{V_{DD}R_{G2}}{R_{G1}+R_{G2}} - I_{DQ}R_S \tag{4-2-56}$$

已知场效应管的转移特性为式（4-2-51），联立式（4-2-51）和式（4-2-56），可解出满足静态工作电流 I_{DQ} 所需的 R_S 值为

$$R_S = \frac{1}{I_{DQ}}\left[\frac{V_{DD}R_{G2}}{R_{G1}+R_{G2}} - \left(1-\sqrt{\frac{I_{DQ}}{I_{DSS}}}\right)V_{GS(off)}\right] \tag{4-2-57}$$

由式（4-2-57）可知，R_S 不是单纯地由 I_{DQ} 决定的，还要受正向电压值 V_G 的影响。也就是说，由于正向电压 V_G 的存在，R_S 可以选用较大的值，仍满足静态工作点的要求。

静态工作电压可由以下两式确定：

$$V_{GSQ} = \left(1-\sqrt{\frac{I_{DQ}}{I_{DSS}}}\right)V_{GS(off)} \tag{4-2-58}$$

$$V_{DSQ} = V_{DD} - I_{DQ}(R_D + R_S) \tag{4-2-59}$$

同样，混合偏置电路也可用图解法确定工作点，如图 4-2-29 所示。在转移特性曲线上作式（4-2-56）对应的负载线，其斜率为 $-1/R_S$，它与转移特性曲线的交点就是静态工作点 Q。这是因为伏安特性曲线是满足器件规律的，式（4-2-56）是满足电路规律的，两者的交点就是静态工作点。

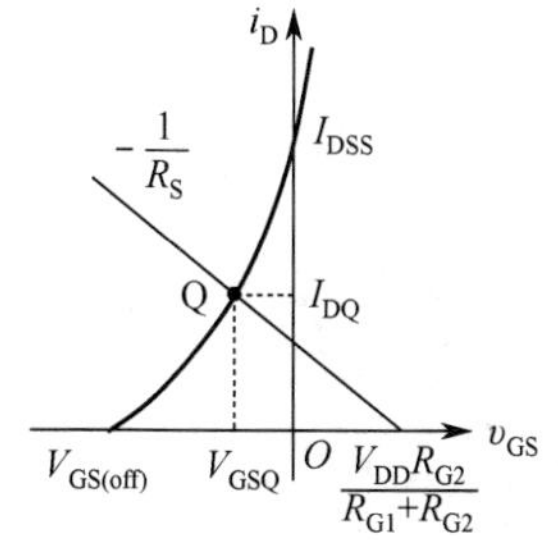

图 4-2-29　图解法确定工作点

2．共源放大器

图 4-2-30(a)是由 N 沟道增强场效应管组成的共源放大器的电路图。为了使其工作在恒流区以实现放大作用，电路采用混合偏置的形式为其提供静态工作点。图 4-2-30(b)为图 4-2-30(a)所示电路的交流通路。将图 4-2-30(b)中的场效应管用微变等效模型代替，便得到共源放大器的小信号等效电路，如图 4-2-30(c)所示。

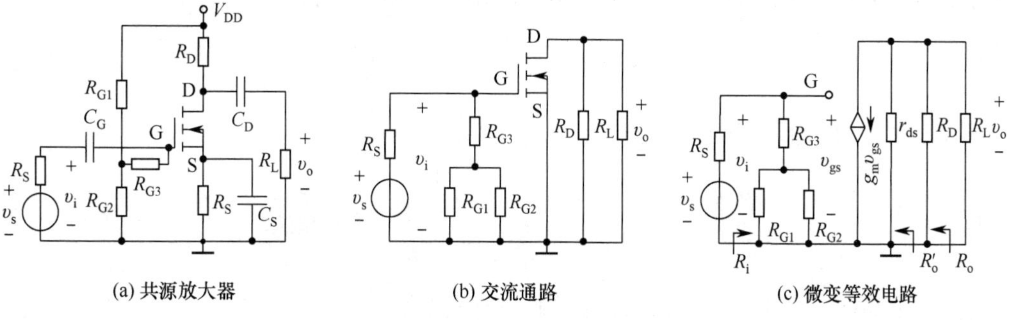

图 4-2-30　共源放大器动态分析图

由图 4-2-30(c)可知，场效应管栅源之间的电阻很大，可视为无穷大，所以放大器的输入电阻是 R_{G1} 和 R_{G2} 并联后再与 R_{G3} 串联的结果。

（1）输入电阻：

$$R_i = \frac{\upsilon_i}{i_i} = R_{G3} + R_{G1} \parallel R_{G2} \tag{4-2-60}$$

共源场效应管放大器的输入电阻很大，与理想电压放大器的输入电阻近似，几乎可以获得激励源的全部电压，适用于电压放大器。

（2）输出电阻：按照输出电阻的定义，在激励源为零时，受控源也为零。因此，共源场效应管放大器在不考虑偏置电路时，输出电阻为 r_{ds}，考虑到偏置电路的影响，共源放大器的输出电阻为 r_{ds} 与 R_D 的并联，即

$$R_o = r_{ds} \parallel R_D \tag{4-2-61}$$

由于场效应管的 r_{ds} 很大，因此场效应管的输出电阻基本上由漏极偏置电阻 R_D 确定。这与双极性三极管的共射放大器的输出电阻由集电极偏置电阻确定是一致的。

（3）电压放大倍数：

$$A_\upsilon = \frac{\upsilon_o}{\upsilon_i} = -g_m R'_L \tag{4-2-62}$$

式中，$R'_L = r_{ds} \parallel R_D \parallel R_L$，可见共源放大器与共射放大器的电压放大倍数具有相同形式的表达式。因此，场效应管共源放大与双极性三极管共射放大在交流动态特性上非常相似。同样，负号代表输出电压与输入电压反相。

3．共栅放大器

图 4-2-31(a)是由 N 沟道增强型场效应管组成的共栅放大器的原理电路图，图 4-2-31(b)为其交流通路，图 4-2-31(c)为小信号等效电路。

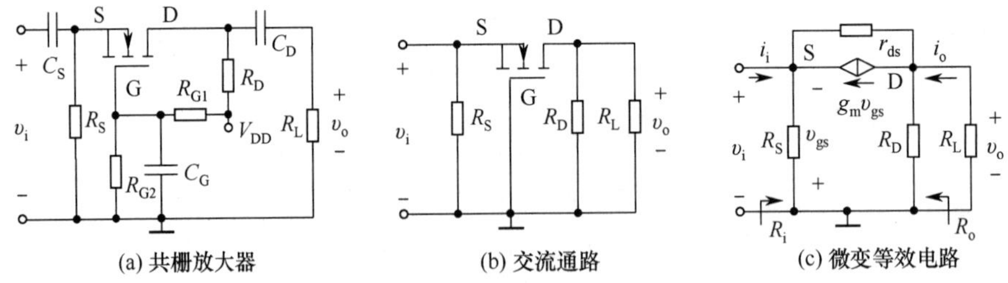

图 4-2-31　共栅放大器动态分析图

若不考虑厄尔利电压的影响，忽略 r_{ds}，则由图 4-2-31(c)可得

$$i_i = -g_m \upsilon_{gs} - \frac{\upsilon_{gs}}{R_S}, \quad \upsilon_i = -\upsilon_{gs} \tag{4-2-63}$$

则共栅放大器的输入电阻可以表示为

$$R_i = \frac{\upsilon_i}{i_i} = \frac{-\upsilon_{gs}}{-g_m \upsilon_{gs} - \dfrac{\upsilon_{gs}}{R_S}} = \frac{1}{g_m + \dfrac{1}{R_S}} = \frac{R_S}{1 + g_m R_S} \tag{4-2-64}$$

由式（4-2-64）可知，共栅放大器的输入电阻很小，其表达式与共基放大器输入电阻的形式类似。根据输出电阻的定义，可以求得共栅放大器的输出电阻为

$$R_o = \frac{v_o'}{i_o'} = R_D \tag{4-2-65}$$

在忽略 r_{ds} 的影响的前提下，交流负载 R_L 的输出电流可以表示为

$$i_o = -g_m v_i \frac{R_D}{R_D + R_L} \tag{4-2-66}$$

根据图 4-2-31(c)，负载上的输出电压应为受控电流源在交流负载上产生的压降，可以表示为

$$v_o = -g_m v_{gs} R_L'$$

因此，共栅放大器的电压增益表示为

$$A_v = \frac{v_o}{v_i} = g_m R_L' \tag{4-2-67}$$

式中，$R_L' = R_D \parallel R_L$ 为共栅放大器的交流负载。可见，共栅放大器的电压增益较大，同晶体管共基放大器电压增益的表达式形式也一致，输出电压与输入电压同相位，为同相放大器。

4．共漏放大器

图 4-2-32(a)是由 N 沟道增强型场效应管组成的共漏放大器的电路图，图 4-2-32(b)为其交流通路，图 4-2-32(c)为小信号等效电路。

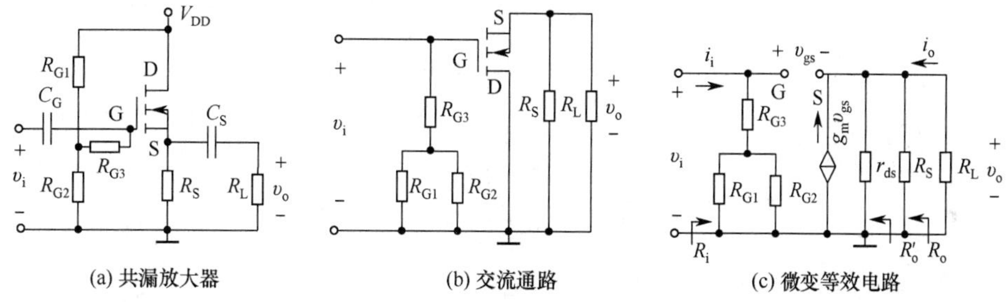

图 4-2-32　共漏放大器动态分析图

根据图 4-2-32(c)可得共漏放大器的输入电阻为

$$R_i = \frac{v_i}{i_i} = R_{G3} + R_{G1} \parallel R_{G2} \tag{4-2-68}$$

共漏放大器的交流输入电压、输出电压可分别表示为

$$v_i = v_{gs} + v_o,\quad v_o = g_m v_{gs} R_L'$$

式中，$R_L' = r_{ds} \parallel R_S \parallel R_L$。这样，共漏放大器的电压增益可以表示为

$$A_v = \frac{v_o}{v_i} = \frac{g_m R_L'}{1 + g_m R_L'} \tag{4-2-69}$$

可见，电压放大倍数小于 1，接近于 1，共漏放大器也称源极输出器。令输入为零，画出求解输出电阻 R_o 的等效电路，如图 4-2-33 所示，其中 R_G' 为（$R_{G3} + R_{G1} \parallel R_{G2}$）与信号源内阻的并联。

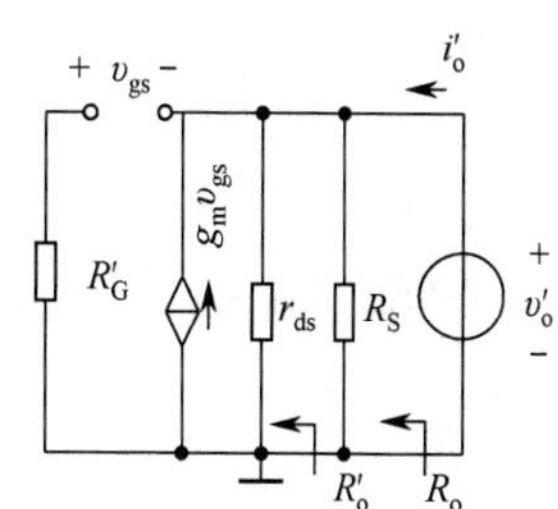

图 4-2-33　共漏放大输出电阻求解图

由图 4-2-33 可得

$$v_{gs} = -v_o'$$

$$i'_o = \frac{\upsilon'_o}{r_{ds}} + \frac{\upsilon'_o}{R_S} - g_m \upsilon_{gs}$$

$$R_o = \frac{\upsilon'_o}{i'_o} = r_{ds} \parallel R_S \parallel \frac{1}{g_m} \approx \frac{1}{g_m}$$

可见，共漏放大器的输出电阻很小，具有较强的带负载能力。将输入电阻、电压增益、输出电阻同晶体管共集放大器相比较，共漏放大器同共集放大器具有较强的一致性。它通常也可以作为多级放大器的隔离级。

【例 4-2-5】 在图 4-2-34 所示的共源放大器中，已知 $R_{G1}=150\text{k}\Omega$，$R_{G2}=100\text{k}\Omega$，$R_{G3}=1\text{M}\Omega$，$R_S=2\text{k}\Omega$，$R_D=10\text{k}\Omega$，负载电阻 $R_L=10\text{k}\Omega$，耦合电容 C_G、C_D 和旁路电容 C_S 在中频区均可视为短路。场效应管沟道内电子迁移率为 $\mu_n = 625\text{cm}^2/\text{V}\cdot\text{s}$，单位面积的栅极电容为 $C_{ox} = 4\times10^{-8}\text{F/cm}^2$，沟道长度 $L=10\mu\text{m}$，沟道宽度 $W=100\mu\text{m}$，若场效应管的开启电压 $V_{GS(th)}=3\text{V}$，在电源 $V_{DD}=20\text{V}$ 且忽略厄尔利电压影响的条件下，求放大器的静态工作点、中频区的电压增益、输入电阻和输出电阻。

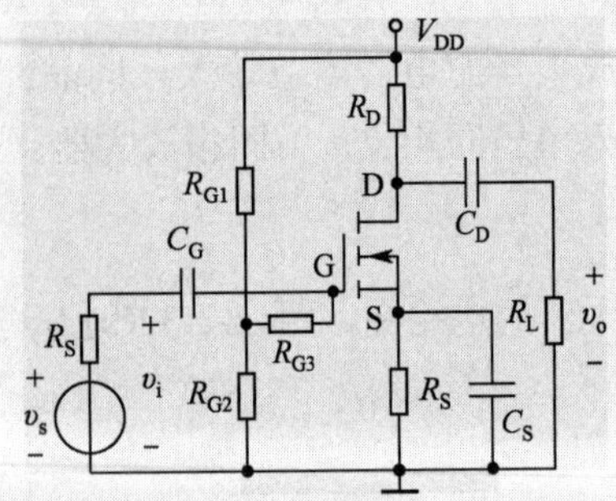

图 4-2-34 共源放大器

解： 根据电路，静态工作时，栅极的电位为

$$V_G = \frac{V_{DD} R_{G2}}{R_{G1}+R_{G2}} = \frac{100\times20}{100+150} = 8\text{V}$$

源极的电位和栅源电压分别为

$$V_S = I_D R_S,\quad V_{GS} = V_G - V_S = 8 - I_D R_S = 8 - 2000 I_D$$

将 V_{GS} 代入场效应管饱和区的伏安特性表达式，可得

$$I_D = \frac{\mu_n C_{ox} W}{2L}(V_{GS} - V_{GS(th)})^2 = 0.000125(3-2000I_D)^2$$

解此一元二次方程，可得

$$I_D = 1.05\text{mA}$$

或

$$I_D = 5.95\text{mA}\ （舍去，不满足场效应管饱和区工作条件）$$

代入 V_{GS} 的表达式，得

$$V_{GS} = 8 - 2000I_D = 8 - 2.1 = 5.9\text{V}$$

由输出回路对应的 KVL 方程可得

$$V_{DS} = V_{DD} - (R_D + R_S)I_D = 20 - 1.05\times12 \approx 7.4\text{V}$$

由场效应管饱和区电流 i_D 的表达式，在静态点处对 υ_{GS} 求导，并代入 V_{GS} 的值可得

$$g_m = \frac{\mu_n C_{ox} \text{W}}{L}(V_{GS} - V_{GS(th)}) = 0.725\text{mS}$$

场效应管放大器中频区的电压增益为

$$A_\upsilon = \frac{\upsilon_o}{\upsilon_i} = -g_m R'_L = -0.725\times5 = -3.625$$

输入电阻为

$$R_i = \frac{\upsilon_i}{i_i} = R_{G3} + R_{G1} \parallel R_{G2} = 1000 + 37.5 = 1037.5\text{k}\Omega$$

输出电阻为 $R_o = R_D = 10\text{k}\Omega$。

4.3　单级放大器的频率响应

在电路中，特别是在阻容耦合放大电路中，对频率特性产生影响的电抗元件除了耦合电容、旁路电容，还有三极管的结电容和引线的分布电容等。由于这些电容的值相差很大，因此在相同频率下所呈现的容抗值也相差甚远。在某些频段，有些容抗显得很重要，而另一些容抗则可以忽略，因此在对放大器的频率响应进行分析时，为了简化问题，常采用分段简化的方法，即将讨论的频率范围分为中频段、低频段、高频段三个区域。在中频段，所有结电容、引线电容（其容量很小）等均可视为开路，而其他电容（如耦合电容、旁路电容等）因容量较大，可视为短路。因此在这个频段，放大器是纯电阻电路，其增益与频率无关，附加相移为零。这已在前面的放大器分析中详细讨论过。在高频段和低频段，由于一些容抗元件不可忽略，所以使得电路的增益与频率相关，并出现附加相移。下面就这两种情况分别加以讨论。

4.3.1　单级放大器的高频响应

1．密勒定理

在如图 4-3-1(a)所示的双口网络中，网络的传递函数为 $A(S)$，当输入端和输出端跨接共用的导纳 $Y(S)$或阻抗 $Z(S)$元件时，该元件可用并联在输入端的元件 $Y_1(S)$和并联在输出端的元件 $Y_2(S)$来等效，其等效电路如图 4-3-1(b)所示。

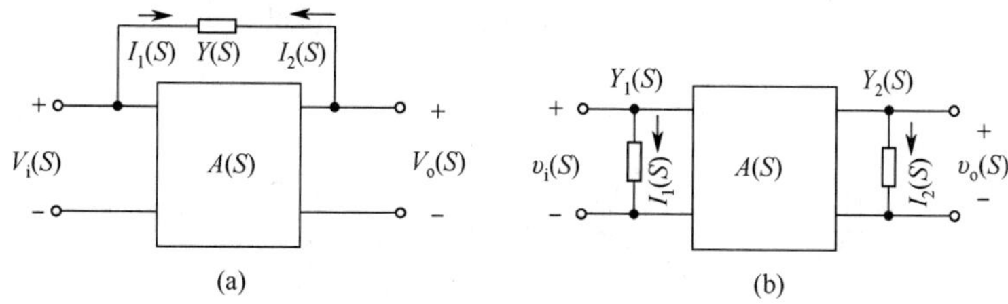

图 4-3-1　密勒定理

证明：对于输入端，流入公共元件 $Y(S)$的电流可以表示为

$$I_1(S)=Y(S)[V_i(S)-V_o(S)]=Y(S)V_i(S)\left[1-\frac{V_o(S)}{V_i(S)}\right]=Y(S)V_i(S)[1-A(S)]=Y_1(S)V_i(S)$$

式中，

$$Y_1(S)=Y(S)[1-A(S)] \tag{4-3-1}$$

可见，引入与输入端并联的 $Y_1(S)$后，图 4-3-1(a)和(b)在输入端是等效的。

对于输出端，流进公共元件的电流可以表示为

$$I_2(S)=Y(S)[V_o(S)-V_i(S)]=Y(S)V_o(S)\left[1-\frac{V_i(S)}{V_o(S)}\right]=Y(S)V_o(S)\left[1-\frac{1}{A(S)}\right]=Y_2(S)V_o(S)$$

式中，

$$Y_2(S)=Y(S)\left[1-\frac{1}{A(S)}\right] \tag{4-3-2}$$

可见，输出端引入并联的 $Y_2(S)$后，图 4-3-1(a)和(b)在输出端是等效的。

以上就是密勒定理的主要内容，利用密勒定理将跨接在输入端和输出端之间的导纳单向化近似，可以大大简化放大电路的分析。

2．共射放大器的高频响应

单级放大器的基本共射放大电路如图 4-3-2(a)所示，当信号频率进入高频区时，考虑极间电容和引线电容的影响，画出放大器的高频 π 形等效电路如图 4-3-2(b)所示。

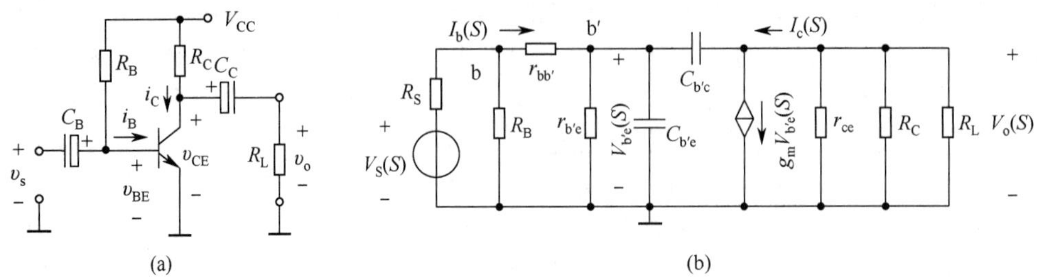

图 4-3-2 共射放大器频率响应分析图

由图 4-3-2(b)可以看出，$C_{b'c}$跨接在输入端和输出端之间，按照密勒定理可将其单向近似为如图 4-3-3(a)所示的导纳 $Y_1(S)$和 $Y_2(S)$，并对信号源和负载分别进行综合，其中负载R'_L、戴维南等效信号源内阻R'_S和等效电压源υ'_S分别为

$$R'_L = r_{ce} \parallel R_C \parallel R_L,\ R'_S = r_{bb'} + R_S \parallel R_B,\ \upsilon'_S = R_B \upsilon_S / (R_B + R_S)$$

由式（4-3-1）和式（4-3-2）可知

$$Y_1(S) = Y(S)[1 - A(S)] = SC_{b'c}[1 - A(S)] \tag{4-3-3}$$

$$Y_2(S) = Y(S)\left[1 - \frac{1}{A(S)}\right] = SC_{b'c}\left[1 - \frac{1}{A(S)}\right] \tag{4-3-4}$$

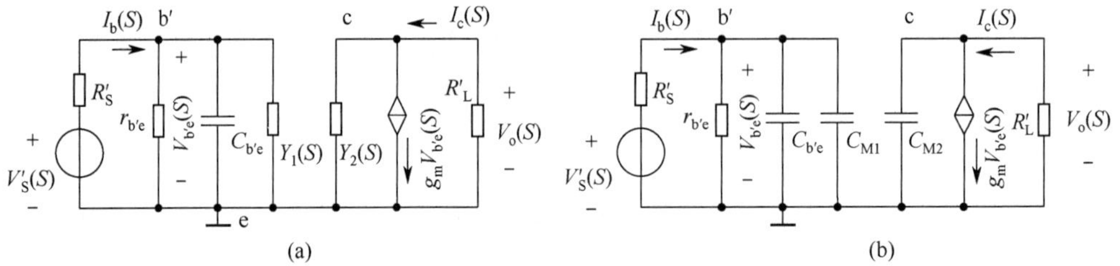

图 4-3-3 共射放大器频率响应密勒等效图

式中，$A(S)$是图 4-3-2(b)所示电路在$V_{b'e}(S)$激励下的电压增益，可以得出

$$I_c(S) = g_m V_{b'e}(S) - SC_{b'c}[V_{b'e}(S) - V_o(S)] \tag{4-3-5}$$

$$V_o(S) = -I_c(S)(r_{ce} \parallel R_C \parallel R_L) = -I_c(S)R'_L \tag{4-3-6}$$

联立式（4-3-5）和式（4-3-6）得

$$A(S) = \frac{V_o(S)}{V_{b'e}(S)} = -\frac{(g_m - SC_{b'c})R'_L}{1 + SC_{b'c}R'_L} \tag{4-3-7}$$

由于$C_{b'c}$的值很小，式（4-3-7）可以近似为

$$A(S) = \frac{V_o(S)}{V_{b'e}(S)} \approx -g_m R'_L \tag{4-3-8}$$

将式（4-3-8）代入式（4-3-3）和式（4-3-4）得

$$Y_1(S) = Y(S)[1 - A(S)] = SC_{b'c}(1 + g_m R'_L) = SC_{M1}$$

$$Y_2(S)=Y(S)\left[1-\frac{1}{A(S)}\right]=SC_{\mathrm{b'c}}\frac{1+g_{\mathrm{m}}R'_{\mathrm{L}}}{g_{\mathrm{m}}R'_{\mathrm{L}}}=SC_{\mathrm{M2}}$$

在 $Y_1(S)$和 $Y_2(S)$的表达式中，含有等效电容 C_{M1} 和 C_{M2}，它们分别表示为

$$C_{\mathrm{M1}}=(1+g_{\mathrm{m}}R'_{\mathrm{L}})C_{\mathrm{b'c}} \tag{4-3-9}$$

$$C_{\mathrm{M2}}=\frac{1+g_{\mathrm{m}}R'_{\mathrm{L}}}{g_{\mathrm{m}}R'_{\mathrm{L}}}C_{\mathrm{b'c}}\approx C_{\mathrm{b'c}} \tag{4-3-10}$$

即图 4-3-3(a)中的 $Y_1(s)$、$Y_2(s)$是电容 C_{M1}、C_{M2} 所呈现的容性电纳。由于 C_{M2} 很小，所以 C_{M2} 通常被忽略，而只留下近似到输入端的 C_{M1}，称之为密勒电容，它与 $C_{\mathrm{b'e}}$ 并联后记为电容 C_1，如图 4-3-3(b)所示。很明显，

$$C_1=C_{\mathrm{b'e}}+(1+g_{\mathrm{m}}R'_{\mathrm{L}})C_{\mathrm{b'c}}\approx\left[1+\frac{C_{\mathrm{b'c}}}{C_{\mathrm{b'e}}}g_{\mathrm{m}}R'_{\mathrm{L}}\right]C_{\mathrm{b'e}}=DC_{\mathrm{b'e}} \tag{4-3-11}$$

式中，D 称为密勒倍增因子，其值远大于 1，表示为

$$D=1+\frac{C_{\mathrm{b'c}}}{C_{\mathrm{b'e}}}g_{\mathrm{m}}R'_{\mathrm{L}} \tag{4-3-12}$$

在求密勒电容的以上过程中，忽略 C_{M2}，将图 4-3-3(b)所示电路进一步简化，得图 4-3-4 所示的简化电路。

根据戴维南定理，等效电压源和电阻可以分别表示为

$$\upsilon''_{\mathrm{S}}=\frac{R_{\mathrm{B}}r_{\mathrm{b'e}}\upsilon_{\mathrm{S}}}{R_{\mathrm{B}}R_{\mathrm{S}}+R_{\mathrm{B}}r_{\mathrm{be}}+R_{\mathrm{S}}r_{\mathrm{be}}}$$

$$R_1=r_{\mathrm{b'e}}\,\|\,R'_{\mathrm{S}}=\left(r_{\mathrm{bb'}}+\frac{R_{\mathrm{S}}R_{\mathrm{B}}}{R_{\mathrm{S}}+R_{\mathrm{B}}}\right)\|\,r_{\mathrm{b'e}} \tag{4-3-13}$$

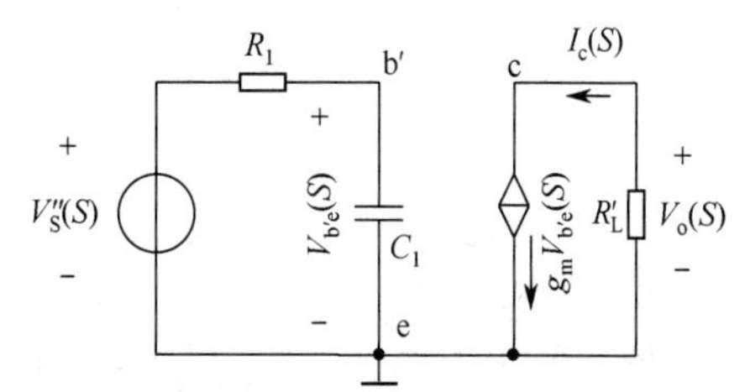

图 4-3-4　共射放大器频率响应简化图

由图 4-3-4 可见，该系统是一个一阶无零的系统。它与 RC 低通滤波器一样有一个上限转折频率，这个频率可以用 RC 低通滤波的上限转折频率来描述：

$$f_{\mathrm{H}}=\frac{1}{2\pi R_1C_1}=\frac{R'_{\mathrm{S}}+r_{\mathrm{b'e}}}{2\pi R'_{\mathrm{S}}r_{\mathrm{b'e}}DC_{\mathrm{b'e}}} \tag{4-3-14}$$

上式说明，为了提高上限转折频率，必须选用基区体电阻和集电结结电容小的三极管。同时，放大器的带宽可以近似用 f_{H} 近似，可推导出密勒倍增因子为

$$D=1+\frac{C_{\mathrm{b'c}}}{C_{\mathrm{b'e}}}g_{\mathrm{m}}R'_{\mathrm{L}}\approx\frac{C_{\mathrm{b'c}}}{C_{\mathrm{b'e}}}g_{\mathrm{m}}R'_{\mathrm{L}}$$

共射放大器的增益与带宽的乘积可以表示为

$$|A_{\upsilon}\cdot\mathrm{BW}|\approx\left|g_{\mathrm{m}}R'_{\mathrm{L}}\cdot\frac{R'_{\mathrm{S}}+r_{\mathrm{b'e}}}{2\pi R'_{\mathrm{S}}r_{\mathrm{b'e}}\dfrac{c_{\mathrm{b'c}}}{c_{\mathrm{b'e}}}g_{\mathrm{m}}R'_{\mathrm{L}}c_{\mathrm{b'e}}}\right|=\frac{R'_{\mathrm{S}}+r_{\mathrm{b'e}}}{2\pi R'_{\mathrm{S}}r_{\mathrm{b'e}}c_{\mathrm{b'c}}} \tag{4-3-15}$$

由式（4-3-15）可知，放大器的增益带宽积为常数，因此，采用共射放大器，要增大电路的放大倍数，其带宽一定减小。可见增益和带宽是一对矛盾，在设计时要统筹考虑。

3．共集放大器的高频响应

图 4-3-5(a)是共集放大器电路结构，图 4-3-5(b)是其高频时的交流等效电路，其中，

$R'_L = R_L \parallel R_E \parallel r_{ce}$， $R_B = R_{B1} \parallel R_{B2}$。因 $C_{b'c}$ 很小，其容抗远大于 $R'_S + r_{bb'}$， $R'_S = R_S \parallel R_B$。因此，可忽略 $C_{b'c}$，简化后的等效电路如图 4-3-5(c)所示。

由图 4-3-5(c)可得

$$A_{\upsilon s}(S) = \frac{V_o(S)}{V_i(S)} = A_{\upsilon sm}\frac{1+S/\omega_Z}{1+S/\omega_P} \tag{4-3-16}$$

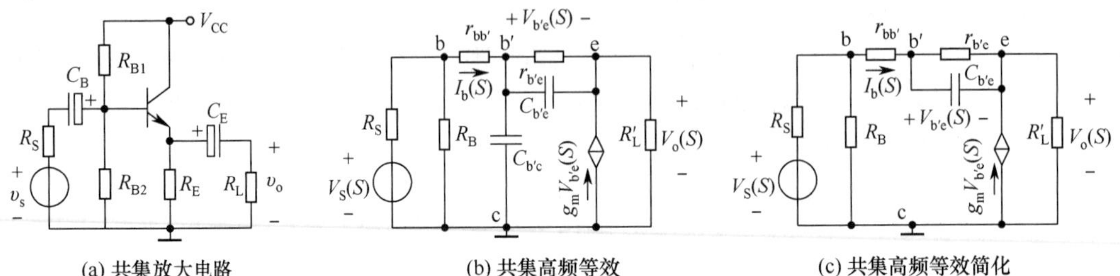

(a) 共集放大电路　　(b) 共集高频等效　　(c) 共集高频等效简化

图 4-3-5　共集放大器频率响应分析图

由式（4-3-16）可知共集放大器的高频响应是一个一极一零系统，其中 $A_{\upsilon sm}$ 为中频区的源电压增益，ω_Z 为零点，ω_P 为极点，可以分别表示为

$$A_{\upsilon sm} = \frac{R_B}{R_B + R_S}\cdot\frac{(1+\beta)R'_L}{R'_S + r_{be} + (1+\beta)R'_L} \tag{4-3-17}$$

$$\omega_Z = \frac{1+\beta}{r_{b'e}C_{b'e}} \approx \frac{1}{r_e C_{b'e}} \approx \omega_T \tag{4-3-18}$$

$$\omega_P = \frac{R'_S + r_{bb'} + r_{b'e} + (1+\beta)R'_L}{(R'_S + r_{bb'} + R'_L)r_{b'e}C_{b'e}} = \frac{1}{R_t C_{b'e}} \tag{4-3-19}$$

式中，R_t 为从 $C_{b'e}$ 两端看进去的等效电阻。由式（4-3-16）看出，这是个一极一零系统，且 $\omega_Z > \omega_P$，因此也是一个低通系统。由式（4-3-16）的幅频特性表达式，令 $A_{\upsilon s}(\omega_H) = A_{\upsilon sm}/\sqrt{2}$，可求得其上限频率的表达式为

$$\omega_H = \frac{\omega_P}{\sqrt{1-2\left(\omega_P/\omega_Z\right)^2}} \approx \omega_P \tag{4-3-20}$$

一般情况下 $(1+\beta)R'_L \gg R'_S + r_{bb'} + r_{b'e}$，由式（4-3-17）可知 $A_{\upsilon sm} \approx 1$，由式（4-3-19）可得上限频率可简化为

$$\omega_H \approx \omega_P \approx \frac{(1+\beta)R'_L}{R'_S + r_{bb'} + R'_L}\omega_\beta = \frac{R'_L}{R'_S + r_{bb'} + R'_L}\omega_T \tag{4-3-21}$$

由式（4-3-21）可以看出，选定三极管后，减小 R'_S，可以提高 f_H，且共集放大电路的 f_H 接近 f_T。

4．共基放大器的高频响应

共基放大电路在高频时的交流等效电路，要比上述两种电路更复杂，对其高频响应较为严谨的分析通常要借助计算机，这里仅对其高频工作特点做简要说明。从计算机仿真分析可知共基放大器的上限频率是三种基本放大电路中最高的。从物理概念上说，共基放大电路的 f_H 之所以高，除了没有密勒倍增效应，主要是因为共基放大器为理想的电流接续器，能够在很宽的频率范围内将输入电流接续到输出端。除非负载上并接较大的负载电容，否则共基放大电路的上限频率才会受到负载电容的限制。

若忽略 $r_{bb'}$ 和 r_{ce}，则可以将图 4-3-6(a)所示的共基放大器的交流通路电路简化为如图 4-3-6(b)所示的电路。

由图 4-3-6(b)可以求得

$$V_{eb'}(S)=[I_e(S)-g_m V_{eb'}(S)]\left[r_{b'e}\parallel\frac{1}{SC_{b'e}}\right]$$

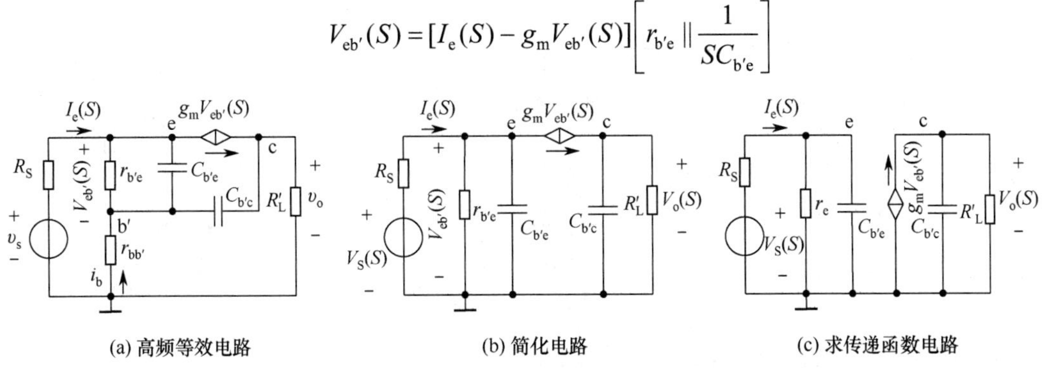

图 4-3-6　共基放大电路的交流等效

整理得

$$V_{eb'}(S)=I_e(S)\left[r_e\parallel\frac{1}{SC_{b'e}}\right]$$

即对 $I_e(S)$而言，eb′之间的电路可以等效为 r_e 与 $C_{b'e}$ 的并联，而对输出端而言，它是由受控电流源 $g_m V_{eb'}(S)$ 激励的电路，因此由上式可得

$$g_m V_{eb'}(S)=I_e(S)\frac{g_m r_e}{1+Sr_e C_{b'e}}=I_e(S)\frac{\alpha}{1+S/\omega_\alpha}$$

将电路进一步简化为图 4-3-6(c)所示的电路，由图可得

$$A_{\upsilon s}(S)=\frac{A_{\upsilon sm}}{\left(1+\dfrac{S}{\omega_{P1}}\right)\left(1+\dfrac{S}{\omega_{P2}}\right)} \tag{4-3-22}$$

式中，$A_{\upsilon sm}=\dfrac{\alpha R'_L}{R_S+r_e}$，两个极点分别为

$$\omega_{P1}=\frac{1}{[(R_S\|r_e)C_{b'e}]}\approx\frac{1}{r_e+C_{b'e}} \tag{4-3-23}$$

$$\omega_{P2}=\frac{1}{R'_L C_{b'c}} \tag{4-3-24}$$

由式（4-3-22）可知，简化后的共基放大器高频电压增益的传递函数是一个二阶无零系统，可视为两个一阶无零系统的级联，因此，上限转折频率由两个极点中频率较低的那个频率确定。

4.3.2　单级放大器的低频响应

单级放大器的低频响应主要取决于外接电容，如隔直（耦合）电容和射极旁路电容等。下面以图 4-3-7(a)所示的共射阻容耦合放大器为例来分析单级放大器的低频响应。

首先，画出其低频小信号等效电路，如图 4-3-7(b)所示，隔直电容 C_B、C_C 和旁路电容

C_E 均保留在电路中，如果直接由图 4-3-7(b)求低频区电压增益，表达式会十分烦琐，因此先做一些合理的近似，使电路进一步简化。假设偏置电阻 $R_B(R_{B1} \parallel R_{B2})$远大于放大器的输入阻抗，可忽略 R_B 的影响，并将 C_E 分解到输入回路和输出回路中，如图 4-3-7(c)所示。

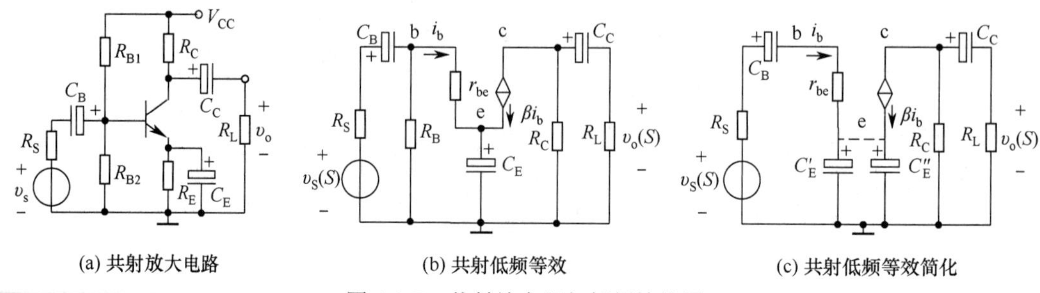

图 4-3-7 共射放大器与低频等效图

对于图 4-3-7(c)所示的电路，C_E 等效到输入回路和输出回路的电容可以分别表示为

$$C'_E = \frac{C_E}{1+\beta}, \quad C''_E = \frac{\beta C_E}{1+\beta} \tag{4-3-25}$$

因为射极电流是基极电流的$(1+\beta)$倍，图 4-3-7(c)中的虚线内相当于没有电流，可对输入和输出进行单边处理。由于C''_E与电流源串联，不影响负载的响应，可以不予考虑，因此可将图 4-3-7(c)等效成图 4-3-8(a)所示的简化电路。

在图 4-3-8(a)中，电容C'_E与电容 C_B 串联，其合成的电容可以表示为

$$\frac{1}{C_1} = \frac{1}{C_B} + \frac{1}{C'_E} = \frac{1}{C_B} + \frac{1+\beta}{C_E}$$

$$C_1 = \frac{C_B C_E}{(1+\beta)C_B + C_E} \tag{4-3-26}$$

根据基尔霍夫定律，电流源、电压源可相互等效，因此可将图 4-3-8(a)等效为图 4-3-8(b)。

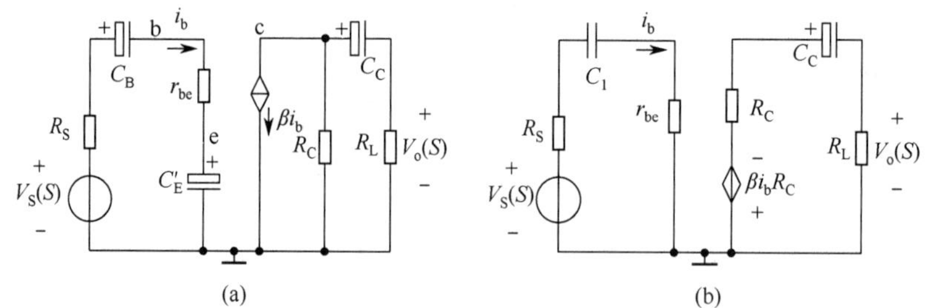

图 4-3-8 共射放大电路低频等效分析图

由图 4-3-8(b)可以求出

$$A_{vS}(S) = \frac{V_o(S)}{V_S(S)} = -\frac{\beta R'_L}{R_S + r_{be}} \cdot \frac{1}{1 - \dfrac{j}{\omega C_1(R_S + r_{be})}} \cdot \frac{1}{1 - \dfrac{j}{\omega C_C(R_C + R_L)}} \tag{4-3-27}$$

由式（4-3-27）可知该电路为二阶高通系统，其低频响应有两个转折频率f_{L1}和f_{L2}，分别为

$$f_{L1} = \frac{1}{2\pi C_1(R_S + r_{be})} \tag{4-3-28}$$

$$f_{L2}=\frac{1}{2\pi C_C(R_C+R_L)} \tag{4-3-29}$$

可见，整个放大器的下限频率 f_L 取决于 f_{L1}、f_{L2} 中较大的一个，如果 f_{L1}、f_{L2} 中的较大者与较小者的比值在 4 倍以上，则可取较大的值作为 f_L。在图 4-3-7 所示的电路中，由于 C_E 在射极电路中，流过它的电流 I_E 是 I_B 的 $(1+\beta)$ 倍，它的大小对电压增益的影响较大，因此 C_E 是决定共射阻容耦合放大器低频响应的主要因素。

【例 4-3-1】 在如图 4-3-7(a)所示电路中，三极管的 $\beta=80$，$r_{be}=2\text{k}\Omega$，$R_S=50\Omega$，$C_B=33\mu\text{F}$，$C_C=10\mu\text{F}$，$C_E=47\mu\text{F}$，$R_C=3.9\text{k}\Omega$，$R_L=2.7\text{k}\Omega$，试求其下限转折频率。

解： 由式（4-3-26）可得

$$C_1=\frac{C_BC_E}{(1+\beta)C_B+C_E}=\frac{33\times 47}{81\times 33+47}=0.57\mu\text{F}$$

由式（4-3-28）和式（4-3-29）可得

$$f_{L1}=\frac{1}{2\pi C_1(R_S+r_{be})}=\frac{1}{2\pi\times 0.57\times 10^{-6}\times 2050}=136\text{Hz}$$

$$f_{L2}=\frac{1}{2\pi C_C(R_C+R_L)}=\frac{1}{2\pi\times 10\times 10^{-6}\times 6600}=2.4\text{Hz}$$

可见，$f_{L1}>f_{L2}$，其比值在 4 倍以上，因此 $f_L=f_{L1}=136\text{Hz}$。

共集和共基阻容耦合放大器的低频响应分析方法和上述方法相同，也是首先画出小信号等效电路并进行简化，然后求 $A_{\upsilon S}(S)$，找到频率响应的转折频率，f_L 取决于所有转折频率中最大的一个。

4.4　多级小信号放大器

为了使微弱的输入信号放大后能获得足够的输出功率去推动负载运行，往往要采用多级放大器（Multistage Amplifier）将信号逐级放大，直至输出信号能够驱动负载。多级放大器的方框图（Block Diagram）如图 4-4-1 所示，图中，输入级和中间级通常合称为前置放大器（Preamplifier），工作于小信号状态，因此又称小信号前置放大器；末前级和输出级工作于大信号状态，属于功率放大器（Power Amplifier）。在实际应用中，往往以电压信号作为输入信号，一般要求多级放大器有较高的输入阻抗，因此，输入级采用射极输出器或源极输出器；中间级应有较大的电压放大倍数，一般采用共射放大电路或共源放大电路；末前级和输出级都属于功率放大器，将在下一章中介绍。

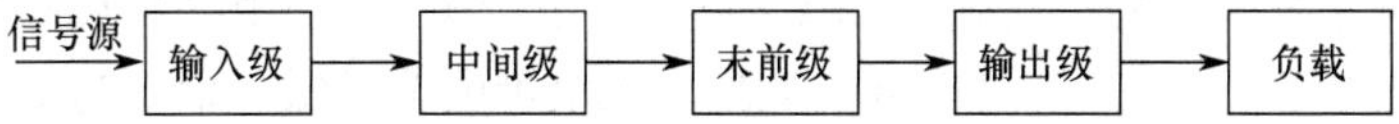

信号源 → 输入级 → 中间级 → 末前级 → 输出级 → 负载

图 4-4-1　多级放大器方框图

在多级放大器中，需要考虑的问题很多，如各放大器之间信号如何传递，即级间耦合问题；各级放大器的组态应如何选择；各放大器的静态工作点如何选择，各放大器静态工作点之间有无影响，放大器的总性能与各级放大器性能之间有何关系等。

4.4.1　多级放大器的基本概念

多级放大器的每个单元放大器称为多级放大器中的级。耦合是指信号源与放大器之间、级与级之间或者放大器与负载之间传递信号的方式，前级的输出信号就是本级的输入信号源，本级的输入电阻就是前级的负载。对耦合方式的要求是，既要有效且尽可能不失真地高效传送信号，又要减小级与级之间静态工作点的相互影响。通常采用的耦合方式有三种：阻容耦合（Capacitance Coupling）、变压器耦合（Transformer Coupling）和直接耦合（Direct Coupling），分别如图 4-4-2(a)、(b)、(c)所示。阻容耦合方式多用于交流信号放大电路；变压器耦合方式一般用于功率放大电路；直接耦合方式常用于交、直流放大电路或中、大规模集成电路中。

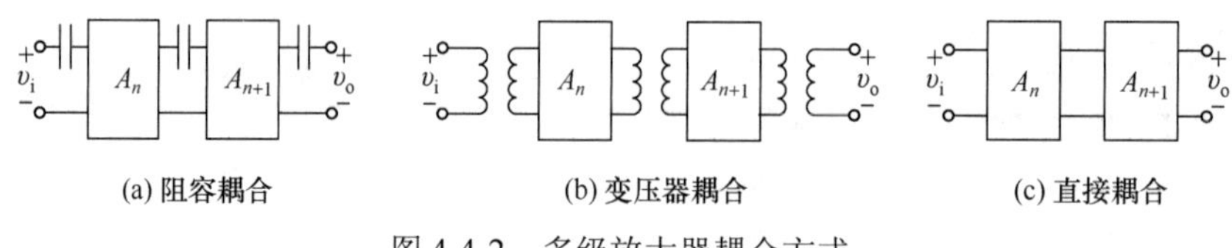

(a) 阻容耦合　　(b) 变压器耦合　　(c) 直接耦合

图 4-4-2　多级放大器耦合方式

1. 直接耦合多级放大器

在前面讨论的三极管放大电路中，输入端、输出端都有一个隔断直流的耦合电容，对输入频率较低的信号会使传输效率变差，对缓慢变化的信号（也包括直流信号）则完全隔断而不能通过。在实际使用中，往往需要对一些缓慢变化的信号（如温度变化、压力变化等产生的电信号）进行放大，直接耦合多级放大电路就是放大这种变化缓慢的电信号的电路。前级输出信号直接连接到后级的输入端，这种放大器既可放大直流信号，又可放大交流信号。它的优点是放大电路中没有电抗元件，便于集成，而且频率响应好，低频端可以延伸到直流。它的最大缺点是各级静态工作点之间彼此相互影响。

图 4-4-3 所示的电路是一个直接耦合两级放大器。图中，第一级放大器的集电极输出端与第二级放大器的基极输入端直接相连，R_{C1} 既作为 T_1 的集电极负载，又是 T_2 的基极偏置电阻，静态工作点的调整会相互影响，静态工作点设置不好，可能导致放大电路无法正常工作。例如，若 R_E 很小，或者短路时，$V_{C1} = V_{B2} = V_{BE2} \approx 0.7\text{V}$，可见，$T_1$ 的 $V_{CE1} = V_{C1} \approx 0.7\text{V}$，$T_1$ 的静态工作点接近饱和区，动态范围变窄，造成输出信号的严重失真。

若增大 T_2 的发射极电阻 R_E 使后级的发射极电位提高，从而 T_1 的集电极电位也提高，则可使 T_1 有合适的静态工作点，但 R_E 的接入会使第二级的电压放大倍数减小。而随着放大电路的级数增加，又会带来另一个问题，即随着级数的增加，后级的 V_{CQ} 会被一级一级地抬高，当 V_{CC} 一定时，R_C 会减小，导致电压放大倍数 $A_\upsilon = -g_m(R_C \parallel R_L)$也减小。因此，在直接耦合电路中，必须在某些级接入电平位移电路，这种电路的作用是将集电极不断提高的电位下移到较低的电位上，同时又不影响信号的传输。如图 4-4-4 所示，插入一级由 PNP 管组成的放大器，由于 PNP 管工作于放大区时，其发射极电位最高，集电极电位最低，恰好与 NPN 管相反，这样就可将抬高的电位降下来，而对信号传输来讲，它又是一级放大器。

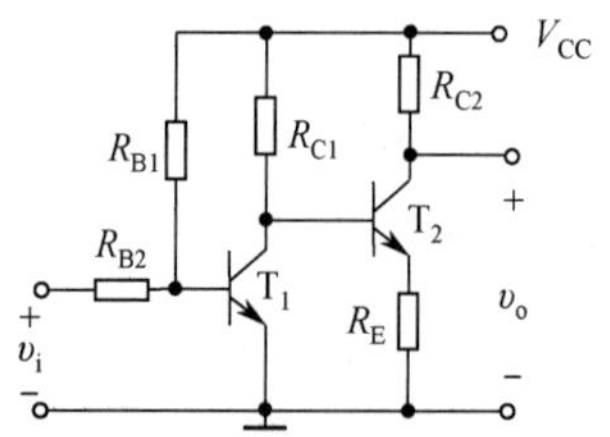

图 4-4-3　两级直接耦合放大器

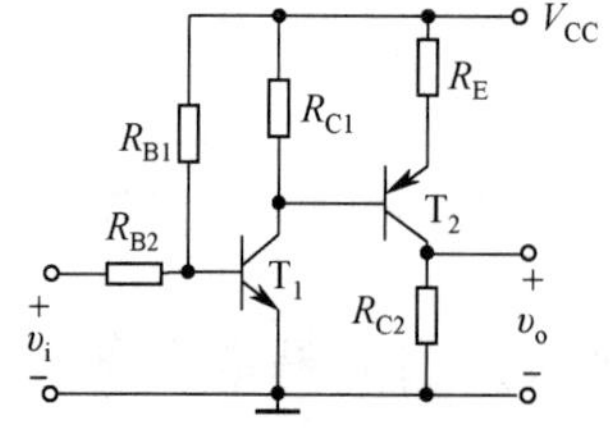

图 4-4-4　多级放大器电平位移

另外，放大器的静态工作点随着外界环境的变化而变化。没有输入信号作用时，若在放大器输出端出现了一个变化不定的、偏离原来电位的输出信号，则称这种现象为零点漂移（Zero Drift），简称零漂。产生零漂的原因主要有：电源电压的波动、双极性三极管参数的变化、温度变化等。其中，温度变化引起的零漂最严重，零漂信号经逐级放大后，将干扰正常信号的运行，多级直接耦合放大电路的最前级零漂对放大器的影响最严重，当最前级的零点漂移较大时，可能使放大电路无法稳定工作。对于要求较低的放大器，可采用温度补偿方法抑制零漂；在电路结构上，采用差分放大电路（Differential Amplifier）是目前应用最广泛的能有效抑制零漂的方法，这将在下一章的电路中讨论。

2．变压器耦合多级放大器

多级放大器的级与级之间通过变压器传递交流信号的耦合方式称为**变压器耦合多级放大器**。当输入是交流信号时，可以通过变压器中磁通量的变化将交流信号传递到下一级，实现交流信号的有效传送。由于变压器的输入和输出之间不存在直流通路，因而放大器的级与级之间的直流信号是断开的，因此，静态工作点也彼此独立。由于变压器的频带较窄、频率特性差、存在非线性失真、体积大、难以集成，而且不能传送缓变或直流信号，在追求体积小、功耗低，带宽大的多级放大器中，一般不采用这种耦合方式。但变压器具有阻抗变换作用，通过对其匝数比的控制，可以使放大器的级与级之间达到良好的阻抗匹配，获得最大的功率传递，减少电磁波的辐射，增加动态范围等。在带宽相对固定，需要实现阻抗匹配的传统接收机使用的中频放大电路中，变压器耦合的多级放大器得到了广泛应用；特别是在功率放大器中，为了提高电源电压的利用率，提高输出信号的动态范围，通常采用变压器耦合的放大电路。第 5 章讨论功率放大电路时，将对变压器耦合的功率放大器再加以详细讨论。这里给出天鹅 601A 型收音机中频放大器的原理电路，如图 4-4-5 所示，其中 B_1、B_2、B_3 均采用变压器耦合，有时将选频回路也定做在元件中，统称**中周**。

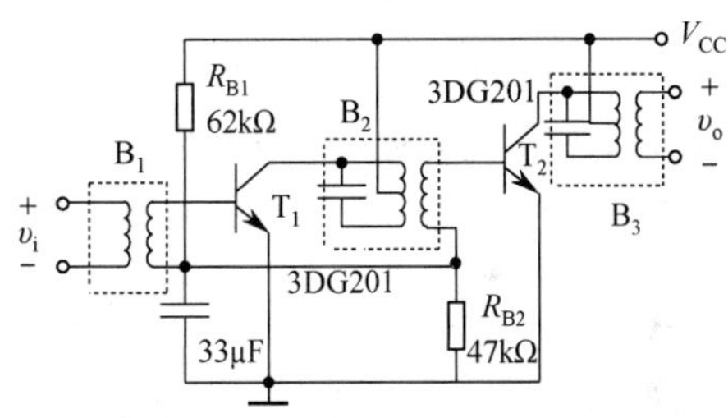

图 4-4-5　变压器耦合多级放大器

在图 4-4-5 中，接收机将天线收到的射频信号，经过混频后变成固定的中频信号，经过变压器 B_1 耦合到 T_1 组成的共射放大器，经过放大后又通过变压器 B_2 耦合到 T_2 组成的第二级放大器，经过第二级放大器放大后通过变压器 B_3 耦合到后级电路。与前面讨论的放大器不同的是，这里使用谐振回路作为负载，谐振放大器将在后续的课程中讨论。

3．阻容耦合多级放大器

多级放大器的级与级之间通过电容连接，可将交流信号耦合到下一级的输入端，而对直流电压进行有效的隔离，用电容进行交流耦合的方式称为**阻容耦合**，如图 4-4-6 所示。

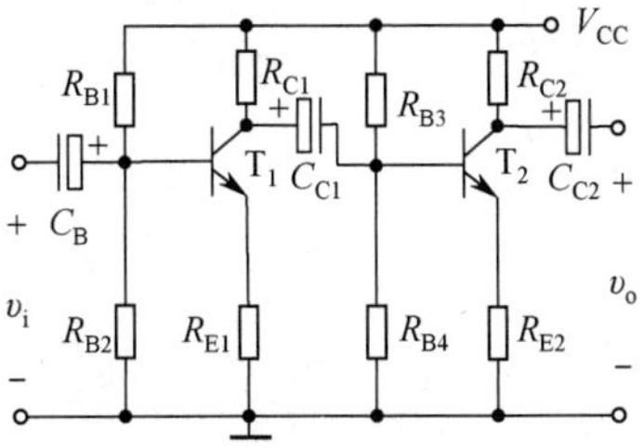

图 4-4-6　阻容耦合多级放大器

在阻容耦合放大器中，耦合电容既可以传递交流信号，又可以起到隔离直流信号的作用，使各级之间的静态工作点彼此独立，互不牵制，只要电容的容量较大，就可将一定频率范围的交流信号有效地传输到下一级。但其主要的缺点在于，下限频率受电容的限制，对缓变的交流信号和直流信号无法实现放大。

4.4.2　多级放大器的性能参数

1．多级放大器的电压增益

多级放大器的输出信号是逐级级联和连续放大的，总电压增益等于各级电压增益的乘积。如果增益用分贝表示，那么总分贝数等于各级分贝数的代数和，即

$$\dot{A}_{\upsilon}=\dot{A}_{\upsilon 1}\cdot\dot{A}_{\upsilon 2}\cdot\cdots\cdot\dot{A}_{\upsilon n}\quad \text{或}\quad A_{\upsilon}(\mathrm{dB})=A_{\upsilon 1}+A_{\upsilon 2}+\cdots+A_{\upsilon n}\tag{4-4-1}$$

计算多级放大器的增益时，不能孤立地计算每级的增益，而必须考虑级与级之间的相互影响。例如，后级的输入电阻就是本级的负载，而本级的输出电阻又是后级输入信号源的内阻。计算各级放大电路的电压放大倍数时，要注意后级电路可视为前级电路所带的负载，前级电路可视为后级电路的信号源。

2．多级放大器的输入电阻

将多级放大电路等效成一个放大器，从该放大器的输入端看进去的等效电阻，即为多级放大器的输入电阻 R_i，R_i 的大小只取决于第一级放大电路的结构和电路参数，第一级放大器的输入电阻就是多级放大器的输入电阻。

3．多级放大器的输出电阻

将多级放大电路等效成一个放大器，从该放大器的输出端看进去的等效电阻，即为多级放大器的输出电阻 R_o，R_o 的大小只取决于最后一级放大电路的结构和电路参数，最后一级放大器的输出电阻就是多级放大器的输出电阻。

【例 4-4-1】在图 4-4-7 所示的电路中，已知 $R_{B1}=120\text{k}\Omega$，$R_{B2}=5\text{k}\Omega$，$R_{C1}=15\text{k}\Omega$，$R_{C2}=3\text{k}\Omega$，稳压二极管 $V_Z=4\text{V}$，$V_{CC}=20\text{V}$，$\beta_1=\beta_2=50$，两个三极管的 $V_{BE(on)}=0.7\text{V}$。试计算各级放大电路的静态工作点，并求多级放大电路的输入电阻、输出电阻和电压放大倍数。

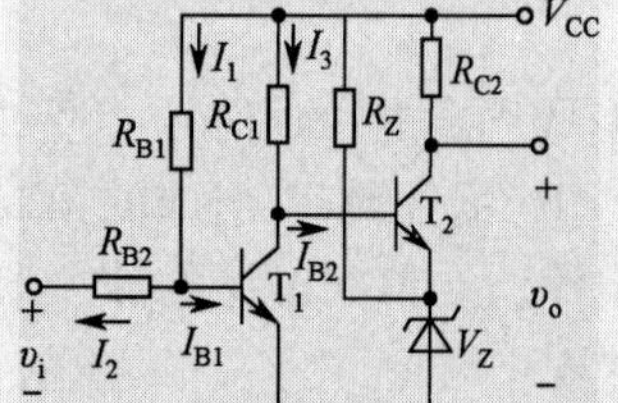

图 4-4-7　例 4-4-1 电路

解：对于第一级放大器，T_1 的基极电位为

$$V_{B1}=V_{BE(on)}=0.7\text{V}$$

在输入信号为 0 时，根据 T_1 基极节点的 KCL 方程，可得

$$I_{B1}=I_1-I_2=\frac{V_{CC}-V_{B1}}{R_{B1}}-\frac{V_{B1}}{R_{B2}}=\frac{20-0.7}{120}-\frac{0.7}{5}=0.02\text{mA}$$

假定第一级在放大区，T_1 的集电极电流为

$$I_{C1}=\beta I_{B1}=50\times 0.02=1\text{mA}$$

T_1 的集电极与发射极之间的电压可以表示为

$$V_{CE1}=V_{BE2}+V_Z=0.7+4=4.7\text{V}$$

集电极与发射极之间的电压大于 1，可见 T_1 工作在放大区。

对于第二级放大器，由 T_2 基极节点的 KCL 方程，可得

$$I_{B2}=I_3-I_{C1}=\frac{V_{CC}-V_{CE1}}{R_{C1}}-I_{C1}=\frac{20-4.7}{15}-1=0.02\text{mA}$$

假定第二级在放大区，T_2 的集电极电流为

$$I_{C2}=\beta I_{B2}=50\times 0.02=1\text{mA}$$

由输出回路的 KVL 方程可得

$$V_{CE2}=V_{CC}-I_{C2}R_{C2}-V_Z=20-1\times 3-4=13\text{V}$$

可见，T_2 也工作在放大区。

画出图 4-4-7 所示电路的微变等效电路，如图 4-4-8 所示，注意稳压管的动态电阻很小，其等效电阻可忽略。

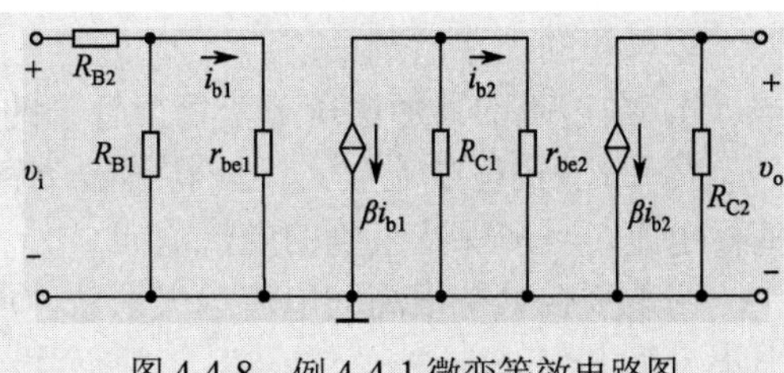

图 4-4-8　例 4-4-1 微变等效电路图

由工程近似计算可得，T_1 和 T_2 的微变等效参数 r_{be1} 和 r_{be2} 分别为

$$r_{be1}=r_{bb'}+\frac{V_T}{I_{B1}}=200+\frac{26}{0.02}=1500\Omega=1.5k\Omega$$

$$r_{be2}=r_{bb'}+\frac{V_T}{I_{B2}}=200+\frac{26}{0.02}=1500\Omega=1.5k\Omega$$

根据微变等效电路，第一级、第二级的电压放大倍数和总电压放大倍数分别为

$$A_{\upsilon1}=-\frac{\beta(R_{C1}\parallel r_{be2})}{R_{B2}\left(\dfrac{R_{B1}+r_{be1}}{R_{B1}}\right)+r_{be1}}=-50\times\frac{15\parallel1.5}{5.0625+1.5}\approx-10.4$$

$$A_{\upsilon2}=-\frac{\beta R_{C2}}{r_{be2}}=-50\times\frac{3}{1.5}=-100$$

$$A_{\upsilon}=A_{\upsilon1}A_{\upsilon2}=1040$$

放大器的输入电阻为第一级放大器的输入电阻，可表示为

$$R_i=R_{B2}+R_{B1}\parallel r_{be1}=5+120\parallel1.5=6.48k\Omega$$

放大器的输出电阻为第二级放大器的输出电阻，可以表示为

$$R_o=R_{c2}=3k\Omega$$

4.4.3　复合管与组合放大器

在实际应用中，为了进一步改善放大电路的性能，可用多个晶体管构成的复合管来取代基本电路中的单个晶体管，或者采用组合电路来改善放大器某方面的性能。

1. 复合管放大器

（1）复合管的组成及其电流放大倍数

图 4-4-9(a)和(b)所示为两个同类型（NPN 或 PNP）晶体管组成的复合管，也称达林顿管（Darlington Tube），等效为与组成它们的晶体管同类型的管子；图 4-4-9(c)和(d)所示为不同类型晶体管组成的复合管，等效为与第一个 T_1 同类型的管子。下面以图 4-4-9(a)为例来说明复合管的电流放大系数 β 与组成它的 T_1、T_2 的电流放大系数 β_1、β_2 之间的关系。

(a)　(b)　(c)　(d)

图 4-4-9　复合管

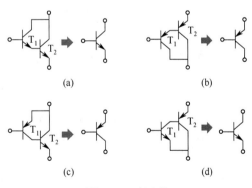

在图 4-4-9(a)中，复合管的基极电流 i_B 等于 T_1 的基极电流 i_{B1}，集电极电流 i_C 等于 T_2 的集电极电流 i_{C2} 与 T_1 的集电极电流 i_{C1} 之和，而 T_2 的基极电流 i_{B2} 等于 T_1 的发射极电流 i_{E1}，所以有

$$i_C=i_{C1}+i_{C2}=\beta_1 i_{B1}+\beta_2(1+\beta_1)i_{B1}=(\beta_1+\beta_2+\beta_1\beta_2)i_{B1} \tag{4-4-2}$$

因为 β_1 和 β_2 一般为几十至几百，因而 $\beta_1\beta_2\gg\beta_1+\beta_2$，所以复合管的电流放大系数可用下式来近似表达：

$$\beta\approx\beta_1\beta_2 \tag{4-4-3}$$

用上述方法可以推导出图 4-4-9(b)、(c)、(d)所示复合管的 β 均约为 $\beta_1\beta_2$。

复合管的组成原则如下：

① 在正确的外加电压下，每个管子的各极电流均有合适的通路，且均工作在放大区。

② 为了实现电流放大，应将第一个管子的集电极电流或发射极电流作为第二个管子的基极电流，且应保持正确的电流流向。

由于复合管有很高的电流放大系数，所以只需很小的输入驱动电流 i_B 便可获得很大的输出集电极电流 i_C。

（2）复合管共射放大器

图 4-4-10(a)给出了由复合管组成的共射放大电路，图 4-4-10(b)是其微变等效电路。从图 4-4-10 (b)可知复合管的集电极电流等于两管集电极电流之和：

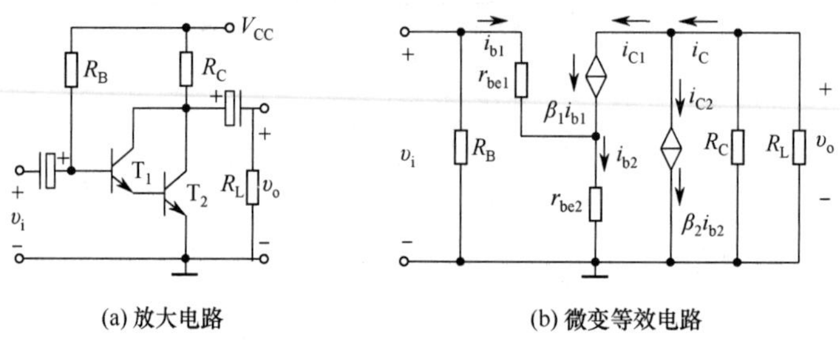

图 4-4-10 复合管放大器

$$i_C = i_{C1} + i_{C2} = \beta_1 i_{b1} + \beta_2 (1+\beta_1) i_{b1} \approx \beta_1 \beta_2 i_{b1}$$

复合管共射放大器的输入电压可以表示为

$$\upsilon_i = i_{b1} r_{be1} + i_{b2} r_{be2} = i_{b1} r_{be1} + (1+\beta_1) i_{b1} r_{be2} = [r_{be1} + (1+\beta_1) r_{be2}] i_{b1}$$

复合管共射放大器的输出电压可以表示为

$$\upsilon_o = -i_c R'_L \approx -\beta_1 \beta_2 i_{b1} R'_L$$

该放大器的电压放大倍数可以表示为

$$A_\upsilon = \frac{\upsilon_o}{\upsilon_i} \approx -\frac{\beta_1 \beta_2 i_{b1} R'_L}{[r_{be1} + (1+\beta_1) r_{be2}] i_{b1}} = -\frac{\beta_1 \beta_2 R'_L}{r_{be1} + (1+\beta_1) r_{be2}} \tag{4-4-4}$$

式中，$R'_L = R_C \parallel R_L$，如果$(1+\beta_1) r_{be2} \gg r_{be1}$，且$\beta_1 \gg 1$，则复合管的放大倍数可以简化为

$$A_\upsilon = -\frac{\beta_2 R'_L}{r_{be2}} \tag{4-4-5}$$

可见，复合管共射放大器的电压放大倍数与单管共射放大器的电压放大倍数相当，但输入电阻与后者相比提高不少，可表示为

$$R'_i = \frac{\upsilon_i}{i_{b1}} = \frac{i_{b1} r_{be1} + (1+\beta_1) i_{b1} r_{be2}}{i_{b1}} = r_{be1} + (1+\beta_1) r_{be2} \tag{4-4-6}$$

整个放大器的输入电阻为

$$R_i = \frac{\upsilon_i}{i_i} = R_B \parallel R'_i \tag{4-4-7}$$

分析表明：复合管共射放大电路增强了电流放大能力，从而减小了对信号源驱动电流的要求；从另一角度看，若驱动电流不变，则采用复合管后，输出电流将增大约 β 倍。

复合管共射放大器的输出电阻也可根据其定义来求解，这里不再赘述，读者可以自行分析，其输出电阻可以表示为

$$R_o \approx R_C$$

2．共射-共基组合放大器

将共射与共基放大电路组合在一起，既能保持共射放大电路电压放大能力较强的优点，又能获得共基放大电路较好的高频特性。图 4-4-11 所示为共射-共基放大电路的交流通路，T_1 组成共射电路，T_2 组成共基电路，由于 T_1 以输入电阻小的共基电路为负载，使 T_1 集电结电容对输入回路的影响减小，从而使共射电路的高频特性得到改善。

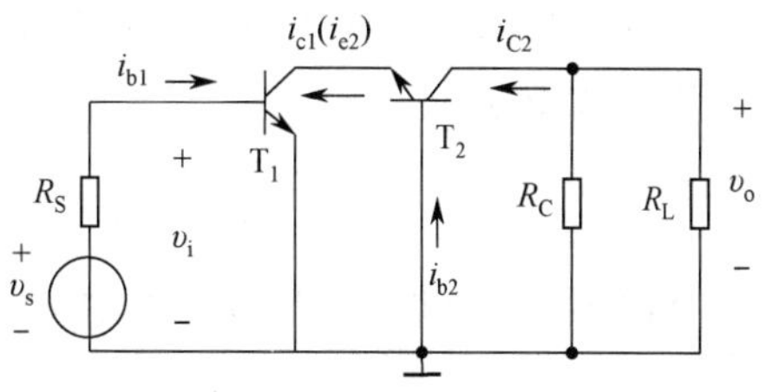

图 4-4-11　共射-共基放大电路的交流通路图

从图 4-4-11 可以推导出电压放大倍数 A_v 的表达式。设 T_1 的电流放大系数为 β_1，be 间的动态电阻为 r_{be1}，T_2 的电流放大系数为 β_2，则

$$A_v = \frac{v_o}{v_i} = \frac{i_{c1}}{v_i} \cdot \frac{v_o}{i_{e2}} = -\frac{\beta_1 i_{b1}}{i_{b1} r_{be1}} \cdot \frac{\beta_2 i_{b2} R_L'}{(1+\beta_2) i_{b2}} = -\frac{\beta_1 \beta_2 R_L'}{(1+\beta_2) r_{be1}} \tag{4-4-8}$$

由于 $\beta_2 \gg 1$，故电压放大倍数近似为

$$A_v \approx -\frac{\beta_1 R_L'}{r_{be1}} \tag{4-4-9}$$

可见，使用共射-共基组合与单管共射放大器的电压放大倍数相同，既具有较大的电压放大倍数，又具有较大的电流放大系数，是工程实践中广泛使用的一种组合放大器。

3．共集-共基组合放大器

图 4-4-12 所示为共集-共基放大电路的交流通路，它以 T_1 组成的共集电路作为输入级，故输入电阻较大，使信号源的电压跟随输出，具有较强的电流放大能力；以 T_2 组成的共基电路作为输出级，虽然没有电流放大能力，但具有较强的电压放大能力；同时，共集、共基电路均有较高的上限截止频率，故电路有较宽的通频带，又具有一定的电压和电流增益，是实用中广泛采用的一种组合放大连接方式。

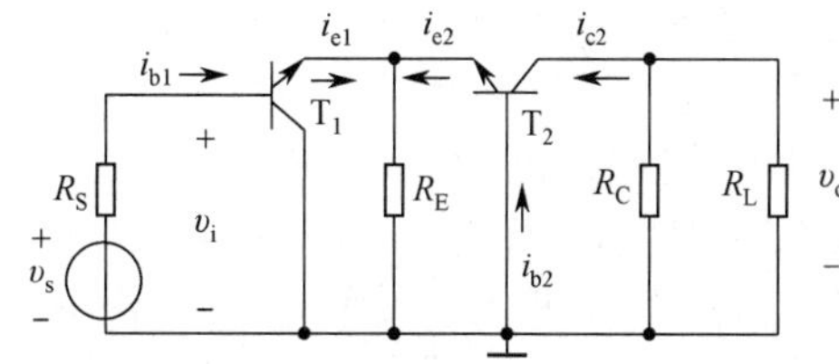

图 4-4-12　共集-共基放大电路的交流通路图

根据具体需要，还可组成其他电路，如共集-共射放大电路，既保持高输入电阻，又具有高的电压放大倍数。可见，利用两种基本接法组合，可以同时获得两种接法的优点。

4.4.4　多级放大器的频率响应

对于多级放大器，级数的增加会相应地引入更多的电抗元件，因此多级放大器的零点、极点数量都将增加，系统是多阶的，分析变得复杂。按照转折频率的定义，下限转折频率 f_L 应由低频段的零点、极点决定，上限转折频率 f_H 应由高频段零点、极点决定。然而，绝大部分多级放大器的零点、极点分布具有以下特点：在低频段，零点通常比所有极点或部分极点在数值上小得多；而在高频段，零点又比所有极点或部分极点在数值上大得多。因此，零点对上下限转折频率的影响通常忽略不计，而只讨论极点对多级放大器频率特性的影响。

在分析系统的上限和下限转折频率的过程中，可忽略那些对频率特性影响很小的非主极点。一般来讲，在低频段的所有极点中，若某极点频率比其他极点频率大 4 倍以上，即为主极点时，则有 $f_L = \max(f_{L1}, f_{L2}, \cdots)$，即该极点频率对下限转折频率起决定性作用。

同理，在高频段，上限转折频率取决于主极点比其他高频极点小 4 倍以上的那个频率，有 $f_H = \min(f_{H1}, f_{H2}, \cdots)$。

若主极点和其他极点之间不满足相差 4 倍以上，则上限和下限转折频率应按定义求取。

设在 n 级多级放大器中，各级电压放大倍数分别为 $\dot{A}_{\upsilon1},\dot{A}_{\upsilon2},\cdots,\dot{A}_{\upsilon n}$，则该多级放大器电路的电压放大倍数为

$$\dot{A}_{\upsilon}=\prod_{k=1}^{n}\dot{A}_{\upsilon k} \tag{4-4-10}$$

对数幅频特性和相频特性表达式为

$$20\lg\left|\dot{A}_{\upsilon}\right|=\sum_{k=1}^{n}20\lg\left|\dot{A}_{\upsilon k}\right| \tag{4-4-11}$$

$$\phi_{A\upsilon}=\sum_{k=1}^{n}\phi_{A\upsilon k} \tag{4-4-12}$$

如果两个完全相同的单级放大器级联在一起构成两级放大器，每级的频率特性一样，$A_{\upsilon M1}=A_{\upsilon M2}$，$f_{L1}=f_{L2}$，$f_{H1}=f_{H2}$，则总电压增益为

$$20\lg\left|\dot{A}_{\upsilon}\right|=\sum_{k=1}^{2}20\lg\left|\dot{A}_{\upsilon k}\right|=40\lg\left|\dot{A}_{\upsilon1}\right|$$

在单级下限转折频率 $f=f_{L1}$ 处有

$$20\lg\left|\dot{A}_{\upsilon L1}\right|=\sum_{k=1}^{2}20\lg\left|\frac{\dot{A}_{\upsilon Mk}}{\sqrt{2}}\right|=40\lg\left|\dot{A}_{\upsilon M1}\right|-40\lg\sqrt{2}=40\lg\left|\dot{A}_{\upsilon M1}\right|-6$$

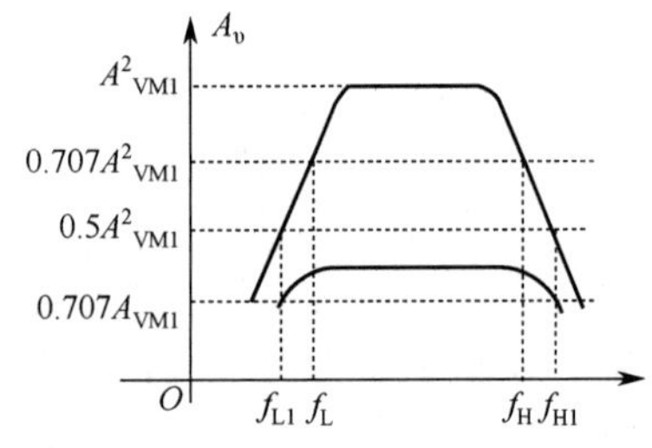

图 4-4-13 两级放大器的幅频响应曲线

说明总增益下降 6dB，并且在单级放大器的下限转折频率 $f=f_{L1}$ 处，$\dot{A}_{\upsilon1}$ 和 $\dot{A}_{\upsilon2}$ 均产生+45°的相移，所以总电压增益产生+90°的相移。同理，当 $f=f_{H1}$ 时，总增益也将下降 6dB，且产生−90°的相移。因此，两级放大器与组成它的单级放大器的幅频特性波特图如图 4-4-13 所示。根据截止频率的定义，在幅频特性中找到使增益下降 3dB 的频率就是两级放大电路的下限频率 f_L 和上限频率 f_H，如图中所注。显然，$f_L>f_{L1}$（或 f_{L2}），$f_H<f_{H1}$（或 f_{H2}），因此两级放大器的通频带比组成它的单级放大器的通频带要窄一些，这是具有普遍意义的结论。

对于 n 级放大器，假设组成它的各单级放大器的下限频率分别为 $f_{L1}, f_{L2},\cdots, f_{Ln}$，上限频率分别为 $f_{H1}, f_{H2},\cdots, f_{Hn}$，通频带分为 $BW_1, BW_2,\cdots, BW_n$。设该多级放大器的下限频率为 f_L，上限频率为 f_H，通频带为 BW，则式（4-4-10）中的低频电压增益可以将 $\dot{A}_{\upsilon k}$ 的表达式代入并取模值，可得出多级放大器低频段的电压增益表达式：

$$\left|\dot{A}_{\upsilon L}\right|=\prod_{k=1}^{n}\frac{\left|\dot{A}_{\upsilon Mk}\right|}{\sqrt{1+(f_{Lk}/f)^2}} \tag{4-4-13}$$

根据下限转折频率的定义，当 $f=f_{Lk}$ 时，其电压增益应为

$$\left|\dot{A}_{\upsilon L}\right|=\prod_{k=1}^{n}\frac{\left|\dot{A}_{\upsilon Mk}\right|}{\sqrt{2}},\qquad 即有\prod_{k=1}^{n}\sqrt{1+(f_{Lk}/f)^2}=\sqrt{2}$$

为了方便计算，上式两边取平方后有 $\prod_{k=1}^{n}[1+(f_{Lk}/f)^2]=2$。将这个乘积式展开，可表示为 $1+\sum_{k=1}^{n}\left(\frac{f_{Lk}}{f_L}\right)^2+$ 高次部分 $=2$。

由于 f_{Lk}/f_L 小于 1，故忽略高次项，经修正后可得出

$$f_L \approx 1.1\sqrt{\sum_{k=1}^{n} f_{Lk}^2} \tag{4-4-14}$$

同理，高频段的电压增益可以通过将 $\dot{A}_{\upsilon k}$ 的表达式代入并取模值：

$$\left|\dot{A}_{\upsilon H}\right| = \prod_{k=1}^{n} \frac{\left|\dot{A}_{\upsilon Mk}\right|}{\sqrt{1+(f/f_{Hk})^2}} \tag{4-4-15}$$

同理，按照多项式展开得

$$\frac{1}{f_H} \approx 1.1\sqrt{\sum_{k=1}^{n} \frac{1}{f_{Hk}^2}} \tag{4-4-16}$$

若两级放大器是由两个频率特性相同的单级放大器组成的，则上限、下限转折频率可分别表示为

$$f_H \approx \frac{f_{H1}}{1.1\sqrt{2}} \approx 0.643 f_{H1} \tag{4-4-17}$$

$$f_L \approx 1.1\sqrt{2 f_{L1}} \approx 1.56 f_{L1} \tag{4-4-18}$$

【例 4-4-2】已知两级放大电路的电压放大倍数为

$$\dot{A}_\upsilon = \frac{200\mathrm{j}f}{\left(1+\mathrm{j}\dfrac{f}{5}\right)\left(1+\mathrm{j}\dfrac{f}{10^4}\right)\left(1+\mathrm{j}\dfrac{f}{10^5}\right)}$$

试求解：（1）中频增益、下限和上限转折频率；（2）画出其幅频和相频特性曲线。

解：（1）参考低通和高通的频率特性的表达式可以将电压放大倍数变换为

$$\dot{A}_\upsilon = \frac{10^3\mathrm{j}\dfrac{f}{5}}{\left(1+\mathrm{j}\dfrac{f}{5}\right)\left(1+\mathrm{j}\dfrac{f}{10^4}\right)\left(1+\mathrm{j}\dfrac{f}{10^5}\right)}$$

由表达式可知，该放大器有三个极点和一个零点。

当 $5 \leqslant f \leqslant 10^4$ 时，$A_\upsilon = 20\lg 10^3 = 60\text{dB}$，相当于放大器的中频带。

当 $f < 5$ 时，分母多项式近似为 1，放大器的增益近似为

$$A_\upsilon = 60 + 20\lg\frac{f}{5}\text{dB}$$

即输入信号频率每降低 10 倍，增益下降 20dB，相应的相位增加 $-45°$/十倍频程。可见，$f_L = 5\text{Hz}$ 时，增益为 57dB，相位为 45°，为放大器的下限频率转折点。

当 $5 \leqslant f \leqslant 10^4$ 时，$A_\upsilon = 60\text{dB}$。当频率变化时，增益保持 60dB 不变，相位不变，为 0°。

当 $10^3 < f < 10^4$ 时，频率增加，相位降低 $-45°$/十倍频程，当 $f_H = 10\text{kHz}$ 时，增益为 57dB，对应的相位为 $-45°$，为放大器的上限频率转折点。当 $10^4 < f < 10^5$ 时，增益下降 20dB，相位降低 $-90°$/十倍频程。

当 $f > 10^5$ 时，频率每增加 10 倍，增益下降 40dB，当频率在 $10^5 < f < 10^6$ 之间时，相位以 $-45°$/十倍频程方式降低，当 $f > 10^6$ 时，相位逼近 $-180°$。

综上，其幅频和相频特性波特图如图 4-4-14 所示。

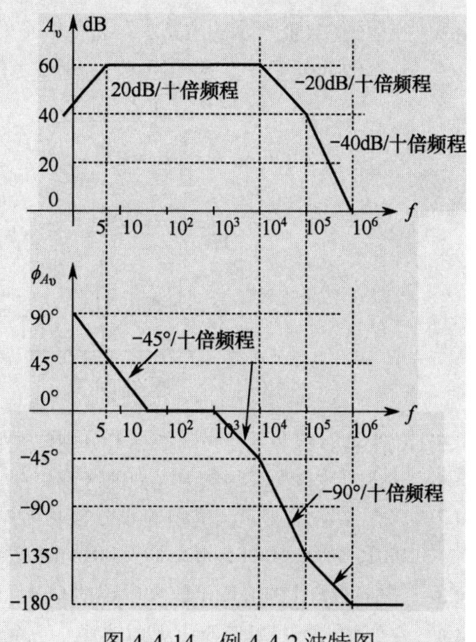

图 4-4-14　例 4-4-2 波特图

习 题 4

4.1 什么叫放大器？试述题图 P4.1 所示放大电路中各元件的作用？

4.2 根据放大电路的组成原则，判断题图 P4.2 所示的各电路能否正常放大。

4.3 画出题图 P4.3 所示放大电路的直流通路和交流通路及 $\upsilon_B, i_B, i_C, \upsilon_E$ 的波形图。假设 $\upsilon_s = V_{Sm}\sin\omega t$，$V_{Sm} \ll V_{BB}$，放大器处于线性状态工作，且在工作频率下耦合电容 C_B 和 C_E 足够大，它所呈现的阻抗很小，可视为短路。

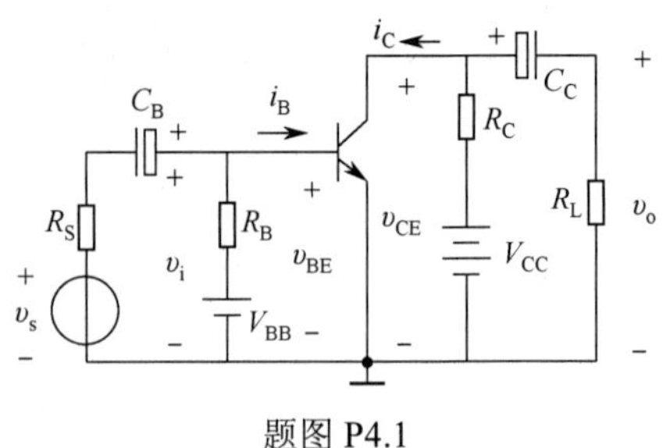

题图 P4.1

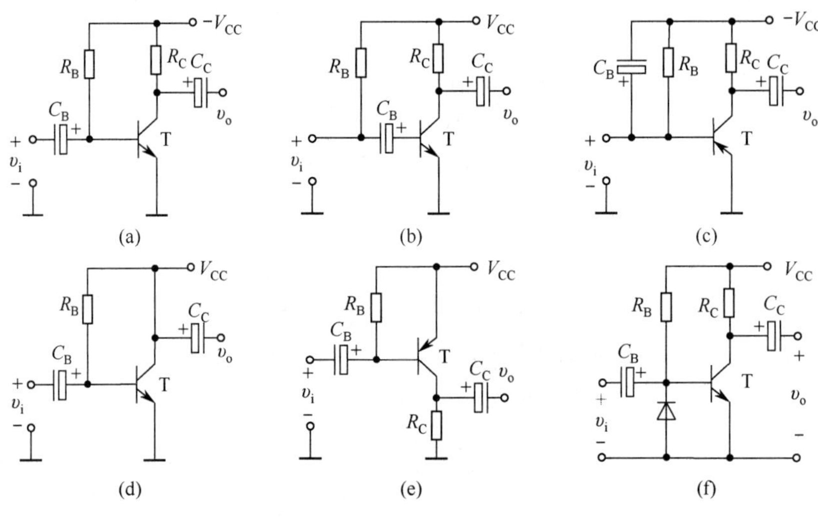

题图 P4.2

4.4 在题图 P4.4 所示的电路中，已知管子的 $\beta = 100$，$V_{BE(on)} = -0.7V$，$I_{CQ} = -2.17mA$，r_{ce} 不计，信号源 $\upsilon_s = 0.1\sin\omega t(V)$，$R_S = 10k\Omega$，设 $r_{bb'} = 0$，试求三极管各极电压和电流值 $i_B, \upsilon_{BE}, i_C, \upsilon_{CE}$。

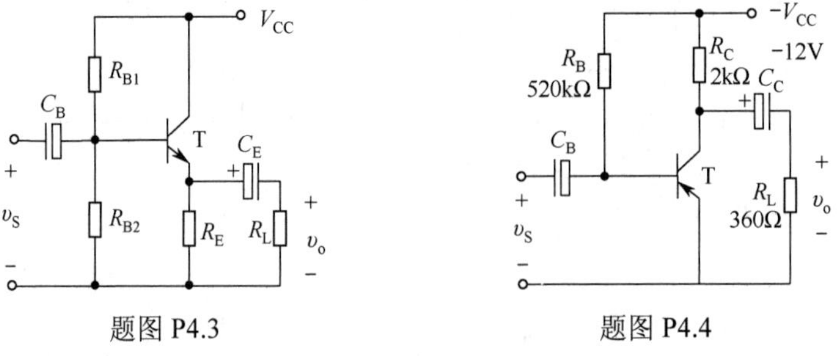

题图 P4.3　　　　题图 P4.4

4.5 放大器有哪些主要技术指标？分别叙述它们的含义。

4.6 试述非线性失真与频率失真的区别。

4.7 放大器输入端加一单频的正弦波信号 $\upsilon_i = V_{im}\sin\omega t$，由于器件的非线性使输出电流为 $i_o = 3 + \sin\omega t + 0.01\sin 2\omega t + 0.005\sin 3\omega t + 0.001\sin 4\omega t(mA)$，试计算非线性失真系数 γ。

4.8 试估算题图 P4.8 所示放大电路的 Q 点。已知三极管的 $\beta = 50$，$V_{BE(on)} = 0.7V$。

4.9 在题图 P4.9 所示的放大电路中，已知三极管的 $\beta = 100$，$V_{BE(on)} = 0.6V$，$V_{CES} = 0.2V$，当输入正弦交流信号

时，（1）近似估算电路参数计算静态工作点 Q；（2）当负载 $R_L = 2\text{k}\Omega$ 时，放大器不产生非线性失真的最大输出信号的动态范围是多少？

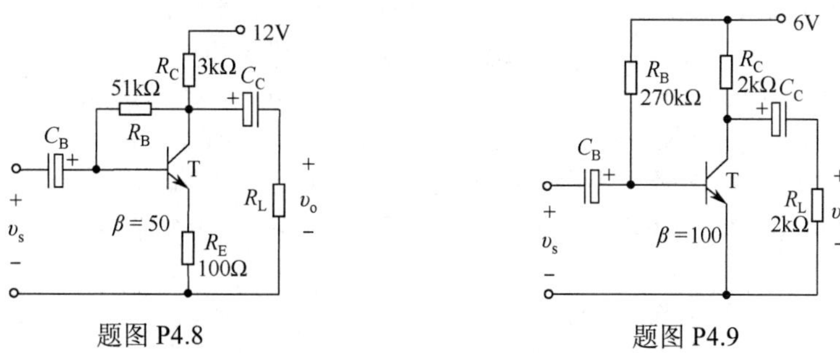

题图 P4.8　　　　题图 P4.9

4.10 设计一个如题图 P4.10 所示的分压式偏置电路。已知 $\beta = 50$，$V_{CC} = 12\text{V}$，它的静态工作点 $I_{CQ} = 2.17\text{mA}$，$V_{CEQ} = 4.5\text{V}$，$V_{BEQ} = 0.7\text{V}$。试确定电阻 R_{B1}, R_{B2}, R_C 和 R_E 的值。

4.11 已知题图 P4.11 所示共射放大电路中的锗三极管的 $\beta = 150$、饱和压降 $V_{CES} = -0.2\text{V}$，试求：（1）电压放大倍数；（2）输入电阻和输出电阻；（3）最大不失真输出电压幅值；（4）最大输入电压幅值和此时基极电流的交流分量幅值。

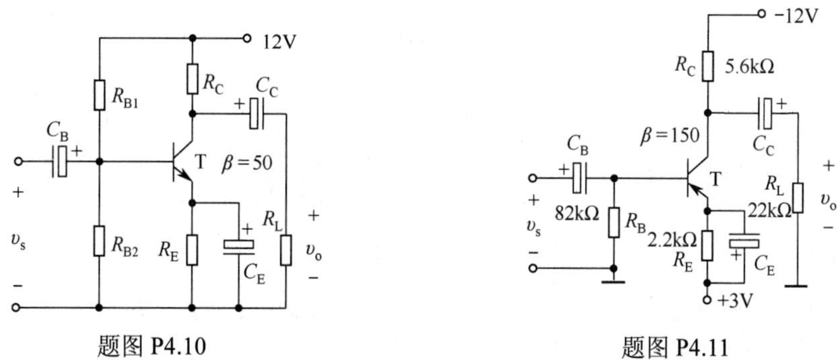

题图 P4.10　　　　题图 P4.11

4.12 在题图 P4.12 中，已知 T 的参数为 $r_{bb'} = 100$，$\beta = 40$，$r_{ce} = 50\text{k}\Omega$，设发射结导通电压 $V_{BEQ} = 0.7\text{V}$。电路元件参数如图中所示，试估算它的静态工作点，并计算它的输入电阻、输出电阻、电压增益、电流增益和功率增益。

4.13 已知题图 P4.13 所示放大电路中晶体管的参数为 $\beta = 40$，$r_{bb'} = 300$，试估算它的工作点及电压增益，如果放大器输出端外接 4kΩ 的负载，问对应的放大器电压增益下降到多少？

4.14 题图 P4.14 所示电路属于何种组态？若输入信号波形为单频正弦波，试定性画出 v_{BE}, i_E, i_C, v_{CB} 及 v_o 的波形，并说明 v_o 与 v_i 的相位关系。

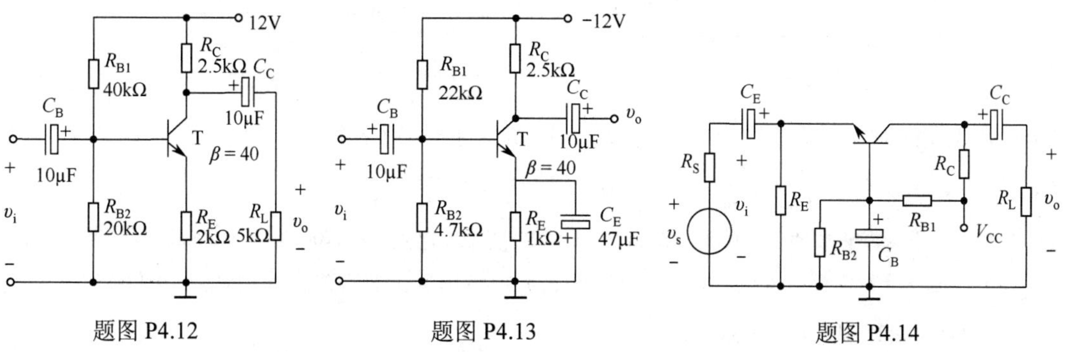

题图 P4.12　　　　题图 P4.13　　　　题图 P4.14

4.15 场效应管的工作原理与双极性三极管的不同，那么场效应管放大电路的偏置电路有何特点？它有几种偏置方式？

4.16 某人用一个 N 沟道结型场效应管设计了一个简单的共源放大电路，为了使跨导 g_m 尽可能大，静态工作点 Q 选择在 $V_{GSQ}=0V$，$I_{DQ}=I_{DSS}$，试问这样设置点 Q 是否合理？为什么？

4.17 已知电路参数如题图 P4.17 所示，其静态工作点上的跨导 $g_m=1mS$。试采用简化的场效应管等效电路作出题图 P4.17 所示放大电路的小信号等效电路图，并计算放大器的电压增益、输入电阻和输出电阻。

4.18 已知题图 P4.18 所示放大电路中结型场效应管的 $V_P=-3V$，$I_{DSS}=3mA$，$r_{ds}\gg R_D$，图中绘制了两种输出端的连接电路，试用微变等效电路法分别求：（1）电压放大倍数 A_{v1} 和 A_{v2}；（2）输入电阻 R_i 和输出电阻 R_{o1}，R_{o2}。

4.19 在多级放大器中，常用的耦合方式有哪几种？各有什么特点？

4.20 利用输入电阻高的特点，射极输出器常被用作多级放大电路的输入级。为了满足某些电子设备的要求，常采取许多措施来进一步提高输入电阻。试说明采用题图 P4.20 所示的带有自举电路的射极跟随器能提高输入电阻的原因。

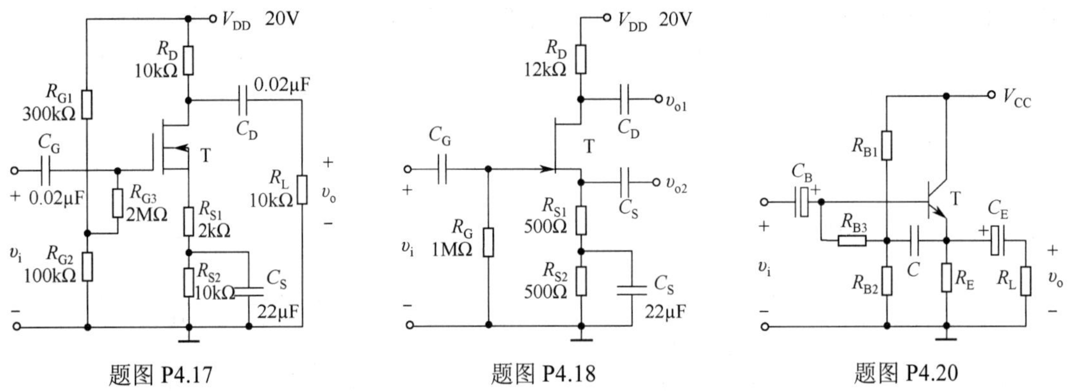

题图 P4.17　　题图 P4.18　　题图 P4.20

4.21 估算题图 P4.21 所示放大器各级的静态工作点，并应用简化的晶体管等效模型计算放大器的电压增益、输入电阻和输出电阻（设 $V_{BEQ}=0.6V$）。

4.22 题图 P4.22 所示为多级放大器框图。（1）写出图(a)的总源电压增益 $A_{vs\Sigma}(=v_o/v_s)$ 和图(b)的总源电流增益 $A_{is\Sigma}(=i_o/i_s)$；（2）若要求源增益大，试提出对信号源内阻 R_S 和负载 R_L 的要求。

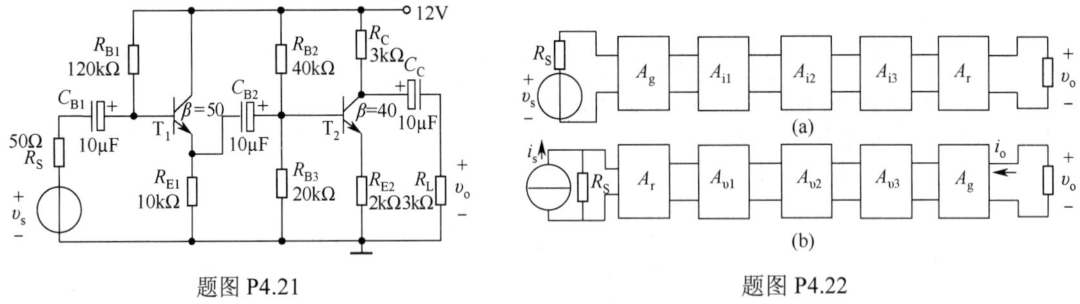

题图 P4.21　　题图 P4.22

4.23 什么是频率特性？什么是频率失真？理想放大器的频率特性是怎样的？

4.24 已知传输函数 $\dot{A}=H\dfrac{\omega_o+j\omega}{10\omega_o+j\omega}$，试用近似作图法画出波特图。

4.25 设只含一个 RC 环节的单级放大电路如题图 P4.25 所示。已知 R_B=470kΩ，$R_S=500\Omega$，$R_L=\infty$，三极管的 $\beta=50$，r_{be}=2kΩ，电路中频区电压增益 $20\lg|\dot{A}_v|=40dB$，通频带范围为 10Hz～100kHz。（1）确定 R_C 的数值；（2）计算电容 C_B 的大小。

4.26 设题图 P4.26 所示电路的参数为 $\beta_0 = 60$，$V_{BEQ} = 0.6V$，$I_{EQ} = 2.4mA$，$r_{bb'} = 50\Omega$，$r_{b'e} = 660\Omega$，f_T=200MHz，$C_{b'c} = 5pF$，$R_L = \infty$ 。计算电路的上限频率 f_H 及增益-带宽积，写出高频区频率特性表达式。

4.27 两级阻容耦合放大器，每级的上限频率都是 f_{H1}，求整个放大器的上限频率。

4.28 两级放大器的交流通路如题图 P4.28 所示，已知 $R_S = 100\Omega$，$r_{bb'1} = r_{bb'2} = 50\Omega$，$T_1$ 的 $C_{b'e1} = 50pF$，$C_{b'c1} = 3pF$，$r_{b'e1} = 500\Omega$，$g_{m1} = 100mS$，$R_{C1} = 5k\Omega$；T_2 的 $C_{b'e2} = 75pF$，$C_{b'c2} = 3pF$，$r_{b'e2} = 250\Omega$，$g_{m2} = 80mS$，$R_L = 5k\Omega$，试求放大器的上限截止频率 f_H。

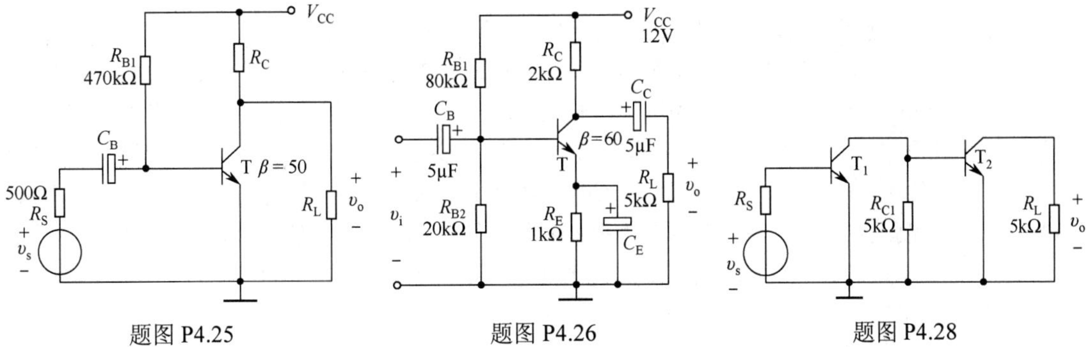

题图 P4.25　　　题图 P4.26　　　题图 P4.28

第 5 章　集成电路与运算放大器

1958 年美国德州仪器公司（TI）的工程师杰克·基尔比（J. Kilby）尝试将几个锗晶体管粘接在一块锗片上，用细金丝（Gold Wire）实现晶体管的连接，研制出了世界上的第一块集成电路（Integrated Circuit）。1959 年 TI 公司向美国专利局申报专利“半导体集成电路”，基尔比研制了集成电路的消息马上传遍硅谷。1960 年美国仙童（Fairchild）公司紧随其后开始研究相关技术，并由诺伊斯（Robert N. Noyce）第一次提出了平面工艺（Plane Technology），制造出了第一块实用化的包括 4 个晶体管和 6 个电阻的集成电路芯片。

1966 年，基尔比和诺依斯同时被富兰克林学会（Franklin Institute）授予“巴兰丁”奖章。基尔比被誉为“第一块集成电路的发明家”，而诺依斯被誉为“提出了适合于工业生产的集成电路理论”的第一人，自此人类开始进入微电子时代的新纪元。

集成电路是采用一定的制造工艺将由晶体管、场效应管、二极管、电阻和电容等许多元器件组成的具有特定功能的电路制作在同一块半导体基片上，然后加以封装所构成的半导体器件。由于其集成度高、体积小、功能强、功耗低、外部的连线及焊点少，因此大大提高了电子设备的可靠性和灵活性，是元器件、电路与系统的高度融合。集成电路根据功能可划分为模拟集成电路和数字集成电路。

1958 年，基尔比在锗材料上用 5 个元件实现了一个简单的振荡器电路。自问世到现在，模拟集成电路在集成度上（一个基片上几乎不能集成万个以上的元件，经常不超个几百个元件）虽然不能与一个基片上集成数百万、上千万甚至亿个以上元件的数字电路相比，但在精度和功能上发展到了可与数字电路相比较的崭新水平。模拟集成电路种类繁多，有运算放大器（简称运放）、宽频带放大器、功率放大器、模拟乘法器、模拟锁相环、模数和数模转换器、稳压电源和音像设备中常用的其他模拟集成电路等。数字集成电路有基本门电路、触发器、计数器、寄存器、存储器、CPU 以及计算机等常用数字设备中的其他数字集成电路等。本章主要以模拟集成电路中的运算放大器为研究对象，讨论其组成、基本原理及基本应用，其他模拟集成电路和数字集成电路将在后续的课程中加以讨论。

5.1　集成电路与运算放大器基础

集成电路是把许多元器件连同它们之间的连接线一起集中在一小块半导体基片上制成的。本节首先简介集成电路的制作过程及集成工艺的标准流程，然后以此为基础简介集成元器件（包括集成三极管、集成二极管、电阻和电容）的结构特征和性能特点，最后给出运算放大器的基本框架及封装构成。

5.1.1　集成电路工艺与集成元器件

目前广泛应用的集成电路板都以硅平面工艺为基础。硅平面工艺由外延生长、氧化、光刻、扩散（或离子注入）和薄膜淀积（或蒸铝）等基本工艺组成。

集成电路的制造过程大体上分成两个阶段。第一阶段，首先在单晶炉中拉出直径约为 10cm（目前已增大到 30cm）、长度超过 0.5m 的圆柱形单晶硅棒。然后将硅单晶棒切割成厚度为 0.25～4mm 的多块硅片，经研磨和抛光，作为在其上制作集成电路的基片。最后，采用硅平面工艺在基片上制作所需的电路元器件及其连线。实际上，一块集成电路芯片的尺寸是很小的，因此在上述基片上可以同时制成几千块集成电路芯片，如图 5-1-1 所示。第二阶段是对制成的集成电路基片进行初测、挑选、划片，分成一块一块的集成电路芯片，并烧结在管座上，焊上引线。再经封装、老化、总测、分档、喷漆、打印等工序，制成产品。

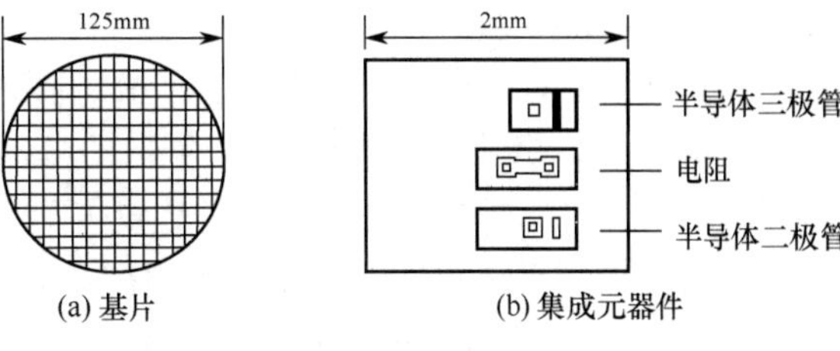

图 5-1-1　基片与集成器件

1. 集成工艺的标准流程

在集成电路中，各个元器件及相互之间的连线都是在统一的（或标准的）工艺流程中制成的。标准工艺流程是根据元器件的制造过程编制出来的。若元器件是双极性三极管，则相应的标准工艺称为**双极性工艺**；若元器件是场效应管，则相应的标准工艺称为 NMOS **工艺**或 CMOS **工艺**。下面以双极性工艺为例介绍集成工艺的标准流程。双极性工艺由掩埋层 N^+ 扩散、外延生长、隔离 P^+扩散、发射区 N^+扩散和薄膜淀积六个子流程组成。

掩埋层 N^+扩散是指在 P 型基片（又称衬底）上形成 N^+区，称为双极性三极管中的掩埋层，其具体流程如图 5-1-2 所示。首先采用氧化工艺在衬底表面上生长一层二氧化硅 SiO_2［见图 5-1-2(a)］，二氧化硅对杂质扩散具有屏蔽作用，即杂质元素不能透过 SiO_2 层扩散到衬底中。然后用光刻工艺将衬底中需要形成掩埋层区域的表面的 SiO_2 层清除，开出掩埋层扩散窗口。具体做法是，在整个 SiO_2 层的表面覆盖一层均匀的感光胶［见图 5-1-2(b)］，其上再套一块掩模板［见图 5-1-2(c)］，在这块掩模板上刻出与掩埋层扩散窗口相同的图形，对它进行光照，光线透过掩模板上有图形的区域照射到感光胶上，然后去掉掩模板，将感光区域的感光胶清除［见图 5-1-2(d)］，并将该区域内的 SiO_2 层用化学方法刻蚀掉［见图 5-1-2(e)］，暴露出的衬底表面就是掩埋层扩散窗口，最后进行 N^+扩散。由于掺杂原子不能透过 SiO_2 层进入衬底，因此只能在未被 SiO_2 层覆盖的区域形成 N^+掩埋层［见图 5-1-2(f)］，掩埋层的厚度受扩散温度和时间控制。温度高、时间长，掩埋层就厚。形成掩埋层后，将未感光的感光胶和 SiO_2 层腐蚀掉，准备进行下一个工艺流程。

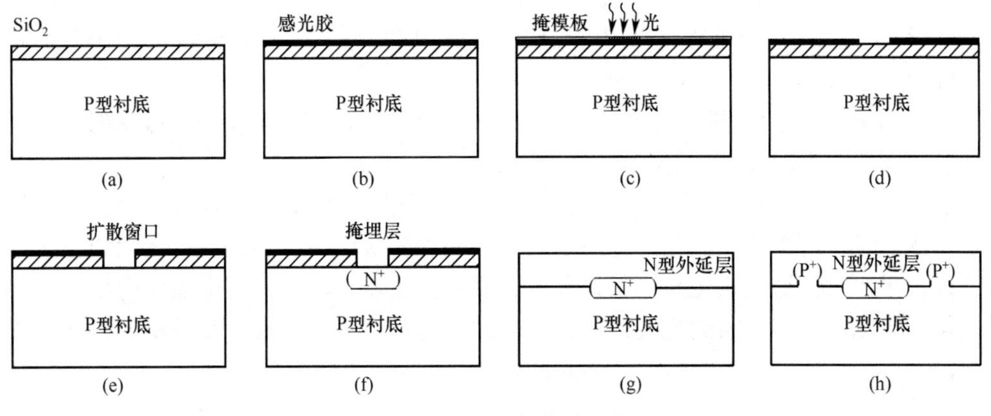

图 5-1-2　基片与集成器件

外延生长是在温度为 1000℃～2000℃的反应炉内进行的，其作用是在 P 型衬底上生长一层 N 型杂质半导体［见图 5-1-2(g)］，作为 NPN 型双极性三极管的集电区。外延生长层的厚度和掺杂浓度决定了三极管反向击穿电压 $V_{(BR)CEO}$ 的大小。外延生长层越厚，掺杂浓度越低，$V_{(BR)CEO}$ 就越大。

隔离 P^+扩散的作用是通过氧化、光刻和 P^+扩散，将外延生长层划分成一个一个彼此电绝缘的隔离区，各个元器件制造在各自的隔离区内，因此通常将每个隔离区都称为隔离岛［见图 5-1-2(h)］，每个隔离岛周围是通过隔离槽扩散窗口进行 P^+扩散而形成的隔离槽，槽深穿透外延生长层直达衬底。为了保证电隔离，在电路中将衬底接在电路中最低的电位上，保证每个 N 型隔离岛与 P 型衬底之间的 PN 结是反向偏置的。这样，就可在制造于同一块硅片上的各元器件之间实现电绝缘。可见，这是依靠反向偏置的 PN 结来实现隔离作用的，所以称为 PN 结隔离。它是一种不完善的隔离，因为 PN 结反偏工作时的结电容和漏电流都会对电路产生寄生影响，在高频段工作时，这种影响尤为严重。为了改善隔离性能，可以采用介质隔离技术，它利用 SiO_2 作为隔离岛周围的绝缘层，如图 5-1-3 所示。这种隔离技术的工艺复杂，目前仅在高性能集成电路中采用。

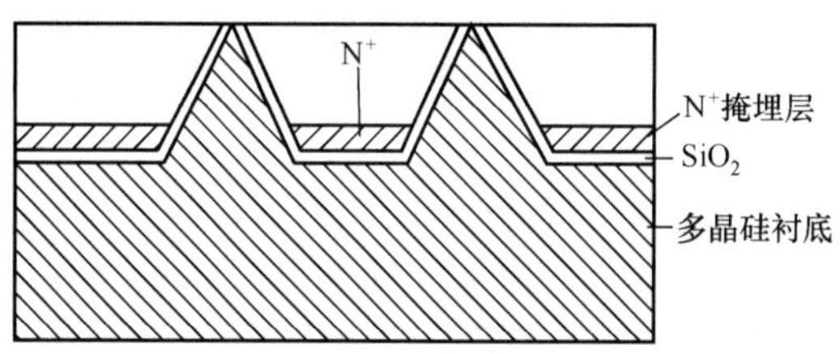

图 5-1-3　介质隔离示意图

下面简要介绍在隔离岛内形成 NPN 型三极管的工艺流程（见图 5-1-4）。

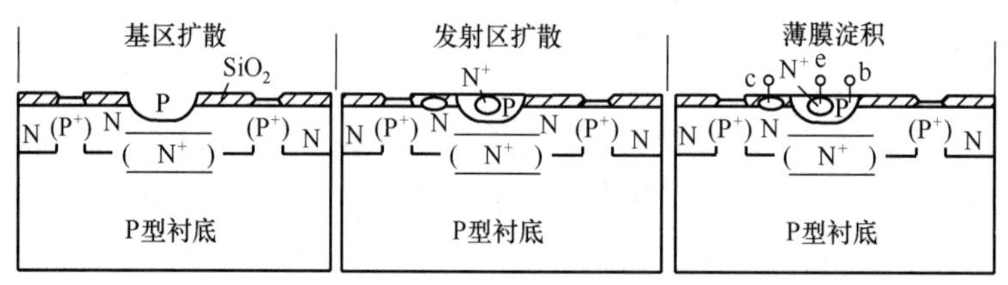

图 5-1-4　NPN 型三极管的制作工艺

基区 P 扩散是指在每个隔离岛内通过氧化、光刻和 P 扩散形成 NPN 型三极管的基区，基区深度为 1～3μm。

发射区 N^+扩散是指在基区内通过氧化、光刻和 N^+扩散形成 NPN 型三极管的发射区，发射区深度为 0.5～2.5μm ，基区宽度为 0.5～1μm。

发射区 N^+扩散同时在外延层中形成集电极的引线区，保证引线区与金属引线之间为欧姆接触。然后进行薄膜淀积工艺，完成双极性三极管各极引线和各元器件之间的连线。在这个工艺过程中，首先通过氧化和光刻，开出各极引线窗口，然后在整个表面淀积一层铝，再通过氧化和光刻，保留所需的连线，并将其他部分的铝层去掉。最后在整个表面上生长一层氧化层，保护芯片免受外界的污染，并通过光刻开出引到管座上的接线孔。

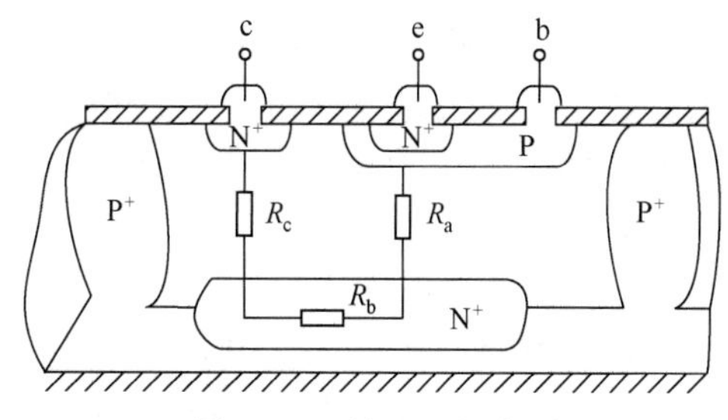

图 5-1-5　掩埋层的作用

下面简单介绍掩埋层的作用。在集成电路中，双极性三极管的各极引线都要在硅片表面上引出，其中从集电结到引线区经过的路程最长，在该路程中呈现的体电阻等效为 R_a、R_b 和 R_c 的串联，如图 5-1-5 所示。

为了提高集电结的反向击穿电压 $V_{(BR)CEO}$，集电区又必须是低掺杂的，这样，集电区的串接电阻就会过大，影响实际加到集电结上的电压。目前在制造过程中，预先掩埋一层低阻 N^+区，减小 R_b，就能在不影响击穿电压的前提下有效地减小集电极的串接电阻。必须指出的是，由于 PN 结隔离得不完善，上述集成 NPN 型三极管中将产生寄生的 PNP 型三极管，如图 5-1-5 所示。这种寄生的 PNP 管是由 P 型基区、N 型外延层和 P 型衬底形成的。当 NPN 型管工作在放大区时，寄生 PNP 管处于截止状态，其势垒电容直接接在 NPN 管的集电结上，且 PNP 管的漏电流直接流过 NPN 管的集电极，这就影响了 NPN 管的性能。而当 NPN 管工作在饱和区时，寄生 PNP 管导通，进而严重影响 NPN 管的性能。实际应用时，这种情况应尽力避免。

2. 集成元器件

除 NPN 型三极管外，其他集成元器件都是在上述标准工艺流程中制成的，一般不允许增加其他工序。

（1）PNP 型晶体三极管

采用上述标准工艺流程制成的 PNP 型晶体三极管有横向和纵向两种，如图 5-1-6 所示。图 5-1-6(a)所示为横向 PNP 管，其 P 型发射区和集电区是在标准基区 P 扩散流程中形成的，N 型基区是外延生长层，而基极的引线区是在标准发射区 N^+扩散流程中形成的。鉴于它的载流子是沿与表面平行的方向移动的，所以称其为横向 PNP 管。

图 5-1-6(b)所示为纵向 PNP 型管，其集电区为 P 型衬底，基区为 N 型外延层。因此，在标准工艺流程中，只需通过基区 P 扩散流程形成发射区，通过发射区 N^+扩散形成基极引线区即可。由于它的载流子是沿纵向运动的，故称其为纵向 PNP 管。不过，在这种管子中不能加掩埋层。

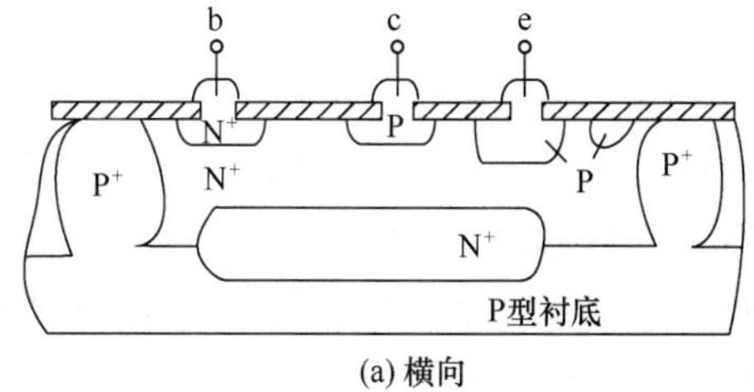

(a) 横向

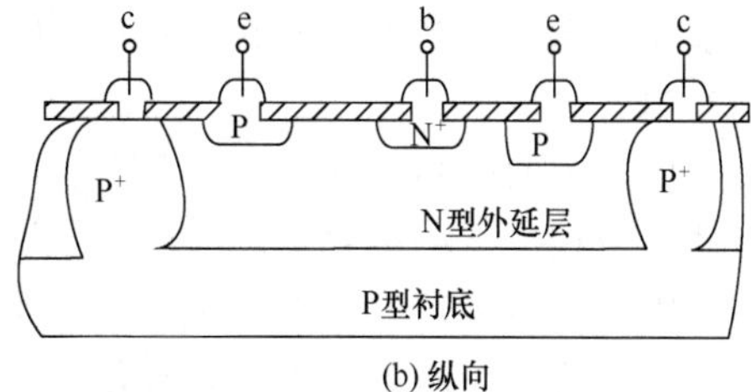

(b) 纵向

图 5-1-6　PNP 三极管剖面图

由于受到标准工艺流程的限制，无论是横向 PNP 管还是纵向 PNP 管，它们的基区宽度都不能做得很小。同时，因为发射区是低掺杂的，因此它们的 β 均较低，值为 5～50，但在近代集成工艺中，β 已经可以达到 80～100 或更高，其中纵向管可略高一些。在纵向管中，集电区就是公共衬底，必须接在电路的最低电位上，因此其应用受到限制。此外，PNP 管的寄生效应也比较严重。例如，横向管有两个寄生的纵向 PNP 管 T_A 和 T_B，如图 5-1-7 所示。当 PNP 管工作在放大区时，由 PNP 管的发射区、外延层和衬底组成的寄生管 T_A 也工作在放大区，它将分流 PNP 管的发射极电流（3%～5%）。在横向管中，将集电区分割成多段，就可制成多集电极的 PNP 管。

（2）晶体二极管

集成电路中的晶体二极管都是由 NPN 型晶体三极管连接而成的，如图 5-1-8 所示。图 5-1-8(a)所示是将三极管的发射结短接，利用集电结制成的二极管；图 5-1-8(b)所示是将三极管的集电结短接，利用发射结制成的二极管。

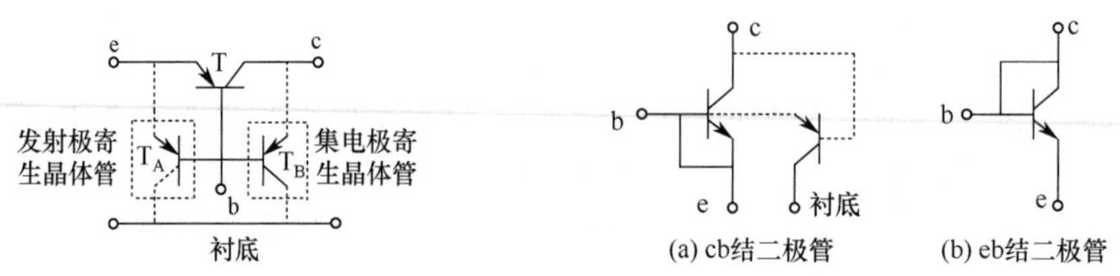

图 5-1-7　横向 PNP 的寄生效应　　　　图 5-1-8　晶体二极管

实际上，在利用集电结制成的二极管中，P 型正极、N 型负极和 P 型衬底将形成寄生的 PNP 三极管，如图 5-1-8(a)所示。而且当二极管加正向电压时，这个寄生的 PNP 管便工作在放大区，严重影响二极管的性能。而在利用发射结制成的二极管中，这个寄生三极管是不存在的，但其反向击穿电压比较低，因此外加反向电压不太大时，这种二极管应用较广泛。

（3）电阻

集成电路中的电阻有扩散电阻和金属膜电阻两大类。扩散电阻就是由掺杂半导体构成的电阻，它的阻值取决于掺杂浓度、扩散深度和扩散窗口的尺寸。可以由标准发射区 N^+扩散流程形成 N^+区电阻，也可以由标准基区 P 扩散流程形成 P 区电阻。前者的阻值很小，一般为几十欧；后者的阻值较大，一般为几百欧至几十千欧。需要高阻值时，可用沟道 P 区电阻，即在 P 区电阻中再进行一次发射区 N^+扩散，以减小 P 区电阻的厚度，从而提高它的阻值。

扩散电阻的最大阻值受到有限芯片尺寸的限制。在 P 区电阻中，P 区电阻与外延层以及外延层与衬底之间的 PN 结电容又构成扩散电阻的分布电容，限制了它的最高工作频率。除扩散电阻外，还可利用标准的薄膜淀积流程在二氧化硅表面上淀积一层金属膜，制成低温度系数的金属膜电阻，这种电阻的性能好，但阻值较小。

（4）电容

集成电路中的电容大多是 PN 结反向偏置时的势垒电容，改变结面积及加在其上的反偏电压，就可以控制它的电容量。其中，发射结电容的电容量较大，但其击穿电压低；而集电结电容的电容量较小，其击穿电压高。不论采用哪个结电容，它们都存在寄生参量。例如，采用发射结电容时，集电结电容和外延层到衬底间的结电容就是它的寄生电容。集成电路中也可采用金属-氧化物-半导体（简称 MOS）电容。它是以二氧化硅为介质，以铝层和发射区 N^+扩散区为上、下两极板的平板电容，其电容量取决于扩散窗口尺寸和二氧化硅厚度，而与外加电压无关。

在标准工艺流程中，增加一道或几道工艺流程还可制作其他特殊性能的元器件，但是产品的成品率下降，价格较高。例如，超 β 值 NPN 型晶体三极管的 β 可高达几千。制造这种管子时，必须增加一道 N^+扩散流程，以专门形成超 β 管的发射区。这个流程与标准发射区

N^+扩散流程的不同点是，它在 P 区中扩散得更深，以减小基区的宽度（约 0.2μm）。这样，就可大大减少非平衡少子在基区中的复合，以增大 β，但是，很薄的基区将导致穿透击穿电压减小，基区宽度调制效应严重。

3. 集成元器件的特点

综上所述，集成电路元器件的性能具有如下特点。

（1）由于各元器件都是采用相同工艺在同一块硅片上制成的，因此同类元器件之间性能参数的相对误差小，温度特性比较一致，或者说，元器件的匹配性较好。如果有差别，主要是由光刻尺寸的相对误差和掺杂不均匀造成的，但这种差别很小。另外，所有元器件都在同一硅片上，相互靠得很紧，基本上是等温的，因此温度不均匀造成的相对误差也很小，即温度匹配性好。但是，由于生产过程中各道工序的工艺条件难以精确控制，所以前后两批生产出来的成品性能差异较大，即元器件性能参数的绝对误差较大。

（2）寄生参量影响严重。

（3）电阻、电容的数值受到限制。电阻值一般不宜超过 50kΩ，电容量不宜超过 200pF。电阻和电容值太大，占用的硅片面积就会过大，严重影响电路的集成度。

（4）难以制造电感、变压器等元件。

根据上述特点，在集成电路中，首先，应选用匹配性高的元器件，但允许绝对误差大的电路。其次，集成元器件中，NPN 型晶体三极管的性能最佳，占用的芯片面积最小。针对这两个特点，在所选的电路中，应尽可能包含更多的 NPN 型晶体三极管，以取代其他元器件。总之，在设计集成电路时，要充分发挥集成元器件的独特优点，力求避免其固有缺点。

5.1.2　集成运算放大器

集成运算放大器（简称集成运放）是实现高增益放大功能的、应用最普遍的一种集成器件，早期主要用来实现对模拟量进行数学运算的功能。目前，随着器件性能的改进，它已成为通用的增益器件，如同三极管一样，广泛用于电子线路的各个领域。

1. 集成运放的基本构成

集成运放是一种高电压增益、高输入阻抗、低输出阻抗的多级直接耦合的放大电路，它的类型很多，电路也不一样，但是结构有共同之处。一般而言，集成运放的内部电路包括四个基本组成环节：输入级、中间放大（兼电平移动）级、输出级和各级的偏置电路，如图 5-1-9 所示。

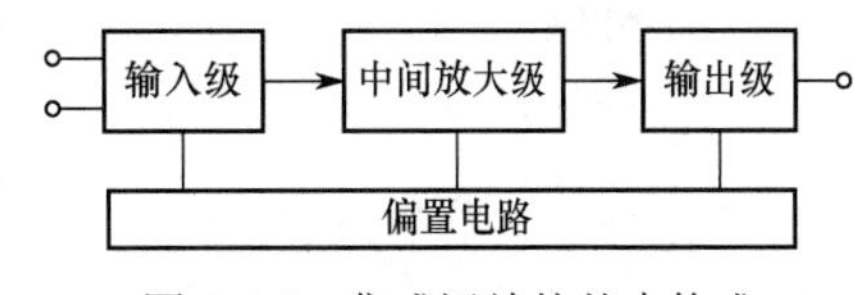

图 5-1-9　集成运放的基本构成

由于晶体管容易制造，且它在硅片上所占的面积小，集成运放的内部电路大量采用晶体管来代替其他元器件，如采用三极管来代替二极管、有源负载代替电阻负载等。由于晶体管是在相同的工艺条件下同时制造的，同一硅片上的对管特性比较相近，易获得较好的对称性能；在同一温度场下，易获得良好的温度补偿，具有良好的温度稳定性。内部电路中的部分电阻采用半导体工艺制造，如扩散电阻、夹层电阻、体电阻、离子注入电阻、薄膜电阻等。内部的电容采用 PN 结电容、薄膜电容等，电容的容量小。一般而言，大电阻、大电容在硅片上所占的面积大，因此在集成电路内部很少采用，需要时则采用外接的方法。为了提高集成电路的稳定性和耐受过载能力，某些集成电路在内部电路中采用了一些辅助电路，如内电源稳压电路、控温电路、温度补偿电路、输入电压保护电路，以及输出过流、过热保护电路等。

2. 集成运放的封装及符号

集成运放的封装形式主要有三类：金属圆帽 TO 封装、双列直插 DIP 封装和贴片 SOP 封装，如图 5-1-10(a)至(c)所示。

在电路图中，集成运放作为一种广泛使用的增益元件，常使用图 5-1-11 的符号来表示，其中标有“+”的端子表示与输出电压同相的输入端，称为同相输入端；标有“-”的端子表示与输出电压反相的输入端，称为反相输入端；从电路符号右侧引出的端子为输出端。集成运放还有电源和接地端，有的运算放大器还有调零和补偿端，作为一般性考虑，这里未画出。

图 5-1-10　集成运放封装形式　　图 5-1-11　集成运放电路符号

5.2 集成运放的输入级

集成运放的输入级一般由差分放大器组成。差分放大器的功能是放大差模输入信号而抑制共模输入信号，由于差分放大器电路的性能优越，因此是集成运放的主要组成单元。

5.2.1 差分放大器的工作原理

1. 差模信号与共模信号

任何一个线性放大电路都可视为一个双口网络，对输入口的两个输入端所加的信号总可等效为差模信号和共模信号的线性叠加。

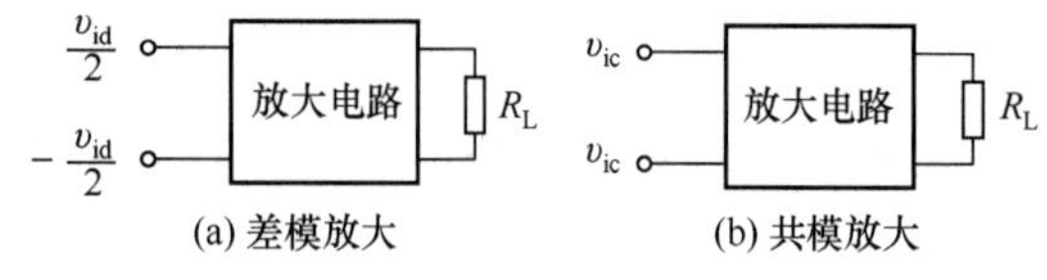

图 5-2-1　差模信号与共模信号

差模信号：大小相等、极性相反（变化规律相反）的一对信号，如图 5-2-1(a)所示。

共模信号：大小相等、极性相同（变化规律一致）的一对信号，如图 5-2-1(b)所示。

实际加到差分放大器的两个输入端的电压信号往往为任意信号，它们既不是差模信号，又不是共模信号。在这种情况下，可将两输入端的信号改写成下列形式：

$$\upsilon_{i1} = \frac{\upsilon_{i1} + \upsilon_{i2}}{2} + \frac{\upsilon_{i1} - \upsilon_{i2}}{2} = \upsilon_{ic} + \frac{\upsilon_{id}}{2} \tag{5-2-1}$$

$$\upsilon_{i2} = \frac{\upsilon_{i1} + \upsilon_{i2}}{2} - \frac{\upsilon_{i1} - \upsilon_{i2}}{2} = \upsilon_{ic} - \frac{\upsilon_{id}}{2} \tag{5-2-2}$$

可见，实际加到差分放大器两输入端的电压信号，可分解为一对大小相等、极性相同的共模信号和一对大小相等、极性相反的差模信号之和，其中，

$$\upsilon_{id} = \upsilon_{i1} - \upsilon_{i2} \tag{5-2-3}$$

$$\upsilon_{ic} = \frac{1}{2}(\upsilon_{i1} + \upsilon_{i2}) \tag{5-2-4}$$

对实际加到图 5-2-2(a)所示放大器中的信号采用差模、共模信号进行等效时，得到的结果如图 5-2-2(b)所示。在差分放大电路中，往往采用对称性电路来取样输入信号，温漂和外加干扰信号对差分放大电路的两个输入端的影响总是相同的，可视为在放大电路的两输入端施加了一对共模信号，有用信号总以差模信号的形式出现，差分放大器就是放大两输入端信号之差的放大器。

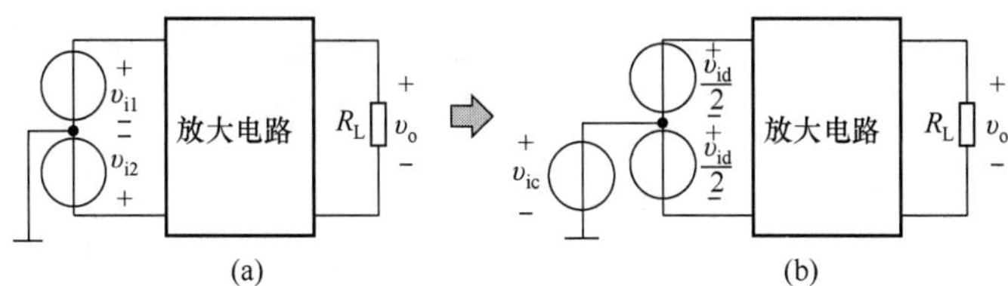

图 5-2-2　差模与共模信号电路等效

【例 5-2-1】已知差分放大器的两个输入端所加的信号分别为 $\upsilon_{i1} = 2.02\text{V}$，$\upsilon_{i2} = 1.98\text{V}$，问差分放大器的共模与差模输入电压分别是多少？

解： $\upsilon_{id} = \upsilon_{i1} - \upsilon_{i2} = 2.02 - 1.98 = 0.04\text{V}$，

$$\upsilon_{ic} = \frac{1}{2}(\upsilon_{i1} + \upsilon_{i2}) = \frac{1}{2}(2.02 + 1.98) = 2\text{V}$$

2．差分放大器的性能指标

差模电压增益：放大器对差模信号的电压放大倍数称为*差模电压增益*，即

$$A_{\upsilon d} = \frac{\upsilon_{od}}{\upsilon_{id}} \tag{5-2-5}$$

共模电压增益：放大器对共模信号的电压放大倍数称为*共模电压增益*，即

$$A_{\upsilon c} = \frac{\upsilon_{oc}}{\upsilon_{ic}} \tag{5-2-6}$$

根据线性电路的性质，可知整个放大器的输出电压为

$$\upsilon_o = A_{\upsilon d}\upsilon_{id} + A_{\upsilon c}\upsilon_{ic} \tag{5-2-7}$$

对于差分放大器而言，希望共模电压放大倍数越小越好，理想差分放大电路的共模放大倍数 $A_{\upsilon c}$ 为零。为了科学地衡量差分放大电路性能的优劣，检验电路抑制共模信号和放大差模信号的能力，提出了共模抑制比的概念。共模抑制比定义为

$$K_{CMR} = \frac{|A_{\upsilon d}|}{|A_{\upsilon c}|} \tag{5-2-8}$$

共模抑制比可用分贝表示。差模增益越大、共模增益越小，共模抑制比就越大，差分放大器的电路性能就越好。

3．差分放大器的工作原理

图 5-2-3 所示的电路是一个基本的差分式放大电路，它是由两个特性完全相同的晶体管 T_1、T_2 组成的对称电路，电路参数也完全对称，信号由两管的基极输入，从集电极输出。电路采用正、负电源供电，由于静态时输入端处于零电位，负电源可保证三极管发射结的正向

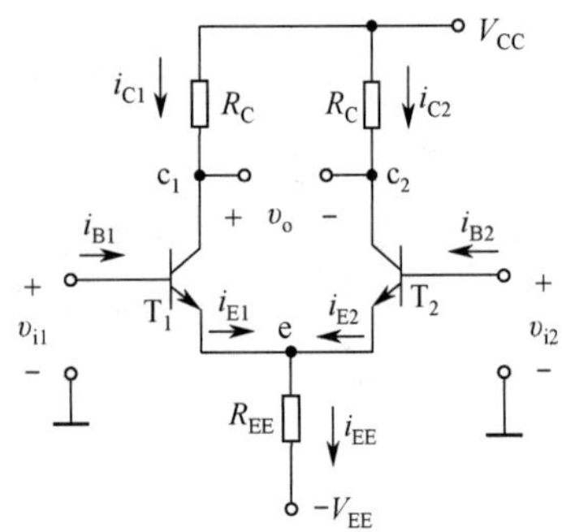

图 5-2-3 差分放大原理电路

导通，使三极管能够正常放大。电阻 R_{EE} 接在两管的发射极与负电源之间，具有负反馈作用，能够稳定静态工作点 Q，同时具有减小电路零点漂移的作用。

（1）静态工作点分析

静态时，电路的两个输入端的电压均为零，即两个输入端可视为对地短路，于是有

$$V_E = 0 - V_{BE} = -V_{BE}$$

两个三极管对称，静态时，发射结电压相等，故发射极电流相等，集电极的电位也相等，可以分别表示为

$$I_{E1} = I_{E2} = I_E = \frac{I_{EE}}{2} = \frac{V_E - (-V_{EE})}{2R_{EE}} = \frac{V_{EE} - V_{BE}}{2R_{EE}}$$

$$V_{C1} = V_{C2} = V_{CC} - I_C R_C \approx V_{CC} - I_E R_C$$

静态时的 V_{CE1} 和 V_{CE2} 为

$$V_{CE1} = V_{CE2} = V_{C1} - V_E$$

静态输出电压为两输出端电位之差，表示为

$$V_o = V_{C1} - V_{C2} = 0$$

可见，静态时，输出电压为零。

（2）动态性能分析

① 输入差模电压，即两输入端输入一对大小相等、方向相反的电压信号，表示为

$$\upsilon_{i1} = -\upsilon_{i2} = \frac{\upsilon_{id}}{2}$$

放大器的两个输入端，一端的输入信号增加多少，另一端就减少多少；由于电路参数对称，两管变化的集电极电流大小相等、方向相反，即有 $\Delta i_{C1} = -\Delta i_{C2}$，从而 $\Delta \upsilon_{C1} = -\Delta \upsilon_{C2}$，于是差模输出电压为

$$\upsilon_{od} = \Delta \upsilon_{C1} - (-\Delta \upsilon_{C2}) = 2\Delta \upsilon_{C1}$$

$$A_{\upsilon d} = \frac{\upsilon_{od}}{\upsilon_{id}} = \frac{\upsilon_{o1} - \upsilon_{o2}}{\upsilon_{i1} - \upsilon_{i2}} = \frac{2\upsilon_{o1}}{2\upsilon_{i1}} = A_{\upsilon 1}$$

由上述分析可知，输入差模信号时，差分放大器的输出电压为电路中单管集电极电位变化的 2 倍；当差模信号是有效输入时，差分放大电路对该差模信号具有放大作用，且差模放大倍数等于单边电路的电压放大倍数，差分放大器中多使用一个三极管并未提高电压放大倍数。

② 输入共模电压，即两输入端输入一对大小相等、极性相同的电压信号，表示为

$$\upsilon_{i1} = \upsilon_{i2} = \upsilon_{ic}$$

由于两输入端信号大小相等、方向相同，一端输入信号增加多少，另一端同样增加多少；由于电路参数对称，输入信号引起的集电极电流变化对两管而言，大小相等、方向相同，即 $\Delta i_{C1} = \Delta i_{C2}$，从而有 $\Delta \upsilon_{C1} = \Delta \upsilon_{C2}$，这时，两输出端对应的输出电压为

$$\upsilon_{od} = \Delta \upsilon_{C1} - \Delta \upsilon_{C2} = 0$$

由上述分析可知，当差分放大器的两输入端输入共模信号时，理想情况下电路输出为零，电路完全抑制共模信号，可以看出电路利用对称性抑制了零点漂移。

③ 电路抑制温漂的作用。若温度变化、电源电压波动或外部对两输入端产生同样的干扰而引起电路参数变化，由于电路完全对称，对 T_1 和 T_2 必然产生同样的影响，所以都可视

为在电路输入端输入了共模信号。理想情况下，不会使得电路输出发生变化，从而达到抑制温漂、稳定电路性能的目的。

由前面分析可以看出，差分放大电路具有放大差模信号、抑制共模信号的能力。我们希望差模放大倍数尽可能大，共模放大倍数最好为零，而抑制共模信号主要是利用了电路的对称性。实际电路中，由于电路难以达到完全理想对称，所以完全抑制温漂是不可能的，但能使温度漂移影响极低。

5.2.2 差分放大器的基本性能分析

由于实际需要，差分放大电路不仅可以从两输入端同时输入，而且可以一端接地，构成单端输入方式，输出时也可以从一端输出，这样差分放大电路就可以形成四种连接方式：双端输入双端输出（双入双出）、双端输入单端输出（双入单出）、单端输入双端输出（单入双出）和单端输入单端输出（单入单出）。

1. 双入双出

差分放大器差模输入条件下的交流通路如图 5-2-4(a)所示。由于电路参数对称，i_{E1} 上升，则 i_{E2} 下降，$\Delta i_{E1}=-\Delta i_{E2}$，从而维持图 5-2-3 中电阻 R_{EE} 上的电流不变，电阻 R_{EE} 支路上交流电流为零，因此，电阻 R_{EE} 上的交流压降也为零，可视为交流短路，则 e 点可认为交流接地；节点 c_1 和 c_2 的交流电位大小相等、方向相反，负载电阻 R_L 的中点也可视为交流接地。综上所述，图 5-2-4(a)可以改画为图 5-2-4(b)所示的等效电路。由图 5-2-4(b)可以看出，电路上下两部分完全一样，因此差模电压增益为

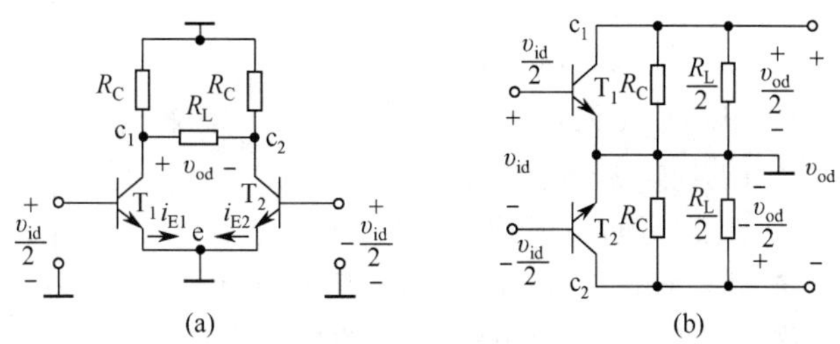

图 5-2-4　双入双出差分放大交流通路图

$$A_{vd}=\frac{v_{od}}{v_{id}}=\frac{\frac{1}{2}v_{od}}{\frac{1}{2}v_{id}}=A_{v1}=-\frac{\beta\left(R_C\parallel\frac{1}{2}R_L\right)}{r_{be}} \tag{5-2-9}$$

可见，双入双出差分放大电路虽多用了一个三极管，但没有提高电路的差模电压放大能力，其差模电压增益与单管共射放大电路一样。进一步分析可知，电路输入共模信号时，差模输出电压为零，电压增益为零。可见，双入双出差分放大电路对共模信号无放大作用，具有较强的抑制温漂的能力。因此，差分放大器是以牺牲一只管子的放大倍数为代价来换取对共模信号的抑制能力。

电路的差模输入电阻为
$$R_{id}=2r_{be} \tag{5-2-10}$$

电路的差模输出电阻为
$$R_{od}=2R_C \tag{5-2-11}$$

可见，双入双出差分放大电路的差模输入、输出电阻为单管共射极电路的 2 倍。若双入双出差分放大器处于理想工作状态，则其共模抑制比为无穷大。

2. 双入单出

（1）输入差模信号

双入单出情况下的差模交流通路如图 5-2-5(a)所示。由于电路参数在输入回路中仍然

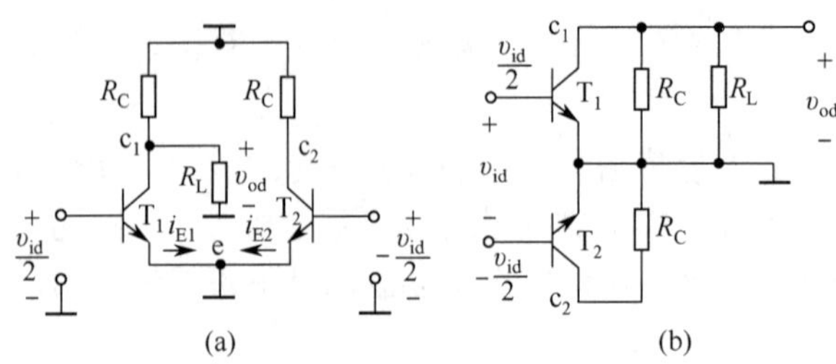

图 5-2-5 双入单出差模交流通路图

对称，i_{E1} 和 i_{E2} 的变化量仍然大小相等、方向相反，同样维持 i_E 电流不变，R_{EE} 支路仍可视为交流短路，e 点可认为交流接地。电路的交流通路可以改画为图 5-2-5(b)。

差模电压增益为

$$A_{vd}=\frac{v_{od}}{v_{id}}=\frac{v_{o1}}{v_{i1}-v_{i2}}=\frac{v_{o1}}{2v_{i1}}=\frac{1}{2}A_{v1}$$

其中单管共射放大器的放大倍数为 A_{v1}，因此可得双入单出的差模电压增益为

$$A_{vd}=-\frac{\beta(R_C \parallel R_L)}{2r_{be}} \tag{5-2-12}$$

由此可见，双端输入单端输出的差模电压增益是双端输入双端输出的一半。

其差模输入电阻仍为

$$R_{id}=2r_{be} \tag{5-2-13}$$

电路采用单端输出，差模输出电阻与单管输出电阻一致：

$$R_{od}=R_C \tag{5-2-14}$$

（2）输入共模信号

单端输出时，共模输出电压为一端集电极对地的电位，一般不为零。图 5-2-6(a)为双入单出的共模输入的交流通路图。

在共模输入情况下，发射极的电路参数对称，在画图 5-2-6(b)所示的等效电路时，为了维持 e 点的电位不变，图 5-2-6(b)中接在三极管发射极的电阻必须等效为原来 R_{EE} 的 2 倍。这样，电路就可以转化为单管共射放大电路来计算。

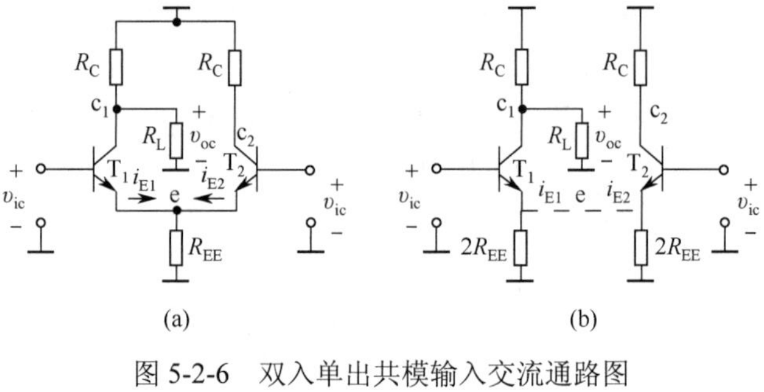

图 5-2-6 双入单出共模输入交流通路图

电路的共模电压放大倍数为

$$A_{vc}=\frac{v_{oc}}{v_{ic}}=-\frac{\beta(R_C \parallel R_L)}{r_{be}+2(1+\beta)R_{EE}} \tag{5-2-15}$$

由此可见，双入单出时共模电压放大倍数不为零，由于 R_{EE} 的存在，A_{vc} 值较小，同样具有较强的共模信号抑制能力。双入单出的共模抑制比为

$$K_{CMR}=\frac{|A_{vd}|}{|A_{vc}|}=\frac{r_{be}+2(1+\beta)R_{EE}}{2r_{be}} \tag{5-2-16}$$

共模输入电阻：单边电路的输入电阻为 $R_{i1}=r_{be}+2(1+\beta)R_{EE}$。

输入共模信号，相当于两输入端并联，因此共模输入电阻为

$$R_{ic}=\frac{1}{2}R_{i1}=\frac{r_{be}+2(1+\beta)R_{EE}}{2} \tag{5-2-17}$$

可见其共模输入电阻很大，特别是比差模输入电阻大很多。

单端输出的共模输出电阻为

$$R_{oc} = R_C \tag{5-2-18}$$

3. 单端输入

单端输入有两种方式：单入双出和单入单出，如图 5-2-7 所示。

任何一种输入方式都可以转化为双端输入，然后按照前面分析双端输入的方式分别进行计算。

前面分析过，任何输入都可分解为差模输入和共模输入的线性叠加。单端输入时，电路可分解为差模信号和共模信号，分别表示为

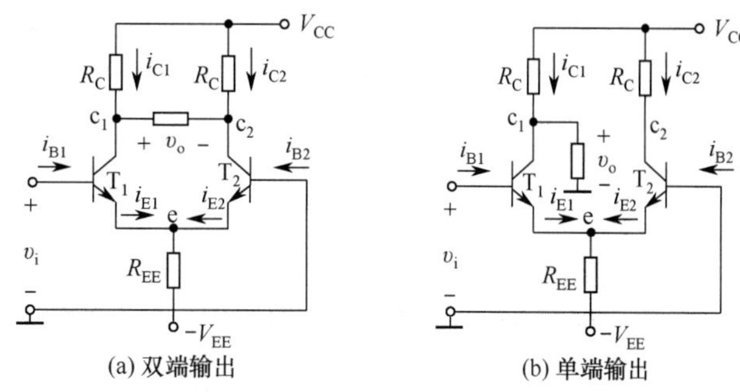

图 5-2-7　单端输入的差模放大电路

$$\upsilon_i = \frac{\upsilon_i}{2} + \frac{\upsilon_i}{2} = \upsilon_{ic} + \frac{\upsilon_{id}}{2} \tag{5-2-19}$$

$$0 = \frac{\upsilon_i}{2} - \frac{\upsilon_i}{2} = \upsilon_{ic} - \frac{\upsilon_{id}}{2} \tag{5-2-20}$$

于是就可采用双端输入的分析方法进行分析，然后进行叠加，总输出电压为

$$\upsilon_o = A_{\upsilon d}\upsilon_{id} + A_{\upsilon c}\upsilon_{ic} = A_{\upsilon d}\upsilon_i + A_{\upsilon c}\frac{\upsilon_i}{2} \tag{5-2-21}$$

① 双端输出。类似于双入双出情况的分析，当 R_{EE} 很大时，差模信号对输入回路而言是对称的，所以输入电阻主要体现为差模特性，其差模输入电阻为单边电路的 2 倍，即

$$R_i = R_{id} = 2r_{be} \tag{5-2-22}$$

双端输出的差模输出电阻是单管的 2 倍，即

$$R_o = R_{od} = 2R_C \tag{5-2-23}$$

双端输出的差模电压放大倍数为单管的电压放大倍数：

$$A_{\upsilon d} = -\frac{\beta\left(R_C \parallel \frac{1}{2}R_L\right)}{r_{be}} \tag{5-2-24}$$

输入共模信号时，由于电路对称，两端输出相同，相减为零，共模电压放大倍数为

$$A_{\upsilon c} = 0 \tag{5-2-25}$$

输出电压为

$$\upsilon_o = A_{\upsilon d}\upsilon_{id} + A_{\upsilon c}\upsilon_{ic} = A_{\upsilon d}\upsilon_i \tag{5-2-26}$$

双端输出的共模抑制比为无穷大。

② 单端输出。类似双入单出情况的分析，当 R_{EE} 很大时，差模信号对输入回路而言是对称的，所以输入电阻主要体现为差模输入电阻：

$$R_i = R_{id} = 2r_{be} \tag{5-2-27}$$

输出电阻与单端输出相同，可表示为

$$R_o = R_{od} = R_C \tag{5-2-28}$$

差模电压放大倍数为

$$A_{\upsilon d}=-\frac{\beta(R_C \parallel R_L)}{2r_{be}} \tag{5-2-29}$$

共模电压放大倍数为

$$A_{\upsilon c}=\frac{\upsilon_{oc}}{\upsilon_{ic}}=-\frac{\beta(R_C \parallel R_L)}{r_{be}+2(1+\beta)R_{EE}} \tag{5-2-30}$$

输出电压为

$$\upsilon_o = A_{\upsilon d}\upsilon_{id} + A_{\upsilon c}\upsilon_{ic} = A_{\upsilon d}\upsilon_i + A_{\upsilon c}\frac{\upsilon_i}{2} \tag{5-2-31}$$

输出信号既有差模分量，又有共模分量。但由于共模电压放大倍数比差模电压放大倍数小得多，所以共模分量与差模分量相比也小得多。共模抑制比为

$$K_{CMR}=\frac{|A_{\upsilon d}|}{|A_{\upsilon c}|}=\frac{r_{be}+2(1+\beta)R_{EE}}{2r_{be}} \tag{5-2-32}$$

可以看出，R_{EE} 越大，共模抑制比越大，电路的性能就越好。以上介绍的差分放大器，由于有一个电阻 R_{EE}，相当电路有一条尾巴，因此也称**长尾式差分放大器**。

5.2.3 改进型差分放大器

1. 带电流源的差分放大电路

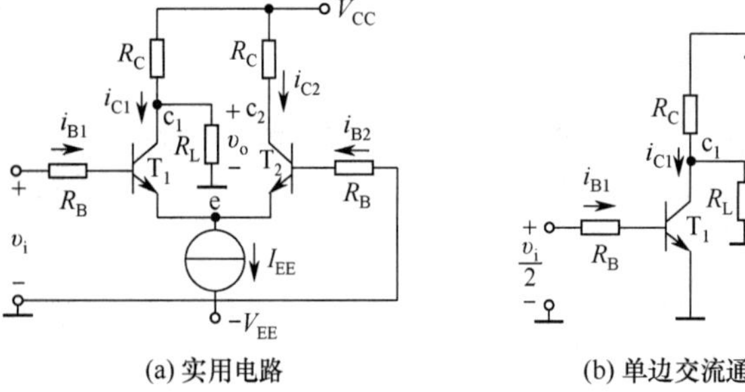

(a) 实用电路　　(b) 单边交流通路

图 5-2-8　恒流源差分放大电路

从单端输出的共模抑制比表达式来看，R_{EE} 越大，抑制共模信号的能力越强；但由于电阻不能无限增加，且集成电路不适合制作大电阻，所以可以采用恒流源替代 R_{EE}，图 5-2-8(a)所示为带电流源的差分放大电路。恒流源的等效交流电阻很大，且利于集成电路制作，理想恒流源的等效内阻为无穷大，可以认为单端输出时的共模电压放大倍数也为零。

【例 5-2-2】 分析图 5-2-8(a)所示电路，T_1 和 T_2 的参数对称，电路参数为 $V_{CC}=V_{EE}=24V$，恒流源为 $I_{EE}=2mA$，$\beta=100$，$V_{BE}=0.7V$，$R_B=1k\Omega$，$R_C=10k\Omega$，$R_L=10k\Omega$。

（1）试估算 Q 点；

（2）试计算差模输入信号下的输入电阻、输出电阻和差模电压放大倍数；

（3）试求输入电压为-10mV 时的输出电压。

解：（1）估算 Q 点。由于输入回路参数对称，两管静态时的发射极电流相等，即

$$I_{E1}=I_{E2}=I_E=\frac{I_{EE}}{2}=1mA , \qquad I_{B1}=I_{B2}=\frac{I_E}{1+\beta}\approx 0.01mA$$

$$V_E = 0 - I_{B1}R_B - V_{BE} \approx -0.7V , \qquad I_{C1}+\frac{V_{C1}}{R_L}=\frac{V_{CC}-V_{C1}}{R_C}$$

$$V_{C1}=7V,\quad V_{CE1}=V_{C1}-V_E=7.7V$$

（2）图 5-2-8(b)所示为差模等效半边电路，由此求得输入电阻和输出电阻为

$$r_{be}=r_{bb'}+r_{b'e}=200+(1+\beta)V_T/I_E\approx 2.8k\Omega$$

$$R_i = 2(r_{be}+R_B)=7.6k\Omega , \qquad R_o = R_C = 10k\Omega$$

差模电压放大倍数为

$$A_{vd} = -\frac{\beta(R_C \parallel R_L)}{2(r_{be}+R_B)} = -65.8$$

（3）采用理想恒流源时，共模电压放大倍数为零，所以 $v_o = A_{vd}v_i = 0.658\text{V}$ 。

注意，如果差模输入信号的正端和输出不在同一边，则两者同极性。

2. 带调零电阻的差分放大电路

在实际电路中，由于电路参数不可能完全一致，差分放大电路在输入为零时，仍然有一定的输出。为了保证输入为零时输出也为零，需要在差分放大电路中加入调零电阻，如图 5-2-9 所示的可调电阻 R_W。当输入为零时，调节调零电阻 R_W 的滑动端可使输出为零。具体电路请读者可自行分析。

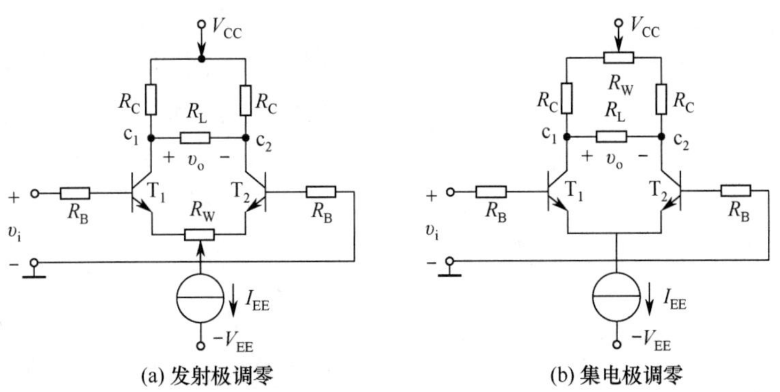

(a) 发射极调零　　(b) 集电极调零

图 5-2-9　带调零电阻的差分放大电路

5.2.4　差分放大器的传输特性

差模传输特性是指差模输出电流（双端输出电流或单端输出电流）随差模输入电压变化的特性。在电路两边对称的理想条件下，流过 R_{EE} 的电流 I_{EE} 不随差模输入电压而变化。因此，为简化起见，在分析差模传输特性时，将 R_{EE} 用理想电流源 I_{EE} 取代，如图 5-2-10(a)所示。

当双极性三极管工作在放大区时，它们的集电极电流近似为

$$i_{C1} = I_S e^{\frac{v_{BE1}}{V_T}}, \quad i_{C2} = I_S e^{\frac{v_{BE2}}{V_T}}$$

当共射电流放大倍数足够大时，可以认为 $i_{C1} \approx i_{E1}$，$i_{C2} \approx i_{E2}$，

$$I_{EE} = i_{C1} + i_{C2} = i_{C1}\left(1+\frac{i_{C2}}{i_{C1}}\right) = i_{C1}\left(1+e^{\frac{v_{BE2}-v_{BE1}}{V_T}}\right) = i_{C1}\left(1+e^{\frac{-v_{id}}{V_T}}\right)$$

$$i_{C1} = \frac{I_{EE}}{1+e^{\frac{-v_{id}}{V_T}}} = \frac{I_{EE}e^{\frac{v_{id}}{V_T}}}{1+e^{\frac{v_{id}}{V_T}}} = \frac{1}{2}I_{EE} + \frac{1}{2}I_{EE}\frac{e^{\frac{v_{id}}{V_T}}-1}{e^{\frac{v_{id}}{V_T}}+1}$$

可得

$$i_{C1} = \frac{1}{2}I_{EE} + \frac{1}{2}I_{EE}\,\text{th}\left(\frac{v_{id}}{2V_T}\right) \tag{5-2-33}$$

$$i_{C2}=\frac{1}{2}I_{EE}-\frac{1}{2}I_{EE}\text{th}\left(\frac{\upsilon_{id}}{2V_T}\right) \tag{5-2-34}$$

双端输出时，有

$$i_{C1}-i_{C2}=I_{EE}\text{th}\left(\frac{\upsilon_{id}}{2V_T}\right) \tag{5-2-35}$$

式（5-2-33）和式（5-2-34）分别是差分放大器单端输出时的差模传输特性方程，式（5-2-35）表示双端输出时的差模传输特性方程。可见，无论是单端输出还是双端输出，差模特性曲线均呈非线性，服从双曲正切函数的变化规律。式（5-2-33）和式（5-2-34）对应的曲线如图 5-2-10(b)所示。

下面对差模传输特性进行分析。

当$\upsilon_{id}=0$，即静态工作时，对应图 5-2-10(b)中曲线上的 Q 点；当υ_{id}足够小时，在原点附近υ_{id}的很小变化范围内，差模传输特性曲线可近似视为一段直线，表明 i_{C1}、i_{C2}（或 $i_{C1}-i_{C2}$）与υ_{id}呈线性关系。

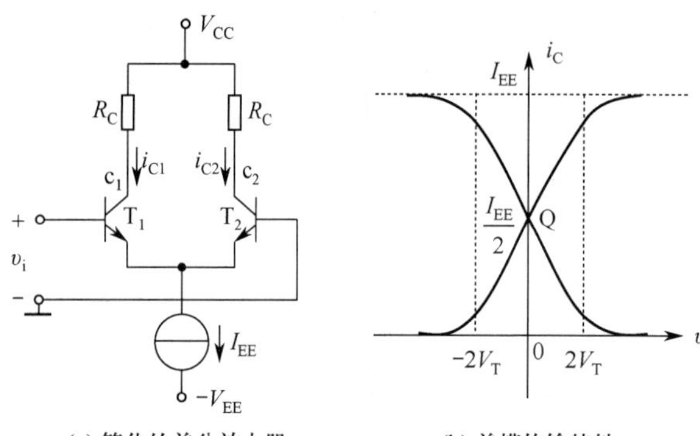

(a) 简化的差分放大器　　(b) 差模传输特性

图 5-2-10　差分放大电路的传输特性

幂函数的数学展开式为

$$\text{th}(x)=x-\frac{1}{3}x^3+\frac{2}{15}x^5-\cdots$$

令式（5-2-35）中的$\upsilon_{id}/2V_T=x$，当$|x|\leqslant 0.5$ 时，x 的三次及以上各非线性项可以忽略，由此引入的误差小于 5%，工程上允许。这样，为保证小信号工作，对υ_{id}界定的范围为

$$\upsilon_{id}\leqslant V_T=26\text{mV} \tag{5-2-36}$$

显然，它远比单个晶体管小信号工作界定的范围（5.2mV）大。

当$|\upsilon_{id}|>26\text{mV}$ 时，利用差模传输特性的非线性，可以实现各种非线性运算功能。特别当$|\upsilon_{id}|\geqslant 4V_T=104\text{mV}$ 时，一管趋于截止，I_{EE} 几乎全部流入另一管，曲线进入限幅区。利用υ_{id}的正、负极性，使两管轮流进入限幅区，就可实现高速开关功能。

5.3　集成运放的偏置与负载

集成运放的偏置均采用电流源电路，电流源在为电路提供偏流的同时，具有较大的交流电阻；在集成运放内部电路中，电流源可以取代电阻，也常作为放大器的有源负载。

5.3.1　基本镜像电流源（电流镜）

图 5-3-1(a)所示是镜像电流源的基本电路。T_1 和 T_2 是两个性能上严格配对的晶体三极管，其中 T_1的集电极和基极相连接成二极管，$V_{CE1}=V_{BE1}$，保证 T_1工作于放大状态，因此集电极电流$I_{C1}=\beta I_{B1}$，V_{CC}通过 R 提供的电流 I_R表示为$I_{C1}+I_{B1}+I_{B2}$。T_2的发射结电压 $V_{BE2}=V_{BE1}$，所以其集电极电流 I_{C2}与 T_1的集电极电流相等，即 $I_{C2}=I_{C1}=I_o$，为电流源的电流。就其

电路组成而言，T_2 的集电极电流犹如 T_1 的集电极电流的一面镜子，所以称为镜像电流源。由图 5-3-1(a)可见，通过 R 的电流为

$$I_R = \frac{V_{CC} - V_{BE}}{R} = I_{C1} + I_{B1} + I_{B2} = I_{C1} + \frac{2I_{C1}}{\beta} \tag{5-3-1}$$

故 T_1 的集电极电流为

$$I_{C1} = \frac{\beta}{\beta + 2} I_R \tag{5-3-2}$$

当 $\beta \gg 2$ 时，输出电流为

$$I_o \approx I_R = \frac{V_{CC} - V_{BE}}{R} \tag{5-3-3}$$

可见，I_R 是由 V_{CC} 通过 R 提供的，是电流源电路的参考电流。I_R 确定后，I_o 也就确定，不过，它们之间已不再严格满足镜像关系，而引入了由有限 β 值产生的误差，这个误差将随 β 的增大而减小。同时，由于 I_R 与 V_{BE} 有关，而 β 和 V_{BE} 又是温度敏感的参数，因此还造成 I_o 的热稳定性降低。显然，只有当 $V_{CC} \gg V_{BE}$ 和 $\beta \gg 2$ 时才能忽略温度及 β 离散性的影响。

镜像电流源的应用电路简单，应用广泛。但是，在电源电压 V_{CC} 一定的条件下，如果采用多路偏置的场合，如图 5-3-1(b)所示，各个镜像输出支路由一个公共的参考源带动，只有当 β 远大于镜像支路的数量时，才有 $I_o \approx I_R$，否则输出电流不等于参考电流。另外，图 5-3-1 中的镜像电流源难以获得集成运放输入级所需的极小输出电流 I_o。例如，若要求 $I_o = 2\mu A$，则由式（5-3-3）可算出当 $V_{CC} = 10V$ 时，要求 $R = 5M\Omega$。而大电阻在集成工艺上是难以制作的，因此，该镜像电流源难以满足应用的要求，所以通常采用改进型的电流源电路。

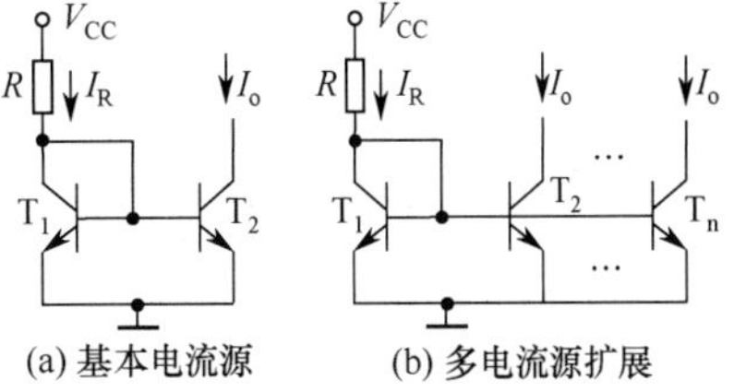

(a) 基本电流源　　(b) 多电流源扩展

图 5-3-1　镜像电流源

5.3.2　有缓冲级的电流镜

为了减小镜像电流源中基极电流对 I_R 的影响，提高输出电流与基准电流的传输精度，稳定输出电流，可采用图 5-3-2 所示的改进型电路。在这个电路中，将 T_1 的集电极与基极之间的短路线用 T_3 取代。利用 T_3 的电流放大作用，减小基极电流（$I_{B1} + I_{B2}$）对 I_R 的分流，使 I_{C1} 更接近 I_R，进而有效地减小 I_R 转换为 I_{C2}（I_o）过程中由有限 β 值引入的误差。

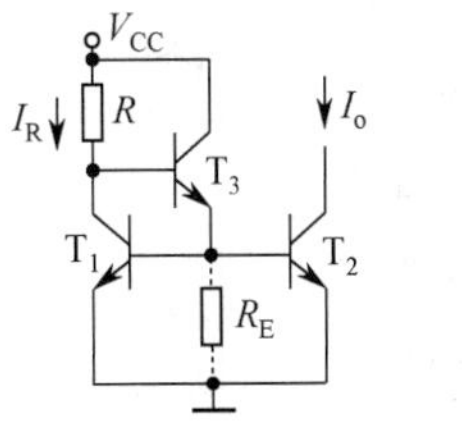

图 5-3-2　改进型镜像电流源

由图 5-3-2 可见，$I_R = I_{C1} + I_{B3}$，其中三极管 T_3 的基极电流 $I_{B3} = I_{E3}/(1+\beta_3)$，而 $I_{E3} = I_{B1} + I_{B2}$，各晶体管的 β 相同时，可推导求得

$$I_o = I_{C1} = I_R - I_{B3} = I_R - \frac{2I_{B1}}{1+\beta} = I_R - \frac{2I_{C1}}{(1+\beta)\beta}$$

整理得

$$I_o = \frac{\beta^2 + \beta}{\beta^2 + \beta + 2} I_R \approx I_R \tag{5-3-4}$$

式（5-3-4）说明，即使 β 较小，也可认为 $I_o \approx I_R$，输出电流与基准电流可以有很好的镜像关系。

实际电路中，为了避免 T_3 因工作电流过小而饱和，引起 β 减小，进而使 I_{B3} 增大，一般

可在 T_3 的发射极上接一个适当阻值的电阻 R_E，如图中的虚线所示，产生电流 I_{R_E}，使 I_{E3} 适当增大。这时，只要 R_E 取值适当，与未加 R_E 比较，I_{B3} 几乎保持不变。

5.3.3 比例电流源

实际应用中，经常需要 I_o 与 I_R 成特定比例关系的电流源电路。实现这种比例关系的电路可以在镜像电流源的两管发射结上串接不同阻值的电阻，如图 5-3-3 所示。

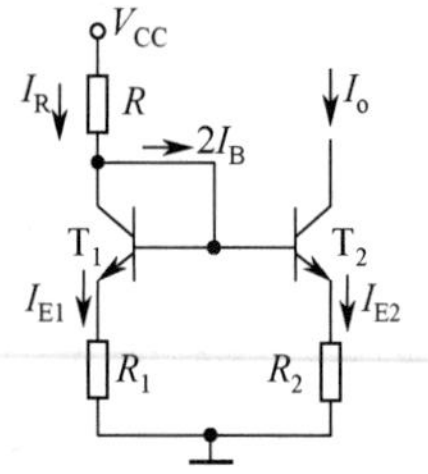

图 5-3-3 比例电流源

由图可见

$$V_{BE1}+I_{E1}R_1=V_{BE2}+I_{E2}R_2$$

若 $I_{S1}=I_{S2}=I_S$，且忽略基区宽度调制效应，则由上式有

$$V_{BE1}-V_{BE2}=V_T\ln\frac{I_{C1}}{I_s}-V_T\ln\frac{I_{C2}}{I_s}=V_T\ln\frac{I_{C1}}{I_{C2}}$$

当 β 足够大时，满足 $I_{E1}\approx I_{C1}$，$I_{E2}\approx I_{C2}$，且 $I_{C2}=I_o$，于是有

$$I_o=\frac{R_1}{R_2}I_{C1}+\frac{V_T}{R_2}\ln\frac{I_{C1}}{I_o} \tag{5-3-5}$$

若 I_{C1} 对 I_o 的比值不太大，且满足

$$R_1I_{C1}\gg V_T\ln\frac{I_{C1}}{I_o} \tag{5-3-6}$$

则式（5-3-5）可化简为

$$I_o=\frac{R_1}{R_2}I_{C1} \tag{5-3-7}$$

当 β 足够大时，$I_{C1}=I_R$，且 $I_R=(V_{CC}-V_{BE(on)})/(R+R_1)$。可见，改变两电阻的比值，就可得到 I_o 对 I_R 的不同比值关系。为了保证 I_o 的精度，除了增大 β，还应限制 I_R 对 I_o 的比值，以满足式（5-3-6）的条件。

5.3.4 微电流源

在实际应用中，还需要一种能提供微安量级电流的电流源电路。这个要求很难在上面介绍的各种电路中实现。原因是当 I_o 为微安数量级时，I_R 也相应地为微安数量级，由此求得的 R 很大，可达兆欧数量级。即使是比例式电路，I_R 虽可增大到毫安数量级，但为了实现大的比值，R_2 就要很大，这在集成电路中不易实现。因此，在实际电路中，可令比例式电流源电路中的 $R_1=0$ 构成微电流源电路，如图 5-3-4 所示。

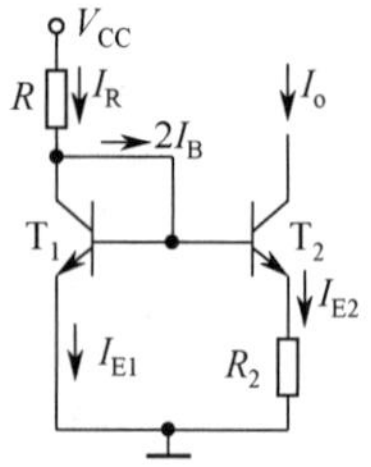

图 5-3-4 微电流源

根据式（5-3-5），令 $R_1=0$，求得

$$I_o=I_{C2}=\frac{V_T}{R_2}\ln\frac{I_{C1}}{I_o}\approx\frac{V_T}{R_2}\ln\frac{I_R}{I_o} \tag{5-3-8}$$

【例 5-3-1】 设计一个微电流源，要求 $I_o=20\mu A$，确定微电流源元件的参数。

解： 取电压源 $V_{CC}=9V$，若取 $I_R/I_o=10$，则 $R_2=\frac{V_T}{I_o}\ln10\approx2.993k\Omega$。

同时 I_R=0.2mA，则 $R \approx \frac{V_{CC}-V_{BE}}{I_R} = \frac{12-0.7}{0.2} = 41.5\text{k}\Omega$ 。

若取 I_R/I_o=100，则 $R_2 = \frac{V_T}{I_o}\ln 100 \approx 5.98\text{k}\Omega$ 。

同时 I_R=2mA，同样可得 $R \approx \frac{V_{CC}-V_{BE}}{I_R} = \frac{12-0.7}{2} = 4.15\text{k}\Omega$ 。

可见，由于 ln$x$ 随着 x 的增大而增大得十分缓慢，尽管 I_R/I_o 很大，R 和 R_2 都不会很大，这在集成电路中容易实现。同时，当 V_{CC} 不稳而引起 I_R 变化时，I_o 的变化却很小。因此，这种电路还具有对电源电压变化不敏感的优点。

5.3.5　有源负载

在共射极（共源）放大电路中，为了提高放大器的放大倍数，一般要增大集电极电阻（漏极电阻），而维持晶体管（场效应管）的静态电流不变，在增大集电极（漏极）电阻的同时，必须提高电源电压才能满足合适的静态工作点，当电源电压提高到一定程度时，电路的设计就会变得不合理。在集成电路中，用电流源作为有源负载来代替集电极（漏极）电阻，利用电流源具有交流电阻大而直流电阻小的特点，既可以获得合适的静态工作点，对交流信号又可以获得较大的等效电阻，其组成如图 5-3-5(a)所示。

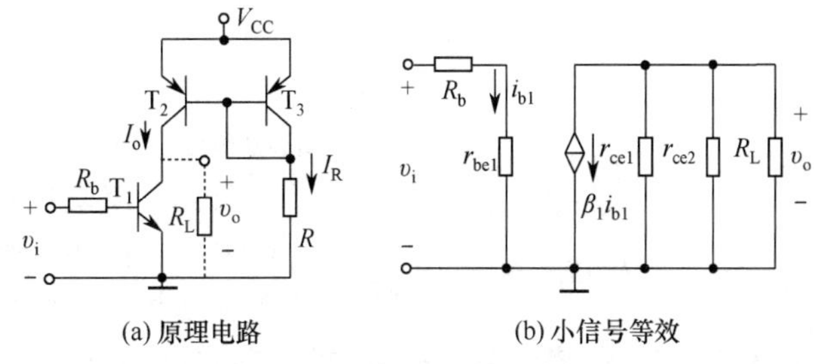

图 5-3-5　恒流源作负载的发射极放大器

图中，起放大作用的 T_1 的集电极电阻被 T_2 和 T_3 构成的电流源取代，流过 T_1 集电极的电流由通过 T_3 的参考电流 I_R 设定，T_1 为放大管，T_2 和 T_3 为镜像电流源，T_2 是 T_1 的有源负载。设 T_2 和 T_3 的特性完全相同，因此有 $\beta_2=\beta_3=\beta$，$I_{C2}=I_{C3}$。基准电流为

$$I_R=\frac{V_{CC}-V_{EB3}}{R}$$

根据式（5-3-2），空载时 T_1 的集电极电流为

$$I_o=I_{C1}=I_{C2}=\frac{\beta}{\beta+2}I_R$$

可见，电路中不需要很高的电源电压，只要 V_{CC} 与 R 配合，就可以设置合适的集电极静态电流 I_{C1}。要说明的是，T_1 的基极偏置中应当提供一定的直流分量，以满足 I_{B1} 等于 I_{C1}/β_1，而不应与镜像电流源提供的电流相冲突。图 5-3-5(b)给出了共射极放大器的交流等效电路，其电压放大倍数为

$$A_v=-\frac{\beta_1(r_{ce1}\parallel r_{ce2}\parallel R_L)}{R_b+r_{be1}} \tag{5-3-9}$$

若 $R_L \ll (r_{ce1}\parallel r_{ce2})$，则

$$A_v\approx-\frac{\beta_1 R_L}{R_b+r_{be1}} \tag{5-3-10}$$

这说明 T_1 的动态电流 $\beta_1 i_{b1}$ 几乎全部流向负载，有源负载使共发射极放大器的电压放大倍数得以提高。

5.4 集成运放的中间级

在集成运放中，常把输入级与输出级之间的电路统称为中间级放大器，实际运算放大器的中间级虽然各有异同，但概括来说，中间级必须承担三项基本功能：一是能够提供足够高的电压增益；二是进行直流电平的移动，保证在输入为零电平时输出也为零电平；三是完成双端输入转换成单端输出，同时又具有双端输出的放大倍数。

5.4.1 双端变单端电路

集成运放一般有两个输入端和一个输出端，几乎都存在将双端输入的信号转换为单端输出的问题。利用镜像电流源与差分放大器可将双端输入的信号变为单端输出，同时又具有双端输出的放大倍数。双端变单端输出电路的常见形式如图 5-4-1 所示。

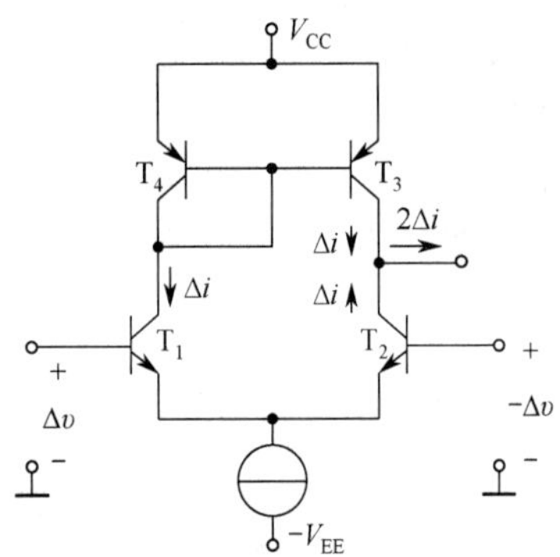

图 5-4-1 双端变单端输出电路

在图 5-4-1 中，T_1 和 T_2 组成差分放大器，T_3 和 T_4 为镜像电流源作有源负载。在差模输入电压的作用下，T_1 和 T_2 分别输入大小相等、极性相反的增量信号 $\Delta\upsilon$，T_1 的集电极有一个正的增量 Δi，由于镜像作用，T_3 的集电极有一个同方向的增量 Δi，而 T_2 的集电极电流有一个等值的 Δi，方向如图所示。可见，流过负载的电流为 $2\Delta i$，实现了差模信号的双端变单端输出；在共模输入电压的作用下，T_1 和 T_2 的集电极分别输出数值相等、极性相同的增量电流，即 T_1 的电流被转移到 T_3 输出，T_2 的集电极增量 Δi 与图 5-4-1 中的相反，因此通过负载的电流为零，与双端输出时共模电流为零是一致的。可见，该电路虽为单端输出，但具有双端输出的性能。

现在进一步分析该电路的差模性能。

由于两边电路不对称，因而不能直接采用前面介绍的半电路分析法，而必须根据完整的差模交流通路进行分析，如图 5-4-2(a)所示。图中，T_4 接成二极管，它的交流电阻为 r_{e4}，由此画出的交流等效电路如图 5-4-2(b)所示。

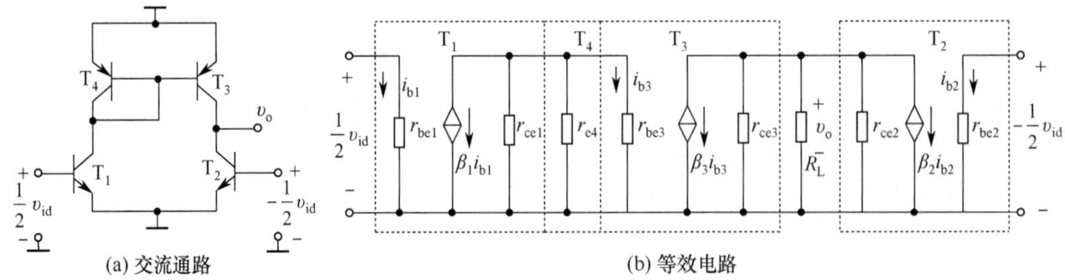

图 5-4-2 图 5-4-1 的交流通路与等效电路

由图可见，T_1 放大后的输出在 T_3 输入端产生的电压为

$$\upsilon_{be3} = -\beta_1 i_{b1}(r_{ce1} \parallel r_{e4} \parallel r_{be3}) \tag{5-4-1}$$

通常满足 $r_{e4} \ll r_{ce1}$ 和 $r_{e4} \ll r_{be3}$，上式简化为

$$\upsilon_{be3} \approx -\beta_1 i_{b1} r_{e4} = -\frac{\beta_1 r_{e4} \upsilon_{id}}{2r_{be1}} \tag{5-4-2}$$

当 R_L 为无穷大时，由图 5-4-2 可求得差分放大器的输出电压为

$$\upsilon_{od} = -(\beta_3 i_{b3} + \beta_2 i_{b2})(r_{ce3} \| r_{ce2}) = -\left(\beta_3 \frac{\upsilon_{be3}}{r_{be3}} + \beta_2 \frac{-\frac{1}{2}\upsilon_{id}}{r_{be2}}\right)(r_{ce3} \| r_{ce2}) \tag{5-4-3}$$

将式（5-4-2）代入式（5-4-3）可得

$$A_{\upsilon d} = \frac{\upsilon_{od}}{\upsilon_{id}} = \frac{1}{2}\left(\frac{\beta_1 \beta_3 r_{e4}}{r_{be1} r_{be3}} + \frac{\beta_2}{r_{be2}}\right)(r_{ce3} \| r_{ce2}) \tag{5-4-4}$$

由于各管静态电流相等，若 $\beta_1=\beta_2=\beta_3=\beta_4=\beta$，$r_{be1}=r_{be2}=r_{be3}=r_{be4}=r_{be}$，则差模电压增益表示为

$$A_{\upsilon d} = \frac{\upsilon_{od}}{\upsilon_{id}} = \frac{\beta(r_{ce3} \| r_{ce2})}{r_{be}} \tag{5-4-5}$$

式（5-4-5）表明图 5-4-1 所示的差分放大器为同相放大器，其增益与有源负载单管共射放大器的相同。

5.4.2　电平移动电路

对性能优良的集成运放来说，当输入信号为零电平时，输出端的电平也应为零电平。但是集成运放的级与级之间采用的是直接耦合方式，运算放大器为了得到较大的电压放大倍数，一般采用共射极连接方式，信号从基极输入，从集电极输出，集电极与基极总存在一个电平的阶梯。对由 NPN 管组成的放大器来说，集电极的电平比基极的高；对 PNP 管组成的放大器来说，集电极的电平总比基极的低。经过一级放大后，电平发生移动，或是增高或是降低，导致在输入为零电平时输出不能保持零电平。为了使输出保持为零电平，需要进行电平移动，电平移动的作用就是把升高的电平降低或者把降低的电平升高，达到输出为零电平的目的。下面介绍几种电平移动电路。

1．电阻分压式电平移动电路

电平移动电路中最简单的是电阻分压法，如图 5-4-3 所示。

假设输入端的直流电压为 V_1，交流电压为 υ_1，移动后的直流电压为 V_2，交流电压为 υ_2，由图可见，它们之间的对应关系如下。

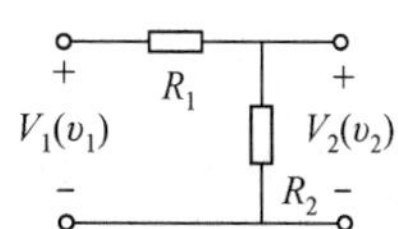

图 5-4-3　电阻分压电平移动电路

直流：
$$V_2 = \frac{R_2}{R_1 + R_2} V_1 \tag{5-4-6}$$

交流：
$$\upsilon_2 = \frac{R_2}{R_1 + R_2} \upsilon_1 \tag{5-4-7}$$

这种方法虽然简单，但是在实现直流电平移动的同时，交流信号产生了衰减，所以不宜在集成电路中使用。

2．恒流源电平移动电路

若希望在直流电平移动的同时，交流信号不衰减，则只需将图 5-4-3 中的电阻 R_2 用恒流

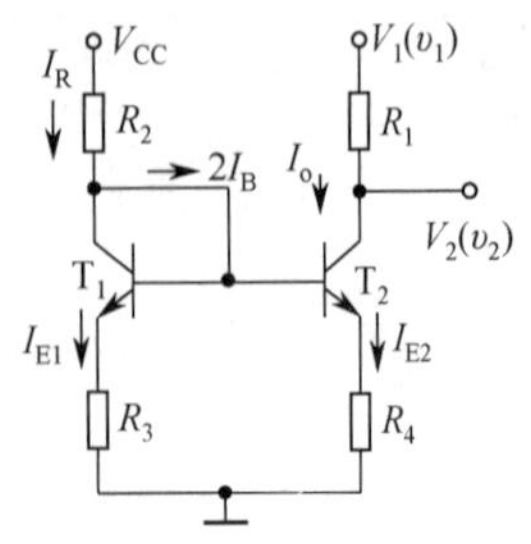

图 5-4-4　电流源电平移动电路

源代替，电路如图 5-4-4 所示。

在图 5-4-4 中，R_2、R_3、R_4、T_1、T_2 组成比例电流源，当输出的负载足够大时，恒流源的输出电流在电阻 R_1 上产生恒压降 I_oR_1，输出的直流电压 V_2 比输入的直流电压 V_1 降低了 I_oR_1，所以 $V_2 = V_1 - I_oR_1$。

根据比例电流源的输出有

$$I_o = \frac{I_R R_3}{R_4} + \frac{V_T}{R_4}\ln\frac{I_R}{I_o} \tag{5-4-8}$$

合理地设置 I_o 和 R_2、R_3、R_4 的值，就可达到直流电平移动的要求。由于恒流源的交流电阻很大，输出交流电压 $\upsilon_2 \approx \upsilon_1$，几乎不衰减。

3．宽带电平移动电路

将第 4 章中的图 4-3-4 重绘于图 5-4-5(a)。T_1 是 NPN 管，T_2 是 PNP 管，该电路既对信号进行放大，又起电平移动的作用。在放大器中，NPN 管的集电极电平高于基极电平，经过放大后，电平升高；PNP 管的集电极电平低于基极电平，经过放大后，电平变低。因此，合理地选择两管的集电极和发射极的电阻就可以达到电平移动的目的。

PNP 管在集成电路中应用广泛，常将 NPN 管和 PNP 管配合使用，既起放大作用，又能实现电平移动，不需要外加额外的电平移动电路，体现了 PNP 管在集成电路中的优越性。在集成工艺上，图 5-4-5(a)中的 T_2 称为横向 PNP 管，使得电路的带宽较窄，因此，在宽带场合，可以采用图 5-4-5(b)所示的电路，它通过稳压管来实现电平的移动，实现前级的静态电平的移动：

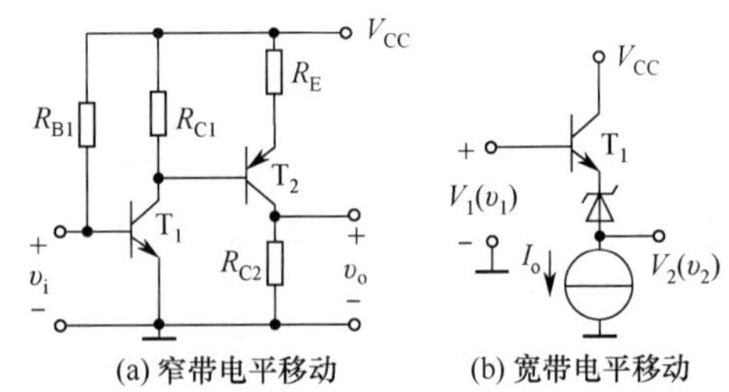

图 5-4-5　窄带和宽带电平移动

$$V_2 = V_1 - (V_{BE} + V_Z) \tag{5-4-9}$$

由于稳压管的动态内阻很小，射极跟随器的电压增益接近 1，所以交流信号几乎不衰减，而且跟随器的输出电阻很小，使得负载电容对高频信号的旁路作用减弱，因此，该电路具有较宽的频带。

4．二极管电平移动电路

利用多个二极管的正向偏置，也可实现电平的移动，如图 5-4-6 所示。只要保持二极管导通，导通电阻就很小，当负载和电阻 R 较大，且满足负载与电阻 R 并联后阻抗远大于 n 倍的二极管导通电阻时（n 为二极管串联的个数），输出的直流电压下降为二极管导通电压的整数倍，输出的交流电压几乎不变。

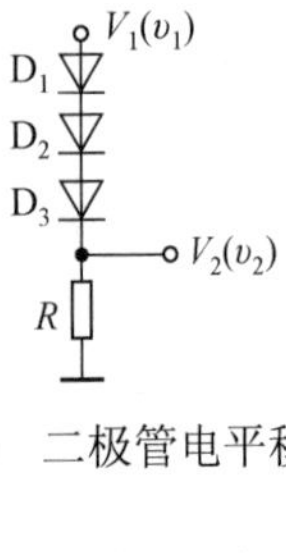

图 5-4-6　二极管电平移动电路

对于图 5-4-6 所示的电路，有如下关系。

直流输出电平：　$V_2 = V_1 - 3V_{BE}$　　(5-4-10)

交流输出电平：　$\upsilon_2 = \upsilon_1$

直流电平移动了，但交流无衰减。二极管电平移动电路存在的问题是，每个二极管移动的电平只是导通电压的大小，采用多个二极管电路时，在集成电路中占用的面积大，而且移动的电平是导通电压的整数倍，调节性差，且电平的移动随温度的影响而变化。

5.5　集成运放的输出级

在实际电路中，往往需要多级放大器的末级能够输出较大的功率，以驱动负载。能够向负载提供足够功率的放大电路称为*功率放大器*。集成运放的输出级就属于这种电路。从能量控制和转换的角度看，功率放大器和其他放大器本质上没有区别，只是功率放大器既不单纯地追求输出高电压，也不单纯地追求输出大电流，而追求尽可能大的输出功率和提供尽可能大的转换效率。因此，从功放电路本身的特性看，它与小信号放大又有明显区别，这就使得功放从电路的组成、分析方法及元器件的选择方面有别于小信号放大电路。

本节首先引出集成运放输出级的任务，进一步提出功率放大器的参数指标、分析方法和类型；其次重点讲述乙类和甲乙类互补对称功放电路的工作原理、参数计算及其晶体三极管的选择，介绍双电源互补对称功率放大电路和单电源互补对称功率放大电路；最后简要介绍集成功率放大电路。

5.5.1　集成运放输出级的电路特征与功率放大器概述

1．集成运放输出级的电路特征

（1）集成运放输出级或功率放大器应能输出足够大的功率，以推动低阻负载。

（2）晶体管处于大信号工作状态，甚至于极限应用。因此小信号模型分析法不再适用，其动态工作分析应采用图解分析法。

（3）减小电路的非线性失真，是设计集成运放输出级或功率放大器必须考虑的问题。非线性失真与输出功率是一对矛盾，在集成运放输出级或功率放大器中，输出功率过大时，非线性失真将很严重。

（4）提高转换效率。所谓转换效率 η，是指负载上得到的有用信号平均功率 P_o 和电源平均功率 P_{DC} 之比。由于晶体管处于极限应用，消耗在管子上的功率较大，提高效率包含两层含义：有效地利用能源，提高输出功率；尽可能减小管耗，有助于延长晶体管的使用寿命。转换效率定义为

$$\eta = \frac{P_o}{P_{DC}} \times 100\% \tag{5-5-1}$$

（5）采取保护措施，使集成运放输出级或功率放大器处于安全工作区。由于晶体管处于极限工作状态，大电流、高电压、高功率是其特点，为使集成运放输出级或功率放大器处于安全工作区，应有过流、过压保护措施。由于放大管的大管耗以发热的形式被消耗，导致集电结结温升高，所以实际应用时还要采取适当的措施对功率放大管进行散热处理。

基于以上特点，集成运放的输出级或功率放大器的主要技术指标有最大输出功率 P_{oM}、转换效率 η、管耗 P_T，这与电压放大器大不相同。注意，最大输出功率 P_{oM}、管耗 P_T 指的都是平均功率。

2．功率放大电路的类型

功放电路的输出功率 P_o、转换效率 η 和非线性失真等性能都与电路中放大管的偏置条件和工作状态有关。根据放大电路静态工作点在交流负载线上所处位置的不同，可将放大管的

工作状态分为甲类（A 类）、乙类（B 类）、甲乙类（AB 类）和丙类（C 类）四种。其中，丙类工作状态的输出功率和效率最高，但丙类放大器的电流波形失真太大，不能用于低频功率放大，只能用于采用调谐回路作为负载的谐振功率放大。由于调谐回路具有滤波能力，回路电流与电压仍然接近正弦波形，失真很小。丙类工作方式多用于高频功率放大器。本书仅讨论甲类、乙类、甲乙类工作方式的低频功率放大电路。

（1）甲类工作方式

静态工作点取为交流负载线的中点，如图 5-5-1 所示。电路中的放大管在输入信号的整个周期内都有电流流过，处于导通和线性放大状态。也就是说，在一个信号周期内，放大管的导通角为 360°，放大电路的工作点始终处于线性区。这种工作方式通常称为**甲类放大**。显然，甲类功放在没有信号输入时也会消耗电源功率，这部分电源功率全部消耗在导通的放大管和偏置电阻上，并以热量形式耗散掉，此时电路的转换效率为零；当有信号输入时，电源功率也只有一部分转化为有用功率输出，另一部分仍然损耗在器件本身上，信号越大，输送给负载的功率越多，转换效率也就越高。

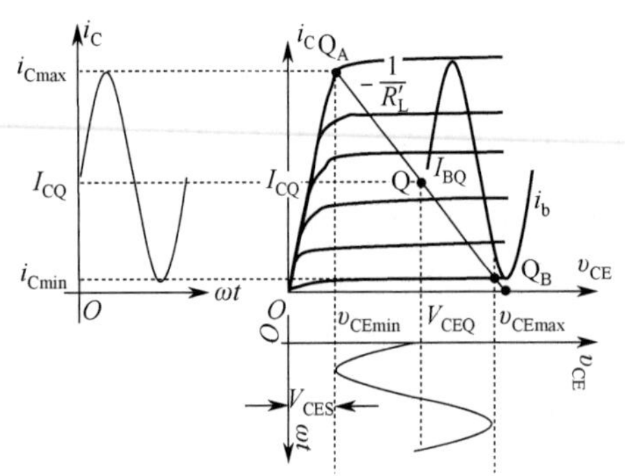

图 5-5-1　甲类功率放大器图解分析

根据图 5-5-1，如果放大器取最佳负载，且忽略 V_{CES}，那么直流电源提供的功率为

$$P_{DC}=V_{CC}I_{CQ}=V_{CC}\frac{V_{CC}}{2R_L}=\frac{V_{CC}^2}{2R_L} \tag{5-5-2}$$

信号的最大不失真电压的幅值可以表示为

$$V_{oM(max)}=\frac{V_{CC}-V_{CES}}{2}\approx\frac{V_{CC}}{2} \tag{5-5-3}$$

负载电阻上得到的最大有用平均功率为

$$P_{oM}=\frac{V_{OM(max)}^2}{2R_L}\approx\frac{V_{CC}^2}{8R_L} \tag{5-5-4}$$

此时，电路的转换效率也达到最高，为

$$\eta=\frac{P_{oM}}{P_{DC}}\times100\%=25\% \tag{5-5-5}$$

由式（5-5-5）可见，电阻负载的甲类功率放大电路的最高效率只能达到 25%，考虑管压降的因素，实际的甲类放大电路转换效率比理论值更低；变压器负载最多可达到 50%。目前，甲类放大电路在功放电路中较少使用。

由图 5-5-1 可知，静态管耗是造成甲类功放电路转换效率不高的原因。为了降低静态管耗，可以设法降低 Q 点，由此产生了甲乙类和乙类工作方式的功率放大器。

（2）乙类工作方式

为了克服甲类工作方式转换效率低的缺点，将电路的静态工作点 Q 下移至 $I_{CQ}=0$ 处，如图 5-5-2 所示。这种工作方式称为**乙类工作方式**，相应的功放称为**乙类功放**。其特点是功率管在信号的正半周或负半周内导通，导通角为 180°。不加输入信号（静态）或输入信号在功率管不导通的半个周期内时，晶体管没有电流通过，此时管子的功率损耗为零。乙类功放减少了静态功耗，所以效率与甲类功放相比较高（理论值可达 78.5%），但出现了严重的波形失真。

（3）甲乙类工作方式

乙类放大电路将工作点取在 I_{CQ} 为零的位置，此时放大器的效率虽然较高，但会产生非常严重的非线性失真。为了减小非线性失真，将静态工作点 Q 略微上移，设置在临界开启状态。使放大管在一个信号周期内，导通角略大于 180°，即所谓的近乙类的甲乙类工作方式（AB 类），如图 5-5-3 所示。

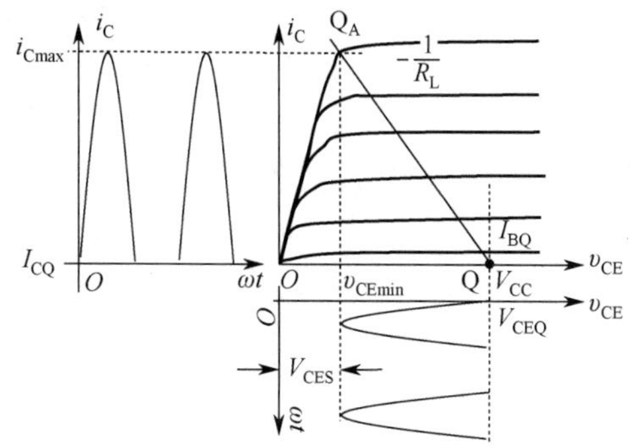

图 5-5-2　乙类功率放大器图解分析

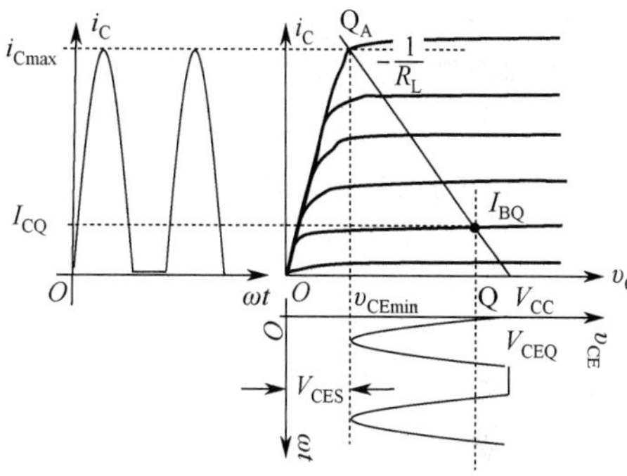

图 5-5-3　甲乙类功率放大器图解分析

在图 5-5-3 所示电路中，只要有信号输入，三极管就开始工作。因静态偏置电流很小，在输出功率、功耗和转换效率等性能上与乙类十分相近，因此分析方法与乙类的相同。

从电路形式上看，功率放大电路可分为：①双电源互补对称功率放大电路，简称 OCL 电路（Output Capacitorless，无输出电容的功率放大电路）；②单电源互补对称功率放大电路，简称 OTL 电路（Output Transformerless，无输出变压器的功率放大电路）；③桥式推挽功率放大电路，简称 BTL（Bridge-Tied-Load）电路。其中 OTL 电路和 OCL 电路应用广泛；BTL 电路在同样的直流电源条件下，输出功率可达到 OTL 和 OCL 电路的 4 倍，充分利用了系统电压，特别适用于电池供电的便携产品。

5.5.2　甲类功率放大电路

单管甲类功率放大器的电路形式如图 5-5-4(a)所示。图中 B_1、B_2 为变压器，起“隔直流通交流以及阻抗变换”的作用。图中采用变压器耦合的优点是提高了电源电压的利用率，使输出动态范围变大。但缺点是体积大，比较笨重。

在图 5-5-4(a)中，R_{B1}、R_{B2}、R_E 组成分压式电流负反馈偏置电路，C_B、C_E 为交流信号提供通路，避免信号在 R_{B2}、R_E 上产生损失，且 R_E 选取的电阻值较小。下面介绍其工作原理。

（1）静态分析

当输入信号 $\upsilon_i = 0$ 时，电路处于静止状态。B_2 的初级绕组对直流呈现短路，考虑到输出变压器初级绕组和电阻 R_E 上的直流压降都远小于电源电压 V_{CC}，可以认为

$$V_{CEQ} = V_{CC} - I_{EQ}R_E \approx V_{CC} \tag{5-5-6}$$

式（5-5-6）说明直流负载线是一条垂直于横轴的直线，与横轴交点的坐标为(V_{CC}, 0)，如图 5-5-4(b)所示。静态时，三极管的集电极电流 I_{CQ} 取决于偏置电路各元件和电源电压的值。由图 5-5-4(a)可知，对输入直流回路进行戴维南等效，列写 KVL 方程可得

$$\frac{V_{CC}R_{B2}}{R_{B1}+R_{B2}}-I_{BQ}(R_{B1}\parallel R_{B2})-V_{BE}-(1+\beta)I_{BQ}R_E=0$$

有

$$I_{BQ}=\frac{\dfrac{V_{CC}R_{B2}}{R_{B1}+R_{B2}}-V_{BE}}{R_{B1}\parallel R_{B2}+(1+\beta)R_E} \tag{5-5-7}$$

直流负载线与 I_{BQ} 相对应的输出特性曲线的交点就是静态工作点 Q，坐标为(V_{CC}, I_{CQ})，如图 5-5-4(b)所示。为了充分利用功率管，防止大信号工作时集电极电流在负半周截止，单管功率放大器都工作在甲类状态，一般静态工作电流 I_{CQ} 取得较大，损耗在集电结上的功率为

$$P_{DC}=V_{CEQ}I_{CQ}\approx V_{CC}I_{CQ} \tag{5-5-8}$$

其值是集电结消耗的最大功率，往往作为选择三极管极限参数 P_{CM} 的判决条件。

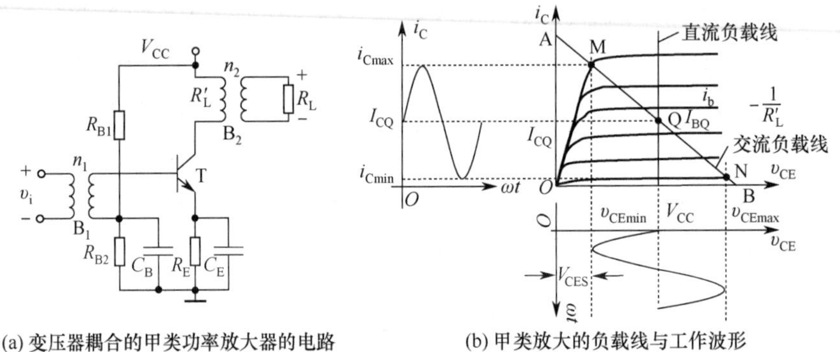

(a) 变压器耦合的甲类功率放大器的电路　　(b) 甲类放大的负载线与工作波形

图 5-5-4　变压器耦合甲类功率放大器图解分析

由于 I_{CQ} 较大，为了避免在电阻 R_E 上产生太大的压降，R_E 的值不能取得太大，一般只有几欧至几十欧。

（2）动态分析

有交流信号输入时，功率管的基极电流有交流分量产生，基极电流的变化引起集电极电流和电压的变化。这一变化在三极管输出特性曲线上所描绘出的轨迹就是功率放大器的交流负载线，它是一条过静态工作点 Q、斜率为 $-1/R'_L$ 的直线。这里的负号表明当三极管的集电极电流 i_C 增大（或减小）时，集电极电压 v_{CE} 随之减小（或增大）；R'_L 是功率管集电极的等效交流负载电阻，即输出变压器 B_2 初级输入端所呈现的交流电阻，如图 5-5-4(a)所示。

若变压器为理想变压器，则 R'_L 与负载电阻 R_L 的关系为

$$R'_L=n^2R_L \tag{5-5-9}$$

式中，$n=N_1/N_2$ 是输出变压器的变比，N_1、N_2 分别是变压器初级、次级绕组的匝数。根据求出的 R'_L 作出交流负载线 AB，就可画出 i_C、v_{CE} 随 i_B 变化的波形，如图 5-5-4(b)所示。由图可见，三极管的集电极电压 v_{CE} 在输入信号的负半周大于电源电压 V_{CC}。这是因为在这段时间内，输出变压器初级绕组中感应电动势与电源电压的极性是一致的，此时三极管集电极电压等于电源电压与这个感应电动势之和。当输入信号很大时，集电极最高瞬时电压可以超过 V_{CC} 很多。这是变压器耦合放大器与阻容耦合放大器的显著差别之一，在应用中应加以注意。

（3）输出功率与效率

在图 5-5-4(b)中，当放大器输入信号为正弦波时，若 i_C、v_{CE} 的变化范围不超过 M、N 两点，则输出变压器初级的交流电流和电压基本上也是正弦波。设其振幅分别为 I_{cm} 和

V_{cem}，则放大器的输出功率为

$$P_o = \frac{1}{2} I_{cm} V_{cem} = \frac{1}{2} I_{cm}^2 R_L' \tag{5-5-10}$$

由图 5-5-4(b)可以看出，I_{cm} 与输入信号的大小有关，因此输出功率 P_o 与输入信号的大小有关。输入信号越大，I_{cm} 和 V_{cem} 越大，输出功率也就越大。

充分利用三极管时，静态工作点 Q 应选在线段 MN 的中点，使 i_C、υ_{CE} 在信号峰值点时，正峰点正好摆动到 M 点，在负峰点时摆动到 N 点。此时三极管集电极输出的交流电流和电压的幅度最大，分别为

$$I_{cm} = I_{CQ} - i_{cmin} \approx I_{CQ} \tag{5-5-11}$$

$$V_{cem} = V_{CC} - V_{CES} \approx V_{CC} \tag{5-5-12}$$

将上述两式代入式（5-5-10），可以得到放大器的最大输出功率：

$$P_{omax} = \frac{1}{2} I_{cm} V_{cem} \approx \frac{1}{2} I_{CQ} V_{CC} \tag{5-5-13}$$

电源提供的功率为

$$P_{DC} = V_{CC} I_{CQ} \tag{5-5-14}$$

当我们充分利用三极管的时候，输出功率最大，功放的效率也最高。由式（5-5-13）和式（5-5-14）可知，功率放大器的最大效率为

$$\eta_{max} = \frac{P_{omax}}{P_{DC}} = \frac{1}{2} = 50\% \tag{5-5-15}$$

可见，甲类功率放大器的最大效率只有 50%，这是理想情况下所求得的最大值。考虑到三极管的饱和压降 V_{CES} 和穿透电流 I_{CEO} 都不为零，变压器的效率也只有 70%～85%，还有其他元件上的损耗，单管甲类功率放大器的总效率只能达到 30%～35%。

（4）晶体管参数的选择

功率放大电路中的电流、电压要求都比较大，必须注意电路参数不能超过晶体管的极限值 I_{CM}、V_{CEM}、P_{CM}。也就是说，功率放大器的晶体管集电极电流不能超过 I_{CM}，集电极与发射极间的电压不能超过 V_{CEM}，集电结消耗的最大管耗不能超过 P_{CM}，即三极管安全工作区。

为了保证晶体管的安全工作，总要求上述量有一定的安全冗余。一般在实际电路的设计中，晶体管的极限参数应该选择满足功率放大器所设计的相关参数的最大值的一倍以上，这样晶体管才能安全工作。

【例 5-5-1】 在图 5-5-4(a)所示的单管甲类功率放大器中，电容 C_B 和 C_E 对输入交流信号而言可以视为短路，变压器可视为理想变压器，$N_1:N_2 = 1000:160$，$V_{CC} = 6V$，$R_{B1} = 5.1k\Omega$，$R_{B2} = 2k\Omega$，$R_E = 51\Omega$，$R_L = 8\Omega$，三极管 $V_{BE} = 0.7V$，求：

（1）负载上所得到的最大不失真功率 P_{omax}。

（2）放大器的最大效率。

（3）选择三极管时 P_{CM}、V_{CEO}、I_{CM} 满足的条件。

解：（1）参考图 5-5-4(a)，静态时，若忽略 T 的基极电流，则有

$$V_B = \frac{R_{B2} V_{CC}}{R_{B1} + R_{B2}} = \frac{2 \times 6}{5.1 + 2} = 1.69V$$

$$V_E = V_B - V_{BE} = 1.69 - 0.7 = 0.99V$$

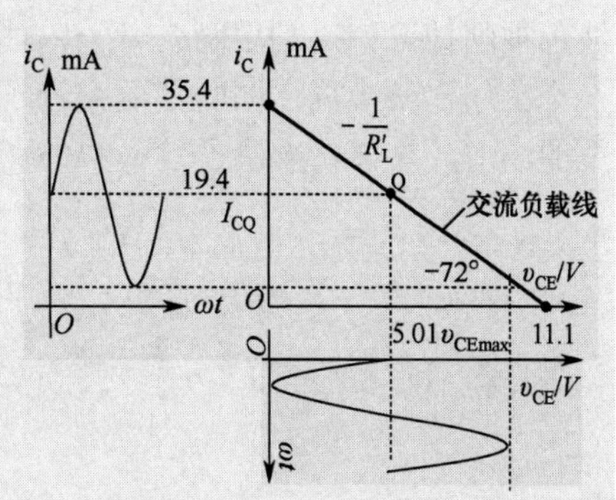

图 5-5-5　例 5-5-1 题解

$$I_{CQ}=I_{EQ}=\frac{V_E}{R_E}=\frac{0.99}{0.051}=19.4\text{mA}$$

$$V_{CEQ}=V_{CC}-V_E=6-0.99=5.01\text{V}$$

动态时，$R_L'=n^2R_L=(1000/160)^2\times8=312.5\Omega$。因此交流动态负载线的方程为

$$i_C-I_{CQ}=-\frac{1}{R_L'}(\upsilon_{CE}-V_{CEQ})$$

由此，计算出交流负载线与横轴的交点为(11.1V, 0)，与纵轴的交点为(0, 35.4mA)。

于是，该电路输出电流的最大不失真幅度为

$$I_{cm}=35.4-19.4=16\text{mA}$$

该电路输出电压的最大不失真幅度为

$$V_{cem}=\min[5.01,(11.1-5.01)]=5.01\text{V}$$

最大不失真输出功率为

$$P_{omax}=\frac{1}{2}V_{cem}I_{cm}=\frac{1}{2}\times5.01\times16=40.1\text{mW}$$

（2）放大器的最大效率为

$$\eta_{max}=\frac{P_{omax}}{V_{CC}I_{CQ}}=\frac{40.1}{6\times19.4}\approx34.5\%$$

（3）三极管的集电结消耗的最大功率约是输入信号为零时所对应的电源功率，即

$$P_{omax}=P_{DC}=6\times19.4=116.4\text{mW}$$

集射间承受的最大反向电压为$V_{cem}=11.1\text{V}$，三极管集电极的最大电流为$i_{cmax}=35.4\text{mA}$。

考虑到晶体管稳定工作，三极管的每个极限参数均比实际的最大值大一倍以上，三极管才能安全工作，即$P_{CM}>233\text{mW}$，$V_{CEO}>22\text{V}$，$I_{CM}>70\text{mA}$。

理想条件下，甲类放大器的理论效率最高只能达到 50%。从甲类放大器的电路可知，静态电流是造成管耗的主要原因，如果将静态工作点下移，使输入信号等于零时，电源输出的功率等于零或者很小；信号增大时，电源提供的功率随之增大。这样，电源提供的功率以及管耗也随着输出功率的大小而改变，也就改变了甲类放大器输出效率低的状况。这样做虽然减小了静态功耗，提高了效率，但出现了严重的波形失真，既要保持静态的功耗小，又要使失真不严重，这就要在电路的结构上采取措施。

5.5.3 乙类互补对称功率放大电路

乙类放大器工作时，静态电流为零，管耗减小，但存在严重失真，使得输入信号的半个波形被削掉。如果利用两个管子，使它们都工作在乙类工作状态，但一个工作在正半周，另一个工作在负半周，同时使两个管子的输出波形都能加到负载上，进而使负载上得到一个完整的波形，这样就解决了效率和失真之间的矛盾。

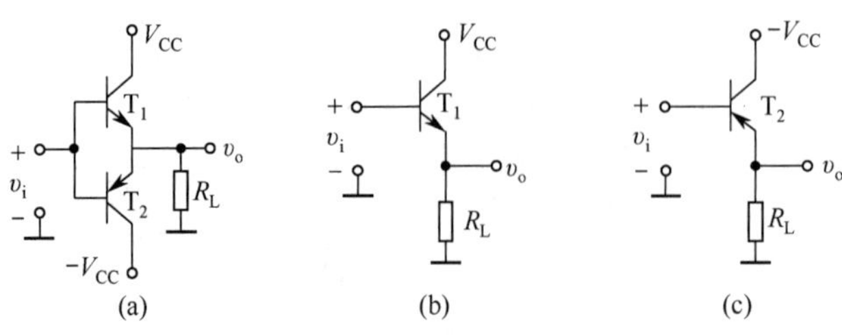

图 5-5-6 基本互补推挽输出电路

在图 5-5-6(a)所示的电路中，T_1和T_2分别为 NPN 管和 PNP 管，两管的基极和发射极分别连接在一起。信号从基极输入，从发射极输出，R_L为输出负载，该电路可视为由图 5-5-6(b)和(c)组成的两个射极输出器组合而成。

在输入信号的正半周，T_1导通，

T_2 截止，有电流流过负载；在输入信号的负半周，T_2 导通，T_1 截止，也有电流流过负载。这样，图 5-5-6(a)所示的基本互补对称电路就实现了静态时不取电流，而在有信号时 T_1 和 T_2 轮流导通，组成推挽式电路。由于两管互补对方的不足，工作性能对称，因此这种电路通常称为**互补对称电路**。在集成运放中通常使用这种电路作为输出级，所以通常称为**互补推挽输出级**。下面进行简要分析。

图 5-5-7 显示了电路在输入信号作用下 T_1 和 T_2 的工作情况。假定$\upsilon_i>0$时，T_1 开始导电，于是在一个周期内，T_1 的导电时间是半个周期，T_2 的工作情况与 T_1 的类似，只是在信号的负半周导电。为便于分析，将 T_2 的输出特性曲线倒置在 T_1 的右下方，并令二者在工作点处重合，形成 T_1 和 T_2 的合成曲线，这时的负载线通过点(V_{CC}, 0)形成一条斜率为$-1/R_L$ 的斜线，允许 i_C 的最大变化为 $2I_{cm}$，υ_{CE} 的变化范围为 $2(V_{CC}-V_{CES})=2V_{cem}=2I_{cm}R_L$。若忽略管子的饱和压降 V_{CES}，则 $V_{cem}=I_{cm}R_L\approx V_{CC}$。不难求出乙类功率放大器的输出功率、管耗、直流电源提供的功率和效率。

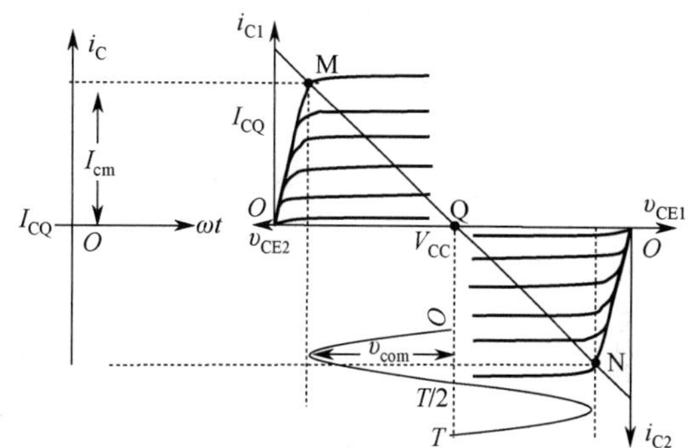

图 5-5-7　互补对称电路图解分析

输出功率是指输出交流信号一个周期内的瞬时功率平均值，它可用输出电压的有效值和输出电流的有效值的乘积来表示。

设输出电压的幅值为 V_{cem}，则

$$P_o=\frac{V_{cem}}{\sqrt{2}}\cdot\frac{V_{cem}}{\sqrt{2}R_L}=\frac{V_{cem}^2}{2R_L} \tag{5-5-16}$$

在图 5-5-6(a)中，T_1 和 T_2 都工作在射极输出状态，且都有 $A_\upsilon\approx1$。只要输入信号足够大，使得$V_{im}=V_{cem1}=V_{cem2}=V_{CC}-V_{CES}\approx V_{CC}$和$I_{om}=I_{cm}$，负载上就可获得最大输出功率：

$$P_{omax}=\frac{V_{OM}^2}{2R_L}=\frac{V_{cem}^2}{2R_L}\approx\frac{V_{CC}^2}{2R_L} \tag{5-5-17}$$

这是一种理想的工作状态，但负载是固定的，不能随意改变，因而很难达到这种理想状态。考虑到两管在一个信号周期内各导电一半，且通过两管的输出电流和两管的输出电压在数值上分别相等，只是时间上错开了半个周期，为求总功耗，只需求出单管的耗损即可。设输出电压为$\upsilon_o=V_{cem}\sin\omega t$，则 T_1 的管耗为

$$\begin{aligned}P_{T_1}&=\frac{1}{2\pi}\int_0^{\pi}(V_{CC}-\upsilon_o)\frac{\upsilon_o}{R_L}d(\omega t)\\&=\frac{1}{2\pi}\int_0^{\pi}(V_{CC}-V_{cem}\sin\omega t)\frac{V_{cem}\sin\omega t}{R_L}d(\omega t)\\&=\frac{1}{R_L}\left(\frac{V_{CC}V_{cem}}{\pi}-\frac{V_{cem}^2}{4}\right)\end{aligned} \tag{5-5-18}$$

两管的管耗为

$$P_T=P_{T_1}+P_{T_2}=\frac{2}{R_L}\left(\frac{V_{CC}V_{cem}}{\pi}-\frac{V_{cem}^2}{4}\right) \tag{5-5-19}$$

直流电源提供的功率 P_{DC} 包括负载得到的功率和两管消耗的功率两部分。当输入信号为

零时，输出电压为零，管耗为零，故直流电源提供的功率为零；当输入信号不等于零时，由式（5-5-17）和式（5-5-19）可得

$$P_{DC} = P_o + P_T = \frac{2V_{CC}V_{cem}}{\pi R_L} \tag{5-5-20}$$

当输出电压的幅值达到最大，即 $V_{cem}=V_{CC}$ 时，电源提供的功率最大，上式可表示为

$$P_{DC} = \frac{2V_{CC}^2}{\pi R_L} \tag{5-5-21}$$

放大器在一般情况下的效率为

$$\eta = \frac{P_o}{P_{DC}} = \frac{\pi}{4} \cdot \frac{V_{cem}}{V_{CC}} \tag{5-5-22}$$

当 $V_{cem}=V_{CC}$ 时，效率最大为

$$\eta = \frac{P_o}{P_{DC}} = \frac{\pi}{4} \approx 78.5\% \tag{5-5-23}$$

实际应用时，输出电压不可能达到电源电压，输出的效率比这个值低得多。

另外，从能量守恒的角度看，电源提供的功率为负载上的输出功率和三极管集电极消耗的功率之和。那么，输入功率到哪里去了呢？显然，三极管输入端的输入电阻也要消耗一定的功率，这个输入功率被发射结所消耗。但是，由于输入电流较小，输入端功率也较小，与输出功率和耗散功率相比较可以不予考虑。

5.5.4 甲乙类互补对称功率放大电路

前面讨论了由两个射极输出器组成的乙类互补对称功率放大器作为集成运放的输出级的情况，实际上这种输出级不能使输出波形很好地反映输入电压的变化。由于没有直流偏置，管子的 i_B 必须在 $|\upsilon_{BE}|$ 大于某个数值（即阈值电压，硅管为 0.6～0.8V，锗管为 0.2～0.3V）时才有显著变化。当输入信号低于这个数值时，T_1 和 T_2 都截止，i_{C1} 和 i_{C2} 基本为零，负载上没有电流通过，出现一段死区，如图 5-5-8(b)所示，这种现象称为**交越失真**。

克服交越失真的一种方法是给 T_1 和 T_2 加一定的偏置，如图 5-5-9 所示。图中 T_1 和 T_2 组成互补输出级，该电路也称 OCL（Output CapacitorLess）电路，静态时，在 D_1、D_2 上产生的压降为 T_1 和 T_2 提供适当的偏压，使它们都处于微导通状态。由于电路对称，静态时 $i_{C1}=i_{C2}$，$i_L=0$，$\upsilon_o=0$。有输入信号时，由于电路工作于甲乙类，D_1、D_2 的交流电阻又很小，即使输入电压很小，基本上也可实现线性放大。在集成运放电路中，通常也采用这种电路作为输出级，这样的输出级称为**准互补对称推挽输出级**。

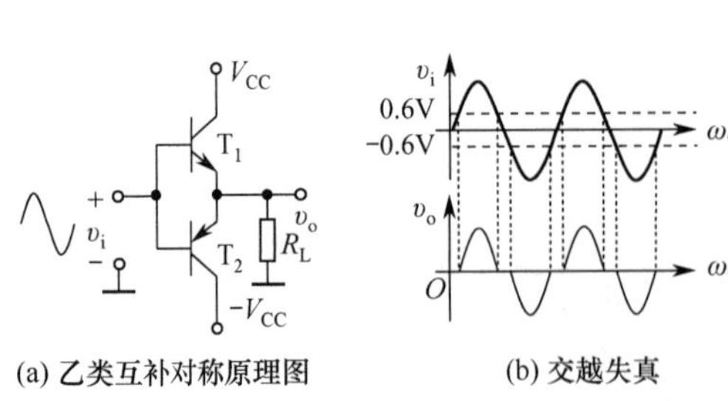

(a) 乙类互补对称原理图　(b) 交越失真

图 5-5-8　乙类双电源互补对称电路

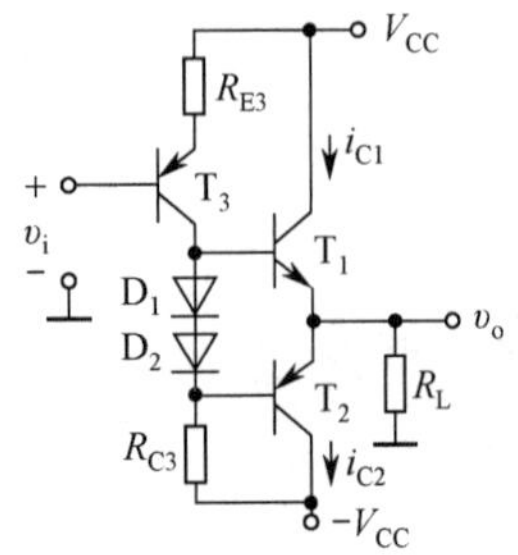

图 5-5-9　利用二极管偏置的互补对称电路

上述偏置的缺点是，偏置电压不易调整，往往利用图 5-5-10 所示的电路进行调整。在图 5-5-10 中，流入 T_4 的基极电流远小于流过 R_1、R_2 的电流，可以求出 T_4 的集电极与发射极之间的电压 $V_{CE4}=V_{BE4}(R_1+R_2)/R_2$，因此，利用 T_4 的 V_{BE4} 基本为一固定值（硅管为 0.6～0.8V），只要调节 R_1、R_2 的比值，就可调节 T_1、T_2 的偏压值，这种方法称为 V_{BE} 的倍增效应，在集成电路中经常采用。

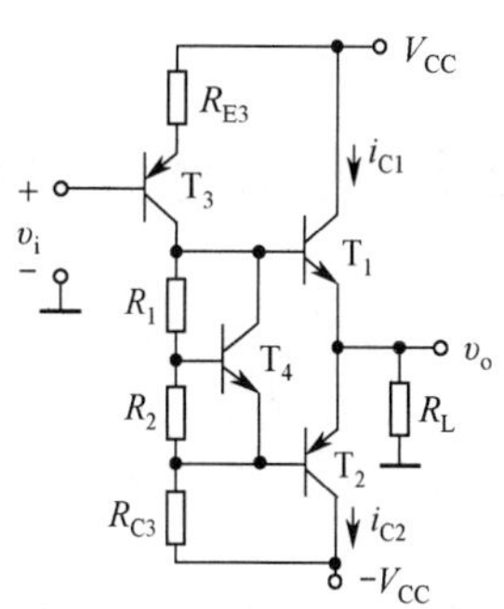

图 5-5-10　利用 V_{BE} 偏置的互补对称电路

上面给出了双电源供电的情况。在集成运放中，有些芯片常常使用单电源供电，对于输出级，就必须考虑单电源供电的情况，图 5-5-11 给出了一个电源供电的互补对称电路，也称 OTL（Output TransformerLess）电路。图中 T_3 组成前置放大级，T_1、T_2 组成互补对称输出级。当输入信号为零时，一般只要给 R_{B1}、R_{B2} 一个适当的值，就可使 I_{C3}、V_{b1}、V_{b2} 达到所需的大小，给 T_1、T_2 提供一个合适的偏置，从而使 K 点的电位为 $V_K=V_C=V_{CC}/2$；当输入信号不为零时，在信号的负半周 T_1 导通，同时向 C 充电，在信号的正半周，T_2 导通，C 通过 R_L 放电，合理地选择时间常数 R_LC（比信号的周期大得多）就可用一个电容 C 和一个电源代替原来的 $+V_{CC}$ 和 $-V_{CC}$ 两个电源。

在图 5-5-11 中，静态时，K 点的电位通常为 $V_K=V_C=V_{CC}/2$，为了提高工作点的稳定性，通常 K 通过电阻 R_{B1}、R_{B2} 分压与前置放大器相连，引入负反馈使 V_K 稳定，进而使放大器的性能得到改善。在该电路中，输出级在最佳临界运用状态下，例如，理想条件下，当输入信号的负半周最大值时，T_3 的集电极电流最小，b_1 点的电位接近 V_{CC}，此时 T_1 在接近饱和状态下工作，K 点的电位也接近 V_{CC}；反之，当输入信号的正半周最大值时，T_1 截止，T_2 饱和导通，K 点的电位接近零，负载上得到的最大交流输出电压为 $V_{OM}=V_{CC}/2$。但在实际条件下，输出的交流电压的幅度不可能达到 $V_{CC}/2$，因为当输入信号负半周时，T_1 导电，T_1 的基极电流增加，由于在 R_{C3} 上的压降和 V_{BE1} 的存在，当 K 点的电位向 V_{CC} 接近时，T_1 的基极电流受限制而不能增加很多，于是就限制了 T_1 输向负载的电流，使负载上得不到足够的电压变化，致使输出电压的幅度明显小于 $V_{CC}/2$。为了解决这一问题，在电路中引入 R_3、C_3 等元件组成自举电路，如图 5-5-12 所示。

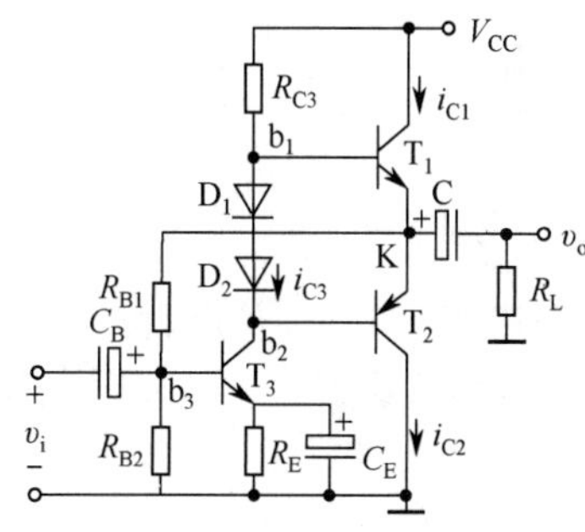

图 5-5-11　单电源互补对称电路

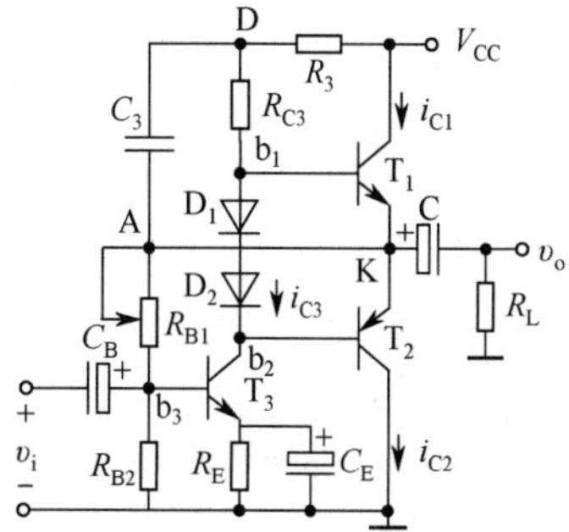

图 5-5-12　具有自举电路的互补对称功效

当输入信号为零时，图中 D 点的电位为 $V_D=V_{CC}-I_{C3}R_3$，K 点的电位为 $V_K=V_{CC}/2$，因而电容 C_3 两端的电压被充电到 $V_{C3}=V_{CC}/2-I_{C3}R_3$，当时间常数足够大时，电容 C_3 两端的电压基本不随输入电压的变化而变化。当输入为负时，T_1 导电，V_K 将由 $V_{CC}/2$ 向正方向增加，K 点的电位增加，对应的 D 点的电位也自动增加，因此，即使输出电压升得很高，也有足够的 i_{B1} 使 T_1 充分导电，保证了在饱和状态下，K 点的电位能够接近电源电压 V_{CC}。

5.6 集成运放的整体电路

F007 是双极性集成运放中具有代表性的产品之一。它的内部电路组成合理，被认为是早期发展阶段集成运放电路的一个范例。为了正确地选择和使用集成运放，本节简要介绍集成运放的内部电路与性能参数。

5.6.1 集成运放简介

图 5-6-1 所示是 F007 集成运放的内部电路。图中，T_1～T_8 为改进型差分放大器，作为输入级，输入信号加在差分对管 T_1、T_2 的两个输入端，输出信号自 T_4 的集电极取出，加到 T_{16} 的基极。T_{16}、T_{17} 和 T_{13B} 为有源负载的共集-共射组合放大器，作为中间增益级，经它放大后的信号自 T_{17} 的集电极取出，加到 T_{23} 的基极。T_{23} 和 T_{13A} 为有源负载的共集放大器，作为隔离级，信号自 T_{23} 的发射极取出，加到输出级。

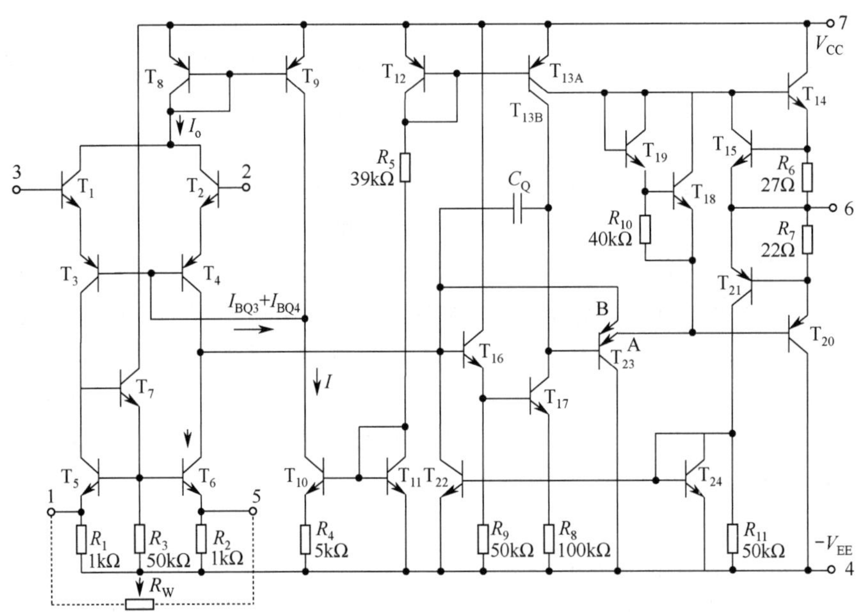

图 5-6-1 F007 集成运放内部电路

输出级是由 T_{14}、T_{18}、T_{19} 和 T_{20} 接成的互补型共集电路，输出信号取自 T_{14} 和 T_{20} 的发射极（通过电阻 R_6 和 R_7）。T_9～T_{12} 为电流源电路，作为偏置级。上面从信号传输途径说明了各级电路的作用，下面简介每组成级电路的特点。

1. 输入差放级

电流源 I 代表由 T_{10} 和 T_{11} 组成的微电流源电路，I 约为 20μA。T_1、T_3 和 T_2、T_4 分别接成共集-共基组合管，作为差分放大器输入级的放大管；T_8、T_9 接成简单电流源电路，作为差分对管的恒流偏置，提供电流 $I_o=I$；T_5～T_7 和 R_1～R_3 接成改进型电流源电路，作为差分对管的有源负载，该电路在设计思想上有许多独到之处。

首先，差分对管采用共集-共基电路，且偏置在微电流上。这种组合电路不仅具有高的输入和输出电阻，而且具有大的电压和电流增益。再加上采用恒流偏置和有源负载，使得差分放大器的差模和共模性能都得到了很大的改善，且有双端输出变换为单端输出的功能。同时，利用 PNP 型管工作在放大模式时集电极电位低于发射极电位的特点，将差分放大器输出静态电平自输入零电平下移，而不必另加专门实现电平位移电路。

其次，差分对管和恒流偏置构成闭合环路，实现共模负反馈，有效地提高共模抑制比。其工作机理如下：PNP 型三极管 T_3、T_4 所需的基极偏置电流由电流源提供，当外加共模输入电压时，差分对管两侧产生增量电流 Δi，共同通过 T_8，并转移到 T_9，在 I_{C9} 上叠加增量电流 $2\Delta i$，导致 T_3、T_4 的基极电流减小，从而减小差分对管两侧的增量电流，起到对共模信号的抑制作用。

再次，最大差模输入电压范围受到 T_1 和 T_3（或 T_2 和 T_4）的发射结反向击穿电压的限制。由于其中 T_3 为横向 PNP 管，它的发射结是轻掺杂的，相应的发射结反向击穿电压远比 NPN 型管的大。因此，受它限制的最大差模输入电压范围也就大大提高（达到±30V）。在使用时，即使误将电源电压接到两个输入端也不会造成放大管损坏。

此外，偏置在微电流上，不仅有效地增大了输入和输出电阻，而且减小了输入基极电流和输入失调电流。

2. 中间增益级

采用有源负载的共集–共射放大器如图 5-6-1 所示。图中，T_{16} 为共集放大器，T_{17} 接成以 T_{13B} 为有源负载的共射放大器。T_{13} 是双集电极的横向 PNP 型管，由于 A、B 两个集电区面向发射区的边界长度分别为总长度的 1/4 和 3/4，因此，通过集电极 A 的电流为总电流的 1/4（约 180μA），集电极 B 的电流为总电流的 3/4（约 550μA）。

采用有源负载后，共射放大器 T_{17} 提供的电压增益可达 55dB。而采用共集放大器 T_{16}，利用其高输入电阻的特点，可以有效地隔离 T_{17} 对输入差分放大级的负载影响，从而保证输入差分放大级的高电压增益（达到 50dB）。

T_{23} 为双发射极的双极性三极管，其中由发射极 B 与基极构成的二极管跨接在中间增益级的输入和输出端之间。正常工作时，T_{16} 的基极电位恒低于 T_{17} 的集电极电位，跨接二极管截止。当加到 T_{16} 基极上的电压过大时，若不接二极管，T_{17} 就有可能进入饱和区，影响放大性能，同时，T_{16} 也因电流过大而烧毁。跨接二极管后，由于二极管导通，中间增益级的输入与输出端之间的电压被钳位在二极管导通电压（0.7V）上，使 T_{17} 的集电结电压为零，保证其工作在放大区。

3. 输出级

T_{14} 和 T_{20} 接成互补型的共集电路，作为输出级。T_{23} 接成由 T_{13A} 作为有源负载的共集电路，作为隔离级，用来减小输出级对中间增益级的负载影响，保证中间级高增益。输出级工作在大信号状态。若忽略 T_{14} 和 T_{20} 的导通电压（即令 $V_{BE(on)}=0$），且设输出静态电位 V_{OQ} 为零，则在输入正弦信号电压 υ_i 的作用下，其正半周期间 NPN 管 T_{14} 导通，PNP 管 T_{20} 截止，T_{14} 与负载 R_L 组成共集电路，输出电流 i_{E14} 及其在 R_L 上产生的电压 υ_o 为正半周的正弦波；在 υ_i 的负半周，T_{20} 导通，T_{14} 截止，T_{20} 与 R_L 组成共集电路，输出电流 i_{E20} 及其在 R_L 上产生的电压为负半周的正弦波。可见，虽然每管输出半个正弦波，但只要两管特性对称，就在 R_L 上合成正、负半周相互衔接的正弦波，且其正、负峰值电压可各自接近正、负电源电压。同时，根据两管为互补型导电类型且轮流工作的特点，将这种输出级电路称为**乙类互补型推挽**

电路（Class B Complementary Push-pull Circuit）。实际上，考虑到双极性三极管导通电压的影响，对于 NPN 型管，加在基极上的电压必须大于导通电压，管子才开始导通。同理，对于 PNP 型管，加在基极上的电压必须小于导通电压，管子才开始导通。因此，在υ_i作用下，每管输出均为小于半个周期的正弦波，结果在 R_L 上得到正、负半周不相衔接的失真电压，如图 5-5-8(b)中的虚线所示。为了消除这种交越失真（也称交叉失真），必须在两管的基极之间加上合适的偏置电压，使每管大于半周导通。这样，在 R_L 上就可合成不失真的正弦波。通常将大于半周、小于一周导通的工作状态称为甲乙类状态（Class AB）。在实际电路中，这个偏置电压就是由 T_{18} 和 T_{19} 接成的恒压电路提供的。可以看到，T_{18} 和 T_{19} 实际上是两个串接的二极管（即三极管的发射结），利用它们的正向导通电压在 T_{14}、T_{20} 的基极之间提供稳定的偏置。而对交流输入信号而言，二极管的交流电阻很小，可近似视为短路。

前已指出，T_{14} 和 T_{20} 均为大信号工作，若输出负载 R_L 过小，甚至短路，则两管的发射极电流就会过大，超过管子能够承受的最大值而被损坏。为了限制通过输出管的电流，保证管子安全工作，实际电路中一般都加有保护电路。在 F007 集成运放中（见图 5-6-1），这个保护电路由电阻 R_6、R_7 和管子 T_{15}、T_{21}、T_{23}、T_{24} 组成。其中，R_6 和 R_7 为电流取样电阻。正常工作时，i_{E14} 在 R_6（或 i_{E20} 在 R_7）上产生的压降很小，不足以使保护 T_{15}（或 T_{21}）导通，保护电路不工作。而一旦通过 T_{14}（或 T_{20}）的电流过大，就会导致 R_6 或 R_7 上的压降足以使保护管导通。例如，当 T_{15} 导通时，分流 T_{14} 的输入激励电流，从而限制了 T_{14} 输出的正半周最大峰值电流。又如，当 T_{21} 导通时，由 T_{22} 和 T_{24} 组成的电流源电路开始工作，将 T_{21} 的电流经 T_{24} 转移到 T_{22}，分流中间增益级的输入激励电流，从而限制了 T_{20} 输出的负半周最大峰值电流。

4．偏置级

由 T_{10}、T_{11}、T_{12} 和 R_4、R_5 组成微电流源电路，作为集成运放的主偏置级。其中，T_{11}、T_{12} 和 R_5 支路中的电流约为 730μA，T_{10} 的输出电流约为 20μA。该主偏置级中的 T_{12} 又与 T_{11} 构成镜像电流源。T_{13} 的两个集电极分别作为 T_{17} 和 T_{23A} 的有源负载。主偏置级中 T_{10} 的输出电流通过由 T_9 和 T_8 组成的镜像电流源，为输入差分放大级提供偏置电流 I_o。可见，集成运放的各组成级（除输出级外）几乎都采用恒流源偏置或有源负载，它们的数值统一由主偏置级设定。

5.6.2 集成运放的性能参数

为了正确地选择和使用集成运放，需要了解集成运放的性能参数。下面对集成运放的一些主要性能参数做简要介绍，更多的其他参数需要读者查阅相关的芯片手册。

1．电源电压

电源电压作用于集成运放的电源端。集成运放有双电源供电和单电源供电两种形式，正电源用 V_{CC} 表示，负电源用 V_{EE} 表示。

2．开环差模电压增益

集成运放工作在线性区及开环情况下时，输出电压与输入差模信号电压之比称为开环差模电压增益 A_{VO}，常用分贝值（dB）表示。一般集成运放的差模电压增益都在 10^4（80dB）

到 10^5（100dB）数量级，说明实际集成运放的开环线性范围很小。

3. 差模输入电阻

差模输入电阻是集成运放开环工作时，输入端输入差模信号时的交流等效阻抗，其值越大，表示从信号源索取的电流越小，差模输入电阻很大，一般为兆欧级。

4. 输出电阻

输出电阻是集成运放开环时的输出等效阻抗，其值越小，表示运算放大器的带负载能力越强。一般集成运放的输出电阻在几欧到几十欧。

5. 最大差模输入电压

最大差模输入电压是运算放大器输入端所能承受的最大差模信号电压值。输入差模电压时，输入级总有 PN 结会承受反向电压，若超过最大差模输入电压，则会使输入级的管子被反向击穿。使用时要避免输入电压超过这个电压值。一般平面工艺晶体管的最大差模输入电压约为±5V，横向晶体管的最大差模输入电压可达±30V。

6. 最大共模输入电压

最大共模输入电压是在线性工作范围内集成运放所能承受的最大共模输入电压。超过此值，集成运放的共模抑制比将下降。它一般可以定义为在标称电源电压下，将运算放大器连接成电压跟随器时输出电压产生 1%的跟随误差的输入电压值，或者定义为共模抑制比下降 6dB 时所加的共模电压。

7. 共模抑制比 K_{CMR}

K_{CMR} 是差模电压增益和共模电压增益的绝对值之比，然后取对数，用分贝表示，其值越高越好。一般运算放大器的共模抑制比均可达到 100dB 以上。

8. 输入偏置电流 I_{IB}

I_{IB} 是运算放大器的输出电压为零时，流入两输入端的静态电流的均值，即 $I_{IB}=(I_{BP}+I_{BN})/2$，I_{BP} 和 I_{BN} 分别为集成运放同相端和反相端的静态电流。I_{IB} 越小，信号源对集成运放静态工作点的影响越小。

9. 输入失调电压 V_{IO} 及其温漂 $\Delta V_{IO}/\Delta T$

理想集成运放的输入电压为零时，输出电压也为零。然而，实际上，由于集成运放难以做到差分输入级完全对称，当输入电压为零时，为了使输出电压也为零，需在集成运放的两输入端额外补偿电压，这种补偿电压称为输入失调电压 V_{IO}。输入失调电压主要是由差分输入级的晶体管特性不一致等造成的，反映了运算放大器在制造过程中的对称程度和电位配合程度。

实际上，输入失调电压是指输入电压 $V_I=0$ 时输出电压折算到输入端的负值，即 $V_{IO}=-(V_O|_{V_I=0}/A_{vO})$，$V_{IO}$ 越小，集成运放的电路参数对称性越好。输入为零时，可以通过调零电阻使输出为零。通用运算放大器输入失调电压 V_{IO} 一般为±(1～10)mV。实际集成运放的输入失调电压可以通过图 5-6-2 所示的电路进行测

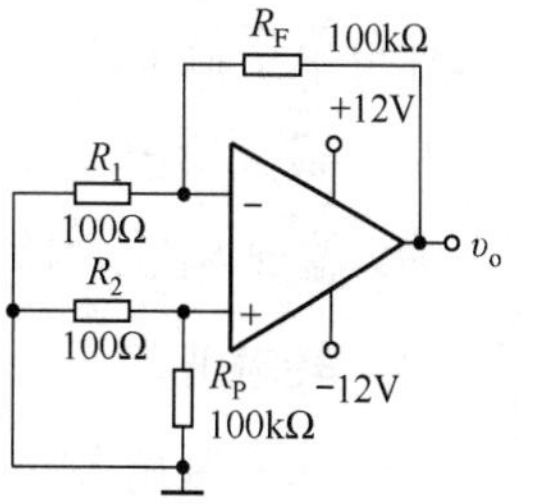

图 5-6-2　输入失调测试电路

试。根据测量出的输出电压v_o，输入失调电压可以用下式进行估算：

$$V_{IO} = \frac{R_1}{R_1 + R_F} v_o \tag{5-6-1}$$

V_{IO}随温度变化而变化。$\Delta V_{IO}/\Delta T$就是V_{IO}的温度系数，它不能靠调零电阻来补偿。

10．输入失调电流 I_{IO}

I_{IO}是运算放大器输出电压为零时，两个输入端的偏置电流之差，即 $I_{IO} = I_{BP} - I_{BN}$。输入失调电流主要是由构成输入级的差分放大器的两个三极管的共射极电流放大倍数不一致引起的。由于信号源内阻的存在，输入失调电流会引起一个输入电压，破坏电路的平衡，使放大器的输出电压不为零。因此，希望输入失调电流越小越好，它反映的是输入级差分对管的不对称程度，一般为 1nA 到 10μA。实际的集成运放的输入失调电流的测试电路与图 5-6-2 相同，一般测量出同相输入端对地的电压v_+和反相输入端对地的电压v_-，输入失调电流可以用下式进行计算：

$$I_{IO} = I_{B+} - I_{B-} \approx \frac{v_+}{R_2} - \frac{v_-}{R_1} \tag{5-6-2}$$

11．开环电压增益

开环电压增益是指运算放大器没有反馈时的差模电压增益，即集成运放的输出电压与差模输入电压的比值。开环电压增益通常很高，要求输入电压很小时才能保证输出电压不失真，但在小信号输入的条件下进行测试容易引入各种干扰，一般采用闭环测试法进行测试，测试电路如图 5-6-3 所示。

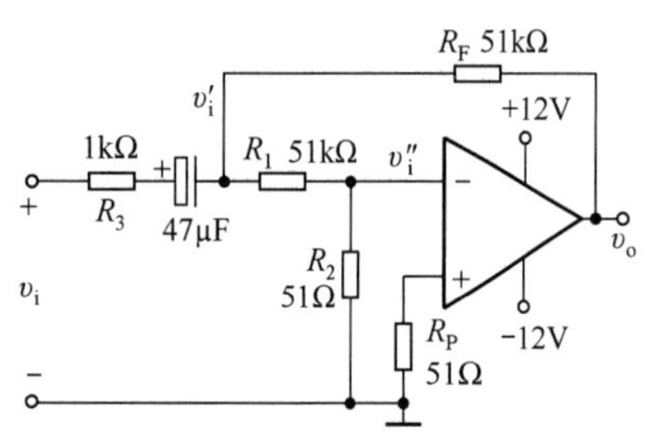

图 5-6-3 开环增益测试电路

给电路的输入端外加一个交流电压v_i，用万用表测量图中的输出电压v_o和图示点的输入电压v_i'，同时选择电阻$(R_1 + R_2) \gg R_3$，则开环增益为

$$A_{VO} = \frac{v_o}{v_i''} = \frac{v_o}{v_i'} \cdot \frac{v'}{v_i''} = \frac{v_o}{v_i'} \cdot \frac{R_1 + R_2}{R_2} \tag{5-6-3}$$

测量时，输入交流信号的频率尽可能地选低，并用示波器监视输出波形，只有波形不失真且输入信号较小时，测量的结果才是正确的。

12．单位增益带宽

单位增益带宽是指运算放大器的开环电压增益下降到 0dB 时所对应的信号频率f_T。它是集成运放的小信号参数。对正弦小信号而言，该参数代表了输入信号频率与该频率下对应的最大放大倍数的乘积，换句话说，知道处理信号的频率及需要的增益后，可以用它们的乘积来选择单位增益带宽，进而选择合适的集成运放。

13．最大输出电流

最大输出电流是指集成运放输出的正向或负向最大电流，通常给出的是输出端的短路电流。

14．转换速率

运算放大器在大幅度阶跃信号作用下，输出信号能够达到的最大变换率称为转换速率或压摆率，用S_R表示，单位为 V/μS。转换速率的测试电路如图 5-6-4 所示。

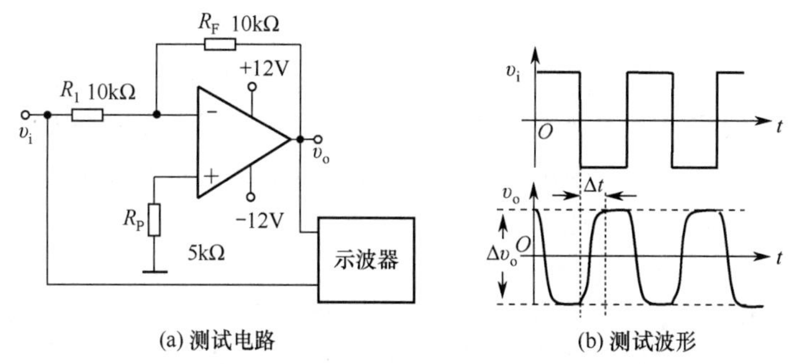

(a) 测试电路 (b) 测试波形

图 5-6-4 转换速率的测试电路与测试波形

一般来说，给电路加入一个方波输入电压，从示波器中就可以得到输出电压随时间的变换率，即输出电压的峰峰值与输出电压从最小值变化到最大值所需时间的比值。转换速率越大，说明运算放大器对输入信号的瞬时变化的响应越好。影响运算放大器转换速率的主要因素是运算放大器的高频特性和相位补偿特性。

5.6.3 集成运放的种类、模型及基本放大器

集成运放是一种十分理想的增益器件，在模拟集成电路中，它的应用最广，几乎涉及模拟信号处理的各个领域。本节首先简介集成运放的种类，然后针对集成运放的理想化条件，简介基本放大器的组成和其非理想化的误差。

1. 集成运放的种类

集成运放的种类很多。按照集成运放的参数，集成运放可分为通用型、高阻型、高速型、低功耗型、高压大功率型等。

（1）通用型集成运放

通用型集成运放是以通用增益为目的设计的。这类器件的主要特点是，价格低廉，产品量大面广，性能指标适合于一般性使用，是目前应用最为广泛的集成运放。如 μA741（单运算放大器）、LM358（双运算放大器）、LM324（四运算放大器）及以场效应管为输入级的 LF356 都属于通用运算放大器。主要优点是价格低廉，技术指标适中，产品的可选择面大；缺点是不能满足技术指标要求高的产品应用，不能满足一些特殊技术（高压、高速、精密、选通等）服务。

（2）高阻型集成运放

这类集成运放的特点是，差模输入阻抗非常高，输入偏置电流非常小，一般差模输入电阻大于 10^9～10^{12}Ω，输入偏置电流为几皮安到几十皮安，也称低输入偏置电流型集成运放。实现这些指标的主要措施是利用场效应管高输入阻抗的特点，用场效应管组成运算放大器的差分输入级。用 FET 作为输入级，不仅输入阻抗高，输入偏置电流低，而且具有高速、宽带和低噪声等优点，但输入失调电压较大。常见的集成器件有 LF356、LF355、LF347（四运算放大器）及更高输入阻抗的 CA3130、CA3140 等。

（3）低温漂型集成运放

在精密仪器、弱信号检测等自动控制仪表中，总希望集成运放的失调电压要小且不随温度的变化而变化。低温漂型集成运放就是为此而设计的。目前，常用的高精度低温漂集成运放有 OP07、OP27、AD508 及由 MOSFET 组成的斩波稳零型低漂移器件 ICL7650 等。

（4）高速型集成运放

在快速 AD、DA 转换器和视频放大器中，集成运放的转换速率 S_R 一定要高，单位增益带宽一定要足够大，通用型集成运放是不适合于高速应用场合的。高速型集成运放主要特点是，具有高的转换速率和宽的频率响应。常见的高速型集成运放有 LM318 和 μA715 等，其 S_R = 50～70V/ms，单位增益带宽大于 20MHz。

（5）低功耗型集成运放

由于电子电路集成化的最大优点是能使复杂电路小型轻便，所以随着便携式仪器应用范围的扩大，必须使用低电源电压供电的低功耗运算放大器。常用的低功耗型集成运放有 TL022C、TL060C 等，其工作电压为±2～±18V，消耗电流为 50～250mA。ICL7600 的供电电源仅为±1.5V，功耗为 10mW，还可采用单节电池供电。目前有的产品功耗已达微瓦级。

（6）高压大功率型集成运放

集成运放的输出电压主要受供电电源的限制。在普通运算放大器中，输出电压的最大值一般仅为几十伏，输出电流仅为几十毫安。要提高输出电压或增大输出电流，集成运放外部必须加辅助电路。高压大电流集成运放外部不需附加任何电路，即可输出高电压和大电流。例如，D41 集成运放的电源电压可达±150V，μA791 集成运放的输出电流可达 1A。

除了上面介绍的集成运放，按工作原理还可分为电压放大型（等效为受输入电压控制的电压源）、电流放大型（等效为受输入电流控制的电流源）、跨导型（等效为受输入电压控制的电流源）、互阻型（等效为受输入电流控制的电压源）；按可控性可分为可变增益型（电压增益可控，外加电压控制和数字编码控制）和选通控制型（多通道输入，单通道输出）。

在电子电路中，集成运放的输入电阻高，一般都达到兆欧数量级，输出电阻很小，一般为几欧到几十欧，与理想电压放大器的非常接近，广泛用于模拟信号的调理电路中，表 5-6-1 给出了几种常用的集成运放及其基本性能参数，方便读者选用。

表 5-6-1　几种常用的集成运放及其基本性能参数

型　　号	工作电压（V）	输入失调电压	BW_G（MHz）	S_R（V/μS）	开环增益（dB）
μA741	±3.5～±18 或 7～36	0.8～3mV	1.5	0.5	106
LM358	±1.5～±16 或 3～32	3～7mV	0.7	0.3	100
LM324	±1.5～±16 或 3～32	3～7mV	1	0.6	100
LF356	±1.5～±15 或 3～30	0.8～3mV	5	12	106
CF353	±3.5～±18 或 7～36	5～10mV	4	13	100
LM412	±3.5～±18 或 7～36	0.5～3mV	2.7～4	15	106
CF444	±3.5～±18 或 7～36	2～5mV	1	1	100
CF714	±3～±22 或 6～44	30～75μV	0.6	0.17	112
LM1436C	±5～±34 或 10～68	2～5mV	1	2	114
LM1536M	±5～±40 或 10～80	2～5mV	1	2	114
F1539	±3.5～±18 或 7～36	2～3mV	0.05	14	102
CF1458	±3.5～±18 或 7～36	2～6mV	0.2	20	100
CF2620	±5～±22 或 10～45	0.5～4mV	600	35	104
CA3130	±1.5～±8 或 3～16	8～15mV	15	30	110
CA3140	±3.5～±18 或 7～36	5～15mV	4.5	9	100
LM4558	±3.5～±18 或 7～36	1～5mV	2.8	15	106

（续表）

型　号	工作电压（V）	输入失调电压	BW_G（MHz）	S_R（V/μS）	开环增益（dB）
F5037A	±3～±22 或 6～44	10～25μV	63	17	125
ICL7600	±1.5～±8 或 3～16	2～5μV	0.12～1.2	0.2～1.8	105
ICL7611	±1.5～±9 或 3～18	2mV	0.044～1.4	0.016～1.6	98～104
ICL7621	±1.5～±9 或 3～18	2mV	0.48	0.16	86～102
ICL7650	±3～±8 或 6～16	0.7～5μV	2	2.5	134
LM318	±5～±20 或 10～40	10mV	15	70	85
OP07	±3～±18	10～25μV	0.6	0.3	112
OP37	±3～±18	10～25μV	63	17	85
PA85	±15～±225	0.5～2mV	100	1000	111
XFC-83	±6～±18	1mV	1	0.5	126

2．集成运放的工作区与理想化模型

（1）集成运放的工作区

集成运放线性区的电压传输特性表示为$\upsilon_o = f(\upsilon_+ - \upsilon_-)$，对于采用正、负电源供电的集成运放，其电压传输特性曲线如图 5-6-5 所示，类似于差分放大电路的电压传输特性。

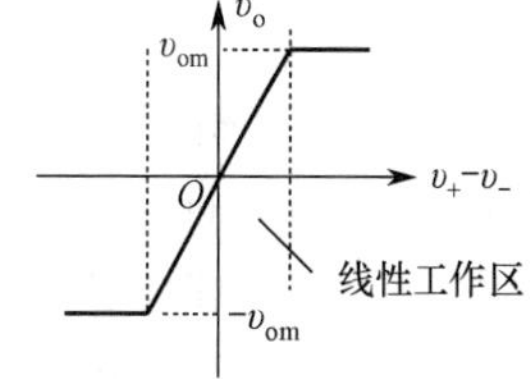

图 5-6-5　集成运放的电压传输特性曲线

图 5-6-5 的中间部分为线性放大区，此时电压放大倍数为图中斜线的斜率；其他部分为非线性区（饱和区），这时输出电压只有两种情况：$+\upsilon_{om}$ 和 $-\upsilon_{om}$。一般 $+\upsilon_{om}$ 比正电源电压低 1～2V，$-\upsilon_{om}$ 比负电源电压高 1～2V。

线性放大区电压传输特性表示为$\upsilon_o = A_{\upsilon d}(\upsilon_+ - \upsilon_-)$，$A_{\upsilon d}$ 是开环差模电压放大倍数，通常也用 $A_{\upsilon o}$ 表示。一般来说，集成运放的 $A_{\upsilon o}$ 很大，可达几十 dB 至上百 dB，即数十万倍，而输出受电源电压的限制，不可能超出电源电压，因此集成运放的线性区非常窄。假设某个集成运放的 $A_{\upsilon d}$ 为 106dB，电源电压为±15V，最大输出电压为±14V，则差模输入电压$|\upsilon_+ - \upsilon_-| > 0.14\text{mV}$时就进入非线性区；若电压增益更大，则集成运放的线性区就更窄。

（2）集成运放的理想模型

集成运放的理想化参数为开环差模电压增益（放大倍数）$A_{\upsilon d}$ 无穷大、差模输入电阻 R_{id} 无穷大、输出电阻为零、共模抑制比无穷大、上限截止频率无穷大、输入失调电压、输入失调电流和它们的温漂均为零，而且无任何内部噪声。

实际上，集成运放的上述技术指标均为有限值，理想化后必然带来分析误差。但是在一般的工程计算中，这些误差都是容许的，而且随着新型运算放大器的不断出现，性能越来越接近理想值，误差也越来越小。因此，只有在进行误差分析时，才考虑实际运算放大器有限的增益、带宽、共模抑制比、输入电阻和失调因素等带来的影响。后面如不做特别说明，我们都将运算放大器作为理想的放大器来考虑。

根据理想化的参数模型，集成运放的输入电阻为无穷大，因此两个输入端的电流趋于零，我们将这种现象称为*虚断*。虚断是指集成运放两个输入端的电流趋于零，但并不真正地断路；由于开环电压增益为无穷大，输出电压不可能为无穷大，因此两个输入端的电压差为无穷小，即两个输入端不取电压，可以视为短路，我们将这种现象称为*虚短*，虚短是指两个输入端的电位非常接近，但又不真正地短路。虚断、虚短是集成运放中两个非常有用的概念，是运算放大器工作线性时分析输入和输出信号关系的两个基本出发点。

3．集成运放组成的基本电路

（1）反相放大器

输出电压与输入电压反相的放大器称为**反相放大器**。由集成运放构成的反相放大器如图 5-6-6 所示。由理想放大器的虚短与虚断模型，放大器的开环电压增益为无穷大，而输出电压不可能为无穷大，必是有限值，因此运算放大器的输入端的电压差一定为无穷小，即趋于零，换句话说，运算放大器的同相输入端电压与反相输入端的电压趋于相等，即有$\upsilon_{+}-\upsilon_{-}=0$。

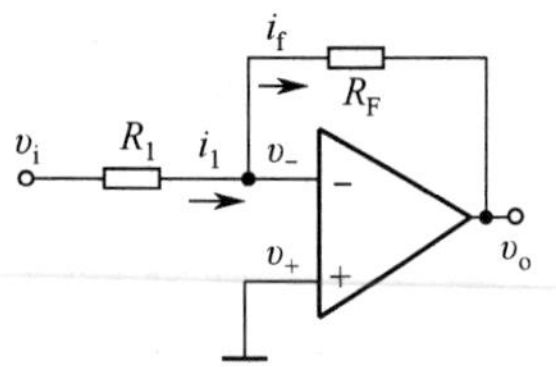

图 5-6-6 反相放大器

理想放大器的输入阻抗为无穷大，流入反相端的电流和流出同相端的电流趋于零，即输入端不取电流，$i_+=i_-=0$，于是图示电流 $i_1=i_f$。

而由基尔霍夫定律可得

$$i_1=\frac{\upsilon_i-\upsilon_-}{R_1},\quad i_f=\frac{\upsilon_--\upsilon_o}{R_F}$$

有
$$\upsilon_o=-\frac{R_F}{R_1}\upsilon_i \quad 或 \quad A_\upsilon=\frac{\upsilon_o}{\upsilon_i}=-\frac{R_F}{R_1} \tag{5-6-4}$$

可见，反相放大器的输出电压与输入电压反相，放大器的电压增益只与运算放大器的外接电阻 R_F、R_1 有关，而与运算放大器的开环增益无关。

（2）同相放大器

输出信号与输入信号同相的放大器称为**同相放大器**，由集成运放组成的同相放大器如图 5-6-7 所示。

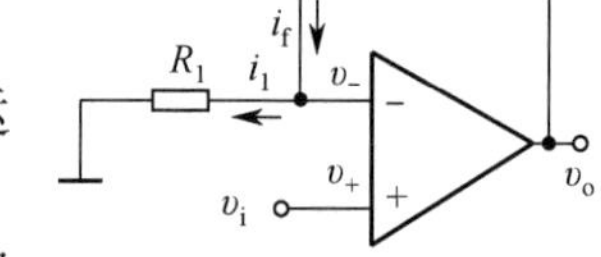

图 5-6-7 同相放大器

同理，由理想运算放大器的虚短和虚断模型，运算放大器的同相输入端电压与反相输入端的电压相等，可以表示为$\upsilon_+=\upsilon_-=\upsilon_i$。

输入阻抗为无穷大，即输入端不取电流，$i_+=i_-=0$。于是在图示电路中有$i_1=i_f$，而由基尔霍夫定律可得

$$i_1=\frac{\upsilon_-}{R_1}=\frac{\upsilon_i}{R_1},\quad i_f=\frac{\upsilon_o-\upsilon_-}{R_F}=\frac{\upsilon_o-\upsilon_i}{R_F}=\frac{\upsilon_i}{R_1}$$

化简可得输出电压为

$$\upsilon_o=\left(1+\frac{R_F}{R_1}\right)\upsilon_i \tag{5-6-5}$$

或
$$A_\upsilon=\frac{\upsilon_o}{\upsilon_i}=1+\frac{R_F}{R_1} \tag{5-6-6}$$

可见，同相放大器的输出电压与输入电压同相，放大器的放大倍数只与外接电阻有关，而与运算放大器无关。

值得说明的是，虽然从数学表达式的角度来分析，由集成运放组成的放大电路，其电压增益只与外接电阻有关，但这是由运算放大器必须工作于线性状态的前提下得出的结论。因此，作为设计考虑也不能随心所欲，还要考虑运算放大器的线性工作状态。

4．非理想集成运放的误差分析

在前面给出的反相和同相放大器中，我们认为运算放大器的参数是理想的，得到了反相

和同相放大器的放大倍数，但是实际由运算放大器构成放大电路时，其开环差模电压增益、差模输入电阻、共模抑制比都不可能为无穷大，而为有限值 $A_{\upsilon d}$、R_{id} 和 K_{CMR}，且输入失调电压和输入失调电流以及它们的温漂均不可能为零，因此必然造成误差。

对于基本的放大电路，如果元件参数理想情况下输出的电压为 υ_o'，电路实际的输出为 υ_o，那么输出电压的绝对误差为

$$\Delta\upsilon_o = |\upsilon_o - \upsilon_o'| \tag{5-6-7}$$

相对误差为

$$\delta = \frac{\Delta\upsilon_o}{\upsilon_o} \times 100\% \tag{5-6-8}$$

下面对差模电压增益、差模输入电阻、共模抑制比为有限值时的基本放大器的误差进行分析。

（1）$A_{\upsilon d}$、R_{id} 为有限值，其他参数为理想值时，反相放大器的误差分析

考虑到 $A_{\upsilon d}$、R_{id} 为有限值，反相放大器的等效电路如图 5-6-8 所示。由图 5-6-8 可得

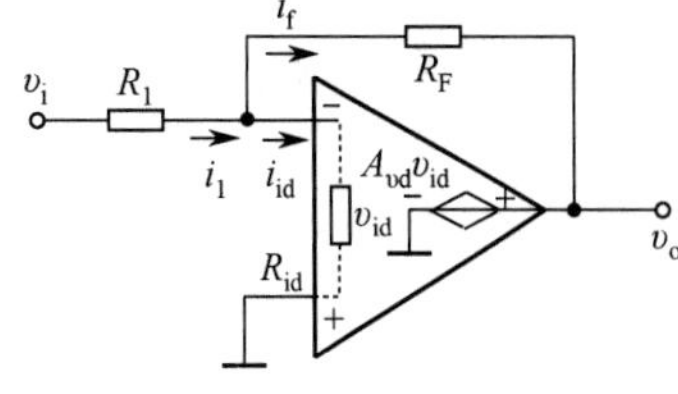

图 5-6-8　反相放大器等效电路图

$$\upsilon_- = -\upsilon_{id} = \frac{\upsilon_o}{A_{\upsilon d}} \tag{5-6-9}$$

反相端节点的电流方程为 $i_1 = i_f + i_{id}$，即

$$\frac{\upsilon_i - \upsilon_-}{R_1} = \frac{\upsilon_- - \upsilon_o}{R_F} + \frac{\upsilon_-}{R_{id}} \tag{5-6-10}$$

联立式（5-6-9）和式（5-6-10）得

$$\upsilon_o = -\frac{R_F}{R_1} \cdot \frac{A_{\upsilon d} R'}{R_F + A_{\upsilon d} R'} \upsilon_i \tag{5-6-11}$$

式中，$R' = R_1 \| R_F \| R_{id}$，故与理想放大器相比，相对误差为

$$\delta = \frac{R_F}{R_F + A_{\upsilon d} R'} \times 100\% \tag{5-6-12}$$

例如，当 R_1=10kΩ，R_F=100kΩ，$A_{\upsilon d}$ =2×10^5，R_{id}=5MΩ 时，可得相对误差为

$$\delta = \frac{100}{100 + 2\times10^5 \times 10 \| 100 \| 5000} \times 100\% = 0.0055\%$$

可见，$A_{\upsilon d}$ 和 R_{id} 越大，相对误差也就越小。

（2）$A_{\upsilon d}$、K_{CMR} 为有限值，其他参数为理想值时，同相放大器的误差分析

同相放大器在输入差模信号的同时，伴随着共模信号的输入。于是，共模抑制比 K_{CMR} 成为影响放大器误差的一个重要因素，图 5-6-9 给出了 $A_{\upsilon d}$、K_{CMR} 为有限值时，同相放大器的等效电路。根据前面的差分放大器的原理，图示放大器输出电压是差模电压和共模电压两部分共同作用的结果。

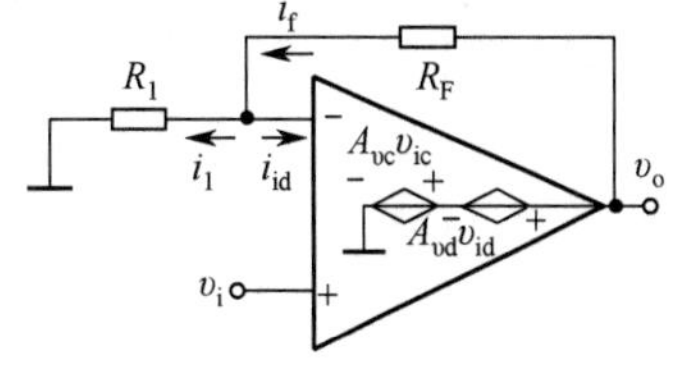

图 5-6-9　同相放大器等效电路图

由图 5-6-9 可知差模输入信号为

$$\upsilon_{id} = \upsilon_+ - \upsilon_- = \upsilon_i - \upsilon_-$$

共模输入信号为

$$\upsilon_{ic}=\frac{\upsilon_{+}+\upsilon_{-}}{2}=\frac{\upsilon_{i}+\upsilon_{-}}{2}$$

输出电压的表达式为

$$\upsilon_{o}=A_{\upsilon d}\upsilon_{id}+A_{\upsilon c}\upsilon_{ic}=A_{\upsilon d}(\upsilon_{i}-\upsilon_{-})+\frac{A_{\upsilon d}}{K_{CMR}}\frac{\upsilon_{i}+\upsilon_{-}}{2} \tag{5-6-13}$$

而差模输入阻抗理想时为无穷大，故运算放大器的输入端不取电流，可得同相放大器反相输入端的电压为

$$\upsilon_{-}=\frac{R_1}{R_1+R_F}\upsilon_{o}$$

代入式（5-6-13）并整理，可得

$$\upsilon_{o}=\left(1+\frac{R_F}{R_1}\right)\frac{1+\dfrac{1}{K_{CMR}}}{1+\dfrac{R_1+R_F}{A_{\upsilon d}R_1}}\upsilon_{i} \tag{5-6-14}$$

与理想同相放大器的输出电压相比，相对误差为

$$\delta=\left(\frac{1+\dfrac{1}{K_{CMR}}}{1+\dfrac{R_1+R_F}{A_{\upsilon d}R_1}}-1\right)\times 100\% \tag{5-6-15}$$

例如，当 R_1=10kΩ，R_F=100kΩ，$A_{\upsilon d}=2\times10^5$，$K_{CMR}=10^4$ 时，可得相对误差为

$$\delta=\left(\frac{1+\dfrac{1}{10^4}}{1+\dfrac{10+100}{2\times10^5\times10}}-1\right)\times 100\%=0.0045\%$$

同理，由式（5-6-15）可知，$A_{\upsilon d}$ 和 K_{CMR} 越大，相对误差也就越小。

输入失调电压、输入失调电流及其温度的漂移，都会对运算放大器组成的基本放大电路的输出产生影响，这里不一一加以讨论。同时，必须指出的是，除了运算放大器的非理想参数对输出产生影响，集成运放的外围元件（如电阻）的精度和电源的稳定性等，都会影响放大电路的输出精度。因此，为了提高输出精度，除了选择高质量的集成运放，还应合理地选择其他外围元件，提高电源的稳定性，减小环境温度的变化，抑制干扰和噪声，精心设计电路板等。

习 题 5

5.1 通用型集成运放一般由几部分电路组成？每部分常采用哪种基本电路？对每部分性能的要求分别是什么？

5.2 已知一个集成运放的开环差模增益 $A_{\upsilon d}$ 为 100dB，最大输出电压峰-峰值 V_{oPP}=14V。分别计算差模输入电压 A_{id}（即 $\upsilon_{+}-\upsilon_{-}$）为 10μV, 100μV, 1mV, 1V 和−10μV, −100μV, −1mV, −1V 时的输出电压。

5.3 在题图 P5.3 的差分放大器中，已知 υ_{i1} =5.01V，υ_{i2} =4.98V，β=100，$V_{BE(on)}$=0.7V，V_{CC}=6V，V_{EE}=−6V，$R_{C1}=R_{C2}$=5.1kΩ，试求 T_1、T_2 的集电极的静态电流 I_{CQ}、共模输入电压 υ_{ic} 和差模输入电压 υ_{id}。

5.4 在题图 P5.3 的差分放大器中，若 R_L=10kΩ，r_{ce} 可以忽略不计，试画出差模和共模通路，并求：

（1）差模电压增益、差模输入电阻、差模输出电阻。

（2）共模电压增益、共模输入电阻、共模输出电阻。

5.5 在题图 P5.3 的电路中，R_L 开路，$R_{C1}=5.1\text{k}\Omega$，$R_{C2}=R_{C1}+\Delta R_C$，其中$\Delta R_C=0.05R_{C1}$，试求双端输出时的共模抑制比 K_{CMR}。

5.6 在题图 P5.6 的电路中，$V_{CC}=6\text{V}$，$V_{EE}=-6\text{V}$，$\beta=100$，$V_{BE(on)}=0.7\text{V}$，$I_{EE}=1.04\text{mA}$，$R_L=10\text{k}\Omega$，$R_1=100\text{k}\Omega$，$R_C=5.1\text{k}\Omega$，$r_{ce}=50\text{k}\Omega$。试求：（1）差模电压增益、差模输入电阻、差模输出电阻；（2）共模电压增益、共模输入电阻、共模输出电阻。

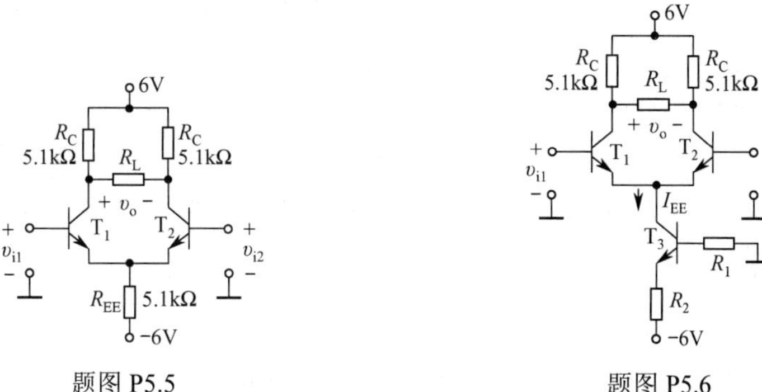

题图 P5.5　　　　题图 P5.6

5.7 在题图 P5.7 的差分放大器中，已知 $R_C=50\text{k}\Omega$，$R_1=10\text{k}\Omega$，$R_2=3.5\text{k}\Omega$，$V_{CC}=10\text{V}$，$V_{EE}=-10\text{V}$，$\beta=100$，T_1、T_2、T_3的饱和压降均为 0.3V，试求最大共模输入电压的范围。

5.8 在题图 P5.8 的电路中，设各管的β值相同，T_1和 T_2的集电极面积分别为 T_3的 n_1倍和 n_2倍。

（1）试证明 T_1的电流为

$$I_{o1}=\frac{n_1\beta I_R}{1+\beta+n_1+n_2}$$

（2）在什么条件下 $I_{o1}\approx n_1 I_R$？

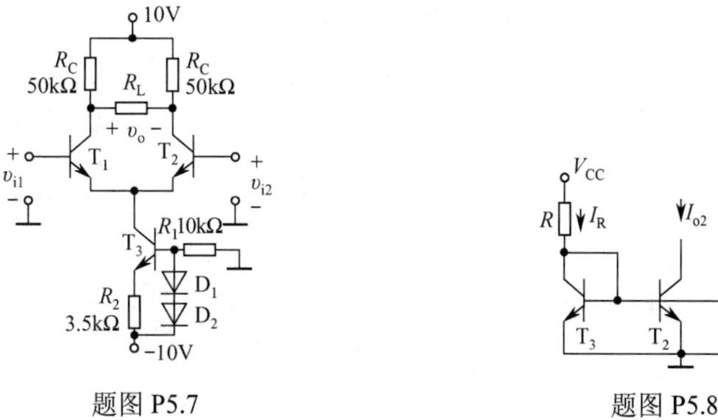

题图 P5.7　　　　题图 P5.8

5.9 比例式电流源电路如题图P5.9 所示，已知各三极管特性一致，$V_{BE}=0.7\text{V}$，$\beta=100$，$|V_A|=120\text{V}$，试求 I_{C1}、I_{C3}和T_3侧的输出交流电阻R_{o3}。

5.10 题图P5.10 所示为有源负载差分放大器，已知各管的参数相同，$V_{BE}=0.7\text{V}$，$\beta=100$，$|V_A|=100\text{V}$，试画出差模交流通路和等效电路，并求差模输入电阻R_{id}、差模输出电阻R_{od}及差模电压增益。

5.11 电路如题图 P5.11 所示，T_1 和 T_2 的特性相同，所有三极管的β值相同，R_{C1} 远大于二极管的正向电阻，当 $v_{i1}=v_{i2}=0$ 时，$v_o=0$。

（1）求电压放大的表达式。

（2）当输入端有共模输入电压时，v_o 是多少？简述理由。

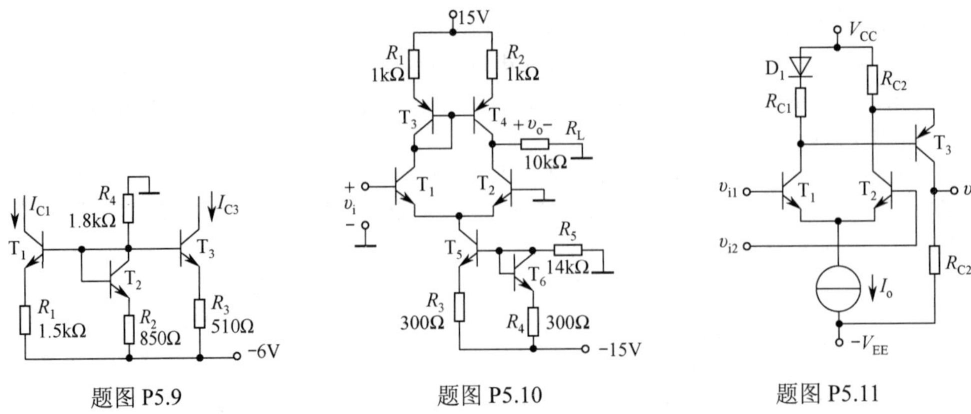

题图 P5.9　　题图 P5.10　　题图 P5.11

5.12 电路如题图 P5.12，T_1 与 T_2 为超 β 管，电路具有理想的对称性，选择合适的答案填入空内。

（1）该电路采用了________。

A．共集-共基接法　　B．共集-共射接法　　C．共射-共基接法

（2）电路采用上述接法是为了________。

A．增大输入电阻　　B．增大电流放大系数　　C．展宽频带

（3）电路采用超 β 管能够________。

A．增大输入级耐压值　　B．增大放大能力　　C．增大带负载能力

（4）T_1 与 T_2 的静态管压降 V_{CEQ} 约为________。

A．0.7V　　B．1.4V　　C．不可知

5.13 在题图 P5.12 中，为什么说 D_1 和 D_2 的作用是减小 T_1 和 T_2 的集电极反向电流 I_{CBO} 对输入电流的影响？

5.14 某功率放大电路如题图 P5.14 所示，设 T_4、T_5 的饱和压降及静态时的管耗忽略不计。在线性区，输出电压 v_o 通过 R_2、R_3 分压后与输入电压 v_i 近似相等，试求：

（1）当输入电压有效值为 0.05V 时，电路的输出功率 P_o 及输出级的效率。

（2）当 v_i 为多大时，电路可获得最大输出功率 P_{omax}？计算 P_{omax} 值。

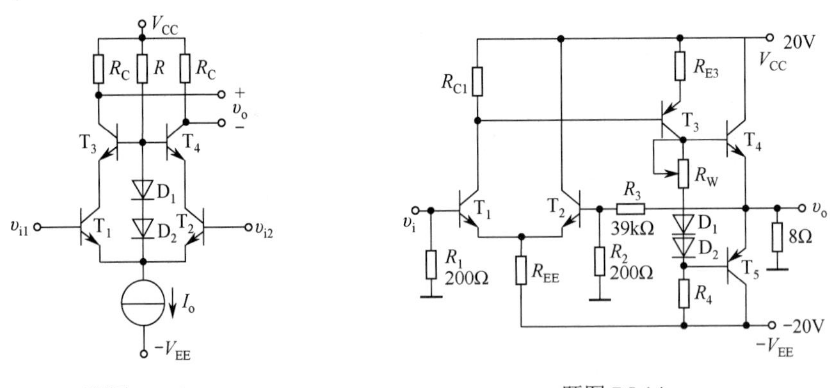

题图 P5.12　　题图 P5.14

5.15 在题图 P5.15 所示电路中，已知输入为正弦信号，$R_L = 8\Omega$，$R = 0.5\Omega$，要求最大输出功率 $P_{omax} \geq 9W$。在三极管饱和压降可以忽略不计的情况下，求下列各值：

（1）正负电源的最小值（取整数）。

（2）根据 V_{CC} 的最小值，求三极管的 I_{CM} 和 $V_{(BR)CEO}$ 最小值。

（3）当输出功率为最大值时，输入电压有效值和两个电阻 R 上损耗的功率。

5.16 三极管 T_1、T_2 组成的微电流源电路如题图 P5.16 所示。若 V_{CC}=8V，试确定：

（1）根据二极管电流方程，导出 T_1、T_2 的工作点电流 I_{C1}、I_{C2} 的关系式。

（2）若测得 $I_{C2}=28\mu A$，$I_{C1}=0.73mA$，估算电阻 R_E 和 R 的阻值。

5.17 题图 P5.17 所示是一个改进后的镜像电流源电路，若 T_1、T_2 的参数相同，试证明当三极管的共射电流放大系数为 β 时，集电极电流 I_{C2} 可以表示为

$$I_{C2}=\frac{I_R}{1+2/(\beta+\beta^2)}$$

5.18 某双入单出的长尾式差分放大器如题图 P5.18 所示，已知 $V_{CC}=V_{EE}=12V$，$R_B=5k\Omega$，$R_C=50k\Omega$，$R_W=200\Omega$，$R_{EE}=57k\Omega$，$R_L=50k\Omega$，三极管的 $\beta=80$，$V_{BE}=0.6V$，$r_{bb'}=100\Omega$，试计算：

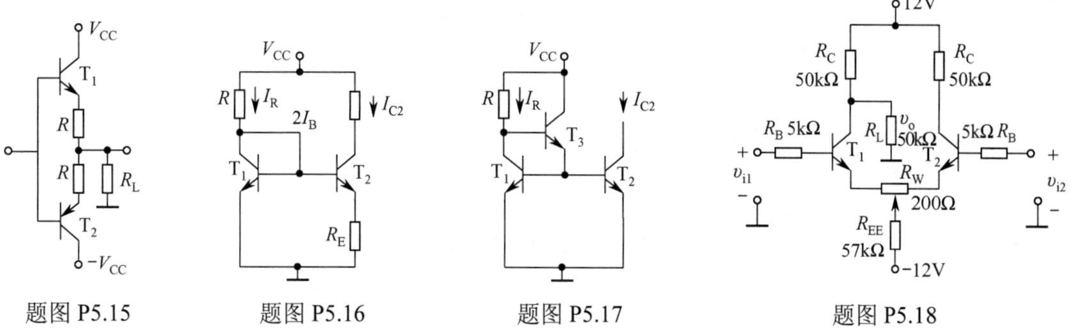

题图 P5.15　　题图 P5.16　　题图 P5.17　　题图 P5.18

（1）静态电流 I_{CQ1}、I_{CQ2} 和管压降 V_{CEQ1}、V_{CEQ2}。

（2）差模输入电阻 R_{id} 和输出电阻 R_{od}。

（3）差模电压放大倍数 A_{vd}。

（4）共模电压放大倍数 A_{vc}。

（5）共模抑制比 K_{CMR}。

（6）若输入 $v_{i1}=40mV$、$v_{i2}=20mV$，求电路的输出 v_o。

5.19 题图 P5.19 所示为简化的高精度运算放大器电路原理图，试分析：（1）两个输入端中哪个是同相输入端，哪个是反相输入端？（2）T_3 与 T_4 的作用；（3）电流源 I_3 的作用；（4）D_1 与 D_2 的作用。

5.20 在题图 P5.20 中，已知 $V_{CC}=15V$，$R_4=R_5=0.5\Omega$，$R_L=8\Omega$，三极管的饱和压降均为 2V，在输入电压足够大时，求：

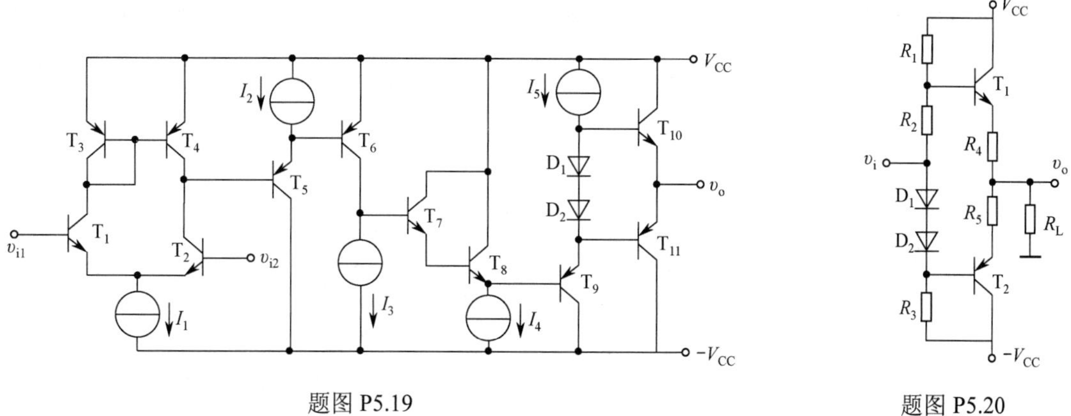

题图 P5.19　　题图 P5.20

（1）最大不失真输出电压的有效值。

（2）负载电阻上的电流的最大值。

（3）最大的输出功率和效率。

5.21 在题图 P5.21 中，已知 $V_{CC}=15V$，三极管的饱和压降均为 1V，集成运放的最大输出电压的幅值为 ±13V，二极管的导通压降为 0.7V，负载 $R_L=10\Omega$，若输入电压的幅值足够大，则电路的最大输出功率

是多少？

5.22 在题图 P5.22 所示的电路中，已知二极管的导通电压 $V_{D(on)}=0.7V$，晶体管导通时的 $V_{BE}=0.7V$，T_2 和 T_3 两管发射极交点的静态电位 $V_{EQ}=0$。试问：

（1）T_1、T_3 和 T_5 的基极的静态电位各为多少？

（2）设 $R_2=10k\Omega$，$R_3=100\Omega$。若 T_1 和 T_3 的基极的静态电流可忽略不计，则 T_5 的集电极静态电流约为多少？静态时 υ_i 为多少？

（3）若静态时 $I_{B1}>I_{B3}$，则调节哪个参数可使 $i_{b1}=i_{b3}$？如何调节？

（4）电路中二极管的个数可以是 1、2、3、4 吗？你认为哪个最合适？为什么？

5.23 在题图 P5.22 所示的电路中，已知 T_2 和 T_4 的饱和管压降 $V_{CES}=2V$，静态时电源电流可忽略不计。试问负载上可能获得的最大输出功率 P_{omax} 和效率 η 各为多少？

5.24 一单电源的互补对称电路如题图 P5.24 所示，设 T_1、T_2 的特性完全对称，输入电压为正弦波，$V_{CC}=12V$，$R_L=8\Omega$。试回答下列问题：

（1）静态时，电容 C_2 两端的电压是多少？

（2）动态时，出现交越失真，应调整哪个电阻？如何调整？

（3）若 $R_1=R_3=1.1k\Omega$，T_1 和 T_2 的 $\beta=40$，$|V_{BE}|=0.7V$，$P_{CM}=400mW$，假设 D_1、D_2、R_2 中的任何一个开路，那么会产生什么后果？

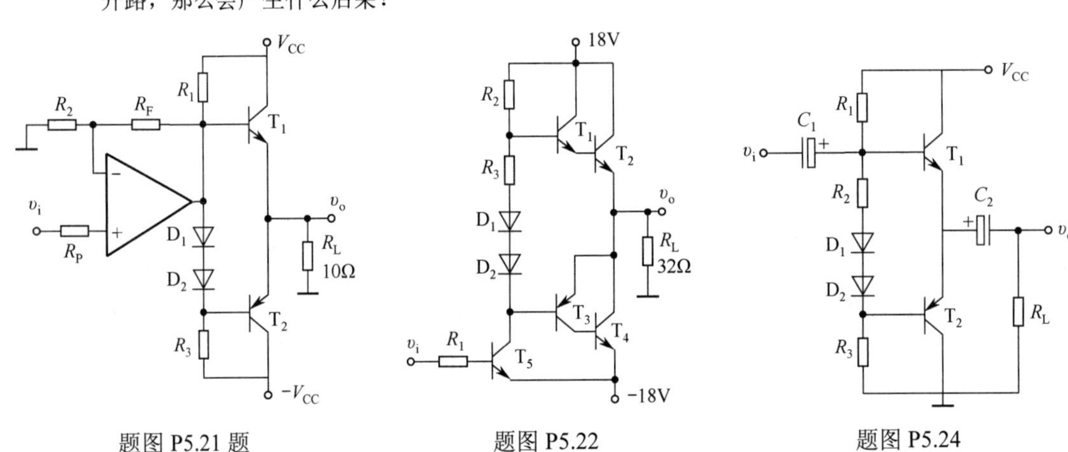

题图 P5.21 题　　题图 P5.22　　题图 P5.24

第 6 章　反馈放大器

随着电子技术的发展，放大电路的应用日益广泛，电子设备对所应用的各种放大器的性能指标提出了更高的要求。这些要求主要是非线性失真小、频率响应好、增益稳定，并且具有所需要的输入电阻和输出电阻等。

为了提高放大器的性能，往往在放大器中引入负反馈。负反馈的引入虽然会使放大器的增益有所降低，但放大器的其他性能指标却能够得到改善。因此，在现代电子线路中，负反馈在放大器中得到了极为广泛的应用。可以说，几乎没有不采用负反馈的放大器，因为负反馈是实现高质量放大器的一种重要措施。

6.1　反馈的基本概念以及判断方法

反馈在电路中得到了极为广泛的应用，譬如在欣赏立体声音乐时，要获得好的临场效果，就得有高保真放大器。有一种电路能够降低噪声、稳定增益、抑制电路参数等变化的影响，这就是负反馈电路。在实际电子线路中，常常要引入这样或那样的负反馈用于改善工作性能。因此，掌握反馈的基本概念以及判断方法是研究实用电路的基础。

6.1.1　反馈的基本概念

1. 什么是反馈

反馈（Feedback）是电子系统中重要的基本概念，电子系统的反馈就是把输出量（电压或电流）的全部或一部分按照一定的方式送回输入回路，从而影响净输入量（电压或电流）和输出量的过程。反馈放大电路由基本放大器、反馈网络和比较环节构成，如图 6-1-1 所示。基本放大器的主要功能是实现信号的放大；反馈网络的主要功能是对输出信号进行取样，并将其以一定的方式反馈到输入端；比较环节也称混合网络，主要功能是将反馈放大器的输入信号与反馈信号合成为基本放大电路的净输入量，该净输入量不但取决于输入信号（输入量），而且与反馈信号（反馈量）有关。在图 6-1-1 中，当开关 S 断开时，比较环节没有接入电路，信号仅有正向传输通路，称为*开环放大器*；当开关 S 闭合时，放大器由完成正向传输的基本放大器和完成反向传输的反馈网络构成，形成闭合环路，称为*闭环放大器*或者*反馈放大器*。

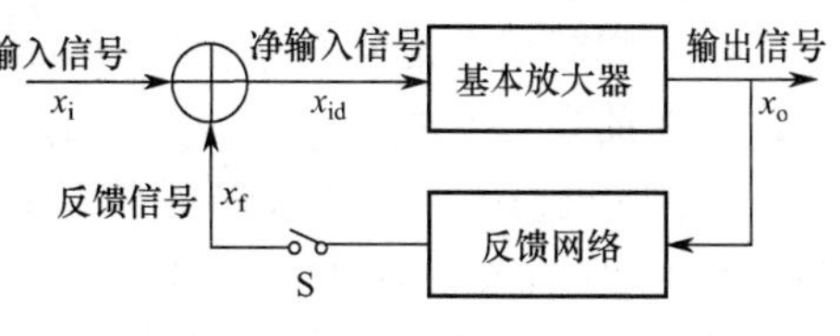

图 6-1-1　反馈放大器框图

在反馈放大器中，反馈网络将输出量 x_o（输出电压或输出电流）的一部分或全部进行取样并送回输入回路。基本放大器的输入信号称为*净输入信号* x_{id}，它不仅决定于输入量 x_i，而且与反馈量 x_f 也有关。

2．有无反馈的判断

判断一个电路是否存在反馈，可以分析电路中输出回路与输入回路的连接关系，并判断是否存在一定的通路影响了放大器的净输入，如果有，表明电路中引入了反馈；否则电路中就没有反馈。

【例 6-1-1】 判断图 6-1-2 所示的电路是否存在反馈。

解： 在图 6-1-2(a)所示的电路中，集成运算放大器的输出端与同相输入端和反相输入端均无通路，故该电路中没有引入反馈。

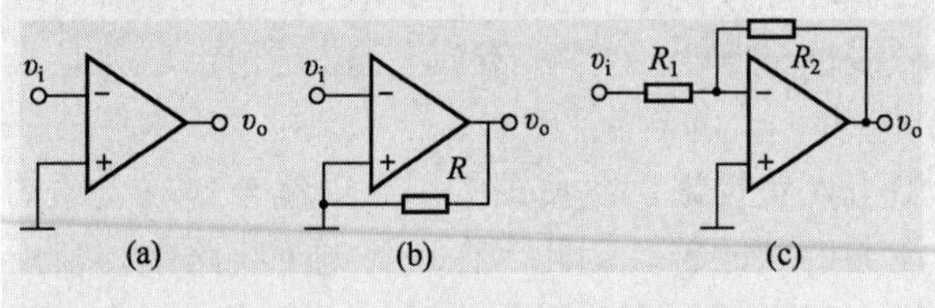

图 6-1-2 有无反馈判断

在图 6-1-2(b)所示的电路中，虽然电阻 R 跨接在集成运放的输出端和同相输入端之间，但由于同相端接地，电阻 R 不会使输出信号作用于输入回路，其实只是一个输出负载而已，可见该电路也没有引入反馈。

在图 6-1-2(c)所示的电路中，电阻 R_2 跨接在集成运放的输出端和反相输入端之间，因此集成运算放大器的净输入电流不仅与输入有关，而且与输出有关，因此该电路引入了反馈。

由以上分析可知，通过寻找电路中有无反馈通路，即可判断出电路中是否引入了反馈。

3．正反馈和负反馈

反馈按极性可分为正反馈和负反馈。

正反馈：反馈信号增强了外加输入信号的作用，使净输入信号增加，从而提高了增益，使输出量增大。正反馈使系统偏差不断增大，使系统振荡，正反馈多用于振荡电路。因为它使放大器工作状态不稳定，因此在放大电路中较少采用。

负反馈：反馈信号削弱了外加输入信号的作用，使净输入信号减小，从而使增益下降，使输出量减小。负反馈使系统输出与控制目标的误差减小，系统趋于稳定。对负反馈的研究是电子系统的核心问题，负反馈是减小电路失真、提高增益稳定性的重要途径和方法。

瞬时极性法是判断电路中反馈极性最基本的方法，它利用电路中各点对“地”的交流电位的瞬时极性来判断反馈极性，具体做法如下。

（1）假设输入端电压处于正瞬时极性，并用 ⊕ 号标出。

（2）沿着放大通路逐级推出各级输出信号电位的瞬时极性，直至反馈网络所在之处。

（3）通过反馈网络，沿着信号传递的方向判断反馈信号在输入端的瞬时极性。

（4）判断反馈信号对净输入信号的影响，若反馈信号使电路净输入信号加大，则为正反馈，反之则为负反馈。

在判断过程中，设信号的频率在中频区，电容视为短路，然后根据各种基本放大电路（共射、共源、共基、共栅、共集、共漏电路、差分放大电路及运算放大器等）的输出电压与输入电压之间的相位关系，确定从输出回路到输入回路的反馈信号的瞬时极性。在图 6-1-3 所示的共射放大器中，为了稳定静态工作点，增加了发射极偏置电阻 R_E，形成了分压式偏置共射放大电路，这里 R_E 就起到了反馈作用，其反馈过程体现如下：当环境温度 T 升高时，导致输出电流 I_C

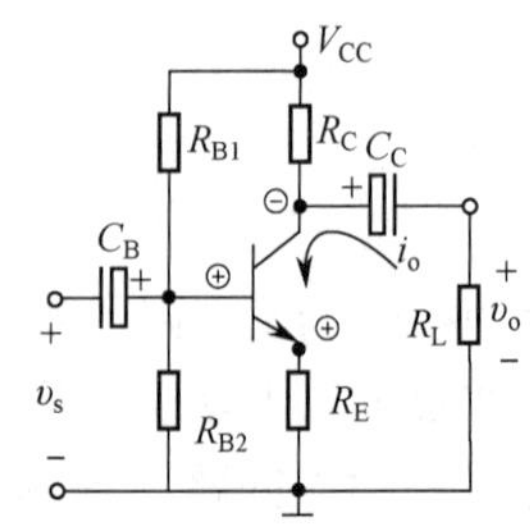

图 6-1-3 共射放大器中的负反馈

增大，射极电阻 R_E 上的电压 V_E 增大，当 V_E 回送放大器的输入回路时，使 V_{BE} 和 I_B 减小，由此抵消输出电流 I_C 的增大，进而稳定工作点 Q。由于反馈元件 R_E 稳定了静态工作点，所以称为直流负反馈。

用瞬时极性法判断的步骤如下。

如图 6-1-3 所示，在输入端加一个瞬时正极性电压信号，用 ⊕ 号标出；共射极放大器是反相放大器，输出与输入反相，集电极输出端用瞬时负极性⊖标出，这时输出回路中瞬时电流的方向如图中的 i_o 所示，该电流在反馈电阻 R_E 上产生瞬时电压，极性为正，用符号 ⊕ 标记，由此得出反馈的结果是使得净输入电压 V_{BE} 减小，因此为负反馈。

【**例 6-1-2**】用瞬时极性法判断图 6-1-4 中电路的反馈极性。

解：在图 6-1-4 中，假设输入端加的是瞬时正极性电压信号，用 ⊕ 号标出；信号从运算放大器 A_1 的同相端输入，所以 A_1 的输出瞬时极性为 ⊕，输出通过导线连接到反相输入端，极性为 ⊕，可见，这使得 A_1 的净输入电压减小，是一个局部负反馈。

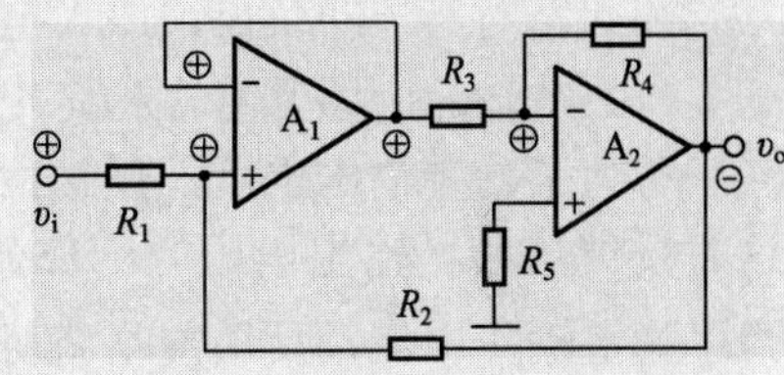

图 6-1-4　反馈瞬时极性判断

运放 A_1 的输出通过电阻 R_3 加在运放 A_2 的反相输入端，电阻网络不会改变信号的相位，仍为 ⊕，由于 A_2 的输入接反相输入端，因此输出瞬时极性为⊖；电阻 R_4 连接在运放 A_2 的输入端和输出端之间，使 A_2 的净输入电流减小，是一个局部负反馈；同时输出信号经反馈网络 R_2 回送 A_1 的输入回路，减小了放大器的净输入电流，因此是全局（级间）负反馈。

4. 直流反馈与交流反馈

反馈的交直流性质可以根据反馈网络是否存在直流通路或交流通路来判断。

如果反馈量含有直流量，则称为直流反馈，如图 6-1-3 所示。在该电路中，如果反馈元件 R_E 两端并接射极旁路电容 C_E，对交流信号短路，R_E 上的电压只有直流电压，因此电路引入的是直流反馈。直流反馈影响电路的直流性能——静态工作点，引入直流反馈的目的是稳定静态工作点。

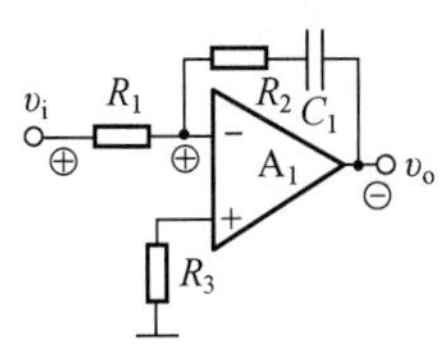

图 6-1-5　交流反馈

如果反馈量仅含有交流量，则称为交流反馈，如图 6-1-5 所示。在该电路中，反馈元件 R_2 和 C_1 串联组成的反馈支路阻断了直流信号，输出直流信号不影响输入直流信号，但反馈的交流信号减小了放大器的净输入电流，因此该电路是交流负反馈电路。

在很多放大电路中，常常是交、直流反馈兼而有之。如果在图 6-1-3 所示的电路中没有旁路电容 C_E，那么电阻 R_E 上的电压就既有直流又有交流，在图 6-1-5 中将电容 C_1 短路，则 R_2 的反馈信号中也含有直流和交流。直流负反馈的主要作用是稳定静态工作点，当电路中交、直流负反馈共存时，主要研究交流负反馈。

6.1.2　反馈在电路中的表现

通常，引入了负反馈的放大电路称为负反馈放大电路。利用前面所讲的方法可以判断出图 6-1-6 所示电路中引入了交流负反馈，输出电压 v_o 的全部作为反馈电压作用于集成运放的反相输入端。在输入电压 v_i 不变的情况下，若由于某种原因（如负载电阻 R_L 增大）引起输出电压 v_o 增大，则集成运放反相输入端电位 v_- 势必随之升

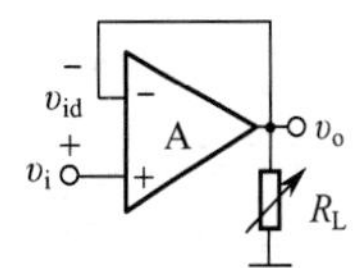

图 6-1-6　负反馈放大电路

高，从而导致集成运放的净输入电压v_{id}减小，因此使v_o减小。

实际上，对于集成运放，当反相输入端电位上升时，输出电压必然下降。由于某种原因引起输出电压v_o减小时，负反馈的结果将使v_o增大，当集成运放的开环增益很大时，其净输入电压v_{id}必然很小，因此图 6-1-6 所示电路的输出电压必近似等于输入电压。根据反馈的基本概念对上述电路所进行的分析，可以得出如下结论。

（1）交流负反馈使放大电路的输出量与输入量之间具有稳定的比例关系，任何因素引起的输出量的变化均将得到抑制。由于净输入量的变化同样受到抑制，因此交流负反馈使电路的放大能力下降。

（2）反馈量实质上是对输出量的取样，其数值与输出量成正比。

（3）负反馈的基本作用是实现输入量与反馈量相减，调整净输入量，从而稳定输出量。

因此，对具体的负反馈放大电路，首先应研究下列问题，然后进行定量分析。

（1）从输出回路来看，稳定电路的输出量或是为了稳定输出电压，或是为了稳定输出电流。若为了稳定输出电压，反馈网络将对输出电压进行取样，这种负反馈称为*电压负反馈*。这时反馈信号是输出电压的一部分或全部，即反馈信号与输出电压成正比（$x_f = k_f v_o$）。若为了稳定输出电流，反馈网络将对输出电流进行取样，这种负反馈称为*电流负反馈*。这时反馈信号是输出电流的一部分或全部，即反馈信号与输出电流成正比（$x_f = k_f i_o$）。

利用反馈信号和输出信号成正比的特点，可以得到判断电压反馈与电流反馈的简单方法。输出短路法：假设负载短路（$R_L = 0$），使输出电压$v_o = 0$，此时再观察反馈信号是否还存在，如果反馈信号存在，则说明反馈信号不与输出电压成比例，而与输出电流成比例，此电路引入的是电流反馈；若反馈信号不存在，则说明反馈信号与输出电压成比例，电路引入的就是电压反馈。

（2）从输入回路来看，若输入信号x_i、反馈信号x_f和净输入信号x_{id}三者满足电压相加减，则为串联反馈；若输入信号x_i、反馈信号x_f和净输入信号x_{id}三者满足电流相加减，则为并联反馈。

判断电路引入的是串联反馈还是并联反馈的方法：可以根据反馈信号是否和输入信号接于放大电路的同一输入端来简单确定。若反馈量和输入量接于放大电路的不同输入端，则为串联反馈；若反馈量和输入量接于放大电路的同一输入端，则为并联反馈。

因此，负反馈放大器有四种组态，即电压串联负反馈、电压并联负反馈、电流串联负反馈和电流并联负反馈，有时也称*交流负反馈的四种方式*。

【例 6-1-3】判断图 6-1-7 所示电路中(a)、(b)的交流反馈类型。

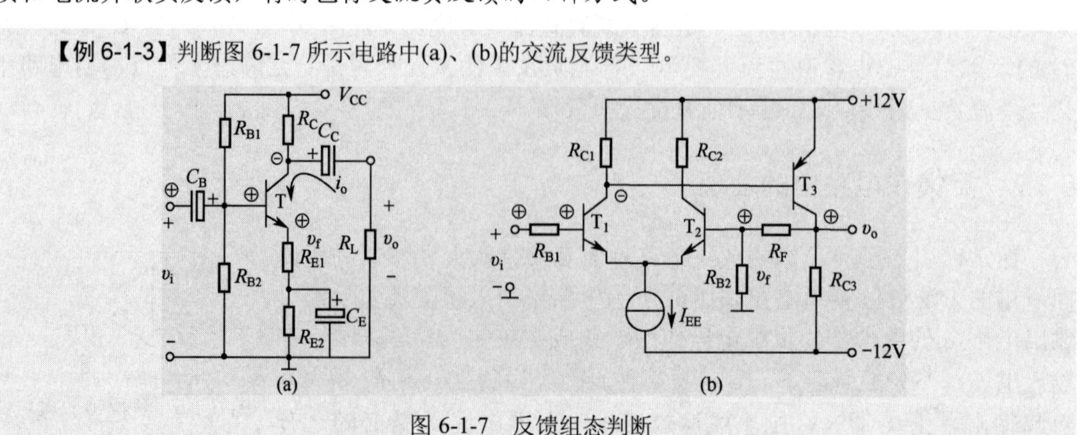

图 6-1-7 反馈组态判断

解：① 图 6-1-7(a)反馈组态的判别过程如下。

根据瞬时极性法可以判断其为负反馈，瞬时极性标注于图 6-1-7(a)中。在电路的输入回路中，反馈信号是电阻 R_{E1} 上的交流电压，它加在三极管 T 的发射极，输入信号 v_i 加在 T 的基极，反馈信号与输入信号不接在同一个节点上，显然不是以电流形式求和的，而是以电压形式求和的，因此是串联反馈。

在图 6-1-7(a)所示电路中，送回输入回路的交流反馈信号是电阻 R_{E1} 上的电压信号，有 $v_f = i_o R_{E1} = i_c R_{E1}$。用输出短路法，设负载电阻 $R_L = 0$，则 $v_o = 0$，但此时 $i_o \neq 0$，$v_f \neq 0$，因此反馈信号仍然存在，说明反馈信号与输出电流成正比，是电流反馈。

综合上面的三点，可知图 6-1-7(a)所示电路中的交流反馈为电流串联负反馈。

② 图 6-1-7(b)反馈组态的判别过程如下。

根据瞬时极性法可以判断其为负反馈，其瞬时极性标注于图 6-1-7(b)中。在电路中，输入信号加在 T_1 的基极，反馈到输入回路的交流反馈信号是电阻 R_{B2} 上的信号电压 v_f，且有 $v_f = R_{B2} v_o / (R_{B2} + R_F)$。反馈信号与输入信号不接在同一个节点上，是以电压形式求和的，故是串联反馈。

设输出短路，即令 $v_o = 0$，则有 $v_f = 0$，反馈不存在，说明反馈信号与输出电压成正比，是电压反馈。

综上，图 6-1-7(b)所示电路中的交流反馈为电压串联负反馈。

6.2　负反馈放大电路的四种基本组态

对负反馈放大电路四种基本组态的分析是理解负反馈对放大器性能影响的基础。

6.2.1　电压串联负反馈

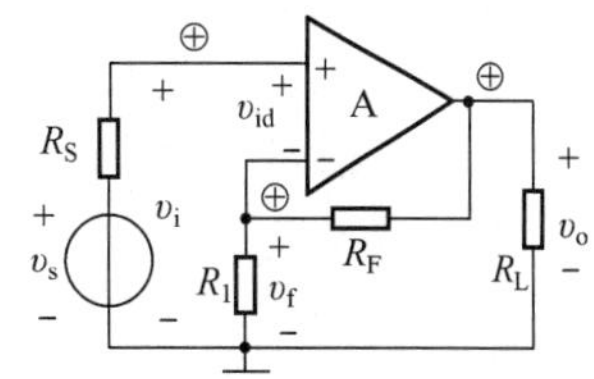

图 6-2-1　电压串联负反馈放大电路

图 6-2-1 是一个电压串联负反馈放大电路。设输入信号为交流电压信号，对交流反馈而言，图中电阻 R_1 与 R_F 组成反馈网络，R_1 上的电压是反馈信号。用瞬时极性法判断反馈极性，可令 v_i 的瞬时极性为 ⊕，经同相放大后，输出也为 ⊕，经电阻网络后相位不变，因此，放大器的反相输入端也为 ⊕，于是该放大电路的净输入电压 $v_{id} = v_i - v_f$ 减小，是负反馈。

对输出回路的反馈形式进行判断，用输出短路法判断其反馈取样方式，令 $R_L = 0$（$v_o = 0$），则有 $v_f = 0$，反馈信号不存在，所以是电压反馈。

对输入回路的反馈形式进行判断，反馈信号与输入信号接于不同输入端（与信号源支路没有节点），是以电压形式来影响净输入信号的，因此是串联反馈。或者输入信号 x_i、反馈信号 x_f、净输入信号 x_{id} 三者均以电压形式出现，满足电压相加减，有 $v_{id} = v_i - v_f$。

综合上述分析，图 6-2-1 是电压串联负反馈放大电路。

由图 6-2-1 可知，该电路可将输出的交、直流信号反馈到输入端，所以该电路为交、直流电压串联负反馈放大电路。

电压负反馈的重要特点是具有稳定输出电压的作用。例如，在图 6-2-1 所示的电路中，当 v_i 一定时，如果负载电阻 R_L 变化，导致 v_o 变化，那么该电路能自动进行以下稳压调节过程：负载电阻 R_L 减小，导致 v_o 下降，必然引起 v_f 下降，而 $v_{id} = v_i - v_f$，引起净输入电压 v_{id} 增加，必导致 v_o 增加；反之，负载电阻 R_L 增加，导致 v_o 增加，必然引起 v_f 增加，而 $v_{id} = v_i - v_f$，引起净输入电压 v_{id} 减小，必导致 v_o 减小。可见电路有阻止输出电压发生变化的能力。

可见，通过电压负反馈能使输出电压不受 R_L 变化的影响，这说明电压负反馈放大电路具有较好的恒压输出特性。为增强负反馈作用，一般串联负反馈宜采用内阻 R_S 较小的信号源，即恒压源或近似恒压源，理想情况下其内阻应为零。综合而言，电压串联负反馈放大电路具有输入恒压和输出恒压的特性，可将其视为压控恒压源。

6.2.2 电压并联负反馈

电压并联负反馈放大电路如图 6-2-2 所示，图中的电阻 R_F 为反馈网络。用瞬时极性法判断反馈极性，可令 υ_i 的瞬时极性为 ⊕，经反相放大后变为⊖，这说明即使输入信号为零，也有流经反馈电阻的电流影响输入电流，图中，因为反馈信号与输入信号在同一输入端，信号以电流形式相加减，于是该电路的净输入电流 $i_{id}=i_i-i_f$ 减小，是负反馈。

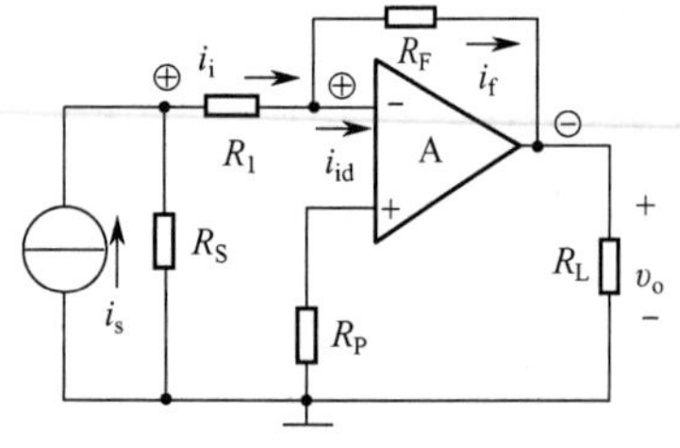

图 6-2-2 电压并联负反馈放大电路

对输出回路的反馈形式进行判断，用输出负载短路法判断其反馈取样方式，令 $R_L=0$（$\upsilon_o=0$），反馈网络消失（虽然 R_F 上还有电流，但与输出信号无关），反馈信号不存在，所以是电压反馈。

对输入回路的反馈形式进行判断，反馈信号与输入信号接于同一个输入端（有节点，就要分流），是以电流相加减的形式来影响净输入信号的，因此是并联反馈。输入信号 x_i 、反馈信号 x_f 、净输入信号 x_{id} 三者均以电流形式出现，实现电流相加减，即 $i_{id}=i_i-i_f$ 。

综合上述分析可知，图 6-2-2 所示是电压并联负反馈放大电路。该反馈属于交直流负反馈，R_F 为反馈元件，对交流负反馈而言，流过 R_F 的反馈电流 $i_f=-\upsilon_o/R_F$ 。

实际上，流过 R_F 的电流为

$$i_{R_F}=\frac{\upsilon_- -\upsilon_o}{R_F}=\frac{\upsilon_-}{R_F}+\frac{-\upsilon_o}{R_F} \tag{6-2-1}$$

式中，只有后面的一项与反馈有关（“反馈”是输出信号的一部分或全部对输入的影响），前面的一项可以理解为输入端的负载效应，因此反馈电流 $i_f=-\upsilon_o/R_F$ 。

该电路是电压负反馈，因此也具有稳定输出电压的作用。例如，当 i_i 大小一定时，由于负载电阻变化，导致输出电压发生变化，该电路能自动进行以下调节过程：负载电阻 R_L 减小，导致 υ_o 下降，必然引起 i_f 下降，而 $i_{id}=i_i-i_f$ ，引起净输入电流 i_{id} 增加，必导致 υ_o 增加；反之，负载电阻 R_L 增加，导致 υ_o 增加，必然引起 i_f 增加，而 $i_{id}=i_i-i_f$ ，引起净输入电流 i_{id} 减小，必导致 υ_o 减小。可见电路有阻止输出电压发生变化的能力。

为增强负反馈的效果，电压并联负反馈放大电路宜采用内阻很大的信号源，即电流源或近似电流源，理想情况下其内阻应为无穷大。综合电压并联负反馈放大电路的输入恒流与输出恒压的特性，可将其称为电流控制的电压源或电流电压变换器。

6.2.3 电流串联负反馈

电流串联负反馈放大电路如图 6-2-3 所示，图中的电阻 R_1 为反馈网络。用瞬时极性法判断反馈极性，可令 υ_i 的瞬时极性为 ⊕，经同相放大后，υ_o 仍为 ⊕，经反馈电阻网络后相位不变，因此，返回输入回路时也为 ⊕；因为反馈信号与输入信号不在同一个输入端，信号以电压形式相加减，放大电路净输入电压 $\upsilon_{id}=\upsilon_i-\upsilon_f$ 减小，是负反馈。

对输出回路的反馈形式进行判断，用输出负载短路法判断其反馈取样方式，令 $R_L=0$，这时虽然输出电压 $\upsilon_o=0$，但输出电流 $i_o\neq0$，因此 $\upsilon_f=i_oR_1\neq0$，即反馈信号与输出电流成比例。可见通过电阻 R_1 引入的是电流反馈。

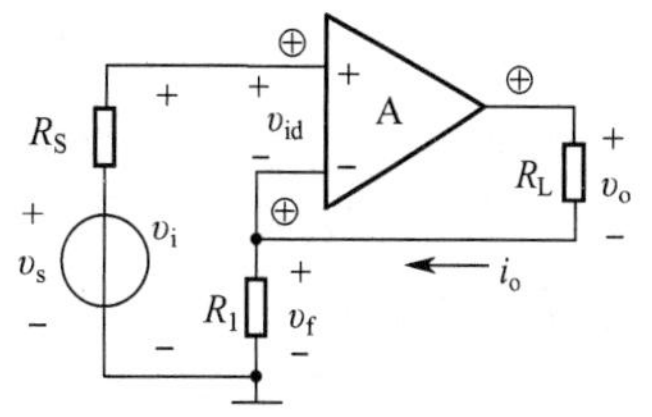

图 6-2-3　电流串联负反馈放大电路

对输入回路的反馈形式进行判断，反馈信号与输入信号接于不同的输入端，因此为串联反馈。或者输入信号 x_i、反馈信号 x_f、净输入信号 x_{id} 三者均以电压形式出现，满足电压相加减，$\upsilon_{id}=\upsilon_i-\upsilon_f$，使净输入电压减小。

综合上述分析可知，图 6-2-3 是电流串联负反馈放大电路。电流负反馈的特点是维持输出电流基本恒定。例如，当 υ_i 一定时，由于负载电阻 R_L 变动（或者温度的变化导致 β 值变化）使输出电流变化，引入负反馈后，电路将进行如下的自动调整过程：负载电阻 R_L 增大（或温度降低），导致 i_o 下降，必然引起 υ_f 下降，而 $\upsilon_{id}=\upsilon_i-\upsilon_f$，引起净输入电压 υ_{id} 增加，必导致 i_o 增加；反之，负载电阻 R_L 减小（或温度增加），导致 i_o 增加，必然引起 υ_f 增加，而 $\upsilon_{id}=\upsilon_i-\upsilon_f$，引起净输入电压 υ_{id} 减小，必导致 i_o 减小。可见电路有阻止输出电流发生变化的能力。

上述分析说明电流负反馈具有近似于恒流的输出特性，即在 υ_i 不变（$R_S=0$，$\upsilon_i=\upsilon_S$）的情况下，当负载 R_L 变化时，i_o 基本不变，放大电路的输出电阻趋于无穷大。由于是串联反馈，所以宜采用内阻 R_S 小的信号源，即恒压源或近似恒压源，因此可将电流串联负反馈放大电路称为电压控制的电流源或电压-电流变换器。

6.2.4　电流并联负反馈

电流并联负反馈放大电路如图 6-2-4 所示，图中的电阻 R_F 和 R_1 构成反馈网络。用瞬时极性法判断反馈极性，可令 υ_i 的瞬时极性为⊕，经反相放大后，υ_o 为⊖，经反馈电阻网络后相位不变，因此反馈电流 i_f 如图所示，反馈网络与输入信号有节点，信号以电流形式相加减，由此可标出 i_{id}、i_i、i_f 的瞬时流向，该放大电路的净输入电流 $i_{id}=i_i-i_f$ 减小，是负反馈。

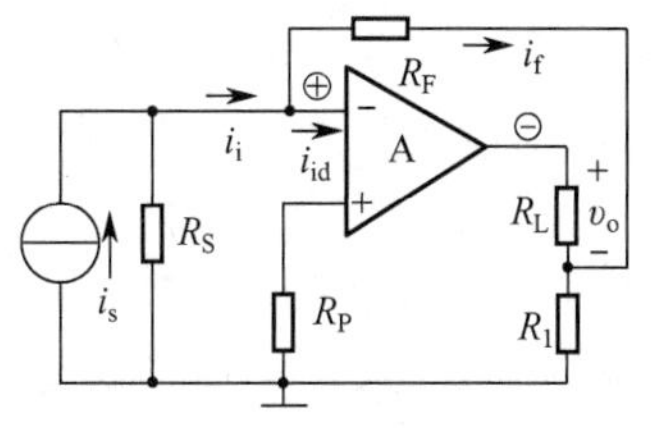

图 6-2-4　电流并联负反馈放大电路

输出回路的反馈性质判断，用输出负载短路法判断其反馈取样方式，令输出负载 $R_L=0$，这时虽然输出电压 $\upsilon_o=0$，但输出电流 $i_o\neq0$（i_o 与 υ_o 关联参考方向），因此，$i_f=-R_1i_o/(R_1+R_F)\neq0$（只考虑输出反馈的影响，将输入视为 0），即反馈信号与输出电流成比例，反馈仍然存在。可见，通过 R_F 引入了电流反馈。

输入回路的反馈性质判断，反馈信号与输入信号接于同一个输入端，因此是并联反馈。也就是输入信号 x_i、反馈信号 x_f、净输入信号 x_{id} 三者均以电流形式出现，实现电流相加减，且有 $i_{id}=i_i-i_f$。

综合上述分析可知，图 6-2-4 是电流并联负反馈放大电路。

电流并联负反馈放大电路的特点是能维持输出电流基本恒定，电路宜采用内阻很大的信号源，即电流源或近似电流源，负反馈效果更好，也可称为电流控制的电流源，其自动调整过程可以表述如下：在输入电流一定时，负载电阻 R_L 增大（或温度降低），导致 i_o 下降，必然引起 i_f 下降，而 $i_{id}=i_i-i_f$，引起净输入电流 i_{id} 增加，必导致 i_o 增加；反之，负载电阻 R_L 较小（或温度增加），导致 i_o 增加，必然引起 i_f 增加，而 $i_{id}=i_i-i_f$，引起净输入电流 i_{id} 减小，必导致 i_o 减小。可见该电路有阻止输出电流发生变化的能力。

负反馈放大器通过对输出量的变化进行采样，然后反馈到输入回路，控制其净输入 $x_{id}=x_i-x_f$，达到稳定输出量的目的，这就是"欲稳之先取之"的方法。例如，要制作直流稳压电源，内部采用电压负反馈；要设计直流恒流源，内部采用电流负反馈。

6.3 负反馈的方框图模型及深度负反馈的近似分析方法

前面的分析说明，负反馈放大器有四种不同的组态，每种组态的具体电路和性能各不相同，为了研究负反馈放大器的共同规律，可以使用方框图的分析方法来描述所有电路，进一步利用抽象的模型来分析负反馈放大电路，为放大器工程分析寻找数学解决方案。

6.3.1 反馈的方框图

1. 负反馈放大器的方框图表示法

在前述的负反馈放大器中，将各部分按不同的功能以方框图的形式连接起来，就构成了单环反馈放大器的方框图，如图 6-3-1 所示。从图中可见，它由基本放大器 $\dot{A}$、反馈网络 $\dot{B}$、混合网络构成。

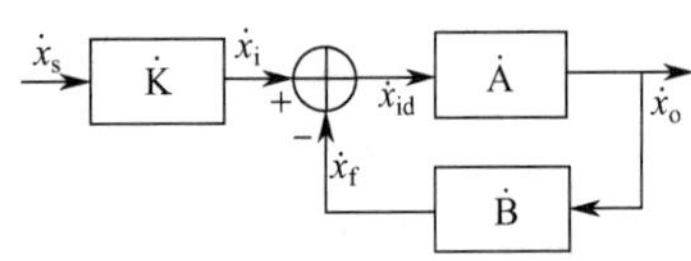

图 6-3-1 负反馈放大器的方框图

在放大器的输出端以电压或电流的取样方式取出输出量，通过反馈网络控制反馈量的大小和相位，同时，将反馈信号送回放大器的输入端。反馈信号和放大器的输入信号在输入端可以不同的方式进行混合，得到一个新信号（称为净输入信号）加到基本放大器的输入端。信号传输方向如图中的箭头所示，即信号从输入端传到输出端，只经过基本放大器，输出信号只通过反馈网络反送到输入端。也就是说，基本放大器只具有正向传输特性而无反向传输特性；反馈网络只具有反向传输特性而无正向传输特性。这种由基本放大器和反馈网络组成的闭合环路称为**反馈环路**（简称**反馈环**），由单一反馈环组成的放大器称为**单环反馈放大器**。本章中讨论的反馈放大器均为单环反馈放大器。反馈放大器的输入端与信号源相连，输出端与负载相接。

2. 负反馈放大器增益的一般表达式

如图 6-3-1 所示，反馈放大电路的输入信号、反馈信号与净输入信号之间的关系为

$$x_{id}(j\omega)=x_i(j\omega)-x_f(j\omega) \tag{6-3-1}$$

基本放大电路的增益（开环增益）为

$$A(j\omega)=\frac{x_o(j\omega)}{x_{id}(j\omega)} \tag{6-3-2}$$

反馈系数为

$$B(j\omega)=\frac{x_f(j\omega)}{x_o(j\omega)} \tag{6-3-3}$$

负反馈放大电路的增益（闭环增益）为

$$A_f(j\omega)=\frac{x_o(j\omega)}{x_i(j\omega)} \tag{6-3-4}$$

将式（6-3-1）至式（6-3-3）代入式（6-3-4），可得负反馈放大电路增益的一般表达式为

$$A_f(j\omega)=\frac{x_o(j\omega)}{x_i(j\omega)}=\frac{x_o(j\omega)}{x_{id}(j\omega)+x_f(j\omega)}=\frac{A(j\omega)}{1+A(j\omega)B(j\omega)} \tag{6-3-5}$$

上式为反馈放大器增益的一般表达式，它是分析反馈问题的基础。另外，在图 6-3-1 中，信号源信号和输入信号之间的关系是

$$x_i(j\omega)=K(j\omega)x_s(j\omega) \tag{6-3-6}$$

所以，负反馈放大电路的源增益为

$$A_{sf}(j\omega)=\frac{x_o(j\omega)}{x_s(j\omega)}=\frac{K(j\omega)A(j\omega)}{1+A(j\omega)B(j\omega)} \tag{6-3-7}$$

式（6-3-5）表明，引入负反馈后，负反馈放大电路的闭环增益 $A_f(j\omega)$ 是基本放大器的开环增益 $A(j\omega)$ 的 $1/[1+A(j\omega)B(j\omega)]$ 倍。$1+A(j\omega)B(j\omega)$ 越大，闭环增益 $A_f(j\omega)$ 下降得越多，所以 $1+A(j\omega)B(j\omega)$ 是衡量反馈程度的重要指标。我们通常将 $F(j\omega)=1+A(j\omega)B(j\omega)$ 称为*反馈深度*，用其表征反馈的强弱；而将 $T(j\omega)=A(j\omega)B(j\omega)$ 称为*环路增益*，用其表示输入信号为零时，净输入信号绕反馈环路传输一次的放大倍数。在本章的讨论中，若未做特殊说明，均假定放大器工作在中频区，反馈网络为纯电阻网络。因此，正弦电压信号和正弦电流信号均用有效值表示，反馈放大器的增益、反馈系数和反馈深度均用实数表示。以上的各表达式可以简化为

$$A_f=\frac{A}{1+AB},\quad A_{sf}=\frac{KA}{1+AB},\quad F=1+AB,\quad T=AB$$

下面分几种情况对 A_f 的表达式进行讨论。

（1）当 $|1+AB|>1$ 时，有 $|A_f|<|A|$，即引入反馈后，增益下降，说明引入的反馈是负反馈。特别是当 $|1+AB|\gg 1$ 时，也就是 $|AB|\gg 1$，这时 $A_f\approx 1/B$，这是深度负反馈状态，此时闭环增益几乎只取决于反馈系数，而与开环增益的具体数值无关。一般认为 $|AB|>10$ 就是深度负反馈。

（2）当 $|1+AB|<1$ 时，有 $|A_f|>|A|$，增益增加，这种反馈为正反馈。正反馈使放大电路的性能不稳定，所以很少在放大电路中引入。有时，会在主反馈为负反馈的条件下，局部引入正反馈来改善放大器的相关性能。

（3）当 $|1+AB|=0$ 时，$A_f\to\infty$，也就是说，放大电路在没有输入信号时，也会有输出信号，产生了自激振荡。通常在放大电路中，自激振荡现象是要设法消除的，但在信号发生器中可利用自激振荡产生信号。

3. 四种组态电路方框图模型

必须指出，上面分析的反馈放大电路方框图只是一个抽象模型，对于不同的反馈组态，输入和输出的连接方式往往不同，其反馈放大器的输入、输出信号 x_{id}, x_i, x_f 及 x_o，负反馈放大电路的 A, A_f, B 相应地具有不同的含义和量纲。

（1）电压串联负反馈放大电路的方框图

图 6-3-2 是电压串联负反馈放大电路的方框图，对于一般表达式，A, A_f, B 的物理意义更

明确。由图可见，υ_o 直接加在反馈网络的输入端，显然其取样方式为电压取样。

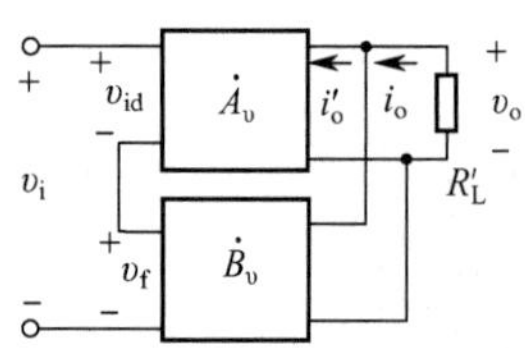

图 6-3-2 电压串联负反馈放大电路方框图

由于基本放大器的输入端、反馈网络的输出端及信号源三者呈串联形式，因此净输入信号电压 $\upsilon_{id} = \upsilon_i - \upsilon_f$。它稳定的是输出电压 υ_o，由于净输入信号电压为 υ_{id}，因此基本放大器的增益为电压增益，即 $A_\upsilon = \upsilon_o / \upsilon_{id}$。反馈网络的输入为电压 υ_o，反馈网络的输出为电压 υ_f，因此反馈网络的传输系数为电压传输系数，即 $B_\upsilon = \upsilon_f / \upsilon_o$。$i_o$ 为输出电流，是流过等效负载 R'_L 的电流，i'_o 为流入基本放大器的输出电流，在电压反馈电路中 $i'_o \neq i_o$。由于反馈网络并接在放大器的输出端，反馈网络的输入端将对 i_o 产生分流作用，因此反馈放大器的输出电阻下降。在串联反馈电路中，$i_i = i_{id}$，为了保证反馈效果好，信号源应为电压激励源。电压串联负反馈放大器的特性增益为

$$A_{\upsilon f} = \frac{\upsilon_o}{\upsilon_i} = \frac{A_\upsilon}{1 + A_\upsilon B_\upsilon} \tag{6-3-8}$$

（2）电流串联负反馈放大电路的方框图

图 6-3-3 为电流串联负反馈放大电路方框图。从图中可见，基本放大器的输出端、反馈网络的输入端及等效负载电阻 R'_L 三者呈串联形式。输出信号电流 $i_o = i'_o$，且为反馈网络的输入信号电流，显然其取样方式为电流取样。

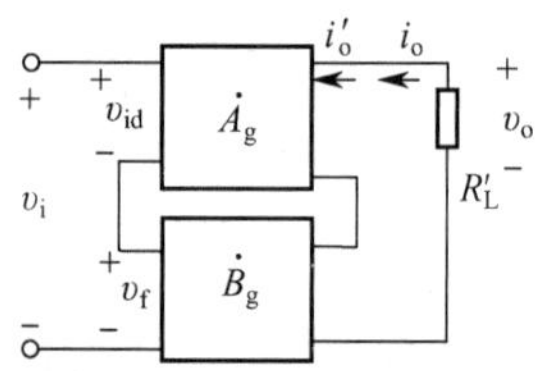

图 6-3-3 电流串联负反馈放大电路方框图

在输入回路中，与电压串联负反馈放大器的连接方式相同，因此净输入信号电压仍可表示为 $\upsilon_{id} = \upsilon_i - \upsilon_f$，所以该方框图表示的是电流串联负反馈放大器。它稳定的是输出电流 i_o，且由于净输入信号电压为 υ_{id}，因此基本放大器的增益为互导增益，即 $A_g = i_o / \upsilon_{id}$。反馈网络的输入为电流 i_o，输出为电压 υ_f，因此反馈网络的传输系数为互阻传输系数 $B_r = \upsilon_f / i_o$。由于反馈网络的输入端与基本放大器的输出端相串联，反馈网络的输出端与基本放大器的输入端相串联，因此反馈放大器的输入电阻、输出电阻都有较大的提高。电流串联负反馈放大器的特性增益为

$$A_{gf} = \frac{i_o}{\upsilon_i} = \frac{A_g}{1 + A_g B_r} \tag{6-3-9}$$

（3）电流并联负反馈放大电路的方框图

图 6-3-4 所示为电流并联负反馈放大电路方框图。从图中可见，输出回路的取样方式为电流取样。在输入回路中，基本放大器的输入端、反馈网络的输出端及输入信号源三者呈并联形式，它们之间的关系只能以电流的方式相加减，净输入信号电流为 $i_{id} = i_i - i_f$。因此，该方框图表示的是电流并联负反馈放大器。

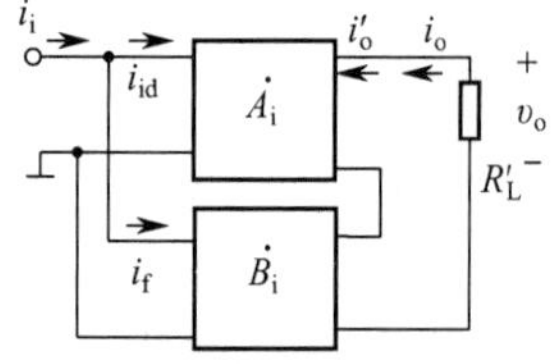

图 6-3-4 电流并联负反馈放大电路方框图

它稳定的是输出电流 i_o，且由于净输入信号电流为 i_{id}，因此基本放大器的增益为电流增益，即 $A_i = i_o / i_{id}$。反馈网络的输入为电流 i_o，输出为电流 i_f，因此反馈网络的传输系数为电流传输系数 $B_i = i_f / i_o$。由于反馈网络的输出端并接在放大器的输入端，因此反馈放大器的输入电阻降低；由于是电流反馈，输出电阻将增大。

电流并联负反馈放大器的特性增益为电流增益，即

$$A_{\mathrm{if}}=\frac{i_{\mathrm{o}}}{i_{\mathrm{i}}}=\frac{A_{\mathrm{i}}}{1+A_{\mathrm{i}}B_{\mathrm{i}}} \tag{6-3-10}$$

（4）电压并联负反馈放大电路的方框图

图 6-3-5 所示为电压并联负反馈放大电路方框图。从图中可见，输出回路为电压取样，输入回路为并联混合，所以该方框图表示的是电压并联负反馈放大器。

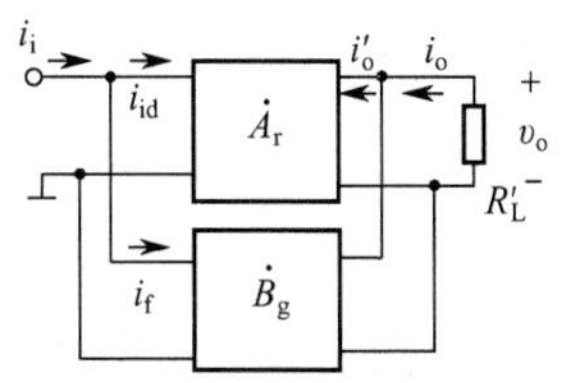

图 6-3-5　电压并联负反馈放大电路方框图

它稳定的是输出电压υ_{o}，净输入信号电流为 i_{id}，因此基本放大器的增益为互阻增益，即$A_{\mathrm{r}}=\upsilon_{\mathrm{o}}/i_{\mathrm{id}}$。反馈网络的输入为电压$\upsilon_{\mathrm{o}}$，输出为电流 i_{f}，因此反馈网络的传输系数为互导传输系数$B_{\mathrm{g}}=i_{\mathrm{f}}/\upsilon_{\mathrm{o}}$。依照前面的分析可知，该负反馈放大器的输入电阻、输出电阻均会减小。电压并联负反馈放大器的特性增益为互阻增益：

$$A_{\mathrm{rf}}=\frac{\upsilon_{\mathrm{o}}}{i_{\mathrm{i}}}=\frac{A_{\mathrm{r}}}{1+A_{\mathrm{r}}B_{\mathrm{g}}} \tag{6-3-11}$$

在实际的负反馈放大器中，反馈网络具有以下三个特征：① 反馈网络具有双向传输特性。输出信号通过反馈网络产生反馈信号，这是由它的反向传输特性决定的。输入信号也可不经过基本放大器 A 的放大作用，直接通过反馈网络传输到 A 的输出端，产生所谓的直通效应。② 反馈网络的接入对基本放大器输出端的等效负载电阻R'_{L}产生分流（电压反馈）和分压（电流反馈）作用，因此它又是输出负载电阻的一部分。③ 在不考虑输出信号对输入的反馈影响时，反馈网络的接入对基本放大器 A 的输入端也产生分流（并联反馈）和分压（串联反馈）作用，所以它又是基本放大器 A 的输入电阻的一部分。

为了较简便地分析负反馈放大器，对上面提到的三个方面的特征做了相应的近似处理。① 直通信号与基本放大器放大的信号相比，通常可以忽略，即认为基本放大器只有正向传输特性，而反馈网络只有反向传输特性。② 反馈网络对基本放大器输入端、输出端所呈现的电阻（或阻抗），可等效到基本放大器的输入端和输出端。考虑反馈网络阻抗效应后的放大器称为*基本放大器*。③ 反馈网络将阻抗拆分到基本放大器后，存在的仅是一种反馈形式，对基本放大器没有任何影响。有了这些近似的处理，在分析中就有可能将负反馈系统拆分成满足单向化假设的基本放大器和反馈网络，然后求出相应的 A、B 值，便可最终确定负反馈放大器的性能指标。

6.3.2　深度负反馈的近似分析方法

1. 深度负反馈条件下近似估算的依据

由负反馈放大器的反馈方程（6-3-5）可知，在深度负反馈条件即$|1+AB|\gg 1$下，其闭环增益为

$$A_{\mathrm{f}}=\frac{x_{\mathrm{o}}}{x_{\mathrm{i}}}=\frac{A}{1+AB}\approx\frac{1}{B}=\frac{x_{\mathrm{o}}}{x_{\mathrm{f}}} \tag{6-3-12}$$

于是有

$$x_{\mathrm{i}}\approx x_{\mathrm{f}} \tag{6-3-13}$$

即在深度负反馈条件下，输入信号与反馈信号近似相等。也就是说，净输入信号近似为零，

对串联反馈有 $v_i \approx v_f$ （$v_{id} \approx 0$），这意味着输入端是“虚短”的，由于净输入电压近似为零，说明输入电流也近似为零，而这又说明输入是“虚断”的；同理，对于并联负反馈有 $i_i \approx i_f$，这意味着净输入电流为零，即输入是“虚断”的，没有电流，也就没有压差，输入也是“虚短”的。对于由分立元件（如三极管）组成的电路而言，净输入信号约等于零就是 $v_{be} \approx 0$ 和 $i_b \approx 0$；对于由集成运放构成的电路，净输入信号约等于零就是 $v_{id} \approx 0$ 和 $i_{id} \approx 0$。利用“虚短”和“虚断”的概念，很容易求得深度负反馈条件下放大器闭环增益的表达式。

2．深度负反馈放大电路实例

【例 6-3-1】近似估算图 6-3-6 所示电路的闭环电压增益 A_{vf}、闭环输入电阻 R_{if} 和输出电阻 R_{of}。

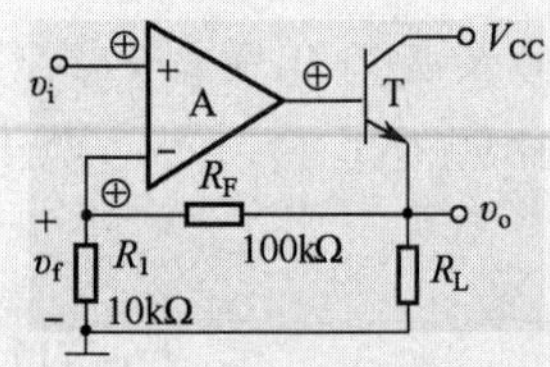

图 6-3-6 例 6-3-1 所示电路

解：在图 6-3-6 所示的电路中，反馈元件 R_F 跨接在输出端与输入回路之间（运放的反相端）。对于输出端，若负载短路，反馈不存在，为电压反馈；信号源支路与反馈支路连接在不同的输入端，为串联反馈；假定 v_i 端的极性为⊕；运放 A 的输出极性为⊕，三极管组成电压跟随器，基极电压极性为⊕，因此净输入信号电压 $v_{id}=v_i-v_f$，使净输入减小，为负反馈，所以该电路为电压串联负反馈。当满足深度负反馈条件时，有

$$v_f \approx v_i \text{（虚短）},\quad v_f=\frac{R_1 v_o}{R_1+R_F}$$

所以有

$$A_{vf}=\frac{v_o}{v_i}=1+\frac{R_F}{R_1}=1+\frac{100}{10}=11$$

串联反馈，电路闭环输入电阻 $R_{if}\to\infty$；电压反馈，输出电阻 $R_{of}\to 0$。

【例 6-3-2】根据图 6-3-7 所示的交流通路图，判断电路的反馈类型和极性，近似写出该反馈电路 A_{vf} 的表达式。

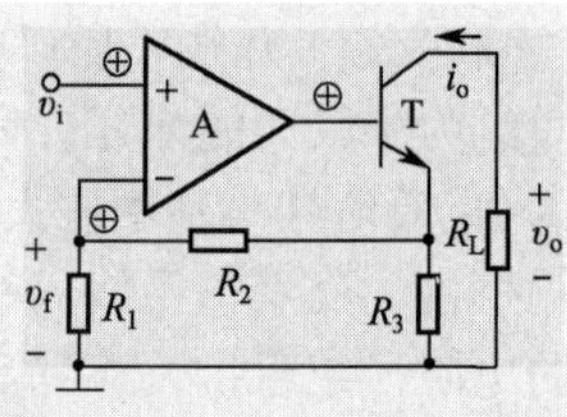

图 6-3-7 例 6-3-2 所示电路

解：从图中可见，R_2 跨接在输出回路与输入回路之间，负载短路，反馈仍然存在，为电流反馈；信号源支路与反馈支路连接在不同的输入端，为串联反馈；假设 v_i 对地电压的极性为⊕，则三极管 T 的基极输入信号的电压极性也为⊕，由于基极电位升高，集电极电流（或输出电流 i_o）增加，i_o 的流向如图中所示，因此反馈电压 $v_f=R_1R_3i_o/(R_1+R_2+R_3)$，其电压极性也为⊕，所以净输入信号电压 $v_{id}=v_i-v_f$ 减小，为负反馈，故该电路为电流串联负反馈。

在深度负反馈条件下，有

$$v_i \approx v_f=\frac{R_1R_3i_o}{R_1+R_2+R_3}=-\frac{R_1R_3v_o}{(R_1+R_2+R_3)R_L}，\text{所以 } A_{vf}=\frac{v_o}{v_i}=-\frac{(R_1+R_2+R_3)R_L}{R_1R_3}。$$

【例 6-3-3】判断图 6-3-8 所示电路的反馈类型和极性，近似估算电路的 A_{vf}、R_{if} 和 R_{of}。

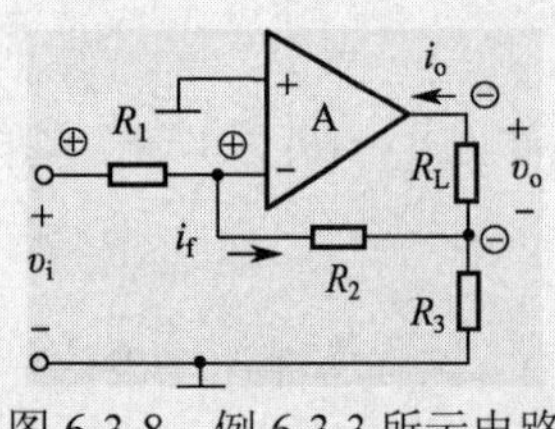

图 6-3-8 例 6-3-3 所示电路

解：从图中可见，R_2 一端接在输出回路 R_L 与 R_3 的连接点，而另一端接在运放的反相端（输入信号端）。在输出端，如果负载短路，反馈仍然存在，则为电流反馈；反馈信号与输入信号同时连接在运算放大器的反相输入端，实现电流的分流，为并联反馈；假设输入信号电压 v_i 对地极性为⊕，则运放 A 的输出端电压极性为⊖，电阻网络不改变信号的极性，因此，电阻 R_2 和 R_3 的交点处的极性为⊖，此时反馈电流的流向如图所示，所以净输入电流信号 i_{id} 减小，为负反馈。综合而言，该电路为电流并联负反馈。

由于运放同相端接地，运用“虚短”，因此反相端为“虚地”，有 $v_-=v_+=0$。

运用“虚断”的概念，即 $i_{id}\approx 0$，所以有深度负反馈条件 $i_i \approx i_f$。将运放 A 以外的电阻网络对输出电

流进行分流，可得

$$i_f=\frac{R_3}{R_2+R_3}i_o=-\frac{R_3\upsilon_o}{(R_2+R_3)R_L}$$

由于 $i_i=\upsilon_i/R_1$，运用 $i_i\approx i_f$ 得 $A_{\upsilon f}=\frac{\upsilon_o}{\upsilon_i}=-\frac{R_L}{R_1}\left(1+\frac{R_2}{R_3}\right)$。

因为运放反相端虚地，所以 $R_{if}\approx R_1$，又因为是电流反馈，特性可近似为恒流源，闭环输出电阻 $R_{of}\to\infty$。

【例 6-3-4】图 6-3-9 所示为某一电路的交流通路，试判断该反馈电路的类型和极性，写出深度负反馈条件下电压增益 $A_{\upsilon f}$ 的表达式。

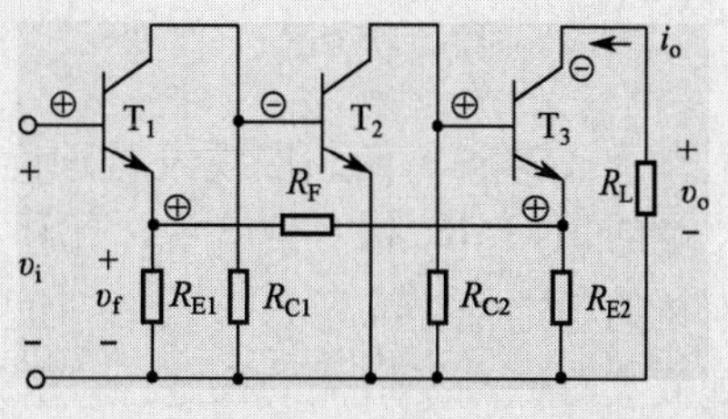

图 6-3-9　例 6-3-4 所示电路

解：从图中可见，该电路的级间反馈元件为 R_F，它跨接在输出与输入回路之间，在输出回路中，如果负载短路，反馈仍然存在，故为电流反馈；在输入回路中，输入信号和反馈信号分别加在三极管的不同电极，为串联反馈；假设输入信号电压 υ_i 对地极性为⊕，则 T_1 的集电极电压极性为⊖，T_2 也为共发射极放大器，因此 T_2 的集电极电压极性为⊕，T_3 的基极电位升高，T_3 的集电极的瞬时极性为⊖，输出电流 i_o 的流向如图中所示，输出电流 i_o 在 R_F、R_{E1} 支路产生分流并在 R_{E1} 两端形成反馈电压 $\upsilon_f=R_{E1}R_{E2}i_o/(R_{E1}+R_{E2}+R_F)$，其极性也为⊕，净输入信号电压 $\upsilon_{be1}=\upsilon_i-\upsilon_f$ 减小，为负反馈，所以该电路为电流串联负反馈。

根据深度负反馈条件 $\upsilon_{be1}\approx 0$，$\upsilon_i\approx\upsilon_f$，反馈电压表达式为

$$\upsilon_f=\frac{R_{E1}R_{E2}}{R_{E1}+R_{E2}+R_F}i_o=-\frac{R_{E1}R_{E3}\upsilon_o}{(R_{E1}+R_{E2}+R_F)R_L}$$

可得

$$A_{\upsilon f}=\frac{\upsilon_o}{\upsilon_i}=-\frac{(R_{E1}+R_{E2}+R_F)R_L}{R_{E1}R_{E3}}$$

式中，负号表示 υ_o 与 υ_i 的相位相反。

6.4　反馈改善放大器性能

稳定性是放大器的重要指标之一。放大器中引入负反馈后，其性能将得到改善，如提高增益的稳定性、减小非线性失真、扩展频带，以及根据需要灵活地改变放大器的输入、输出电阻等。

6.4.1　提高增益稳定性

在一定输入的情况下，放大器由于各种因素的变化（半导体三极管参数的变化、温度或电源电压的变化等），往往引起放大器输出电压或电流随之变化，进而引起增益变化。引入负反馈后，如果输出电压（或者电流）增大，反馈信号也增大，结果使净输入减小，输出也趋于稳定，从而起到自动调节输出的作用，可以稳定输出电压（或者电流），进而稳定增益。

分析反馈放大器增益的一般表达式，在深度负反馈的条件下，有

$$A_f=\frac{A}{1+AB}\approx\frac{1}{B}\tag{6-4-1}$$

这种情况下负反馈放大器的增益仅取决于反馈网络的传输系数 B，而与放大器中半导体器件的参数无关，因此增益具有很高的稳定性。从增益的变化量可以看出引入反馈后放大器电路的稳定性。

将式（6-3-5）对增益 A 求导可得

$$\mathrm{d}A_{\mathrm{f}}=\frac{1}{(1+AB)^2}\mathrm{d}A \tag{6-4-2}$$

为求出增益的相对变化，将上式变换为

$$\frac{\mathrm{d}A_{\mathrm{f}}}{A_{\mathrm{f}}}=\frac{1}{1+AB}\frac{\mathrm{d}A}{A} \tag{6-4-3}$$

式（6-4-3）两边取模表明，负反馈放大器增益的相对变化量仅为基本放大器增益相对变化量的 $1/(1+AB)$ 倍，或者说，闭环（负反馈放大器）增益的稳定性比开环（无反馈放大器）增益的稳定性提高了 $1+AB$ 倍。而且反馈深度越深（即 $1+AB$ 越大），闭环增益越稳定。负反馈放大器提高了增益的稳定性，其增益是指反馈类型的特性增益。如果要稳定其他增益，还必须有附加条件。例如，电流串联负反馈能够稳定互导增益 A_{gf}，若要稳定电压增益 $A_{\upsilon\mathrm{f}}=\upsilon_{\mathrm{o}}/\upsilon_{\mathrm{i}}=-i_{\mathrm{o}}R'_{\mathrm{L}}/\upsilon_{\mathrm{i}}=-A_{\mathrm{gf}}R'_{\mathrm{L}}$，则必须附加负载 R'_{L} 稳定的条件。因此，不同反馈类型的负反馈放大器所稳定的特性增益如下：对于电流并联负反馈放大器，它提高电流增益 A_{if} 的稳定性；对于电压串联负反馈放大器，它提高电压增益 $A_{\upsilon\mathrm{f}}$ 的稳定性；对于电压并联负反馈放大器，它提高互阻增益 A_{rf} 的稳定性。

【例 6-4-1】 在一个电压串联负反馈放大器中，基本放大器的电压增益为 $A_\upsilon=10^3$，电压反馈系数为 $B_\upsilon=0.01$。（1）求负反馈放大器的闭环增益；（2）如果基本放大器的增益下降 20%，此时负反馈放大器的增益是多少？

解：（1）闭环增益为 $A_{\upsilon\mathrm{f}}=\dfrac{A_\upsilon}{1+A_\upsilon B_\upsilon}=\dfrac{10^3}{1+10^3\times0.01}=90.9$，可见，引入负反馈后的放大器增益降低了。

（2）由 $\dfrac{\mathrm{d}A_{\upsilon\mathrm{f}}}{A_{\upsilon\mathrm{f}}}=\dfrac{1}{1+A_\upsilon B_\upsilon}=\dfrac{\mathrm{d}A_\upsilon}{A_\upsilon}$ 可得闭环增益的变化量为 $\Delta A_{\upsilon\mathrm{f}}=\dfrac{1}{1+A_\upsilon B_\upsilon}=\dfrac{\Delta A_\upsilon}{A_\upsilon}A_{\upsilon\mathrm{f}}$，变化后的闭环增益为

$$A'_{\upsilon\mathrm{f}}=A_{\upsilon\mathrm{f}}+\Delta A_{\upsilon\mathrm{f}}=A_{\upsilon\mathrm{f}}\left(1+\frac{1}{1+A_\upsilon B_\upsilon}\frac{\Delta A_\upsilon}{A_\upsilon}\right)$$

A_υ 下降 20%意指 $\dfrac{\Delta A_\upsilon}{A_\upsilon}=-\dfrac{20}{100}$，代入上式得

$$A'_{\upsilon\mathrm{f}}=A_{\upsilon\mathrm{f}}+\Delta A_{\upsilon\mathrm{f}}=90.9\times\left[1+\frac{1}{11}\times\left(-\frac{20}{100}\right)\right]=89.25$$

可见，闭环增益变化很小，这表明负反馈具有稳定增益的能力。

6.4.2 减小非线性失真

由于放大器中有源器件伏安特性的非线性，在信号被放大的同时也会产生非线性失真。假设输入正弦电压 υ_{i} 经过同相放大器放大后变成正半周大、负半周小的输出信号波形，如图 6-4-1(a)所示。如果反馈网络为纯阻无源网络，

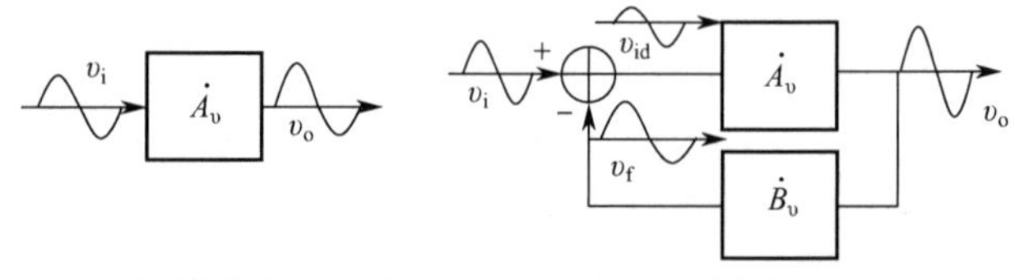

图 6-4-1 负反馈减小非线性失真示意图

那么它不再引入失真，让失真的输出信号电压经过该网络将得到正半周大、负半周小的反馈信号电压υ_f，如图 6-4-1(b)所示。υ_f和υ_i相减后的净输入信号电压υ_{id}将变成正半周小、负半周大的波形，这一信号再经过放大器的放大，就使得输出信号的波形趋于正弦波。当然，改善的结果还是正半周大、负半周小，但比无反馈时的失真要减小很多，因此负反馈可以减小非线性失真。

设基本放大器的输出电压υ_o为非正弦波，用傅里叶级数将它分解成一个与输入信号频率相同的基波电压υ_{o1}和谐波电压υ_{on}，且谐波是由半导体器件的非线性产生的：

$$\upsilon_o = \upsilon_{o1} + \upsilon_{on} = A_\upsilon \upsilon_{id} + \upsilon_{on} \tag{6-4-4}$$

为了使非线性失真在电路闭环后有可比性，引入负反馈后，应增大负反馈放大器的输入量υ_i，使净输入量υ_{id}中的基波成分与开环时的相同，以保证输出量的基波成分与开环时的相同，而此时负反馈放大器的输出谐波电压为υ_{onf}。假设放大器产生的非线性失真系数较小，可以近似地认为放大器是一个线性系统，允许应用叠加原理来推出υ_{on}与υ_{onf}之间的关系。于是，可将υ_{onf}分为两部分：第一部分是因υ_{id}（与开环时相同）产生的，第二部分是输出量中的谐波电压υ_{onf}经反馈网络和基本放大电路后产生的输出$-A_\upsilon B_\upsilon \upsilon_{onf}$，于是输出的谐波电压为

$$\upsilon_{onf} = \upsilon_{on} - A_\upsilon B_\upsilon \upsilon_{onf} \tag{6-4-5}$$

因此有

$$\upsilon_{onf} = \frac{\upsilon_{on}}{1 + A_\upsilon B_\upsilon} \tag{6-4-6}$$

上式表明，引入负反馈后，在维持输出电压基波成分不变的条件下，由负反馈放大器产生的谐波电压只有无反馈时的$1/(1+A_\upsilon B_\upsilon)$。

综上所述，可以得到如下结论。

（1）只有信号源有足够的潜力，能使电路闭环后基本放大器的净输入电压与开环时的相等，即输出在闭合前后保持基波成分不变，非线性失真才能减小到基本放大电路的$1/(1+A_\upsilon B_\upsilon)$。

（2）非线性失真产生于电路内部，引入负反馈后才能被抑制。换言之，当非线性失真来自外加输入信号中的噪声和干扰时，引入负反馈将无济于事，必须采用信号处理（如有源滤波）或者屏蔽等方法才能解决。

6.4.3　展宽频带特性

加了负反馈后，对于同样大小的输入信号，在中频区由于输出信号较大，因此反馈信号也较大，于是净输入信号被削弱得较多，从而使输出信号降低较多；在高频区和低频区，由于输出信号较小，反馈信号也较小，净输入信号也被削弱得较少，输出信号也降低较少。因此，在高、中、低三个频段上的放大倍数就比较均匀，放大区的通频带也就被展宽。对单级负反馈放大器，反馈放大器的传递函数和基本放大器高频区的传递函数分别为

$$A_f(j\omega) = \frac{A(j\omega)}{1 + A(j\omega)B(j\omega)}, \quad A_H(j\omega) = A_M \big/ \left(1 + jf/f_H\right) \tag{6-4-7}$$

式中，f_H为基本放大器的上限转折频率，A_M为中频区的增益。当反馈系数 B 不随频率变化时，引入负反馈后的高频特性为

$$A_{\mathrm{Hf}}(\mathrm{j}\omega)=\frac{\dfrac{A_{\mathrm{M}}}{1+\mathrm{j}f/f_{\mathrm{H}}}}{1+\dfrac{A_{\mathrm{M}}B}{1+\mathrm{j}f/f_{\mathrm{H}}}}=\frac{\dfrac{A_{\mathrm{M}}}{1+A_{\mathrm{M}}B}}{1+\mathrm{j}\dfrac{f}{(1+A_{\mathrm{M}}B)f_{\mathrm{H}}}}=\frac{A_{\mathrm{Mf}}}{1+\mathrm{j}f/f_{\mathrm{Hf}}} \tag{6-4-8}$$

负反馈放大器的上限转折频率为

$$f_{\mathrm{Hf}}=(1+A_{\mathrm{M}}B)f_{\mathrm{H}} \tag{6-4-9}$$

可见，引入负反馈后，负反馈放大器的上限频率是基本放大器上限频率的$(1+A_{\mathrm{M}}B)$倍。

同理，给出基本放大器低频区的传递函数和反馈放大器的传递函数可分别写成

$$A_{\mathrm{L}}(\mathrm{j}\omega)=A_{\mathrm{M}}\big/\left(1+\mathrm{j}f_{\mathrm{L}}/f\right) \tag{6-4-10}$$

$$A_{\mathrm{Lf}}(\mathrm{j}\omega)=\frac{\dfrac{A_{\mathrm{M}}}{1+\mathrm{j}f_{\mathrm{L}}/f}}{1+\dfrac{A_{\mathrm{M}}B}{1+\mathrm{j}f_{\mathrm{L}}/f}}=\frac{\dfrac{A_{\mathrm{M}}}{1+A_{\mathrm{M}}B}}{1+\mathrm{j}\dfrac{f_{\mathrm{L}}}{(1+A_{\mathrm{M}}B)f}}=\frac{A_{\mathrm{Mf}}}{1+\mathrm{j}f_{\mathrm{Lf}}/f} \tag{6-4-11}$$

因此，负反馈放大器的下限转折频率可以表示为

$$f_{\mathrm{Lf}}=f_{\mathrm{L}}/(1+A_{\mathrm{M}}B) \tag{6-4-12}$$

比较基本放大器的上、下限转折频率 f_{H}、f_{L} 与反馈放大器的上、下限转折频率 f_{Hf}、f_{Lf}，可以发现，引入负反馈后，反馈放大器的上限频率提高了，下限频率降低了，结果使整个通频带得到展宽。

一般基本放大器的 $f_{\mathrm{H}}\gg f_{\mathrm{L}}$，所以通频带 BW 可近似用上限频率 f_{H} 表示，未加负反馈前，放大器的通频带为 $\mathrm{BW}=f_{\mathrm{H}}-f_{\mathrm{L}}\approx f_{\mathrm{H}}$，加负反馈后，放大器的通频带 $\mathrm{BW_f}=f_{\mathrm{Hf}}-f_{\mathrm{Lf}}\approx f_{\mathrm{Hf}}=(1+A_{\mathrm{M}}B)f_{\mathrm{H}}$。这说明引入负反馈后，放大器的通频带扩展了$(1+A_{\mathrm{M}}B)$倍。

从本质上说，频带限制是由于放大电路对不同频率的信号呈现出不同的增益。负反馈具有稳定闭环增益的作用，因此对频率增大（或减小）引起的增益下降，同样具有稳定作用。也就是说，它能减小频率变化对闭环增益的影响，从而展宽闭环增益的频带。对于电压串联负反馈情况，展宽的是电压增益的频带宽度。另外三种类型的负反馈能否展宽电压增益的频带宽度则与其相应的条件有关，读者可以自行分析。

6.4.4 改变输入、输出电阻

1. 负反馈对放大器输入电阻的影响

输入电阻是从放大器输入端口看进去的等效电阻。放大器引入反馈后，输入电阻的变化与输入端混合形式（串联或并联反馈）有关。

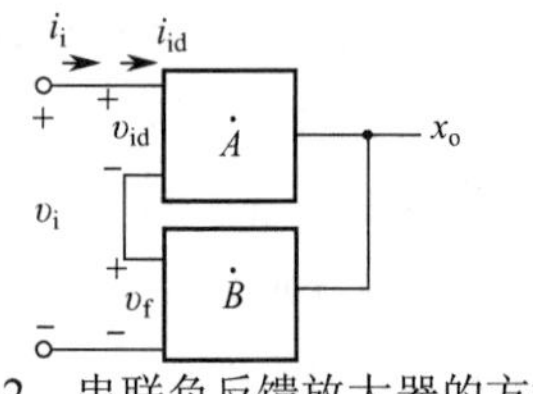

图 6-4-2　串联负反馈放大器的方框图

（1）串联负反馈提高输入电阻

图 6-4-2 所示为串联负反馈放大器的方框图，输出端未画出取样方式，只标出了输出量 x_o。

由图可以看出，在中频区，当反馈信号为零（即 $v_{\mathrm{f}}=0$）时，基本放大器的输入电阻为

$$R_{\mathrm{id}}=\frac{v_{\mathrm{id}}}{i_{\mathrm{id}}} \tag{6-4-13}$$

引入串联负反馈后，反馈放大器的输入电阻（未计入输入偏置电阻时）为

$$R_{id} = \frac{\upsilon_i}{i_i} = \frac{\upsilon_{id} + \upsilon_f}{i_{id}} \tag{6-4-14}$$

式中，反馈电压 υ_f 的表达式取决于输出端的取样内容，为电压取样（或电压反馈）时，$\upsilon_f = A_\upsilon B_\upsilon \upsilon_{id}$；为电流取样（或电流反馈）时，$\upsilon_f = A_g B_r \upsilon_{id}$。将其代入，可得电压串联负反馈放大器的输入电阻为

$$R_{if} = \frac{\upsilon_i}{i_i} = \frac{\upsilon_{id} + \upsilon_f}{i_{id}} = R_{id}(1 + A_\upsilon B_\upsilon) \tag{6-4-15}$$

电流串联负反馈放大器的输入电阻为

$$R_{if} = \frac{\upsilon_i}{i_i} = \frac{\upsilon_{id} + \upsilon_f}{i_{id}} = R_{id}(1 + A_g B_r) \tag{6-4-16}$$

以上结果说明，串联负反馈放大器的闭环输入电阻 R_{if} 比基本放大器（开环）的输入电阻 R_{id} 提高了 1 + AB 倍，所以反馈越深，闭环输入电阻提高得越多。换言之，在保持输入电压 υ_i 不变的条件下，引入串联负反馈后，由于净输入电压 υ_{id} 减小，使输入回路电流 $i_i = i_{id}$ 减小，所以闭环输入电阻增大。

值得注意的是，在计算反馈放大器的输入电阻 R_{if} 时，是将输入偏置电阻 R_B 视为信号源的内阻进行考虑的（其可用戴维南或诺顿定理进行等效）。串联负反馈放大器从信号源向放大器看的输入电阻用 R_i 表示：

$$R_i = R_B \| R_{if} \tag{6-4-17}$$

可见，串联负反馈放大器的输入电阻 R_i 的进一步提高会受到 R_B 的限制，因此，对串联反馈常采用自举电路以减弱 R_B 对 R_i 的影响。

（2）并联负反馈减小输入电阻

图 6-4-3 所示为并联负反馈放大器的方框图，输出端未画出取样方式。由图可见，在中频区，当反馈信号为零，即 $i_f = 0$（由于 i_f 为受控电流源，相当于断开）时，基本放大器的输入电阻为

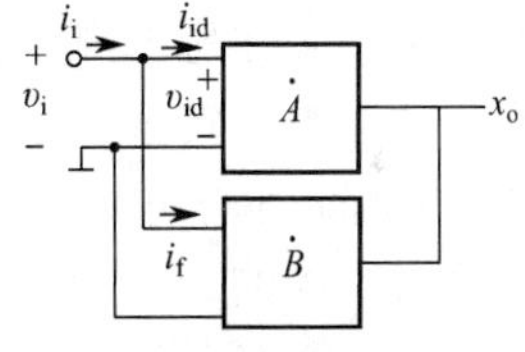

图 6-4-3　并联负反馈放大器的方框图

$$R_{id} = \frac{\upsilon_{id}}{i_{id}} = \frac{\upsilon_i}{i_{id}} \tag{6-4-18}$$

引入并联负反馈后，反馈放大器的输入电阻为

$$R_{if} = \frac{\upsilon_i}{i_i} = \frac{\upsilon_i}{i_{id} + i_f} = \frac{R_{id}}{1 + i_f / i_{id}} \tag{6-4-19}$$

式中，$1 + i_f / i_{id}$ 为环路增益，i_f 正比于输出量，输出量又正比于净输入信号电流 i_{id}，所以环路增益量表示为 $T = AB$。输出取样为电压时，$i_f = A_r B_g i_{id}$；输出取样为电流时，$i_f = A_i B_i i_{id}$。将反馈信号代入式（6-4-19），可得到电压并联负反馈放大器的输入电阻为

$$R_{if} = \frac{\upsilon_i}{i_i} = \frac{\upsilon_i}{i_{id} + i_f} = \frac{R_{id}}{1 + A_r B_g} \tag{6-4-20}$$

电流并联负反馈放大器的输入电阻为

$$R_{if} = \frac{\upsilon_i}{i_i} = \frac{\upsilon_i}{i_{id} + i_f} = \frac{R_{id}}{1 + A_i B_i} \tag{6-4-21}$$

以上结果说明，并联负反馈放大器的闭环输入电阻降低为基本放大器输入电阻的反馈深度分之一，即$1/(1+AB)$；所以反馈越深，闭环输入电阻降得越多。在多级放大器中，其中某级输入电阻的减小，可以减弱前级分布电容对放大器频率特性的影响，提高放大器工作的稳定性。

从上面的讨论可知，放大器引入负反馈时，会改变放大器的输入电阻。输入电阻的变化情况只取决于输入端的反馈方式，而与输出端的取样内容没有直接关系，后者只改变$1+AB$的具体内容。输入端为串联反馈时，输入电阻增大$1+AB$倍。对于并联反馈，会使输入电阻减小$1+AB$倍。适当控制反馈深度$1+AB$，就可得到所需的输入电阻值。

2．负反馈对放大器输出电阻的影响

输出电阻为放大器输出端等效电源的内阻。放大器引入负反馈后，输出电阻的变化与输出端取样类型有关。

若输出端为电压取样，则负反馈放大器的输出电阻减小。如前所述，当输入电压一定时，电压负反馈能够稳定输出电压υ_o，说明当负载电阻R_L变化时υ_o保持稳定的原因是，输出电阻远小于R_L，即此时放大器的输出等效为一个理想的电压源，该放大器为理想的电压放大器。同理，当输入电流一定、电压负反馈能够在负载上变化时，将输入电流转换为输出电压υ_o，则放大器为理想的互阻放大器。

若输出端为电流取样，则负反馈放大器的输出电阻提高。电流负反馈能够稳定输出电流，说明当负载电阻R_L变化时i_o保持稳定的原因是，输出电阻远大于R_L，即此时放大器的输出等效为一个理想的电流源。当输入电压一定，电流负反馈能够稳定输出电流时，该放大器能够将输入电压转换为电流输出，则放大器为理想的互导放大器。当输入电流一定，电流负反馈能够稳定输出电流时，则放大器为理想的电流放大器。

求输出电阻的方法如下。首先将输入信号电压源υ_S短路（电流源开路），保留内阻R_S。然后去掉输出端的等效负载电阻R_L'，在放大器输出端外加交流信号电压υ_o'，产生电流i_o'，则从输出端（R_L'两端）向负反馈放大器看进去的等效电阻即为输出电阻R_{of}:

$$R_{of}=\frac{\upsilon_o'}{i_o'} \tag{6-4-22}$$

值得注意的是，在求解上述的输出电阻R_{of}时，是将输出偏置电阻当成等效负载的一部分考虑的，反馈放大器的输出电阻，应是将负载R_L断开、信号源置零后，从输出端口向放大器看进去的等效电阻，是R_{of}与偏置电阻的并联。例如，在晶体管集电极接偏置电阻R_C后，从R_L两端向放大器看进去的输出电阻R_o为

$$R_o=R_{of}\parallel R_C \tag{6-4-23}$$

（1）电压负反馈降低输出电阻

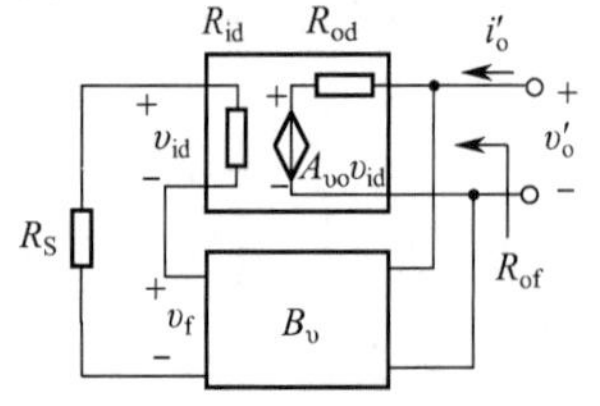

图 6-4-4　电压串联负反馈放大器输出电阻方框图

图 6-4-4 为求电压串联负反馈放大器输出电阻的方框图。可见，在中频区，输出端在外加测试电压υ_o'的作用下，反馈电压$\upsilon_f=B_\upsilon\upsilon_o'$作为输入回路的信号源，按图中所标极性，净输入信号电压为$\upsilon_{id}=-R_{id}\upsilon_f/(R_S+R_{id})=-B_\upsilon\upsilon_o'R_{id}/(R_S+R_{id})$。受控电压源中的$A_{\upsilon o}$为负载$R_L'$开路时的电压增益，

R_{od} 为基本放大器的输出电阻（包括反馈网络在输出端的负载效应，因此流入反馈网络的电流为零）。

由图 6-4-4 可知，若忽略反馈网络的分流作用，外加测试电压 υ_o' 可以表示为

$$\upsilon_o' = R_{od}i_o' + A_{\upsilon o}\upsilon_{id} = R_{od}i_o' - \frac{R_{id}}{R_S + R_{id}}A_{\upsilon o}B_\upsilon \upsilon_o'$$

由上式可得电压串联负反馈放大器的输出电阻为

$$R_{of} = \frac{\upsilon_o'}{i_o'} = \frac{R_{od}}{1 + \dfrac{R_{id}}{R_S + R_{id}}A_{\upsilon o}B_\upsilon} = \frac{R_{od}}{1 + A_{\upsilon so}B_\upsilon} \tag{6-4-24}$$

式中，$A_{\upsilon so} = R_{id}A_{\upsilon o}/(R_S + R_{id})$ 为负载 R_L' 开路时基本放大器的源电压增益。可以看出，引入电压串联负反馈后，负反馈放大器的输出电阻减小了。

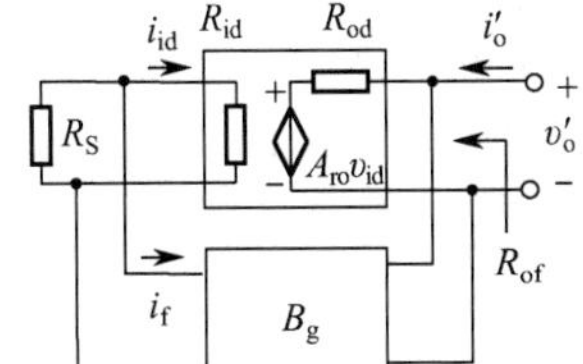

图 6-4-5　电压并联负反馈放大器输出电阻方框图

图 6-4-5 所示为求电压并联负反馈放大器输出电阻的方框图。从图中可见，在 υ_o' 的作用下，反馈信号电流 $i_f = B_g\upsilon_o'$ 在输入端产生的净输入信号电流为 $i_{id} = -R_Si_f/(R_S + R_{id})$。$A_{ro}$ 为 R_L' 开路时的互阻增益，R_{od} 为基本放大器的输出电阻。于是电压并联负反馈放大器的输出电阻为

$$R_{of} = \frac{\upsilon_o'}{i_o'} = \frac{R_{od}}{1 + \dfrac{R_S}{R_S + R_{id}}A_{ro}B_g} = \frac{R_{od}}{1 + A_{rso}B_g} \tag{6-4-25}$$

式中，$A_{rso} = R_SA_{ro}/(R_S + R_{id})$ 为负载 R_L' 开路时基本放大器的源互阻增益。可见，电压并联负反馈放大器的输出电阻减小了。

以上结果说明，电压负反馈放大器的输出电阻比基本放大器的输出电阻降低了，降低的程度取决于负载开路且计入 R_S 时的反馈深度。反馈越深，闭环输出电阻越小，放大器输出越趋于恒压源的性质，所以电压负反馈能够稳定输出电压。

（2）电流负反馈提高输出电阻

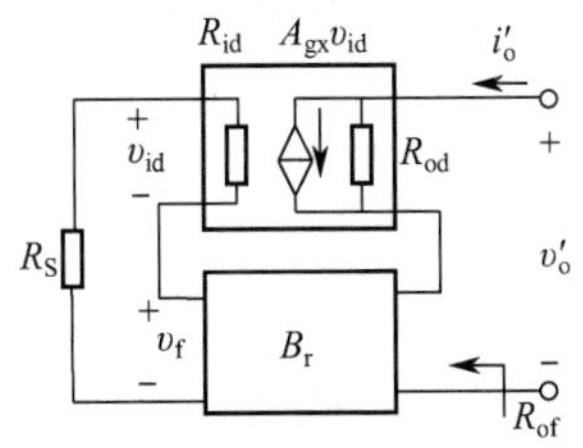

图 6-4-6　电流串联负反馈放大器输出电阻方框图

图 6-4-6 所示为求电流串联负反馈放大器输出电阻 R_{of} 的方框图。从图中可见，在中频区，为求反馈放大器的输出电阻 R_{of}，令输入信号源 $\upsilon_s = 0$，并保留内阻 R_S；去掉等效负载电阻 R_L' 后，在外加测试电压 υ_o' 的作用下，产生电流 i_o'。i_o' 作为反馈网络的输入，因此反馈电压 $\upsilon_f = B_ri_o'$，净输入信号电压 $\upsilon_{id} = -R_{id}\upsilon_f/(R_S + R_{id}) = -R_{id}B_ri_o'/(R_S + R_{id})$。$A_{gx}$ 为负载 R_L' 短路时的互导增益，R_{od} 为基本放大器的输出电阻。

根据图 6-4-6 所示的方框图，i_o' 可表示为

$$i_o' = \frac{\upsilon_o'}{R_{od}} + A_{gx}\upsilon_{id} = \frac{\upsilon_o'}{R_{od}} - \frac{R_{id}\upsilon_f}{R_{id} + R_S}A_{gx} = \frac{\upsilon_o'}{R_{od}} - \frac{R_{id}A_{gx}B_r}{R_{id} + R_S}i_o'$$

可得电流串联负反馈放大器输出电阻为

$$R_{of}=\frac{\upsilon_o'}{i_o'}=R_{od}\left(1+\frac{R_{id}}{R_{id}+R_S}A_{gx}B_r\right)=R_{od}(1+A_{gsx}B_r) \quad (6\text{-}4\text{-}26)$$

式中，$A_{gsx}=R_{id}A_{gx}/(R_{id}+R_S)$ 为等效负载 R_L' 短路时，基本放大器的源互导增益。

图 6-4-7 所示为电流并联负反馈放大器求输出电阻的方框图。从图中可见，在中频区，输入信号源 $i_s=0$，并保留内阻 R_S；去掉 R_L' 后，在 υ_o' 的作用下，产生电流 i_o'。i_o' 作为反馈网络的输入，因此反馈电流 $i_f=B_i i_o'$，净输入信号电流 $i_{id}=-i_f R_S/(R_S+R_{id})=-B_i i_o' R_S/(R_S+R_{id})$。$A_{ix}$ 为 R_L' 短路时的电流增益。于是电流并联负反馈放大器的输出电阻为

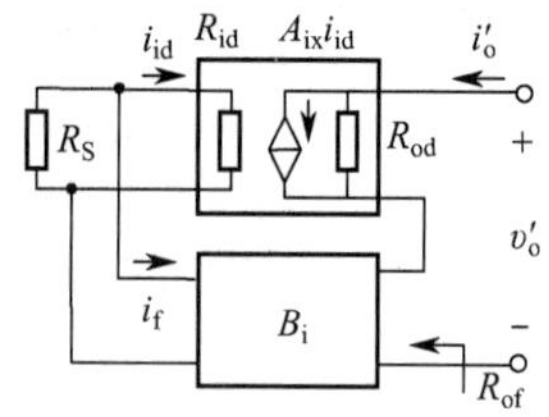

图 6-4-7 电流并联负反馈放大器输出电阻方框图

$$R_{of}=\frac{\upsilon_o'}{i_o'}=R_{od}(1+A_{isx}B_i) \quad (6\text{-}4\text{-}27)$$

式中，$A_{isx}=A_{ix}R_S/(R_S+R_{id})$ 为等效负载 R_L' 短路时，基本放大器的源电流增益。

应当指出，电流负反馈放大器的输出电阻是在去掉 R_L' 的情况下导出的。从 R_L 两端向负反馈放大器看进去的输出电阻应与输出回路的偏置电阻有关，例如，当集电极有偏置电阻时，输出电阻可以表示为

$$R_o=R_{of}\,\|\,R_C \quad (6\text{-}4\text{-}28)$$

从以上分析可见，电流负反馈放大器的闭环输出电阻 R_{of} 比基本放大器输出电阻提高了，提高的倍数取决于负载 R_L' 短路且计入 R_S 时的反馈深度。反馈越深，闭环输出电阻越大，放大器输出越接近恒流源的特性，所以电流负反馈能够稳定输出电流。

总之，在放大器中采用负反馈可使反馈环路内部的许多性能得到改善，如提高增益的稳定性，扩展频带，减小非线性失真，以及改变放大器的输入和输出电阻等。从前述分析可见，所有性能的改善都是以降低增益为代价的，而且所有性能的改善程度都与反馈深度密切相关。反馈类型决定了 A、B 的具体内容，反馈深度越大，放大器性能的改善程度也就越大。但反馈过深又可能引起负反馈放大器工作不稳定。因此，反馈深度的选取，应保证以放大器稳定工作为先决条件。

6.4.5 引入负反馈的方法

引入不同方式的负反馈，会对放大电路的性能产生不同的影响。因此，可以根据具体要求在放大电路中引入合适的负反馈。

（1）为了稳定静态工作点，应引入直流负反馈；为了改善电路的动态性能，应引入交流负反馈。

（2）为了稳定输出电压（减小输出电阻，增强带负载能力），应引入电压负反馈。

（3）为了稳定输出电流（增大输出电阻），应引入电流负反馈。

（4）为了提高输入电阻（减小放大电路从信号源索取的电流），应引入串联负反馈。

（5）为了减小输入电阻，应引入并联负反馈。

【例 6-4-2】有一个放大电路，其基本放大器的非线性失真系数为 8%，要将其减至 0.4%，同时要求该电路的输入阻抗提高，且负载变化时，输出电压尽可能稳定，请问：

（1）电路中应引入什么类型的负反馈？

（2）如果基本放大器的放大倍数 $A_{\upsilon}=10^3$，反馈系数 B_{υ} 应为多少？

（3）引入反馈后，电路的闭环增益 $A_{\upsilon f}$ 是多少？

解：（1）因串联反馈可以提高电路的输入电阻，电压反馈可以稳定输出电压，所以电路中应引入交流电压串联负反馈。

（2）反馈深度为

$$1+A_{\upsilon}B_{\upsilon}=\frac{8\%}{0.4\%}=20$$

因此，反馈系数为 $B_{\upsilon}=\frac{19}{A_{\upsilon}}=\frac{19}{1000}=0.019$。

（3）电路的闭环增益为 $A_{\upsilon f}=\frac{A_{\upsilon}}{1+A_{\upsilon}B_{\upsilon}}=\frac{1000}{20}=50$。

【例 6-4-3】电路如图 6-4-8 所示，根据电路图中引入的反馈，试回答下列问题。

（1）由 R_{F1}、R_{F2} 引入的两路反馈类型及各自的主要作用是什么？

（2）这两路反馈在影响该放大电路性能方面可能出现的矛盾是什么？

（3）为了消除上述可能出现的矛盾，有人提出将 R_{F2} 断开，此办法是否可行，为什么？如何才能消除这个矛盾？

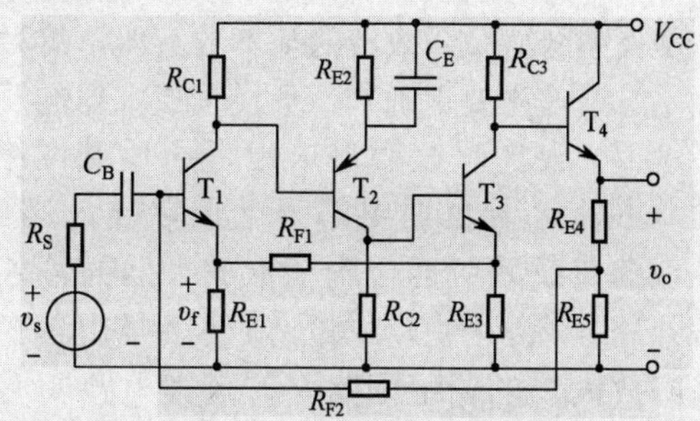

图 6-4-8　例 6-4-3 所示电路

解：（1）R_{F1} 在第一级、第三级之间引入了交、直流电流串联负反馈。直流负反馈可稳定静态工作点；电流串联负反馈可提高输入电阻，稳定输出电流。

R_{F2} 在第一级、第四级之间引入了交、直流电压并联负反馈。直流负反馈可稳定各级静态工作点，并为输入级 T_1 提供直流偏置；电压并联负反馈可稳定输出电压，同时降低整个电路的输入电阻。

（2）在所引入的两路反馈中，R_{F1} 提高输入电阻，R_{F2} 降低输入电阻。

（3）若将 R_{F2} 断开，输入级 T_1 将无直流偏置。因此，应保留 R_{F2} 反馈支路的直流负反馈，但应消除其交流负反馈的影响，具体做法是在 R_{E5} 两端并联一个大电容。

【例 6-4-4】电路如图 6-4-9 所示，若同时满足（1）增大输入电阻和（2）稳定输出电流的要求，试引入正确的负反馈，并在不改变静态工作点的条件下完成电路的绘制。

解：要求输入电阻大，必须引入串联负反馈；要稳定输出电流，应引入电流负反馈。因此，应引入电流串联负反馈。可在 T_1 和 T_4 的发射极连接一个电阻和电容串联的反馈网络。图 6-4-10 中标出了反馈的瞬时判断极性，可知为电流串联负反馈。

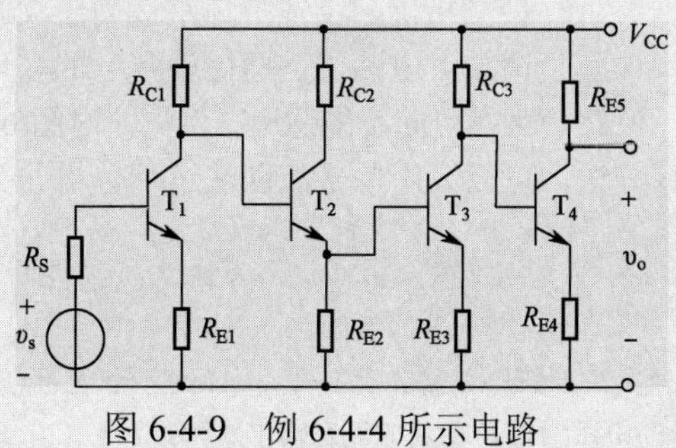

图 6-4-9　例 6-4-4 所示电路

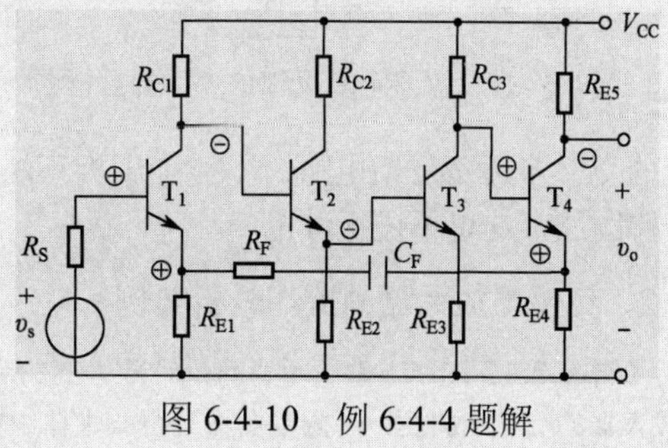

图 6-4-10　例 6-4-4 题解

6.5 负反馈放大器的分析方法

前面根据负反馈对输出的取样及输入端的接入方式给出了负反馈的方框图模型，依据方框图模型来分析负反馈放大电路的性能是负反馈放大电路分析中最常用的方法之一。

6.5.1 方框图法

简单的负反馈放大器采用等效电路分析比较方便，但对于较复杂的负反馈放大器通常采用方框图法。方框图法就是把实际的负反馈放大器分解为基本放大器和反馈网络两个独立的部分，在满足单向化的条件下，分别求出基本放大器的性能参数和反馈网路的传输系数，然后根据反馈方程式分析负反馈放大器性能的方法。通常，为了获得满足单向化条件的基本放大器和反馈网络，常采用拆环法。

1. 负反馈放大器的拆环及分析步骤

一个单环负反馈放大器可以拆环为基本放大器和反馈网络，若使反馈信号为零，则得到计及反馈网络负载效应的基本放大器，这种方法称为**拆环法**，其分析步骤如下。

（1）首先要正确判断负反馈放大器的反馈类型。

（2）根据反馈类型求出考虑反馈网络负载效应的基本放大器。① 求基本放大器的输入回路。若反馈电路为电压取样，则应将输出端对地短路（令 $\upsilon_o = 0$），将反馈网络呈现的负载效应拆合到基本放大器的输入回路；若反馈电路为电流取样，则应将输出回路开路（令 $i_o = 0$），将反馈网络呈现的负载效应拆合到基本放大器的输入回路。② 求基本放大器的输出回路。若反馈电路为并联混合，则应将输入端对地短路（令 $\upsilon_i = 0$），将反馈网络呈现的负载效应拆合到基本放大器的输出回路；若反馈电路为串联混合，则应将输入回路开路（令 $i_i = 0$），将反馈网络呈现的负载效应拆合到基本放大器的输出回路。

（3）根据反馈类型，确定基本放大器的特性增益 A 及相应的反馈系数 B（反馈量可标在基本放大器的输出回路中），画出基本放大器的交流小信号等效电路，求出它的基本性能参数（如 R_i、R_o、增益 A）及反馈系数 B。

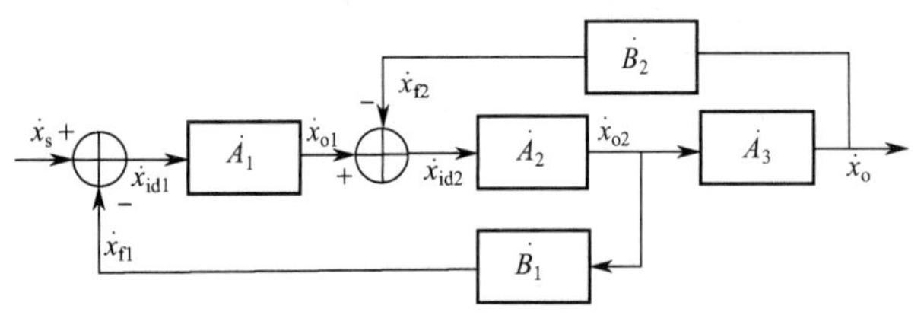

图 6-5-1 交叉多环负反馈放大器的方框图

（4）画出整个负反馈放大器的方框图，根据基本放大器的性能参数及反馈系数、反馈深度、反馈方程式求出反馈放大器的性能指标。

应当指出，上述拆环法适用于大部分负反馈放大电路，一些比较复杂的多环反馈放大器可能不能适用。例如，对图 6-5-1 所示的交叉多环负反馈电路，不能采用拆环法进行分析，可以采用信号流图法进行分析。关于信号流图法，这里不进行讨论。

2. 负反馈放大器的拆环分析实例

【例 6-5-1】图 6-5-2 所示为负反馈放大器的交流通路，判断放大器的反馈类型，画出其拆环后的基本放大器的交流通路图，用方框图法分析放大器中频区的电压增益、输入电阻和输出电阻。

解：在输入回路中，反馈网络与信号源支路没有节点，为串联反馈；在输出回路中，若负载短路，则反馈不存在，为电压反馈；采用瞬时极性法，各点极性标注在基本放大器的交流等效电路中，是使净输入电压减小的反馈。综合而言，该电路为电压串联负反馈放大器。

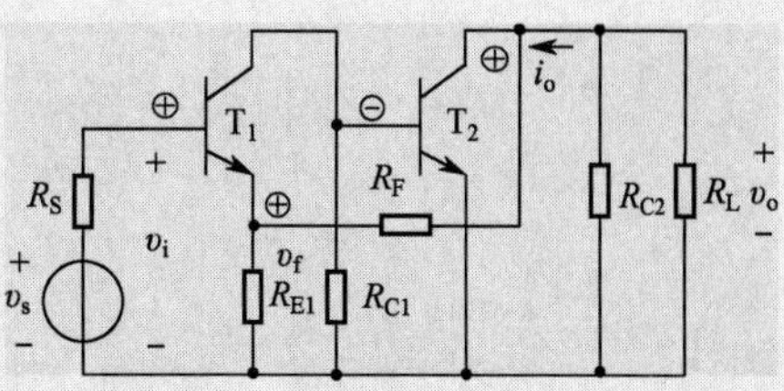

图 6-5-2　例 6-5-1 所示电路

求基本放大器的输入电路：因是电压反馈，令 $\upsilon_o = 0$，即将放大器输出回路短路，则 R_F 与 R_{E1} 相并联并接在 T_1 的发射极，构成基本放大器的输入电路。

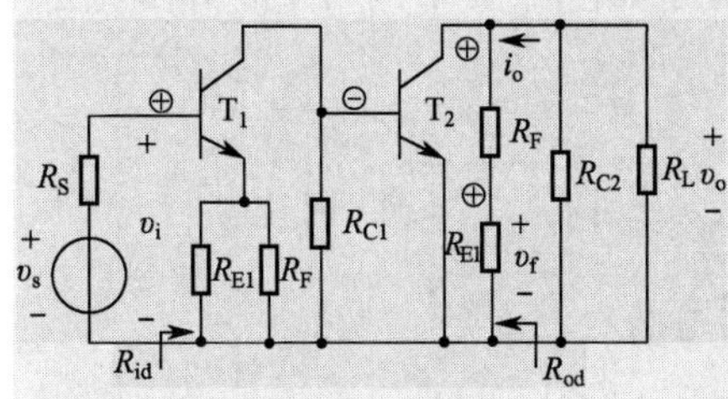

图 6-5-3　例 6-5-1 题解基本放大器

求基本放大器的输出电路：因是串联反馈，令 $i_i = i_{b1} = 0$，将放大器输入回路断开，则 R_F 与 R_{E1} 相串联并接在 T_2 的集电极输出端，构成基本放大器的输出电路。

于是得到拆去反馈环路的基本放大器如图 6-5-3 所示。在基本放大器的输出回路中，R_{E1} 两端的电压为反馈电压 υ_f，它用于反馈系数的计算。

电压串联负反馈放大器的输出量、输入量均为电压，故基本放大器的中频增益用 A_υ、反馈网络的传输系数用 B_υ 来表示。

由图 6-5-3 可求出基本放大器的性能参数：

$$A_\upsilon = \frac{\upsilon_o}{\upsilon_{be1}} = A_{\upsilon1}A_{\upsilon2} = \frac{-\beta_1 R'_{L1}}{r_{be1} + (1+\beta_1)R'_{E1}} \cdot \frac{-\beta_2 R'_{L2}}{r_{be2}} = \frac{\beta_1\beta_2 R'_{L1}R'_{L2}}{[r_{be1} + (1+\beta_1)R'_{E1}]r_{be2}}$$

式中，$R'_{L1} = R_{C1} \parallel r_{be2}$，$R'_{E1} = R_{E1} \parallel R_F$，$R'_{L2} = R_{C2} \parallel R_L \parallel (R_F + R_{E1}) \parallel r_{ce2}$。其中，负载（$R'_L = R_{C2} \parallel R_L$）开路时基本放大器的电压增益为

$$A_{\upsilon o} = \frac{\beta_1 R'_{L1}}{r_{be1} + (1+\beta_1)R'_{E1}} \cdot \frac{\beta_2 (R_F + R_{E1}) \parallel r_{ce2}}{r_{be2}} = \frac{\beta_1\beta_2 R'_{L1}(R_F + R_{E1}) \parallel r_{ce2}}{[r_{be1} + (1+\beta_1)R'_{E1}]r_{be2}}$$

基本放大器的输入电阻和输出电阻分别为

$$R_{id} = r_{be1} + (1+\beta_1)R'_{E1}, \qquad R_{od} = (R_F + R_{E1}) \parallel r_{ce2}$$

电压反馈系数为

$$B_\upsilon = \frac{\upsilon_f}{\upsilon_o} = \frac{R_{E1}}{R_{E1} + R_F}$$

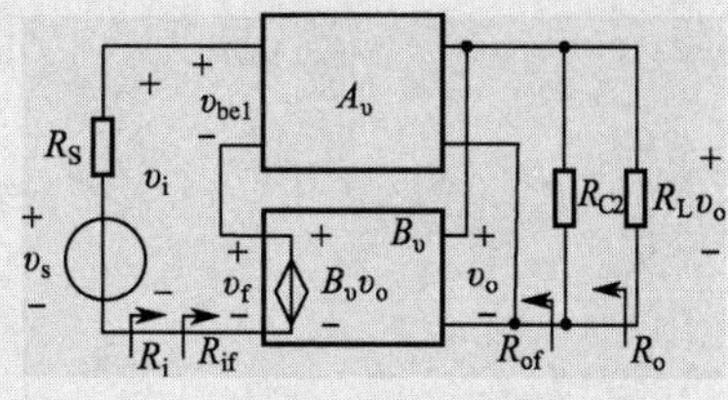

图 6-5-4　电压串联负反馈方框图

负反馈放大器的方框图可表示为图 6-5-4，由图可求出反馈放大器的性能参数：

$$A_{\upsilon f} = \frac{\upsilon_o}{\upsilon_i} = \frac{A_\upsilon}{1 + A_\upsilon B_\upsilon}, \quad R_{if} = \frac{\upsilon_i}{i_i} = R_{id}(1 + A_\upsilon B_\upsilon), \quad R_{of} = \frac{R_{od}}{1 + A_{\upsilon so} B_\upsilon}$$

式中，$A_{\upsilon so}$ 为负载（$R'_L = R_{C2} \parallel R_L$）开路时基本放大器的源电压增益，可以表示为

$$A_{\upsilon so} = \frac{R_{id}}{R_{id} + R_S} A_{\upsilon o}$$

由于在输入回路中没有偏置电阻，因此，反馈放大器的输入电阻为

$$R_i = R_{if} = R_{id}(1 + A_\upsilon B_\upsilon)$$

在输出回路中，输出端含有偏置电阻 R_{C2}，因此，反馈放大器的输出电阻为

$$R_o = R_{of} \parallel R_{C2} = \left(\frac{R_{od}}{1 + A_{\upsilon so} B_\upsilon}\right) \parallel R_{C2}$$

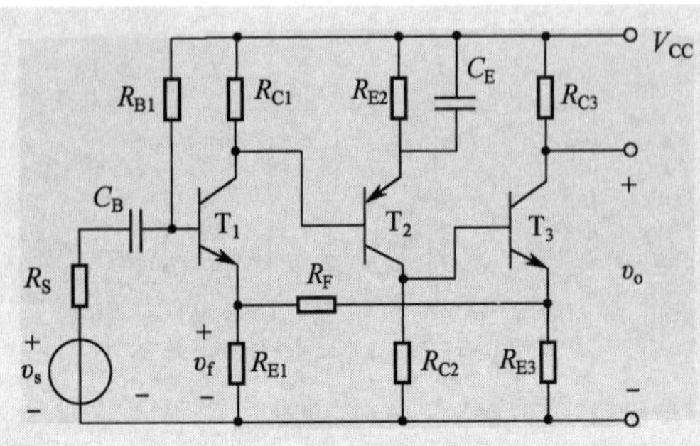

图 6-5-5 例 6-5-2 所示电路

【例 6-5-2】对于图 6-5-5 所示的电路，判断放大器的反馈类型，画出其拆环后的基本放大器交流通路图，分析放大器中频区的电压增益、输入电阻和输出电阻。

解：在输入回路中，反馈网络与信号源支路没有节点，为串联反馈；在输出回路中，如果负载短路，反馈仍然存在，为电流反馈；采用瞬时极性法，各点极性标注在基本放大器的交流等效电路中，是使净输入电压减小的反馈。综合而言，该电路为电流串联负反馈放大器。

基本放大器的输入电路：因是电流反馈，令 $i_o = 0$，即将放大器输出回路断开，则 R_F 与 R_{E3} 相串联并接在 R_{E1} 两端，构成基本放大器的输入电路。

基本放大器的输出电路：因是串联反馈，令 $i_i = i_b = 0$，将放大器输入回路断开，则 R_F 与 R_{E1} 相串联并接在 R_{E3} 两端，构成基本放大器的输出电路。

于是得到图 6-5-6 所示的基本放大器交流通路图。拆去反馈环路的基本放大器中允许单级局部反馈（R_{E1} 对第一级、R_{E3} 对第三级的反馈作用）的存在，计算时将其作为局部反馈处理。

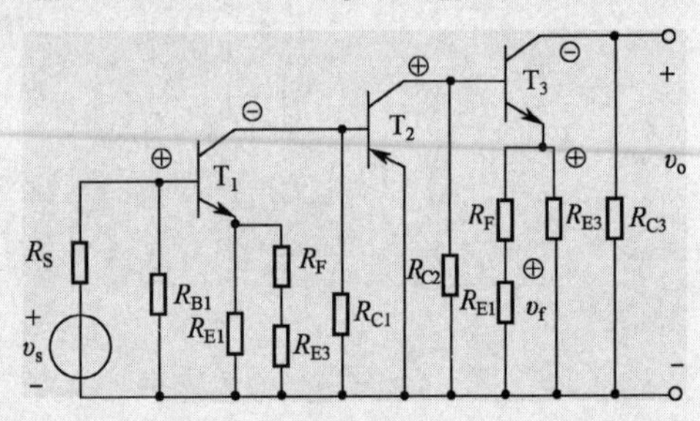

图 6-5-6 例 6-5-2 题解电路

由图 6-5-6 所示的基本放大器可以求出开环互导增益 A_g 为

$$A_g = \frac{i_o}{v_{be1}} = \frac{i_o}{v_{o2}} \cdot \frac{v_{o2}}{v_{o1}} \cdot \frac{v_{o1}}{v_{be1}} = \frac{\beta_3}{R_{i3}} \cdot \frac{-\beta_2 (R_{C2} \parallel R_{i3})}{r_{be2}} \cdot \frac{-\beta_1 (R_{C1} \parallel r_{be2})}{R_{i1}}$$

式中，$R_{i1} = r_{be1} + (1+\beta_1)[R_{E1} \| (R_F + R_{E3})]$，$R_{i3} = r_{be3} + (1+\beta_3)[R_{E3} \| (R_F + R_{E1})]$。

基本放大器的输入电阻为

$$R_{id} = R_{i1} = r_{be1} + (1+\beta_1)[R_{E1} \| (R_F + R_{E3})]$$

基本放大器的输出电阻为

$$R_{od} = R_{o3} \approx r_{ce3}\left(1 + \frac{\beta_3 R'_{E3}}{R'_{E3} + r_{be3} + R_{C2})}\right)$$

式中，$R'_{E3} = R_{E3} \| (R_F + R_{E1})$，反馈网络传输系数 B_r 可表示为

$$B_r = \frac{v_f}{i_o} = \frac{R_{E1} R_{E3}}{R_{E1} + R_{E3} + R_F}$$

整个负反馈放大器的方框图如图 6-5-7 所示。由图可求出负反馈放大器的特性增益 A_{gf}、输入电阻 R_{if} 和输出电阻 R_{of}：

$$A_{gf} = \frac{i_o}{v_i} = \frac{A_g}{1 + A_g B_r}$$

$$R_{if} = \frac{v_o}{i_i} = R_{id}(1 + A_g B_r)$$

$$R_{of} = R_{od}(1 + A_{gsx} B_r)$$

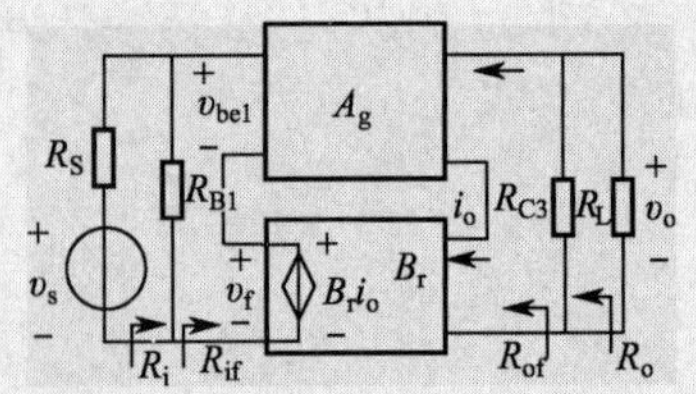

图 6-5-7 电流串联负反馈放大器方框图

当计及基极偏置电阻 R_{B1} 和集电极偏置电阻 R_{C3} 时，放大器输入电阻 R_i 和输出电阻 R_o 分别为

$$R_i = R_{if} \parallel R_{B1} = R_{id}(1 + A_g B_r) \parallel R_{B1}$$

$$R_o = R_{of} \| R_{C3} = R_{od}(1 + A_{gsx} B_r) \parallel R_{C3} \approx R_{C3}$$

负反馈放大器的电压增益 A_{vf} 为

$$A_{vf} = \frac{v_o}{v_i} = \frac{-i_o R'_L}{v_i} = -\frac{A_g R'_L}{1 + A_g B_r}$$

6.5.2　负反馈方框图法与微变等效电路法对比验证

负反馈方框图分析方法的核心是拆环，就是将一个闭环的放大器分解为基本放大器和反馈网络。其中，反馈网络的反馈效应只考虑输出信号如何取样以及反馈信号如何与输入信号进行合成，不考虑反馈网路的输入和输出对信号的衰减问题，而把反馈网络在输入端和输出端的负载效应等效为基本放大器的一部分。使用单向化的方法来对反馈放大器进行分析，这种分析方法对于分析复杂的反馈放大电路非常重要，它可使反馈放大器的分析变得简单，但这种分析方法是否正确？如何来评价其正确性？本节通过举例来对比验证负反馈放大器方框图法与微变等效电路分析法。

【例 6-5-3】 图 6-5-8 所示为固定分压式放大电路，判断放大器的反馈类型，画出其拆环后的基本放大器交流通路图，分析反馈放大器中频区的电压增益、输入电阻和输出电阻，并采用微变等效电路分析法，对电压增益、输入电阻和输出电阻进行对比验证。

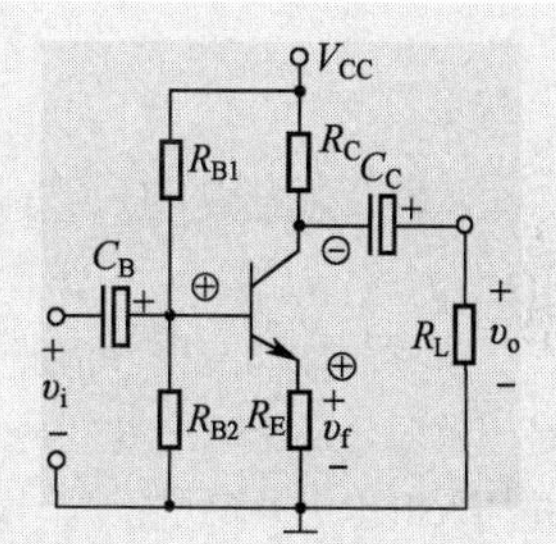

图 6-5-8　固定分压式放大电路

解： 在输入回路中，反馈网络与信号源支路没有节点，为串联反馈；在输出回路，若负载短路，反馈仍然存在，为电流反馈；采用瞬时极性法，各点极性标注在基本放大器的交流等效电路中，是使净输入电压减小的反馈。综合而言，该电路为电流串联负反馈放大器。

基本放大器的输入回路：因是电流反馈，令 $i_o = 0$，即将放大器输出回路断开，则 R_E 与三极管的发射极串联构成基本放大器的输入回路。

基本放大器的输出回路：因是串联反馈，令 $i_i = i_b = 0$，将放大器输入回路断开，则 R_E 与三极管的发射极串联构成基本放大器的输出回路。根据输出回路，电流串联负反馈放大器的互阻反馈系数 B_r 可以表示为

$$B_r = \frac{v_f}{i_o} = -R_E$$

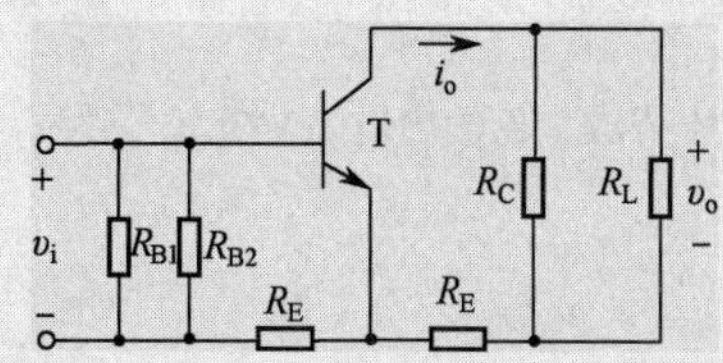

图 6-5-9　拆环后的基本放大器交流通路图

图 6-5-9 给出了基本放大器交流通路图。由图 6-5-9 所示的基本放大器可以求出开环互导增益 A_g 为

$$A_g = \frac{i_o}{v_i} = -\frac{\beta i_b}{R_E i_b + v_{be}} = -\frac{\beta}{R_E + r_{be}}$$

其中，基本放大器的输入电阻为 $R_{id} = R_E + r_{be}$，基本放大器的输出电阻为 $R_{od} = r_{ce} + R_E$。

根据负反馈放大器方框图的分析可以得增益 A_{gf} 和输入电阻 R_{if}：

$$A_{gf} = \frac{i_o}{v_i} = \frac{A_g}{1 + A_g B_r} = -\frac{\beta}{r_{be} + (1+\beta)R_E}$$

$$R_{if} = \frac{v_i}{i_i} = R_{id}(1 + A_g B_r) = r_{be} + (1+\beta)R_E$$

为了求输出电阻 R_{of}，先求基本放大器输出交流短路时的源互导增益 A_{gsx}：

$$A_{gsx} = \frac{i_o}{v_s} = -\frac{\beta}{r_{be} + R_E} \cdot \frac{(r_{be} + R_E) \| R_{B1} \| R_{B2}}{R_S + (r_{be} + R_E) \| R_{B1} \| R_{B2}} = -\frac{\beta}{r_{be} + R_E + R_S(r_{be} + R_E + R_B)/R_B}$$

式中，R_S 为信号源的内阻，$R_B = R_{B1} \| R_{B2}$ 为偏置电阻。于是输出电阻为

$$R_{of} = R_{od}(1 + A_{gsx} B_r) = (R_E + r_{ce})\left[1 + \frac{\beta R_E}{r_{be} + R_E + R_S(r_{be} + R_E + R_B)/R_B}\right]$$

当计及基极偏置电阻 R_{B1}、R_{B2} 和集电极偏置电阻 R_C 时，放大器输入电阻 R_i 和输出电阻 R_o 分别为

$$R_i = R_{B1} \parallel R_{B2} \parallel R_{if} = R_{B1} \parallel R_{B2} \parallel [r_{be} + (1+\beta)R_E], \qquad R_o = R_C \parallel R_{of} \approx R_C$$

整个放大器的电压增益 A_{vf} 为

$$A_{vf} = \frac{v_o}{v_i} = -\frac{i_o R'_L}{v_i} = -\frac{\beta R'_L}{r_{be} + (1+\beta)R_E}$$

采用微变等效电路分析，图 6-5-8 所示的微变等效电路如图 6-5-10 所示。由图可知

$$v_o = -i_o R_L = -i_c(R_C \parallel R_L) = -\beta i_b R'_L$$

$$v_i = i_b r_{be} + (1+\beta) i_b R_E$$

$$A_v = \frac{v_o}{v_i} = \frac{-\beta i_b R'_L}{i_b r_{be} + (1+\beta) i_b R_E} = -\frac{\beta R'_L}{r_{be} + (1+\beta)R_E}$$

$$R'_i = \frac{v_i}{i_b} = \frac{i_b r_{be} + (1+\beta) i_b R_E}{i_b} = r_{be} + (1+\beta)R_E$$

从输入信号看，放大器的输入电阻为

$$R_i = R_{B1} \parallel R_{B2} \parallel R'_i = R_{B1} \parallel R_{B2} \parallel [r_{be} + (1+\beta)R_E]$$

可见，按照反馈方框图分析法与微变等效电路分析法，两者在电压增益、输入电阻上所得的表达式是一致的。那么输出电阻是否也是一致的呢？为了求输出电阻，将图 6-5-10 中信号源短路，去掉负载 R_L 并加入电压为 v 的电压源，得出求输出电阻的等效电路图，如图 6-5-11 所示。

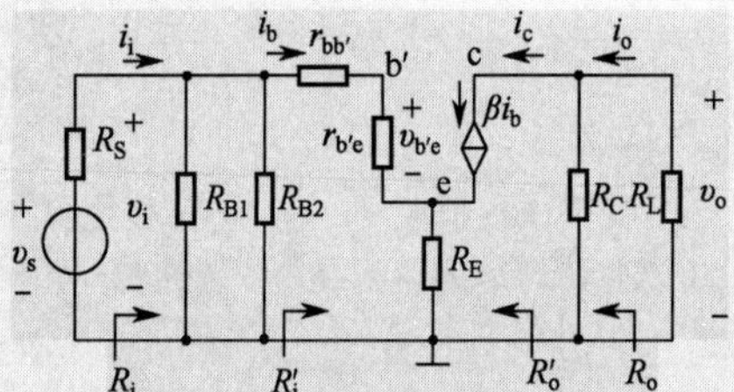

图 6-5-10　分压式放大器电路微变等效图

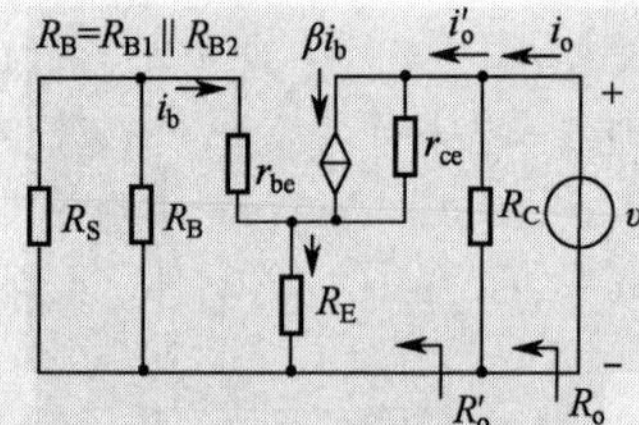

图 6-5-11　分压式放大器输出电阻的等效电路求解图

根据图 6-5-11 可得

$$v = (i'_o - \beta i_b) r_{ce} + i'_o [R_E \parallel (r_{be} + R'_S)]$$

式中，$R'_S = R_S \parallel R_{B1} \parallel R_{B2}$ 为 R_B 与 R_S 的并联。由 r_{be} 所在支路的电压与 R_E 支路的电压相等可得

$$i'_o [R_E \parallel (r_{be} + R'_S)] = -i_b (r_{be} + R'_S)$$

将上式代入外加电压源 v 的表达式可得

$$v = i'_o \left(1 + \frac{\beta [R_E \parallel (r_{be} + R'_S)]}{r_{be} + R'_S}\right) r_{ce} + i'_o \left[R_E \parallel (r_{be} + R'_S)\right]$$

上式中含有两项，其中第一项远大于第二项，于是可以将输出电阻表示为

$$R'_o = \frac{v}{i'_o} = \left(1 + \frac{\beta R_E}{r_{be} + R'_S + R_E}\right) r_{ce}$$

$$R_o = R'_o \parallel R_C = \left(1 + \frac{\beta R_E}{r_{be} + R'_S + R_E}\right) r_{ce} \parallel R_C \approx R_C$$

可见，微变等效电路分析方法与反馈方框图分析方法求得的输出电阻也相同，因此，可以认为两种分析方法具有一致性。

6.6　放大器中产生自激振荡的原因及消除方法

交流负反馈能够改善放大电路的许多性能，且改善的程度由反馈深度 1 + AB 决定。那么是否能一味追求性能而加深反馈深度呢？不行，因为反馈过深易使放大电路产生自激振荡。

所谓自激振荡，是指放大电路在不加任何输入信号的情况下，其输出端也会产生一定频率的信号输出。自激振荡破坏了放大电路的正常工作状态，使其不能稳定地工作，应当尽量避免。自激振荡的原因是什么？如何消除自激振荡？本节将就这些问题进行讨论。

6.6.1　自激振荡的成因

1．自激振荡产生的原因

前面分析的负反馈放大电路都假定其工作在中频区，这时电路中电容等各电抗的影响可以忽略。按照负反馈的定义，引入负反馈后，净输入信号 x_{id} 减小，因此，x_f 与 x_i 必须是同相的，即有 $\varphi_A+\varphi_B=2n\pi, n=0,1,2,\cdots$（$\varphi_A$ 和 φ_B 分别为基本放大器的增益 A、反馈网络的反馈系数 B 的相角）。

但是在高频区或低频区，电路中各种电抗元件的影响一般不能忽略。$A(\mathrm{j}\omega)$、$B(\mathrm{j}\omega)$ 是频率的函数，因此 $A(\mathrm{j}\omega)$、$B(\mathrm{j}\omega)$ 的幅值和相位都随频率而变化。相位的改变，使 x_f 与 x_i 不再同相，产生了附加相移（$\Delta\varphi_A+\Delta\varphi_B$）。在某一频率下，$A(\mathrm{j}\omega)$、$B(\mathrm{j}\omega)$ 的附加相移有可能达到 180°，即这时 x_f 与 x_i 必然由中频区的同相变为反相，使放大电路的净输入信号 x_{id} 由中频时的减小而变成增加，于是放大电路就由负反馈变成了正反馈。

2．产生自激振荡的条件

由负反馈放大电路的方框图可知，负反馈放大器增益的一般表达式为

$$A_f(\mathrm{j}\omega)=\frac{x_o(\mathrm{j}\omega)}{x_i(\mathrm{j}\omega)}=\frac{A(\mathrm{j}\omega)}{1+A(\mathrm{j}\omega)B(\mathrm{j}\omega)}$$

当分母为零时，即 $1+A(\mathrm{j}\omega)B(\mathrm{j}\omega)=0$ 时，电路将产生自激振荡，得出自激振荡条件为

$$A(\mathrm{j}\omega)B(\mathrm{j}\omega)=-1 \tag{6-6-1}$$

即使输入端不加信号（$x_i=0$），因正反馈较强，$x_{id}=-x_f=-A(\mathrm{j}\omega)B(\mathrm{j}\omega)x_{id}$，输出端也会产生输出信号，电路发生自激振荡。这时，电路将失去正常的放大作用而处于一种不稳定的状态。

负反馈放大电路产生自激振荡的条件是环路增益 $A(\mathrm{j}\omega)B(\mathrm{j}\omega)=-1$，改写为幅值条件和相位条件如下。

幅值条件：

$$|A(\mathrm{j}\omega)B(\mathrm{j}\omega)|=1 \tag{6-6-2}$$

相位条件：

$$\varphi_A+\varphi_B=(2n+1)\pi\text{，}n\text{ 为整数} \tag{6-6-3}$$

为了分析附加相移，上述自激振荡的相位条件也常写成

$$\Delta\varphi_A+\Delta\varphi_B=\pm 180^\circ \tag{6-6-4}$$

幅值条件式（6-6-2）和相位条件式（6-6-3）同时满足时，负反馈放大电路就会产生自

激。当 $\Delta\varphi_A+\Delta\varphi_B=\pm180^\circ$ 及 $|A(j\omega)B(j\omega)|>1$ 时，电路将进入增幅振荡，更容易产生自激振荡。即使没有加入任何输入信号，在外界干扰源的作用下，频率为 f_o 的微弱信号就会在正反馈的作用下，由环路增幅振荡逐步达到平衡振荡状态。

6.6.2 负反馈放大器的稳定性分析及稳定工作条件

1. 放大器的稳定性分析

在直接耦合负反馈放大电路中，若反馈网络由纯电阻构成，则 B 为实数；这类电路只能产生高频段的自激振荡，而且附加相移只能由基本放大电路产生。由 4.4 节可知，单级放大电路在高频时，可以等效成一阶 RC 低通网络，相位滞后，当其频率为无穷大时，其最大相移为 90°，所以单级放大电路是稳定的，不会产生自激振荡；两级放大电路在高频时，可以等效成两级 RC 低通网络，相位滞后，当其频率为无穷大时，其最大相移为 180°，但此时的增益 $\dot{A}_\upsilon=0$，故两级放大电路在高频时也是稳定的，不会产生自激振荡；三级放大电路在高频时，可以等效成三级 RC 低通网络，相位滞后，当其频率为无穷大时，其最大相移为 270°，所以一定存在一个频率 f_o，使得其相移为 180°，且此时的增益 $\dot{A}_\upsilon\neq0$，故三级放大电路在高频时可能不稳定，有可能产生自激振荡；可以推知，超过三级后，放大电路的级数越多，引入负反馈后越容易产生高频自激振荡。因此，实用放大电路中的级数不宜太多，以三级放大电路最为常见。同理，耦合电容和旁路电容数量越多，引入负反馈后就越容易产生低频自激振荡，而且 $|1+A(j\omega)B(j\omega)|$ 越大，即反馈深度越深，满足幅值条件的可能性越大，产生自激振荡的可能性就越大。

应当指出的是，电路的自激振荡是由其自身条件决定的，不因其输入信号的改变而消除。要消除自激振荡，就必须破坏产生振荡的条件。只有消除了自激振荡，放大电路才能稳定地工作。

2. 负反馈放大器的稳定性的判断

利用负反馈放大电路环路增益的频率特性可以判断电路闭环后是否产生自激振荡，即电路是否稳定。

（1）判断方法

图 6-6-1 所示为两个负反馈环路增益的频率特性，从图中可以看出它们均为直接耦合放大电路。

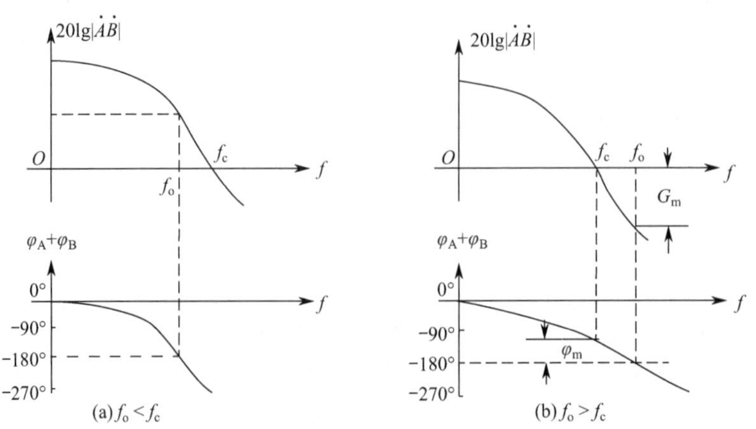

图 6-6-1 两个负反馈环路增益的频率特性

令满足式（6-6-3）所示自激振荡相位条件的频率为 f_o，满足式（6-6-2）所示幅值条件的频率为 f_c。

在图 6-6-1(a)中，使 $\varphi_A+\varphi_B=-180°$ 的频率为 f_o，使 $20\lg|\dot{A}\dot{B}|=0\text{dB}$ 的频率为 f_c。因为当 $f=f_o$ 时，$20\lg|\dot{A}\dot{B}|>0\text{dB}$，即 $|\dot{A}\dot{B}|>1$，说明电路必然进入增幅振荡，所以具有图 6-6-1(a)所示环路增益频率特性的放大电路闭环后必然产生自激振荡，振荡频率为 f_o。

在图 6-6-1(b)中，使 $\varphi_A+\varphi_B=-180°$ 的频率为 f_o，使 $20\lg|\dot{A}\dot{B}|=0\text{dB}$ 的频率为 f_c。因为当 $f=f_o$ 时，$20\lg|\dot{A}\dot{B}|<0\text{dB}$，即 $|\dot{A}\dot{B}|<1$，电路的净输入量将减小，所以具有图 6-6-1(b)所示环路增益频率特性的放大电路闭环后不可能产生自激振荡。

综上所述，在已知环路增益频率特性的条件下，判断负反馈放大电路是否稳定的方法如下：① 若不存在 f_o，则电路稳定；② 若存在 f_o，且 $f_o<f_c$，则电路不稳定，必然产生自激振荡；若存在 f_o，且 $f_o>f_c$，则电路稳定，不会产生自激振荡。

（2）稳定裕度

根据负反馈放大电路稳定性的判断方法，只要 $f_o>f_c$，则电路稳定，不会产生自激振荡，但为了使电路具有足够的可靠性，还需规定电路应有一定的稳定裕度。

定义 $f=f_o$ 时，$20\lg|\dot{A}\dot{B}|$ 的值为幅度裕量 G_m，如图 6-6-1(b)所示幅频特性中的标注，G_m 的表达式为

$$G_m=20\lg|\dot{A}\dot{B}|_{f=f_o} \tag{6-6-5}$$

稳定负反馈放大电路的 $G_m<0$，且 $|G_m|$ 越大，电路就越稳定，通常认为 $G_m\leqslant-10\text{dB}$，电路就有足够的幅值稳定裕度。

定义 $f=f_c$ 时，$|\varphi_A+\varphi_B|$ 与 180°的差值为相位裕量 ϕ_m，如图 6-6-1(b)所示相频特性中的标注，ϕ_m 的表达式为

$$\phi_m=180°-|\varphi_A+\varphi_B|_{f=f_c} \tag{6-6-6}$$

稳定负反馈放大电路的 $\phi_m>0$，且 $|\phi_m|$ 越大，电路就越稳定，通常认为 $\phi_m>45°$ 时电路就有足够的相位稳定裕度。

综上所述，只有当 $G_m\leqslant-10\text{dB}$ 且 $\phi_m>45°$ 时，才认为负反馈放大电路具有可靠的稳定性。

6.6.3　反馈放大器自激振荡的消除方法

放大电路的自激振荡是有害的，必须设法消除。最简单的方法是减小其反馈系数或反馈深度，使放大电路在附加相移 $|\varphi_A+\varphi_B|=180°$ 时，$|\dot{A}\dot{B}|<1$，这种做法虽然能够达到消振的目的，但由于反馈深度下降，不利于放大电路其他性能的改善。

为了解决这个矛盾，常采用相位补偿的办法。所谓相位补偿，是指在放大电路或反馈网络中加入若干由 C 或 RC 元件组成的补偿网络，以改变 $\dot{A}\dot{B}$ 的频率特性，破坏自激振荡的条件，使其在反馈量较大的情况下也能稳定工作。补偿的方法有很多，通常分为简单电容补偿、RC 串联补偿和超前补偿等。无论哪种补偿，其思路都是人为地将放大电路的各个转折频率的间距拉开，使之满足稳定条件，保证在三级或以上的负反馈放大电路中，既能引入一定深度的负反馈，又能正常稳定工作。

1. 简单电容补偿

简单电容补偿是一种最简单的滞后补偿技术。它在反馈环内的基本放大电路中增加一个含有电容 C 的电路，使开环增益 $\dot{A}$ 的相位滞后，以达到稳定负反馈放大电路的目的。由前面的分析及对稳定裕度的要求可知，若 $\dot{A}\dot{B}$ 的幅频特性在 0dB 以上只有一个转折频率，且下降斜率为−20dB/十倍频程，则属于只有一个 RC 回路的频率响应，最大相移不超过−90°。若在它的第二个转折频率处对应的 $20\lg|\dot{A}\dot{B}|=0\text{dB}$，且此处的最大相移为−135°（相位裕度为45°），则这样的负反馈放大电路就是稳定的，电容滞后补偿正是按此思路进行处理的。这种补偿往往将电容并接在基本放大电路中时间常数最大的回路里（主极点），即前级的输出电阻和后级的输入电阻都比较大的地方，使它的时间常数更大。

现以一个三级放大电路为例加以说明。设三级放大电路第一级的输出回路时间常数最大（主极点），因此在第一级的输出端与地之间并联一个补偿电容 C，如图 6-6-2(a)所示。图 6-6-2(b)是该补偿电路的高频等效电路，其中 R_{o1} 为前级的输出电阻，R_{i2} 为后级的输入电阻，C_{i2} 为后级的输入电容。未加电容前该负反馈放大电路环路增益 $\dot{A}\dot{B}$ 的幅频特性如图 6-6-2(c)中的虚线所示，此时的转折频率为

$$f_{H1}=\frac{1}{2\pi(R_{o1}\parallel R_{i2})C_{i2}} \tag{6-6-7}$$

加了补偿电容后的转折频率为

$$f_{H}=\frac{1}{2\pi(R_{o1}\parallel R_{i2})(C_{i2}+C)} \tag{6-6-8}$$

只要选择合适的电容 C，使得修改后的幅频特性曲线上以−20dB/十倍频程斜率下降的这段曲线与横轴的交点刚好在第二个转折频率 f_{H2} 处，此处有 $20\lg|\dot{A}\dot{B}|=0\text{dB}$，如图 6-6-2(c)中的实线与横轴的交点，此时 $\varphi_A+\varphi_B$ 趋于−135°，即可保证 $\phi_m\geqslant45°$，负反馈放大电路一定不会产生自激振荡，这种方法简单可靠。由图 6-6-2(c)可知，虽然该补偿方式使放大电路稳定，但放大电路的开环带宽大大变窄，使其闭环带宽随之变窄，这是简单电容补偿的缺点。

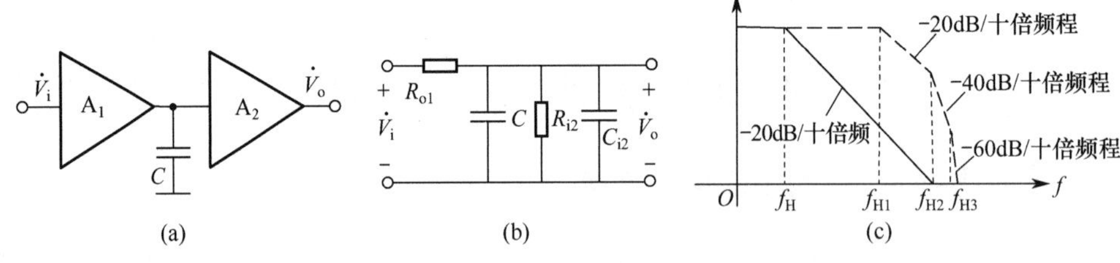

图 6-6-2 简单电容补偿

2. RC 串联补偿

简单电容补偿虽然可以消除自激振荡，但会使通频带变得太窄。采用 RC 串联补偿不仅可以消除自激振荡，而且可以使带宽得到一定的改善。具体电路如图 6-6-3(a)所示，图 6-6-3(b)是其高频等效电路。在简化的等效电路图 6-6-3(c)中，$R'=R_{o1}\parallel R_{i2}$，通常应选择补偿电容 C 的容量远大于后级的等效电容 C_{i2}，所以可将图 6-6-3(b)简化为图 6-6-3(c)的形式。其中，戴维南等效电压源 V' 为

$$V_i'=\frac{R_{i2}}{R_{o1}+R_{i2}}V_i \tag{6-6-9}$$

图 6-6-3(c)的电压传输函数为

$$A_{\mathrm{RC}}(\mathrm{j}\omega)=\frac{\dot{V}_{\mathrm{o}}}{\dot{V}_{\mathrm{i}}'}=\frac{R+\dfrac{1}{\mathrm{j}\omega C}}{R'+R+\dfrac{1}{\mathrm{j}\omega C}}=\frac{1+\mathrm{j}\omega RC}{1+\mathrm{j}\omega(R'+R)C}=\frac{1+\mathrm{j}\dfrac{f}{f_{\mathrm{H2}}'}}{1+\mathrm{j}\dfrac{f}{f_{\mathrm{H1}}'}} \tag{6-6-10}$$

式中，$f_{\mathrm{H1}}'=\dfrac{1}{2\pi(R'+R)C}$，$f_{\mathrm{H2}}'=\dfrac{1}{2\pi RC}$，$R'=R_{\mathrm{o1}}\parallel R_{\mathrm{i2}}$。

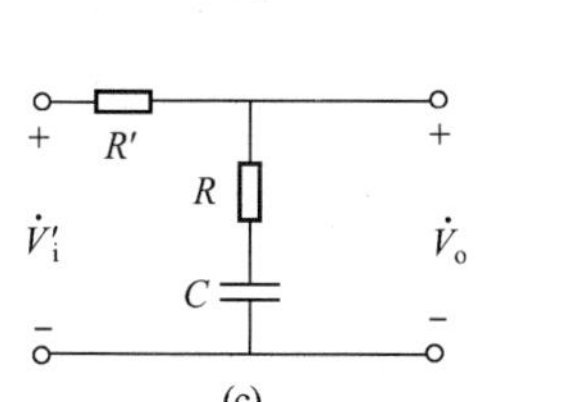

(a)

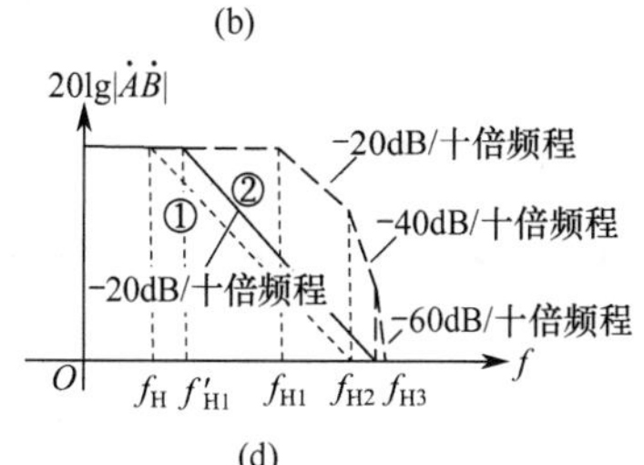

(b)

(c)

(d)

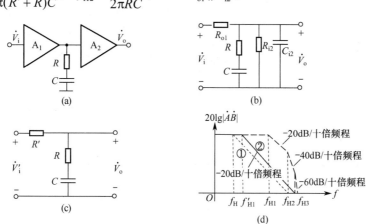

图 6-6-3　RC 串联补偿

设未加 RC 补偿电路前，负反馈放大电路的环路增益的表达式为

$$A(\mathrm{j}\omega)B(\mathrm{j}\omega)=\frac{A_{\mathrm{M}}B}{\left(1+\mathrm{j}\dfrac{f}{f_{\mathrm{H1}}}\right)\left(1+\mathrm{j}\dfrac{f}{f_{\mathrm{H2}}}\right)\left(1+\mathrm{j}\dfrac{f}{f_{\mathrm{H3}}}\right)} \tag{6-6-11}$$

其幅频特性如图 6-6-3(d)中的虚线所示，有三个转折点。

只要选择合适的 R、C 参数，使 $f_{\mathrm{H2}}'=f_{\mathrm{H2}}$，那么加入 RC 串联补偿电路后，环路增益的表达式即变为

$$A(\mathrm{j}\omega)B(\mathrm{j}\omega)=\frac{A_{\mathrm{M}}B\left(1+\mathrm{j}\dfrac{f}{f_{\mathrm{H2}}'}\right)}{\left(1+\mathrm{j}\dfrac{f}{f_{\mathrm{H1}}'}\right)\left(1+\mathrm{j}\dfrac{f}{f_{\mathrm{H2}}}\right)\left(1+\mathrm{j}\dfrac{f}{f_{\mathrm{H3}}}\right)}=\frac{A_{\mathrm{M}}B}{\left(1+\mathrm{j}\dfrac{f}{f_{\mathrm{H1}}'}\right)\left(1+\mathrm{j}\dfrac{f}{f_{\mathrm{H3}}}\right)} \tag{6-6-12}$$

上式说明，加入 RC 串联补偿电路后环路增益的幅频特性曲线上只有两个转折频率，而且如果选择合适的 f_{H1}'，使得修改后的幅频特性曲线上以−20dB/十倍频程斜率下降的这段曲线与横轴的交点刚好在 f_{H3} 处，此处的 $20\lg|\dot{A}\dot{B}|=0\mathrm{dB}$，如图 6-6-3(d)中的实线②所示，此时 $\varphi_{\mathrm{A}}+\varphi_{\mathrm{B}}$ 趋于−135°，那么加入 RC 滞后补偿的负反馈放大电路一定不会产生自激振荡。

图 6-6-3(d)中的虚线①是采用简单电容补偿的幅频特性，显然，RC 串联补偿后的上限频率相对于简单电容补偿向右移了（实线②），说明带宽增加了。

3．密勒电容补偿

上述两种滞后补偿电路中所需的电容、电阻都较大，在集成电路中难以实现。通常可以利用密勒效应，将补偿电容等元件跨接于放大电路中，这样用较小的电容同样可以获得满意

的补偿效果。现以集成运放 F007 为例，介绍密勒电容补偿的工作原理。图 6-6-4 所示是集成运放 F007 的内部电路。可以看到，中间增益级（T_{16}、T_{17}）的输入端和输出端都为高阻抗节点，集成运放的两个最低极点频率大体上发生在这两个节点上。补偿电容 C_Q（= 30pF）也就跨接在这两个节点之间。

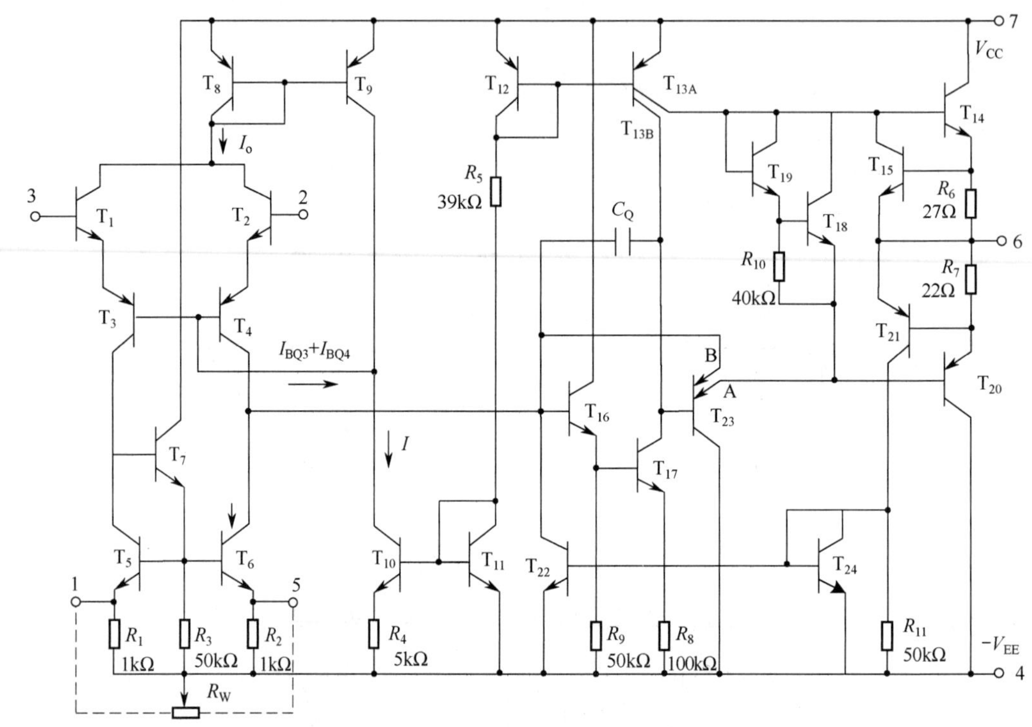

图 6-6-4 F007 集成运算放大器内部电路

为了便于分析，将中间增益级单独用图 6-6-5 所示的电路等效。图中，$i_s(S)$ 是输入差分级的等效输出电流源，R_1 和 R_2 分别为中间增益级输入端口和输出端口的等效电阻（它们的数值均等于该端口前级输出电阻和后级输入电阻的并联值），C_1 和 C_2 为输入端口和输出端口的等效电容。$g_m\dot{V}_1(S)$ 为中间增益级的等效受控电流源。未加 C_Q 时，集成运放的两个极点角频率分别为 $\omega_{p1}=1/R_1C_1$ 和 $\omega_{p2}=1/R_2C_2$。

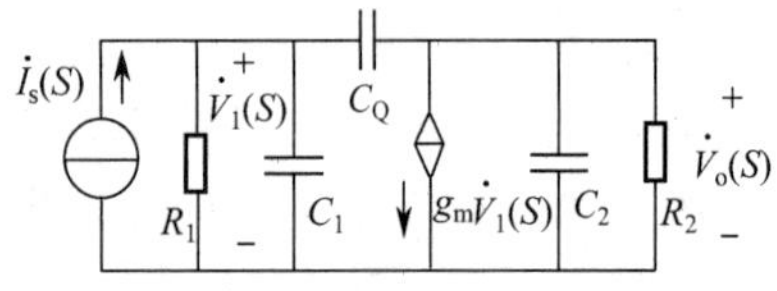

图 6-6-5 F007 中间增益级等效电路

加补偿电容 C_Q 后，根据图 6-6-5 所示的电路，经推导求得它的增益函数为

$$\dot{A}_r(S)=\frac{\dot{V}_o(S)}{\dot{I}_s(S)}=\frac{(g_m-SC_Q)R_1R_2}{1+aS+bS^2} \qquad (6\text{-}6\text{-}13)$$

式中，

$$a=(C_2+C_Q)R_2+(C_1+C_Q)R_1+g_mR_1R_2C_Q\text{，}\quad b=R_1R_2(C_1C_2+C_1C_Q+C_2C_Q)$$

它包含一个零点和两个极点。若设零点角频率为 $\omega_z(\omega_z=g_m/C_Q)$，两个极点角频率分别为 ω_{pf1} 和 ω_{pf2}，则式（6-6-13）可写成

$$\dot{A}_r(S)=-H_0\frac{(S-\omega_z)}{(S+\omega_{pf1})(S+\omega_{pf2})} \qquad (6\text{-}6\text{-}14)$$

式中，$H_0 = R_1R_2C_Q/b$，由于 $(S+\omega_{pf1})(S+\omega_{pf2}) = S^2 + (\omega_{pf1}+\omega_{pf2})S + \omega_{pf1}\omega_{pf2}$，式（6-6-13）中的分母多项式可写成如下形式：

$$1 + aS + bS^2 = 1 + \left(\frac{1}{\omega_{pf1}} + \frac{1}{\omega_{pf2}}\right)S + \left(\frac{1}{\omega_{pf1}\omega_{pf2}}\right)S^2$$

考虑到两个极点角频率分离较远即 $\omega_{pf2} \gg \omega_{pf1}$ 的实际情况，由上式得到

$$a \approx 1/\omega_{pf1},\quad b = 1/\omega_{pf1}\omega_{pf2}$$

由此便可求得两个极点角频率分别为

$$\begin{aligned}\omega_{pf1} &\approx \frac{1}{a} = \frac{1}{(C_2+C_Q)R_2 + (C_1+C_Q)R_1 + g_mR_1R_2C_Q}\\ \omega_{pf2} &\approx \frac{a}{b} = \frac{(C_2+C_Q)R_2 + (C_1+C_Q)R_1 + g_mR_1R_2C_Q}{R_1R_2(C_1C_2 + C_1C_Q + C_2C_Q)}\end{aligned} \tag{6-6-15}$$

通常满足 $g_mR_1R_2 \gg R_1$，$g_mR_1R_2 \gg R_2$，上式进一步简化为

$$\omega_{pf1} \approx \frac{1}{g_mR_1R_2C_Q},\quad \omega_{pf2} \approx \frac{g_mC_Q}{C_1C_2 + C_1C_Q + C_2C_Q} \tag{6-6-16}$$

由 ω_{pf1} 和 ω_{pf2} 的表达式可见，当 C_Q 增大时，ω_{pf1} 减小，ω_{pf2} 增大，它们的间隔扩大，故又将这种补偿技术称为极点分离技术。对于集成运放 F007，未加 C_Q 前，两个极点频率为 f_{p1}= 18.9kHz 和 f_{p2}= 328kHz。加 30pF 的 C_Q 后，第一个极点频率下降到 4.9Hz，而第二个极点频率增大到 10MHz 以上。

因此，与简单电容补偿相比，采用这种补偿技术可以更有效地加长斜率为−20dB/十倍频程的下降线段。图 6-6-6 为集成运放 F007 加 30pF 电容补偿后的频率特性图。由图可见，幅频特性以 20dB/十倍频程的速率衰减，与横轴的交点（0dB 点）恰好为第二个转折频率点，实现了全补偿，且单位增益频率为 1.25MHz。

如果采用简单电容补偿，即在中间增益级的输入端口并接电容，那么要实现全补偿，不仅电容的容量很大，而且它的单位增益频率最高也只能达到第二个极点频率 328kHz。

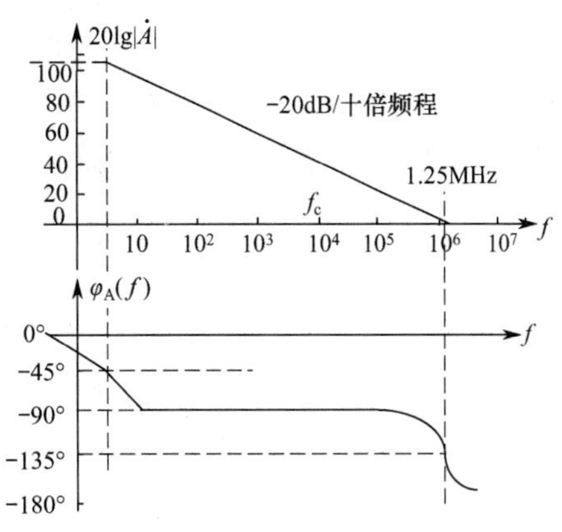

图 6-6-6　F007 加 30pF 电容补偿后的频率特性图

4．超前补偿

上述滞后补偿技术的特点是用压低第一个极点频率来满足相位裕量的要求。因此，这种补偿技术是以牺牲集成运放上限频率为代价的。如果要求补偿以后不仅能得到所需的相位裕量，而且能保持集成运放的上限频率，则可采用超前相位补偿技术。这种补偿技术的出发点是在转折频率附近引入一个超前相移的零点，抵消原来的滞后相移，以获得所需的相位裕量。通常将超前补偿电路接于反馈网络中，图 6-6-7 所示为一个同相放大器进行外部补偿的电

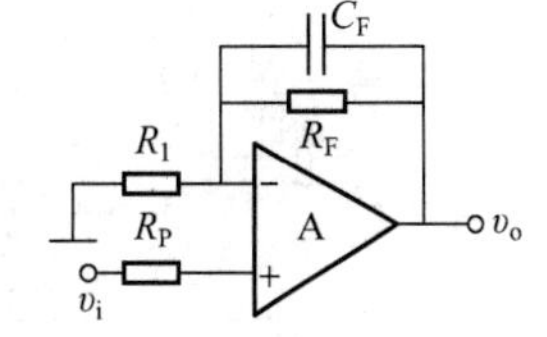

图 6-6-7　超前补偿同相放大器

路，它是利用并联在电阻 R_F 上的补偿电容来实现超前补偿的。

未加补偿电路前，该电路的反馈系数 B_{v1} 为

$$B_{v1}=\frac{R_1}{R_1+R_F}$$

加补偿电路后，电路的反馈系数 B_{v2} 为

$$B_{v2}=\frac{R_1}{R_1+R_F\parallel\frac{1}{j\omega C_F}}=\frac{R_1}{R_1+R_F}\cdot\frac{1+j\omega R_F C_F}{1+j\omega(R_F\parallel R_1)C_F}=B_{v1}\cdot\frac{1+j\frac{f}{f_1}}{1+j\frac{f}{f_2}} \quad (6\text{-}6\text{-}17)$$

式中，$f_1=\frac{1}{2\pi R_F C_F}$，$f_2=\frac{1}{2\pi(R_F\parallel R_1)C_F}$。

可见补偿后的频率特性除了改变极点的频率，还增加了一个零点。这个零点所引起的超前相移可以抵消极点所引起的滞后相移，因此有利于放大器的稳定。

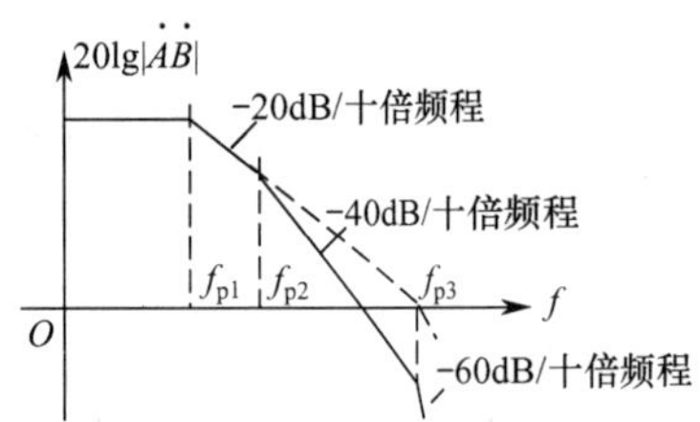

图 6-6-8　超前补偿波特图

假设集成运放为无零三级系统，三个极点频率分别为 f_{p1}、f_{p2}、f_{p3}。现选择合适的补偿电容值，使 $f_z=f_{p2}$，将 f_{p2} 抵消，这样，就可在不降低第一个极点频率 f_{p1} 的提前下，拉长 20dB/十倍频程的衰减线，如图 6-6-8 中的虚线所示，并使虚线与横轴的交点满足 $f_P\geqslant f_{p3}$。图 6-6-8 给出了补偿前后 $20\lg|\dot{A}\dot{B}|$ 的幅频特性渐近波特图。图中，实线代表补偿前的波特图，显然，0dB 线相交在 40dB/十倍频程的衰减段，放大器工作不稳定。加补偿电容后，f_{p2} 抵消，将 20dB/十倍频程衰减线段延长到 f_{p3}，如图中的虚线所示，实现了全补偿。超前补偿可消除电路的自激振荡，使放大电路工作稳定，同时在几种补偿中，其对放大电路带宽的影响最小。

习　题　6

6.1　题图 P6.1 中的反馈放大器是什么类型的反馈电路？哪些是负反馈的？哪些是正反馈的？标出反馈支路，并说明其特点（仅说明负反馈放大器的特点）。

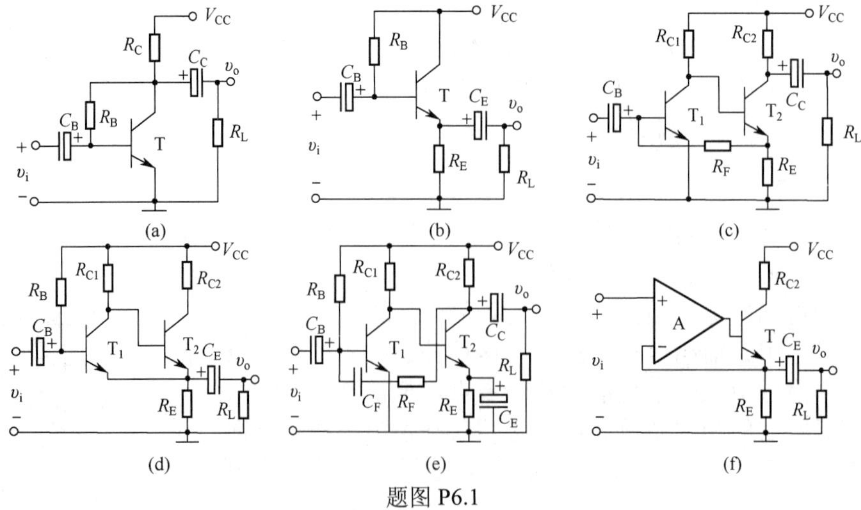

题图 P6.1

6.2 一个电压串联负反馈放大器，当输入电压为 0.1V 时，输出电压为 2V。去掉负反馈后，对于 0.1V 的输入电压，输出电压为 4V，计算它的电压反馈系数 B_υ。

6.3 负反馈所能抑制的干扰和噪声是________。

A．输入信号所包含的干扰和噪声　　B．反馈环内的干扰和噪声

C．反馈环外的干扰和噪声　　D．输出信号中的干扰和噪声

6.4 在放大电路中，为了稳定静态工作点，可以引入________；若要稳定放大器的增益，应引入________；某些场合为了提高增益，可适当引入________；希望展宽频带时，可以引入________；如果改变输入或输出电阻，可以引入________；为了抑制温漂，可以引入________。

A．直流负反馈　　B．交流负反馈

C．交流正反馈　　D．直流负反馈和交流负反馈

6.5 如希望减小放大电路从信号源索取的电流，则可采用________；信号源内阻很大，希望取得较强的反馈作用，则宜采用________；如希望负载变化时输出电压稳定，则应引入________。

A．电压负反馈　　B．电流负反馈

C．串联负反馈　　D．并联负反馈

6.6 要提高多级放大电路的输入电阻，可以采取哪些措施（从学过的知识中举出三种可行的方法，其中必须至少有一种为某种方式的反馈）？

6.7 已知放大电路的输出噪声电压是电路内部产生的，与输入信号无关，现将该电路的信噪比提高 20dB，问应引入多深的负反馈？若引入反馈前的 $A_\upsilon=1000$，问反馈系数 B_υ 为多少？闭环放大倍数 $A_{\upsilon f}$ 为多少？引入反馈后输入电压 υ_i 应如何变化？如果在提高信噪比的同时还要求提高输入电阻和降低输出电阻，你认为应引入什么形式的负反馈？

6.8 一个电压串联负反馈放大电路，无反馈时的电压放大倍数 $A_\upsilon=5\times10^5$，上限频率 f_H 为 10kHz。问在下面两种不同的反馈系数下，加反馈后的放大电路通频带宽度分别约为多少？（1）电压反馈系数 $B_\upsilon=0.01$；（2）电压反馈系数 B_υ 的分贝值为−54dB。

6.9 试分别判断题图 P6.9(a)和(b)所示电路的反馈极性与组态，并估算深度负反馈条件下的源电压放大倍数 $A_{\upsilon s}$（电容的容抗很小可忽略不计）。

6.10 题图 P6.10 是由理想集成运放组成的反馈电路，指出反馈的极性和组态，并求 $\upsilon_i=1V$ 时的 υ_o 值。

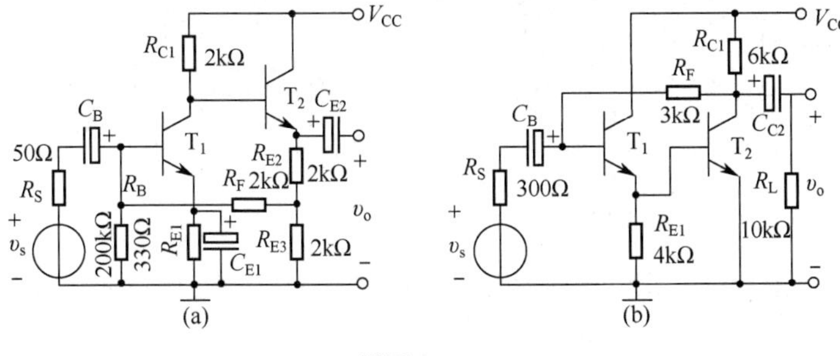

题图 P6.9

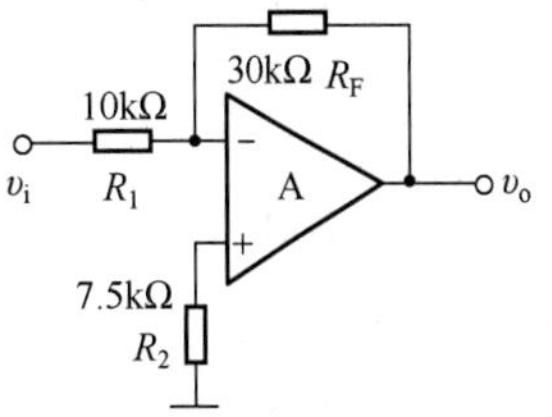

题图 P6.10

6.11 判断题图 P6.11 中各电路反馈的极性及交流反馈的组态，写出输出电压 υ_o 与输入电压 υ_i 之间对应的关系式。

6.12 分析题图 P6.12 所示电路，选择正确的答案填空。

（1）在这个直接耦合的反馈电路中，________。

A．只有直流反馈而无交流反馈　　B．只有交流反馈而无直流反馈

C．既有直流反馈又有交流反馈　　D．不存在实际的反馈作用

（2）这个反馈的组态与极性是________。

A．电压并联负反馈　　B．电压并联正反馈　　C．电流并联负反馈

D．电流串联负反馈　　E．电压串联负反馈　　F．无组态与极性可言

（3）在深度反馈条件下，电压放大倍数约为________。

A. 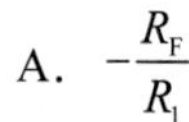 $-\dfrac{R_F}{R_1}$　　B. 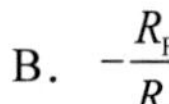 $-\dfrac{R_F}{R_3}$　　C. $\dfrac{R_1+R_F}{R_1}$　　D. $\dfrac{R_1+R_F+R_3}{R_1R_3}$

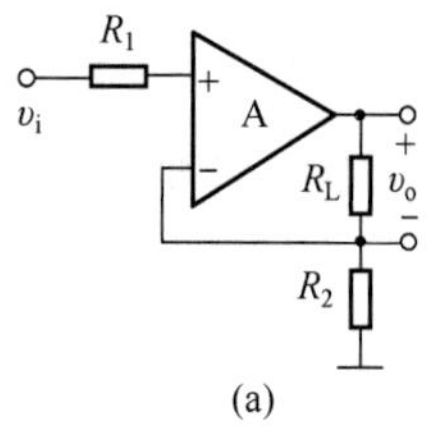

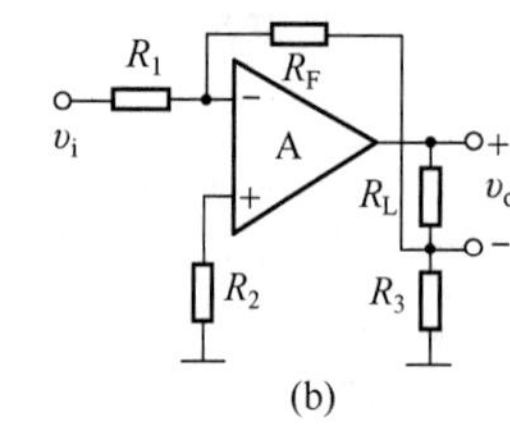

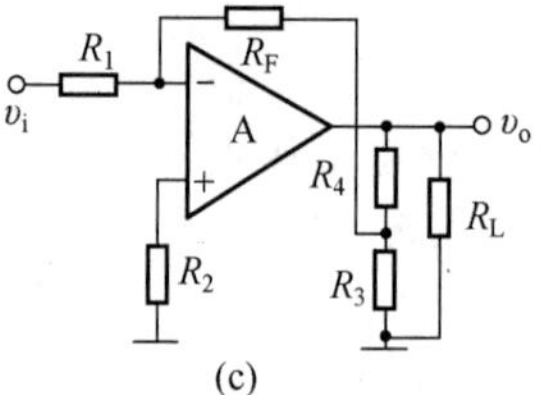

题图 P6.11

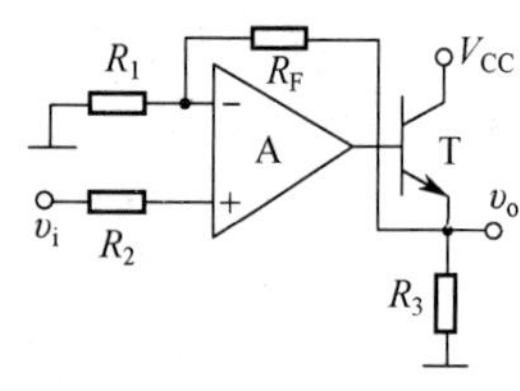

题图 P6.12

6.13 对题图 P6.13 所示的反馈放大电路，指出电路的反馈类型，写出反馈系数表达式，并求电压增益 υ_o/υ_i，设集成运放 A 具有理想的特性。

6.14 分析题图 P6.14 中的电路，回答下列问题：

（1）第一级和第二级分别是什么组态和极性的反馈电路？

（2）第一级的电压放大倍数 υ_{o1}/υ_i 和第二级的电压放大倍数 υ_o/υ_{o1} 分别约多大？总电压放大倍数 υ_o/υ_i 约多大？

（3）当负载 R_L 变化时，该电路能否稳定输出电压？能否稳定输出电流？

（4）该电路的输入电阻 R_i 大约是多大？

6.15 若在题图 P6.14 所示电路的输出端 υ_o 和 A_1 的同相输入端（即 R_5 上端）之间接入电阻 $R_F = 100\text{k}\Omega$，问：

（1）R_F 引入的是何种极性和组态的反馈？

（2）此时的电压放大倍数 υ_o/υ_i 是多少（写出表达式并算出结果）？设 A_1、A_2 均为理想的集成运放。

6.16 反馈放大器如题图 P6.16 所示，设 $V_{CC} = 20\text{V}$，$R_{C1} = 10\text{k}\Omega$，$R_{E2} = R_{C2} = 500\Omega$，$R_F = 15\text{k}\Omega$，$R_S = 1\text{k}\Omega$。

（1）根据方框图法分解出该反馈电路的基本放大电路，并由此求出其反馈系数。

（2）若 $\upsilon_s = 0.1\sin\omega t(\text{V})$，试近似估算其输出电压 υ_o 的有效值。

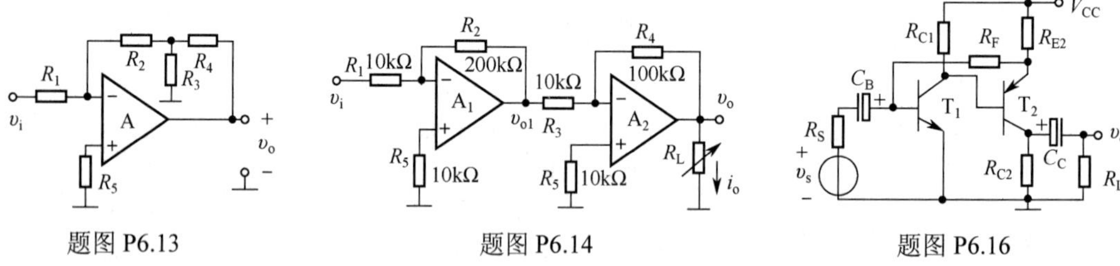

题图 P6.13　　题图 P6.14　　题图 P6.16

6.17 题图 P6.17 表示由一个半导体三极管组成的倒相器。它能输出大小相等、相位相差 180°的平衡电压，即 $\upsilon_{o1} = -\upsilon_{o2}$，已知 $V_{CC} = 12\text{V}$，其他元件参数如图所示，试问：

（1）设 $V_{BEQ} = 0.6\text{V}$，$\beta = 80$，估算它的静态工作点。

（2）对于 υ_{o1} 输出，它是何种类型的负反馈放大器？对于 υ_{o2} 输出，它又是何种类型的负反馈放大器？

（3）为什么 υ_{o1} 与 υ_{o2} 的相位刚好差 180°？

（4）定性说明采用 υ_{o1} 输出和 υ_{o2} 输出时，它们的输出电阻为什么不等？

（5）已知 $\beta = 80$，$r_{bb'} = 300\Omega$，估算 υ_{o1}/υ_i 和 υ_{o2}/υ_i。

（6）为了获得明显的反馈效果，对输入信号源内阻 R_S 有什么要求？为什么？

6.18 在题图 P6.18 所示二级反馈放大器中，已知场效应管 T_1 的参数为 $g_m = 5\text{mS}$，$I_{DSS} = 2\text{mA}$，$V_{GS(off)} = -2\text{V}$，$r_{ds} = 50\text{k}\Omega$；半导体三极管 T_2 的参数为 $\beta = 50$，$r_{bb'} = 300\Omega$，$r_{ce} = 50\text{k}\Omega$，$V_{BEQ} = 0.5\text{V}$，电源电压 $V_{CC} = 12\text{V}$。电路元件参数如图中所示。试估算各级的静态工作点，以及反馈放大器的电压增益、输入电阻和输出电阻。

6.19 在题图 P6.19 所示电路中，已知 A 为理想运算放大器，试确定该电路的反馈组态与极性，该电路是稳定输出电压还是稳定输出电流？试确定电路的源电压增益，以及放大器的输入和输出电阻。

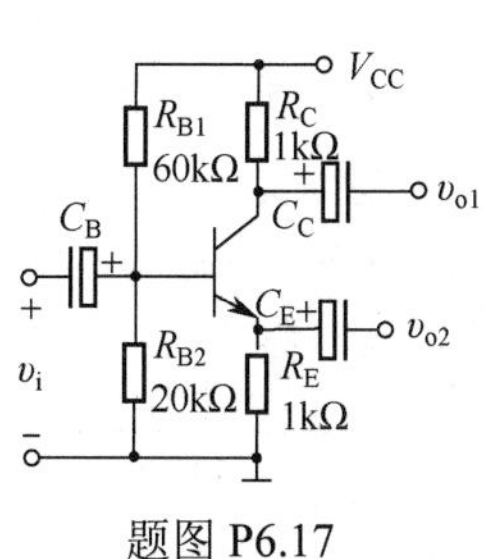

题图 P6.17

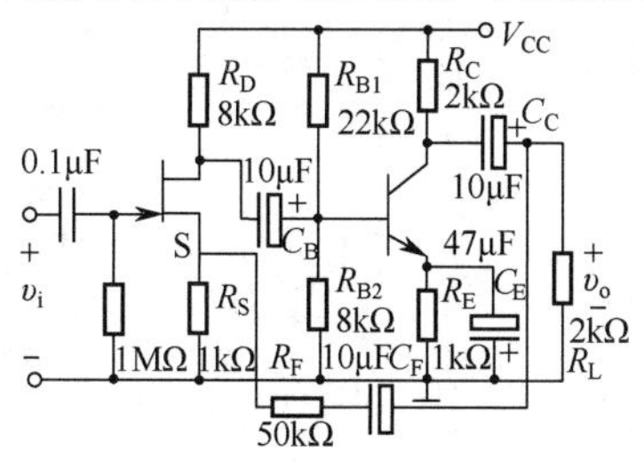

题图 P6.18

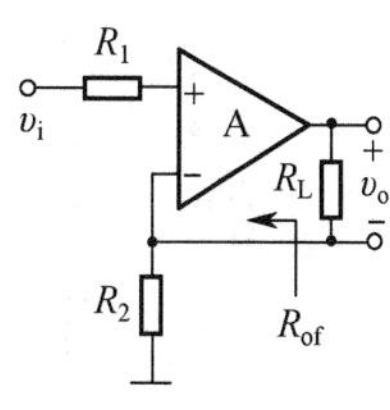

题图 P6.19

6.20 已知反馈放大电路如题图 P6.20 所示。

（1）说明电路中有哪些反馈，各有什么作用。

（2）在深度反馈条件下，写出电路中 A_{vf} 的表达式。

（3）若要稳定电路的输出电流，电路应做何改动？写出修改后 A_{vf} 的表达式。

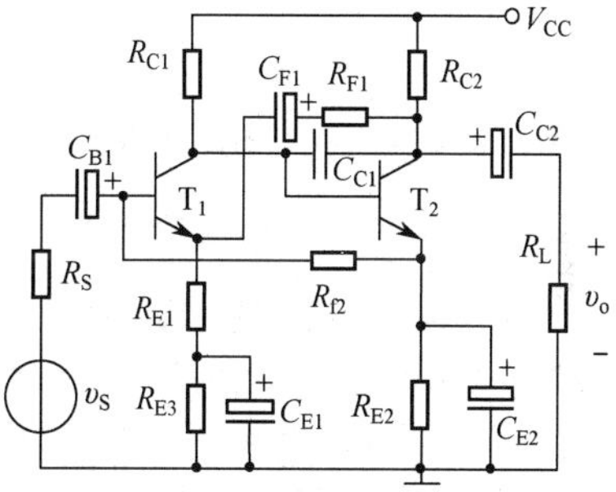

题图 P6.20

6.21 已知某电压串联负反馈的电压反馈系数 $B_v = 0.1$，如果要求它的闭环增益 $A_{vf} \geqslant 8$，那么无反馈时放大器的电压增益 A_v 最小值应为何值？

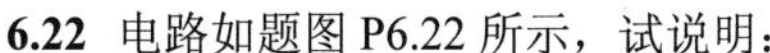

6.22 电路如题图 P6.22 所示，试说明：

（1）F 点分别接在 H、J、K 三点时，各形成何种反馈？如果是负反馈，则对电路的输入阻抗、输出阻抗、放大倍数有何影响？

（2）求出 F 点接在 J 点时的电压放大倍数表达式（设电路满足深度负反馈条件）。

6.23 由理想运算放大器构成的放大电路如题图 P6.23 所示，其中 D_Z 为稳压二极管。

（1）试分析电路的反馈组态，设其满足深度负反馈条件，请估算电压放大倍数。

（2）使其输入端变为并联反馈形式，计算改动后电路的电压放大倍数。

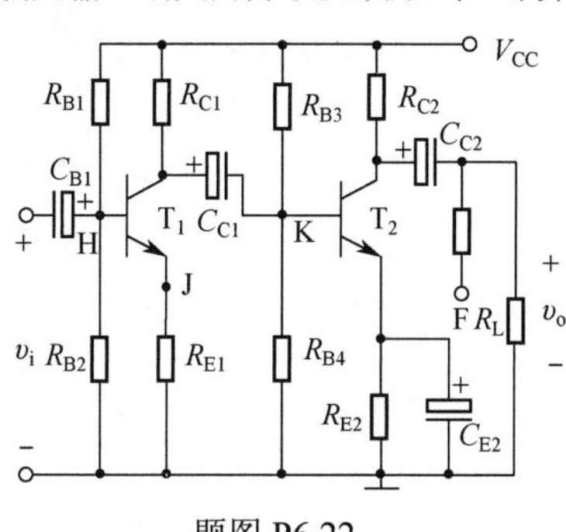

题图 P6.22

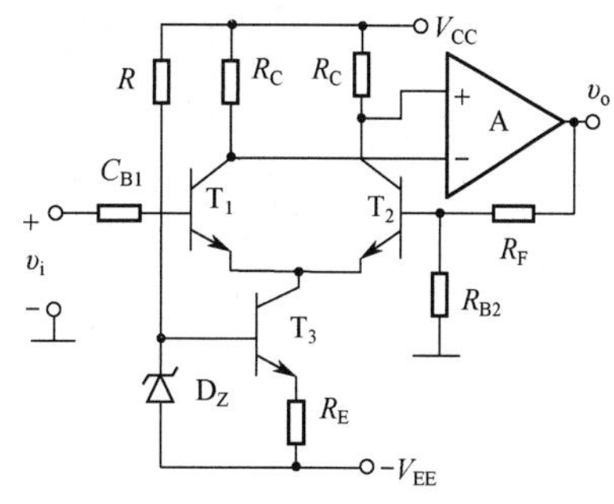

题图 P6.23

6.24 设两级放大电路如题图 P6.24 所示。（1）为使输出电阻减小，应引入何种反馈？在图中标明反馈 支路。（2）引入反馈后的电路在深度负反馈条件下输出电阻和闭环增益 A_{vf} 分别为多大？

6.25 深度负反馈放大器如题图 P6.25(a)所示，图中 $R_{E4} = 1\text{k}\Omega$；题图 P6.25(b)为其基本放大器电流增益幅频特性曲线。（1）若要求放大器稳定工作，求最小反馈电阻 R_F 的值；（2）若要求闭环中频增益为 40dB，则必须在 R_F 上并接补偿电容 C_F 才能保证放大器稳定工作，求 R_F 和 C_F 的值并指出为何种补偿。

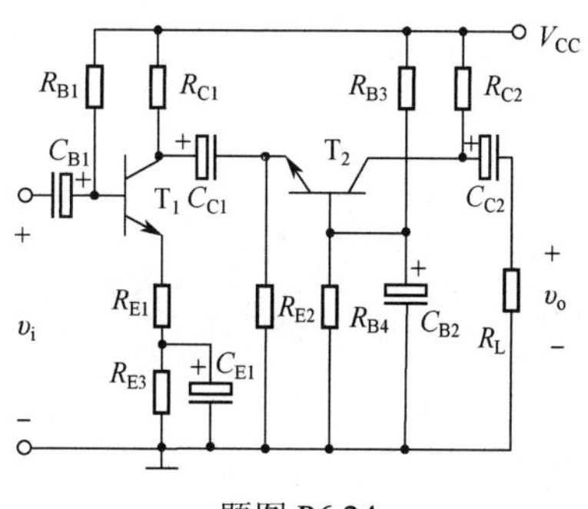

题图 P6.24

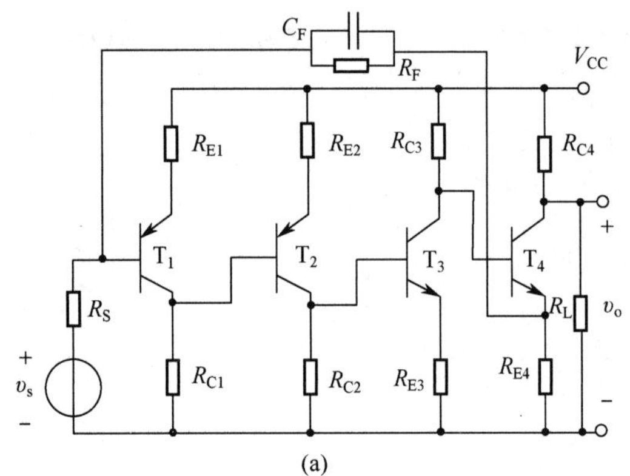

(a)

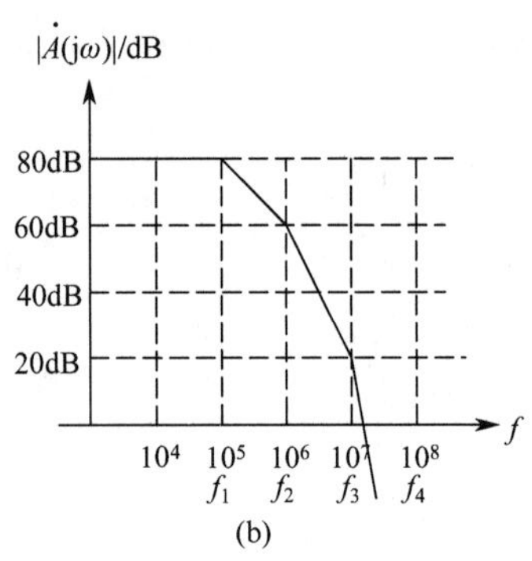

(b)

题图 P6.25

6.26 已知某反馈放大器的环路增益函数为

$$A(S)B(S) = \frac{4}{(1+S)^3}$$

试求这个反馈系统的增益裕量和相位裕量。

6.27 一个负反馈放大器的开环增益特性如题图 P6.27 所示，如果要求有 45°的相位裕量，问允许的环路增益最大是多少？增益裕量又是多少？允许的最小闭环增益又是多少？

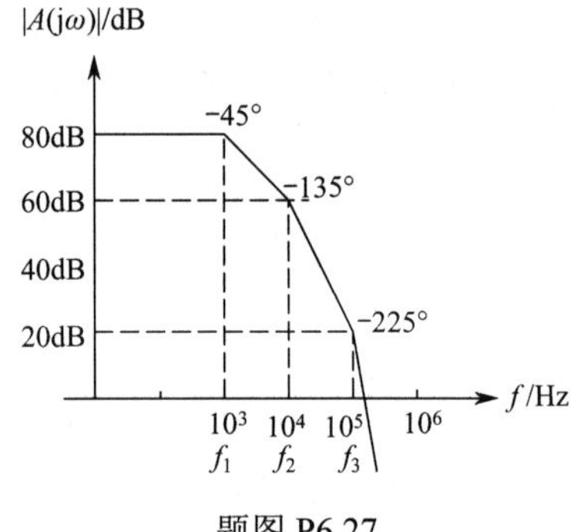

题图 P6.27

6.28 已知基本放大器的中频增益 $A_M = 10^3$，三个极点频率分别为 $f_{p1} = 1\text{MHz}$、$f_{p2} = 10\text{MHz}$ 和 $f_{p3} = 100\text{MHz}$，若要求反馈放大器中频增益 $A_f = 20\text{dB}$，试运用渐近波特图判断电路是否自激。

第 7 章　集成运算放大器的应用

使用分立元件构建模拟电路时，由于存在元器件参数的分散性和直接耦合导致静态工作点的关联性等问题使电路的调试较为困难，而集成运算放大器的出现使电子电路设计进入了一个新阶段。集成运算放大器是由大量三极管和电阻等组成的复杂电路，由于制造在同一块芯片上，元器件的温度系数及参数的一致性较好，且通过设计芯片内部结构，保证其静态工作点的合理设置，加之集成运算放大器的特性较为理想，在设计电路时可大大简化调试过程，因此，集成运算放大器成了现代电路设计与应用的通用组件。

集成运算放大器的基本应用电路分为线性和非线性两大类。从线性应用上看，有信号放大电路、运算电路和信号线性处理电路。信号放大电路有反相放大、同相放大、差分放大等电路；信号运算电路有加法、减法、微分、积分、对数、反对数及乘法和除法电路等，信号放大电路也可称为*比例运算电路*；信号线性处理电路包括有源滤波器、精密二极管整流器等。非线性应用主要包括单限电压比较器、迟滞比较器、窗口电压比较器等。

7.1　运算电路

7.1.1　比例运算电路

集成运算放大器的比例运算电路有三种：反相比例运算电路（又称*反相放大器*）、同相比例运算电路（又称*同相放大器*）、差分比例运算电路（又称*差分放大器*）。三种基本比例运算电路的核心是深度负反馈，对于单级比例运算电路，无论采用何种输入方式，负反馈一定是加在运放的反相输入端的。

1．反相比例运算电路

第 5 章给出了反相放大器的原理电路，这里进一步讨论由集成运算放大器组成的反相放大器，其原理电路如图 7-1-1 所示，它由集成运算放大器、外接电阻元件以及外加的供电电源组成，电路工作于线性状态。实际集成运算放大器的供电电源可能是双电源（正电源和负电源），也可能是单电源（正电源）。图 7-1-1 给出了双电源反相放大器的信号端连接模式。供电电源图中未画出。在实际应用中，为了保证输入端的平衡性，满足一定的放大精度，在同相输入端增加了平衡电阻 R_P。

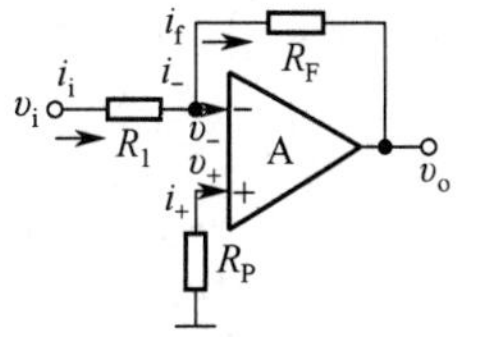

图 7-1-1　反相比例运算电路

5.6 节经由理想放大器的理想化模型提出了虚短与虚断的概念，下面我们用虚短与虚断的概念进行分析。所谓虚短，是指在线性工作条件下，放大器的同相端电位与反相端电位相等，即有 $\upsilon_+ = \upsilon_-$。所谓虚断，是指流进输入端的电流为 0，即电流 $i_+ = i_- = 0$。根据图 7-1-1，由基尔霍夫定律和元件特性可得

$$\upsilon_o = -\frac{R_F}{R_1}\upsilon_i \quad 或 \quad A_{\upsilon f} = \frac{\upsilon_o}{\upsilon_i} = -\frac{R_F}{R_1} \tag{7-1-1}$$

该结论也可通过反馈放大的基本分析方法得到。根据反馈放大的原理，图 7-1-1 所示的电路是一个深度电压并联负反馈电路，其互导反馈系数为

$$B_g = \frac{i_f}{\upsilon_o} = -\frac{1}{R_F} \tag{7-1-2}$$

互阻增益为

$$A_{rf} = \frac{\upsilon_o}{i_i} \approx \frac{1}{B_g} = -R_F \tag{7-1-3}$$

并联反馈使输入电阻减小，引入反馈后的输入电阻可以表示为

$$R_{if} = \frac{\upsilon_i}{i_i} = R_1 \tag{7-1-4}$$

电压增益为

$$A_{rf} = \frac{\upsilon_o}{\upsilon_i} = \frac{\upsilon_o}{i_i R_{if}} = \frac{A_{gf}}{R_{if}} = -\frac{R_F}{R_1} \tag{7-1-5}$$

可见，反相放大器的输入电阻为 R_1，为了得到一定的电压增益，R_1 一般不能太大，过大将导致反馈电阻 R_F 很大，难以达到实现的精度；R_1 也不能过小，过小对于内阻较大的信号源极为不利。

电压负反馈使输出电阻减小，因此，反相比例运算放大器的输出电阻为

$$R_{of} = \frac{R_{od}}{1 + A_{rso}B_g} \approx 0 \tag{7-1-6}$$

总之，反相放大器的输出电压与输入电压反相，电压增益只与集成运算放大器的外接电阻 R_F、R_1 有关，而与集成运算放大器的开环增益无关。特别地，当 $R_F = R_1$ 时，运算放大器相当于变符号运算。同相端通过 $R_P(R_P = R_1 \| R_F)$ 接地，以保证运算放大器工作于对称状态，减小输入失调电压和输入失调电流对电路的影响，提高反相放大器的抗干扰能力。因 R_P 中无电流，故 $\upsilon_+ = 0$，相当于同相端接地。另一方面，理想情况下，$\upsilon_+ = \upsilon_-$，所以 $\upsilon_+ = \upsilon_- = 0$。虽然反相端的电位等于地电位，但没有电流流入该点，这种现象称为虚地。

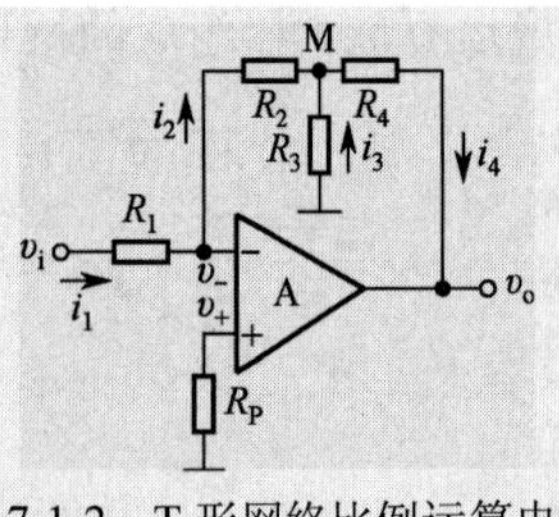

图 7-1-2 T 形网络比例运算电路

【例 7-1-1】当信号源内阻较大时，反相放大器的输入电阻不能太小。为了提高电压增益，电阻 R_1 的值又不能太大，在实际应用中，往往连接成图 7-1-2 所示的 T 形网络反相放大电路，试分析图示电路的电压增益和输入电阻。

解：图 7-1-2 中电阻 R_2, R_3, R_4 构成 T 形网络，设 T 形网络中心的节点用 M 表示，由虚断和虚短的概念，运算放大器的 $\upsilon_+ = \upsilon_- = 0$，因此，流过反相端接入的电阻 R_2, R_3, R_4 的电流分别表示为

$$i_2 = \frac{\upsilon_- - \upsilon_M}{R_2} = -\frac{\upsilon_M}{R_2} = \frac{\upsilon_i}{R_1}, \quad i_3 = \frac{0 - \upsilon_M}{R_3} = -\frac{\upsilon_M}{R_3}, \quad i_4 = \frac{\upsilon_M - \upsilon_o}{R_4}$$

由 M 点的电流方程 $i_2 + i_3 = i_4$ 可得

$$-\frac{\upsilon_M}{R_2} - \frac{\upsilon_M}{R_3} = \frac{\upsilon_M - \upsilon_o}{R_4}$$

$$\upsilon_o = R_4\left(\frac{1}{R_2}+\frac{1}{R_3}+\frac{1}{R_4}\right)\upsilon_M = -\frac{R_2R_4}{R_1}\left(\frac{1}{R_2}+\frac{1}{R_3}+\frac{1}{R_4}\right)\upsilon_i$$

$$A_{\upsilon f} = \frac{\upsilon_o}{\upsilon_i} = -\frac{R_2R_4}{R_1}\left(\frac{1}{R_2}+\frac{1}{R_3}+\frac{1}{R_4}\right),\qquad R_i = R_{if} = \frac{\upsilon_i}{i_i} = R_1$$

可见，输出电压与输入电压反相，且外接电阻可根据需要按比例选择。

【例 7-1-2】用小于 500kΩ 的电阻和运算放大器设计一个麦克风反相前置放大器，已知麦克风的最大输出电压为 12mV（有效值），麦克风的输出电阻为 1kΩ，要求放大器的输入电阻不小于 50kΩ，运算放大器的最大输出电压可设计为 1.2V（有效值），试确定 T 形网络反相放大器中各元件的值。

解：所需要的电压增益为

$$A_{\upsilon s} = \frac{\upsilon_o}{\upsilon_s} = \frac{1.2}{0.012} = 100$$

要求放大器的输入电阻≥50kΩ，选取标称电阻 R_1＝51kΩ，这时输入电阻 R_i＝51kΩ，有

$$A_{\upsilon s} = \frac{\upsilon_o}{\upsilon_s} = -\frac{R_2R_4}{R_1+R_s}\left(\frac{1}{R_2}+\frac{1}{R_3}+\frac{1}{R_4}\right) = -\frac{R_2}{R_1+R_s}\left(1+\frac{R_4}{R_3}\right)-\frac{R_4}{R_1+R_s}$$

选取 R_2＝R_4＝390kΩ，则有

$$A_{\upsilon s} = \frac{\upsilon_o}{\upsilon_s} = -\frac{390}{51+1}\times\left(1+\frac{390}{R_3}\right)-\frac{390}{51+1} = -100$$

求得 R_3 = 34.4kΩ，用一个 50kΩ 的可调电位器代替 R_3，便可以得到大小为 100 的源电压增益。从上面的过程可知，所有的电阻值均小于 500kΩ，满足设计要求。值得说明的是，对于该设计问题，解决的方案并不是唯一的。

2．同相比例运算电路

由集成运算放大器构成的同相比例放大电路如图 7-1-3 所示，它由集成运算放大器、外接电阻元件和供电电源组成。供电电源同反相放大器一样，图中也未画出。激励信号源通过平衡电阻 R_P 连接到集成运算放大器的同相输入端，平衡电阻上没有电流，不产生压降。

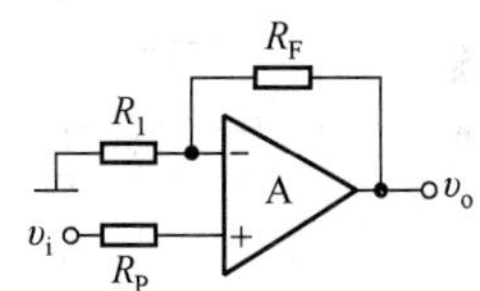

图 7-1-3　同相比例放大电路

由反馈放大器的基本理论可知图 7-1-3 所示电路为深度电压串联负反馈，电压反馈系数为

$$B_\upsilon = \frac{\upsilon_f}{\upsilon_o} = \frac{R_1}{R_1+R_F} \tag{7-1-7}$$

电压增益为

$$A_{\upsilon f} = \frac{\upsilon_o}{\upsilon_i} \approx \frac{1}{B_\upsilon} = \frac{R_1+R_F}{R_1} = 1+\frac{R_F}{R_1} \tag{7-1-8}$$

串联反馈使输入电阻提高，该同相放大器的输入电阻可表示为

$$R_{if} = R_{id}(1+A_\upsilon B_\upsilon) \tag{7-1-9}$$

一般运算放大器的差模输入电阻很大，在深度负反馈条件下 $|1+A_\upsilon B_\upsilon| \gg 1$，同相放大器的输入电阻更大，一般可以认为同相放大器的输入电阻为无穷大。

电压负反馈使输出电阻减小，故同相比例放大器的输出电阻近似为 0，即

$$R_{of} = \frac{R_{od}}{1+A_{\upsilon so}B_\upsilon} \approx 0 \tag{7-1-10}$$

同相放大器有共模电压输入，因此，信号在同相端输入时，电路应选择共模抑制比高的

集成运算放大器，且应尽可能保持输入端的平衡，满足 $R_P = R_1 \| R_F$。

从式（7-1-8）可知，当电阻 R_1 为无穷大，也就是不连入电路或 R_F 短路时，有一个令人感兴趣的现象，即此时的闭环增益近似为 1。

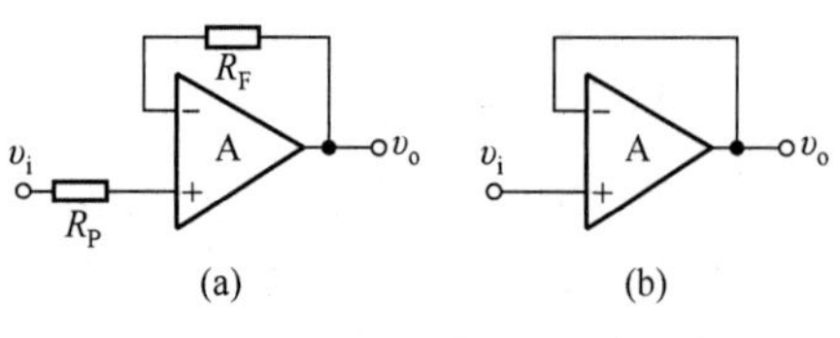

图 7-1-4　集成运算放大器电压跟随器

由此可见，输出电压与输入电压相等，这时的运算放大器电路称为电压跟随器。由运算放大器构成的电压跟随器电路如图 7-1-4 所示，其电压增益为 1，看上去似乎没有什么意义，然而电压跟随器可以用作阻抗变换器或者缓冲器，它们的输入阻抗为无穷大，输出阻抗近似为零。例如，当信号源的输出阻抗较大时，可将电压跟随器接在信号源与负载之间，从而减小负载效应，或者说它们在信号源和负载之间扮演了缓冲器的角色。

随着集成电路的发展，目前涌现了非常多的集成电压跟随器，例如 LM310、CF102、AD8022、AD9620 等芯片，特别是 AD9620 的电压增益为 0.994，输入电阻约为 0.8MΩ，输出电阻小，仅为 40Ω，带宽高达 600MHz，转换速率高，约为 2000V/μs，在高速电子线路中得到了广泛使用。

3．差分比例运算电路

差分比例运算电路如图 7-1-5(a)所示，运算放大器工作在线性状态，线性电路满足叠加定理，可以分别列写出 υ_{i1} 和 υ_{i2} 单独作用时的输出电压，然后利用叠加定理，得出 υ_{i1} 和 υ_{i2} 共同作用的结果。

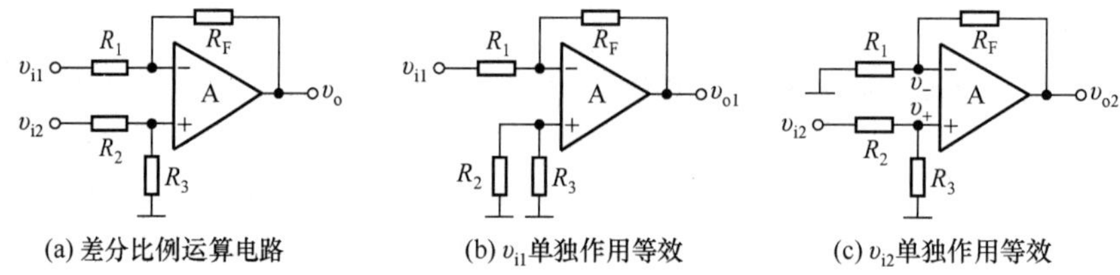

图 7-1-5　差分比例放大电路及叠加定理等效

（1）υ_{i1} 单独作用时，$\upsilon_{i2} = 0$，电路如图 7-1-5(b)所示。这是一个反相放大器，输出电压可以表示为

$$\upsilon_{o1} = -\frac{R_F}{R_1}\upsilon_{i1}$$

（2）υ_{i2} 单独作用时，$\upsilon_{i1} = 0$，电路如图 7-1-5(c)所示。这是一个同相放大器，输出电压可以表示为

$$\upsilon_+ = \frac{R_3}{R_2 + R_3}\upsilon_{i2}\,, \qquad \upsilon_{o2} = \left(1 + \frac{R_F}{R_1}\right)\upsilon_+ = \left(1 + \frac{R_F}{R_1}\right)\frac{R_3}{R_2 + R_3}\upsilon_{i2}$$

应用叠加定理，两个电压共同作用时的输出电压为

$$\upsilon_o = \upsilon_{o1} + \upsilon_{o2} = \left(1 + \frac{R_F}{R_1}\right)\frac{R_3}{R_2 + R_3}\upsilon_{i2} - \frac{R_F}{R_1}\upsilon_{i1} \tag{7-1-11}$$

如果取 R_2=R_1，R_3=R_F，则有

$$v_o = v_{o1} + v_{o2} = \frac{R_F}{R_1}(v_{i2} - v_{i1}) \tag{7-1-12}$$

差分放大器在自动控制和测量系统中用得特别多，例如，可以利用输出电压正负极性来控制电动机的转动方向。注意，在差分输入方式中，运算放大器也没有虚地点，事实上运算放大器的两个输入端加上了大小相等、极性相同的信号——共模电压信号，所以在选择运算放大器时，同样要选用共模抑制比高的运算放大器来抑制共模信号，才能保证电路的运算精度。

7.1.2　加减运算电路

1. 加法运算电路

在实际应用中，实现两个或两个以上输入信号相加的电路称为加法运算电路，如图 7-1-6 所示。

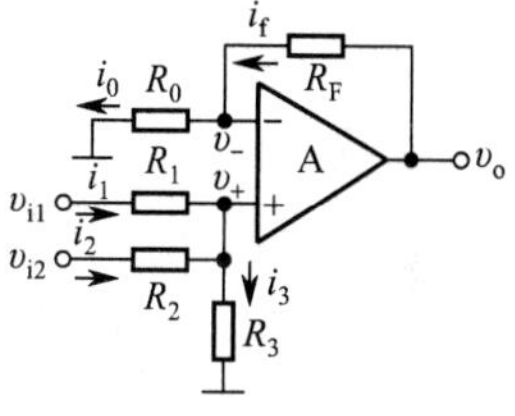

图 7-1-6　同相加法运算电路

由理想运算放大器的虚短和虚断原理，有 $v_+ = v_-$，$i_+ = i_- = 0$，根据基尔霍夫定律和元件特性可知

$$i_1 + i_2 = i_3，\text{即}\ \frac{v_{i1} - v_+}{R_1} + \frac{v_{i2} - v_+}{R_2} = \frac{v_+}{R_3} \tag{7-1-13}$$

$$i_0 = i_f，\text{即}\ \frac{v_-}{R_0} = \frac{v_o - v_-}{R_F} \tag{7-1-14}$$

联立上面的两式并代入 $v_+ = v_-$，可得

$$v_o = \left(1 + \frac{R_F}{R_0}\right)\left(\frac{R_1R_2R_3}{R_1R_2 + R_1R_3 + R_2R_3}\right)\left(\frac{v_{i1}}{R_1} + \frac{v_{i2}}{R_2}\right) \tag{7-1-15}$$

当 $R_0 = R_1 = R_2 = R_F$，平衡电阻取无穷大时，有

$$v_o = v_{i1} + v_{i2} \tag{7-1-16}$$

可见，输出电压等于两个输入信号之和，实现了两个输入信号的相加。由式（7-1-15）可知，只要 $R_1 = R_2$，就可以实现两个信号求和后，再进行一定的放大。

同样，为了防止输入失调电压和输入失调电流的影响，要求 $R_1 \parallel R_2 \parallel R_3 = R_0 \parallel R_F$，$R_3$ 是输入端引入的平衡电阻。

如果输入端有 n 个信号输入，那么同理可得

$$v_o = \left(1 + \frac{R_F}{R_0}\right)\left(\frac{1}{\frac{1}{R_1} + \frac{1}{R_2} + \cdots + \frac{1}{R_n}}\right)\left(\frac{v_{i1}}{R_1} + \frac{v_{i2}}{R_2} + \cdots + \frac{v_{in}}{R_n}\right) \tag{7-1-17}$$

同样，当 $R_1 = R_2 = \cdots = R_n = R$，$R_3$ 取无穷大，$R_F = (n-1)R_0 = R$ 时，输出电压等于 n 个输入电压之和，即

$$v_o = v_{i1} + v_{i2} + \cdots + v_{in} \tag{7-1-18}$$

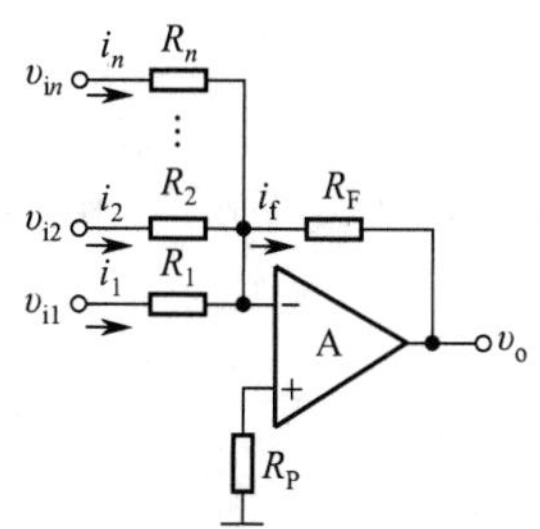

图 7-1-7　反相加法运算电路

输入信号除了从集成运算放大器的同相输入端接入，也可从反相输入端接入，如图 7-1-7 所示。这里，如果平衡电阻 $R_P = R_1 \parallel R_2 \parallel \cdots \parallel R_n \parallel R_F$ 且 $R_1 = R_2 = \cdots = R_n = R_F$ 时，输出电压可以表示为

$$v_o = -(v_{i1} + v_{i2} + \cdots + v_{in}) \tag{7-1-19}$$

2．减法运算电路

当输入信号分别从同相端和反相端输入时，电路可以实现减法运算，例如在图 7-1-5(a)所示的差分比例放大电路中，满足 $R_1=R_2=R_3=R_F$ 时，输出电压为

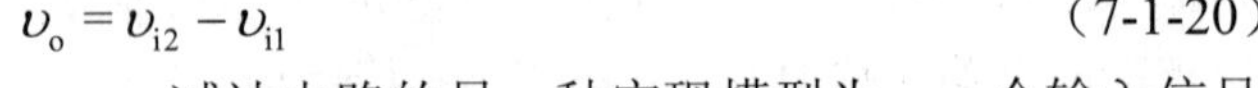

$$v_o = v_{i2} - v_{i1} \tag{7-1-20}$$

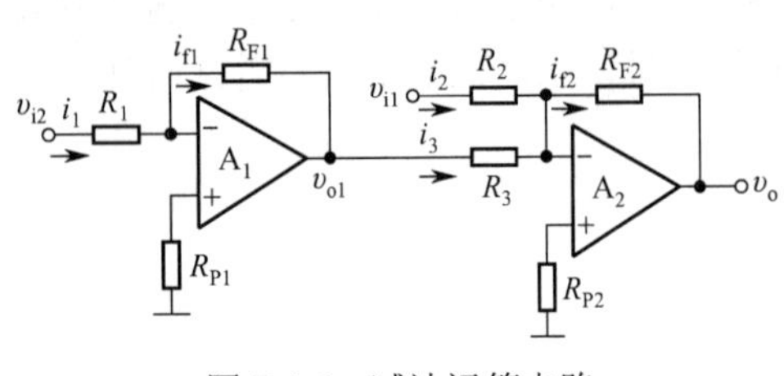

图 7-1-8　减法运算电路

减法电路的另一种实现模型为：一个输入信号经过反相放大器后，其输出由第二个集成运放实现与另一个输入信号的反相求和，如图 7-1-8 所示。

在图 7-1-8 中，平衡电阻为 $R_{P1}=R_1\parallel R_{F1}$，$R_{P2}=R_2\parallel R_3\parallel R_{F2}$。第一级反相放大器的输出 $v_{o1}=-R_{F1}v_{i2}/R_1$ 作为反相加法器的一个输入，当 $R_1=R_{F1}=R_2=R_3=R_{F2}$ 时，输出也完成两个输入信号的相减运算，实现输出 $v_o=v_{i2}-v_{i1}$。

对于图 7-1-8 所示的电路，取 $R_1=R_{F1}=R_2=R_3=R_{F2}$ 时，虽然实现了减法运算，但两个输入信号 v_{i2}、v_{i1} 都从集成运放的反相端输入，且选用了并联负反馈，对应的差模输入电阻可以表示为

$$R_i = R_1 + R_2 \tag{7-1-21}$$

可见，反相端引入输入电压信号的减法运算电路的输入电阻小，不利于高阻输出的信号源，为了提高差模输入电阻，可以采用同相端输入的仪器放大器。

3．仪器放大器

从上面的减法运算电路可以看到，单运算放大器组成的差分放大器在合理电阻取值范围内很难满足既获得高输入阻抗又获得高增益的要求，解决这个问题的方法之一是在每个信号源和输入端之间插入电压跟随器。这样，通过电压跟随器提高输入阻抗，通过差分放大器提高电压增益，满足高输入阻抗和高增益的要求。然而，这种设计的弱点是放大器增益不容易改变。例如，对于减法运算电路，需要改变两个电阻的大小，才能改变放大器的增益。

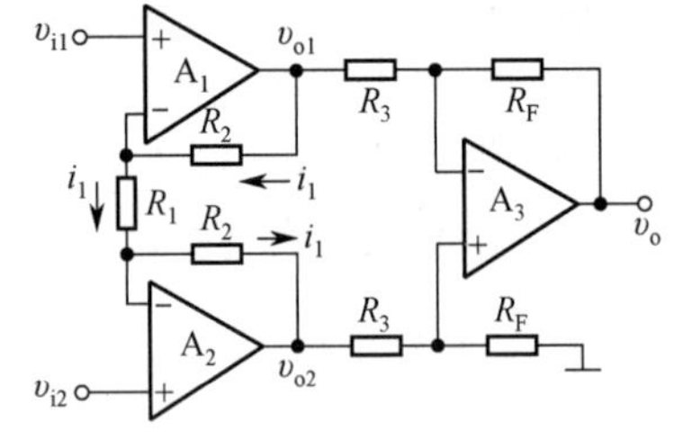

图 7-1-9　仪器放大器

图 7-1-9 所示电路称为仪器放大器，它通过同相放大和差分放大的级联，既能够满足高输入阻抗的需求，又实现了高增益的需求，并且可通过改变其中一个的元件参数实现增益的调节。图中 A_1 和 A_2 是两个同相放大器，它们作为仪器的输入级，实现同相比例运算，通过改变电阻 R_1 来实现增益的调节；A_3 作为第二级，接成一个差分比例运算电路，其元件参数固定，便于集成。

在图 7-1-9 中，可利用虚短和虚断的概念来分析。根据虚短，同相比例放大器 A_1 和 A_2 反相端的电压分别与其同相端的输入电压相等，流过 R_1 的电流为

$$i_1 = \frac{v_{i1} - v_{i2}}{R_1} \tag{7-1-22}$$

根据虚断，R_2 中的电流也是 i_1，因此放大器 A_1 和 A_2 的输出电压分别为

$$v_{o1} = v_{i1} + i_1 R_2 = \left(1 + \frac{R_2}{R_1}\right) v_{i1} - \frac{R_2}{R_1} v_{i2} \tag{7-1-23}$$

$$\upsilon_{o2} = \upsilon_{i2} - i_1 R_2 = \left(1 + \frac{R_2}{R_1}\right)\upsilon_{i2} - \frac{R_2}{R_1}\upsilon_{i1} \tag{7-1-24}$$

利用差分比例运算的结果，输出电压的表达式为

$$\upsilon_o = \frac{R_F}{R_3}(\upsilon_{o2} - \upsilon_{o1}) \tag{7-1-25}$$

将式（7-1-23）和式（7-1-24）代入式（7-1-25）得

$$\upsilon_o = \frac{R_F}{R_3}(\upsilon_{o2} - \upsilon_{o1}) = \frac{R_F}{R_3}\left(1 + \frac{2R_2}{R_1}\right)(\upsilon_{i2} - \upsilon_{i1}) \tag{7-1-26}$$

由于输入信号的电压直接加在 A_1 和 A_2 的同相端，从反馈的角度看，均采用串联负反馈，而串联反馈可以提高输入电阻，因此，仪器放大器的输入阻抗很大，理想情况下为无穷大，这正是我们希望仪器放大器具备的特性。

仪器放大器也称数据放大器，目前大部分仪器放大器都实现了集成封装，如 AD620、AD365、INA114、LH0036、AMP-02 等，通常电阻 R_1 放置在芯片的外面，其他电阻及运算放大器都集成在芯片内，独特的对称性结构使它具有高共模抑制比、高输入阻抗、低噪声、低线性误差、低失调漂移、增益设置灵活和使用方便等特点，广泛应用于各种精密测量和控制系统中；它的差模电压增益是 R_1 的函数，调节电阻 R_1 就可改变放大器的电压放大倍数；它是一种精密差分电压放大器，它源于运算放大器，却优于运算放大器。

7.1.3　积分微分运算电路

1. 积分运算电路

在自动控制系统中，积分运算电路往往作为调节环节，实现波形变换、滤波等信号处理功能。利用集成运算放大器和 R、C 元件可以构成基本的积分运算电路，如图 7-1-10 所示。

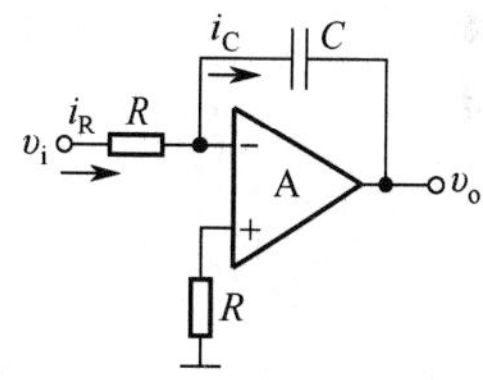

图 7-1-10　积分运算电路

在图 7-1-10 中，同相输入端通过电阻接地，由于输入端几乎不取电流，同相端与反相端的电位近似为 0，故同相端和反相端为虚地，电路中流过电容的电流与流过电阻的电流相等，即

$$i_C = i_R = \upsilon_i / R \tag{7-1-27}$$

输出电压与电容上的电压的关系为

$$\upsilon_o = -\upsilon_C$$

而电容上的电压与其电流的关系为积分关系，即

$$\upsilon_o = -\upsilon_C = -\frac{1}{C}\int i_C \mathrm{d}t = -\frac{1}{RC}\int \upsilon_i \mathrm{d}t \tag{7-1-28}$$

求解 t_1 到 t_2 时间段的积分即为 t_2 时刻的输出电压 υ_o：

$$\upsilon_o = -\frac{1}{RC}\int_{t_1}^{t_2} \upsilon_i \mathrm{d}t + \upsilon_o(t_1) \tag{7-1-29}$$

式中，$\upsilon_o(t_1)$ 为积分起始时刻 t_1 的输出电压，即积分运算的起始值，当输入为常数时，

$$\upsilon_o = -\frac{1}{RC}\int_{t_1}^{t_2} \upsilon_i \mathrm{d}t + \upsilon_o(t_1) = -\frac{\upsilon_i}{RC}(t_2 - t_1) + \upsilon_o(t_1) \tag{7-1-30}$$

利用输出电压是输入电压的积分特性可以实现波形变换。例如，输入一个阶跃信号且初始时刻电容上的电压为 0 时，输出电压的波形如图 7-1-11(a)所示；输入为方波和正弦波时，输出的波形分别如图 7-1-11(b)和图 7-1-11(c)所示。

特别地，图 7-1-11(a)中的输出电压不可能达到负电源的电压值，随着时间的增加，输出电压将趋于负电源的电压而饱和，在下端会弯曲。实际电路中，为了防止低频时的信号增益过大，一般在电容上并接一个电阻加以限制。

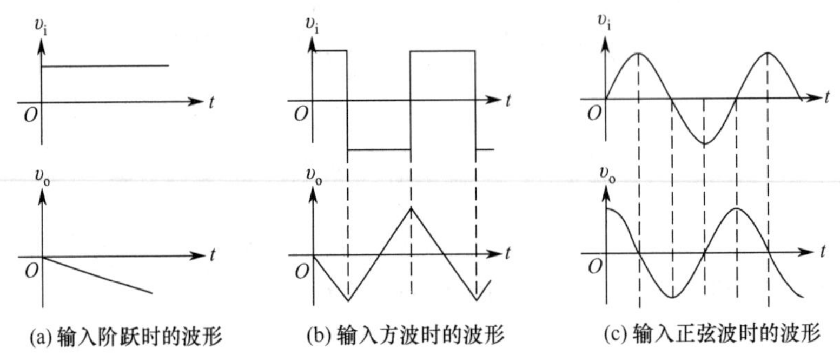

(a) 输入阶跃时的波形
(b) 输入方波时的波形
(c) 输入正弦波时的波形

图 7-1-11 积分电路在不同输入下的波形

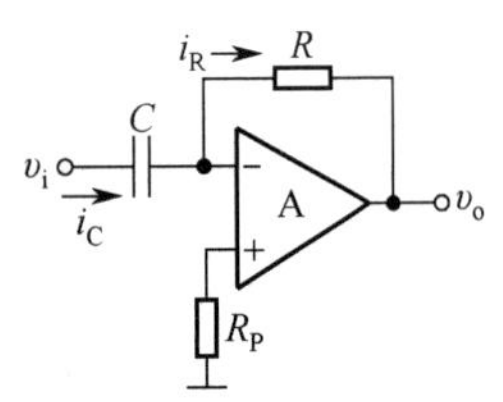

图 7-1-12 微分运算电路

2. 微分运算电路

将基本积分电路中电阻和电容的位置互换，就可得到基本的微分运算电路，如图 7-1-12 所示，$R_P=R$ 是在输入端引入的平衡电阻。

根据虚短与虚断原则，同相端与反相端的电压相等，输入端不取电流，故同相端与反相端均为虚地，电容两端的电压为输入电压，流过电容的电流和流过电阻的电流相等。

$$i_C = i_R = C\frac{\mathrm{d}\upsilon_i}{\mathrm{d}t}$$

输出电压为

$$\upsilon_o = -i_R R = -RC\frac{\mathrm{d}\upsilon_i}{\mathrm{d}t} \tag{7-1-31}$$

可见，基本微分运算电路的输出电压与输入电压的变化率成正比。事实上，图 7-1-12 所示的基本微分电路，由于存在信号的敏感性问题，实际并不能投入使用，特别是当输入端电压为阶跃变化或者输入信号中有脉冲式大幅度干扰时，都会使集成运算放大器内部的放大管进入饱和或截止状态，以至于即使信号消失，放大管仍然不能脱离原状态而回到放大区，出现阻塞现象，电路不能正常工作。同时，由于反馈网络为超前环节，它与集成运算放大器的内部环节相叠加，易于满足自激振荡条件，从而使电路工作不稳定。

为了解决上述的问题，对基本微分电路采取一些改进性措施。例如，在输入端串接一个小电阻 R_1，限制输入电流，同时限制反馈电阻 R 中的电流；在反馈电阻 R 上并联稳压二极管 D_Z，以限制输出电压，保证放大器工作在放大状态，避免出现阻塞现象；在反馈电阻 R 上并联一个小电容 C_1，起相位补偿作用，提高电路的稳定性，如图 7-1-13(a)所示。这样，当输入电压为方波信号时，输出的波形如图 7-1-13(b)所示；没有脉冲干扰时，输入余弦波时对应的输出为倒相位的正弦波形，如图 7-1-13(c)所示。

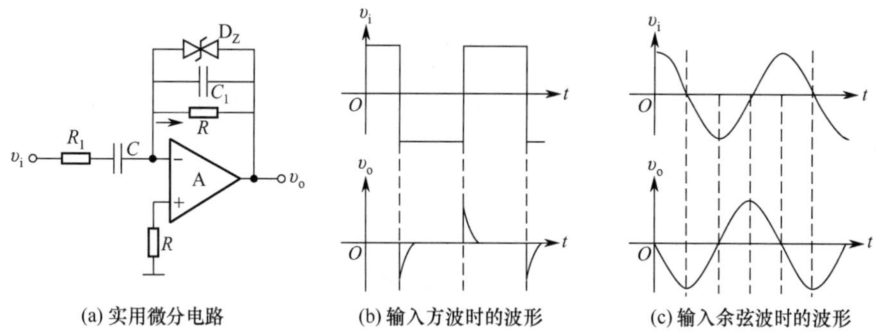

(a) 实用微分电路　(b) 输入方波时的波形　(c) 输入余弦波时的波形

图 7-1-13　实用微分运算电路及输入和输出波形

从上面的分析可知，微分电路和积分电路一样都可实现正弦或余弦的正交转换功能，且与输入电压信号的工作频率无关。

微分电路的另一种实现方式是反函数型微分电路，即利用积分电路作为反馈网络，构成电压并联的局部负反馈。为了保证全局反馈电路引入负反馈，使反馈网络中的运算放大器 A_2 的输出电压与基本放大器 A_1 的输入电压的极性相反，选用输入信号从 A_1 的同相端加入，满足全局反馈是电压并联负反馈。

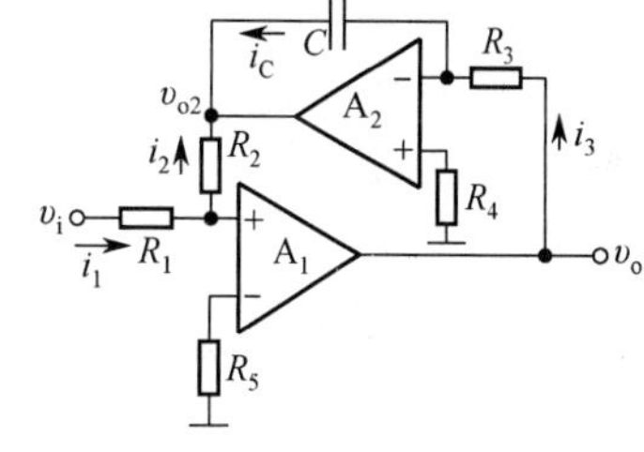

图 7-1-14　反函数型微分运算电路

反函数型微分运算电路如图 7-1-14 所示，在电路中，

$$\frac{v_i}{R_1} = -\frac{v_{o2}}{R_2} \quad 即 v_{o2} = -\frac{R_2}{R_1} v_i \tag{7-1-32}$$

由积分运算关系得

$$v_{o2} = -\frac{1}{R_3 C} \int v_o \mathrm{d}t \tag{7-1-33}$$

将式（7-1-32）代入式（7-1-33），化简得

$$v_o = \frac{R_2 R_3 C}{R_1} \cdot \frac{\mathrm{d}v_i}{\mathrm{d}t} \tag{7-1-34}$$

利用积分运算实现微分运算的方法具有普遍意义，它提供了一种在反函数之间进行转换的电路设计方法，同时该电路解决了基本微分电路的信号敏感性问题。

7.1.4　对数指数运算电路

1. 对数运算电路

利用 PN 结的指数型伏安特性，可以实现对数运算。图 7-1-15 给出了用二极管实现对数运算的原理电路。

值得说明的是，为了使二极管导通，输入电压应大于 0，根据二极管的正向电流与其端电压之间的近似关系

$$i_D = I_S \left(e^{\frac{v_D}{V_T}} - 1 \right)$$

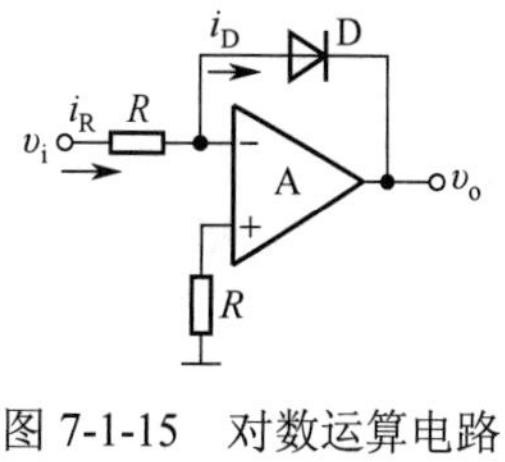

可知

图 7-1-15　对数运算电路

$$v_D \approx V_T \ln \frac{i_D}{I_S}$$

利用集成运算放大器虚短与虚断的原理，同相端与反相端均为虚地，所以有

$$i_D = i_R = \frac{v_i}{R}$$

可得

$$v_o = -V_T \ln \frac{v_i}{I_S R} \tag{7-1-35}$$

可见，输出电压与输入电压呈对数关系，但该对数运算电路有以下几方面的缺陷。

① V_T 和二极管反向饱和电流 I_S 都受温度的影响，因此运算的精度受温度的影响较大。

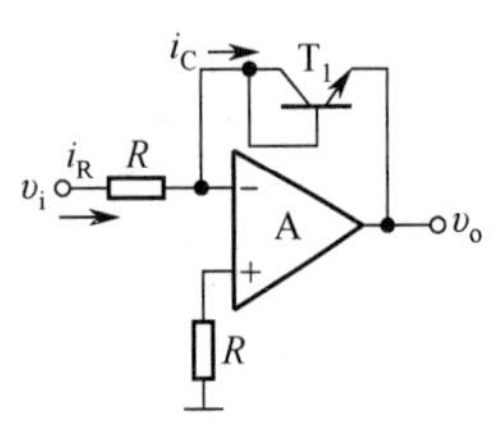

图 7-1-16　三极管对数运算电路

② 二极管在电流较小时，内部载流子的复合运动不可忽略；在大电流时，内阻不可忽略。因此，仅在输入信号大于 0 的一定电流范围内满足指数特性，因此误差较大。

③ 在大电流时，伏安特性与 PN 结的电流方程差别大，因此上式只在小电流时成立。

为了扩大输入电压的动态范围，在实际的电路中常用三极管代替二极管。改进形式的三极管对数运算电路如图 7-1-16 所示，同理，运算放大器的反相端为虚地，流过三极管集电极的电流为

$$i_c = i_R = \frac{v_i}{R} = \alpha i_E \approx I_S e^{\frac{v_{BE}}{V_T}}$$

可得输出电压为

$$v_o = -v_{BE} = -V_T \ln \frac{v_i}{I_S R}$$

三极管代替二极管后，对数运算电路输出电压的表达式与式（7-1-35）相同；式（7-1-35）表明在二极管和三极管组成的对数运算电路中，输出表达式中的 V_T 和 I_S 都受温度的影响，输出精度不高，特别是在输入电压较小或较大时运算精度更差。实际设计时，总要采取一定的措施来减小 V_T 和 I_S 对运算精度的影响。根据差分对称的基本原理，图 7-1-17 利用参数相同的对管抵消 I_S 因温度变化对电路运算结果产生的影响，通过引进一个参考电源，在理想对称条件下，消除 I_S 的影响。

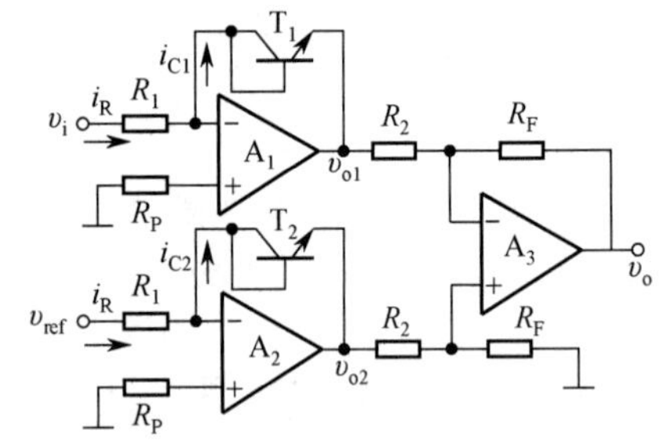

图 7-1-17　对数运算的改进电路

根据电路可得

$$v_{o1} = -v_{BE1} = -V_T \ln \frac{v_i}{I_S R_1},\quad v_{o2} = -v_{BE2} = -V_T \ln \frac{v_{ref}}{I_S R_1}$$

因此输出电压为

$$v_o = \frac{R_F}{R_2}(v_{o2} - v_{o1}) = \frac{R_F V_T}{R_2} \ln \frac{v_i}{v_{ref}} \tag{7-1-36}$$

由式（7-1-36）可以看出，引入参考电压后，抵消了 I_S 的影响，如果将 R_2 或 R_F 改为热

敏电阻，如将电阻 R_2 换成正温度系数（或将 R_F 换成负温度系数）的热敏电阻，只要与 V_T 的热敏系数一致，原则上就可消除因 V_T 受温度影响而产生的误差。

2．指数运算电路

将对数运算电路中的电阻和三极管互换，就可实现指数运算，也称反对数运算，如图 7-1-18 所示。同样，利用虚短和虚断的原理，集成运算放大器的同相输入端与反相输入端为虚地，所以输出电压为

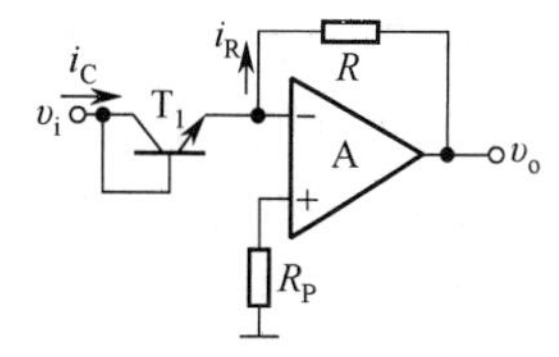

图 7-1-18　三极管指数运算电路

$$v_o = -i_R R = -RI_S e^{\frac{v_i}{V_T}} \tag{7-1-37}$$

为了使晶体管导通，输入电压应大于 0，且只能在发射结导通的电压范围内，所以输入电压的动态范围很小；同样，输出的运算结果受 V_T 和 I_S 的影响。

从式（7-1-37）可以看出，输出电压是输入信号的指数，满足指数运算关系。

7.1.5　乘除运算电路

在对数和反对数运算的基础上，可以将乘法和除法运算转化为对数的加法和减法运算，然后进行反对数运算，进而实现乘除运算的目的。乘除运算框图如图 7-1-19 所示。

图 7-1-20 是利用对数和指数运算实现乘法运算的原理电路，假定图中的运算放大器均是理想的，A_1、A_2 组成对数运算电路，A_3 为加法运算电路，A_4 为反对数运算电路。

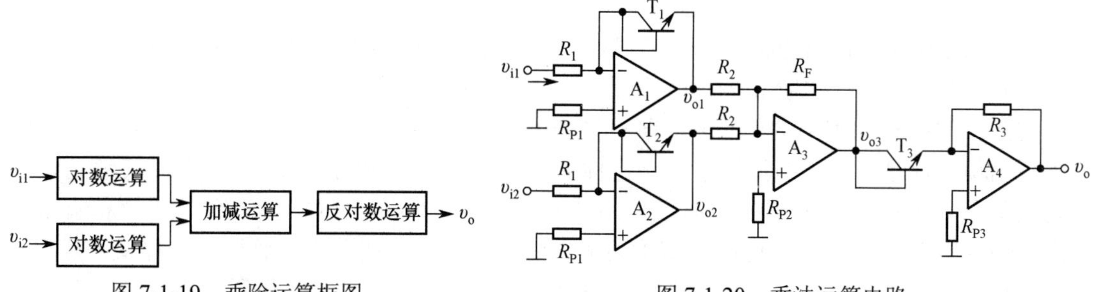

图 7-1-19　乘除运算框图　　图 7-1-20　乘法运算电路

根据图 7-1-20，集成运算放大器 A_1 构成对数运算电路，输出电压为

$$v_{o1} = -v_{BE1} = -V_T \ln \frac{v_{i1}}{I_S R_1}$$

同理，运算放大器 A_2 的输出电压为

$$v_{o2} = -v_{BE2} = -V_T \ln \frac{v_{i2}}{I_S R_1}$$

集成运算放大器 A_3 组成反相加法运算，输出电压为

$$v_{o3} = -\frac{R_F}{R_2}(v_{o2} + v_{o1}) = \frac{R_F V_T}{R_2} \ln \frac{v_{i1} v_{i2}}{(I_S R_1)^2}$$

若选取 R_2=R_F，代入式（7-1-37）可得

$$v_o = -I_S R_3 e^{\frac{v_{o3}}{V_T}} \approx -\frac{R_3}{I_S R_1^2} v_{i1} v_{i2} \tag{7-1-38}$$

由式（7-1-38）可知，输出电压是两个输入信号乘积的函数，即实现了模拟乘法运算。

目前已有由对数和反对数电路组成的模拟乘法器，如 RC4200 对数式乘法器，BB4204、BB4206 等对数反对数模拟集成乘法器等。但是，它们的输入电压信号要求是单极性的，称为一象限乘法器，因此应用有一定的局限性。

20 世纪 60 年代末 70 年代初，Motorola 公司推出的 MC1496、MC1596 等芯片大大地改善了输入信号的动态范围；随着集成工艺技术的发展，目前出现了一些高性能的模拟乘法器，如广泛应用于模拟、通信与测控系统等领域的 AD834、AD734、AD630 等，它们是近代专用模拟集成电路的重要单元。

7.2 有源滤波器电路

滤波器是一种能使有用频率成分通过而同时抑制或衰减无用频率成分的电子装置，是电路信息处理中不可或缺的一部分。根据电路中是否含有源器件，可以将滤波器分为有源滤波器和无源滤波器。无源滤波器主要由无源元件 *R*、*L* 和 *C* 组成。模拟集成运算放大器自问世以来，由它和 *R*、*C* 组成的有源滤波器电路因其具有不用电感、体积小、重量轻、输入阻抗很高、输出阻抗很低、具有一定电压放大倍数等优点，得到了广泛应用。但是，集成运算放大器的带宽有限，电路的工作频率不易做得很高，这是其不足之处。

7.2.1 有源滤波的基本概念

有源滤波电路是由有源器件和无源 RC 网络组成的滤波电路。根据其传递函数的阶数，有源滤波器分为一阶、二阶和多阶滤波器。本节主要以集成运算放大器为例，讨论由集成运算放大器和 RC 网络组成的一阶和二阶有源滤波器。集成运算放大器作为有源器件工作在线性区。幅频特性是表征一个滤波器电路特性的重要参数。对于幅频响应，通常把能够通过滤波器的信号频率范围称为通带，而把受阻或衰减的信号频率范围称为阻带，通带和阻带之间，幅频特性下降 3dB 所对应的频率称为截止频率。理想滤波电路在通带内具有零衰减的幅频特性和线性的相频特性，在阻带内有无限大的幅度衰减。按照通带和阻带相互位置关系的不同，滤波器可分为低通滤波器、高通滤波器、带通滤波器和带阻滤波器。

低通滤波器的理想幅频特性如图 7-2-1(a)所示，其功能是频率低于截止频率 ω_H 的信号可以通过，而频率高于 ω_H 的信号则完全衰减，其带宽为 ω_H。用于工作信号为低频（或直流）且需要削弱高次谐波或频率较高的干扰和噪声等场合。

高通滤波器的理想幅频特性如图 7-2-1(b)所示，在频率低于 ω_L 的范围内为阻带，高于 ω_L 的频率为通带，理论上，它的带宽为无穷大，实际上受到器件带宽的限制，高通滤波器的带宽也是有限的。高通滤波器用于信号处于高频且需要削弱低频的场合。

带通滤波器的理想幅频特性如图 7-2-1(c)所示，它有两个截止频率，其中 ω_L 为下限截止频率，ω_H 为上限截止频率，ω_0 为中心频率。当频率大于 ω_L 且小于 ω_H 时，信号完全通过，当频率小于 ω_L 或大于 ω_H 时，信号完全衰减。带通滤波器用于突出有用频段的信号，削弱其他频段的信号、干扰和噪声。

带阻滤波器的理想幅频特性如图 7-2-1(d)所示，它有两个通带和一个阻带，功能是衰减频率自 ω_H 到 ω_L 的信号，用于抑制干扰。

这里说的都是理想情况，各种滤波器的实际频率响应与理想情况会有差别，设计时总是力求与理想的特性尽可能逼近。

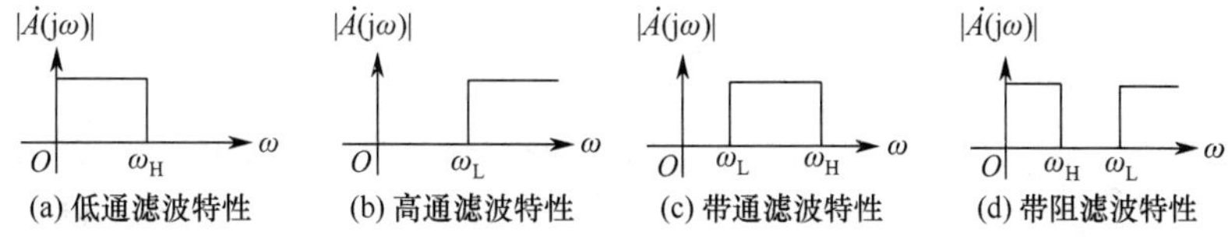

图 7-2-1　滤波器的理想幅频特性

7.2.2　一阶有源滤波器电路

1．有源低通滤波电路

下面首先回顾第 1 章的 RC 低通滤波电路，图 7-2-2(a)中重绘了该电路，其传递函数前面做了推导，可以表示为

$$A(j\omega)=\frac{\upsilon_o(j\omega)}{\upsilon_i(j\omega)}=\frac{1}{1+j\omega RC}=\frac{1}{1+j\omega/\omega_H} \tag{7-2-1}$$

这里的 $\omega_H=1/RC$ 是无源低通滤波器的转折频率。一阶无源低通滤波器的幅频特性和相频特性重绘于图 7-2-2(b)和图 7-2-2(c)中。

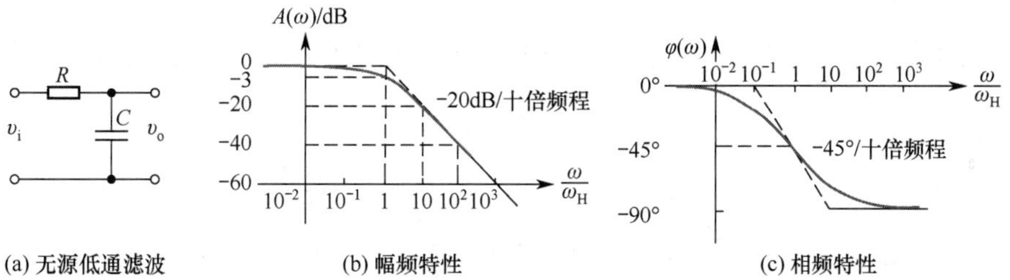

图 7-2-2　无源低通滤波电路与特性

过转折频率点 ω_H 后，频率每增加 10 倍，增益下降 20dB，电路具有低通滤波特性。其主要缺点是电压放大倍数低，由 $A(\omega)$的幅频特性可知，其电压放大倍数仅为 1，且带负载的能力差。若在输出端并接一个负载电阻，除了使电压放大倍数降低，还影响通带截止频率 ω_H。例如，R=27kΩ，R_L=3kΩ，对直流而言，υ_o 只有 υ_i 的十分之一，而当 R_L 断开时 $\upsilon_o=\upsilon_i$。

为了提高带负载的能力，可以减小 R，提高 C，C 的提高使电容的容量变大，特别是在集成电路中，电容的容量过大，很难在工艺上实现，因此通过增大电容的容量来提高带负载能力不现实。可以采用集成运算放大器组成一阶 RC 有源低通滤波器，以提高带负载的能力，如图 7-2-3(a)所示。

根据虚短和虚断的特性，可以求出图 7-2-3(a)所示电路的传递函数：

$$A(j\omega)=\frac{\upsilon_o(j\omega)}{\upsilon_i(j\omega)}=\frac{1+R_F/R_1}{1+j\omega RC}=\frac{A_{\upsilon M}}{1+j\omega/\omega_H} \tag{7-2-2}$$

式中，$A_{\upsilon M}=1+R_F/R_1$ 和 $\omega_H=1/RC$ 分别为通带电压放大倍数和通带上限转折频率。与无源 RC 滤波器相比，可以发现一阶低通有源滤波器的通带截止频率不变，仍为 RC 无源低通滤波器的极点频率；采用集成运算放大器后，通带电压放大倍数和带负载的能力均明显提高。由式（7-2-2），画出的幅频特性如图 7-2-3(b)所示。

在实际应用中，一阶低通滤波器除了可以连接成同相输入的模式，通常根据信号源输出负载的匹配要求，往往也可以连接成反相输入的模式，如图 7-2-4 所示。

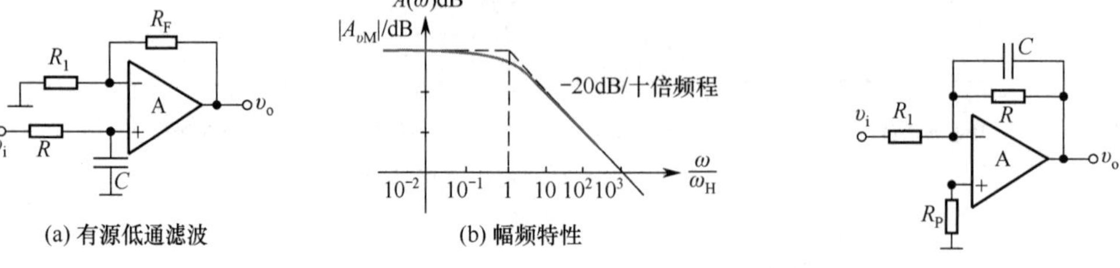

(a) 有源低通滤波 (b) 幅频特性

图 7-2-3 有源低通滤波电路与特性

图 7-2-4 一阶反相有源低通滤波电路

电路的传递函数为

$$A(\mathrm{j}\omega)=\frac{\upsilon_o(\mathrm{j}\omega)}{\upsilon_i(\mathrm{j}\omega)}=-\frac{R}{R_1}\cdot\frac{1}{1+\mathrm{j}\omega RC}=-\frac{R}{R_1}\cdot\frac{1}{1+\mathrm{j}\omega/\omega_H} \tag{7-2-3}$$

式中，$\omega_H=1/RC$。

可见，反相一阶低通滤波器的传递函数与同相的传递函数相似，但二者的放大倍数、相频特性及输入阻抗各不相同，可以根据不同的应用场合进行选择。

2. 一阶高通滤波电路

如将低通滤波中的电阻 R 和电容 C 互换，就可组成相应的高通滤波器，如图 7-2-5(a)所示。

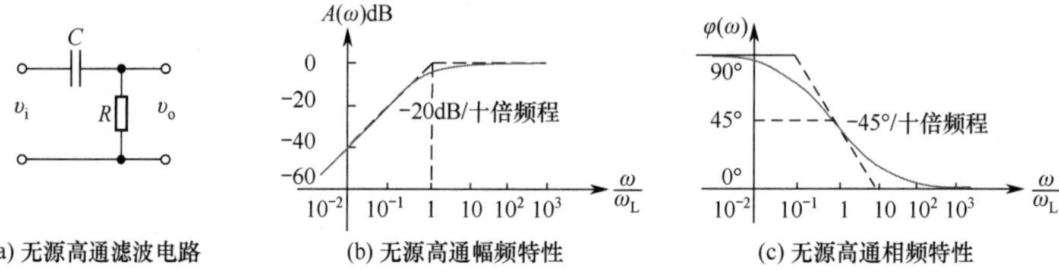

(a) 无源高通滤波电路 (b) 无源高通幅频特性 (c) 无源高通相频特性

图 7-2-5 无源高通滤波电路与特性

其传递函数可表示为

$$A(\mathrm{j}\omega)\frac{\upsilon_o(\mathrm{j}\omega)}{\upsilon_i(\mathrm{j}\omega)}=\frac{\mathrm{j}\omega RC}{1+\mathrm{j}\omega RC}=\frac{\mathrm{j}\omega/\omega_L}{1+\mathrm{j}\omega/\omega_L} \tag{7-2-4}$$

式中，ω_L 为极点频率，即高通滤波器的下限截止频率，它表示为

$$\omega_L=\frac{1}{RC} \tag{7-2-5}$$

同样，无源高通滤波电路的带负载能力较差，为提高带负载能力，又不改变转折频率，也可组合使用集成运算放大器与 RC 高通电路，构成一阶高通有源滤波器，如图 7-2-6(a)所示。

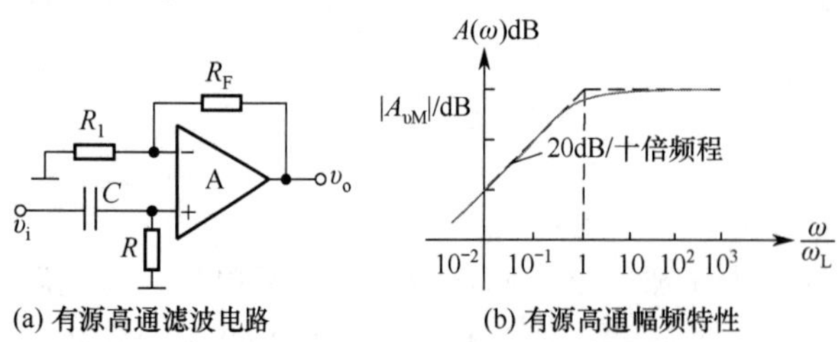

(a) 有源高通滤波电路 (b) 有源高通幅频特性

图 7-2-6 有源高通滤波电路与特性

7.2.3　二阶有源滤波器电路

1．简单的二阶低通滤波电路

一阶滤波器的过渡带较宽，幅频特性的最大衰减率仅为-20dB/十倍频程，增加 RC 环节可以加大衰减的斜率。例如，将两个一阶电路进行组合，可以组成简单的二阶滤波器，如图 7-2-7 所示。

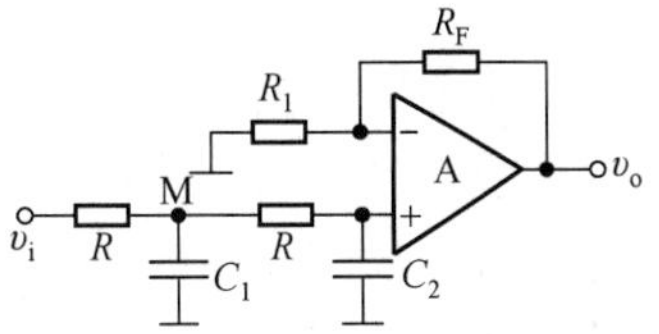

由图 7-2-7 可以得出其传递函数为

$$A_{\upsilon}(\mathrm{j}\omega)=\frac{\upsilon_{\mathrm{o}}(\mathrm{j}\omega)}{\upsilon_{\mathrm{i}}(\mathrm{j}\omega)}=\left(1+\frac{R_{\mathrm{F}}}{R_1}\right)\frac{\upsilon_{+}(\mathrm{j}\omega)}{\upsilon_{\mathrm{i}}(\mathrm{j}\omega)}=\left(1+\frac{R_{\mathrm{F}}}{R_1}\right)\cdot\frac{\upsilon_{+}(\mathrm{j}\omega)}{\upsilon_{\mathrm{M}}(\mathrm{j}\omega)}\cdot\frac{\upsilon_{\mathrm{M}}(\mathrm{j}\omega)}{\upsilon_{\mathrm{i}}(\mathrm{j}\omega)} \tag{7-2-6}$$

图 7-2-7　简单的二阶低通滤波电路

当 $C_1=C_2=C$ 时，式（7-2-6）化简为

$$A_{\upsilon}(\mathrm{j}\omega)=\frac{\upsilon_{\mathrm{o}}(\mathrm{j}\omega)}{\upsilon_{\mathrm{i}}(\mathrm{j}\omega)}=\left(1+\frac{R_{\mathrm{F}}}{R_1}\right)\cdot\frac{1}{1+\mathrm{j}3\omega RC+(\mathrm{j}\omega RC)^2} \tag{7-2-7}$$

可见，其通带增益为

$$A_{\upsilon\mathrm{M}}=1+R_{\mathrm{F}}/R_1$$

上式说明，通带放大倍数与一阶电路的相同。若令 $\omega_0=1/RC$，可得电压增益的表达式为

$$A_{\upsilon}(\mathrm{j}\omega)=\frac{\upsilon_{\mathrm{o}}(\mathrm{j}\omega)}{\upsilon_{\mathrm{i}}(\mathrm{j}\omega)}=\frac{(1+R_{\mathrm{F}}/R_1)}{1-(\omega/\omega_0)^2+\mathrm{j}3\omega/\omega_0} \tag{7-2-8}$$

设滤波器的上限转折频率为 ω_{H}，则当 $\omega=\omega_{\mathrm{H}}$ 时，式（7-2-8）中分母的模可以表示为

$$\left|1-(\omega_{\mathrm{H}}/\omega_0)^2+\mathrm{j}3\omega_{\mathrm{H}}/\omega_0\right|=\sqrt{2}$$

解得上限转折频率为

$$\omega_{\mathrm{H}}=\sqrt{\frac{\sqrt{53}-7}{2}}\omega_0=0.37\omega_0=\frac{0.37}{RC} \tag{7-2-9}$$

其归一化的频率特性曲线方程为

$$\frac{A_{\upsilon}(\mathrm{j}\omega)}{A_{\upsilon\mathrm{M}}}=\frac{1}{1-(\omega/\omega_0)^2+\mathrm{j}3\omega/\omega_0} \tag{7-2-10a}$$

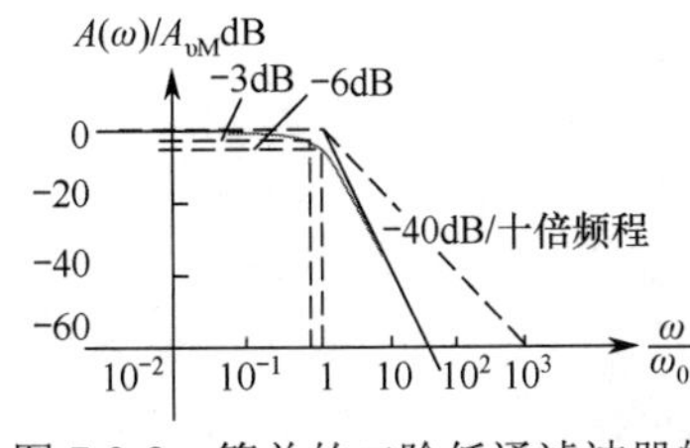

图 7-2-8　简单的二阶低通滤波器的归一化频率特性曲线

简单的二阶低通滤波器的归一化幅频特性曲线如图 7-2-8 所示。由图看出，当频率 ω 超过 ω_0 后，幅频特性以-40dB/十倍频程的速率下降，比一阶滤波下降得要快，但在转折频率 $\omega_{\mathrm{H}}=0.37\omega_0$ 附近，幅频特性的下降还不够快，且转折频率也不等于 ω_0。要使 ω_0 附近的电压放大倍数变化较快，并使 ω_{H} 接近 ω_0，滤波器的特性趋于理想二阶滤波，可以采用二阶压控型低通有源滤波器。

2．压控型二阶低通滤波电路

将图 7-2-7 所示简单的二阶有源低通滤波器中的电容器 C_1 的接地端，改接到集成运算放大器的输出端，便可得到压控电压源二阶低通滤波器，如图 7-2-9 所示。

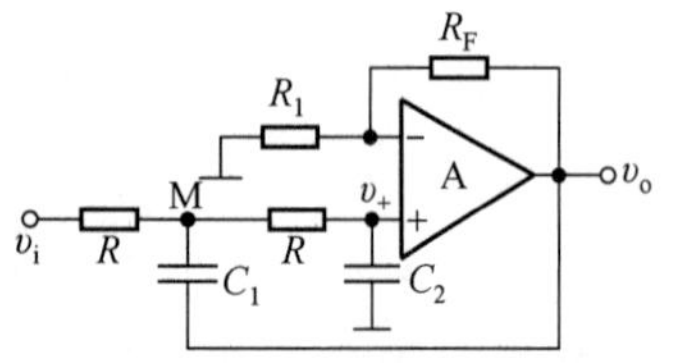

图 7-2-9 压控电压源二阶低通滤波电路

在图 7-2-9 所示的电路中，同相输入端电压υ_+通过R_1、R_F引入电压串联负反馈，输入电压υ_i通过 C_1 引入电压并联正反馈。当输入信号的频率较低时，由于C_1的容抗较大，正反馈很弱；当输入信号的频率较高时，由于C_2的电抗较小，同相端的电压趋于零。可见，只要正反馈引入得当，既可在转折频率点处使电压放大倍数增大，又不会因为正反馈过强而使电路产生自激振荡。这样，就可以使滤波器在$\omega_H=\omega_0$附近的电压增益得到提高，使$\omega_H=\omega_0$附近的幅频特性曲线接近理想的水平线。因为集成运算放大器的输出端受控于同相端的电位，因此称其为*压控电压源滤波电路*。由于电路中存在正反馈，因此，要保证由集成运算放大器、R_1、R_F组成的电压串联负反馈电路处于主导地位，使放大器稳定地工作。

对于图 7-2-9 所示的电路，通带增益为$A_{\upsilon M}=1+R_F/R_1$。

集成运算放大器同相端的输入电压为

$$\upsilon_+(j\omega)=\frac{\upsilon_o(j\omega)}{A_{\upsilon M}} \tag{7-2-10b}$$

而$\upsilon_+(j\omega)$和$\upsilon_M(j\omega)$的关系为

$$\upsilon_+(j\omega)=\frac{\upsilon_M(j\omega)}{1+j\omega RC_2} \tag{7-2-11}$$

若$C_1=C_2=C$，则对节点 M 应用 KCL 可得

$$\frac{\upsilon_i(j\omega)-\upsilon_M(j\omega)}{R}-j\omega C[\upsilon_M(j\omega)-\upsilon_o(j\omega)]-\frac{\upsilon_M(j\omega)-\upsilon_+(j\omega)}{R}=0 \tag{7-2-12}$$

联立以上三式得

$$A_\upsilon(j\omega)=\frac{\upsilon_o(j\omega)}{\upsilon_i(j\omega)}=\frac{A_{\upsilon M}}{1+j(3-A_{\upsilon M})\omega RC+(j\omega RC)^2} \tag{7-2-13}$$

令$\omega_0=1/RC$，当$\omega=\omega_0$，有

$$A_\upsilon(j\omega_0)=\frac{A_{\upsilon M}}{j(3-A_{\upsilon M})} \tag{7-2-14}$$

若将有源滤波器的品质因数 Q 定义为$\omega=\omega_0$时滤波器电压放大倍数的模与通带增益之比，则品质因数可以表示为

$$Q=\frac{1}{3-A_{\upsilon M}} \tag{7-2-15}$$

此时，滤波器的电压增益的模为

$$\left|A_\upsilon(j\omega_0)\right|_{\omega=\omega_0}=QA_{\upsilon M} \tag{7-2-16}$$

以上两式说明，当$2<A_{\upsilon M}<3$时，$Q>1$，在$\omega=\omega_0$处的电压增益的模大于$A_{\upsilon M}$，幅频特性在$\omega=\omega_0$处将得到提升。将ω_0和Q的定义式代入式（7-2-13）得

$$A_\upsilon(j\omega)=\frac{A_{\upsilon M}}{1-\left(\frac{\omega}{\omega_0}\right)^2+j\frac{1}{Q}\frac{\omega}{\omega_0}} \tag{7-2-17}$$

归一化的幅频响应和相频响应分别为

$$20\lg\left|\frac{A_{\upsilon}(\mathrm{j}\omega)}{A_{\upsilon\mathrm{M}}}\right| = -20\lg\sqrt{\left[1-\left(\frac{\omega}{\omega_0}\right)^2\right]^2+\left(\frac{\omega}{Q\omega_0}\right)^2} \tag{7-2-18}$$

$$\varphi_{\mathrm{A}}(\omega) = -\arctan\frac{\omega/(Q\omega_0)}{1-(\omega/\omega_0)^2} \tag{7-2-19}$$

进一步分析可知，当 $A_{\upsilon\mathrm{M}}>3$ 时，电路不稳定，容易产生自激振荡，由式（7-2-18）可以画出不同 Q 值时的幅频响应曲线，如图 7-2-10 所示。

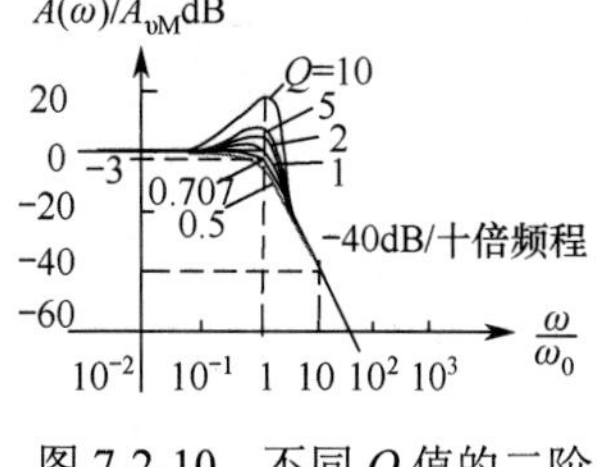

图 7-2-10　不同 Q 值的二阶低通幅频特性响应曲线

可以看出电路满足低通滤波器的电路特性，当 $\omega \ll \omega_0$ 时，幅频响应为 0dB；当 $Q=0.707$ 和 $\omega=\omega_0$ 时，出现−3dB 转折点；当输入频率 $\omega=10\omega_0$ 时，电压增益下降−40dB，这表明二阶滤波器的效果要比一阶的好得多。可以想象，如果滤波器的阶数更高，那么其幅频响应更接近理想的特性。

3．压控型二阶高通滤波电路

将图 7-2-9 中的电阻和电容的位置互换，可得到压控电压源二阶高通滤波器，如图 7-2-11(a)所示。用同样的分析方法，可以得出二阶高通滤波器的传递函数、幅频特性和相频特性。

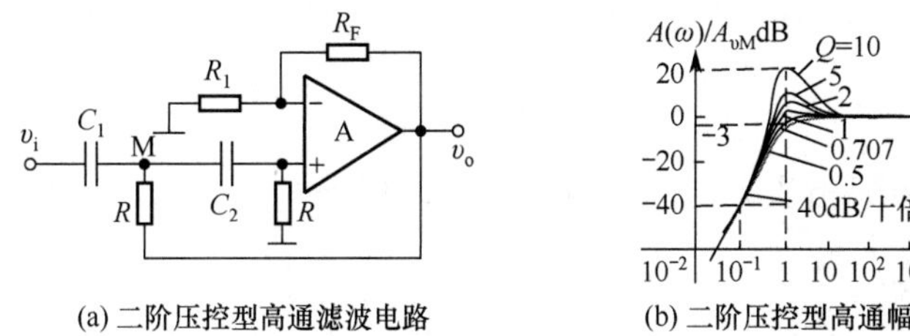

图 7-2-11　压控型二阶高通滤波电路与幅频特性

由图 7-2-11(a)可得

$$\dot{A}_{\upsilon}(\mathrm{j}\omega) = \frac{(\mathrm{j}\omega RC)^2 A_{\upsilon\mathrm{M}}}{1+(\mathrm{j}\omega RC)^2+\mathrm{j}(3-A_{\upsilon\mathrm{M}})\omega RC}$$

同样，令

$$Q=\frac{1}{3-A_{\upsilon\mathrm{M}}},\quad \omega_0=1/RC$$

可得其幅频特性和相频特性：

$$20\lg\left|\frac{A_{\upsilon}(\mathrm{j}\omega)}{A_{\upsilon\mathrm{M}}}\right| = -20\lg\sqrt{\left[\left(\frac{\omega_0}{\omega}\right)^2-1\right]^2+\left(\frac{\omega_0}{Q\omega}\right)^2} \tag{7-2-20}$$

$$\varphi_{\mathrm{A}}(\omega) = -\arctan\frac{\omega_0/(Q\omega)}{(\omega_0/\omega)^2-1} \tag{7-2-21}$$

图 7-2-11(b)给出了压控型二阶高通滤波器的幅频特性。与低通滤波器一样，当 $A_{\upsilon\mathrm{M}}<3$ 时，电路才能稳定工作。

4．二阶带通滤波电路

由上面的分析可知，将一阶低通和一阶高通滤波器串联起来可以构成带通滤波器，但前提是低通滤波器的截止频率必须大于高通滤波器的截止频率，二者有一个覆盖的通带，提供了一个带通响应，如图 7-2-12 所示。这种连接方式还可推广到其他高阶带通的滤波电路，这里不进行讨论。

由单个运算放大器构成的压控型二阶带通滤波器电路如图 7-2-13 所示，图中 R、C_1 组成低通滤波器，C_2、R_3 组成高通滤波器，二者串联构成了带通滤波器，并通过电阻 R_2 连接一个正反馈，以提升中心频率处的幅频特性。

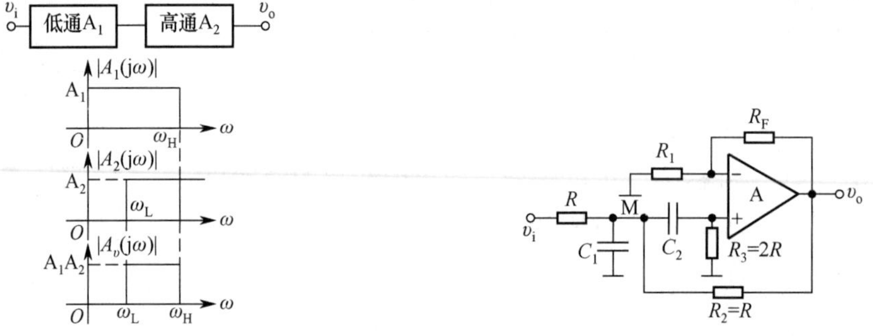

图 7-2-12　二阶带通原理框图　　　图 7-2-13　二阶带通滤波器电路

为便于计算，设 $R_2=R$，$R_3=2R$，则带通滤波器的传递函数为

$$A_{\upsilon}(\mathrm{j}\omega)=\frac{\upsilon_{\mathrm{o}}(\mathrm{j}\omega)}{\upsilon_{\mathrm{i}}(\mathrm{j}\omega)}=\frac{\mathrm{j}\omega RCA_{\upsilon\mathrm{M}}}{1+\mathrm{j}(3-A_{\upsilon\mathrm{M}})\omega RC+(\mathrm{j}\omega RC)^2} \tag{7-2-22}$$

式中，$A_{\upsilon\mathrm{M}}=1+R_{\mathrm{F}}/R_1$ 为同相放大器的增益。同样，根据式（7-2-22）可知，为了使放大器稳定工作，必须满足 $A_{\upsilon\mathrm{M}}<3$。

令 $\omega_0=1/RC$，$Q=\dfrac{1}{3-A_{\upsilon\mathrm{M}}}$，可知 $\omega=\omega_0$ 时滤波器的电压增益可以表示为

$$A_0=\left|A_{\upsilon}(\mathrm{j}\omega_0)\right|_{\omega=\omega_0}=QA_{\upsilon\mathrm{M}}$$

将上式代入式（7-2-22）有

$$A_{\upsilon}(\mathrm{j}\omega)=\frac{\upsilon_{\mathrm{o}}(\mathrm{j}\omega)}{\upsilon_{\mathrm{i}}(\mathrm{j}\omega)}=\frac{A_0\dfrac{\mathrm{j}\omega}{Q\omega_0}}{1+\mathrm{j}\dfrac{\omega}{Q\omega_0}+\left(\mathrm{j}\dfrac{\omega}{\omega_0}\right)^2}=\frac{A_0}{1+\mathrm{j}Q\left(\dfrac{\omega}{\omega_0}-\dfrac{\omega_0}{\omega}\right)} \tag{7-2-23}$$

由式（7-2-23）可得，当 $\omega=\omega_0$ 时，该滤波器电路具有最大的电压增益；当频率减小或增大时，电压增益的幅频特性都将降低，当频率趋于零或无穷大时 $\left|A_{\upsilon}(\mathrm{j}\omega)\right|$ 都趋于零，可见电路具有带通特性，常将 ω_0 称为中心频率，将 A_0 称为通带电压放大倍数。由式（7-2-23）可以求出其归一化的幅频特性，如图 7-2-14 所示。

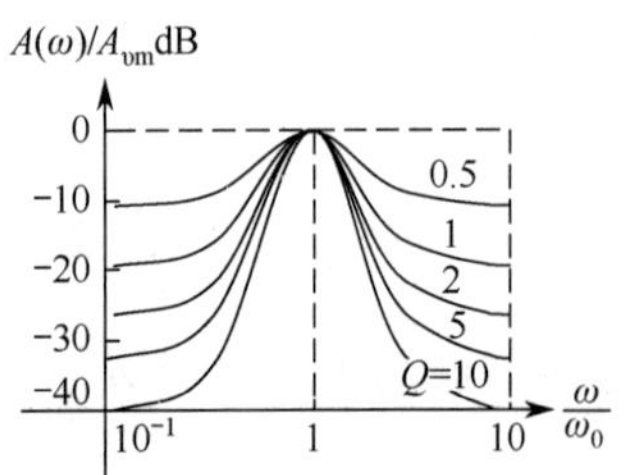

图 7-2-14　二阶带通滤波幅频特性

由图 7-2-14 可见，Q 值越大，通带越窄，选择性就越好。式（7-2-23）表示的 $\left|A_{\upsilon}(\mathrm{j}\omega)\right|$ 的值下降到其通带电压放大倍数 A_0 的 0.707 倍时所包含的频率范围定义为带通滤波器的通带宽度。因此，带通滤波器的通带宽度可以表示为

$$\mathrm{BW} = \omega_2 - \omega_1 = (3 - A_{\upsilon\mathrm{M}})\omega_0 = \frac{\omega_0}{Q} \tag{7-2-24}$$

将 $A_{\upsilon\mathrm{M}}$ 的值代入可得

$$\mathrm{BW} = \left(2 - \frac{R_{\mathrm{F}}}{R_1}\right)\omega_0 \tag{7-2-25}$$

可见，该电路在 RC 选定以后，中心频率不变，上式表示可以通过改变电阻 R_1 和 R_{F} 来调节电路的带宽，但中心频率不变。实际应用中，要注意改变 R_1 和 R_{F} 时，要满足电路的稳定条件 $3 - A_{\upsilon\mathrm{M}} < 0$，即 $R_{\mathrm{F}} < 2R_1$。

5．二阶带阻滤波电路

带阻滤波器的作用与带通滤波器的相反，即在规定的频带内信号被阻断，而在此频带之外信号能够顺利通过。带阻滤波器常用在抗干扰设备中阻止某个频带范围内的干扰及噪声信号通过，这种滤波电路也称陷波电路。

将高通滤波器的下限截止频率 ω_{L} 设置为大于低通滤波器的上限截止频率 ω_{H}，并将两个滤波器并联，可形成带阻滤波电路，其原理框图如图 7-2-15 所示。当二者并联时，凡是 $\omega < \omega_{\mathrm{H}}$ 的信号均可从低通滤波器通过，凡是 $\omega > \omega_{\mathrm{L}}$ 的信号均可从高通滤波器通过，唯有 $\omega_{\mathrm{H}} < \omega < \omega_{\mathrm{L}}$ 的信号被阻断，于是电路成为一个带阻滤波器。

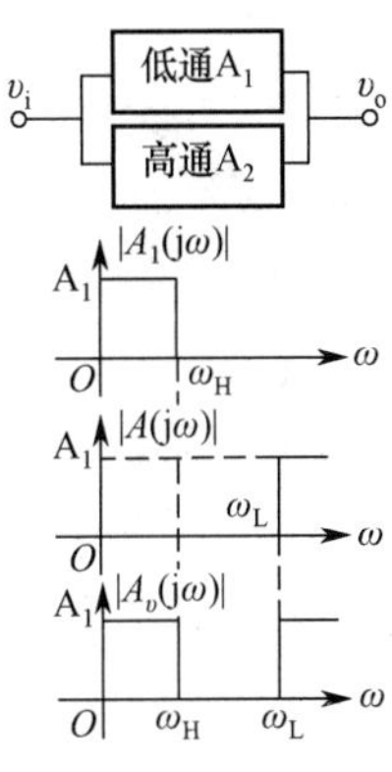

图 7-2-15　二阶带阻滤波电路原理框图

实现带阻滤波的另一种方法是采用双 T 形带阻滤波电路，常用的双 T 形带阻滤波器电路如图 7-2-16 所示。输入信号经过一个由 RC 元件组成的双 T 形选频网络，然后送至集成运算放大器的同相输入端。当输入信号频率较高时，由于电容的容抗 $1/\omega C$ 很小，可认为短路，因此高频信号可从上面两个电容和一个电阻构成的支路通过；而当频率较低时，因 $1/\omega C$ 很大，可将电容视为开路，所以低频信号可从下面两个电阻和一个电容构成的支路通过；只有频率处于低频和高频中间某一范围的信号才被阻断，所以双 T 形网络具有带阻的特性。

双 T 形网络如图 7-2-17(a)所示，它由一个低通电路和一个高通电路并联得到，低通电路由两个电阻 R 和一个电容 $2C$ 构成一个 T 形网络，高通电路由两个电容 C 和一个电阻 $R/2$ 构成 T 形网络，因此称为双 T 形网络。

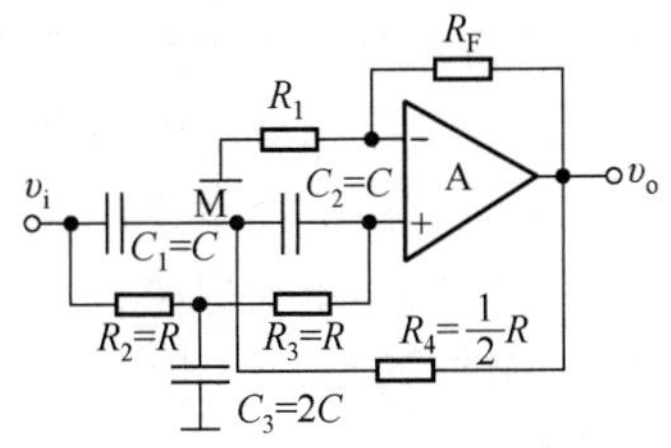

图 7-2-16　双 T 形带阻滤波器电路

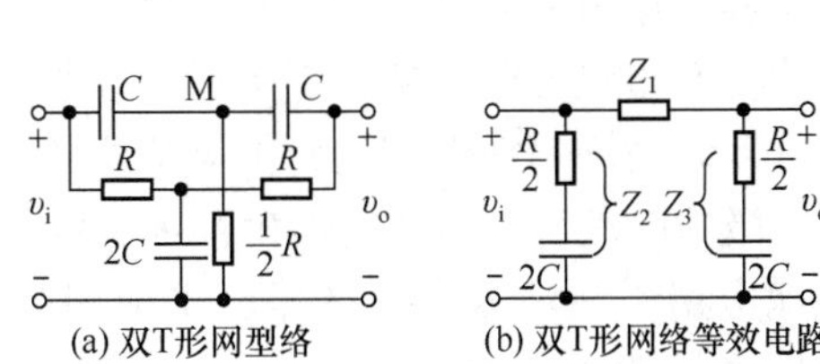

图 7-2-17　双 T 形网络及等效变换

利用星形-三角形变换原理可将双 T 形网络简化成 π 形等效电路，如图 7-2-17(b)所示。因此有

$$Z_1 = \frac{2R(1 + \mathrm{j}\omega RC)}{1 + (\mathrm{j}\omega RC)^2} = \frac{2R(1 + \mathrm{j}\omega RC)}{1 - (\omega RC)^2} \tag{7-2-26}$$

$$Z_2 = Z_3 = \frac{1}{2}\left(R + \frac{1}{j\omega C}\right) \tag{7-2-27}$$

$$A_\upsilon(j\omega) = \frac{Z_3}{Z_1 + Z_3} = \frac{1-(\omega RC)^2}{[1-(\omega RC)^2] + j4\omega RC} = \frac{1-(\omega/\omega_0)^2}{[1-(\omega/\omega_0)^2] + j4\omega/\omega_0} \tag{7-2-28}$$

式中，$\omega_0 = \frac{1}{RC}$，当 $\omega = \omega_0$ 时，双 T 形网络的输出为零，因此，ω_0 就是双 T 形网络的特征频率。由式（7-2-28）可以求出双 T 形网络的幅频特性：

$$|A_\upsilon(j\omega)| = \frac{|1-(\omega/\omega_0)^2|}{\sqrt{[1-(\omega/\omega_0)^2]^2 + (4\omega/\omega_0)^2}} \tag{7-2-29}$$

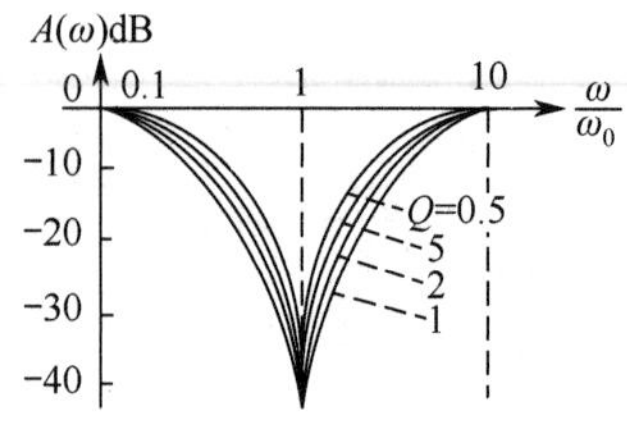

图 7-2-18 双 T 形网络幅频特性

根据式（7-2-29）可以画出双 T 形网络的幅频特性，如图 7-2-18 所示。

为了得到更加陡峭的幅频特性，往往将图 7-2-16 中 M 点的电阻支路引入正反馈，构成有源双 T 形带阻滤波器，分析可得此带阻滤波器的电压传递函数为

$$A_\upsilon(j\omega) = \frac{A_{\upsilon M}[1-(\omega/\omega_0)^2]}{[1-(\omega/\omega_0)^2] + j2(2-A_{\upsilon M})(\omega/\omega_0)} \tag{7-2-30}$$

式中，$A_{\upsilon M} = 1 + R_F / R_1$，通带的截止频率为

$$\omega_H = \left[\sqrt{(2-A_{\upsilon M})^2 + 1} - (2-A_{\upsilon M})\right]\omega_0 \tag{7-2-31}$$

$$\omega_L = \left[\sqrt{(2-A_{\upsilon M})^2 + 1} + (2-A_{\upsilon M})\right]\omega_0 \tag{7-2-32}$$

阻带宽度为

$$\mathrm{BW} = \omega_L - \omega_H = 2(2-A_{\upsilon M})\omega_0 = \frac{\omega_0}{Q} \tag{7-2-33}$$

式中，$Q = \frac{1}{2(2-A_{\upsilon M})}$ 为带阻滤波器的品质因数，其幅频特性与图 7-2-18 相似，不同的 Q 值对应的幅频特性曲线形状相同，但 Q 值越大，曲线越陡峭。

7.3 开关电容滤波器

开关电容电路由受时钟脉冲信号控制的模拟开关、电容器和运算放大电路三部分组成。这种电路的特性与电容器的精度无关，而仅与各电容器的电容量之比的准确性有关。在集成电路中，可以通过均匀地控制硅片上氧化层的介电常数及其厚度，使电容量之比主要取决于每个电容电极的面积，从而获得准确性很高的电容比。自 20 世纪 80 年代以来，开关电容电路就广泛地应用于滤波器、振荡器、平衡调制器和自适应均衡器等各种模拟信号处理电路中。由于开关电容电路应用 MOS 工艺，因此尺寸小、功耗低，工艺过程较简单，且易于制成大规模集成电路。

7.3.1 开关电容电路的基本概念

开关电容电路基于电容器的电荷存储和转移原理，由时钟控制的 MOS 开关、MOS 电

容、集成运算放大器（或比较器）等组成，作用是实现模拟信号的产生、放大、调制、相乘以及模拟与数字的相互转换等功能。由于开关电容集成电路的尺寸小、密度高、功耗低、集成工艺简单并与数字技术兼容，因此成为处理模拟信号的一种重要技术。

1. 开关电容电路的组成

开关电容电路主要由 MOS 电容、MOS 开关、时钟信号发生器、集成运算放大器（或比较器）等组成。

（1）MOS 电容

图 7-3-1(a)给出了接地 MOS 电容的示意图，图(b)给出了浮地 MOS 电容的示意图，图(c)给出了图(b)浮地 MOS 电容的等效电路图。

在图 7-3-1(c)中，电容 C'_m 表示下极板和衬底之间的寄生电容，其值为两极板之间电容的 0.05～0.2 倍；C''_m 表示上极板和衬底之间的寄生电容，其值为两极板之间电容的 0.001～0.1 倍，实际应用中均可以忽略；D 表示为 PN 结。MOS 的电容量约为 1～40pF，精度约为 5%，相对精度可达 0.01%，温度系数小到 20～50ppm/℃，电压系数可低至 10～100ppm/V。

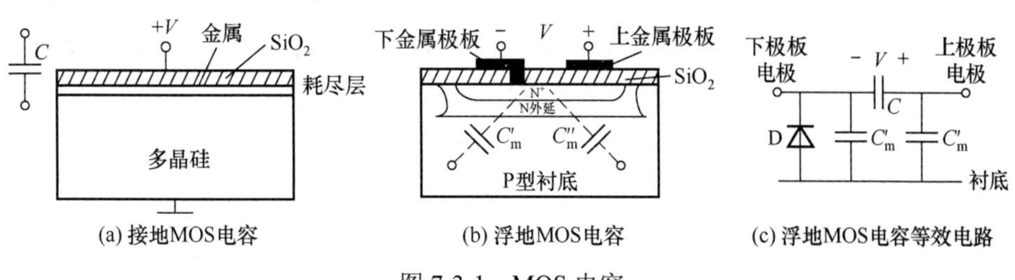

(a) 接地MOS电容　(b) 浮地MOS电容　(c) 浮地MOS电容等效电路

图 7-3-1　MOS 电容

（2）MOS 开关

模拟集成电路中广泛应用了 MOS 开关。作为开关电容中的开关元件，要求导通电阻小，关断电阻大，寄生电容越小越好，一般要求导通电阻在 50Ω 以下，关断电阻在 50～100MΩ 以上，寄生电容小于 0.05pF 以下。

2. 开关电容电路的时钟信号

由数字电路产生的常见时钟信号如图 7-3-2 所示，其中图 7-3-2(a)为两相窄脉冲时钟，υ_P 简称 φ 相时钟，$\bar{\upsilon}_P$ 简称 $\bar{\varphi}$ 相时钟，脉宽为 τ_c，重复的周期为 T_C，频率为 f_C，是一个周期内含有四个时间间隔的脉冲，具有普遍意义。当窄脉冲 τ_c 趋于零时，即变为冲激序列，如图 7-3-2(b)所示，它是理论分析开关电容电路的工具，实际电路中不可能实现。图 7-3-2(c)是两相不重叠时钟。

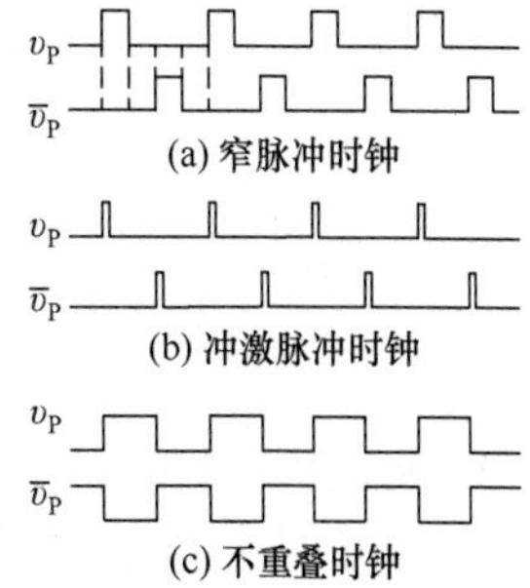

(a) 窄脉冲时钟

(b) 冲激脉冲时钟

(c) 不重叠时钟

图 7-3-2　两相时钟信号波形图

3. 开关电容模拟电阻

在开关电容电路中，有电荷经带开关电容和不带开关电容的传输。通过电容对电荷的存储和释放来实现信号的传输是开关电容电路中最本质的物理现象，其中，开关电容模拟电阻是开关电容电路中最关键的技术之一。

图 7-3-3 给出了两种开关电容及其等效电路。一般来说，时钟频率的选择为信号最高频率的 50～100 倍，下面以图 7-3-3(a)为例来说明电路的工作原理。当输入时钟取图 7-3-2 中的(b)时钟时，在输入时钟的任意一个周期内，如从 $(n-1)T_C$ 到 nT_C，在 $t=(n-1)T_C$ 的瞬间，SW_1

接通时，电容 C 立刻与输入信号接通，与输出信号断开，电容 C 对输入信号进行采样并存储电荷量，存储的电荷量为

$$q_C(t)=C\upsilon_1[(n-1)T_C] \tag{7-3-1}$$

在 t 从 $(n-1)T_C$ 到 $(n-1/2)T_C$ 的时间内，开关 SW_1 和 SW_2 都不接通时，电容 C 上的电荷保持不变。

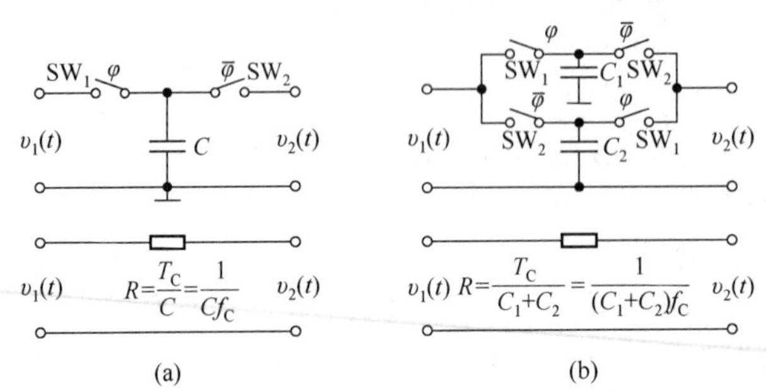

图 7-3-3 两种并联开关电容单元及等效电阻

在 $t=(n-1/2)T_C$ 的时刻，SW_2 接通时，电容 C 立刻与输出信号接通，与输入信号断开，电容 C 通过开关 SW_2 释放电荷，这时 C 上的电荷量为

$$q_C(t)=C\upsilon_2\left[(n-1/2)T_C\right] \tag{7-3-2}$$

则电容上释放的电量为

$$\Delta q_C(t)=C\upsilon_1[(n-1)T_C]-C\upsilon_2\left[(n-1/2)T_C\right] \tag{7-3-3}$$

由图 7-3-2 可见，在每个时钟周期内，电容上的电压和电荷变化一次，在开关电容两端之间流动的是电荷而不是电流，开关电容转移的电荷量决定于两端口不同时刻的电压值，而非同一时刻的电压值；在时钟的驱动下，经开关电容对电荷进行存储与释放，能实现电荷转移和信号传输。因为时钟的周期远小于输入和输出信号的周期，所以可以认为在时钟周期内输入信号和输出信号不变。从平均的观点看，可将一个周期内由输入端送到输出端的总电量等效为一个平均电流，这个等效的平均电流为

$$i_C(t)=\frac{\Delta q_C(t)}{T_C}=\frac{C}{T_C}\left\{\upsilon_1[(n-1)T_C]-\upsilon_2\left[\left(n-\frac{1}{2}\right)T_C\right]\right\}\approx\frac{C}{T_C}[\upsilon_1(t)-\upsilon_2(t)] \tag{7-3-4}$$

在时钟周期前后，电容上的电压差与流过的平均电流之比为

$$R_{SC}=\frac{\upsilon_1(t)-\upsilon_2(t)}{i_C(t)}=\frac{T_C}{C}=\frac{1}{Cf_C} \tag{7-3-5}$$

式中，R_{SC} 为等效的开关电容模拟电阻，或者称为开关电容等效电阻。

开关电容电路还可用图 7-3-4 所示的电路来实现。其原理与上面分析的相同，这里不再加以说明，只给出其实现的电路。

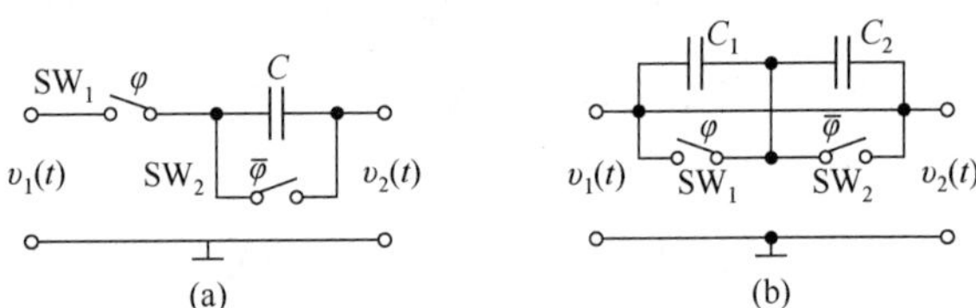

图 7-3-4 两种串联开关电容单元及等效电阻

开关电容能够模拟电阻并取代电阻，这使得常规集成电路中的电阻可以相对地变换成各种开关电容电路。但要指出的是，开关电容等效为电阻是有条件的、近似的，它没有揭示开关电容周期性动作的特殊性，且开关电容单元也只限于等效电阻。

7.3.2 基本开关电容电路

应用开关电容技术可以组成各种功能的基本开关电容电路，同一开关电容电路的输出随输入信号形式及时钟的波形不同而有差异，且分析的方法也不同，开关电容电路的分析方法要比一般的模拟电路困难和复杂。开关电容积分器是开关电容滤波器和其他子系统的最重要的基本单元，本节主要介绍开关电容积分器，并分析其工作原理。

图 7-3-5 是开关电容积分器的原理电路，它以一般的有源 RC 积分器为原型构成反相开关电容积分器，图中 SW_1、C_1、SW_2 三者可等效为积分器中的电阻，且 SW_1、SW_2 是受某高频振荡时钟信号控制的互补开关。

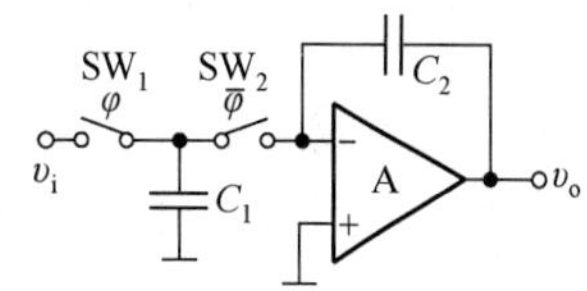

图 7-3-5 开关电容积分器的原理电路

下面以输入正弦信号为例来说明开关电容积分器的工作原理。图 7-3-6 所示为反相积分器输入正弦信号时的情况，其中(a)为开关电容积分器采用的两相不重叠的时钟脉冲，其时钟频率远大于输入信号频率；(b)为幅度为 V_m 的正弦输入信号 $\upsilon_i(t)$，用它作为连续时间输入的输入信号；(c)为 C_1 两端的电压波形；(d)为输出电压的波形。

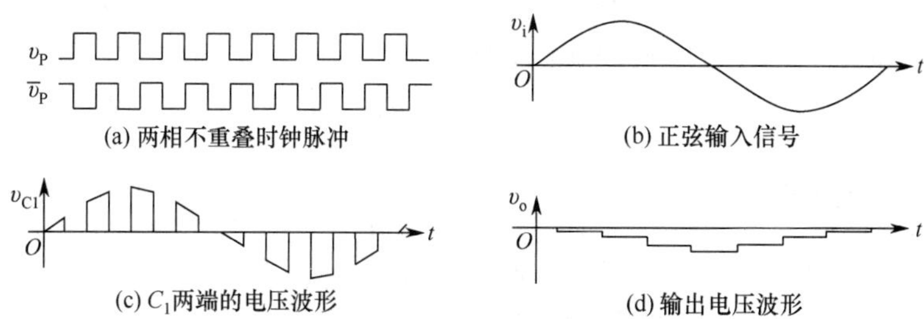

图 7-3-6 开关电容积分器的工作波形图

图 7-3-6 中假设两个电容上的初始化电压均为 0，从图中可以看出，在时钟脉冲的驱动下，在时钟的正半周，开关 SW_1 闭合，SW_2 断开，C_1 上的电压总是随输入电压变化而变化的，即

$$\upsilon_{C1}(t)=\upsilon_i(t),\quad nT_C \leqslant t \leqslant (n+1/2)T_C \tag{7-3-6}$$

式中，n 为整数。

在时钟的正半周，SW_2 与运算放大器断开，电容上的电压不能加到运算放大器的反相端，输出电压靠 C_2 在前一时隙的采样电压来维持，在第一个时钟的前半周即 $nT_C \leqslant t \leqslant (n+1/2)T_C$ 时，$\upsilon_{C1}(t)=\upsilon_i(t)$，$\upsilon_o(t)=-\upsilon_{C2}(t)=0$。

在第一个时钟的后半周期即 $(n+1/2)T_C \leqslant t \leqslant (n+1)T_C$ 时，SW_1 断开，SW_2 闭合，因为运算放大器是理想的，同相端与反相端的电压相等，即要求 $\upsilon_{C1}(t)=0$，这就要求 C_1 在正半周存储的电荷 $C_1\upsilon_i(T_C/2)$ 全部转移到 C_2 上，且电荷 $C_2\upsilon_{C2}(T_C/2)$ 将保持。

由于 $C_1\upsilon_i\left(\dfrac{T_C}{2}\right)=C_2\upsilon_{C2}\left(\dfrac{T_C}{2}\right)$ 可得

$$\upsilon_o(t)=-\upsilon_{C2}(t)=-\upsilon_{C2}\left(\frac{T_C}{2}\right)=-\frac{C_1}{C_2}\upsilon_i\left(\frac{T_C}{2}\right) \tag{7-3-7}$$

按照这种方法递推下去，输出电压 $\upsilon_o(t)$ 只在 $t=(n+1/2)T_C$ 时刻发生变化，表示为

$$\upsilon_o=-\frac{C_1}{C_2}\upsilon_i\left[\left(n+\frac{1}{2}\right)T_C\right] \tag{7-3-8}$$

而在 $(n-1/2)T_C \leqslant t \leqslant (n+1/2)T_C$ 内，输出电压靠 C_2 来保持，可见，当输入连续变化的信号时，在两相不重叠时钟脉冲的控制下，$\upsilon_{C1}(t)$ 是 C_1 按方波信号进行采样的，而输出电压 $\upsilon_o(t)$ 是在 $t=(n+1/2)T_C$ 时刻进行采样并保持一个时钟周期的。当输入为正弦信号时，输出为分段常数型信号，当输入的时钟远大于输入信号的频率时，可以忽略时钟带来的分段效应，认为输出是输入信号积分的结果。

7.3.3 开关电容滤波器

在实际的应用中，需要低通、高通、带通、带阻和全通滤波器来实现各种性能、不同阶次的滤波特性，而这对应于预期的各种阶次的传输函数。本节讨论用开关电容等效的原理将有源 RC 滤波器转换成开关电容滤波器。

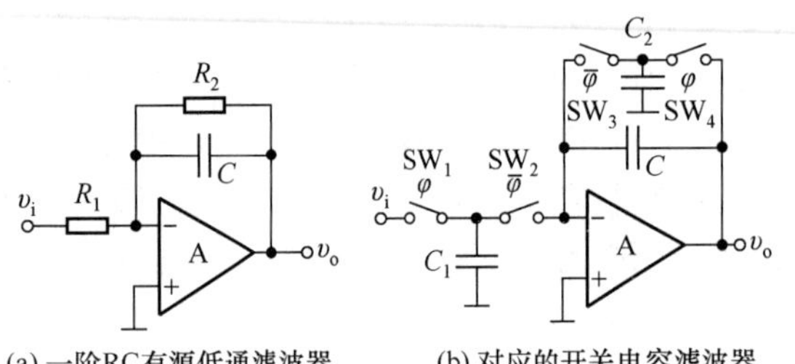

(a) 一阶RC有源低通滤波器　(b) 对应的开关电容滤波器

图 7-3-7　一阶 RC 有源滤波器和对应的开关电容滤波器

将图 7-3-7(a)所示的一阶 RC 有源低通滤波器中的电阻用开关电容等效电阻进行置换，得到图 7-3-7(b)所示的电路。

用 $\dfrac{1}{C_1 f_C}=\dfrac{T_C}{C_1}$ 置换式（7-3-2）中的 R_1，用 $\dfrac{1}{C_2 f_C}=\dfrac{T_C}{C_2}$ 置换 R_2，可得一阶开关电容滤波器的传递函数为

$$A(\mathrm{j}\omega)=-\frac{C_1}{C_2}\cdot\frac{1}{1+\mathrm{j}\omega CT_C/C_2} \tag{7-3-9}$$

图 7-3-8 所示电路为双二阶 RC 有源滤波器，运算放大器 A_1 和 A_3 构成反相积分器，A_2 为单位增益反相放大器，因此 A_2、A_3 构成同相积分器。对输入信号来说，运算放大器 A_1 的输出端输出的信号具有二阶带通的特性，运算放大器 A_3 的输出具有二阶低通的特性，它们的传递函数分别为

$$A_1(\mathrm{j}\omega)=-\frac{\mathrm{j}\omega}{R_4C_1}\cdot\frac{1}{\dfrac{1}{R_2R_3C_1C_2}-\omega^2+\dfrac{\mathrm{j}\omega}{R_1C_1}} \tag{7-3-10}$$

$$A_\upsilon(\mathrm{j}\omega)=-\frac{1}{R_2R_3C_1C_2}\cdot\frac{1}{\dfrac{1}{R_2R_3C_1C_2}-\omega^2+\dfrac{\mathrm{j}\omega}{R_1C_1}} \tag{7-3-11}$$

在图 7-3-8 的基础上，可得到开关电容带通和低通滤波电路，如图 7-3-9 所示。

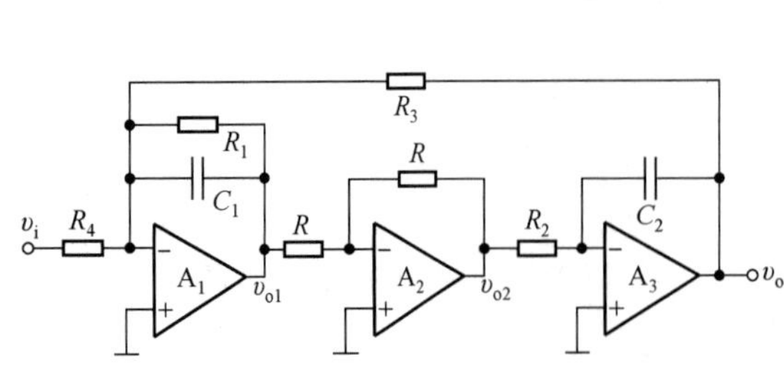

图 7-3-8　双二阶 RC 有源滤波器

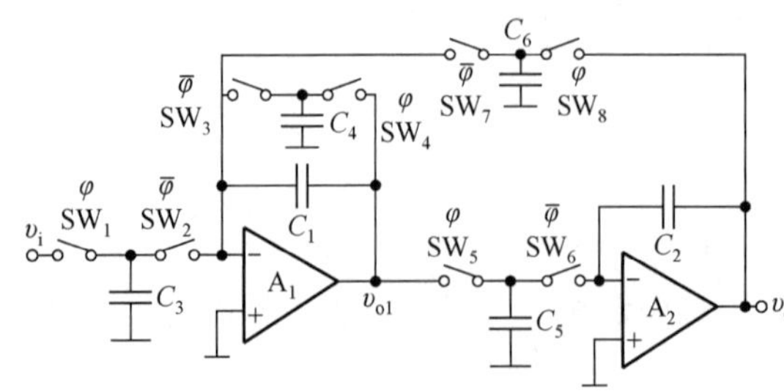

图 7-3-9　双二阶开关电容滤波器

用$\dfrac{1}{C_3f_C}=\dfrac{T_C}{C_3}$置换式（7-3-10）中的 R_4，用$\dfrac{1}{C_4f_C}=\dfrac{T_C}{C_4}$置换 R_1，用$\dfrac{1}{C_5f_C}=\dfrac{T_C}{C_5}$置换 R_2，用$\dfrac{1}{C_6f_C}=\dfrac{T_C}{C_6}$置换 R_3，可得双二阶开关电容滤波器的传递函数如下：

$$A_1(j\omega)=-\frac{j\omega}{\dfrac{C_3C_1}{T_C}}\cdot\frac{1}{\dfrac{C_5C_6}{T_C^2C_1C_2}-\omega^2+\dfrac{j\omega C_4}{T_CC_1}} \tag{7-3-12}$$

$$A_\upsilon(j\omega)=\frac{C_3C_5}{T_C^2C_1C_2}\cdot\frac{1}{\dfrac{C_5C_6}{T_C^2C_1C_2}-\omega^2+\dfrac{j\omega C_4}{T_CC_1}} \tag{7-3-13}$$

集成开关电容滤波器的种类很多，美国多家公司生产开关电容滤波器，其中 ERTICON 公司的 R5604、R5605、R5606、R5609、R5611 及 Maxim 公司的 max260、max262、max264、max266、max275、max7491、max7425 等都已大量投入商品化。目前，在开关电容滤波器中，公认美国 Linear Technology 公司的芯片性能最佳，它生产的通用型和低通型开关电容滤波器两大类。通用型可以组合成低通、高通、带通和带阻等开关电容滤波器，通常通用型的开关电容滤波器有 LTC1059、LTC1060、LTC1061、LTC1064、LTC1164、LTC1264 等，低通型有十几种，如 LTC1062、LTC1063、LTC1064-1、LTC1064-4、LTC1264-7 等。

总之，开关电容滤波器的特性决定于电容比和它的时钟，可以实现高精度、高稳定性，同时便于集成。这些是 RC 有源滤波器远远不及的。目前，集成开关电容滤波器除了工作频率不够高，大部分指标都达到了较高的水平。从发展的趋势看，开关电容滤波器正朝着中心频率越来越高、噪声越来越小的方向发展。

7.4　状态变量型有源滤波器

将比例、积分、求和等基本运算电路组合在一起，并对所构成的运算电路自由设置传输函数，实现各种滤波功能，这种电路称为*状态变量型有源滤波电路*。本节以二阶为例讲述状态变量型有源滤波器的传输函数的编程、电路的组成和集成电路的特点。

7.4.1　传递函数

二阶状态变量型有源滤波电路的传输函数为

$$A_\upsilon(S)=\frac{a_0+a_1S+a_2S^2}{b_0+b_1S+b_2S^2} \tag{7-4-1}$$

根据低通、高通、带通和带阻滤波电路传输函数的表达式，合理选择 a_0, a_1, a_2 和 b_0, b_1, b_2 的值（称为*编程*），即可实现任意传输函数。当 $a_1=a_2=0$ 时，式（7-4-1）变为

$$A_\upsilon(S)=\frac{a_0}{b_0+b_1S+b_2S^2} \tag{7-4-2}$$

表明该传递函数有两个极点，没有零点，可以实现二阶低通滤波。

当 $a_0=a_1=0$ 时，式（7-4-1）变为

$$A_{\upsilon}(S)=\frac{a_2S^2}{b_0+b_1S+b_2S^2} \tag{7-4-3}$$

表明该传递函数有两个极点和两个相同的零点，可以实现二阶高通滤波。

当 $a_0=a_2=0$ 时，式（7-4-1）变为

$$A_{\upsilon}(S)=\frac{a_1S}{b_0+b_1S+b_2S^2} \tag{7-4-4}$$

表明该传递函数有两个极点、一个零点，可以实现二阶带通滤波。

当 $a_1=0$ 时，式（7-4-1）变为

$$A_{\upsilon}(S)=\frac{a_0+a_2S^2}{b_0+b_1S+b_2S^2} \tag{7-4-5}$$

表明该传递函数有两个极点和两个不同的零点，可以实现二阶带阻滤波。

由以上分析可知，如果能够根据式（7-4-1）组成电路，并且能方便地改变电路参数，就能实现各种滤波功能。改变 a_0, a_1, a_2 和 b_0, b_1, b_2 的值，不但能够改变滤波器的类型，而且可以获得不同的通带放大倍数和通带截止频率。

7.4.2 电路组成

根据式（7-4-1），利用基本运算电路可以构造出二阶有源滤波电路，如图 7-4-1 所示。图中箭头表示信号的传输方向，每个方框表示一个基本运算电路，有比例、积分和求和三种运算电路，方框的输出标注了运算关系式。

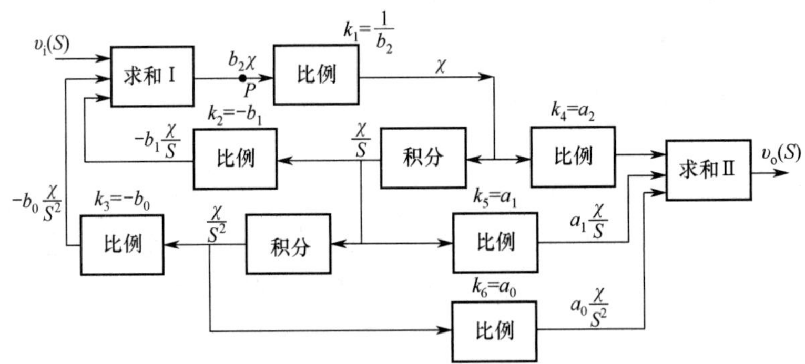

图 7-4-1 二阶状态变量有源滤波电路方框图

输入电压所接求和运算电路的输出，即 P 点的表达式为

$$\upsilon_P(S)=b_2\chi=\upsilon_i(S)-\frac{b_1\chi}{S}-\frac{b_0\chi}{S^2}$$

整理得

$$\upsilon_i(S)=\left(\frac{b_0}{S^2}+\frac{b_1}{S}+b_2\right)\chi$$

输出电压的表达式为

$$\upsilon_o(S)=\left(\frac{a_0}{S^2}+\frac{a_1}{S}+a_2\right)\chi$$

所以传递函数为

$$A_{\upsilon}(S)=\frac{a_0+a_1S+a_2S^2}{b_0+b_1S+b_2S^2}$$

该传递函数与式（7-4-1）相同。改变求和运算电路的输入，就可改变 $A_{\upsilon}(S)$，从而得到不同类型的滤波电路。用实际电路取代方框图时，可以适当简化。合理选择积分运算电路的 R 和 C 可以不需要比例运算电路，直接获得合适的 b_0 和 b_1。利用二阶电路的构思方法，可以实现高阶滤波电路。

7.4.3　集成状态变量滤波电路

集成状态变量型滤波电路由若干基本运算电路组合而成，仅需外接几个电阻，就可得到低通、高通、带通和带阻滤波电路，因此均为多功能电路。型号为 AF100 的集成电路是二阶集成状态变量型滤波电路，它利用积分运算电路的频率特性来实现滤波作用，内部电路如图 7-4-2 所示。

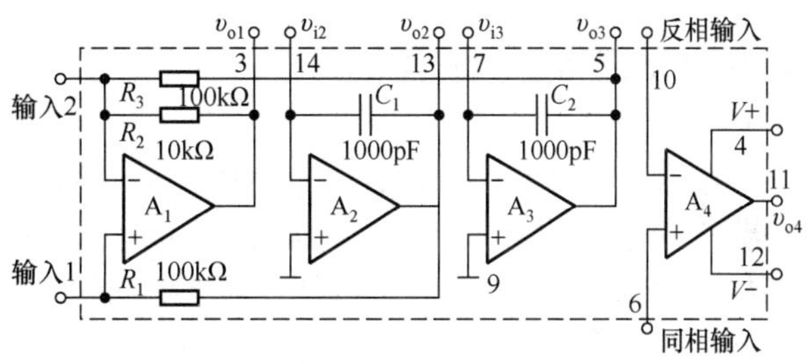

图 7-4-2　AF100 内部电路

积分电路的传递函数为

$$A_{\upsilon}(S)=\frac{1}{SRC} \tag{7-4-6}$$

将 $S=\mathrm{j}\omega$ 代入后的电压放大倍数为

$$A_{\upsilon}(\mathrm{j}\omega)=\frac{1}{\mathrm{j}\omega RC} \tag{7-4-7}$$

上式表明，频率越低，$|A_{\upsilon}(\mathrm{j}\omega)|$ 越大，说明它具有低通特性。但是当频率趋近于零时，$|A_{\upsilon}(\mathrm{j}\omega)|$ 趋近于无穷大，故在一阶电路中可于电容 C 上并联电阻 R_F 以限制通带的放大倍数。而在图 7-4-2 所示的电路中，依靠引入级间负反馈来限制通带放大倍数。当 υ_{o1} 经电阻接 υ_{i2} 时，通过电阻 R_1 引入负反馈；当 υ_{o1} 经电阻接 υ_{i2} 且 υ_{o2} 经电阻接 υ_{i3} 时，通过电阻 R_2 引入负反馈。

AF100 的典型接法之一如图 7-4-3 所示，其中 $R_4, R_5, R_6, R_7, R_8, R_9, R_{10}$ 为外接电阻。四个集成运算放大器的输出实现四种滤波功能。以集成运算放大器作为放大电路，以一种运算电路作为其反馈通路，便可实现这种运算的逆运算，由此可以较容易地理解图 7-4-3 所示电路的组成及其工作原理。例如，若反馈通路是低通滤波电路，则整个电路实现高通滤波；若反馈通路是高通滤波电路，则整个电路实现低通滤波。参数选择得当时，若高通滤波电路串联一个低通滤波电路，则整个电路实现带通滤波；若高通滤波电路的输出与低通滤波电路的输出接求和运算电路，则整个电路实现带阻滤波。根据式（7-4-4），若带通滤波电路串联一个积分电路，则必然消去带通滤波

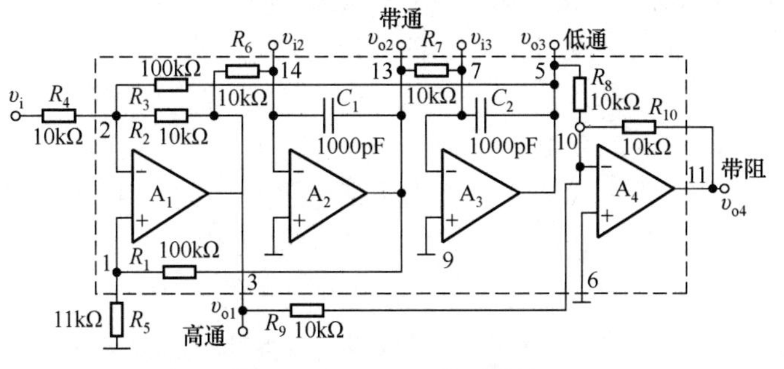

图 7-4-3　AF100 典型接法

电路传输函数中的分子 S，所以整个电路实现低通滤波。

根据上述原则可知，在 υ_i 的作用下，若以 υ_{o1} 为输出，则因其反馈通路为串接的两个积分运算电路（二阶的低通滤波电路），实现的是二阶高通滤波；若以 υ_{o2} 为输出，则因高通滤波的输出 υ_{o1} 又经过低通滤波，实现的是带通滤波；若以 υ_{o3} 为输出，则因带通滤波的输出 υ_{o2} 又经积分电路，实现的是低通滤波；若以 υ_{o4} 为输出，则因高通滤波的输出 υ_{o1} 和低通滤波的输出 υ_{o3} 经求和运算，实现的必然是带阻滤波。因此，整个电路从不同的输出端得到四种不同的滤波功能。实际应用中，若需要更高阶的滤波器，也可通过 AF100 的简单级联来实现。具体的连接可参看开关电容滤波器的相关资料。

7.5 集成电压比较器

电压比较器是一种比较两个电压大小（输入电压与参考电压）并将比较的结果以两种状态输出的模拟信号处理电路。比较器可用于将任意波形转换成矩形波，或者用于波形的整形；在自动控制及自动测量系统中，常将比较器用于越限报警、模/数转换及各种非正弦波的产生和变换等，在现代信号处理中应用广泛。

比较器的输入信号一般是连续变化的模拟量，而输出信号是数字量“1”或“0”，因此可以认为比较器是模拟电路和数字电路的“接口”。由于比较器的输出只有高电平或低电平两种状态，所以集成运算放大器常常工作在非线性区。从比较器的电路结构看，运算放大器一般处于开环状态，有时为了使输入、输出特性在状态转换时更加快速，以提高比较精度，在电路中引入正反馈；未引入反馈的集成运算放大器会使其工作在饱和状态或截止状态，这种双稳态的特性具有高度的非线性，这是集成电压比较器的基础。注意，工作在非线性条件下的集成运算放大器不满足虚短特性，虚短的概念只在临界条件下才可以使用。本节主要讲述电压比较器的特点以及电压传输特性，同时简要说明电压比较器的组成特点和分析方法。

7.5.1 电压比较器概述

1. 电压比较器的集成运算放大器实现

电压比较器可以使用集成运算放大器来实现，但由于此时运算放大器工作于非线性工作状态，因此对应于运算放大器输出级的晶体管只会处于截止或饱和两种状态，如图 7-5-1(a)所示。

当运算放大器的两个输入端作用于不同的输入电压时，它的输出可以表示为

$$\upsilon_o = \begin{cases} V_{oL}, & \upsilon_+ < \upsilon_- \\ V_{oH}, & \upsilon_+ > \upsilon_- \end{cases} \tag{7-5-1}$$

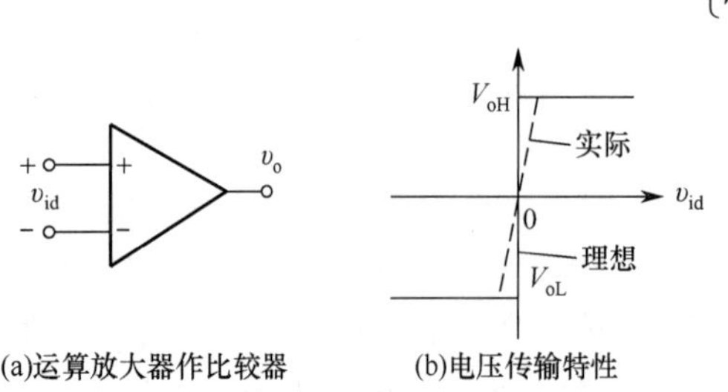

(a)运算放大器作比较器 (b)电压传输特性

图 7-5-1 运算放大器作比较器的电压传输特性

上式说明，输出是低电平 V_{oL} 或者高电平 V_{oH} 两种状态。一般而言，V_{oH} 比最高供电电压低 1～2V，V_{oL} 一般比最低供电电压高 1～2V。可见，引入差分输入电压后，当差模输入电压（$\upsilon_{id}=\upsilon_+-\upsilon_-$）大于 0 时，比较器输出为 V_{oH}；当差模输入电压 υ_{id} 小于 0 时，比较器输出为 V_{oL}。

图 7-5-1(b)所示的电压转移曲线是一条非线

性曲线，理想的曲线在原点是一条垂线段，表明此时的增益为无限大，实际的集成运算放大器只能近似于这种曲线，如图中的虚线所示，因为实际的集成运算放大器的差模增益为80～120dB。集成运算放大器的输出离开原点后分别由两条水平的直线组成。V_{oL} 和 V_{oH} 可以对称，也可以不对称，但它们一定相离足够远，以便将其进行区分。

因此，比较器所用的电路符号与运算放大器的一致，由集成运算放大器构成的比较器和专用电压比较器在本质上没有区别，二者的功能也相同，但专用的集成比较器，其内部电路组成的侧重点有所不同，二者区别主要有如下两点。

（1）集成运算放大器被设计成输入和输出保持线性关系，其响应时间在微秒量级，这很难适应快速交流比较的需要。而专用电压比较器的一个重要性能指标就是响应时间，通常为几纳秒量级。例如，在快速比较应用场合使用通用集成运算放大器作为比较器时，就应选择增益带宽积和压摆率均较大的高级集成运算放大器。

（2）专用电压比较器输出高、低电平和级联的数字电路逻辑电平匹配，无须再加接口转换芯片。而对通用集成运算放大器而言，则必须对输出电压采取箝位措施，以满足数字电路逻辑电平的要求。多数专用比较器具有输出选通功能，这也是一般集成运算放大器所不具备的功能。

2. 电压比较器的类型

比较器的分类标准较多，可以根据比较门限的个数、比较器的功能、集成比较器一块芯片上的比较器个数以及比较器的输出方式等几种分类标准进行分类，主要分类如下。

（1）比较门限分类。按照比较门限，比较器可以分为单门限和多门限比较器。常用的零电平比较器、非零电平比较器只有一个阈值电压，又称单门限比较器；滞回电压比较器、窗口电压比较器有两种比较阈值，称为多门限比较器。

（2）功能分类。分为通用型、高速型、低功耗型、低电压型、高精度型等。

（3）承载数量分类。按照一块芯片上所含有的电压比较器的个数，可以分为单、双和四电压比较器。

（4）输出方式分类。分为普通型、集电极（漏极）开路型和互补输出型。集电极（漏极）开路型的输出电路必须在输出端接一个电阻至电源，可以实现不同供电电源直接连接。互补输出电路含有两个输出端，若一个输出为高电平，则另一个输出一定为低电平，为模拟电路和数字电路的接口融合提供了广泛的选择性。

此外，还有集成电压比较器带有选通端，以控制电路是处于工作状态还是处于禁止状态。处于禁止状态时，集成电压比较器不工作，输出端处于高阻状态，相当于开路，这为控制系统的接口冲突提供了一种解决方案，利用选通功能，可以实现多个设备共享同一接口单元，这样就可避免总线冲突。

3. 电压比较器的性能指标

比较器的性能参数是使用比较器的重要依据，这些参数在电路分析与设计中至关重要。

（1）阈值电平。比较器输出发生跳变时所对应的输入电压，也称门限电压 V_{th}。

（2）输出电平。输出电压的高电平 V_{oH} 或低电平 V_{oL} 的值。

（3）最小鉴别电压。最小鉴别电压是指能确定输出电平两个状态的最小输入电压，是高逻辑电平的最小值 V_{oHmin} 和低逻辑电平的最大值 V_{oLmax} 之差与开环增益 A_{od} 之比。最小鉴别电压本质上是表示比较器输出从峰-峰值的 10%到 90%所需的输入电压值，又称渡越电压。

（4）响应时间。响应时间是指所加的比较器的两个输入端信号的差值电压，从接近于零电平开始到输出达到规定的阈值电平所需的时间。

7.5.2 单门限电压比较器

当比较器的输出电压由一种状态跳变为另一种状态时所对应的输入电压通常称为阈值电压或门限电平。单门限电压比较器是指电路只有一个阈值，输入电压在逐渐增加或减小的过程中，通过阈值电压时，输出电压只产生一次跃变，从高电平跃变为低电平，或者由低电平跃变为高电平的电压比较器。单限电压比较器又可分为过零比较器和一般单限电压比较器。

1. 过零比较器

阈值电压为零的比较器称为过零比较器。

只由一个开环状态的集成运算放大器组成的过零比较器电路虽然简单，但其输出电压幅度较高，输出电压为V_{oL}和V_{oH}。有时希望比较器的输出幅度限制在一定的范围内，例如要求与 TTL 数字电路的逻辑电平兼容，此时需要加上一些限幅的措施。

利用两个背靠背的稳压管实现限幅的过零比较器如图 7-5-2(a)所示。假设任何一个稳压管被反向击穿时，两个稳压管两端的总稳定值均为 V_Z，而$V_{oH} > V_Z$。

当$\upsilon_i < 0$时，若不接稳压管，则集成运算放大器的输出电压υ_o将等于 V_{oH}，接入两个稳压管后，左边的稳压管将被反向击穿，而右边的稳压管正向导通，于是引入一个深度负反馈，使集成运算放大器的反相输入端虚地，所以$\upsilon_o = V_Z$；若$\upsilon_i > 0$，则右边的稳压管被反向击穿，而左边的稳压管正向导通，所以$\upsilon_o = -V_Z$。比较器的电压传输特性如图 7-5-2(b)所示。

当然，为了限制输出电压的幅度，也可在集成运算放大器的输出端接一个电阻 R 和两个稳压管来实现限幅，如图 7-5-3 所示。不难看出，此时比较器的电压传输特性仍如图 7-5-2(b)所示。这两个电路的不同之处在于，图 7-5-2 所示电路中的集成运算放大器，由于稳压管反向击穿时引入一个深度的负反馈，因此工作在线性工作区。这种电路的优点如下：① 集成运算放大器的净输入电压和净输入电流都近似为 0，保护了输入级；② 由于集成运算放大器并未工作于非线性工作区，因此内部的晶体管不需要从饱和逐渐过渡到截止或者从截止逐渐过渡到饱和的过程，从而提高了输出电压的变化速度。电路图 7-5-3 所示的运算放大器处于开环工作状态，工作于非线性区。

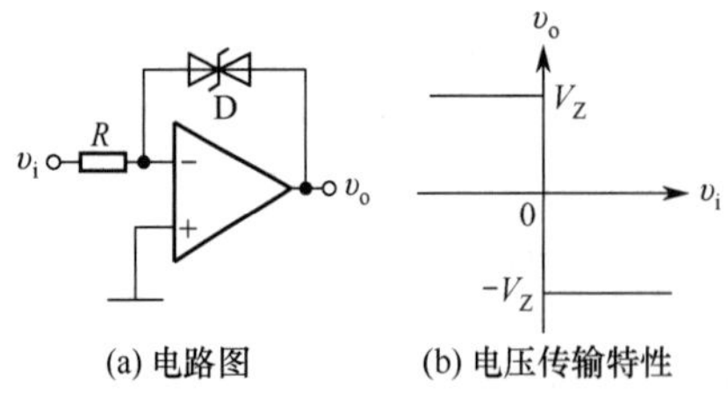

图 7-5-2 过零比较器的电路、电压传输特性

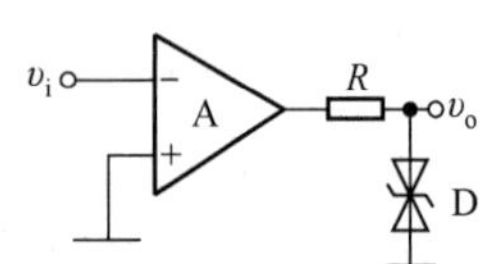

图 7-5-3 实用过零比较器的电路

2. 一般单限电压比较器

所谓单限比较器，是指只有一个门限电平的比较器，当输入电压等于此门限电平时，输出端的状态立即发生跳变。单限比较器可用于检测输入的模拟信号是否达到某个给定的电平。

单限比较器的电路有多种，其中一种如图 7-5-4(a)所示。可以看出，该电路是在图 7-5-3 所示过零比较器的基础上，将参考电压 υ_{ref} 通过 R_2 也接在集成运算放大器的反相输入端得到的。由于输入电压 υ_{i} 与参考电压 υ_{ref} 接成求和电路的形式，因此这种比较器也称**求和型单限比较器**。

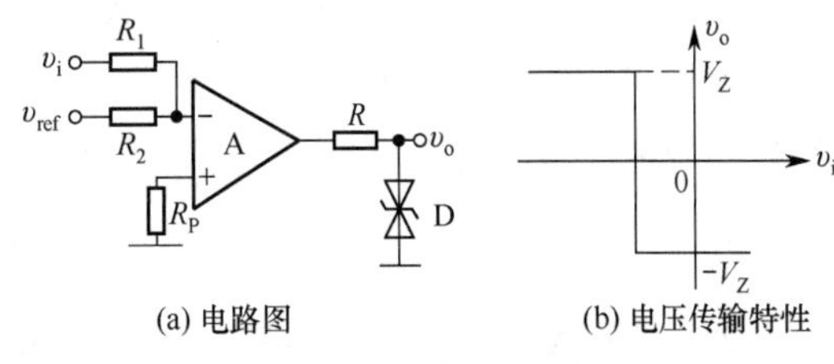

图 7-5-4　求和型单限比较器

由图 7-5-4(a)可见，集成运算放大器的同相输入端通过平衡电阻 R_{P}（$R_{\text{P}} = R_1 \parallel R_2$）接地，因此，当输入电压 υ_{i} 变化时，若使反相输入端的电位 $\upsilon_- = 0$，则输出端的状态将发生跳变。根据虚断的特性，并利用叠加原理可求得此时反相输入端的电位为

$$\upsilon_- = \frac{R_2}{R_1 + R_2}\upsilon_{\text{i}} + \frac{R_1}{R_1 + R_2}\upsilon_{\text{ref}} = 0 \tag{7-5-2}$$

通过反相端的电压可以求出阈值电压 V_{th}：

$$V_{\text{th}} = -\frac{R_1}{R_2}\upsilon_{\text{ref}} \tag{7-5-3}$$

该单限比较器的电压传输特性如图 7-5-4(b)所示。

对比图 7-5-2(b)和图 7-5-4(b)中的电压传输特性可知，前面介绍的过零比较器也只有一个门限电平，实际上也属于单限比较器的范围，只是这个门限电平等于零而已。

单限比较器还可有其他电路形式。例如，将输入电压 υ_{i} 和参考电压 υ_{ref} 分别接到开环工作状态的集成运算放大器的两个输入端也可组成单限比较器。需要时，也可在输出端与反相端之间接上背靠背的稳压管实现限幅。

7.5.3　滞回电压比较器

单限比较器具有电路简单、灵敏度高等优点，但存在的主要问题是抗干扰能力差。如果输入电压受到干扰或噪声的影响，在门限电平上下波动，则输出电压将在高、低两个电平之间反复跳变，如在控制系统中发生这种情况，将使执行机构不能正常工作。

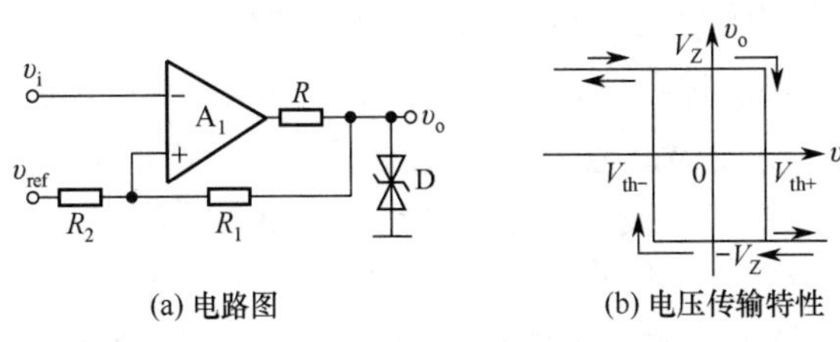

图 7-5-5　滞回电压比较器及传输特性

为了解决以上问题，可以采用具有滞回电压传输特性的比较器。滞回比较器又称**施密特触发器**，其电路如图 7-5-5(a)所示。

输入电压 υ_{i} 加在集成运算放大器的反相输入端，参考电压 υ_{ref} 经电阻 R_2 接在同相输入端，此外将输出电压 υ_{o} 通过电阻 R_1 引回到同相输入端，滞回电压比较器引入了正反馈。电阻 R 和背靠背的稳压管 D_{Z} 的作用是限幅，将输出电压的幅度限制在 $\pm V_{\text{Z}}$。

在本电路中，集成运算放大器反相输入端的 υ_{i} 与同相输入端的 υ_+ 相比较，当 $\upsilon_{\text{i}}=\upsilon_-=\upsilon_+$ 时，输出端的状态将发生跳变。其中，υ_+ 由参考电压 υ_{ref} 及输出电压 υ_{o} 二者共同决定，而输出电压 υ_{o} 有两种可能的状态 $\pm V_{\text{Z}}$。由此可见，使输出电压由 $+V_{\text{Z}}$ 跳变为 $-V_{\text{Z}}$ 和由 $-V_{\text{Z}}$ 跳变为 $+V_{\text{Z}}$ 所需的输入电压值是不同的。也就是说，这种比较器有两个不同的门限电平，所以电压传输特性呈滞回形状，如图 7-5-5(b)所示。

下面来估算滞回比较器的两个门限电平值。利用叠加原理可求得同相输入端的电位：

$$\upsilon_{+}=\frac{R_1}{R_1+R_2}\upsilon_{\text{ref}}+\frac{R_2}{R_1+R_2}\upsilon_{\text{o}} \tag{7-5-4}$$

若原来的输出电压 $\upsilon_o=+V_Z$，当输入电压由小到大且增大到 $\upsilon_i=\upsilon_+=V_{\text{th+}}$ 时，输出电压将从 $\upsilon_o=+V_Z$ 跳变到 $\upsilon_o=-V_Z$，此时所对应的门限电平用 $V_{\text{th+}}$ 表示，由式（7-5-4）可得

$$V_{\text{th+}}=\frac{R_1}{R_1+R_2}\upsilon_{\text{ref}}+\frac{R_2}{R_1+R_2}V_Z \tag{7-5-5}$$

若原来的输出电压 $\upsilon_o=-V_Z$，当输入电压由大到小且减小到 $\upsilon_i=\upsilon_+=V_{\text{th}-}$ 时，输出电压将从 $\upsilon_o=-V_Z$ 跳变到 $\upsilon_o=+V_Z$，此时所对应的门限电平用 $V_{\text{th}-}$ 表示，由式（7-5-4）可得

$$V_{\text{th}-}=\frac{R_1}{R_1+R_2}\upsilon_{\text{ref}}-\frac{R_2}{R_1+R_2}V_Z \tag{7-5-6}$$

上述两个门限电平之差称为门限宽度或回差，用符号 $\Delta\upsilon_{\text{th}}$ 表示。式（7-5-5）和式（7-5-6）相减得

$$\Delta\upsilon_{\text{th}}=\frac{2R_2V_Z}{R_1+R_2} \tag{7-5-7}$$

可见，门限宽度 $\Delta\upsilon_{\text{th}}$ 的值取决于稳压管的稳定电压 V_Z 以及电阻 R_2 和 R_1 的值，与参考电压 υ_{ref} 无关。改变 υ_{ref} 可以同时调节两个门限电平 $V_{\text{th+}}$ 和 $V_{\text{th}-}$ 的大小，但二者之差 $\Delta\upsilon_{\text{th}}$ 不变。也就是说，当 υ_{ref} 增大或减小时，滞回比较器的电压传输特性曲线将向右或向左平移，但滞回曲线的宽度保持不变。

7.5.4 窗口电压比较器

窗口电压比较器是指在输入电压由小到大和由大到小变化的过程中，输出电压将产生两次跃变，能够检测出输入电压是否在给定的两个参考电压之间的比较器。图 7-5-6 给出了一种窗口电压比较器的原理电路，图中有两个外加的参考电压 υ_{ref1} 和 υ_{ref2}，其中 $\upsilon_{\text{ref1}}>\upsilon_{\text{ref2}}$。

窗口电压比较器的工作原理如下：当输入电压大于 υ_{ref1} 时，也必然大于 υ_{ref2}，集成运算放大器 A_1 的输出为高电平，A_2 的输出为低电平，使得 D_1 导通，D_2 截止，电路通过 R_1 和稳压管 D_Z 输出稳定电压 V_Z；当输入电压小于 υ_{ref2} 时，也必然小于 υ_{ref1}，集成运算放大器 A_2 输出高电平，A_1 输出低电平，使得 D_2 导通，D_1 截止，电路通过 R_1 和稳压管 D_Z 输出稳定电压 V_Z；当输入电压大于 υ_{ref2} 且小于 υ_{ref1} 时，集成运算放大器 A_1、A_2 的输出均为低电平，D_1、D_2 均截止，输出电压为零，其电压传输特性如图 7-5-6(b)所示，

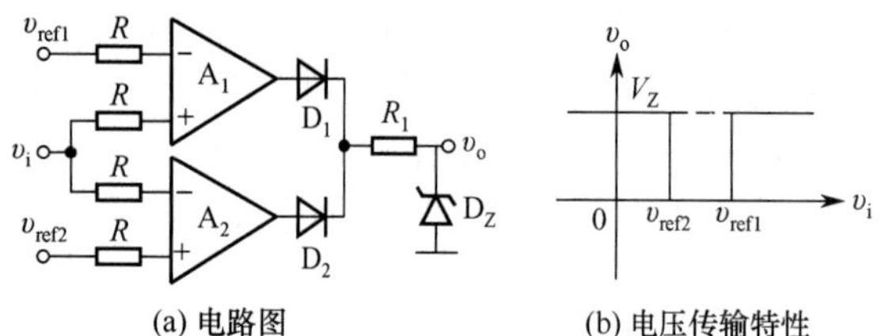

图 7-5-6 窗口电压比较器以及传输特性

由图可见，这种比较器有两个比较电平，即上限门限电平 υ_{ref1} 和下限门限电平 υ_{ref2}。

上面讨论了三种电压比较器，通过上面的分析可得如下结论。

（1）在电压比较器中，集成运算放大器多工作在非线性区，输出的电平只能出现高电平和低电平两种可能的状态。

（2）一般用电压传输特性来描述输出电压与输入电压的函数关系。

（3）电压传输特性的三个要素是输出电压的高低电平，以及阈值电压和输出电压的跃变方向。输出电压的高、低电平决定于限幅电路；令运算放大器的同相输入端电压和反相输入端电压相等时求出的输入电压即为阈值电压；输入电压等于阈值电压时输出电压的跃变方向取决于输入电压是作用于运算放大器的同相输入端还是作用于运算放大器的反相输入端。

习　题　7

7.1　分别选择“反相”或“同相”填空。

（1）________比例运算电路中集成运算放大器的反相输入端为虚地，而________比例运算电路中集成运算放大器两个输入端的电位等于输入电压。

（2）________比例运算电路的输入电阻大，而________比例运算电路的输入电阻小。

（3）________比例运算电路的输入电流等于零，而________比例运算电路的输入电流等于流过反馈电阻中的电流。

（4）________比例运算电路的比例系数大于 1，而________比例运算电路的比例系数小于零。

7.2　填空。

（1）________运算电路可实现 $A_v > 1$ 的放大器。

（2）________运算电路可实现 $A_v < 0$ 的放大器。

（3）________运算电路可将三角波电压转换成方波电压。

（4）________运算电路可实现函数 $Y=aX_1+bX_2+cX_3$，a, b 和 c 均大于零。

（5）________运算电路可实现函数 $Y=aX_1+bX_2+cX_3$，a, b 和 c 均小于零。

（6）________运算电路可实现函数 $Y=ax^2$。

7.3　集成运算放大器输出电压的最大幅值为±14V，反相放大器和同相放大器设置电压增益均为 10 倍，试画出输入正弦信号有效值分别为 0.1V, 0.5V, 1V, 1.5V 时的输出信号的波形图。

7.4　使用最大阻值不超过 500kΩ 的电阻和集成运算放大器设计一个比例运算电路，要求输入电阻 R_i = 20kΩ，比例系数为-100，信号源内阻为 1kΩ。

7.5　电路如题图 P7.5 所示，已知 R_1 = 50kΩ, R_2 = 100kΩ, R_3 = 2kΩ, R_4 = 100kΩ，平衡电阻 $R_5 = R_1 \| (R_2 + R_3 \| R_4)$，试确定：（1）放大器的输入电阻；（2）放大器的增益。

7.6　电路如题图 P7.5 所示，集成运算放大器输出电压的最大幅值为±14V，输入 2V 的直流信号。分别求出下列各种情况下的输出电压：（1）R_2 短路；（2）R_3 短路；（3）R_4 短路；（4）R_4 断路。

7.7　由运算放大器构成的比例电流源如题图 P7.7 所示，三极管 T_1、T_2 和 T_3 的特性完全相同，$\beta > 60$，已知 R_1 = 2kΩ, R_2 = 5kΩ, R_4 = 2kΩ, R_5 = 3kΩ，电流源 I_3 = 0.2mA，试确定电流源 I_1、I_2 的大小和电阻 R_3 的阻值。

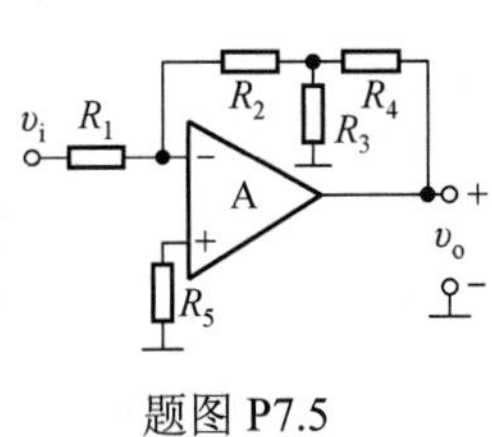

题图 P7.5

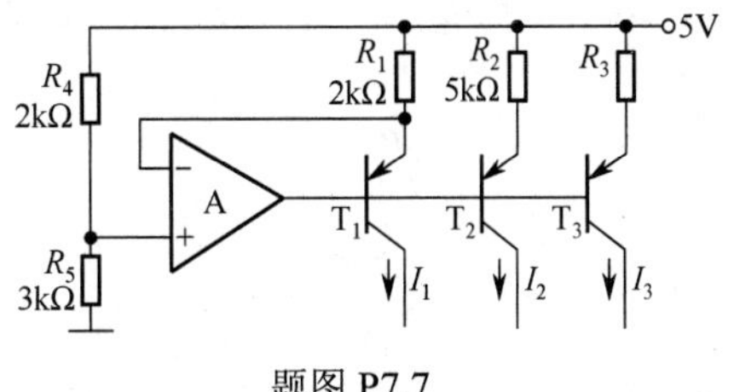

题图 P7.7

7.8　在题图 P7.8 所示的各电路中，若所有集成运算放大器均为理想运算放大器，试求输出电压与输入电压的运算关系式。

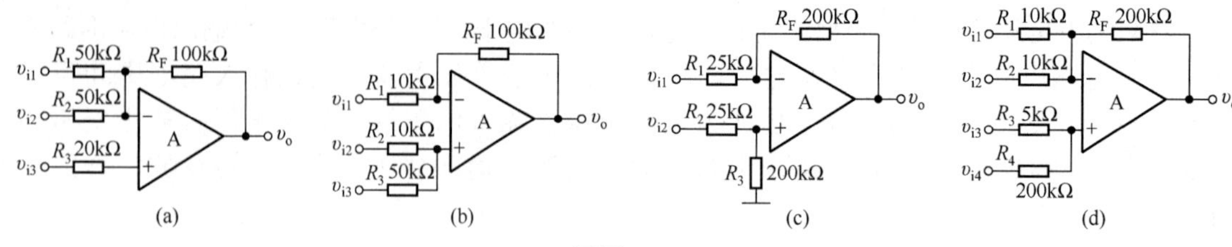

题图 P7.8

7.9 在题图 P7.8 所示的各电路中，是否对集成运算放大器的共模抑制比要求较高？为什么？集成运算放大器的共模信号分别为多少？写出其表达式。

7.10 题图 P7.10 所示为恒流电路，已知稳压管工作在稳压状态且稳定电压为 6V，试求负载电阻 R_L 中的电流。

7.11 电路如题图 P7.11 所示。

（1）写出输出电压与输入电压之间的运算关系式。

（2）当可调电阻 R_W 的滑动端在最上端时，若 $v_{i1}=10\text{mV}$，$v_{i2}=20\text{mV}$，则 $v_o=$？

（3）若 v_o 的最大幅值为±14V，输入电压 v_{i1}、v_{i2} 的最大幅值分别为 10mV 和 20mV，为了保证集成运算放大器工作在线性区，可调电阻上端的电阻 R_2 的最大值为多少？

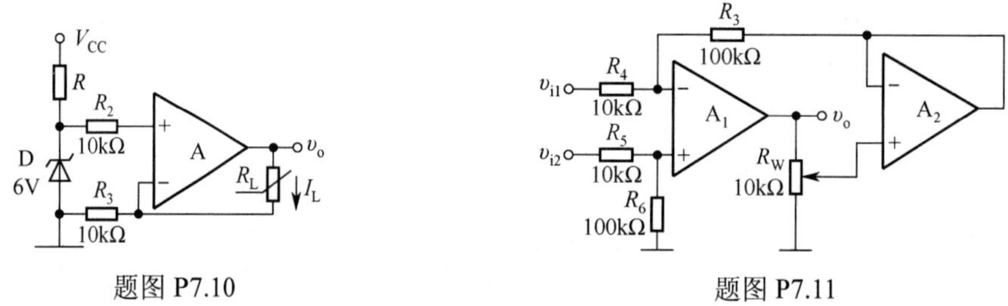

题图 P7.10　　　　题图 P7.11

7.12 分别求解题图 P7.12 所示各电路的运算关系。

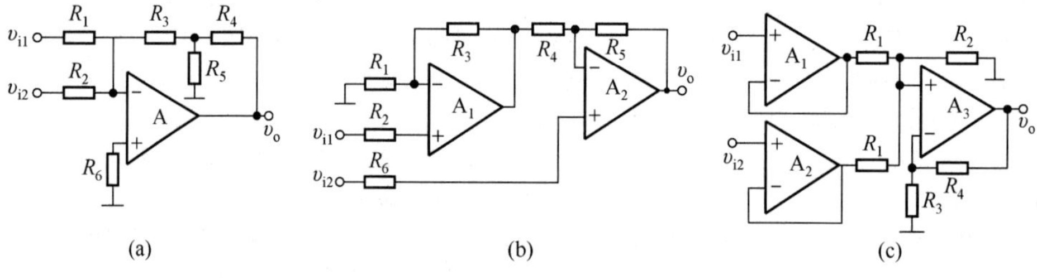

题图 P7.12

7.13 在题图 P7.13(a)所示的电路中，已知输入电压 v_i 的波形如题图 P7.13(b)所示。当 $t=0$ 时，$v_o(0)=0$，试画出输出电压 $v_o(t)$ 的波形。

7.14 在题图 P7.14(a)所示的电路中，已知输入电压 v_i 的波形如题图 P7.14(b)所示。当 $t=0$ 时，$v_o(0)=0$，试画出输出电压 $v_o(t)$ 的波形。

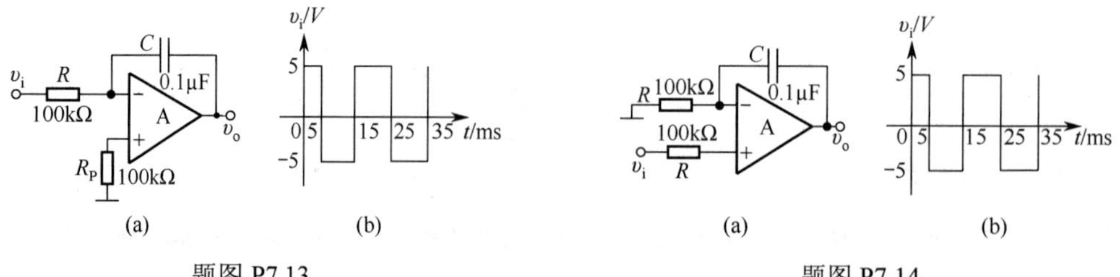

题图 P7.13　　　　题图 P7.14

7.15 试分别求解题图 P7.15 所示各电路的运算关系。

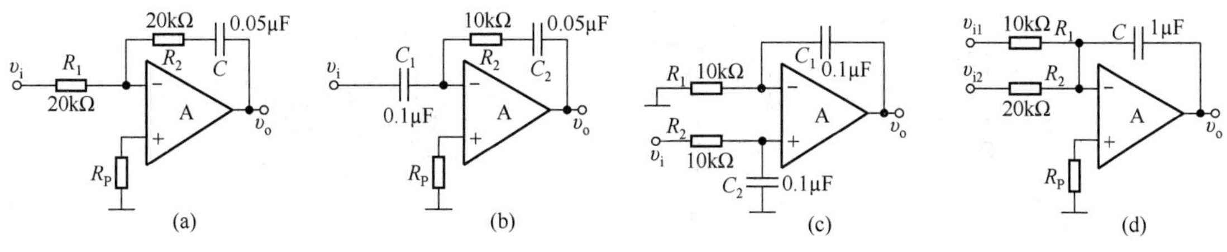

题图 P7.15

7.16 在图 P7.16 所示的电路中，已知 $R_1=R_2=R=10\text{k}\Omega$，$R_3=R_F=100\text{k}\Omega$，$C=1\mu\text{F}$。试确定：（1）输出电压 v_o 与输入电压 v_i 的运算关系；（2）设 $t=0$ 时 $v_o(0)=0$，且输入电压 v_i 由零跃变为−1V，求输出电压由 0 上升到+6V 所需的时间。

7.17 在题图 P7.17 所示的电路中，已知 $R_1=R_2=R_3=R_5=50\text{k}\Omega$，$R_4=25\text{k}\Omega$，$C=10\mu\text{F}$，试确定输出电压 v_o 与输入电压 v_i 之间的运算关系。

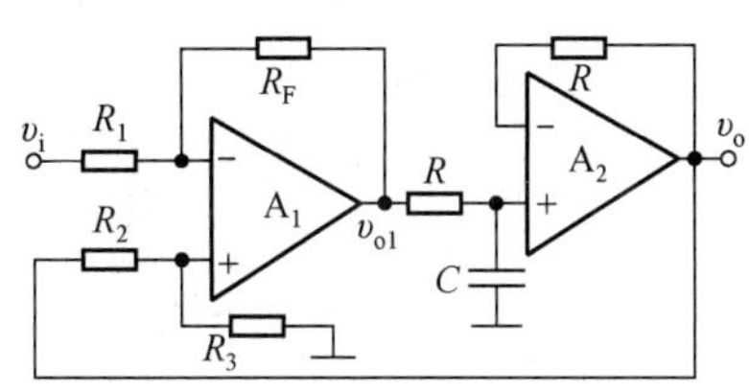

题图 P7.16

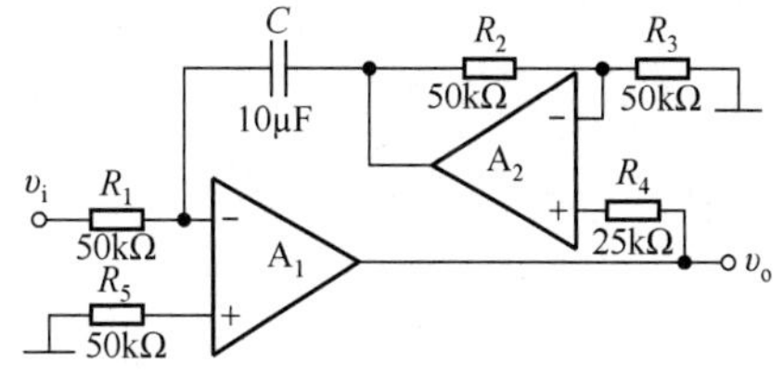

题图 P7.17

7.18 题图 P7.18 所示的电路中，已知 $v_{i1}=$ 4V，$v_{i2}=$ 1V。回答下列问题：（1）当开关 S 闭合时，分别求解 A, B, C, D 点的电位和输出电压 v_o；（2）电路稳定后开始计时，设 $t=0$ 时开关 S 打开，问经过多长时间 $v_o=0$？

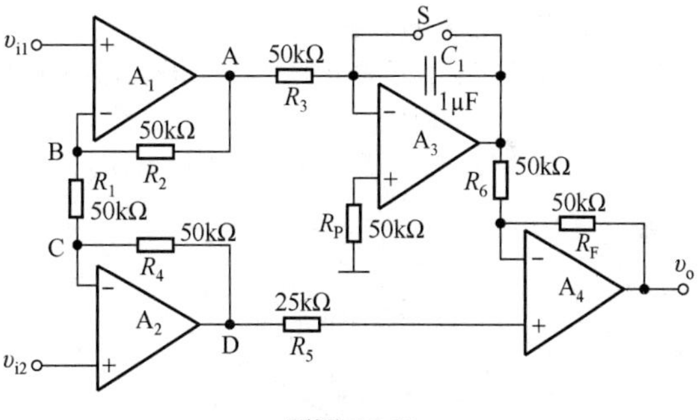

题图 P7.18

7.19 画出利用对数运算电路、指数运算电路和加减运算电路实现除法运算的原理框图。

7.20 为了使题图 P7.20 所示的电路实现除法运算，（1）请在图中标出集成运算放大器的同相输入端和反相输入端；（2）求出 v_o 和 v_{i1}, v_{i2} 的运算关系式。

7.21 求出题图 P7.21 所示电路的运算关系。

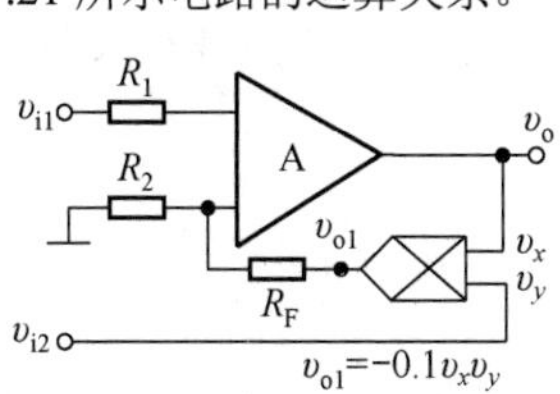

题图 P7.20

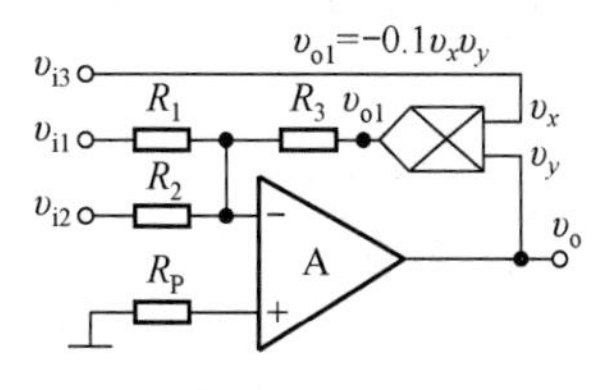

题图 P7.21

7.22 利用方框图的思路，分别设计 v_i^5 的运算电路和 $\sqrt[5]{v_i}$ 的运算电路。

7.23 在下列各种情况下，应分别采用哪种类型（低通、高通、带通、带阻）的滤波电路？（1）抑制 50Hz 交流电源的干扰；（2）处理具有 1Hz 固定频率的有用信号；（3）从输入信号中取出低于 2kHz 的信号；（4）抑制频率为 100kHz 以上的高频干扰。试分别设计上述有源滤波器。

7.24 试说明图 P7.24 所示的各电路属于哪种类型的滤波电路，各是几阶滤波电路，写出相应的传递函数。

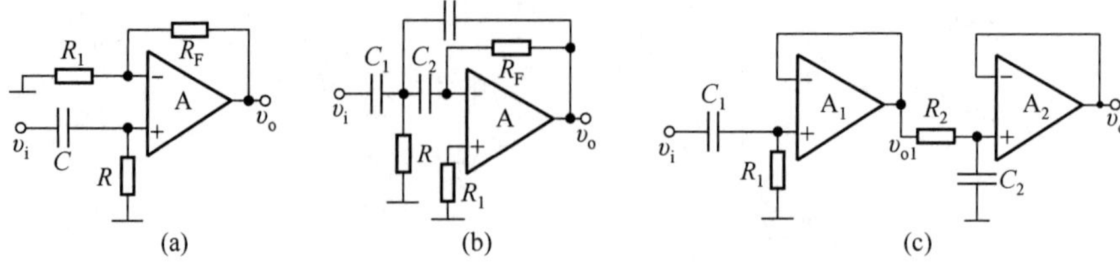

题图 P7.24

7.25 设计一个由放大倍数均为 2 的一阶低通和二阶高通组成的有源带通滤波电路，其通带截止频率分别为 100Hz 和 2kHz。试画出相应电路，确定元件参数，并绘制其幅频特性。

7.26 试画出题图 P7.26 所示电路的电压传输特性，并说明电路的工作原理。假定集成运算放大器和二极管都是理想的。

7.27 比较器如题图 P7.27 所示，已知背靠背的稳压二极管 D_Z 的稳压电压为 5.6V，正向导通电压为 0.7V，其他二极管均为理想二极管，图中 $\upsilon_{th1}=5V$ ， $\upsilon_{th2}=10V$ ，试画出输出电压随输入电压变化的比较特性。

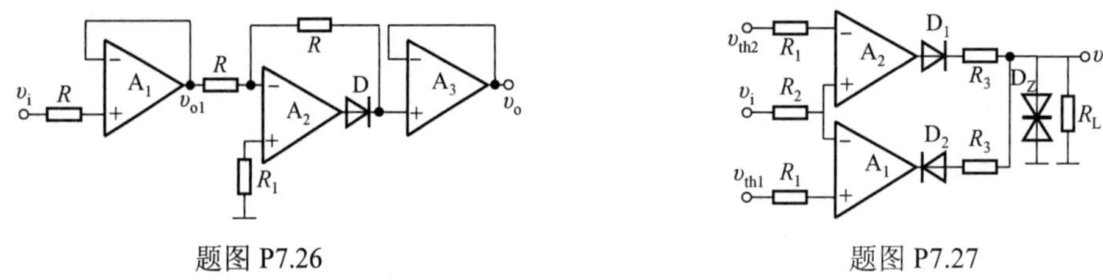

题图 P7.26　　题图 P7.27

7.28 简述开关电容滤波电路的特点。

7.29 在题图 P7.29 所示的电路中，已知通带放大倍数为 2，截止频率为 1kHz，$C_1=C_2=C=1\mu F$，试确定电路中各电阻的阻值。

7.30 试分析题图 P7.30 所示电路的输出 $\upsilon_{o1},\upsilon_{o2},\upsilon_{o3}$ 分别具有哪种滤波特性。

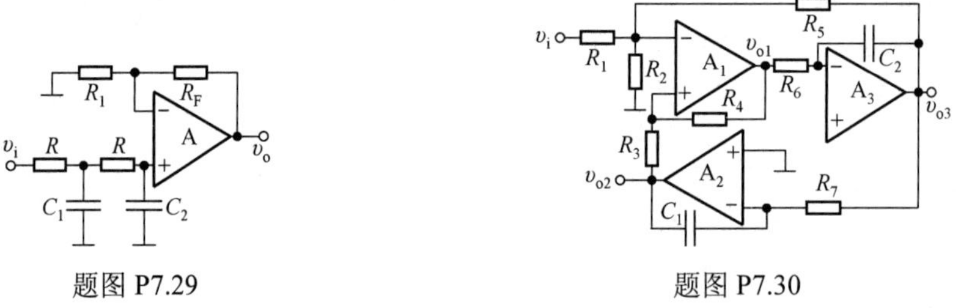

题图 P7.29　　题图 P7.30

7.31 说明仪表放大器、电荷放大器和隔离放大器各有什么特点，它们分别适用于什么场合。

第 8 章　直流稳压电源

许多电子设备和家用电器都需要直流电源供电。除了少量低功耗、便携式仪器设备选用电池供电，绝大多数电子设备正常工作时都需要直流供电，因此直流电源是必不可少的和非常重要的。常用的电源大部分采用 220V 市电或 380V 交流电，因此需要将交流电变换成直流电，方法是让电网的交流电压经过变压、整流、滤波、稳压等几个过程。在直流电源电路中，首先通过变压器将 220V 交流电变成电路所需的低压交流电；然后利用半导体二极管的单向导电性将幅度较小的交流电变为脉动直流电；随后经过滤波器滤掉其中的脉动成分，使之成为较为平滑的直流电压；最后经稳压电路稳压（或稳流电路稳流）输出较为稳定的直流电压（或直流电流）。可见，对直流电源的主要要求是，当电网电压或负载电流波动时，能保持输出电压的稳定，输出电压平滑且脉动成分较小，交流电转换为直流电时的效率应高。

本章主要讨论小功率直流电源常用的整流电路、滤波电路、倍压电路，串联型直流稳压电路，集成稳压器的应用，以及开关稳压电路的工作原理等。

8.1　直流稳压电源的基本结构

小功率直流稳压电源电路组成方框图通常如图 8-1-1 所示，由图可见，它由变压器、整流电路、滤波电路和稳压电路四部分组成。

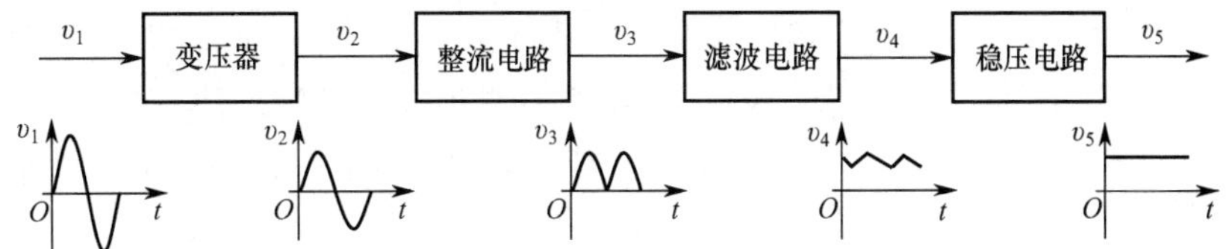

图 8-1-1　直流稳压电源电路组成方框图

1．变压器

变压器的任务是将较高的市电电压 υ_1（变压器初级电压）降低到符合整流电路所需的交流电压 υ_2（变压器次级电压）。根据 υ_1、υ_2 的大小可以确定电源变压器初级与次级的匝数比；次级电流 i_2 的有效值 I_2 与负载电流平均值 I_L 之间的关系为 $I_2 \approx 1.6I_L$，因此次级电压的有效值 V_2 与电流 I_2 的乘积是选择电源变压器额定功率的重要依据。

2．整流电路

当负载仅需要几十瓦或几百瓦以下的功率时，采用单相整流就已足够；当负载需要上千瓦的功率时，则需要三相整流，如直流电机的供电、机械加工的大功率直流电源等。整流电路是利用整流元件的单向导电性将交流电压 υ_2 整流为单方向脉动电压 υ_3 的电路。本章讨论几种电子线路中的常用单相整流电路。

3．滤波电路

滤波电路通常由 L、C 等储能元件组成，作用是滤除单向脉动电压中的交流分量，使输出电压更接近直流电压。滤波电路的常用结构形式有电容型滤波电路、电感型滤波电路、混和型滤波电路。

4．稳压电路

稳压电路的作用是在电网电压和负载波动时，自动保持负载电压（输出电压）的稳定；也就是说，由稳压电路向负载输出功率时，能够保持输出电压稳定，而这通常是由负反馈来实现的。

8.2 整流电路

整流电路的作用是利用具有单向导电性能的整流元件，将正负交替的交流电压整流成单方向的脉动电压。本节讨论单相整流电路中的半波整流电路、全波整流电路，以及桥式整流电路的工作原理和主要参数，并简单介绍小电流的倍压整流电路。

8.2.1 单相整流电路的工作原理

1．单相半波整流电路

图 8-2-1 是由一个二极管组成的单相半波整流电路与工作波形。由图可见，变压器次级电压 υ_2（有效值为 V_2）作用在整流电路的输入端，D 为整流二极管，R_L 为整流电路的负载。设 D 为理想二极管，在 υ_2 的作用下，整流电路的工作原理如下。

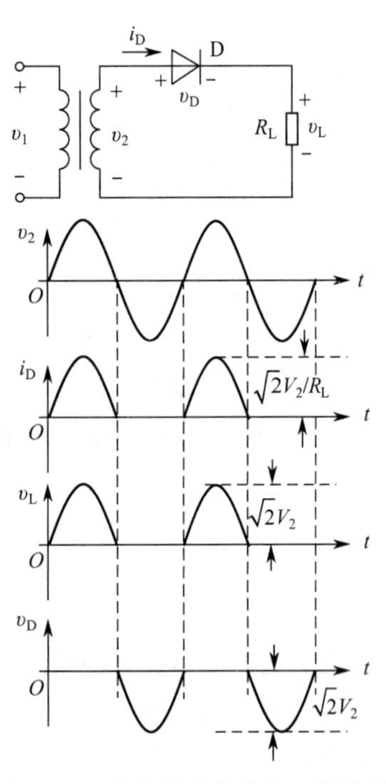

图 8-2-1 半波整流电路与工作波形

在 υ_2 的正半周，整流二极管 D 导通（$\upsilon_D = 0$），流过负载 R_L 的电流 $i_L = i_D = \upsilon_2 / R_L$，$R_L$ 两端的电压 υ_L 为正半周电压 υ_2，其最大值就是 υ_2 的峰值电压 $\sqrt{2}V_2$。

在 υ_2 的负半周，D 截止（$\upsilon_D = \upsilon_2$），$i_L = i_D = 0$，R_L 两端的电压 $\upsilon_L = 0$，此时二极管承受一个反偏电压，即 $\upsilon_D = \upsilon_2$，反偏电压的最大值为 $V_{RM} = \sqrt{2}V_2$。

根据以上分析，整流电路中各处的波形如图 8-2-1 所示。由于二极管的单向导电作用，使得变压器次级的交流电压变换成负载两端的单向脉动电压，从而达到了整流的目的。因为这种电路只在交流电压的半个周期内才有电流流过负载，所以称为单相半波整流电路。

半波整流电路的优点是使用元件少、结构简单；缺点是输出电压波形脉动大，直流成分较低，交流电有一半时间没有利用，变压器的利用率也低。因此，它只能用在输出电流较小、要求不高的场合。

2．单相全波整流电路

图 8-2-2 所示电路为单相全波整流电路及变压器次级输

出的电压波形。从图中可见，变压器的次级具有中心抽头，它将次级分为上、下两个绕组，两个绕组上的电压是幅度相同、相位相反的υ_2，υ_2的极性如图中所示，该电压作用于整流电路的输入端，D_1、D_2为整流二极管，R_L为整流电路的负载。

设 D_1、D_2为理想二极管，在υ_1的作用下，整流电路的工作过程如下：在υ_1的正半周，次级输出υ_2的波形上正下负，这时D_1导通、D_2截止，流过负载的电流$i_L = i_{D1}$，因此在R_L上得到相应相位的输出电压$\upsilon_L = \upsilon_2$；在υ_1的负半周，υ_2的波形上负下正，D_1截止、D_2导通，流过负载的电流 $i_L = i_{D2}$，且 i_{D2}与 i_{D1}流过负载 R_L的方向相同，因此，在负载上得到一个单方向的脉动电压$\upsilon_L = -\upsilon_2$。

全波整流电路各处的波形如图 8-2-3 所示。由图可见，全波整流电路的输出电压υ_L的波形和横轴所包围的面积是半波整流电路的两倍，显然其平均值应是半波整流电路的两倍。全波整流输出波形的脉动成分较半波整流时有所下降。在全波整流电路中，一管导通而另一管截止，加在截止管上的反向电压为$2\upsilon_2$，其最大值为$V_{RM} = 2\sqrt{2}V_2$。

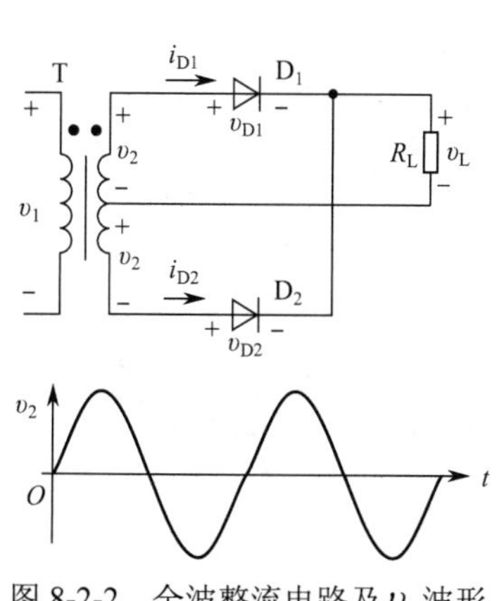

图 8-2-2　全波整流电路及υ_2波形

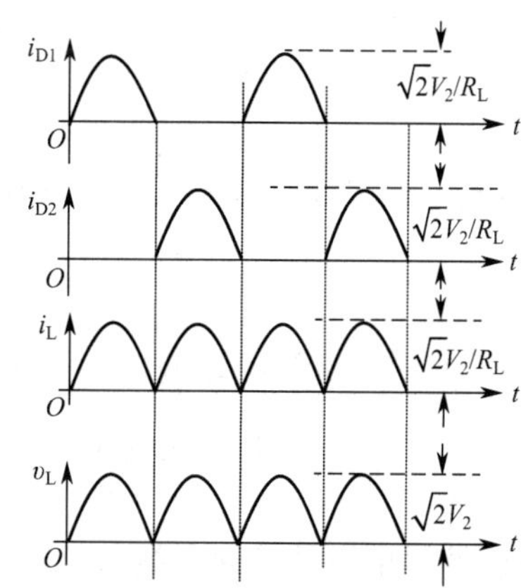

图 8-2-3　全波整流工作波形

这种整流电路的缺点是，每个绕组只有一半的时间有电流通过，变压器的利用率不高。

3. 单相桥式整流电路

图 8-2-4(a)所示电路为单相桥式整流电路，图 8-2-4(b)为单相桥式整流电路的简单画法。

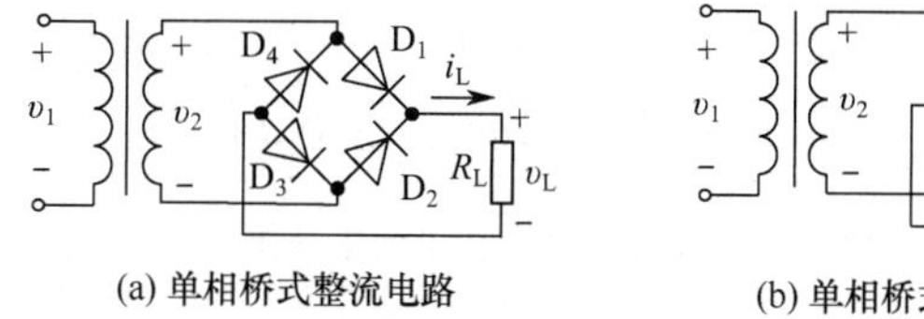

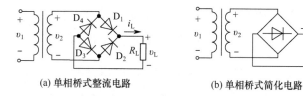

(a) 单相桥式整流电路　　(b) 单相桥式简化电路

图 8-2-4　桥式整流及简化电路

在图 8-2-4(a)中，四个二极管接成电桥的形式，所以称为桥式整流电路。次级电压υ_2作用在桥式整流电路的输入端，在υ_2的作用下，整流电路的工作过程如下：仍假设四个二极管为理想二极管，在υ_2的正半周，D_1、D_3导通，D_2、D_4截止，负载电流 $i_L = i_{D1} = i_{D3}$，并在 R_L两端产生半个周期的电压。

在υ_2的负半周，D_1、D_3截止，D_2、D_4导通，负载电流$i_L = i_{D2} = i_{D4}$，且通过R_L的电流的方向与i_{D1}（或i_{D3}）的相同，它们产生另外半个周期的电压。

在桥式整流电路中，R_L两端的电压波形与全波整流电路的完全相同。可见，桥式整流电路无须采用具有中心抽头的变压器就可达到全波整流的目的。在桥式整流电路中，每个二极管的反向偏压最大值为$V_{RM}=\sqrt{2}V_2$。该电路的主要缺点是二极管用得较多，但目前市场上已有整流桥堆出售，如QL51A～G和QL62A～L等，其中QL62A～L的额定电流为2A，最大反向电压为25～1000V。

8.2.2 整流电路的主要参数

1．整流输出电压平均值 V_L

V_L是整流输出电压υ_L在一个周期内的平均值，即

$$V_L=\frac{1}{2\pi}\int_0^{2\pi}\upsilon_L\mathrm{d}(\omega t) \tag{8-2-1}$$

在半波整流的情况下，二极管可视为理想器件，因此，负载上的电压可表示为

$$\upsilon_L=\begin{cases}\sqrt{2}V_2\sin\omega t, & 2n\pi<\omega t<(2n+1)\pi\\ 0, & (2n+1)\pi<\omega t<2(n+1)\pi\end{cases} \tag{8-2-2}$$

式中，V_2为变压器次级输出电压的有效值。将上式代入式（8-2-1）得

$$V_L=\frac{1}{2\pi}\int_0^{\pi}\sqrt{2}V_2\sin\omega t\mathrm{d}(\omega t)=\frac{\sqrt{2}V_2}{\pi}\approx 0.45V_2 \tag{8-2-3}$$

全波整流和桥式整流电路输出电压的平均值为

$$\upsilon_L=\frac{1}{2\pi}\int_0^{2\pi}\upsilon_L\mathrm{d}(\omega t)=\frac{1}{\pi}\int_0^{\pi}\sqrt{2}V_2\sin\omega t\mathrm{d}(\omega t)=\frac{2\sqrt{2}V_2}{\pi}\approx 0.9V_2 \tag{8-2-4}$$

2．整流输出电压的脉动系数 S

整流电路输出电压的脉动系数 S 定义为输出电压υ_L中，脉动电压中最低次纹波电压的最大值V_{Lm}与输出电压的平均值V_L之比，即

$$S=\frac{V_{Lm}}{V_L} \tag{8-2-5}$$

对于半波整流电路，其输出各点对应的波形如图 8-2-1 所示。为了分析脉动系数 S，我们将输出电压的波形用傅里叶级数展开为

$$\upsilon_L=\sqrt{2}V_2\left(\frac{1}{\pi}+\frac{1}{2}\sin\omega t-\frac{2}{3\pi}\cos 2\omega t-\frac{2}{15\pi}\cos 4\omega t-\cdots\right) \tag{8-2-6}$$

由于半波整流输出电压υ_L的周期与υ_2的相同，因此该式中的第二项$\left(\sqrt{2}V_2/2\right)\sin\omega t$是整流电路输出电压的基波成分，其最大值为$\sqrt{2}V_2/2$。于是，半波整流输出电压的脉动系数为

$$S=\frac{V_{Lm}}{V_L}=\frac{\sqrt{2}V_2/2}{\sqrt{2}V_2/\pi}=1.57 \tag{8-2-7}$$

对于全波整流和桥式整流电路，其输出电压的波形如图 8-2-3 所示。为了分析脉动系数 S，我们将该波形用傅里叶级数展开为

$$\upsilon_L=\sqrt{2}V_2\left(\frac{2}{\pi}-\frac{4}{3\pi}\cos 2\omega t-\frac{4}{15\pi}\cos 4\omega t-\frac{4}{35\pi}\cos 6\omega t-\cdots\right) \tag{8-2-8}$$

由于全波（或桥式）整流输出电压 v_L 的周期只有 v_2 的一半，因此式中的第二项 $(4\sqrt{2}V_2/3\pi)\cos 2\omega t$ 是整流电路输出电压的最低次纹波成分，其最大值为 $4\sqrt{2}V_2/3\pi$。于是，全波和桥式整流电路输出电压的脉动系数为

$$S=\frac{V_{Lm}}{V_L}=\frac{4\sqrt{2}V_2/3\pi}{2\sqrt{2}V_2/\pi}\approx 0.67 \tag{8-2-9}$$

由式（8-2-7）和式（8-2-9）可见，这两种整流输出电压都包含较大的脉动成分。在半波整流的情况下，脉动电压的基波最大值比平均值还大 57%。

3. 二极管整流电流的平均值 I_D

温升是决定半导体器件使用极限的一个重要指标，整流二极管的温升本来应该与通过二极管的电流有效值有关，但由于平均电流是整流电路的主要工作参数，因此在出厂时已将二极管允许的温升折算成半波整流电流的平均值，并在器件手册中给出。

在桥式整流电路中，二极管 D_1、D_3 和 D_2、D_4 轮流导电，其导电的波形图与全波整流的完全相同，见图 8-2-3 所示。从图中可见，每个整流二极管的平均电流等于输出电流 i_L 的平均值的一半，即

$$I_D=\frac{1}{2}I_L \tag{8-2-10}$$

式中，I_L 为负载电流的平均值。负载电流平均值已知时，可根据 I_L 来选定整流二极管的 I_D。

4. 二极管的最大反向峰值电压 V_{RM}

最大反向峰值电压是指整流二极管不导电时在其两端出现的最大反向电压，用 V_{RM} 表示。最大反向峰值电压是在整流电路中选择整流管的重要参数之一，选择整流管时，应选择耐压比这个数值高的管子，以免被击穿。在全波整流的情况下，由图 8-2-2 可知，正半周时 D_1 导电而 D_2 不导电，于是 D_2 的 $V_{RM}=2\sqrt{2}V_2$；同理，负半周时 D_1 的 V_{RM} 也等于 $2\sqrt{2}V_2$。半波和桥式整流电路中的二极管所承受的反向峰值电压只有全波整流的一半，即 $V_{RM}=\sqrt{2}V_2$。

桥式整流电路的优点是输出电压的平均值较高，纹波电压较小，管子所承受的最大反向峰值电压较低，同时因电源变压器在正、负半周内都有电流供给负载，电源变压器得到了充分的利用，效率较高。因此，这种电路在半导体整流电路中得到了广泛的应用。

8.2.3 倍压整流

在电子设备系统中，除了主电源电压，有时还需要高电压、小电流的电源。此时，若采用上述整流方法来获得这个电压是不适合的，因为所用的变压器次级电压很高，必然导致次级匝数增加，体积增大。这时，应采用倍压整流电路。倍压的基本原理是，利用二极管的整流和导引作用对电容器进行充放电，使其两端产生电压，然后按极性相加的原则将它们串接起来，实现较高电压的直流输出。具有这种功能的电路统称倍压整流电路。

1. 二倍压整流电路

图 8-2-5 所示是二倍压整流电路原理图。一般而言，倍压整流电路的负载都很轻（负载电阻 R_L 很大）。从图中可见，在 v_2 的正半周，D_1 导电，电容 C_1 被充电到 v_2 的峰值 $\sqrt{2}V_2$。

在v_2的负半周，v_2的极性与图示方向相反，这时变压器次级绕组上的电压v_2与电容 C_1 上已充好的电压方向一致，此时 D_1 截止，D_2 导电，导电电流流经电容 C_2 并向其充电，直到 C_2 上的充电电压略小于$2\sqrt{2}V_2$为止。当v_2电压极性又恢复到图示极性时，v_2又给 C_1 充电，到下个负半周时，C_2 的电压又被充到更接近$2\sqrt{2}V_2$，经多次充电后，C_2 两端的电压达到$2\sqrt{2}V_2$，从而实现二倍压整流。

2．多倍压整流电路

要得到比二倍压还要高的整流电压，就要把许多电容串联起来，并通过二极管逐一给它们充电。图 8-2-6 所示为多倍压整流电路。

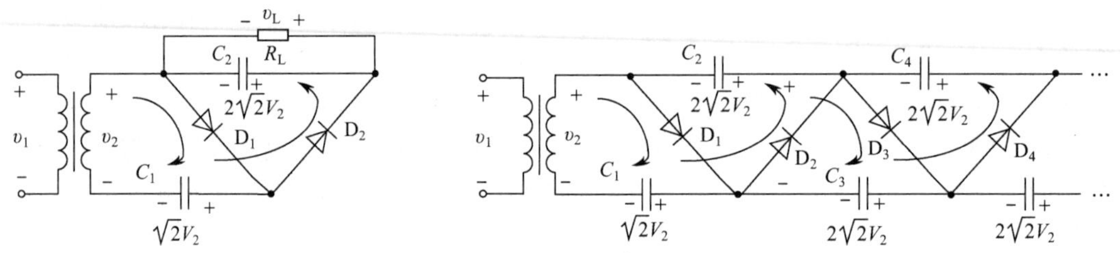

图 8-2-5 二倍压整流电路　　　　图 8-2-6 多倍压整流电路

为了保证充电电流能向每个电容充电，一方面要依靠次级电压v_2，另一方面还要依靠其他有关电容向充电电容放电。由图 8-2-6 可见，在v_2的正半周，D_1 导电，将电容 C_1 充电到$\sqrt{2}V_2$，在v_2的负半周，v_2的极性与图中标注的极性相反，则v_{C1}与v_2相加使 D_2 导通并给电容 C_2 充电，C_2 两端的电压近似为$2\sqrt{2}V_2$；在下一个周期的正半周，v_{C2}与v_2相加再减去v_{C1}使 D_3 导通并给 C_3 充电，则$v_{C3}=v_{C2}+v_2-v_{C1}\approx 2\sqrt{2}V_2$；以此类推，在$v_2$下一个周期的负半周，有$v_{C4}=v_{C1}+v_{C3}+v_2-v_{C2}\approx 2\sqrt{2}V_2$。由此可知，在这种结构形式的倍压整流电路中，每个电容两端的电压（除$v_{C1}\approx\sqrt{2}V_2$外）都是$2\sqrt{2}V_2$。因此，只要把负载电阻 R_L 接到有关电容组的两端，就可以得到相应的多倍压直流输出。

以上在分析倍压整流电路的工作原理时，都假定在理想情况下，即电容电压被充电至变压器次级电压的最大值。实际上，由于存在放电回路，因此电容上的电压达不到最大值，而且在充放电过程中电容电压还会上下波动，波动越大，其平均电压就越低。

8.3 滤波电路

无论是半波整流电路还是全波和桥式整流电路，它们的输出电压中均含有较大的脉动成分。为了得到较为理想的直流输出，常在整流后采取一定的措施，降低输出电压中的脉动成分，保留其中的平均分量，这样的措施就是滤波。

由于电抗元件在电路中有储能作用，并联在 R_L 两端的电容器 C 在电源供给的电压升高时，能把部分能量存储起来，而当电源电压降低时，能把能量释放出来，使负载电压比较平滑，即电容 C 具有平滑滤波的作用；与负载串联的电感 L 在电源供给电压增加引起电流增大时，能把能量存储起来，而当电流减小时又把能量释放出来，使负载电流比较平滑，即电感 L 也有平滑滤波的作用。既然电容 C、电感 L 具有滤波作用，因此可用它们组成各种形式的滤波电路，对整流后的输出电压进行滤波，进而得到较为平滑的直流输出。

常用滤波电路的形式有电容滤波、阻容滤波、电感滤波和电感电容滤波，如图 8-3-1 所示。从滤波电路的外特性看，上述滤波电路又可分为电容滤波和电感滤波两种类型。图 8-3-1(a)、图 8-3-1(b)和图 8-3-1(d)为电容滤波器，图 8-3-1(c)为电感滤波器。

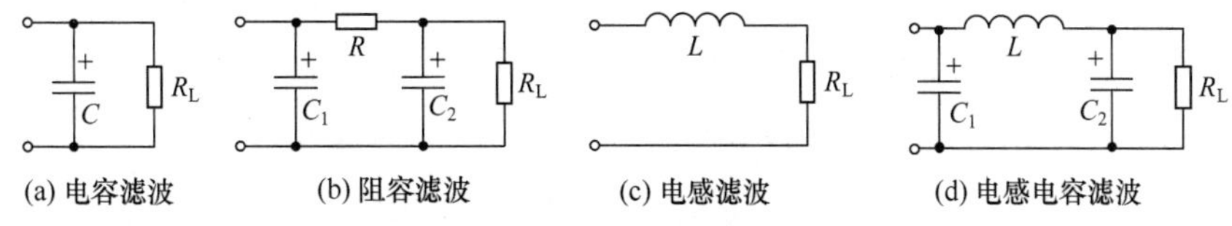

图 8-3-1　各种形式的滤波电路

所谓滤波器的外特性，是指整流电路接入不同类型的滤波器后，其输出电压与输出电流之间的关系曲线。图 8-3-2(a)和(b)所示曲线分别为电容滤波和电感滤波的外特性。

对于图 8-3-1(a)所示的电容滤波电路，由图可知，当 $I_L=0$（即 R_L 开路）时，滤波电容 C 上的电压 υ_2 的峰值为 $\sqrt{2}V_2$，随着 I_L 的增大（或 R_L 减小），滤波电容 C 上的电压呈指数下降，这表明因为 C 的放电加速，使得 υ_L 的平均值 V_L 明显减小。当 I_L 较大（相当于 R_LC 很小）时，若电容 C 上的电压在一周内无法积累，则 υ_L 的波形将和没有滤波电容 C 时的情况差不多，对于全波整流电路，其输出电压的平均值为 $V_L \approx 0.9V_2$，如图 8-3-2(a)所示。可见，电容滤波器适用于负载电流较小且变化不大的场合。

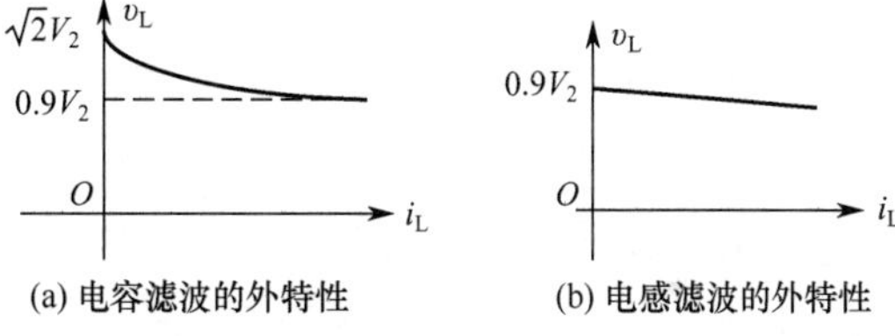

图 8-3-2　电容、电感滤波的外特性

对于图 8-3-1(c)所示的电感滤波电路，由于电感的直流电阻很小，交流阻抗很大，因此直流分量经过电感后基本上没有损失，而基波和谐波分量基本上都降落在电感上，因此降低了输出电压中的脉动成分。电感 L 和 I_L 越大（R_L 越小），滤波效果就越好。由图 8-3-2(b)可见，当 I_L 很大时，输出电压的变化仍然比较平滑。也就是说，它的外特性下降较缓慢，所以电感滤波适用于负载电流较大的场合。

8.3.1　电容滤波电路

电容滤波是小功率整流电路中应用最广泛的一种滤波电路。在图 8-3-3(a)所示的桥式整流电路的输出端，即 R_L 两端并联一个大容量的电容器 C，即可构成电容滤波电路。由图 8-3-3(b)中 υ_L 的波形可知，当 υ_2 为正半周时，设电容上已充有一定的电压 υ_C，所以二极管 D_1 和 D_3 仅在 $\upsilon_2 > \upsilon_C$ 时才导通。同样，当 υ_2 为负半周时，仅当 $\upsilon_2 < \upsilon_C$ 时，二极管 D_2 和 D_4 才导通。例如，图中的 $t_1 \sim t_2$ 为 D_1、D_3 导通期间，$t_3 \sim t_4$ 为 D_2、D_4 导通期间。如果忽略变压器内阻和二极管正向压降，那么在二极管导通期间，υ_2 向 C 充电，$\upsilon_C \approx \upsilon_2$，且充电时间常数很小。

当 $|\upsilon_2| < |\upsilon_C|$ 时，由于四个二极管均受反向电压作用而处于截止状态，所以电容 C 将向负载 R_L 放电，例如，图中在 $t_2 \sim t_3$、$t_4 \sim t_5$ 期间内 υ_C（υ_L）按指数规律下降。由于放电时间常数 $\tau = R_LC$ 通常远大于充电时间常数，所以电容两端电压（即负载 R_L 上电压）的脉动情况比接入电容前明显改善，且直流平均分量 V_L 也有所提高。

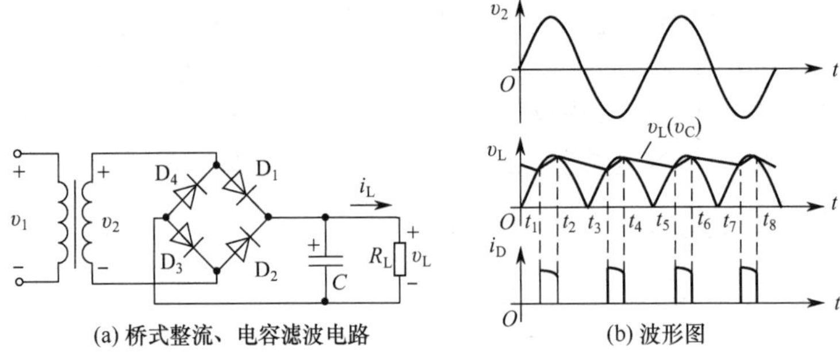

(a) 桥式整流、电容滤波电路　　(b) 波形图

图 8-3-3　桥式整流、电容滤波电路

显然，R_LC 越大，v_C（v_L）波形的脉动就越小。在极端情况下，当 $R_LC\to\infty$（如 R_L 开路）时，$V_L=\sqrt{2}V_2\approx1.4V_2$；而当未接电容 C 时，$V_L=0.9V_2$。为了得到较好的滤波效果，且输出较高的直流电压，在实际工作中通常根据下式来选择滤波电容的容量（在全波或桥式整流情况下）：

$$R_LC\geqslant(3\sim5)\frac{T}{2} \tag{8-3-1}$$

式中，T 为电网交流电压的周期。由于电容值较大，约几十至几千微法，一般选用电解电容。接入电路时，要注意电容的极性不要接反。电容器的耐压值应大于 $\sqrt{2}V_2$。

当滤波电容的电容值满足式（8-3-1）时，可以认为输出直流电压近似为

$$V_L\approx1.2V_2 \tag{8-3-2}$$

此时，全波和桥式整流电路输出电压的脉动系数 S 为 10%～20%。

由图 8-3-3(b)中 i_D 的波形图可见，接入电容后，整流二极管的导通时间缩短。显然，二极管的导通角小于180°，且电容放电时间常数越大，导通角就越小。由于加电容滤波后，与原来相比，平均输出电压和平均输出电流都有提高，但导通角减小，因此，整流管在短暂的导电时间流过了一个很大的冲击电流，对管子的寿命不利，所以必须选择较大容量的整流二极管。

8.3.2　电感滤波电路

在桥式整流电路和负载电阻 R_L 之间串入一个电感器 L，就构成电感滤波电路，如图 8-3-4 所示。电感的特点是具有阻碍电流变化的功能，即当电流增加时，其产生的电压极性将阻止电流的增加；而当电流减小时，它又产生相反极性的电压，试图维持原电流不变。

由图 8-3-4 可知，在 v_2 的正半周，D_1、D_3 导通，通过电感 L 的电流增加，于是 L 两端产生左正右负的电压；而当 v_2 过零点，即通过 L 中的电流也近似为零时，电感两端必产生相反极性的电压，该电压有延长 D_1、D_3 继续导电的趋势，但 v_2 此时反相，D_2、D_4 导通，A 点的电位与 v_2 相同，迫使 D_1、D_3 截止。因此，在桥式整流电路中，虽然采用电感滤波，但整流管的导通角仍然为180°，图中 A 点的电压波形与纯阻负载时的电压波形完全相同。由于电感 L 的滤波作用，忽略 L 的电阻时，负载上输出的平均电压和纯电阻（不加电感）负载的相同，即 $V_L=0.9V_2$。

为了进一步改善滤波效果，可以采用 LC 滤波电路，在电感滤波电路的基础上，再在 R_L 两端并联一个电容，如图 8-3-5 所示。由上述讨论可知，图 8-3-5 中 A 点电压波形的平均值

V_L' 与 R_L 两端的平均电压 V_L 相同，即 $V_L = V_L'$；A 点电压的脉动系数应与纯阻负载时的相同，即 $S' = V_{L1m}' / V_L' \approx 0.67$，其中 V_{L1m}' 为 A 点电压基波分量的振幅。

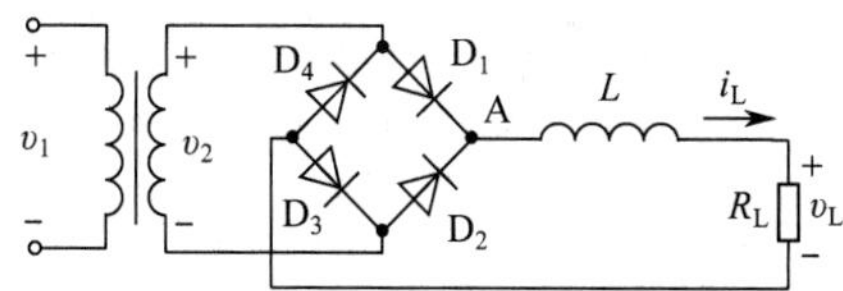

图 8-3-4　桥式整流、电感滤波电路

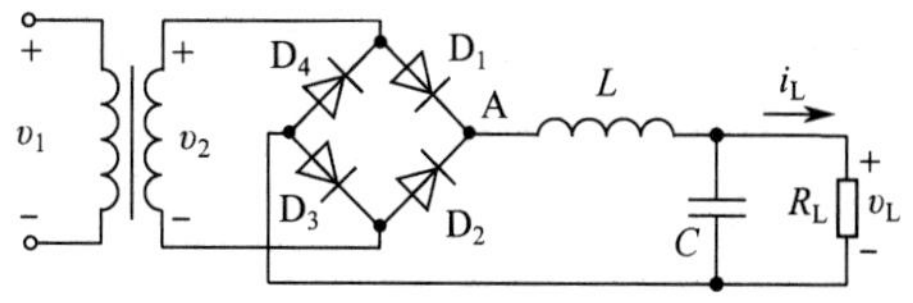

图 8-3-5　桥式整流、LC 滤波电路

在 LC 滤波电路中，由于 R_L 两端并联了一个电容，交流分量在 $R_L \| (1/\mathrm{j}\omega C)$ 和 $\mathrm{j}\omega L$ 之间分压，所以输出电压的脉动成分比仅用电感滤波时的更小。为了求出输出电压的脉动系数 S，可先求出输出电压基波分量的振幅 V_{L1m}。V_{L1m} 与 V_{L1m}' 之间存在以下分压关系：

$$V_{L1m} = \left| \frac{R_L \| \dfrac{1}{\mathrm{j}\omega C}}{\mathrm{j}\omega L + R_L \| \dfrac{1}{\mathrm{j}\omega C}} \right| V_{L1m}' \tag{8-3-3}$$

通常选择电容 C 的参数，使其满足 $R_L \gg 1/\omega C$，则上式可简化为

$$V_{L1m} \approx \left| \frac{\dfrac{1}{\mathrm{j}\omega C}}{\mathrm{j}\omega L + \dfrac{1}{\mathrm{j}\omega C}} \right| V_{L1m}' = \frac{V_{L1m}'}{|1-\omega^2 LC|} \tag{8-3-4}$$

因此，输出电压的脉动系数为

$$S = \frac{V_{L1m}}{V_L} = \frac{1}{|1-\omega^2 LC|} \cdot \frac{V_{L1m}'}{V_L} = \frac{S'}{|1-\omega^2 LC|}$$

若 $\omega^2 LC \gg 1$，则

$$S \approx \frac{S'}{\omega^2 LC} \tag{8-3-5}$$

LC 滤波电路在负载电流较大或较小时均有良好的滤波作用，也就是说，它对负载的适应性比较强。

【例 8-3-1】 某电子设备需要一台 12V、1A 的直流电源，要求输出端的脉动系数为 0.1%，试估算 LC 滤波电路的参数。

解： 整流电路采用桥式整流电路，已知 $S' = 0.67$，要求 $S = 0.001$。根据式（8-3-5）可得

$$\omega^2 = \frac{S'}{S} = \frac{0.67}{0.001} = 670$$

则有

$$LC = \frac{670}{\omega^2} = \frac{670}{(100\pi \times 2)^2} = 0.0017$$

12V、1A 的电源正常工作时，最小负载电阻为 12Ω，电容值应满足

$$\frac{1}{\omega C} = \frac{1}{10} R_L = \frac{12}{10} = 1.2\Omega$$

则有

$$C = \frac{1}{1.2\omega} = \frac{1}{1.2 \times 628} = 1.33 \times 10^{-3}\mathrm{F} = 1330\mu\mathrm{F}$$

选 C=2200μF、耐压为 25V 的电解电容器，电感值为

$$L=\frac{0.0017}{C}=\frac{0.0017}{0.0022}=0.78\text{H}$$

电感滤波和 LC 滤波电路克服了整流管冲击电流大的缺点，且当输出电流变化时，因电感内阻很小，所以带负载能力强，但与电容滤波器相比，输出电压 V_L 较低；另一个缺点是采用了电感，导致体积和重量大为增加。

8.4 串联型直流稳压电源

串联型直流稳压电源是在不稳定的直流输入电压与负载之间串一个调整管，当输入电压的有效值 V_1 和负载 R_L 波动引起输出电压变化时，调整管两端的电压受误差电压的控制也随之改变，从而调整输出电压，保持输出电压基本稳定的电源电路。由于在该电源中调整管与负载串联，因此将其称为串联型直流稳压电源。

8.4.1 稳压电路性能指标

稳压电路的技术指标分为两种：一种是特性指标，包括允许的输入电压、输出电压、输出电流及输出电压的调节范围等；另一种是质量指标，用来衡量输出直流电压的稳定程度，包括稳压系数、输出电阻、温度系数和纹波抑制比等。

由于稳压电路输出的直流电压 V_O 随输入直流电压 V_I（整流滤波的输出电压）、输出电流 I_O 和环境温度 T（℃）变化，即输出电压 $V_O=f(V_I,I_O,T)$，因此输出电压的变化量可表示为

$$\Delta V_O=\frac{\partial V_O}{\partial V_I}\Delta V_I+\frac{\partial V_O}{\partial I_O}\Delta I_O+\frac{\partial V_O}{\partial T}\Delta T \tag{8-4-1}$$

式中，三个系数分别定义如下。

① 输入调整因数 S_V。指输出电流、环境温度一定时，输入电压的变化对输出电压的影响，表示为

$$S_V=\left.\frac{\Delta V_O}{\Delta V_I}\right|_{\substack{\Delta I_O=0\\ \Delta T=0}} \tag{8-4-2}$$

② 输出电阻 R_O。即稳压电路的动态电阻，指输入电压、环境温度一定时，稳压电路的输出电压变化量与输出电流变化量的比值，即

$$R_O=\left.\frac{\Delta V_O}{\Delta I_O}\right|_{\substack{\Delta V_I=0\\ \Delta T=0}} \tag{8-4-3}$$

③ 温度系数 S_T。指输入电压和输出电流一定时，温度变化引起的输出电压变化，即

$$S_T=\left.\frac{\Delta V_O}{\Delta T}\right|_{\substack{\Delta V_I=0\\ \Delta I_O=0}} \tag{8-4-4}$$

④ 稳压系数 γ。指输出电压的相对变化量与输入电压的相对变化量之比，用于描述输出电压的稳定程度，即

$$\gamma=\left.\frac{\Delta V_O/V_O}{\Delta V_I/V_I}\right|_{\substack{\Delta I_O=0\\ \Delta T=0}} \tag{8-4-5}$$

⑤ 纹波抑制比 S_R。指输入纹波电压峰值与输出纹波电压峰值之比，常用分贝表示：

$$S_R = 20\lg\frac{V_{im}}{V_{om}}(\text{dB}) \tag{8-4-6}$$

温度系数、稳压系数、输出电阻越小，输出电压就越稳定，它们的具体数值与电路形式和电路参数有关。一般 R_O 为 1～10Ω，γ 为 10^{-2}～10^{-4}。

应当指出的是，稳压系数 γ 较小的稳压电路，其纹波抑制比一般较高。

8.4.2　串联型稳压电路的工作原理

1. 串联型稳压电路原理框图

图 8-4-1 所示为串联型稳压电路原理框图。由图可见，它由调整环节、基准电压、反馈网络、比较放大等部分组成。通常，反馈网络吸取的电流要比负载电流小得多，所以通过调整环节的电流近似等于负载 R_L 中的输出电流 I_O，因此调整环节与负载 R_L 相串联，所以该稳压电路称为串联型稳压电路。

稳压电路的一般工作原理是，由反馈网络取出输出电压 V_O 的一部分，送到比较放大器与基准电压进行比较，比较的差值信号经比较放大后送到调整环节，使调整环节产生相反的变化来抵消输出电压的改变，从而维持输出电压的稳定。

（1）基准电压

基准电压是一个稳定性较高的直流电压。否则，由于基准电压值改变了，即使 V_I 和 R_L 均不变，也会引起稳压电路直流输出电压的变化，破坏输出电压的稳定性。在分立元件电路中，基准电压通常采用半导体稳压二极管来实现。在集成稳压器中，均采用能带间隙式基准电压源电路，图 8-4-2 所示为能隙基准电压源的典型电路。

在图 8-4-2 中，T_1、T_2 和 R_3 构成微电流源电路，T_2 的发射极电流 I_2 可以表示为

$$I_2 = \frac{V_T}{R_3}\ln\left(\frac{I_1}{I_2}\right)$$

若忽略 T_3 的基极电流，则输出基准电压为

$$V_{REF} \approx I_2R_2 + V_{BE3} = \frac{R_2V_T}{R_3}\ln\left(\frac{I_1}{I_2}\right) + V_{BE3} \tag{8-4-7}$$

式中，$V_T = kT/q$ 为发射结热电压，具有正温度系数，而 V_{BE3} 具有负温度系数，因此，选择合适的电阻比值 R_2/R_3，就可使 V_{REF} 的温度系数为零。在实际应用中，当需要 V_{REF} 为 1V 左右时，一般都选用图 8-4-2 所示的电路。

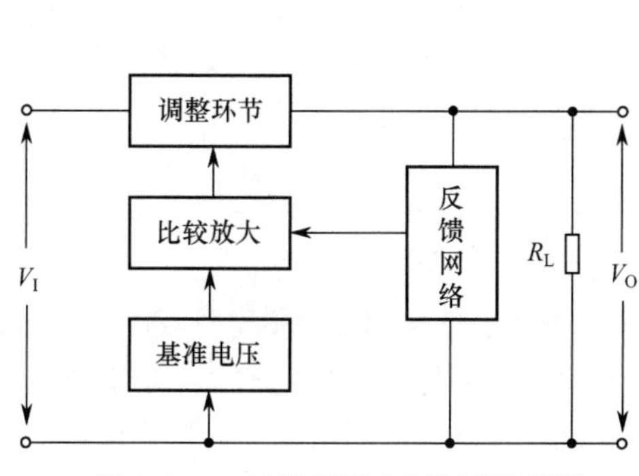

图 8-4-1　串联型稳压电路原路框图

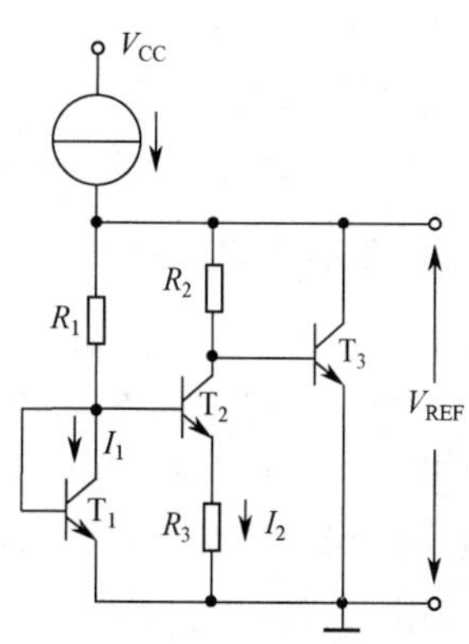

图 8-4-2　能隙基准电压源电路

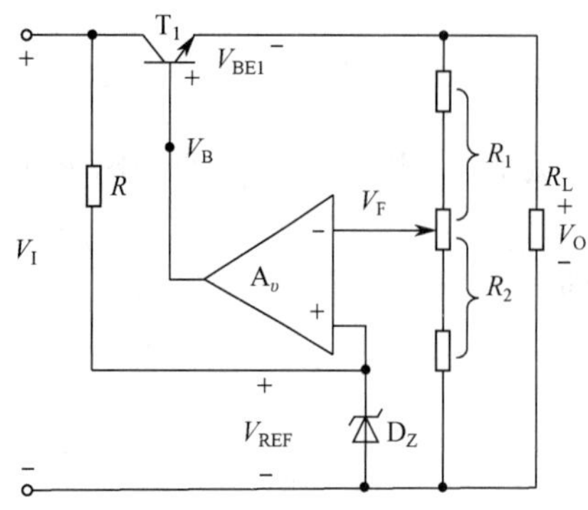

图 8-4-3　串联型稳压电路的原路图

（2）反馈网络

从反馈的角度看，取样网络实际上是负反馈网络。在图 8-4-3 所示串联型稳压器的原理电路中，三极管 T_1 为调整管，图中标注了其基极电位 V_B，V_B 与输出电压 V_O 的关系可以表示为 $V_O = V_B - V_{BE1} \approx V_B$；稳压管 D_Z 和限流电阻 R 组成基准电压 V_{REF}，该电压（可视为负反馈放大器的输入电压信号）加在运放的同相端；反馈网络由 R_1 和 R_2 组成，反馈电压 $V_F = V_O R_2 / (R_1 + R_2) = B_\upsilon V_O$，加在运放的反相端；因此，集成运算放大器构成的比较放大器的净输入信号为 $V_{id} = V_{REF} - B_\upsilon V_O$，显然，该稳压电路为电压串联负反馈。

假设比较放大器的增益为 A_υ，则

$$V_B = A_\upsilon V_{id} = A_\upsilon (V_{REF} - B_\upsilon V_O) \approx V_O$$

即 $V_O = \dfrac{A_\upsilon}{1 + A_\upsilon B_\upsilon} V_{REF}$。在深度负反馈条件下，$|1 + A_\upsilon B_\upsilon| \gg 1$ 时，可得

$$V_O = \frac{A_\upsilon}{1 + A_\upsilon B_\upsilon} V_{REF} \approx \frac{V_{REF}}{B_\upsilon} = \left(1 + \frac{R_1}{R_2}\right) V_{REF} \tag{8-4-8}$$

上式表明，输出电压 V_O 与基准电压 V_{REF} 成正比，改变反馈系数 B_υ，即可在一定的范围内改变输出电压。因此，该式是设计稳压电路的基本关系式。

显然，反馈网络电阻阻值任何微小的变化，都会引起稳压电路输出电压的变动，而且这种影响是电路本身所无法克服的。因此，对反馈网络的基本要求是反馈系数 B_υ 要稳定，它不能随温度而变化。

（3）比较放大器

比较放大器是一个直流放大器，它将反馈网络得到的反馈电压 V_F 与基准电压 V_{REF} 进行比较，并将二者的差值进行放大，然后去控制调整管，使输出电压保持稳定。应该指出的是，放大器的增益将直接影响稳压电路的质量指标，增益越高，输出电压就越稳定。

（4）调整环节

调整环节是稳压电路的核心环节，因为输出电压最后要依赖调整环节的调节作用才能达到稳定，而且稳压电路能输出的最大电流也主要取决于调整环节。由图 8-4-3 可见，调整环节由一个工作在线性区的功率管组成，其基极输入电流受比较放大器输出的控制。由于整个稳压电路的输出电流全部要经过调整管，因此应保证所选用的调整管具有足够的功耗和集电极电流 I_{CM}。调整管的电流增益 β 越大，输出电阻越小，稳压电路的稳压系数和动态内阻就越会得到改善。

2. 串联型稳压电源的基本电路

图 8-4-4 所示为一个实际的串联型稳压电源电路。220V 交流电经变压器、整流和滤波，形成比较平滑但不稳定的直流电压，作为稳压电路的输入电压。

该电源的主要部件有：外接变压器 T_R，桥式整流器 D_1～D_4，调整管 T_1，误差放大管 T_2 以及以 R_7 作为负载的比较放大器，R_3 和 D_Z 组成的基准电压电路，R_1 和 R_2 组成的取样网络（或反馈网络），R_4、R_5、R_6 和 T_3 组成的减流型保护电路。输出端电容 C_3 的接入主要是为了改善稳压电路对脉冲电流的滤波能力，提高负载 R_L 两端电压的稳定性。

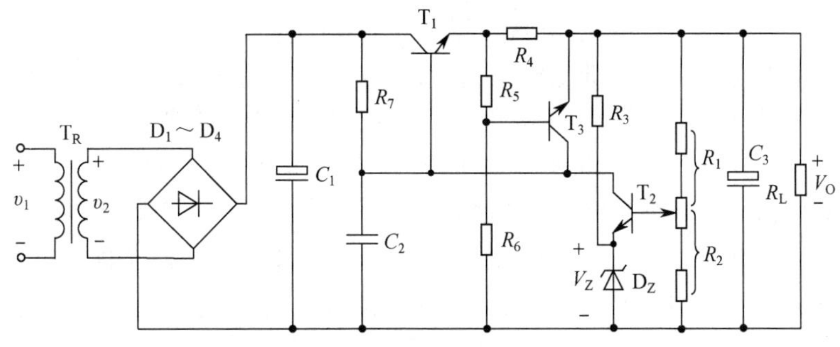

图 8-4-4　串联型稳压电源电路图

当输出电压由于负载变化或电网电压波动而变动时，取样电路 R_1、R_2 取出反馈电压 V_F 加到比较放大管 T_2 的基极，与 D_Z 上的基准电压 V_Z 进行比较，误差信号经比较放大器放大后，加到调整管 T_1 的基极，通过改变 T_1 的基极电流 I_{B1}，控制调整管的管压降，以保持输出电压 V_O 的稳定。

图 8-4-4 所示串联型稳压电源的输出电压 V_O 为

$$V_O=\left(1+\frac{R_1}{R_2}\right)(V_Z+V_{BE2}) \tag{8-4-9}$$

当稳压电路正常工作时，减流型保护电路不起作用。当输出过载时，检测电阻 R_4 两端的压降增大，保护管 T_3 导通，从而限制调整管的基极电流，使输出电流减小，保护调整管的安全。

8.4.3　集成稳压电源及其应用

1．常用集成稳压电源简介

（1）三端稳压器的典型电路

集成稳压器电路是用半导体集成技术将基准电压、反馈网络（或取样网络）、比较放大电路、调整环节及其他辅助电路集成在一小块硅片上构成的。在串联型集成稳压器中，以输出电压固定的三端式集成稳压器使用最为方便，它只有输入、输出和接地三个引出端，因此称为三端稳压器。现以 7800 系列为例介绍稳压器的内部电路及工作原理。7800 系列三端式集成稳压器的内部电路如图 8-4-5 所示。

T_{12}、T_{13}、D_{Z1} 和 R_4～R_7 构成稳压器的启动电路，其作用是在接通 V_I 时保证稳压器正常工作。由于调整管（T_{16} 和 T_{17} 构成的复合管）跨接在输入端和输出端之间，因此只要调整管不工作，即使加上 V_I，V_O 也建立不起来。实际情况是，调整管的导通取决于恒流源 T_8、T_9（复合管 T_3 和 T_4 的有源负载）的导通，而 T_8 的导通又取决于 T_{10} 的导通，T_{10} 管的导通依赖于加在其基极上的来自输出端的电压，显然，这种相互作用无法使调整管工作。

加启动电路后，V_I 通过 R_4 在 D_{Z1} 上建立电压，这个电压通过 T_{12} 和 R_5 加到 T_{13} 的基极上，使 T_{13} 导通，从而保证恒流源 T_8、T_9 导通，这样，电路就能正常工作。电路正常工作后，基准电压源向 T_{13} 的发射极提供的电压高于其基极电压，因此 T_{13} 自动截止，启动电路的作用停止。

稳压电路正常工作后，输出电压 V_O 通过分压电阻 R_{20}、R_{19} 构成的反馈网络，产生反馈电压 V_F，V_F 加在 T_6 的基极。T_1～T_7 构成基准电压源电路，兼作比较放大器。其中，T_1、

T_2、T_7和 R_3、R_{15}为改进型微电流源电路，其输出电流 I_{C2}在 R_2上的压降再加上 T_5、T_4、T_3的 $V_{BE(on)}$就是基准电源提供的基准电压 V_{REF}，加在 T_6的发射极上。当输出电压 V_O为正常值时，T_6的基极电压为 V_F，发射极电压为 V_{REF}，比较的差值电压等于零，即 $V_F - V_{REF} - V_{BE(on)} = 0$。若输出电压发生变化，反馈电压就会在 V_F 的基础上有一个变化量 ΔV_F，即 $\Delta V_F = V_F' - V_{REF} - V_{RE(on)}$，$\Delta V_F$通过 T_6的发射结、T_5的发射结以及电阻 R_2（因 I_{C2}不变，R_2两端的电压不变）直接作用在复合管 T_3、T_4的基极，引起比较放大器（T_3、T_4和 T_9管组成的有源负载放大器）电流增减，从而起控制调整管压降的作用，达到调整输出电压的目的。

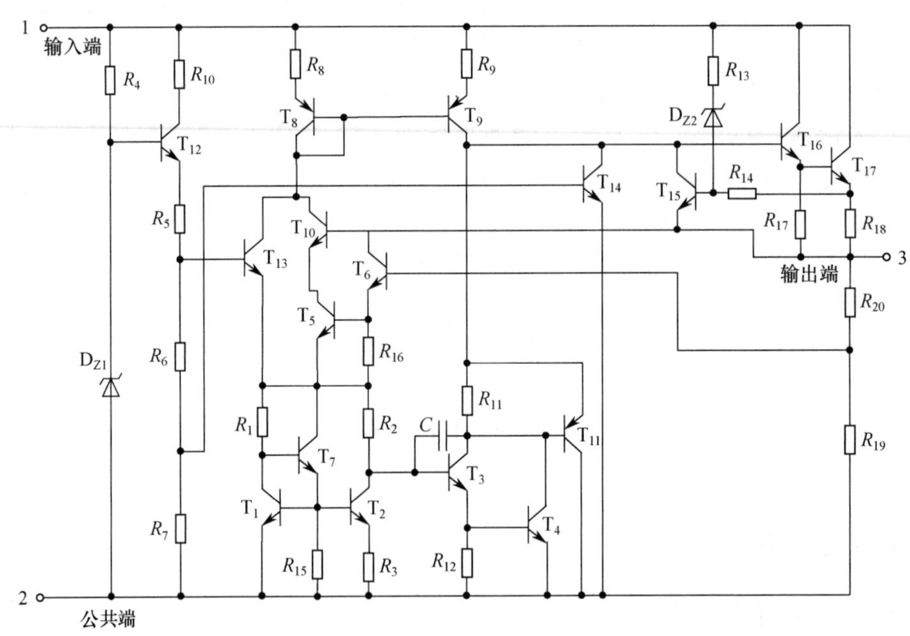

图 8-4-5 7800 系列三端式集成稳压器内部电路图

在有源负载放大器中，附加了 T_{11}和 R_{11}组成的电流提升电路。因此，当 V_O增大，R_{11}上的压降使 T_{11}导通时，T_{11}的电流叠加在 T_3、T_4放大器的输出电流上，加到调整管基极上的电流进一步减小，从而进一步阻止 V_O的增大。C 为跨接在有源负载放大器输入端与输出端之间的相位补偿电容。

在集成稳压器中，对调整管设有过流及安全区保护电路。图中，T_{15}、D_{Z2}和 R_{13}、R_{14}、R_{18}为 T_{17}的过压过流保护电路。其中，R_{18}为过流取样电阻，R_{13}和 D_{Z2}为跨接在 T_{17}上的过压取样电路，正常工作时，T_{17}的管压降不足以使 D_{Z2}击穿，T_{17}中的电流在 R_{18}上产生的压降不足以使保护 T_{15}导通，因此整个保护电路不工作。一旦发生异常情况（如输出端短路），T_{17}的电流及其管压降突增，致使 R_{18}上的压降增大，且 D_{Z2}击穿，它们共同导致 T_{15}导通，分流加到调整管的输入激励电流，从而限制 T_{17}的电流而得到保护。

T_{14}构成过热保护电路，放在紧靠调整管的位置上。R_7上的电压加在其基极和射极之间，值约为 0.4V，不足以使 T_{14}导通。当调整管管耗过大或环境温度过高而使芯片温度升高时，具有负温度系数的 $V_{BE(on)}$相应地减小。直到芯片温度上升到某个值，使 $V_{BE(on)}$下降到 0.4V 附近时，T_{14}导通，分流调整管上的输入激励电流，限制调整管的管耗而得到保护。

（2）可调输出三端稳压源

前述的 7800 系列为输出电压固定的三端稳压器。但在有些应用场合要求扩大输出电压的调节范围，因此使用它不方便。在实际工作中，可采用三端可调式集成稳压器，它的三个接线端分别称为输入端 V_I、输出端 V_O 和调整端——ADJ 端。例如，LM317 的内部电路结构和外接元件如图 8-4-6 所示。LM317 的内部电路有比较放大器、偏置电路（图中未画出）、恒流源和带隙基准电压 V_{REF} 等，其公共端为 ADJ 端，器件本身无接地端，输出电流都从负载引出，内部的基准电压（约 1.25V）接至比较放大器的同相端和调整端之间。

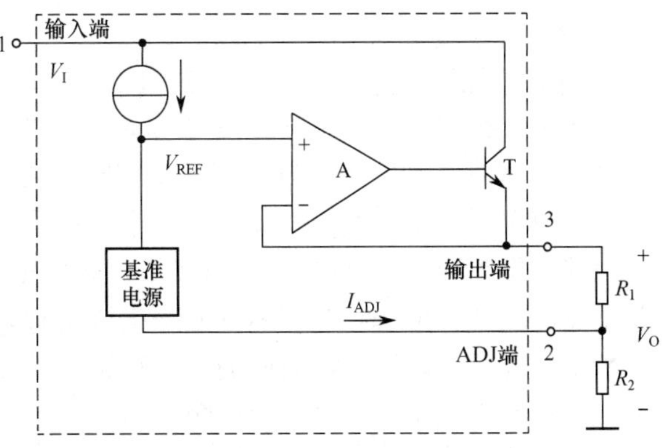

图 8-4-6　LM317 内部电路结构和外接元件示意图

接上外部的调整电阻 R_1、R_2 后，输出电压为

$$V_O = V_{REF} + \left(\frac{V_{REF}}{R_1} + I_{ADJ}\right)R_2 = \left(1 + \frac{R_2}{R_1}\right)V_{REF} + I_{ADJ}R_2 \tag{8-4-10}$$

LM317 的 $V_{REF} = 1.25V$，$I_{ADJ} = 50\mu A$，由于调整端电流 $I_{ADJ} \ll V_{REF}/R_1$，故可忽略，所以上式简化为

$$V_O = \left(1 + \frac{R_2}{R_1}\right)V_{REF} \tag{8-4-11}$$

LM337 稳压器是与 LM317 对应的负压可调集成三端稳压器，其工作原理和电路结构与 LM317 的相似。

2．常用集成稳压电源的应用

（1）常用三端稳压器的型号

固定三端集成稳压器有 7800 和 7900 两个系列。7800 系列的输出为正电压，分为三个子系列，即 7800、78M00 和 78L00，差别仅在输出电流和外形上。7800 的输出电流为 1.5A，78M00 的输出电流为 0.5A，78L00 的输出电流为 0.1A。7900 系列的输出为负电压，与 7800 系列相比，除了输出电压极性、引脚定义不同，其他特点都相同。

可调式三端集成稳压器 LM117/217/317 系列的输出为正电压，LM137/237/337 系列的输出为负电压。LM317 系列与 LM337 系列相比，除输出电压极性、引脚定义不同外，其他功能完全相同。LM317 系列的输出电压在 1.25～37V 范围内连续可调。

（2）基本应用电路

图 8-4-7 所示电路为 7800 系列的基本应用电路。图中 V_I 为整流滤波后的不稳定直流电压，V_O 为稳压器的输出电压。正常工作时，输入、输出之间的电压差不能低于 2V。电容 C_1 用于抵消输入线较长时的电感效应，以防电路产生自激振荡，其容量较小，一般小于 1μF。电容 C_2 用于消除输出电压中的高频噪声，改善负载的瞬态响应。当电容 C_2 较大时，一旦输入端断开，C_2 将从稳压器内部放电，易造成稳压器内部调整管发射结的击穿。为了保护调整管，可在稳压器输入端和输出端之间跨接一个二极管 D，如图中的虚线所示。

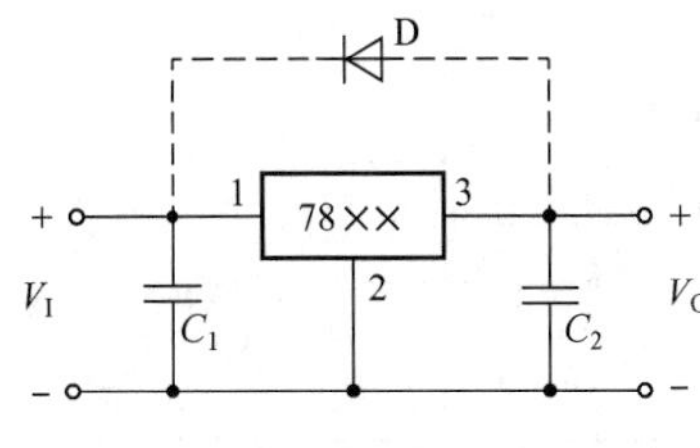

图 8-4-7　7800 系列的基本应用电路

（3）扩展负载电流的电路

当所需负载电流大于稳压器标称值时，可以采用外接功率管的方法。图 8-4-8 所示电路为实现电流扩展的一种电路。外接功率管 T 为 PNP 型晶体管，它和 7800 系列内部的 NPN 型调整管组成复合管。当电路正常工作时，通过 R_2 的电流产生的电压不能使外接功率管导通，负载电流由稳压器单独提供；当负载电流 I_L 大于稳压器额定输出电流 I_{OM} 时，通过 R_2 的电流产生电压 V_{R_2} 使外接功率管导通，提供电流 I_C，使得负载电流增加（$I_L = I_O + I_C$）。当负载电流过大时，在电阻 R_1、R_2 两端产生较大的电压，使二极管 D 导通，引起外接功率管 T 的基极电位升高，限制电流的增加，对其起到保护作用。

（4）输出电压可调的稳压电路

图 8-4-9 所示的电路为输出电压可调的稳压电路。以 7805 为例，从图中可见，7805 的公共端与运放 A 的输出端、反相端相连，而运放本身为电压跟随器，因此 $\upsilon_+ = \upsilon_-$，所以取样网络的电压 $V_F = V_O R_2/(R_1 + R_2)$就是 7805 公共端点的电压，从而输出端电压 V_O 为

$$V_O = \frac{R_2 V_O}{R_1 + R_2} + 5 \quad \Rightarrow \quad V_O = 5\left(1 + \frac{R_2}{R_1}\right) \tag{8-4-12}$$

设取样网络中的电阻为 $R = R_W = 300\Omega$，则输出电压的调节范围为 7.5～15V。可根据输出电压的调节范围及输出电流的大小选择三端稳压器和取样电阻。

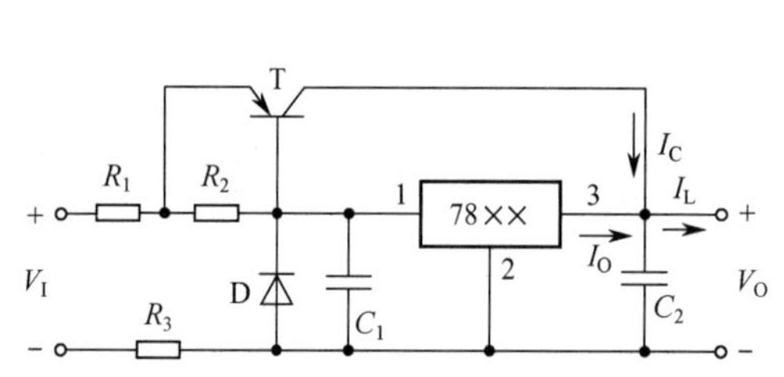

图 8-4-8　一种输出电流扩展的电路

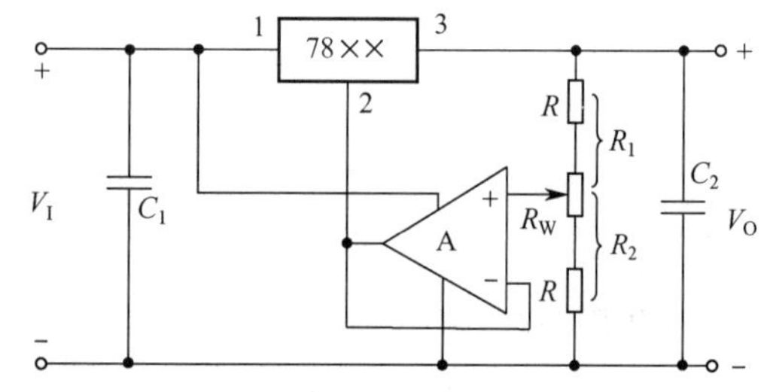

图 8-4-9　输出电压可调的稳压电路

（5）LM317 的应用

图 8-4-10 为可调式三端集成稳压器的典型应用电路。图中，LM317 的特性参数为 V_O = 1.25～37V，$I_{Omax} = 1.5A$，最小输入、输出电压差$(V_I - V_O)_{min}$ 约为 3V，最大输入、输出电压差$(V_I - V_O)_{max}$ 可达 40V。取样电阻为 R_1、R_2，调节 R_2 可调节输出电压，于是 V_O 为

$$V_O = 1.25\left(1 + \frac{R_2}{R_1}\right) \tag{8-4-13}$$

其中 R_1 的值为 120～240Ω，流经 R_1 的泄放电流为 5～10mA，R_2 为精密可调电位器。

为了减小 R_2 上的纹波电压，可以在其上并联一个 10μF 的电容 C_3。但是在输出短路时，C_3 将向 ADJ 端放电，并使调整端三极管的发射结反偏。为了保护稳压器，可加二极管 D_1 为 C_3 提供一个放电回路，如图 8-4-11 所示，而 D_2 的作用与图 8-4-7 中二极管 D 的相同。

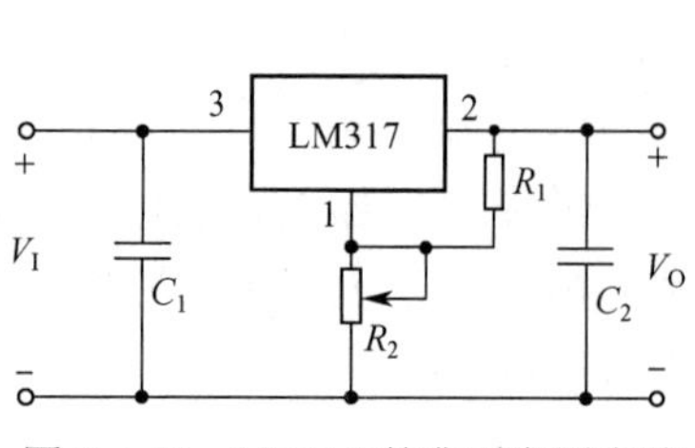

图 8-4-10　LM317 的典型应用电路

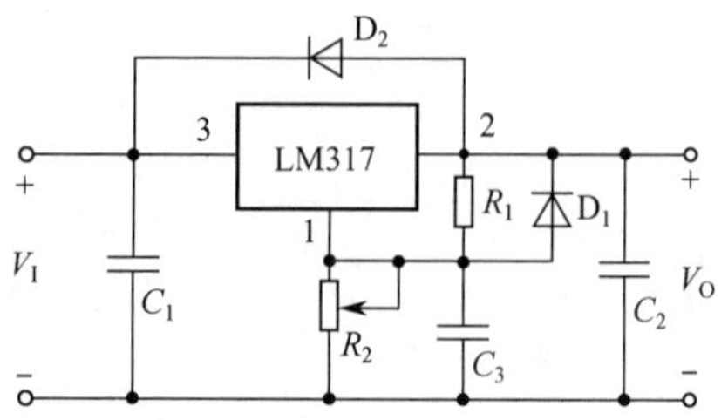

图 8-4-11　LM317 的外加保护电路

8.5　开关型稳压电源

在串联反馈型稳压电源中，输出电压的稳定是通过改变调整管上的压降来实现的，在稳压过程中，调整管始终工作于线性状态，其 V_{CE} 为 3～10V，因此管耗较大，稳压电源的效率较低。而开关稳压电源靠改变调整器件的导通时间或截止时间的长短来维持输出电压的稳定，即调整管工作在开关状态，在管子饱和导通时，消耗的功率为 V_{CES} 与集电极电流 I_C 的乘积，管耗较小；而在管子截止期间，尽管管压降很大，但穿透电流 I_{CEO} 很小，因此消耗的功率也很小。在调整管由截止变为导通和由导通变为截止的两个过渡状态，虽然电压和电流都较大，但过渡时间相对很短，因此调整管总的功率损耗很小，开关型稳压电源的效率能达到 80%～90%。

开关稳压电源主要由两部分组成。第一部分为直流-直流变换器，它能将不稳定的直流电压变换为稳定的与输入电压不同的直流电压输出。按调整管在直流变换器中位置的不同，可分为降压式斩波形开关稳压电源（又称串联型）、升压式斩波型开关稳压电源（又称并联型）和极性变换式斩波型开关稳压电源。第二部分为脉冲控制器，其主要作用是根据输出电压的变化，产生能控制调整管导通与截止时间的脉冲信号。控制方式分为脉冲宽度调制型（PWM）、脉冲频率调制型（PFM）和混合调制（即脉宽-频率调制）型。

8.5.1　直流-直流变换器

1．降压斩波型直流变换器

斩波型变换器的输入是不稳定的直流电压，经过开关电路得到单方向方波，再经过滤波后可以得到与输入电压不同的稳定的直流输出。所谓降压，是指无论输入电压 V_I 是正极性的还是负极性的，输出电压 V_O 的绝对值总是低于输入电压 V_I 的绝对值，即 $|V_O| \leqslant |V_I|$。

图 8-5-1 所示为降压斩波型直流-直流变换器的原理电路，它由开关三极管 T、续流二极管 D 和低通滤波器 L、C 组成。

在控制脉冲的作用下，该电路的工作过程如下：当调整管 T 饱和导通时，续流二极管因反向偏置而截止，此时调整管发射极电流通过 L、C 滤波器向负载供电，同时 L、C 自身存储一定的能量；在此期间，若忽略三极管饱和导通时的压降 V_{CES}，则续流二极管 D 的反向电压 $\upsilon_{DR} \approx V_I$。调整管 T 截止时，其发射极输出电流为零，储能电感 L 上的感应电动势极性左负右正，续流二极管处于正向偏置状态而导通，电感 L 中存储的能量通过续流二极管对负载继续供电；当电感电流 i_L 小于输出电流 I_O 时，不足的部分由滤波电容 C 对负载放电补充，因此负载可获得连续的平滑直流。

图 8-5-2 是续流二极管 D 的反向电压 υ_{DR} 和电感 L 中的电流 i_L 的波形图。需要指出的是，如果在一个转换周期中输入电压 V_I 和输出电压 V_O 不变，那么通过 L 的电流是线性上升的或下降的，形成如图所示的锯齿波电流，这个电流的平均值就是 I_O。假设调整管的导通时间和截止时间分别用 t_{on} 和 t_{off} 表示，则续流二极管反向电压的平均值为

$$V_{DR} = V_T \frac{t_{on}}{T} = dV_I \tag{8-5-1}$$

式中，$T = t_{on} + t_{off}$ 为开关周期，$d = t_{on}/T$ 为脉冲占空比系数。显然，这个平均值就是 υ_{DR} 通过

L、C 低通滤波器在 R_L 上产生的输出直流电压：

$$V_O = V_{DR} = dV_I \tag{8-5-2}$$

可见，当 V_I 一定时，控制占空比 d 的值，就可改变 V_O 值。d 越大，V_O 就越大。由于占空比一定小于 1，输出电压 V_O 恒小于 V_I，所以称该变换器为降压型变换器。实际上，由于有 L、C 的能量交换作用，V_O 上还叠加有残留的纹波电压。

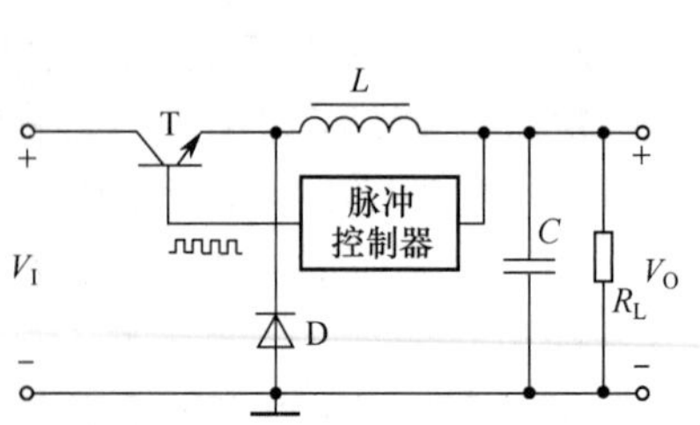

图 8-5-1　降压斩波 DC-DC 变换器的原理电路

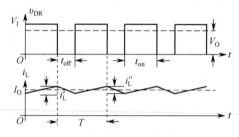

图 8-5-2　降压斩波 DC-DC 的电压电流波形图

2．升压斩波型直流-直流变换器

升压斩波型直流-直流变换器的输出电压绝对值高于输入电压的绝对值，并且它们的极性相同，图 8-5-3 是升压斩波型直流变换器原理电路图。

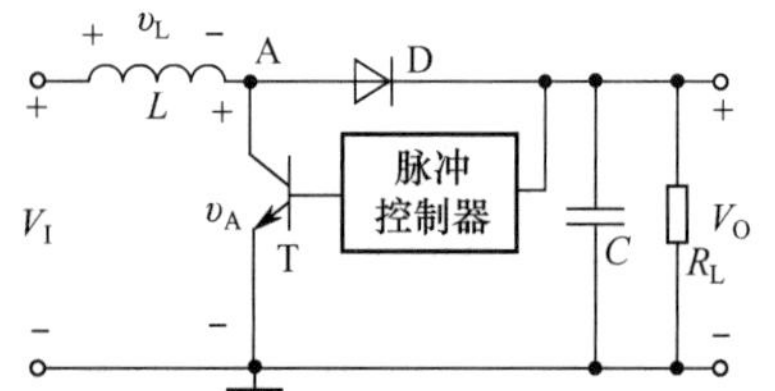

图 8-5-3　升压斩波 DC-DC 变换器的原理电路

升压斩波型直流变换器原理电路由开关三极管 T（与负载相并联）、储能元件电感 L 和电容 C 组成，在脉冲控制器的作用下，调整管工作在开关状态。当调整管饱和导通时，$\upsilon_A \approx 0$，二极管为反向偏置状态，因此加在电感两端的电压为 $\upsilon_L = V_I$，即

$$\upsilon_L = L\frac{\mathrm{d}i_L'}{\mathrm{d}t} = V_I \tag{8-5-3}$$

相应地，在电感 L 中产生的增量电流 i_L' 为

$$i_L' = \frac{1}{L}\int_0^{t_{on}} V_I \mathrm{d}t = \frac{V_I t_{on}}{L} \tag{8-5-4}$$

当调整管截止时，i_L 减小，L 产生极性左负右正的感应电动势与输入电压 V_I 相串联，使二极管 D 导通，$\upsilon_A \approx V_O$，因此加在 L 上的电压 $\upsilon_L = V_I - V_O$；相应地，在电感 L 中产生的负增量电流为

$$i_L'' = \frac{(V_I - V_O)t_{off}}{L} \tag{8-5-5}$$

为了保持 i_L 连续，i_L 的正增量应等于负增量，即

$$i_L' + i_L'' = 0 \tag{8-5-6}$$

将式（8-5-4）和式（8-5-5）代入式（8-5-6），得

$$V_O = V_I\frac{t_{on} + t_{off}}{t_{off}} = \frac{V_I}{1-d} \tag{8-5-7}$$

式中，$d = t_{\text{on}} / T < 1$，所以 V_O 恒大于 V_I。例如 V_I=12V，d=0.6，V_O=30V。

3．正负变换斩波型直流-直流变换器

当有正电源，希望输出负电源时，可采用正负极性变换的直流-直流变换器，图 8-5-4 是极性变换斩波型直流变换器原理的典型电路。

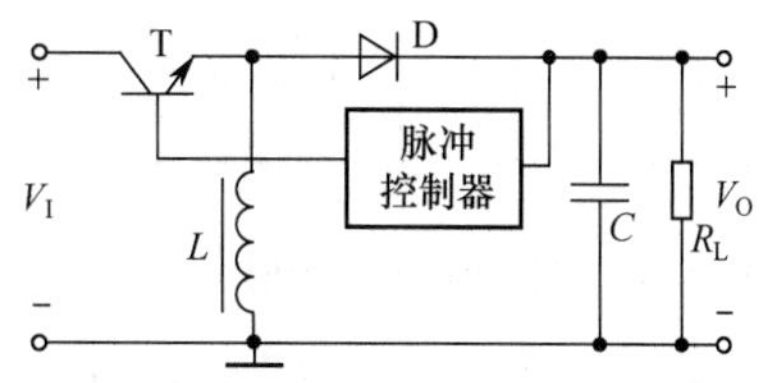

图 8-5-4　极性变换斩波 DC-DC 变换器的原理电路

当开关调整管导通时，输入电压 V_I 加在电感 L 两端产生电流 i'_L，电感储能，二极管 D 反向截止。当开关管（调整管）截止时，电感 L 中的电流减小，产生下正上负的感应电动势，导致二极管 D 导通，给电容 C 充电，因此电容器 C 上的输出电压 V_O 与输入电压 V_I 的极性相反。可见，开关闭合（调整管导通），L 中的相应电流为

$$i'_L = \frac{1}{L} V_I t_{\text{on}}$$

开关断开（或调整管截止）时，L 中的相应电流为 $i''_L = \frac{1}{L} V_O t_{\text{off}}$。负载电流的正增量与负增量应相等，即 $i'_L + i''_L = 0$，求得

$$V_O = -V_I \frac{t_{\text{on}}}{t_{\text{off}}} = -V_I \frac{d}{1-d} \tag{8-5-8}$$

由上式可见，V_O 与 V_I 的极性相反，当占空比 d 取不同的值时，可得到不同的输出电压。

8.5.2　开关稳压电源的工作原理

由式（8-5-2）、式（8-5-7）和式（8-5-8）可知，当直流变换器的输入电压波动或负载变化而引起输出电压变化时，如果能在 V_O 增大时，减小控制脉冲的占空比，或者在 V_O 减小时，增大控制脉冲的占空比，那么输出电压就能稳定。因此，将直流变换器与脉冲控制电路组成一个闭合环路，其中控制电路的作用是使调整管启闭时间受输出电压的控制，而输出电压又由调整管的启闭时间来调整，这样就构成了具有稳压功能的开关型稳压电源。例如，图 8-5-5 显示了降压斩波型开关稳压电源的组成方框图。

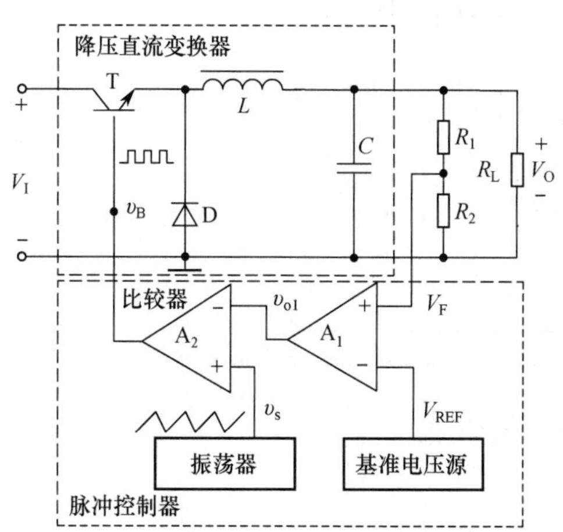

图 8-5-5　降压斩波型开关稳压电源组成方框图

图中，R_1 和 R_2 为取样网络，对输出电压 V_O 取样后，将取样电压 V_F 加在比较放大器 A_1 的输入端与 V_{REF} 比较，经 A_1 比较放大后输出电压 υ_{o1}；υ_{o1} 作为电压比较器 A_2 的参考电压加在其反相输入端，三角波发生器产生特定频率的信号 υ_s 加到电压比较器 A_2 的同相端，比较器 A_2 的输出电压 υ_B 控制调整管的通断，从而实现对输出电压 V_O 的控制。图 8-5-6 给出了比较放大器 A_2 的输入端口、输出端口的波形图。可见，当 $\upsilon_s > \upsilon_{o1}$ 时，电压比较器输出高电平，调整管 T 饱和导

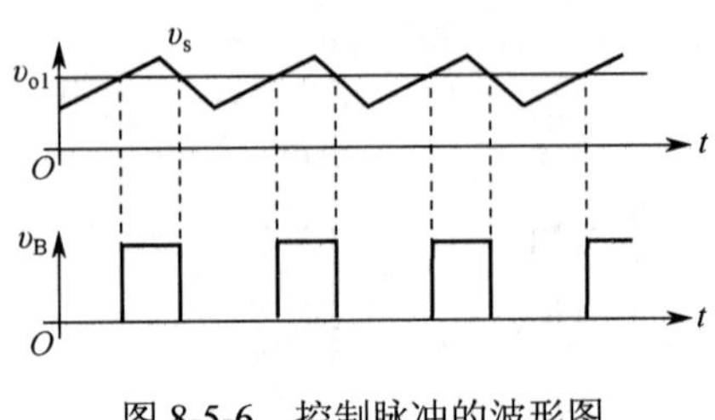

图 8-5-6 控制脉冲的波形图

通；而当 $v_s < v_{o1}$ 时，比较器输出低电平，调整管截止。

当取样电压 $V_F = V_{REF}$ 且处在比较放大器 A_1 的线性范围内时，稳压电源能够输出正常电压值，设此时调整管的导通时间为 t_{on}（或控制脉冲的占空比为 d_0），则开关稳压电源的输出电压为

$$V_O = \frac{R_1 + R_2}{R_2} V_{REF} = d_0 V_I \qquad (8\text{-}5\text{-}9)$$

当输出电压因某种原因降低时，由于 $V_F < V_{REF}$，于是误差放大器输出电压 v_{o1} 减小，致使调整管导通时间增加或占空比 d 增大（$d > d_0$），结果是阻止 V_O 减小，维持输出电压的稳定。反之亦然。只要能够满足 A_1 的线性范围，就可实现输出电压的稳定。

8.5.3 集成 PWM 控制器

集成开关稳压器一般有两大类型：一类是将调整管集成在芯片内部的集成开关稳压器；另一类是不集成调整管的稳压器，也称开关电源控制器，它不包括调整管。在下面的讨论中，主要介绍开关稳压电源控制器 UC1524/2524/3524，UC1524/2524/3524 的工作原理完全相同，只是使用环境条件存在区别：UC1524 适用于−55℃～+125℃的环境温度；UC2524 适用于−40℃～+85℃的环境温度；UC3524 适用于 0℃～+70℃的环境温度。

UC1524 是模拟数字混和集成电路，是性能优良的典型开关电源控制器，其内部结构框图如图 8-5-7 所示。它包括输出为+5V 的参考电压源、误差放大器、电压比较器、电流限制放大器、振荡器、触发器、两个或非门、电路关闭晶体管和两个推动输出管。

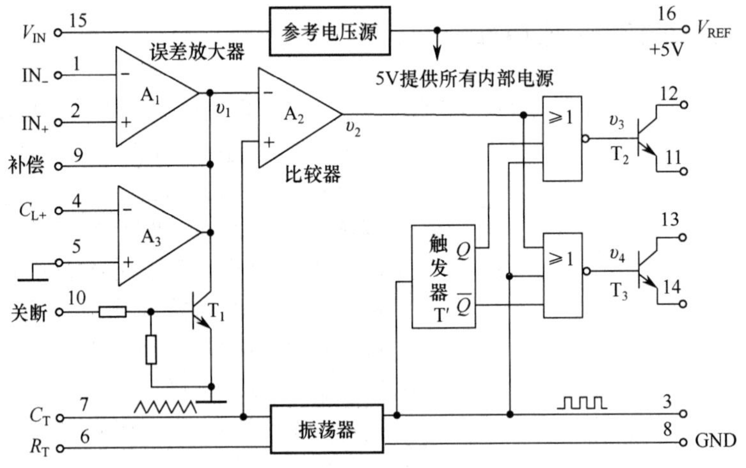

图 8-5-7 UC1524 的内部结构方框图

1. 各主要部分的工作原理

参考电压源是一个典型的小功率串联调整型线性稳压器，输入电压可从+8V 调至+40V，输出电压为+5V，输出电流为 20mA。输出电压为芯片内其他电路的电源，同时提供给比较器作为基准电压。

误差放大器的输出端从 9 脚引出，9 脚和 1 脚之间跨接电阻可以控制放大器的增益。为了使放大器稳定工作，防止放大器自激，可在误差放大器的输出端（9 脚）与地之间串入

RC 网络进行补偿。误差放大器的输出和外接电容 C_T 上的电压分别加到电压比较器的反相端和同相端，比较器的输出驱动两个或非门，用于控制推动输出管。C_T 上的电位高于误差放大器输出端的电位 υ_1 时，电压比较器 A_2 的输出 υ_2 为高电平，或非门输出低电平，输出管 T_2、T_3 处于截止状态；反之，C_T 上的电位低于误差放大器输出端的电位 υ_1 时，比较器 A_2 的输出 υ_2 为低电平，这时，两个或非门处于受振荡器控制的开关状态，若或非门输出高电平，则输出管处于导通状态。

电流限制放大器的输出接在误差放大器的输出端（9 脚），过流信号接在限流放大器的反相输入端 C_{L+}（4 脚），当过流信号达到一定程度时，限流放大器输出负饱和值，将误差放大器的输出电位 υ_1 拉下来，使比较器 A_2 的输出 υ_2 变为高电平，迫使输出管 T_2、T_3 处于截止状态，以关断芯片的工作状态。

UC1524 内部还有关断电路，其输出也接在误差放大器的输出端（9 脚），关断电路的输入端通过 10 脚引出。若 10 脚接高电平，则可将误差放大器的输出电位箝制在低电位，从而使得比较器输出高电平，或非门输出低电平，推动输出管关断。

振荡器通过 6 脚和 7 脚外接电阻 R_T 和电容 C_T，它们组成的充放电回路决定振荡频率。RC 充放电产生的锯齿波电压加在比较器的同相端，与误差放大器的输出电压 υ_1 进行比较，比较器输出矩形脉冲去控制推动输出管。振荡器 3 脚输出的方波脉冲（或 CP 脉冲）有两个用途：一是作为时钟脉冲送至内部的 T′ 触发器，因 Q 和 $\bar{Q}$ 的状态始终相反，所以由两个或非门控制的两路推动输出管的开与关是交替的；二是作为死区时间控制用，它直接送至两个或非门，作为封锁脉冲，以保证两个输出管开与关的交替瞬间有一段死区，不会同时导通。

UC1524 的输出部分是两个中功率 NPN 型三极管，其驱动电流不超过 100mA，反向击穿电压为 40V，每个管子的集电极和发射极都从片内引出，集电极和发射极电位由外加电路决定。

2．UC1524 的应用电路

UC1524 组成的推挽式开关稳压电路如图 8-5-8 所示。UC1524 分别从 11 脚和 14 脚输出两路时间上互相错开的控制信号，其开关频率由 6 脚和 7 脚外接的 R_5 和 C_2 决定。1 脚和 2 脚为片内误差放大器的输入端，R_1 和 R_2 组成取样网络，反馈电压 $V_F = R_2V_O/(R_1+R_2)$ 加在误差放大器的反相输入端（1 脚）；16 脚为基准源 V_{REF}，经 R_3 和 R_4 的分压为误差放大器提供一个与反馈信号进行比较的参考电压 $\upsilon_{f\_ref} = R_3V_{REF}/(R_3+R_4)$，该电压加在误差放大器的同相端（2 脚）。

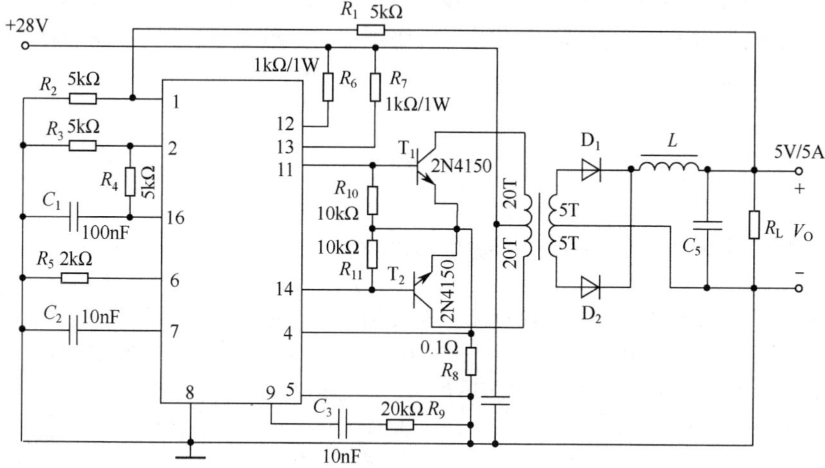

图 8-5-8　UC1524 组成的推挽式开关稳压电路

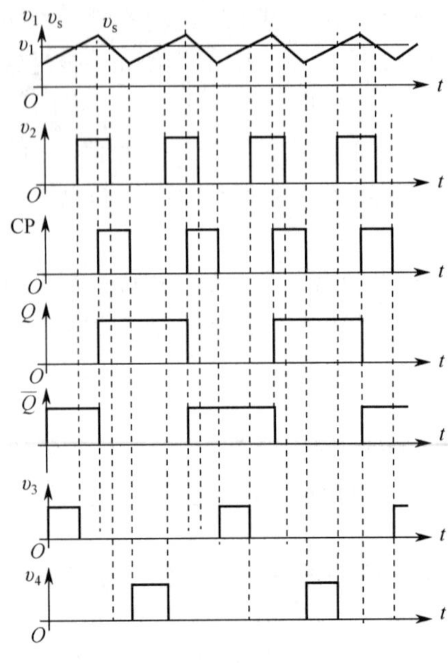

图 8-5-9　UC1524 的波形图

由 $v_{f\_ref} = R_3V_{REF}/(R_3+R_4) = V_OR_2/(R_1+R_2)$ 可得该电路的输出电压为 V_O=5V。

由图 8-5-7 可见，v_3 和 v_4 是或非门的输出，只要或非门的输入端为高电平，它的输出即为低电平。v_3 和 v_4 的输出由电压比较器的输出 v_2、振荡器的输出 CP、T′触发器的输出 Q 和 $\overline{Q}$ 共同决定。因为触发器的输出 Q 和 $\overline{Q}$ 只能有一个为高电平，所以 UC1524 的推动输出管不可能同时导通，即外接开关功率管 T_1 和 T_2 只能按推挽方式工作，轮流导通。

UC1524 内部电路控制过程的波形如图 8-5-9 所示。锯齿波 v_s 由振荡器提供，v_1 是误差放大器的输出，它们一起加到电压比较器 A_2 上。v_2 是电压比较器 A_2 的输出。振荡器输出的时钟驱动T′触发器，CP、Q 和 v_2 的或非逻辑输出为 v_3，它决定外接功率管 T_1（2N4150）的通断；CP、$\overline{Q}$ 和 v_2 的或非逻辑输出为 v_4，它决定外接功率管 T_2（2N4150）的通断。由于 Q 和 $\overline{Q}$ 等宽，加上 v_2 的存在，所以 v_3 和 v_4 这两路信号之间有一定的死区，以保证 T_1 和 T_2 在交替开与关时不会同时导通。当 v_1 降低时，v_2 加宽，v_3 和 v_4 变窄，T_1 和 T_2 的导通时间减小。反之，当 v_1 增加时，T_1 和 T_2 的导通时间增加。在对图中的波形进行分析时，需要注意如下两点：① 锯齿波电压与 CP 脉冲周期相同，且 CP 脉冲高电平的时间对应锯齿波下降的时间。② v_1 为误差放大器的输出，它与反馈电压 V_F 的值相反。

UC1524 应用电路的稳压过程如下：设负载电流减小，V_O 上升，反馈电压增加，误差放大器的输出 v_1 减小，v_2 加宽，T_1 和 T_2 的导通时间减小，输出电压 V_O 降低；反之，当 V_O 下降时，反馈电压减小，T_1 和 T_2 的导通时间增加，输出电压 V_O 上升。

当 T_1、T_2 的电流过大时，电阻 R_8 上的压降增加到使电流限制放大器的输出为低电平，即 v_1 大大下降，使 T_1 和 T_2 关断。UC1524 的 10 脚也有保护功能，当 10 脚加高电平时，可以迫使 T_1 和 T_2 关断。10 脚与 4 脚可实现双重保护。由于 UC1524 可在较高频率下工作，T_1 和 T_2 应选用高频开关管。变压器应采用高频变压器，因工作频率高，滤波电感和滤波电容都可选用较小的数值。

习　题　8

8.1　在单相半波整流电路中，负载电组 R_L 上的平均电压等于________。

A. $0.9V_2$　　B. $0.45V_2$　　C. $1V_2$　　D. $1.4V_2$

8.2　在单相桥式或全波整流电路中，电容滤波后，负载电阻 R_L 上的平均电压等于________。

A. $0.9V_2$　　B. $1.2V_2$　　C. $1.4V_2$　　D. $0.707V_2$

8.3　满足 $CR_L > (3\sim5)T/2$ 条件时，电容滤波常用在________场合。

A. 平均电压低，负载电流大　　B. 平均电压高，负载电流小

C. 没有任何限制　　D. 感性负载

8.4　电感滤波常用在________场合。

A. 平均电压低，负载电流大的　　　　B. 平均电压高，负载电流小的

C. 没有任何限制的　　　　D. 感性负载中

8.5 在带有放大环节的稳压电路中，被放大的量是________。

A. 基准电压　　B. 输出采样电压　　C. 误差电压　　D. 输出电压

8.6 桥式整流滤波电路如题图 P8.6 所示，$v_2 = 10\sqrt{2}\sin 100\pi t$。（1）在图中补画出四个整流二极管；（2）求输出电压的直流分量 V_L；（3）若电容 C 脱焊，则 V_L 为多少？（4）若 R_L 开路，则 V_L 为多少？

8.7 桥式整流电路如图题 P8.7 所示，若电路出现下述各情况，会有什么问题？（1）二极管 D_1 开路，未接通；（2）二极管 D_1 被短路；（3）二极管 D_1 极性接反；（4）二极管 D_1，D_2 极性都接反；（5）二极管 D_1 开路，D_2 被短路。

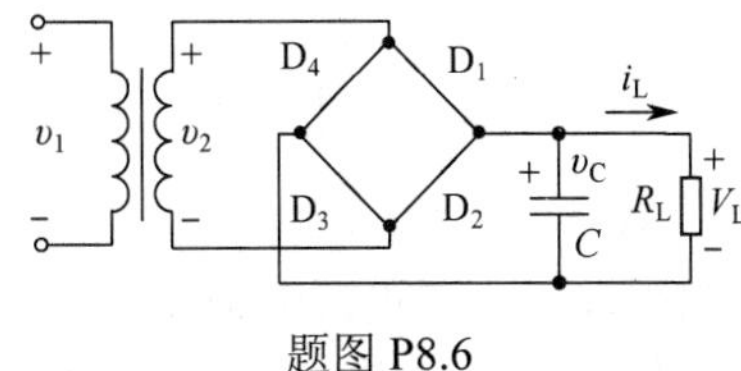

题图 P8.6

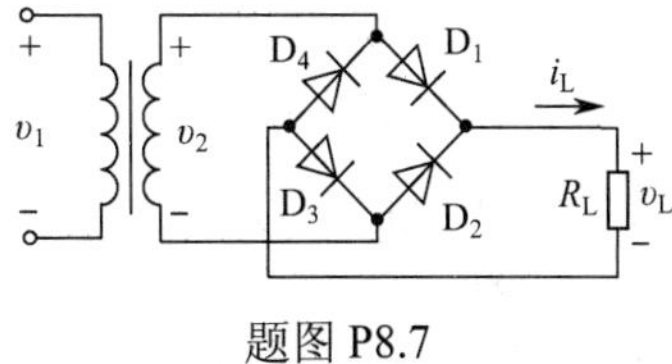

题图 P8.7

8.8 在题图 P8.7 所示的电路中，已知变压器副边电压有效值为 $V_2 = 30V$，负载电阻为 $R_L = 100\Omega$，试问：（1）输出电压与输出电流的平均值各为多少？（2）当电网电压波动范围为±10%时，二极管的最大整流平均电流与最高反向工作电压至少应选取多少？

8.9 用三端集成稳压器 LM7805 构成的直流稳压电路如题图 P8.9 所示，求输出直流电压 V_O 的表达式。

8.10 电路如题图 P8.10 所示，图中运放为理想组件，LM7805 为三端稳压器，试求输出电压 V_O 的可调范围。

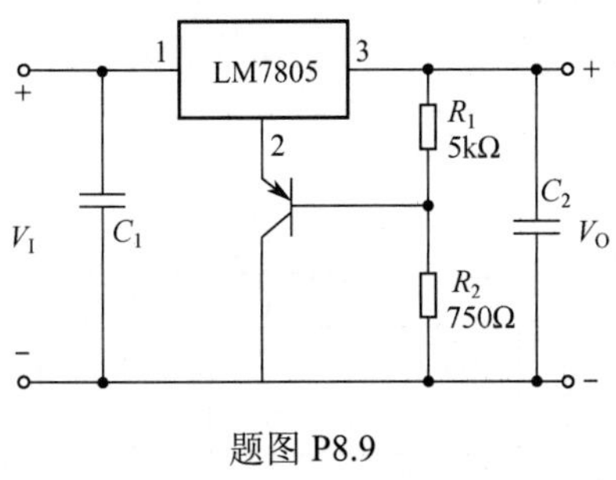

题图 P8.9

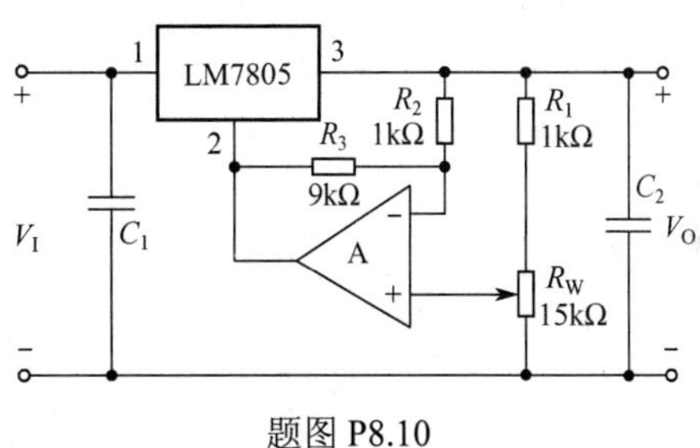

题图 P8.10

8.11 试写出题图 P8.11 所示稳压电路最大输出电压和最小输出电压的表达式。

8.12 在题图 P8.12 所示的电路中，R_4 和 T_3 构成限流式保护电路，$R_1 = 1k\Omega$，$R_2 = 10k\Omega$，$R_3 = 5k\Omega$，$R_4 = 0.5\Omega$，$R_W = 5k\Omega$，三极管全部由硅构成典型稳压电路，稳压二极管的稳定电压为 $V_Z = 3.3V$。试估算该电路的输出电压的范围及输出所容许的最大输出电流。

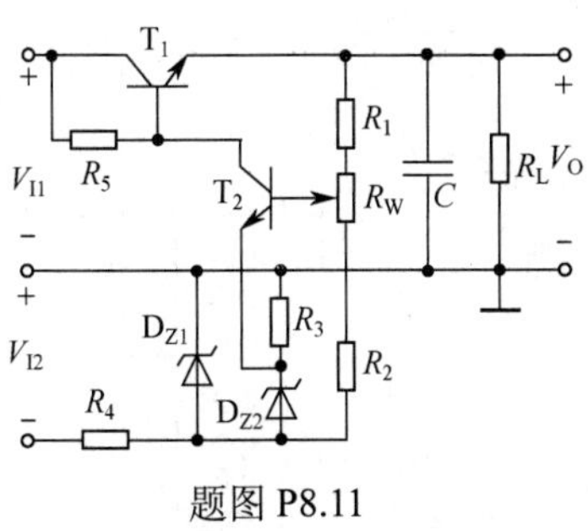

题图 P8.11

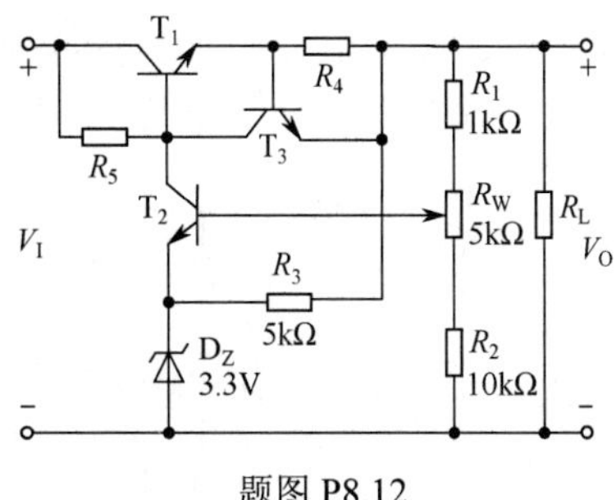

题图 P8.12

8.13 由三端集成稳压电路 7805 组成的电路如题图 P8.13(a)和(b)所示，设图中 $I_3 = 5mA$。

（1）计算题图 P8.13(a)中输出电流 I_O 的值。

（2）写出题图 P8.13(b)中输出电压 V_O 的表达式。当 $R_2=5\Omega$ 时，V_O 为多少？

（3）指出这两个电路各具有何种功能。

8.14 直流稳压电路如题图 P8.14 所示，已知三端集成稳压器 CW7805 的静态电流 $I_2=8\text{mA}$，三极管 T 的 $\beta=50$，发射结导通电压 $V_{EB}=0.7\text{V}$，输入电压 $V_I=16\text{V}$，求输出电压 V_O。

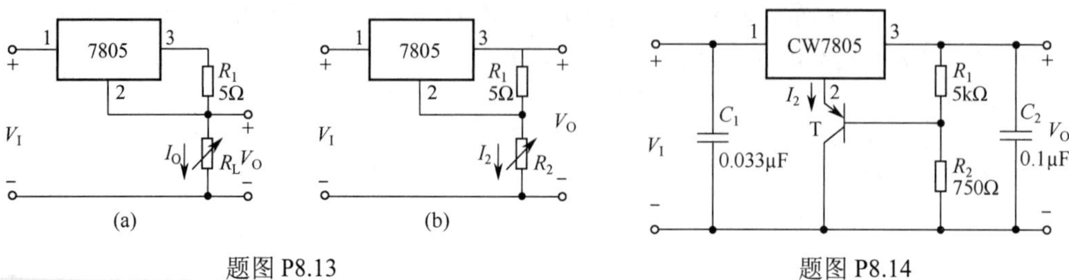

题图 P8.13　　题图 P8.14

8.15 具有放大环节的串联稳压电路如题图 P8.15 所示，已知稳压二极管的稳定电压 $V_Z=7\text{V}$，$R_3=150\Omega$，$R_4=300\Omega$，R_W 为 680Ω 的电位器，试计算输出电压的可调节范围及满足可调电压范围的最小输入电压。

8.16 由三端稳压器 W7815 和 W7915 组成的直流稳压电路如题图 P8.16 所示，变压器输出端的电压 $\upsilon_{21}=\upsilon_{22}=20\sqrt{2}\sin 100\pi t$。完成下列三个 4 选 1 填空题。

（1）电容 C_1、C_2 的极性分别为________。

A. C_1 上正下负，C_2 上正下负　　B. C_1 上正下负，C_2 下正上负

C. C_1 下正上负，C_2 下正上负　　D. C_1 下正上负，C_2 上正下负

（2）正常情况下，电容 C_1 上的直流电压均为________V。

A. 15　　B. 24　　C. 28　　D. 20

（3）V_{O1} 为________V，V_{O2} 为________V。

A. 15　　B. 24　　C. −15　　D. −24

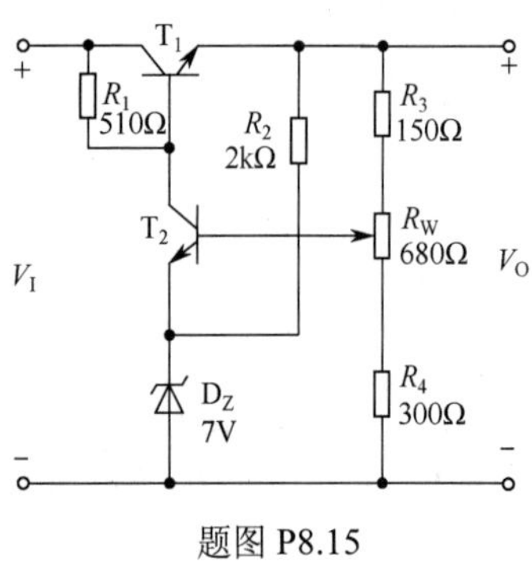

题图 P8.15

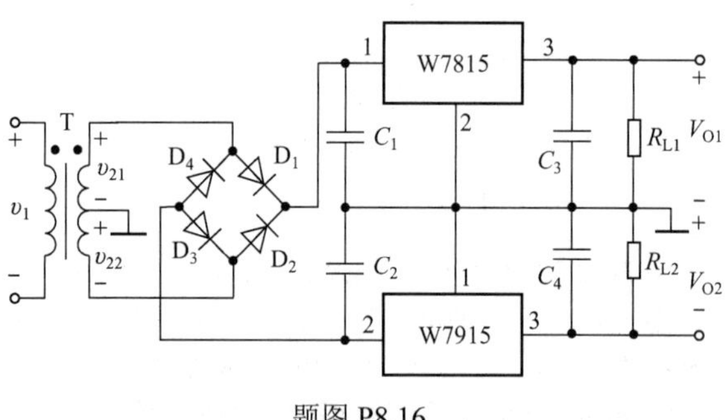

题图 P8.16

8.17 指出题图 P8.17 所示串联稳压电路中的错误，已知 $V_Z=6\text{V}$，并加以改正，保证改正后电阻 R_4 的作用。

8.18 在题图 P8.18 所示的稳压电路中，A 为理想运放。

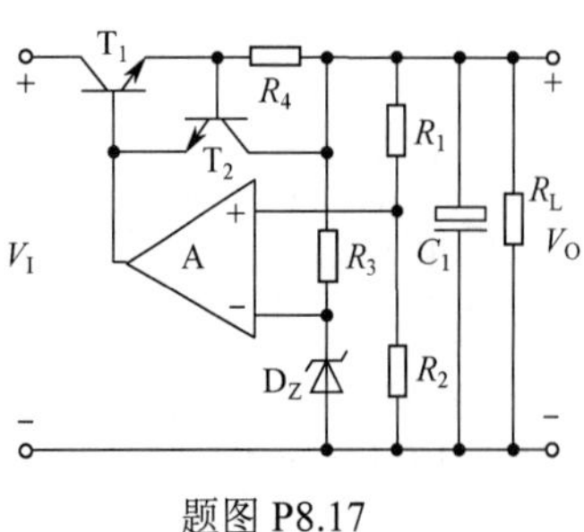

题图 P8.17

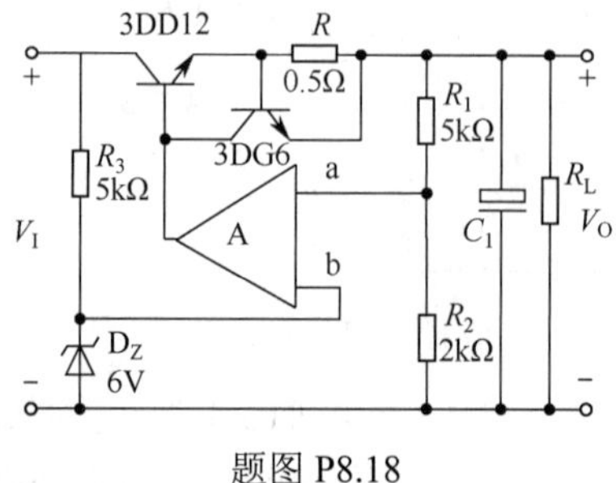

题图 P8.18

（1）为保证电路的正常稳压功能，集成运算放大器输入端的极性：a. ______，b. _____。

（2）电阻 R 的作用是__________。

（3）输出电压 V_O 的可调范围是________。

（4）3DG6 管的作用是__________。

8.19 某倍压整流电路如题图 P8.19 所示，试标出电容器上的电压（最大值）和极性，并估算出 V_O 值。

8.20 试分析题图 P8.20 所示电路能否稳定输出电压、能否稳定输出电流，并说明其工作原理。

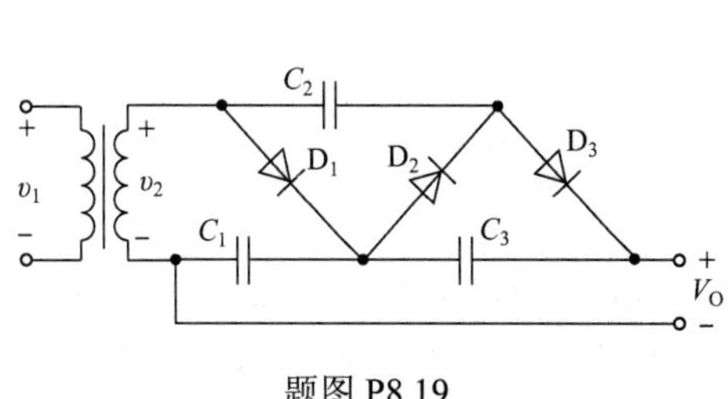

题图 P8.19

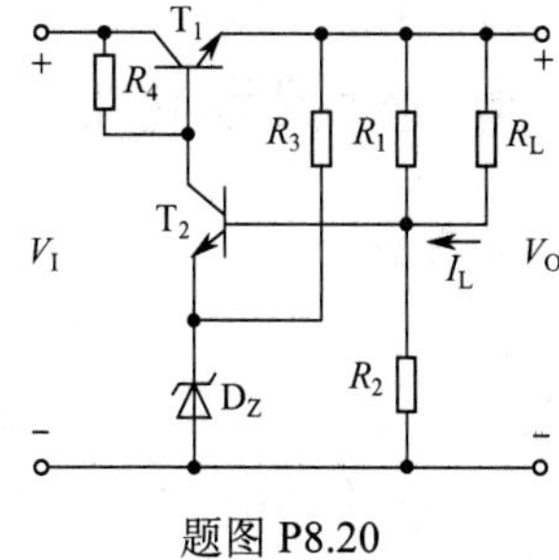

题图 P8.20

8.21 已知由三端稳压器 LM7805 组成的输出电压可调稳压电路如题图 P8.21 所示，试求电路输出电压 V_O 的可调范围。已知 $R_1 = R_2 = 2.5\text{k}\Omega$，$R_3 = 300\Omega$，$R_4 = 2.5\text{k}\Omega$，$R_W = 1.5\text{k}\Omega$。

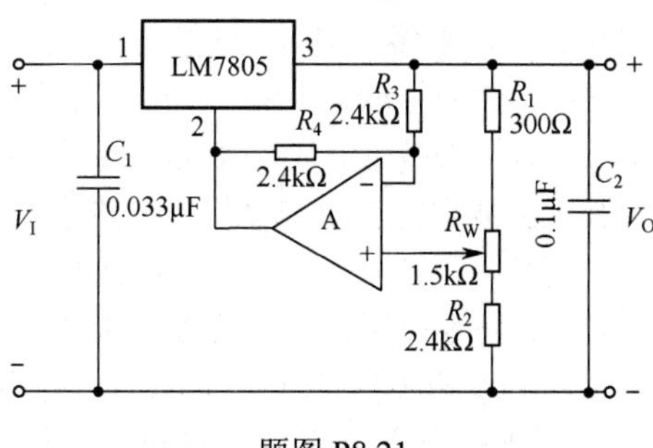

题图 P8.21

第 9 章　电子电路的仿真分析

9.1　电子设计自动化概述

9.1.1　基本概念

电子设计自动化（Electronic Design Automation，EDA）起源于 20 世纪 60 年代诞生的计算机辅助设计（Computer Aided Design，CAD）技术，CAD 技术凭其优越的性能，很快就在各个行业得到广泛应用，并被美国国家工程科学院视为 1964—1989 年期间最杰出的十项工程技术成就之一。

将 CAD 技术应用于电子设计领域被称为电子设计 CAD。1972 年，美国加州大学伯克利分校开发了电路仿真程序 Spice，后来经过不断完善与改进，于 1975 年发布了正式版 Spice2G。1984 年，美国 MicroSim 公司首次推出 Spice 的微机版 PSpice（Personal-Spice）。此后各种版本的 Spice 不断问世，功能越来越强。美国 Cadence 公司同时推出了可在 PC 上运行的 OrCAD/Pspice 1。1988 年 Spice 被定为美国国家标准，许多公司陆续推出了各种用于电子行业的优秀 CAD 软件，CAD 技术日臻成熟。在后来又相继发展出了计算机辅助测试（CAT）、计算机辅助工程（CAE）等技术应用，并最终发展成为了电子设计自动化（EDA）。

电子设计自动化（EDA）是从计算机辅助设计（CAD）、计算机辅助测试（CAT）、计算机辅助工程（CAE）的概念发展而来的，主要指以计算机为平台，融合应用电子技术、计算机软/硬件技术进行电子线路设计与仿真以及 IC（集成电路）设计与制作工作的总称。

EDA 为电子设计人员提供了一种“自顶向下”的设计理念与思想，同时为教学提供了一个极为简捷、科学高效的实验教学平台。EDA 技术具有如下特点。

（1）能够结合仿真策略确保设计的正确性，实现了自顶向下的崭新设计策略。

（2）能够实现数据与工具的双向流动，能够实现开放式的设计环境和集成化工具，可将不同公司的软件工具集成到一个统一的计算机平台，构成完整的 EDA 系统。

（3）设计人员不需要很多深入的专业知识便可完成优化的设计结果，操作智能化。

（4）成果规范化，支持从数字系统级到门级的多层次硬件描述，执行并行化。

9.1.2　EDA 工具

EDA 技术具体到应用层面就是各种 EDA 工具（计算机软/硬件）。常用的 EDA 软件有 Multisim、PSpice、OrCAD、PCAD、Altium Designer、VIEWlogic 等。这些工具都有较强的功能，如很多软件都可以进行电路设计与仿真，还可以进行 PCB 自动布局布线，可以输出多种网表文件与第三方软件接口。EDA 工具根据电子设计领域的行业来划分，可以分为系统级、电路级和物理实现级；如果按主要功能或主要应用场合来划分，则可以分为电子电路设计与仿真工具、PCB 设计软件、IC 设计软件、PLD 设计工具及其他 EDA 软件。

1. 电子电路设计与仿真工具

电子电路设计与仿真工具包括 Spice/PSpice、Multisim、SystemView、MMICAD、LiveWire、MATLAB 等。下面简单介绍几种典型的软件。

（1）Spice（Simulation program with integrated circuit emphasis）。这是由美国加州大学伯克利分校推出的电路分析仿真软件。1984 年，美国 MicroSim 公司推出了基于 Spice 的微机版 PSpice（Personal-Spice），可以说在同类产品中，它是当时功能最为强大的模拟和数字电路混合仿真 EDA 软件。它可以进行各种各样的电路仿真，如激励建立、温度与噪声分析、模拟控制、波形输出、数据输出等，并在同一窗口内同时显示模拟与数字的仿真结果，还可以自行建立元器件及元器件库。

（2）Multisim 软件。该软件具有更加形象直观的人机交互界面，特别是仪器仪表库中的各仪器仪表与实际仪器仪表完全没有两样，对模数电路的混合仿真功能也毫不逊色，几乎能够真实仿真出电路的结果。在仪器仪表库中还提供万用表、信号发生器、瓦特表、示波器、波特仪、数字信号发生器、逻辑分析仪、逻辑转换仪、失真度分析仪、频谱分析仪、网络分析仪和电压表及电流表等仪器仪表。此外，它提供常见的各种建模精确的元器件，还支持自制元器件。Multisim 还具有 I-V 特性分析仪（晶体管特性图示仪）和安捷伦信号发生器、示波器和动态逻辑电平笔等，是一款非常出色的电路仿真软件。

（3）MATLAB 软件。这是工程应用领域的“多面手”，提供众多面向具体应用的工具箱和仿真包，包含完整的函数集，可用来解决电路分析、控制系统设计、神经网络等特殊应用。MATLAB 具有数据分析、数值计算、工程与科学绘图、控制系统设计、数字图像处理、图形用户界面设计等功能。MATLAB 被广泛应用于控制系统设计、通信系统仿真等诸多领域。开放式的结构使得 MATLAB 很容易针对特定的需求进行扩充，以完善仿真内容。

2. PCB 设计软件

印制电路板（Printed Circuit Board，PCB）是电子产品、仪器设备电子系统的必备部件。印制电路板在各个电子元器件中起连接、支撑作用。实现 PCB 设计的软件有很多，如 OrCAD、VIEWlogic、PowerPCB、Altium Designer、PCB Studio 等。

Altium Designer 是 20 世纪 80 年代末推出的 CAD 工具，较早在国内使用，普及率较高，很多高等学校还专门开设 Altium Designer 课程，是一款非常出色的多层印制电路板工具。早期的 Altium Designer 主要作为印制板自动布线工具使用，早期版本为 Protel，是一个完整的全方位电路设计系统，包含电路原理图绘制、模拟电路与数字电路混合信号仿真、多层印制电路板设计（包含印制电路板自动布局布线）、可编程逻辑器件设计、图表生成、电路表格生成、支持宏操作等功能，且具有 Client/Server（客户/服务器）系统结构，同时兼容一些其他设计软件的文件格式，如 ORCAD、PSpice、Excel 等。

3. 集成电路（Integrated Circuit，IC）设计软件

IC 设计工具很多，Cadence 和 Synopsys，这两家公司是 ASIC 设计领域相当有名的软件供应商；其他公司的软件，使用者相对来说较少。中国华大公司也提供 ASIC 设计软件；另外，Avanti 公司是原来在 Cadence 公司的几位华人工程师创立的，该公司的设计工具可以全面和 Cadence 公司的工具相抗衡，非常适合于深亚微米的 IC 设计。下面按用途对 IC 设计软件的基本功能做简要介绍。

（1）设计输入工具

这是任何一种 EDA 软件必须具备的基本功能。Cadence 的 Composer，VIEWlogic 的 Viewdraw，硬件描述语言 VHDL、Verilog HDL 等，是主要的设计语言，许多设计输入工具都支持 HDL（如 Multisim 等）。另外，Active-HDL 和其他设计输入方法，包括原理和状态机输入方法，设计 FPGA/CPLD 的工具大都可作为 IC 设计的输入手段，如 Xilinx、Altera 等公司提供的开发工具 ModelSim FPGA 等。

（2）设计仿真工具

EDA 工具的一个最大优点是可以验证设计是否正确，几乎每家公司的 EDA 产品都有仿真工具。Verilog-XL、NC-verilog 用于 Verilog 仿真，Leapfrog 用于 VHDL 仿真，Analog Artist 用于模拟电路仿真。VIEWlogic 的仿真器有 Viewsim 门级电路仿真器、SpeedwaveVHDL 仿真器、VCS-verilog 仿真器。Mentor Graphics 有其子公司 Model Tech 出品的 VHDL 和 Verilog 双仿真器 ModelSim。Cadence、Synopsys 用的是 VSS（VHDL 仿真器）。现在的趋势是各大 EDA 公司都逐渐用 HDL 仿真器作为电路验证工具。

（3）综合工具

综合工具可将 HDL 变成门级网表。在这方面，Synopsys 工具有较大的优势，其 Design Compile 是综合的工业标准，它的另一个产品 Behavior Compiler 可以提供更高级的综合。

另外，最近美国又出了一个叫 Ambit 的软件，据说它比 Synopsys 的软件更有效，可以综合 50 万门电路，速度更快。由于 Ambit 被 Cadence 公司收购，为此 Cadence 放弃了它原来的综合软件 Synergy。随着 FPGA 设计的规模越来越大，各 EDA 公司又开发了用于 FPGA 设计的综合软件，比较有名的有 Synopsys 的 FPGA Express、Cadence 的 Synplity、Mentor 的 Leonardo，这三家公司的 FPGA 综合软件占有绝大部分市场份额。

（4）布局和布线工具

在 IC 设计的布局和布线工具中，Cadence 软件比较强，它有很多产品，其中最有名的是 Cadence Spectra，它原来用于 PCB 布线，后来用它进行 IC 布线，其主要工具有 Cell3、Silicon Ensemble（标准单元布线器）、Gate Ensemble（门阵列布线器）、Design Planner（布局工具）。其他各 EDA 公司也提供各自的布局和布线工具。

（5）物理验证工具

物理验证工具包括版图设计工具、版图验证工具、版图提取工具等。在这方面，Cadence 公司也很强，其 Dracula、Virtuso、Vampire 等物理验证工具的使用者众多。

（6）模拟电路仿真器

前面介绍的仿真器主要针对数字电路，模拟电路的仿真工具则普遍使用 Spice，这是唯一的选择，只不过选择的是不同公司的 Spice，如 MiceoSim 公司的 PSpice、Meta Soft 公司的 HSpice 等。HSpice 已被 Avanti 公司收购。在众多的 Spice 中，HSpice 的模型多，仿真精度也高。

4．PLD 设计工具

可编程逻辑器件（Programmable Logic Device，PLD）是一种由用户根据需要而自行构造逻辑功能的数字集成电路。目前主要有两大类：CPLD（Complex PLD）和 FPGA（Field Programmable Gate Array）。基本设计方法是借助 EDA 软件，用原理图、状态机、布尔表达式、硬件描述语言等方法，生成相应的目标文件，最后用编程器或下载电缆，由目标器件实现。生产 PLD 的厂家很多，最有代表性的 PLD 厂家为 Altera、Xilinx 和 Lattice 公司。

PLD 的开发工具一般由器件生产厂家提供，但随着器件规模的不断增加，软件的复杂性随之提高，目前则由专门的软件公司与器件生产厂家推出功能强大的设计软件。下面介绍主要器件生产厂家和开发工具。

（1）Altera。20 世纪 90 年代以后发展很快，其主要产品有 MAX3000/7000、FELX6K/10K、APEX20K、ACEX1K、Stratix 等。其开发工具 MAX+PLUS II 是较成功的 PLD 开发平台，最新又推出了 Quartus II 开发软件。Altera 公司提供较多形式的设计输入手段，并绑定有第三方的 VHDL 综合工具，如综合软件 FPGA Express、Leonard Spectrum，仿真软件 ModelSim。

（2）Xilinx。FPGA 的发明者，其产品种类较全，主要有 XC9500/4000、Coolrunner（XPLA3）、Spartan、Vertex 等系列，其最大的 Vertex-II Pro 器件达到 800 万门。开发软件为 Foundation 和 ISE。一般来说，在欧洲用 Xilinx 的人多，在日本和亚太地区用 Altera 的人多，在美国则是平分秋色。全球 PLD/FPGA 产品 60%以上是由 Altera 和 Xilinx 提供的。可以说，Altera 和 Xilinx 共同决定了 PLD 技术的发展方向。

（3）Lattice-Vantis。Lattice 是 ISP（In-System Programmability）技术的发明者。ISP 技术极大地促进了 PLD 产品的发展，与 Altera 和 Xilinx 相比，其开发工具要略逊一筹。中小规模 PLD 比较有特色，大规模 PLD 的竞争力还不够强（Lattice 没有基于查找表技术的大规模 FPGA）。Lattice 于 1999 年推出可编程模拟器件，1999 年收购 Vantis（原 AMD 子公司），成为第三大可编程逻辑器件供应商。2001 年 12 月收购 Agere 公司（原 Lucent 微电子部）的 FPGA 部门。主要产品有 ispLSI2000/5000/8000、MACH4/5。

（4）Actel。反熔丝（一次性烧写）PLD 的领导者。由于反熔丝 PLD 抗辐射、耐高低温、功耗低、速度快，因此在军品和宇航级产品上有较大的优势。Altera 和 Xilinx 则一般不涉足军品和宇航级产品市场。

（5）Quicklogic。专业 PLD/FPGA 公司，以一次性反熔丝工艺为主，在我国的销量不大。

（6）Lucent。主要特点是有不少用于通信领域的专用 IP 核，但 PLD/FPGA 不是 Lucent 的主要业务，在中国地区使用的人很少。

（7）Atmel：中小规模 PLD 做得不错。Atmel 还做一些与 Altera 和 Xilinx 兼容的芯片，但品质上与原厂家有一些差距，在高可靠性产品中使用较少。

5. 其他 EDA 软件

（1）VHDL 语言。超高速集成电路硬件描述语言（VHSIC Hardware Deseription Language，VHDL），是 IEEE 的一项标准设计语言，源于美国国防部提出的超高速集成电路（Very High Speed Integrated Circuit，VHSIC）计划，是 ASIC 设计和 PLD 设计的一种主要输入工具。

（2）Verilog HDL。Verilog 公司推出的硬件描述语言，在 ASIC 设计方面与 VHDL 语言平分秋色。

（3）其他 EDA 软件。专门用于微波电路设计、PCB 制作和工艺流程控制等领域的工具，在此不做介绍。

可以说 CAD（计算机辅助设计）是电子设计的物理级初级阶段；CAE（计算机辅助工程）是电路级设计阶段；EDA（电子设计自动化）是高级电子系统设计阶段。衡量一个软件的优劣，其中一个很现实的标准就是看它的市场占有率，即它的普及和流行程度。

9.1.3 Multisim 软件介绍

1988 年加拿大的 Interactive Image Technologies 公司推出了 EWB（Electronics WorkBench）软件，它是电子电路仿真的虚拟电子工作台软件，是只有 16MB 的小软件，但在模拟电路和数字电路的混合仿真中功能强大。2001 年升级的 EWB 6.0 更名为 Multisim 1.0，它可以进行少量的单片机系统仿真。此后，又相继推出了 Multisim 7.0、Multisim 8.0 等。2010 年该软件被美国 NI 公司收购，后者先后推出了 NI Multisim 9.0、NI Multisim 10.0 等。Multisim 被美国 NI 公司收购后，最大的变化是 Multisim 与 LabVIEW 的完美结合。Multisim 是交互式电路模拟软件。Multisim 提供了多种常用的虚拟仪表，用户可以通过这些仪表观察电路的运行状态和仿真结果。虚拟仪表的设置、使用和读数与实际的测量仪表类似。Multisim 的功能繁多，下面是其基本特点。

（1）单击鼠标可以方便快捷地建立电路原理图。

（2）提供丰富的元器件库。可以模拟 6 类常用的电路元器件：基本无源元器件，如电阻、电容、电感、传输线等；半导体器件，如二极管、双极性晶体管、结型场效应管、MOS 管等；独立电压源和独立电流源；各种受控电压源、受控电流源和受控开关；基本数字电路单元，如门电路、传输门、触发器、可编程逻辑阵列等；单元电路，如运算放大器、555 定时器等。

（3）提供各种虚拟仪器仪表测试电路性能。在 Multisim 中，除了可以利用其本身提供的示波器、万用表、函数发生器等虚拟仪器，由于 Multisim 与虚拟软件 LabVIEW 的无缝集成，用户可在 LabVIEW 中开发虚拟仪器，因此大大提高了选择电路测试方法的灵活性和广泛性。此外，自带元器件库增加到了 17000 多种。

（4）提供完备的性能分析手段。Multisim 软件有较为详细的电路分析手段，如电路的瞬态分析和稳态分析、时域和频域分析、器件的线性和非线性分析、电路的噪声分析和失真分析，以及离散傅里叶分析、电路的零极点分析、交直流灵敏度分析和电路容差分析等。拥有强大的 MCU 模块，支持几种类型的单片机芯片。同时支持外部 RAM、ROM、键盘和 LCD 等外围设备的仿真 C 代码、汇编代码以及十六进制代码，并且兼容第三方工具源代码，包括设置断点、单步运行、查看和编辑内部的 RAM、特殊功能寄存器等高级调试功能，因此使模拟和数字电路的设计与仿真更方便。

由于软件操作都是在计算机环境下进行的，而不使用真实的元器件和仪表设备，所以称其为虚拟电子实验室。仿真软件以图形界面为主，采用界面、工具栏和热键相结合的方式，用户可以根据自己的习惯和熟悉程度进行使用。

仿真软件可以从其官方网站上下载。安装后，启用软件，输入官方激活码，就可以正常地使用 Multisim 14.0，其欢迎界面如图 9-1-1 所示。

1. Multisim 主界面

运行 Multisim，其主界面如图 9-1-2 所示。Multisim 主界面主要包括菜单栏、标准工具栏、视图工具栏、主工具栏、仿真开关、元器件工具栏、仪器工具栏、设计工具栏、电路编辑区、电子表格视窗和状态栏。软件以图形界面为主，采用菜单、工具栏和热键相结合的方式，具有一般 Windows 应用软件的界面风格，用户可以根据自己的习惯和熟悉程度自如使用。菜单栏位于界面的上方，通过菜单可以对 Multisim 的所有功能进行操作。

不难看出菜单中有一些与大多数 Windows 平台上的应用软件一致的功能选项，如 File、

Edit、View、Options 和 Help。此外，还有一些 EDA 软件专用的选项，如 Place、Simulate、Transfer 和 Tools 等，具体说明如下。

图 9-1-1　Multisim 欢迎界面

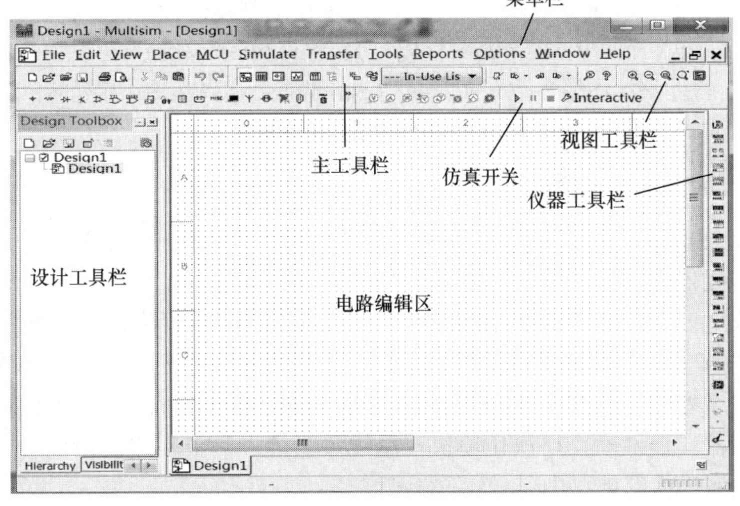

图 9-1-2　Multisim 主界面

（1）File 菜单，包含对文件和项目的基本操作及打印等。

（2）Edit 菜单，提供类似于图形编辑软件的基本编辑功能，用于电路图的编辑，包括 Flip Horizontal（所选对象左右翻转）、Flip Vertical（所选对象上下翻转）、90° ClockWise（所选对象 90°顺时针旋转）、90° ClockWiseCW（所选对象 90°逆时针旋转）以及 Component Properties（元器件属性）菜单等。

（3）View 菜单，使用软件时的视图，对一些工具栏和窗口进行控制，包括 Toolbars（显示工具栏）、Component Bars（显示元器件栏）、Status Bars（显示状态栏）、Show Simulation Error Log/Audit Trail（仿真错误记录信息窗口）、Show XSpice Command Line Interface（显示 Xspice 命令窗口）、Show Grapher（显示波形窗口）、Show Simulate Switch（显示仿真开关）、Show Grid（显示栅格）、Show Page Bounds（显示页边界）、Show Title Block and Border（显示标题栏和图框）等。

（4）Place 菜单，输入电路图的相关命令，包括 Place Component（放置元器件）、Place Junction（放置连接点）、Place Bus（放置总线）、Place Input/Output（放置输入/输出接口）、Place Hierarchical Block（放置层次模块）、Place Text（放置文字）、Place Text Description Box（放置文本描述窗）等。

（5）Simulate 菜单，执行仿真分析的相关命令，包括 Run（执行仿真）、Pause（暂停仿真）、Default Instrument Settings（设置仪表的预置值）等。

（6）Transfer 菜单，完成 Multisim 对其他 EDA 软件需要的文件格式的输出的命令，包括 Transfer to Ultiboard（设计的电路图转换为 Ultiboard 文件）、Transfer to other PCB Layout（设计的电路图转化为其他电路板设计软件所支持的文件格式）、Backannotate From Ultiboard（从 Ultiboard 中转到正编辑窗口）、Export Simulation Results to MathCAD（仿真结果输出到 MathCAD）、Export Simulation Results to Excel（仿真结果输出到 Excel）、Export Netlist（输出电路网表文件）等。

（7）Tools 菜单，放置针对元器件的编辑与管理命令，主要包括 Create Components（新建元器件）、Edit Components（编辑元器件）、Copy Components（复制元器件）、Delete Component（删除元器件）、Database Management（启动元器件数据库管理器）等。

（8）Options 菜单，放置针对软件的运行环境进行定制和设置的命令，包括 Preference（设置操作环境）、Modify Title Block（编辑标题栏）、Simplified Version（设置简化版本）、Global Restrictions（设定软件整体环境参数）、Circuit Restrictions（设定编辑电路的环境参数）等。

（9）Help 菜单，提供对 Multisim 的在线帮助和辅助说明。

2. Multisim 的元器件工具栏

Multisim 的元器件工具栏包括 20 种元器件的分类库，如图 9-1-3 所示，每个元器件库中放置同一类型的元器件。元器件工具栏还包括放置层次电路和总线的命令。元器件工具栏从左到右的模块依次为电源库、基本元器件库、二极管库、晶体管库、模拟器件库、TTL 器件库、CMOS 器件库、综合数字元器件库、混合元器件库、显示元器件库、功率元器件库、杂类元器件库、高级外设元器件库、RF 元器件库、电机类元器件库、NI 元器件库、连接器元器件库、微处理器元器件库、层次化模块和总线模块等，其中，层次化模块将已有的电路作为一个子模块加到当前的电路中。

图 9-1-3　Multisim 元器件工具栏

Multisim 的元器件工具栏是应用中最重要的部分。下面以放置一个 2.2kΩ 的误差为 5% 的电阻元器件为例来说明工具栏的使用方法，具体步骤如下。

（1）在元器件库中单击基本元器件库，出现 Select a Component 对话框，如图 9-1-4 所示。

（2）在 Group 栏选择 Basic，在 Family 栏选择 RESISTOR。

（3）在 Component 中选择电阻的值。

（4）在 Tolerance 栏选择电阻的误差，这里选择 5，表示 5%的误差。

（5）单击 OK 按钮完成元器件的选择，这时可以看到光标指示处有一个电阻。

（6）选择放置电阻的合适位置，单击鼠标左键，完成电阻元器件的放置。

其他元器件的放置可以参照以上方法进行，下面给出其他几点说明。

（1）关于虚拟元器件，这里指的是现实中不存在的元器件，也可理解为它们的参数可以任意修改和设置。例如，如果需要 1.034Ω 电阻、2.3μF 电容等不规范的特殊元器件，就可选择虚拟元器件通过设置参数达到；但仿真电路中的虚拟元器件不能连接到制版软件 Ultiboard 的 PCB 文件中进行制版，这一点是不同于其他元器件的。

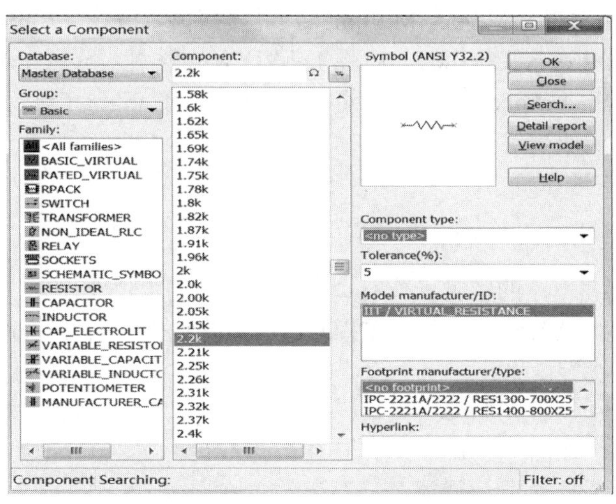

图 9-1-4　放置一个电阻的步骤

图 9-1-5　仪器工具栏

（2）与虚拟元器件相对应，我们将现实中可以找到的元器件称为真实元器件或实际元器件。例如，电阻的“元器件”栏中列出了从 1.0Ω 到 22MΩ 的在现实中可以找到的电阻。实际电阻只能调用，但不能修改参数（极个别可以修改，如晶体管的 β 值）。仿真电路中的真实元器件都可自动连接到 Ultiboard 中进行制版。

（3）电源虽然列在现实元器件栏中，但它属于虚拟元器件，可以任意修改和设置它的参数；电源和地线也都不会连接到 Ultiboard 的 PCB 界面进行制版。

（4）额定元器件是指允许通过的电流、电压、功率等的最大值都是有限制的，超过额定值，元器件就会被击穿和烧毁。其他元器件都是理想元器件，没有额定限制。

（5）关于三维元器件。Multisim 中有多种三维元器件，它们的参数不能修改，只能搭建一些简单的演示电路，但可与其他元器件混合组建仿真电路。

3．Multisim 的仪器工具栏

仪器工具栏中包含对电路的各种工作状态进行测试的仪器仪表与探针，如图 9-1-5 所示。在图 9-1-5 中，从上到下分别为数字万用表（Multimeter）、函数发生器（Function Generator）、瓦特表（Wattmeter）、双通道示波器（Oscilloscape）、四通道示波器（Four Channel

Oscilloscape)、波特图图示仪（Bode Poltter)、频率计（Frequency Counter)、字符发生器（Word Generator)、逻辑转换仪（Logic Converter)、逻辑分析仪（Logic Analyzer)、伏安特性分析仪（IV Analyzer)、失真度分析仪（Distortion Analyzer)、频谱分析仪（Spectrum Analyzer)、网络分析仪（Network Analyzer)、安捷伦函数发生器（Agilent Function Generator)、安捷伦万用表（Agilent Multimeter)、安捷伦示波器（Agilent Oscilloscape)、泰克双通道示波器（Tektronix Oscilloscape)、LabVIEW 虚拟仪器（LabVIEW Instruments)、ELVISmx 软件仪器（ELVISmx Instruments)、电流探针（Current Clamp）等。要在电路编辑区放置一个仪器，单击所需仪器，按住鼠标左键拖动光标可将该仪器放在电路编辑区的适当位置。

4. Multisim 的电路创建

在 Multisim 中创建电路的常见操作有调用元器件、调用仪器仪表、连接电路和删除元器件。按照设计要求，将元器件和仪器有选择地放在电路编辑区后，可对元器件和仪器进行选中、移动、编辑与连线等操作。

（1）元器件的移动。将光标移到元器件上，单击鼠标左键选中元器件，如图 9-1-6 所示，按住鼠标左键将元器件拖动到合适的位置后释放鼠标即可，在空白位置单击鼠标左键可取消选中的对象。

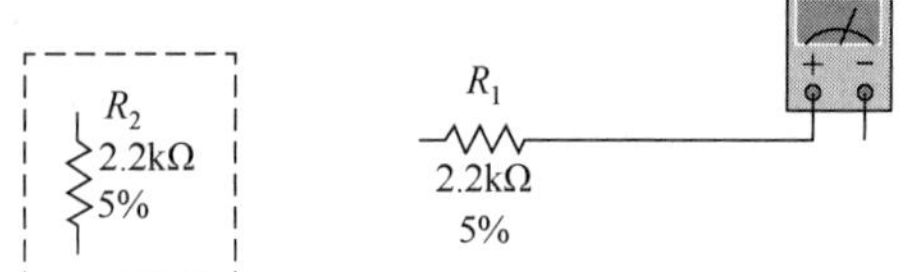

图 9-1-6　元器件选中与移动

（2）元器件的整理。将光标移到元器件上，单击鼠标右键，出现如图 9-1-7 所示的对话框。通过该对话框可以实现剪切、拷贝、粘贴、删除、平移、旋转等基本功能，使元器件排列整齐、布局美观。

（3）连线。元器件和仪器放到工作区域后，若将光标移动到元器件和仪器的接线端点上，则端点上会出现一个黑色的圆点，单击将出现连线，将连线拖到另一个元器件端点上，也会出现一个黑色的圆点，再次单击即可实现两个端点之间的连接。

（4）电路工作区尺寸调节。根据电路复杂程度调节绘图工作区尺寸，可以选择 Options→Sheet Properties，打开 Sheet Properties 对话框，如图 9-1-8 所示。选择 Workspace 选项卡，在 Sheet size 中选择合适的页面大小，单击 OK 按钮即可完成工作区尺寸的设置。

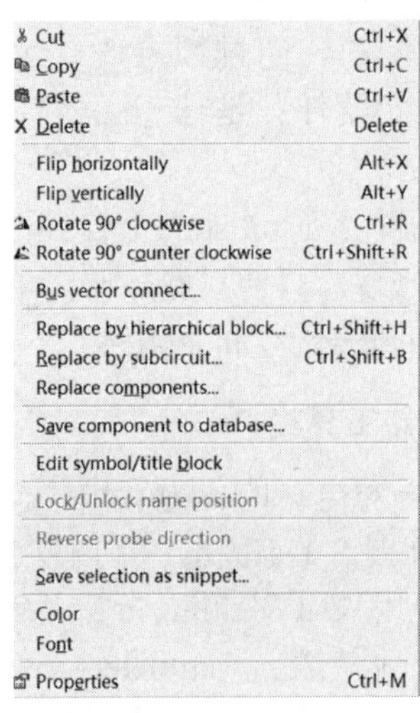

图 9-1-7　元器件编辑

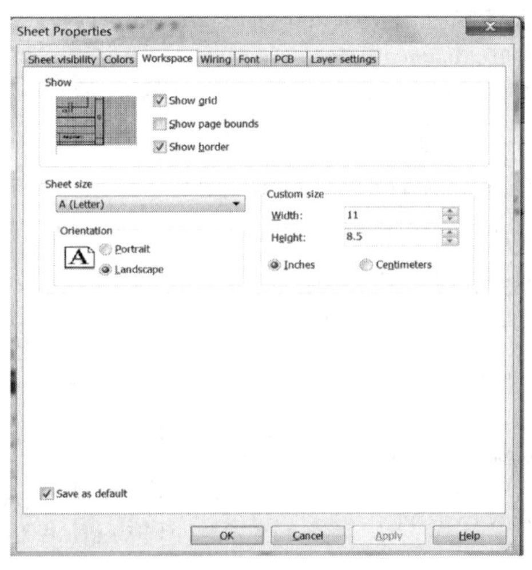

图 9-1-8　工作区尺寸的设置

9.2　电路基本定理仿真

9.2.1　叠加定理

（1）设计目标。创建一个由两个电压源和两个电流源组合的电阻网络，通过开关的切换实现独立源的单独作用，验证叠加定理。

（2）调用元器件。任何一个电路都需要电源和参考地，在基本元器件库中调用 2 个电压源、2 个电流源、5 个电阻和 8 个开关、1 个虚拟电流表和 1 个虚拟电压表。

注意，在元器件放置对话框中，将 Group 设置为<All groups>，并在 Component 栏中选择 Ammeter 和 Voltmeter，可以得到不同方向的虚拟电流表和电压表，如图 9-2-1 所示。也可以将 Group 设置为 Indicators，这时在 Family 栏中会出现相应的元器件。

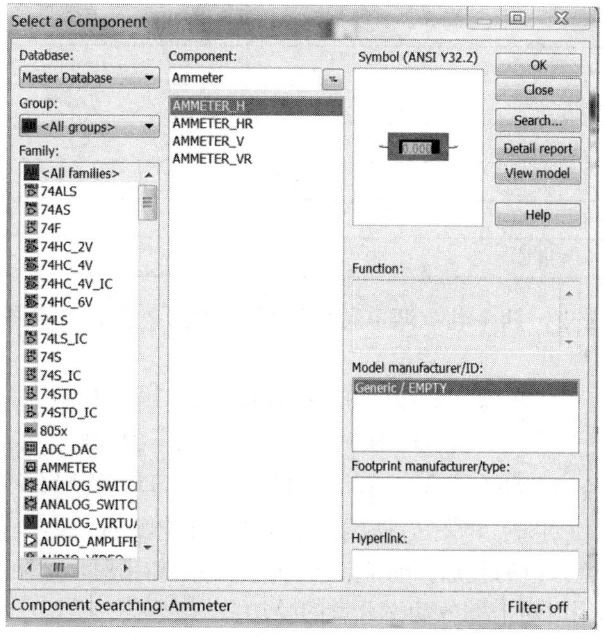

图 9-2-1　元器件放置对话框

（3）编辑元器件及仪器参数。双击元器件和仪器，设置元器件及仪器参数。

（4）电路连线。移动光标指向一个元器件的端点，使其出现一个小圆点，单击并移动光标，将电路连接起来，如图 9-2-2 所示。

（5）电路文件存盘。选择 File 菜单栏中的 Save as，将文件命名为“叠加定理.ms14”。文件名可以任意指定，但要满足系统文件名的命名规则。

（6）电路功能测试。使用开关 S_1～S_8 控制电压源、电流源的接入和断开时，设置开关的属性，设置开关的切换键，以方便电压源和电流源的单独作用。

根据 KVL/KCL 定律，理想电压源可以开路，但不能短路；理想电流源可以短路，但不能开路。因此，对电压源和电流源的电路连接方式应有所区别。

分别控制开关 S_1～S_8 使 V_1，V_2，I_1，I_2 单独作用或同时作用，开启仿真开关，记录数据如表 9-2-1 所示。

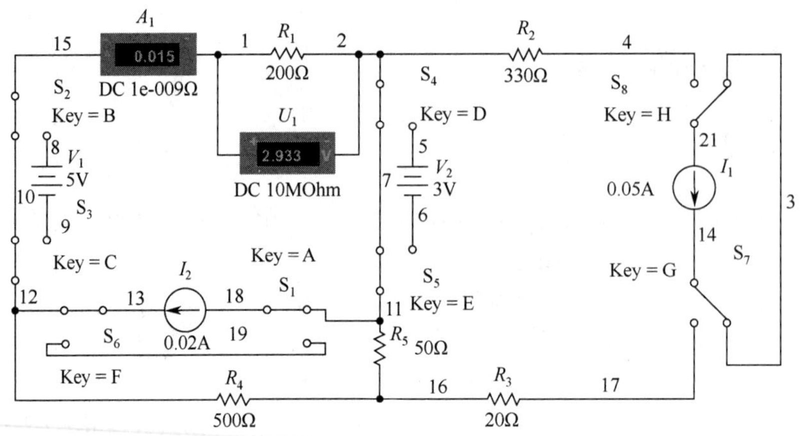

图 9-2-2 叠加定理仿真验证电路

表 9-2-1 叠加定理仿真测试数据

测 量 项 目	V_{R1}/V	I_{R1}/mA	P_{R1}/mW
V_1单独作用	1.333	6.667	8.887
V_2单独作用	−0.8	−4.0	3.2
I_1单独作用	0.667	3.333	2.223
I_2单独作用	2.933	15	44.895
V_1, V_2, I_1, I_2共同作用	4.133	21	86.793

由表 9-2-1 可以看出，四个独立源单独作用时，电阻 R_1 的电压分量、电流分量和功率分量的代数分别为

$$V_{R1} = 1.333 - 0.8 + 0.667 + 2.933 = 4.133\text{V}$$

$$I_{R1} = 6.667 - 4 + 3.333 + 15 = 21\text{mA}$$

$$P_{R1} = 8.887 + 3.2 + 2.223 + 44.895 = 59.205\text{mW} \neq 86.793\text{mW}$$

可见 V_1, V_2, I_1, I_2 共同作用时，电阻 R_1 两端的电压 V_{R1} 和电流 I_{R1} 等于 V_1, V_2, I_1, I_2 单独作用时对应各电压分量和电流分量的叠加；而 V_1, V_2, I_1, I_2 共同作用时，电阻 R_1 所消耗的功率不等于 V_1, V_2, I_1, I_2 单独作用时对应的各功率分量的叠加。

（7）结论。在线性电路中，电压和电流满足叠加定理，但功率不满足叠加定理。仿真分析与理论分析完全一致。

9.2.2 戴维南定理

（1）仿真目标。创建一个由 2 个电压源和 2 个电流源组合而成的电阻网络，通过开关的切换实现负载的短路与开路，用电位器模拟负载的改变，用戴维南等效电路验证戴维南定理。

（2）调用元器件。在基本元器件库中调用 3 个电压源、2 个电流源、5 个电阻、2 个开关、2 个可调电位器、1 个虚拟电流表和 1 个虚拟电压表。

（3）设置元器件及仪器参数，并连线，如图 9-2-3 所示。电路中的负载电阻为 R_L，用可变电位器来模拟负载 R_L 的变化，通过可变电阻抽头的位置来改变负载；通过开关 K_1 和 K_2 的切换来模拟负载 R_L 的短路和开路；用虚拟电流表 A_1 来测试通过负载的电流，用虚拟电压

表 U_1 来测试负载两端的电压。用电压源 V_3 模拟负载 R_L 开路时负载两端的电压（戴维南等效电压），用 R_5 代替戴维南等效电阻，用虚拟电流表 A_2 来测试戴维南等效电路中的电流，用虚拟电压表 U_2 测试戴维南等效电路负载 R_{L1} 两端的电压。

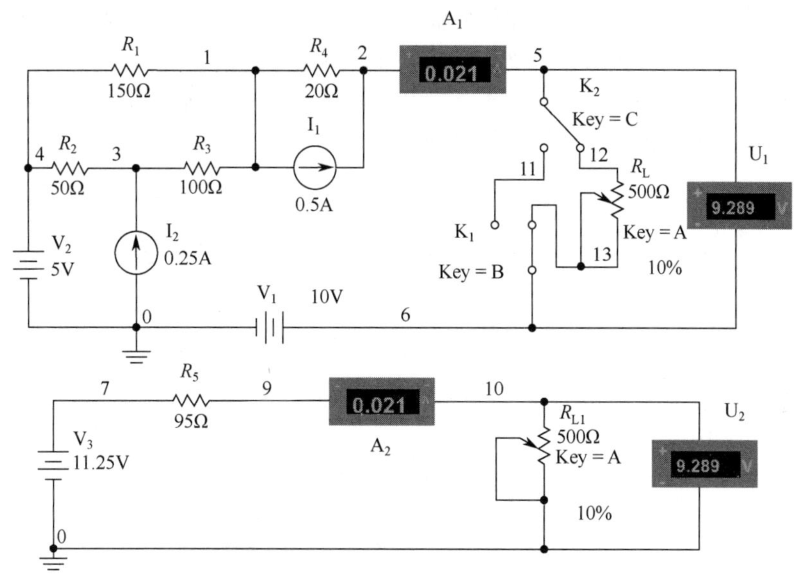

图 9-2-3　戴维南仿真验证电路

（4）电路文件存盘。选择 File 菜单栏中的 Save as，将文件命名为“戴维南定理.ms14”。

（5）电路功能测试。设置开关 K_1 和 K_2 的位置，使负载 R_L 开路，运行仿真，读出 U_1 仿真数据，停止运行，并将 V_3 的值设置为 U_1 所测得的开路电压。切换开关 K_1 和 K_2 的位置，使负载 R_L 短路，再次运行仿真。读出 A_1 仿真数据，停止运行，将 R_5 的值设置为开路电压与短路电流的比值。改变负载 R_L 和 R_{L1} 的电位百分比，将测量的数据记录在表 9-2-2 中。

表 9-2-2　戴维南定理仿真测试数据

电位器百分比	0%	20%	40%	60%	80%	100%
电压表（U_1）/V	0	5.769	7.627	8.544	9.091	9.454
电压表（U_2）/V	0	5.769	7.627	8.544	9.091	9.454
电流表（A_1）/A	0.118	0.058	0.038	0.028	0.023	0.019
电流表（A_2）/A	0.118	0.058	0.038	0.028	0.023	0.019

（6）结论。通过比较原电路和戴维南等效电路，对比表 9-2-2 中的测试数据，不难发现，2 个电流表和 2 个电压表的数据完全一致，这就验证了戴维南定理的正确性。

9.3　二极管仿真

9.3.1　二极管伏安特性

（1）设计目标。创建一个二极管伏安特性测试电路，绘出二极管的伏安特性曲线，学习使用万用表测试流过二极管的电流和二极管两端的电压，并与实际二极管的恒压降模型进行对比。

（2）调用元器件。任何一个电路都需要电源和参考地，在电源库中，调用电源和接地端；还需要调用限流电阻；为了完成设计目标，还需要调用伏安特性测试仪、万用表。这里选用常用的开关二极管 1N4148 来进行测试，限流电阻为 2kΩ。

（3）设置元器件及仪器参数。双击元器件及仪器，设置元器件及仪器参数，设置直流电源为 10V，万用表 XMM1 为直流电流表，万用表 XMM2 为直流电压表。

（4）电路连线。移动光标，将其指向一个元器件的端点，这时出现一个小圆点，单击并移动光标，将电路连接起来，如图 9-3-1 所示。

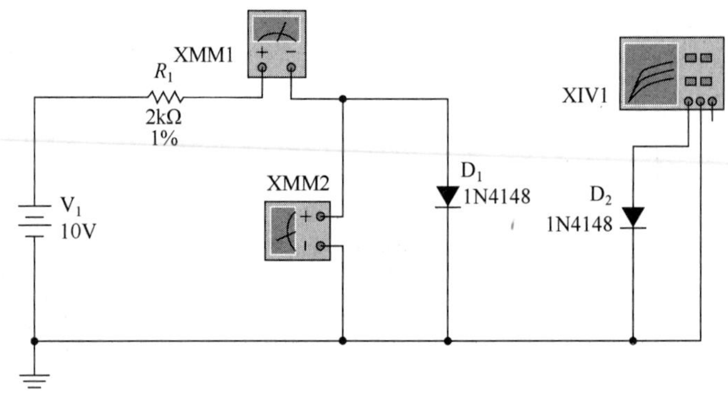

图 9-3-1 二极管伏安特性曲线仿真电路

（5）电路文件存盘。选择 File 菜单栏中的 Save as，将文件命名为“二极管伏安特性.ms14”。文件名可以任意指定，但应满足系统文件名的命名规则。

（6）电路功能测试。单击仿真开关，双击电路中对应的仪器、仪表，观察电路中各个测试点的状态。图 9-3-2 给出了万用表的仿真读数，图 9-3-3 给出了 1N4148 伏安特性的仿真曲线。

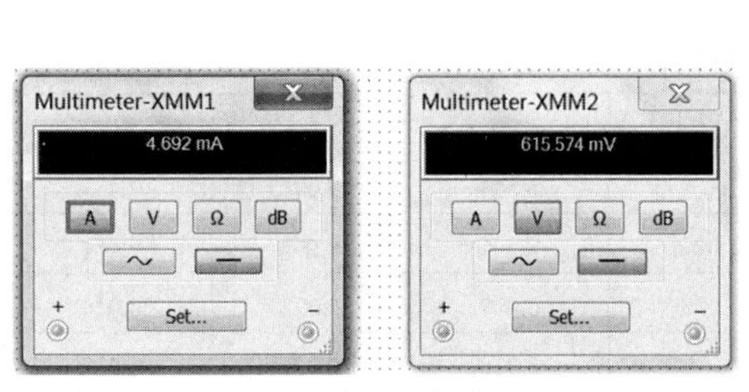

图 9-3-2 万用表的仿真读数

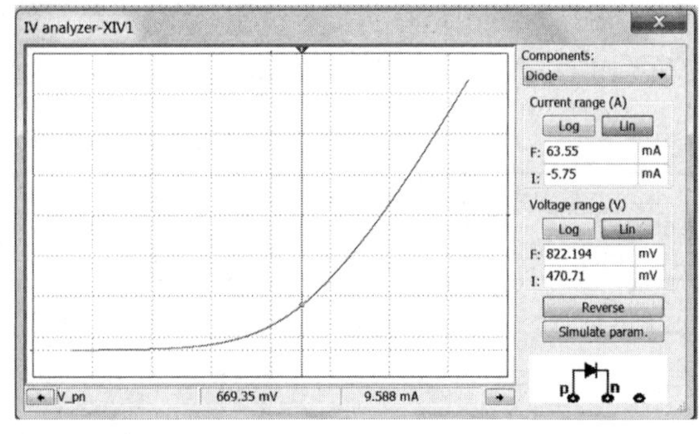

图 9-3-3 二极管伏安特性仿真曲线

值得说明的是，在图 9-3-3 中，仪器右侧仿真仪器的参数，可以根据实际情况设置，显示区的左侧有一个游标，拖动游标，屏幕下侧就会直接显示游标的位置坐标。

也可在仿真菜单栏中使用 DC_Sweep 仿真功能，修改电源 V_1 的扫描范围，定性观察二极管的伏安特性，如图 9-3-4 所示。

设置 V_1 为从 0 到 20V，观察二极管伏安特性的曲线，如图 9-3-5 所示。

（7）仿真与二极管模型参数对比。在二极管的模型分析中，通过恒压降模型可得到其电路的相关参数。二极管导通时，其导通电压为 0.6～0.8V，若 $V_{D(on)}=0.7V$，则通过二极管的电流可近似为

$$I_{\mathrm{D}}=\frac{V_1-V_{\mathrm{D(on)}}}{R_1}=\frac{10-0.7}{2}=4.65\mathrm{mA}$$

可见，采用恒压降模型得到的 4.65mA 与仿真值 4.692mA 之间有一定的误差，但也满足工程应用。

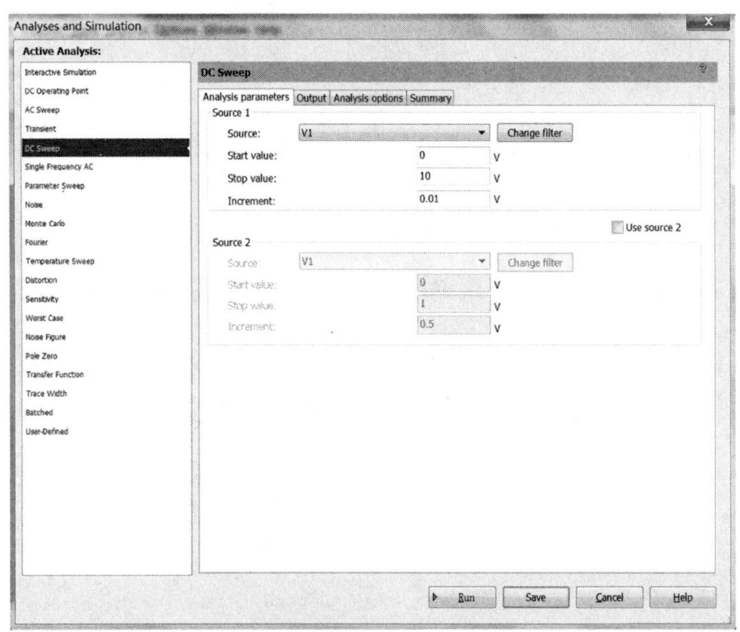

图 9-3-4　分析与仿真对话框

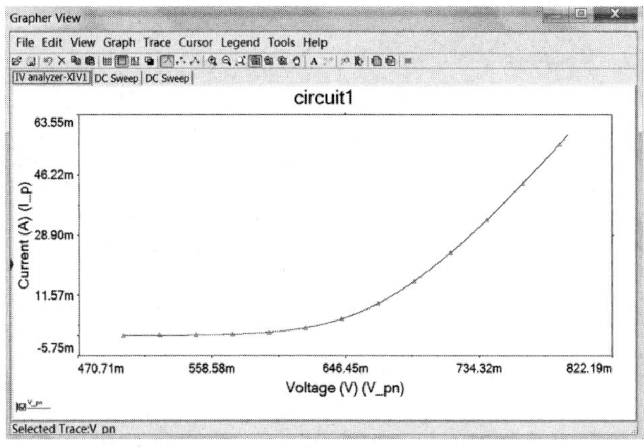

图 9-3-5　DC_Sweep 的伏安特性曲线

9.3.2　二极管交流小信号等效电路

（1）设计目标。创建一个二极管上叠加了直流、交流信号的电路，验证二极管小信号模型。

（2）调用元器件。在二极管伏安特性曲线仿真测试电路的基础上，增加一个交流激励源，设置元器件及仪器参数，设置直流电源为 10V，设置交流电压源频率为 1kHz、峰值为 2V。万用表 XMM1 为直流电流表，万用表 XMM2 为交流电压表，连接电路，如图 9-3-6 所示。

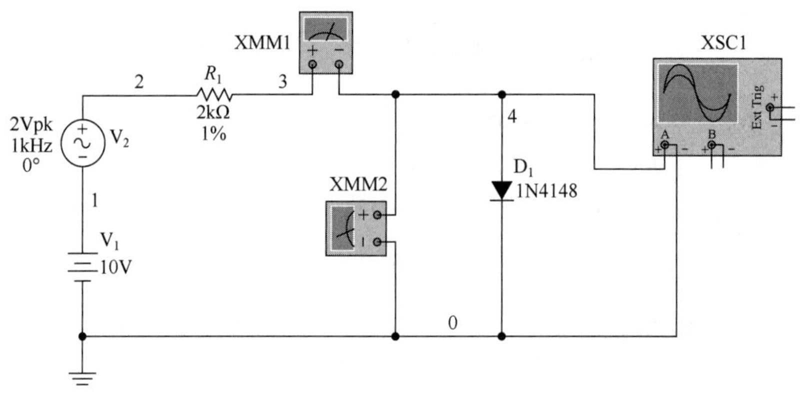

图 9-3-6　二极管交流小信号仿真电路

（3）电路文件存盘。选择 File 菜单栏中的 Save as，将文件命名为“二极管小信号模型.ms14”。

（4）电路功能测试。单击仿真开关，开始测试。双击电路中对应的仪器，观察电路中各个测试点的状态。图 9-3-7 给出了万用表的仿真读数，图 9-3-8 给出了二极管两端的交流输出波形。

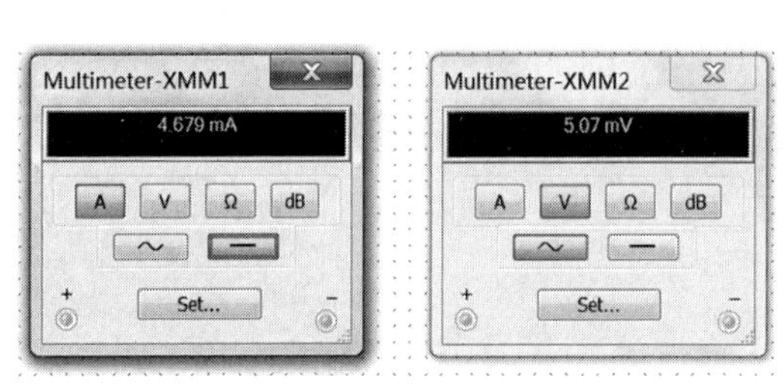

图 9-3-7　万用表的仿真读数

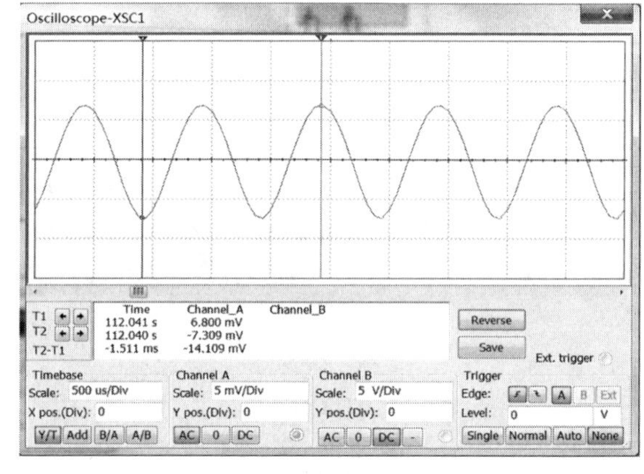

图 9-3-8　二极管两端的交流输出波形

从图 9-3-7 可得通过二极管的直流电流为 4.679mA，二极管对应的结电阻为

$$r_{\mathrm{d}}=\frac{V_{\mathrm{T}}}{I_{\mathrm{D}}}=\frac{26}{4.679}=5.56\Omega$$

（5）仿真结果与工程近似的对比。观察 1N4148 的参数模型，其内部分布电阻 $R_{\mathrm{S}}=1.6\Omega$，因此二极管的交流小信号电阻为 $R_{\mathrm{S}}+r_{\mathrm{d}}=1.6+5.56=7.16\Omega$。输入的交流电源的峰值为 2V，其有效值为 1.414V，输出的交流信号的工程分析有效值为

$$\upsilon_{\mathrm{d}}=\frac{(R_{\mathrm{S}}+r_{\mathrm{d}})V_2}{R_1+R_{\mathrm{S}}+r_{\mathrm{d}}}=\frac{7.16\times1414}{2000+7.16}=5.04\mathrm{mV}$$

该输出有效值与 XMM2 读出的有效值 5.07mV 几乎相等，说明了交流小信号模型分析的正确性。

9.4　基本放大器仿真

9.4.1　三极管伏安特性

（1）仿真目标。创建一个三极管输入和输出伏安特性曲线的仿真电路，研究共射极放大器输入和输出伏安特性曲线。

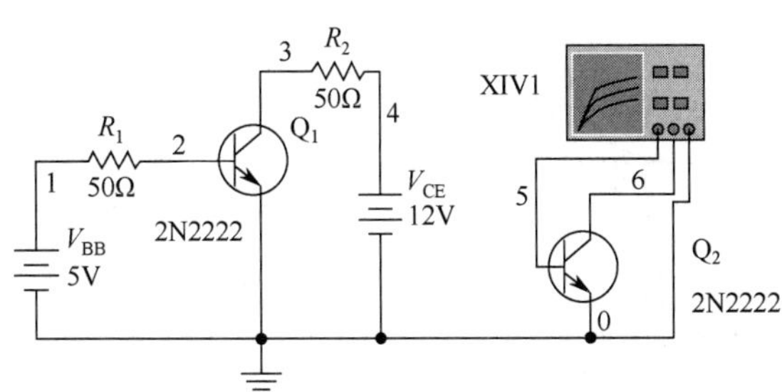

图 9-4-1　三极管伏安特性仿真图

（2）调用元器件。在基本元器件库中调出 2 个 NPN 三极管 2N2222，在仪器库中调出 1 个伏安特性曲线分析仪，增加 2 个直流电源，增加 2 个限流电阻，将三极管 Q_2 和伏安特性分析仪连接起来，如图 9-4-1 所示，可采用伏安特性分析仪来仿真其输出特性曲线。

（3）仿真分析。设置伏安特性分析仪的属性参数，单击运行可得共射放大器的输出特性曲线，如图 9-4-2 所示。

对于输入特性曲线的测试，也可在 Simulate 菜单栏中单击 Analyses and simulation，在出现 Active analysis 的工具中，选择 DC_Sweep，并在对话框的 Analysis parameters 项中分别设置 V_{BB} 和 V_{CE} 的起始值、终止值与步长，在 output 中分别选择三极管的基极电流 i_B 和发射结电压 V_{BE}（对应图中节点 2 的电压 V_2），加入右边分析变量所对应的方框，单击 Save，然后单击 Run，弹出视图对话框，在 Graph 菜单栏修改背景颜色，得到仿真结果，如图 9-4-3 所示。

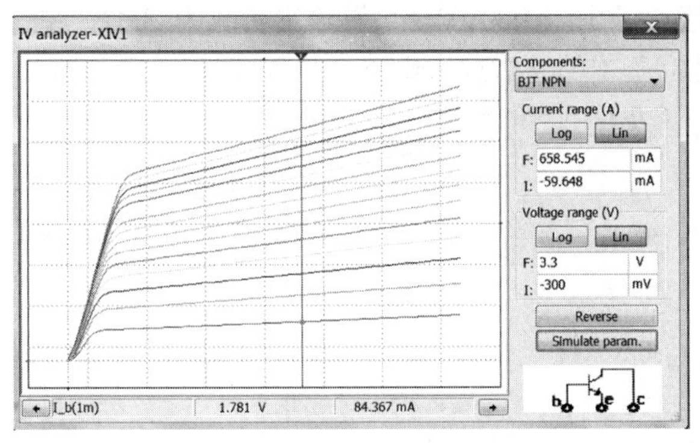

图 9-4-2　三极管输出特性曲线仿真图

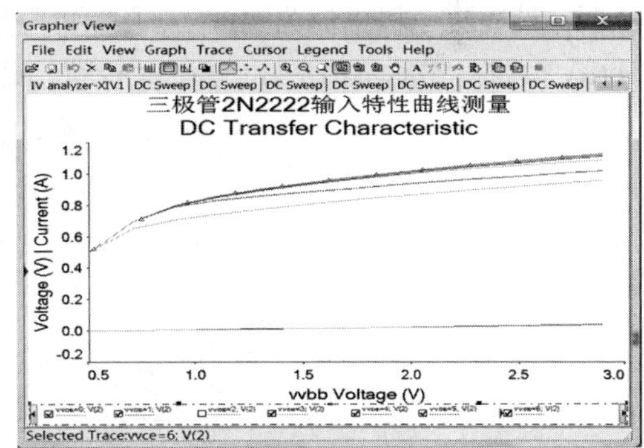

图 9-4-3　三极管输入特性 DC_Sweep 仿真图

图 9-4-3 以 V_{BB} 为横坐标，分别显示了 V_{CE} = 0V, 1V, 2V, 3V, 4V, 5V 对应的 6 条 i_B 曲线和 6 条 V_{CE} 曲线，输入特性曲线是以 V_{BE} 为横坐标、以 i_B 为纵坐标的对应曲线，可借助 Excel 或 MATLAB 绘制该曲线。借助 Excel 绘图的方法如下：在三极管输入特性的 DC_Sweep 对话框中，选择菜单 Tools→Export to Excel，将数据导入 Excel 表格，借助 Excel 的数据处理功能，选取 V_{BE} 为横坐标，选取 i_B 为纵坐标，分别绘制不同 V_{CE} 条件下对应的三极管输入特性曲线，如图 9-4-4 所示。

从图 9-4-4 中可以看出，当 V_{CE} = 0V 和 1V 时，曲线的间距较大，而当 V_{CE} 大于 1V 后，输入特性曲线之间的距离不大，这说明在发射结正偏时，集电结从正偏向反偏过渡后，三极管进入放大状态，V_{CE} 对输入的影响明显减小，也说明在共射放大电路中，在放大区基本上可以忽略输出电压的变化对输入回路的影响。

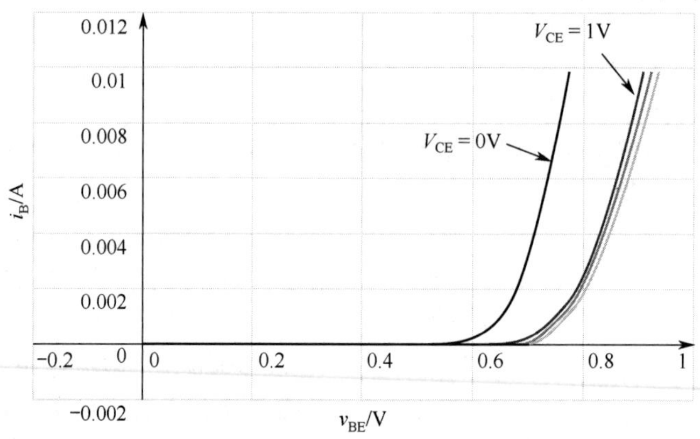

图 9-4-4　三极管输入特性曲线数据分析图

9.4.2　基本共射放大器

本节介绍利用向导工具创建基本共射放大电路，通过示波器观察输入和输出波形，分析放大器的静态工作点、电压放大倍数，修改放大器的共射电流放大系数 β 的值，研究 β 值与电压放大倍数之间的关系。观察放大器的频率响应特性，优化放大电路的参数设置。

1．Multisim 电路创建

在菜单栏中选择 Tool→Circuit Wizard→CE BJT Amplifer Wizard，出现图 9-4-5 所示的对话框，设置集电极电流为 2mA，设置集电极电源电压为 12V，设置输出负载为 3kΩ，单击 Verify 按钮，然后单击 Build circuit 按钮，建立基本的共射放大电路。

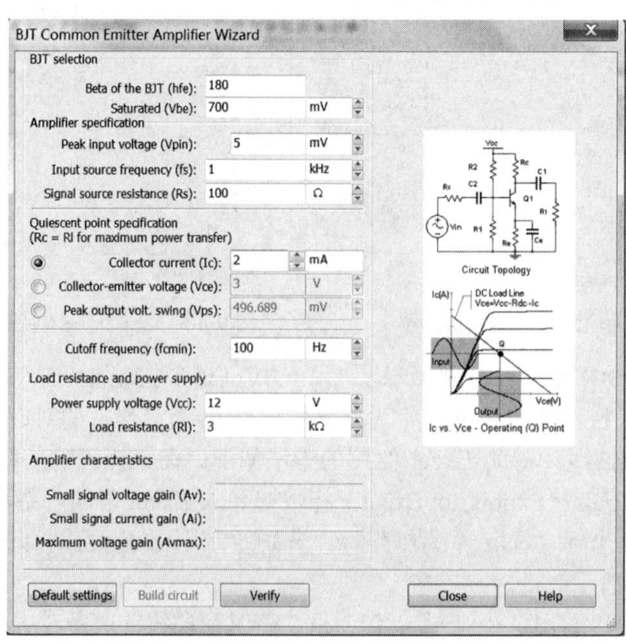

图 9-4-5　共射放大器向导对话框

添加示波器，将示波器的 A 通道连接到放大器的输入端，将示波器的 B 通道连接到放大器的输出端，并将元器件用标称值进行修改，得到图 9-4-6 所示共射放大器仿真电路。

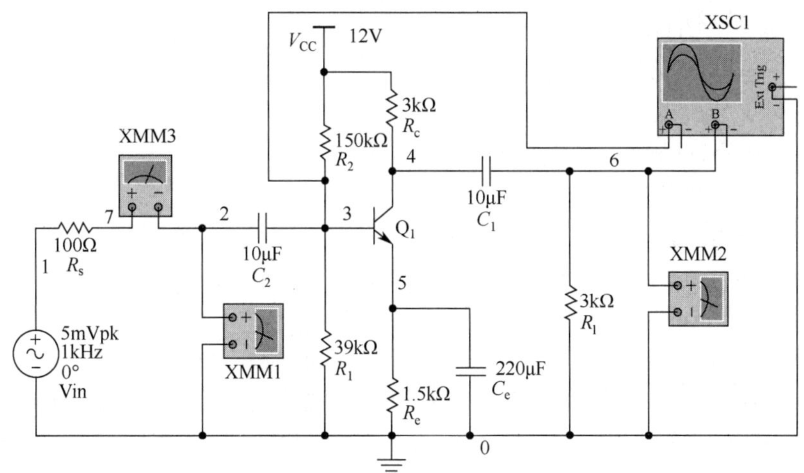

图 9-4-6　共射放大器仿真电路

2．Multisim 电路仿真与工作波形测试

单击仿真开关，或者在快捷菜单栏中单击 Run 按钮，双击示波器观察工作波形，单击 Reverse 按钮，这时示波器的背景为白色。选择通道 A 和通道 B 的耦合模式为 AC 耦合，调节 A 通道的幅度 Scale 为 5mV/Div，B 通道的幅度 Scale 为 200mV/Div，合理设置时基，使波形在示波器上完整地显示出来。由此，可得到共射放大器仿真分析的工作波形，如图 9-4-7 所示。

从图 9-4-7 可以看出，共射放大器仿真电路的 B 通道的输出波形的顶部和底部均出现了明显的失真，对由 NPN 管构成的基本共射放大器来说，顶部失真为截止失真，底部失真为饱和失真。

为了使仿真波形不失真，可减小集电极电阻 R_c 的值，但减小 R_c 的值会降低放大器的输出电阻。通常增大 R_2 的值，降低基极的静态电位进而降低发射静态电流 I_E 的值，使放大倍数下降。

将 R_2 变换为 150kΩ 后，仿真得到的波形图如图 9-4-8 所示，这时输出波形没有出现饱和与截止失真现象。

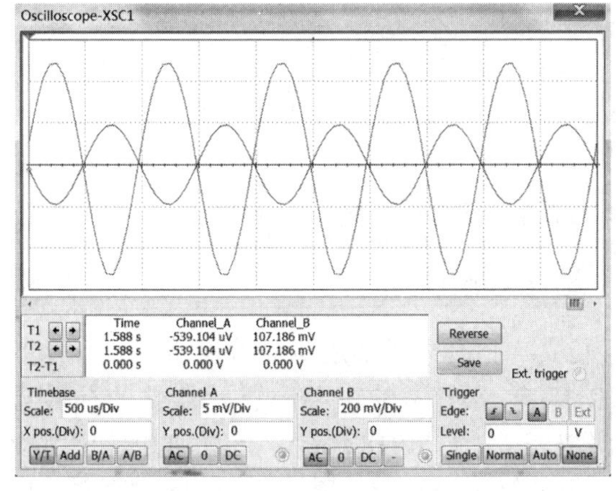

图 9-4-7　共射放大器仿真分析的工作波形

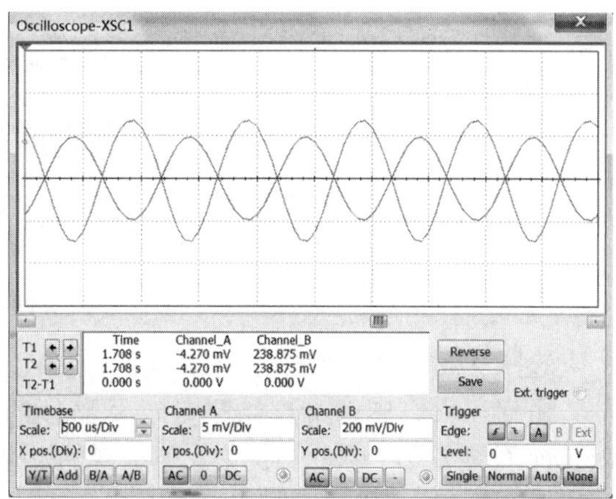

图 9-4-8　参数调整后失真现象消失

3. Multisim 电路静态工作点分析

放大电路静态工作点的分析是指将电路的输入端接地，电容开路，电感短路，针对直流电源电压，计算电路的直流偏置量。在共射放大电路中，一般分析三极管的基极电流 I_{BQ}、射极电流 I_{EQ}、集电极电流 I_{CQ}、基极电位 V_{BQ}、集电极电位 V_{CQ} 和发射极电位 V_{EQ}，进而确定发射结电位差 V_{BEQ}、集电极与发射极之间的电压 V_{CEQ} 等。

Multisim 对电路的仿真主要分成如下三个步骤：

（1）建立用于分析的电路，并设置好参数。

（2）选择分析方法，并设置分析参数。

（3）运行电路仿真，通过测试仪器仪表（如示波器、万用表）或视图窗口，查看测试、分析的数据、波形图与仿真结果。

要分析基本共射放大器的直流工作点，可选择 Simulate→Analysis→DC Options Point 命令，打开如图 9-4-9 所示的直流静态工作点分析对话框。该对话框中包括 Output、Analysis options 和 Summary 三个选项卡，其中 Output 选项卡一般用于设置需要分析的节点电压和支路电流。在 Variables in circuit 栏中选择电路变量，通过中间的 Add 按钮添加变量到右边的 Selected variables for analysis 栏中，右边的变量是待分析的对象，如图 9-4-9 所示。需要分析的变量未出现在左边的窗口中时，可单击对话框下部 More options 栏中的 Add device/model parameter...按钮，以在 Variables in circuit 栏中增加某个元器件/模型的参数。

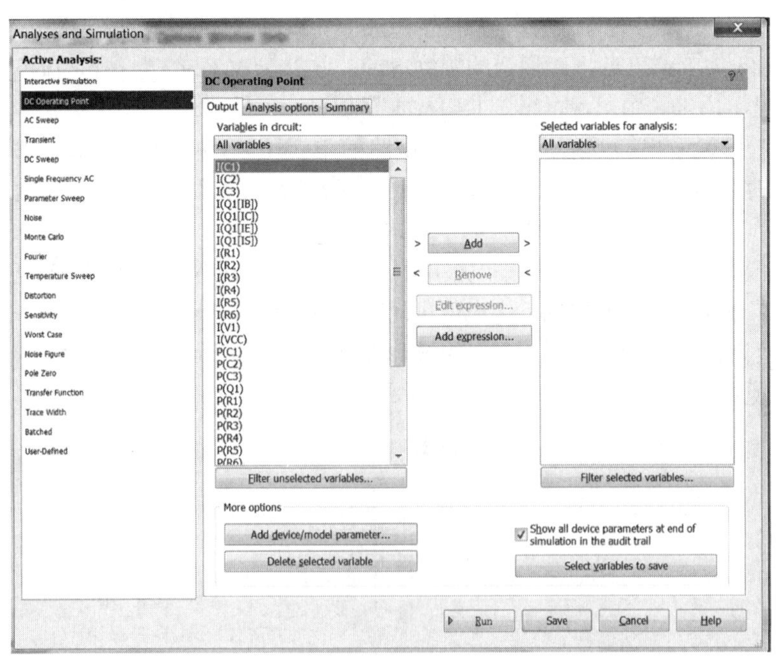

图 9-4-9　直流静态工作点分析对话框

选择三极管的基极电流、集电极电流等进行仿真，仿真结果如图 9-4-10 所示。

注意，表格中的测试结果是以元器件的 RefDec 为参考的，要注意元器件的标号与 RefDec 可能是不一致的。例如，三极管的发射极电流 I_{EQ} = 1.01834mA，在仿真电路中对应元器件的 Lable 为 Re，而 RefDec 为电阻 R_5 的电流，这可在元器件属性的 Lable 中查看，也可在菜单 Options 中选择 Sheet properties，勾选 Net name 的 Show all 选项。

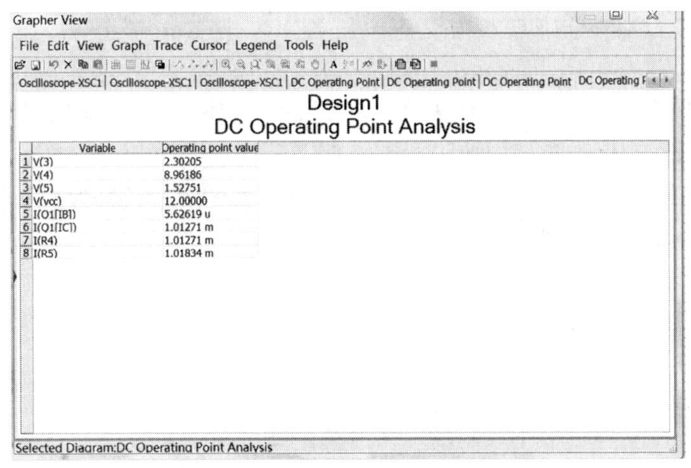

	Variable	Operating point value
1	V(3)	2.30205
2	V(4)	8.96186
3	V(5)	1.52751
4	V(vcc)	12.00000
5	I(Q1[IB])	5.62619 u
6	I(Q1[IC])	1.01271 m
7	I(R4)	1.01271 m
8	I(R5)	1.01834 m

图 9-4-10 直流静态工作点分析结果

静态工作点的工程验证。在仿真模型中，三极管的 $\beta = 181$，$R_2 = 150\text{k}\Omega$。根据输入回路的 KVL 方程，可得 I_{BQ}、I_{EQ} 如下：

$$\frac{R_1 V_{\text{CC}}}{R_1 + R_2} - V_{\text{BEQ}} - (R_1 \parallel R_2) I_{\text{BQ}} - (1+\beta) I_{\text{BQ}} R_{\text{e}} = 0$$

$$I_{\text{BQ}} = \frac{R_1 V_{\text{CC}} /(R_1 + R_2) - V_{\text{BEQ}}}{(R_1 \parallel R_2) + (1+\beta) R_{\text{e}}} = \frac{2.476 - 0.7}{30.95 + 181 \times 1.5} = 0.00587\text{mA}$$

$$I_{\text{EQ}} = (1+\beta) I_{\text{BQ}} = 181 \times 0.00587 = 1.062\text{mA}$$

I_{EQ} 仿真与工程计算之间的误差为 $\delta = \dfrac{1.062 - 1.01834}{1.062} \times 100\% = 4.1\%$。

可见，仿真分析在一定程度上与工程近似计算相一致。

4. Multisim 电路放大倍数分析

在仪器仪表栏中选择 2 个万用表，分别添加到输入端和输出端，连接万用表，如图 9-4-11 所示。

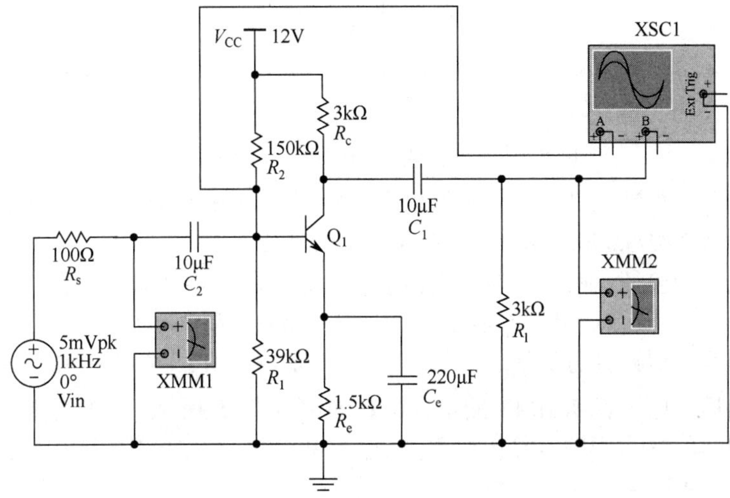

图 9-4-11 交流放大倍数仿真图

将 XMM1、XMM2 分别设置为交流电压表，单击 Run 按钮后，2 个电压表的读数如图 9-4-12 所示。

从 9-4-12 可以得出电压放大倍数为 201.828/3.45 = 58.5。要注意的是，万用表读取的数据是有效值，不包括相位关系，而通过观察示波器的波形可知输入和输出是反相的。

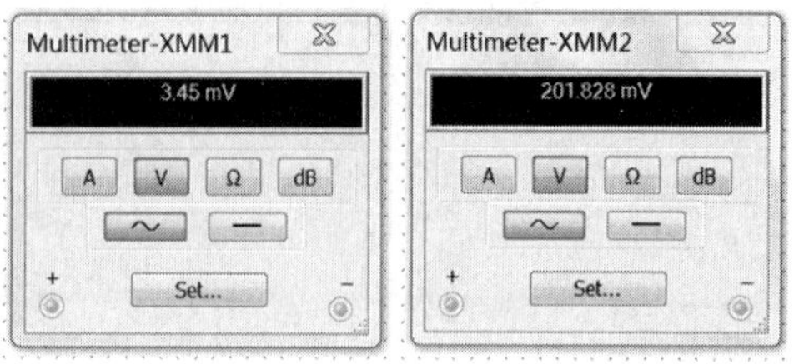

图 9-4-12 交流放大倍数仿真结果

放大倍数的工程验证。静态工作点处的小信号参数为

$$r_{be} = r_{bb'} + (1+\beta)\frac{V_T}{I_{EQ}} = 200 + 181 \times \frac{26}{1.062} = 4631\Omega$$

根据共射放大器的电压增益的公式有

$$A_\upsilon = \frac{-\beta R'_L}{r_{be}} = -\frac{180 \times 1.5}{4.631} = -58.3$$

可见，工程计算与仿真分析的增益误差为 $(58.5-58.3)/58.3 = 0.34\%$，非常接近。如果用元器件仿真参数取代基区体电阻，那么精度更加接近仿真值。

5. Multisim 电路输入/输出电阻分析

将一个万用表串接到输入回路中并且连接电路，可得输入电阻的测试仿真电路如图 9-4-13 所示。

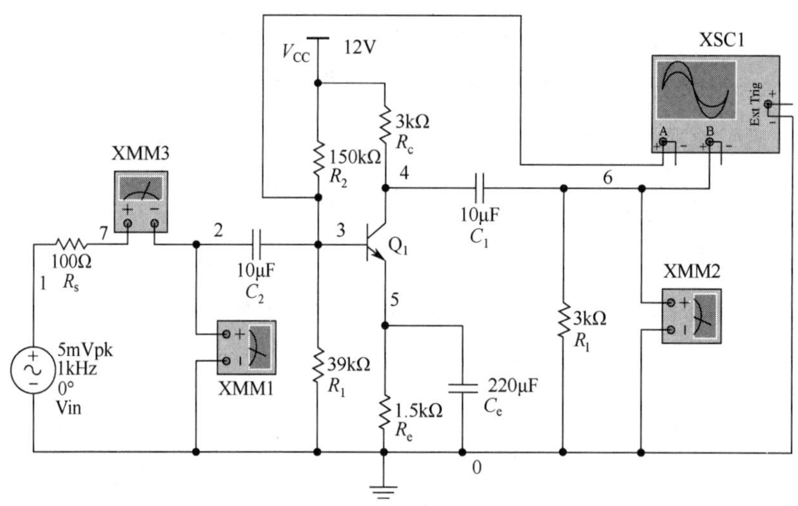

图 9-4-13 共射放大器的输入电阻仿真图

单击仿真开关，得到仿真输入电阻的仪表显示图，如图 9-4-14 所示。从图中数据可得放大器的输入电阻为 $3.45/0.00085881 = 4017.2\Omega = 4.017\text{k}\Omega$。

输入电阻的工程验证。根据共射放大器的输入电阻的工程计算公式有

$$R_i = R_1 \| R_2 \| r_{be} = 150 \| 39 \| 4.631 = 4.028\text{k}\Omega$$

输入电阻工程近似计算与仿真之间的误差为 $(4.028-4.017)/4.028 = 0.27\%$，非常接近。

负载开路前后，电压表 XMM2 的仿真读数如图 9-4-15 所示，可以根据其测试结果计算输出电阻。从图 9-4-15 可得仿真输出电阻为 $R_o = 3\times(403.66-201.828)/201.828 = 3\text{k}\Omega$，与工程近似得到的输出电阻 $R_o = R_c = 3\text{k}\Omega$ 完全一致。

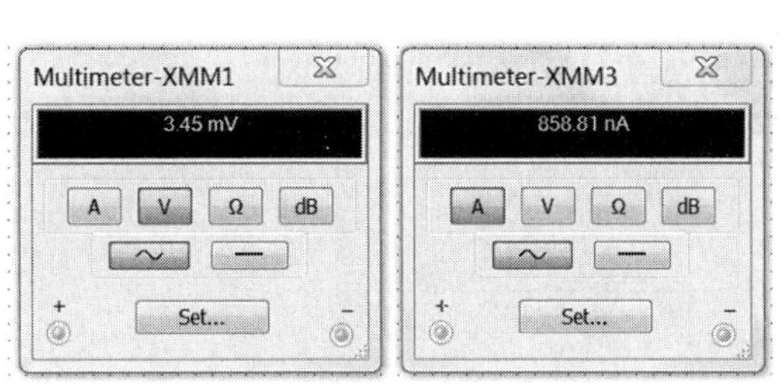

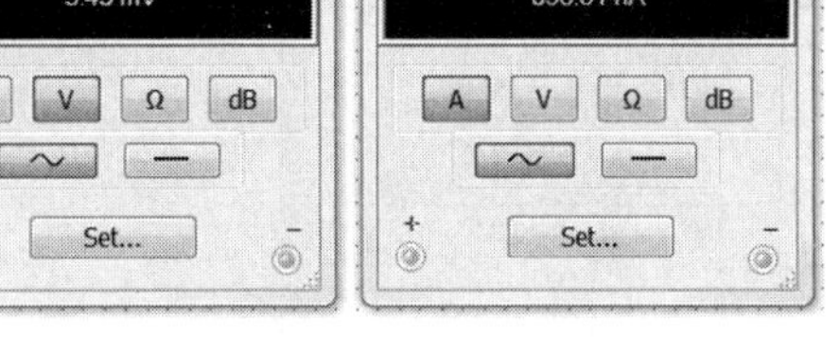

图 9-4-14　输入电阻的仿真结果

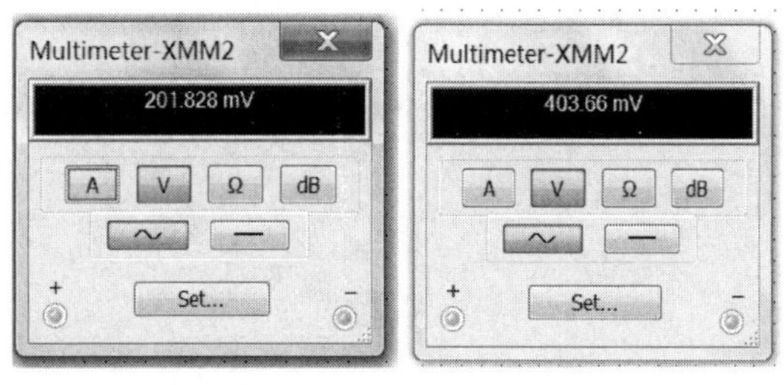

(a) 负载开路前　(b) 负载开路后

图 9-4-15　输出电阻的仿真结果

6. Multisim 电路频率特性分析

AC 分析一般用于分析放大器的小信号频率响应，分析时，软件自动对放大器的工作点进行分析，建立电路中非线性元器件的交流小信号模型。进行交流分析时，不管电路中输入的是何种信号，交流分析时都将以正弦信号代替。

在菜单栏中，选择 Simulate→Analysis and Simtulate→AC Sweep，打开频率响应仿真对话框，如图 9-4-16 所示。

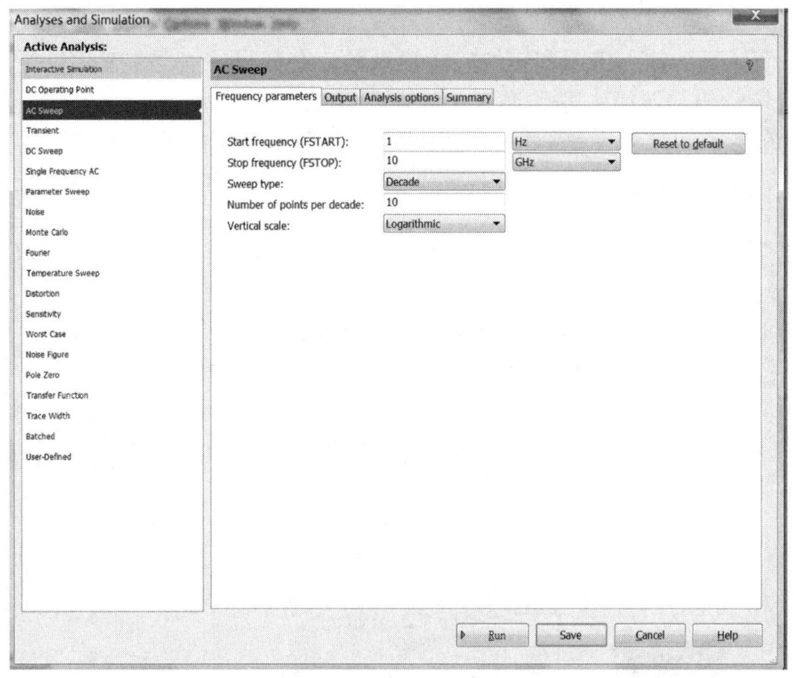

图 9-4-16　频率响应仿真对话框

Start frequency 用于设置仿真交流分析的起始频率，Stop frequency 用于设置仿真交流分析的终止频率，Sweep type 用于设置交流分析的频率扫描方式，Decade 代表十倍频扫描，Linear 代表线性扫描，Logarithmic 代表对数扫描。Sweep type 通常选为 Decade，Vertical scale 通常选为 Logarithmic。在 Output 中选择对负载上的网络节点 V（6）进行频率分析，单击 Run 按钮得到频率响应特性曲线，如图 9-4-17 所示。在该仿真电路中，三极管为理想的三极管，没有结电容，高频特性较好，读者可以根据实际要求替换相应的三极管模型，获得相应的频谱特性。

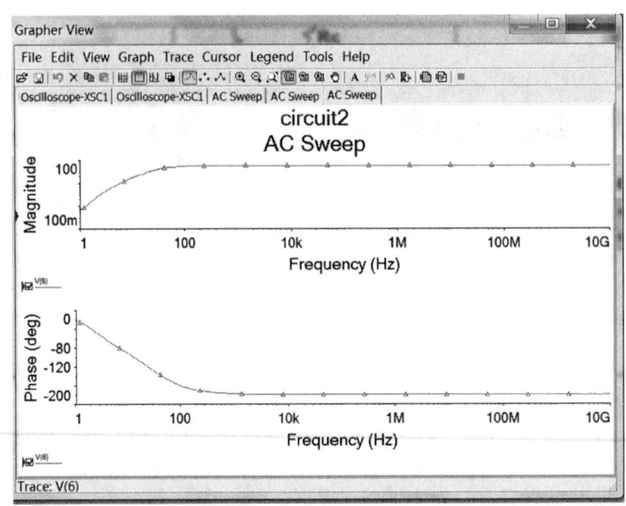

图 9-4-17 频率响应特性曲线

9.4.3 基本场效应管放大器

场效应管有较高的输入电阻和较低的噪声系数，在低噪放大器中应用广泛。下面创建一个由场效应管构成的共源放大器，通过示波器观察输入/输出波形，分析放大器的静态工作点、电压放大倍数，观察放大器的频率响应特性，优化放大电路的参数设置。

1. Multisim 电路创建

调用元器件。在基本元器件库中，调出 1 个 N 沟道增强型场效应管 2N6661、1 个直流电源、6 个电阻、1 个双通道示波器、3 个电压表、1 个电流表、1 个信号源，将元器件和仿真仪器连接起来，如图 9-4-18 所示。R_1 和 R_2 分别为场效应管提供栅极偏压，R_5 组成栅源之间的自偏置电路。R_4 为漏极偏置电阻，交流信号通过 C_3 耦合到负载 R_6 上。

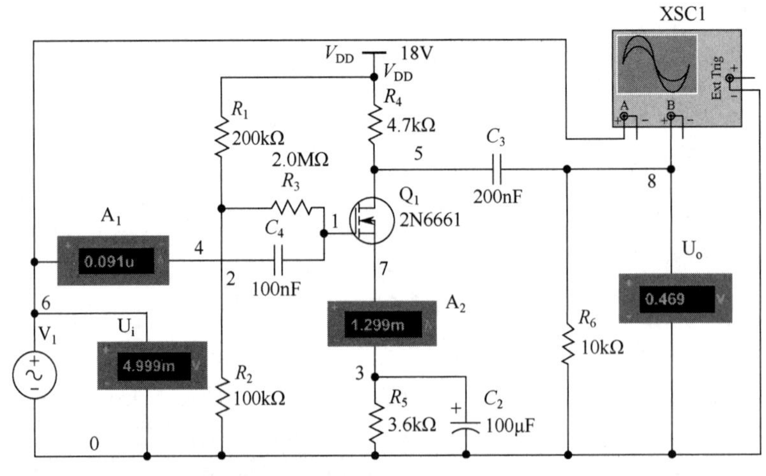

图 9-4-18 共源放大器仿真电路

2. Multisim 电路仿真与工作波形测试

设置元器件参数。将信号源 V_1 设置成频率为 2kHz、有效值为 5mV 的正弦信号，将示波器的 A 通道连接到放大器的输入端，将 B 通道连接到放大器的输出端，将电流表 A_1 设置为交流触发，将电压表 U_i 和 U_o 设置为测试交流，将电流表 A_2 设置为测试直流，运行仿真，得到输入和输出波形如图 9-4-19 所示。

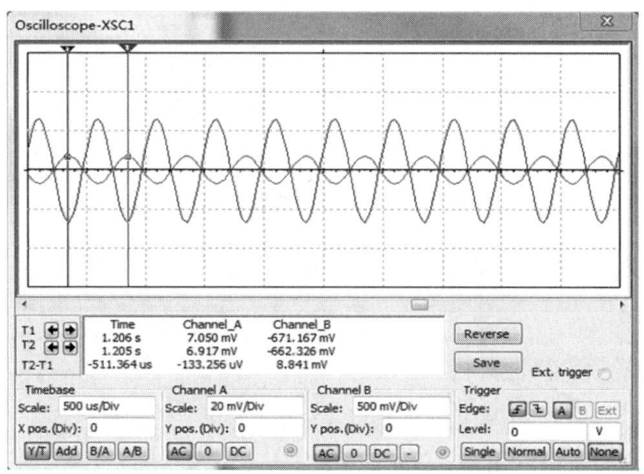

图 9-4-19　共源放大器仿真波形

图 9-4-19 说明输出电压得到了放大，且输出和输入波形产生了 180°相移，说明共源放大器是反相放大器。

3．放大器静态工作点和放大倍数仿真与分析

将电压表 U_i 设置为测试直流，将内阻设置为 100MΩ（场效应管的输入阻抗较大，内阻过小将产生较大的误差），并将它们分别连接到图 9-4-18 中的节点 2 和节点 5，测得场效应管的栅极电位为 5.996V、漏极电位为 11.897V，同时，电流表 A_2 的读数为 1.299mA，说明测试的漏极电流为 1.299mA。将 U_i 设置为测试交流，并连接到放大器输入端的节点 4，测得输入信号的有效值为 4.999mV，这与设定输入信号有效值 5mV 是一致的，交流输出信号的有效值为 0.469V，说明电路将输入信号放大了 93.8 倍。

工程近似分析。根据场效应管的模型参数，2N6661 的沟道长度 L 和沟道宽度 W 均为 100μm，LAMBDA（λ）为 0，本征跨导 $K_P = 0.4107$，$V_{T0} = 1.2422$V，可得出场效应管 2N6661 的 $V_{GS(th)} = 1.2422$V，$I_{DSS} = K_P/2 = 0.20535$。

工程近似计算时，饱和区场效应管的电流方程为

$$I_D = I_{DSS}(V_{GS} - V_{GS(th)})^2$$

静态时，场效应管栅极与源极的电位分别为

$$V_G = \frac{R_2 V_{DD}}{R_1 + R_2} = \frac{100 \times 18}{100 + 200} = 6\text{V},\ V_S = I_D R_S$$

栅源电压为

$$V_{GS} = V_G - V_S = 6 - 3600 I_D$$

将 V_{GS} 的表达式代入场效应管饱和区 I_D 的表达式得

$$12960000 I_D^2 - 34261.03 I_D + 22.6366 = 0$$

解上述一元二次方程得 $I_D = 1.3\text{mA}$，还有一个根 $I_D = 1.34\text{mA}$（舍去，代入 V_{GS} 的表达式，发现 V_{GS} 小于 $V_{GS(th)}$），这与测量的数据相同，说明工程近似计算与仿真结果是一致的：

$$V_{GSQ}=V_G-V_S=6-3600I_D=1.32V$$

放大倍数的理论分析：

$$g_m=2I_{DSS}(V_{GSQ}-V_{GS(th)})=2\times0.20535\times(1.32-1.2422)=0.032S$$

放大倍数为

$$A_\upsilon=-g_mR'_L=-0.032\times\left(\frac{4700\times10000}{4700+10000}\right)=-102.3$$

放大倍数的相对误差为

$$\delta=\frac{102.3-93.8}{102.3}=8.3\%$$

可见，场效应管放大器增益的工程计算与仿真之间存在一定的误差，但也在工程容许的范围内。

4．Multisim 电路频率特性分析

将波特图图示仪的输入和输出分别连接到场效应管放大器的输入端和输出端，单击 Run 按钮，得到场效应管放大电路的仿真分析的频率特性图，如图 9-4-20 所示。

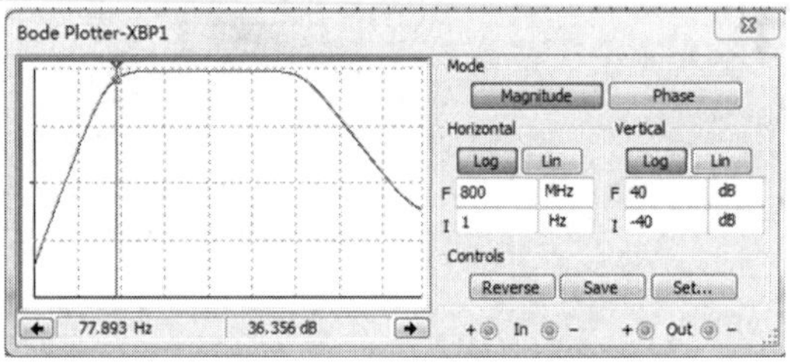

图 9-4-20　共源放大器的频率特性

从图 9-4-20 可以看出，场效应管放大器在输入耦合电容较小的条件下，也可获得比较小的下限转折频率，图中的下限转折频率约为 77Hz，上限转折频率为 1.5MHz，场效应管放大器频率特性整体呈现带通的幅频特性。

9.5　集成运算放大器单元电路仿真

集成运算放大器的输入级采用差分放大电路结构，差分放大器具有抑制共模噪声的能力，可以降低信号失真，并且具有良好的输出特性。常见的共模信号包括电源电压的波动，静态工作点随温度的变化（温漂）对三极管产生的影响，以及外部噪声的干扰等。因此，差分放大器在模拟集成电路中应用广泛。差分放大电路中引入了差模信号、共模信号、共模抑制比等概念，与单个晶体管构成的放大电路相比，差分放大电路具有放大差模信号及抑制共模信号的能力，共模信号的抑制能力用共模抑制比 K_{CMR} 来描述，共模抑制比是差分放大电路的重要参数。

集成运算放大器的输出级常采用互补型共集电路构成乙类功率放大器，具有较低的输出电阻，较大的输入电阻能够有效实现与中间级的隔离，同时能提供较大的功率来驱动负载；功率放大器工作在大信号工作状态，有较宽的线性输出范围，安全性属于功率放大器的主要性能参数，常用最大输出功率和效率来衡量功率放大器的主要性能参数。

本节以组成集成运算放大器的两个重要单元为例，创建 Multisim 仿真电路并分析相关的性能。

9.5.1　差分放大器

仿真目标是，创建一个差分放大器的仿真电路，研究差分放大器的静态工作点、差模电

压增益 A_{ud}、共模电压增益 A_{uc}，分析三极管的电流增益对称性对共模抑制比 K_{CMR} 的影响，分析放大电路的频率特性。

1. Multisim 电路创建

调用元器件。在基本元器件库中，调出 3 个 NPN 三极管 2SC1815、2 个直流电源、8 个电阻、1 个双通道示波器、2 个万用表、2 个信号源，将元器件和仿真仪器连接起来，如图 9-5-1 所示。差分放大器是由两个特性完全相同的三极管 Q_1 和 Q_2 组成的对称电路，电路参数完全对称。电路采用了正、负电源供电，负电源保证三极管发射结的正向导通，使三极管能够正常放大。Q_3 组成的电流源具有负反馈作用，能够稳定静态工作点，具有减小电路零点漂移的作用。

2. Multisim 电路仿真与工作波形测试

设置元器件参数。将信号源 V_1 和 V_2 设置为相位相反、幅度相等的差模输入信号，将示波器的 A 通道连接到差分放大器的输出端，分别将节点 9 和节点 8 的信号连接到 B 通道的两个端钮，取样差模输入信号，仿真的输入/输出波形如图 9-5-2 所示。

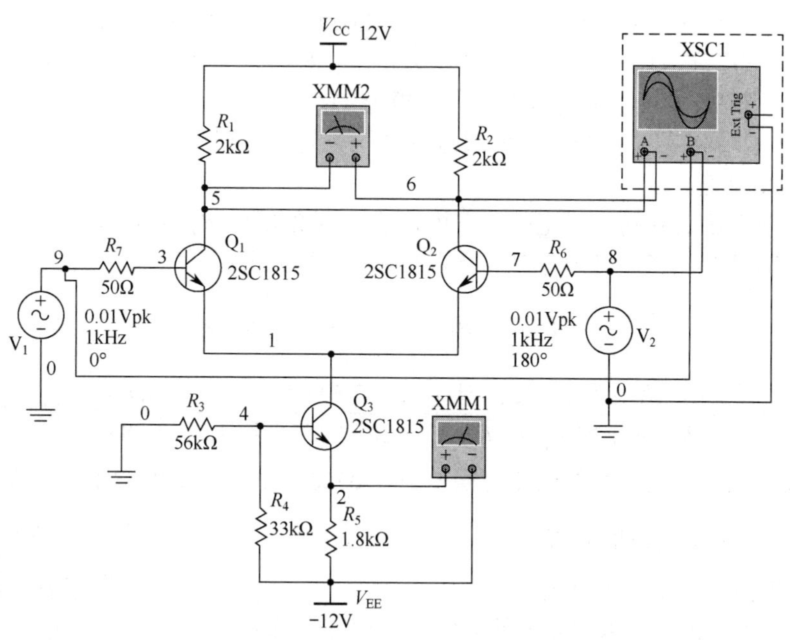

图 9-5-1　差分放大器仿真电路

从图 9-5-2 所示的输入和输出波形看，输入的差模信号明显得到了放大。输出信号的峰峰值约为 2671mV，输入差模信号的峰峰值为 39.252mV（这与信号源设置的峰峰值 40mV 相差不大）。双端输入双端输出的差模放大倍数约为 68 倍。

3. 差分放大器静态工作点仿真与分析

差分放大电路要求发射结正偏，集电结反偏。合适的静态工作点是三极管放大电路的共性要求。差分放大电路中采用双电源工作，负电源 V_{EE} 与 Q_3 基极的电阻 R_3、R_4 及接地端，构成 Q_3 发射结正偏的回路。采用 Multisim 软件中的 DC Operating Point 分析功能，可以直接进行静态工作点分析，也可以通过测试仪表直接读数来进行测试。采用 DC Operating Point 仿真的结果如图 9-5-3 所示。

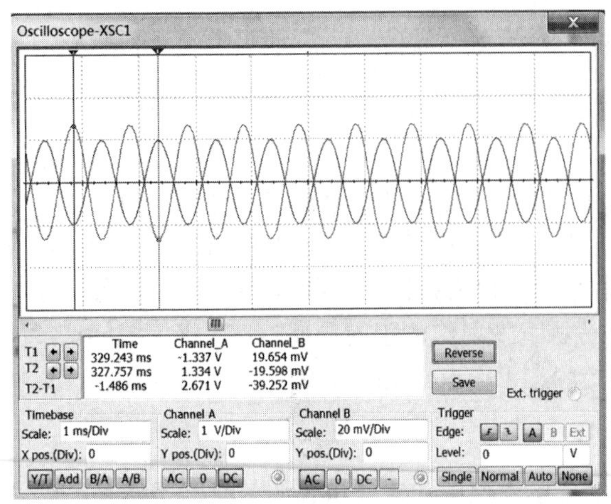

图 9-5-2　差分放大器差模放大输入和输出仿真波形

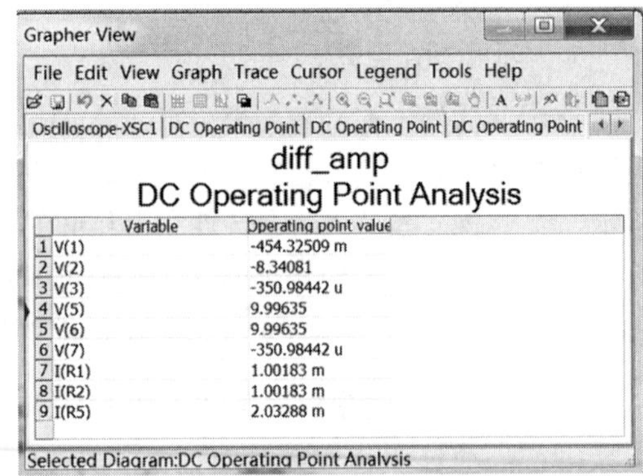

	Variable	Operating point value
1	V(1)	-454.32509 m
2	V(2)	-8.34081
3	V(3)	-350.98442 u
4	V(5)	9.99635
5	V(6)	9.99635
6	V(7)	-350.98442 u
7	I(R1)	1.00183 m
8	I(R2)	1.00183 m
9	I(R5)	2.03288 m

图 9-5-3　差分放大器静态工作点仿真数据

三极管的静态工作点反映差分放大电路的各管的相应工作状态，从图 9-5-3 可以看出，在差分放大器中，由 Q_3 构成的恒流源的 I_{EE} 为 2.03288mA，对应图中的 I（R_5）；电路在静态时，三极管 Q_1 和 Q_2 中流过相同的电流，I_{C1} 对应 I（R_1），I_{C2} 对应 I（R_2），均为 1.00183mA，电阻 R_5 中流过的电流近似为三极管 Q_1 与 Q_2 中的电流之和；Q_1、Q_2 的发射极相连，电压为−0.454V；交流通路主要通过两个三极管的发射极形成回路，所以发射极也可理解为虚拟的交流地。

工作点工程验证。在仿真模型中，三极管的 $\beta = 238.4$，$R_3 = 56\text{k}\Omega$，$R_4 = 33\text{k}\Omega$，$R_5 = 1.8\text{k}\Omega$。根据 Q_3 基极回路的 KVL 方程，可得 I_{EE}，推导如下：

$$\frac{R_3 V_{EE}}{R_3 + R_4} - V_{BEQ} - (R_3 \parallel R_4)\frac{I_{EE}}{1+\beta} - I_{EE}R_5 - V_{EE} = 0$$

$$I_{EE} = \frac{R_3 V_{EE}/(R_3+R_4) - V_{BEQ} - V_{EE}}{(R_3 \parallel R_4)/(1+\beta) + R_5} = \frac{-7.55 - 0.7 + 12}{20.76/238.4 + 1.8} = \frac{3.75}{1.883} = 1.99\text{mA}$$

可见，仿真与工程近似分析的相对误差为 $(2.03288 - 1.99)/1.99 = 2.13\%$，二者一致。

4．差分放大器放大倍数分析

（1）双端输出的差模电压增益

在图 9-5-1 所示的双入双出差分放大器中，设置差模输入信号的峰峰值为 40mV，对应的有效值为 $20/\sqrt{2} = 14.14\text{mV}$，电压表 XMM2 的读数如图 9-5-4 所示。

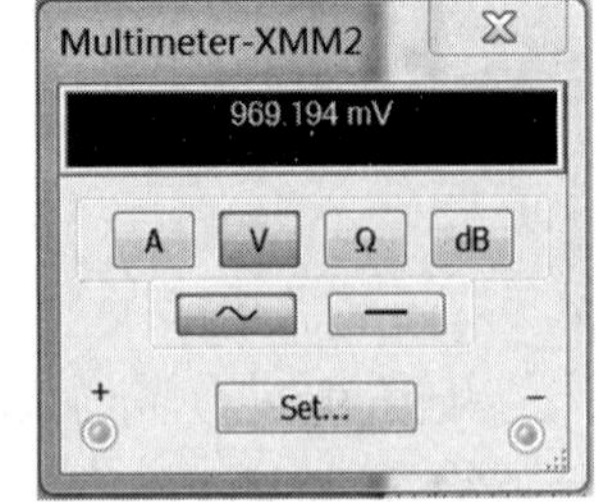

图 9-5-4　差分放大器双入双出输出电压仿真读数

根据图 9-5-4 及输入信号的有效值，可得差模电压增益为

$$A_{\upsilon d} = 969.194/14.14 = 68.54$$

工程近似验证。差分放大器的交流小信号模型参数为

$$r_{be} = r_{bb'} + (1+\beta)\frac{V_T}{I_{EQ}} = 200 + 239.4 \times \frac{26}{0.995} = 6456\Omega$$

差分放大器的差模电压增益为

$$A_{\upsilon d} = \frac{\beta R_C}{R_S + r_{be}} = \frac{238.4 \times 2000}{50 + 6456} = 73.29$$

相对误差为(73.29 − 68.54)/73.29 = 6.48%。

（2）单端输出的差模电压增益

单端输出的差模电压增益的仿真电路如图 9-5-5 所示。从仿真测试来看，单端输出的差模电压增益是双端输出的一半，仿真结果如图 9-5-6 所示。

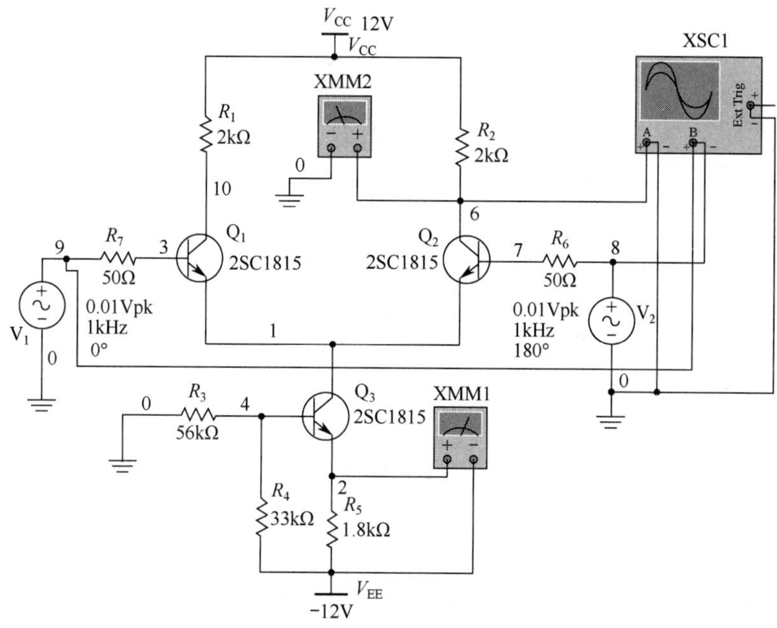

图 9-5-5　差分放大器单端输出仿真电路

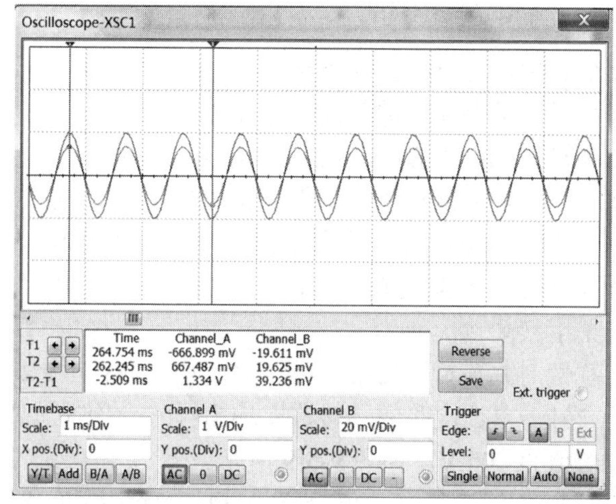

图 9-5-6　差分放大器单端输出波形仿真

（3）共模电压增益

差分放大器中 R_1、Q_1 和 R_2、Q_2 组成的差分对完全一致，因此双端输入、双端输出的共模电压增益为 0。

下面仿真单端输出的共模电压增益，仿真电路图如图 9-5-7 所示。注意：首先，共模信号是双端输入的；其次，共模信号要保证两个输入端都有同样的信号，因此在电路仿真中需要将输入端连接在一起；再次，由于差分放大电路对共模信号是抑制的，所以共模增益很小，因此输入信号要增大。因此，在本次仿真中设定的输入信号是峰值为 2.828V 的正弦信号，其对应的有效值为 2V。

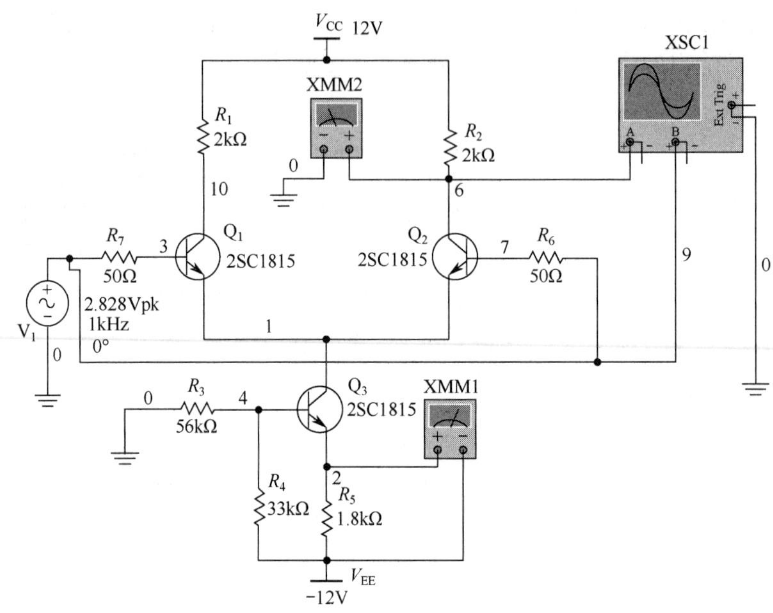

图 9-5-7 差分放大器单端输出共模电压增益仿真电路

加入 2V 有效值的正弦输入信号对应的仿真输出如图 9-5-8 所示，可以得出差分放大器的共模电压增益为 0.009394/2 = 0.004697 倍。

图 9-5-8 差分放大器单端输出共模电压

5. 差分放大器 K_{CMR} 的影响因素分析

在前面描述的电路仿真中，可以得出如下结论。

（1）当电路完全对称时，双端输出的共模抑制比为无穷大。

（2）单端输出时，共模抑制比为 $K_{CMR} = 20\lg(34.27/0.004697) = 77.3\text{dB}$（注意，式中 34.27 是单端输出时的差模电压放大倍数），这说明无论是单端输出还是双端输出，差分放大器都有较强的共模抑制能力，但双端输出比单端输出的抑制效果更好。因此，为了提高共模抑制比，应尽可能采用双端输出。

下面分析电路不对称性对共模抑制比的影响。修改电阻 R_2 为 2.2kΩ，编辑 Q_2 的电流放大系数，将默认值改为 261，单边支路的不对称度均为 10%，建立单端输入单端输出的仿真电路，设置信号源的有效值为 10mV，如图 9-5-9 所示。

通过仿真，单端输出的电压信号有效值分别为 346.752mV 和 381.465mV，得到的单端输出差模电压放大倍数分别为 34.6 和 38.1，说明反相端和同相端输出的差模电压增益不一致。进一步将两输入端连接在一起，加入有效值为 2V 的共模输入电压，得到仿真电路如图 9-5-10 所示。

通过仿真，加入共模输入电压后，单端输出的电压分别为 9.641mV 和 10.087mV，可见反相端和同相端的共模电压增益分别为 0.00482（9.641/2000）和 0.0050（10.087/2000）。

相应的共模抑制比分别为 76.13dB 和 77.56dB，与完全对称时的单端输出 77.3dB 相差不大。进一步仿真发现，即使 β 值变化 50%，在电路结构确定时，对共模抑制比也影响不大。

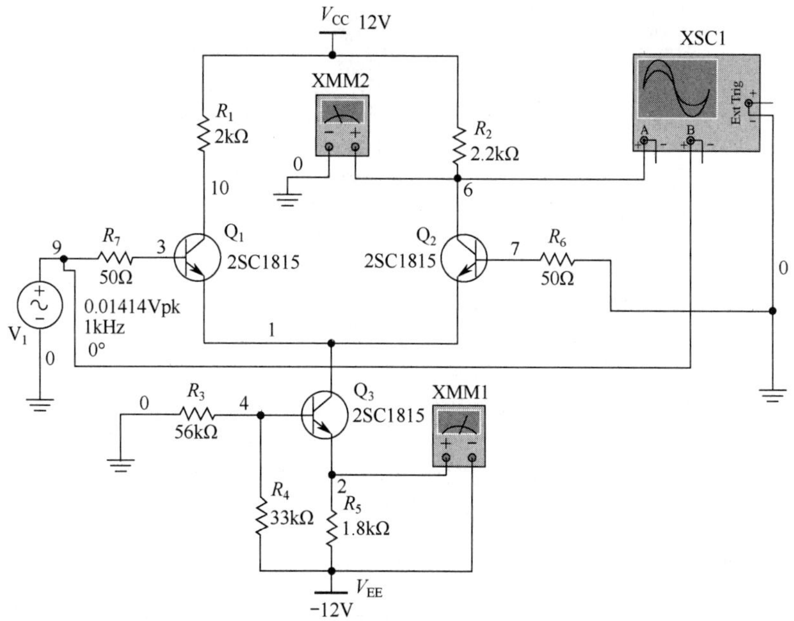

图 9-5-9　差分放大器不对称仿真电路

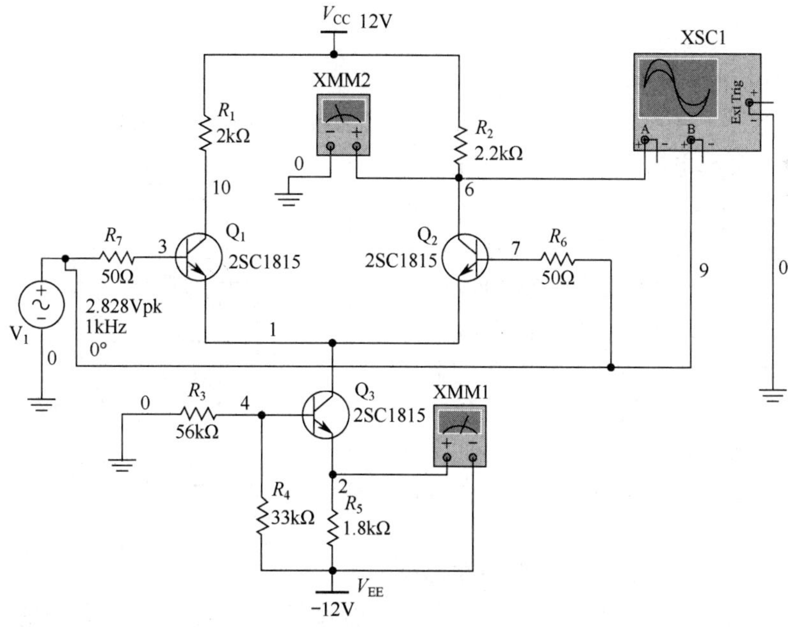

图 9-5-10　差分放大器不对称共模仿真电路

6．Multisim 电路频率特性分析

通过对差分放大电路进行 Multisim 仿真分析，可以得到电路的频率响应特性图，如图 9-5-11 所示。

从图 9-5-11 可以看出，差分放大器的输入端和输出端均未采用电容耦合，而是直接耦合的，因此差模放大器的频率响应特性整体呈现低通的幅频特性。

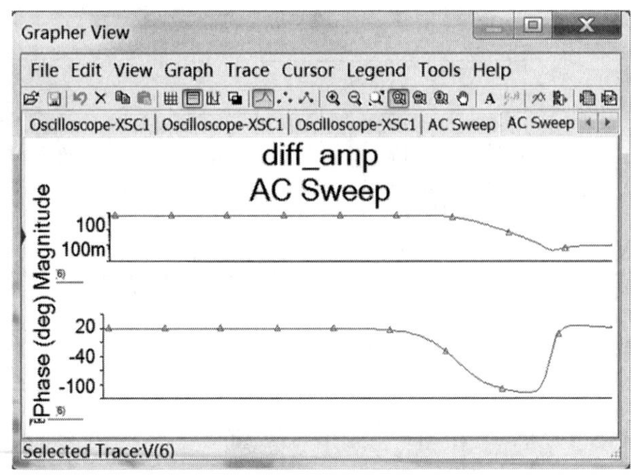

图 9-5-11 差分放大器的频率响应特性

9.5.2 功率放大电路

仿真目标是，创建一个乙类功率放大器的仿真电路，研究乙类功率放大器的静态工作点，分析乙类功率放大器特有的交越失真，仿真甲乙类 OTL 功率放大器的输出波形、输入电阻、频率特性等。

1. Multisim 电路创建

调用元器件。在基本元器件库中，调出 1 个 NPN 三极管 2N3055A、1 个 PNP 三极管 MJ2955G、2 个直流电源、1 个作为负载的电阻、1 个双通道示波器和 1 个信号源，将元器件和仿真仪器连接起来，如图 9-5-12 所示。

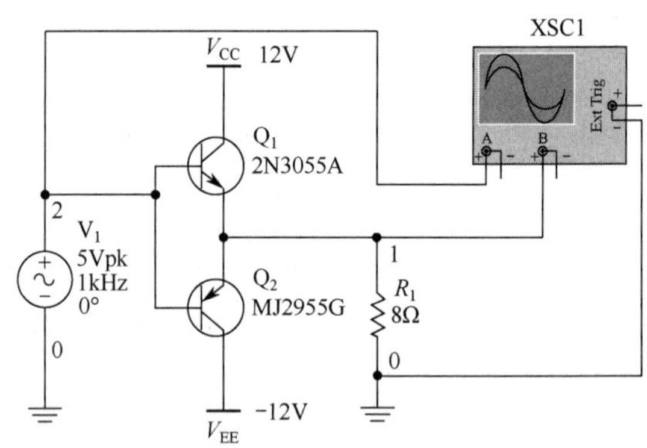

图 9-5-12 乙类功率放大器仿真电路

在图 9-5-12 所示的电路中，2N3055A 是一个反向击穿电压为 60V、集电极电流可达 15A 的 115W 的通用功率管，其在晶膜制造过程中安装了一个密封的金属外壳，特别适用于通用开关和功率放大器，尤其是小信号放大电路或开关驱动电路。MJ2955G 是其互补对称的 PNP 管。

电路采用了正、负电源供电，保证在输入信号的正半周三极管 Q_1 导通，Q_2 截止，使 Q_1 能够正常放大；在输入信号的负半周三极管 Q_2 导通，Q_1 截止，使 Q_2 能够正常放大。依靠两个管子的轮流导通，实现乙类功率放大。

2. Multisim 电路仿真与工作波形测试

设置元器件参数。将直流电源 V_{CC} 设置为+12V，将直流电源 V_{EE} 设置为−12V，将示波器的 A 通道连接到放大器的输入端，将 B 通道连接到负载端口（节点 1）。为了观看交越失真，将信号源 V_1 设置成峰值为 3V、频率为 1kHz 的正弦输入信号。单击 Run 按钮，仿真的输入和输出波形如图 9-5-13 所示。

从图 9-5-13 可以看出，输出的波形在过零点处产生了明显的交越失真。

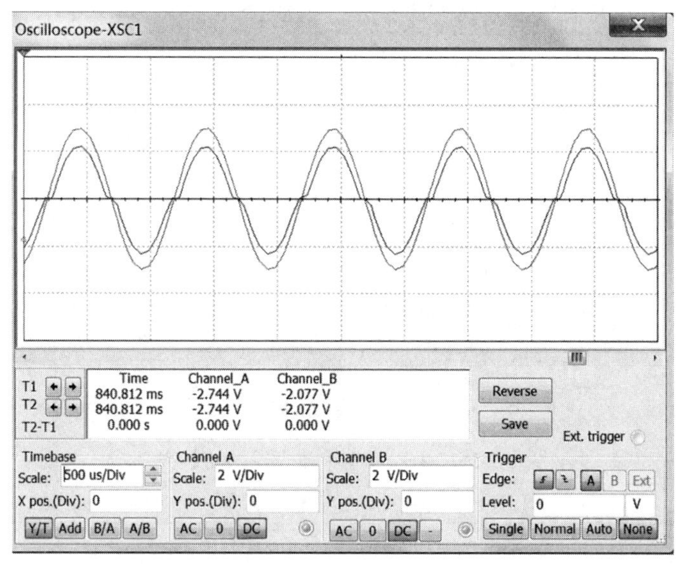

图 9-5-13　乙类功率放大器输入/输出仿真波形

3．功率放大电路的改进与静态工作点分析

为了克服交越失真，使三极管处于微导通状态，设置为甲乙类功率放大器，其中 Q_3 为功率放大器的前置放大器，其仿真电路如图 9-5-14 所示，R_2 和 R_3 以及 R_{10} 和 R_5 用来设置甲乙类放大器前置放大器 Q_3 的静态工作点，调节 R_2 来改变静态工作点，同时为了使调节电路方便、直接，设置 3 个虚拟电压表来观察电路的相关节点的工作电压。改变 R_2 的值，使电路的节点 11 工作在电源电压的一半附近。例如，在图 9-5-14 中使 U_3 的电压约为 7.5V，这时观察示波器的输出电压波形，仍然可以见到交越失真，如图 9-5-15 所示。

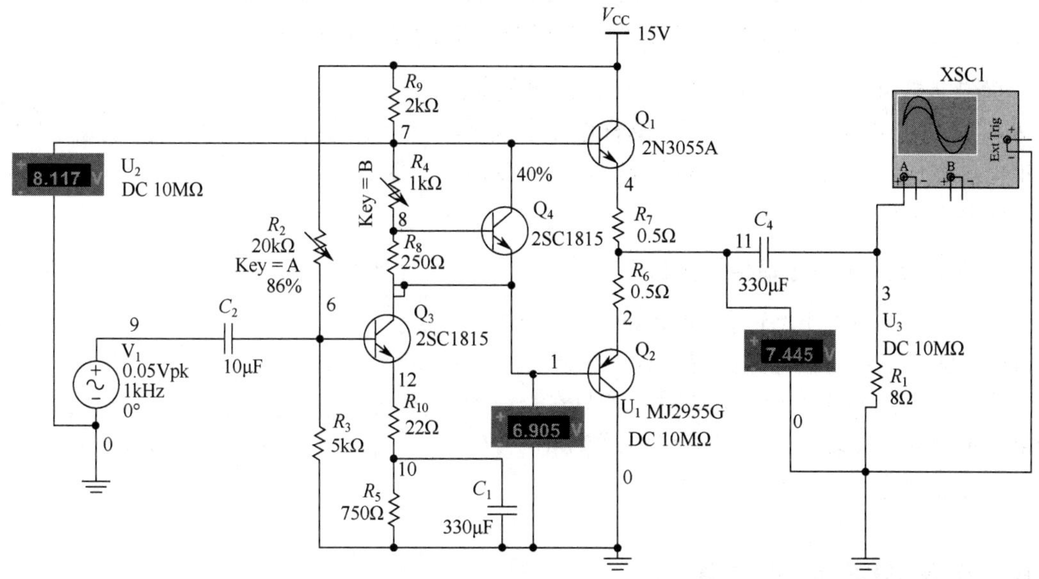

图 9-5-14　甲乙类功率放大器仿真电路

在电路中设置 R_4、R_8、Q_4 组成 V_{BE} 倍增电路，并使 R_4 为可调电阻，调节 R_4 可以改变 Q_1 和 Q_2 的两个基极之间的电位差，克服交越失真，输出波形如图 9-5-16 所示。

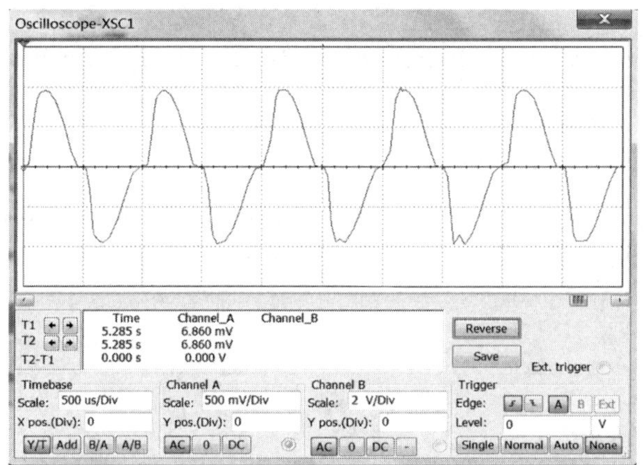

图 9-5-15　甲乙类功率放大器的交越失真

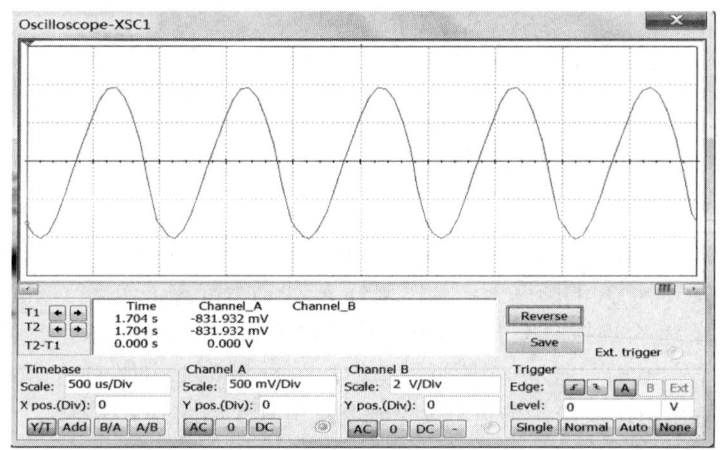

图 9-5-16　甲乙类功率放大器克服交越失真的输出波形

在图 9-5-14 中，还增加了两个 0.5Ω 的电阻 R_6 和 R_7，它们在电路中起保护作用，这样电路中就采用单电源供电，输出端采用电容耦合，未使用变压器，该电路也称 OTL 电路。

4．Multisim 电路频率特性分析

通过对功率放大电路进行 Multisim 仿真分析，可得电路的频率响应特性，如图 9-5-17 所示。

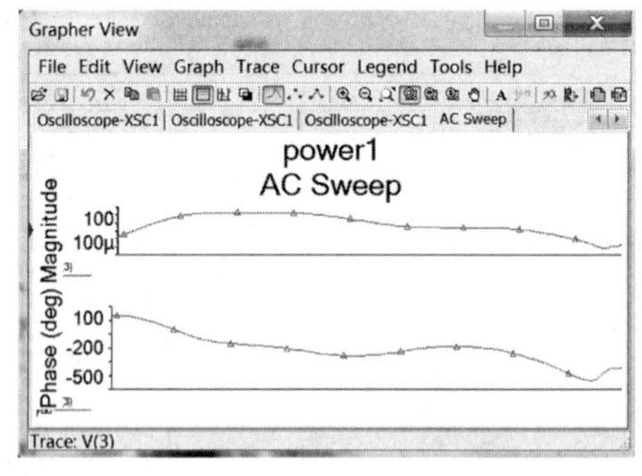

图 9-5-17　甲乙类功率放大器的频率响应特性

从图 9-5-17 可以看出，功率放大器只在一定的频率范围内才有比较平坦的幅频特性，在频率较低或较高时幅频特性明显下降。

9.6　负反馈放大器仿真

负反馈能够提高放大器的稳定性，能够改善放大器的频率响应，串联反馈可以增大放大器的输入电阻，并联反馈能够减小放大器的输入电阻，电压反馈可以减小放大器的输出电

阻，电流反馈可以增大放大器的输出电阻。这些性能均可以通过 Multisim 仿真来进行验证。本节通过对基本放大器和反馈网络进行 Multisim 仿真，验证方框图分析的正确性，同时验证引入反馈后是否能明显改善放大器的性能。

9.6.1 负反馈分析方法

仿真目标是创建一个反馈放大的仿真电路，研究基本放大器的放大倍数、反馈系数与反馈放大器的放大倍数之间的对应关系，并研究反馈对放大器性能的改善。

1. Multisim 电路创建

调用元器件。在基本元器件库中，调出 2 个 NPN 三极管 2N2222A、1 个直流电源、9 个电阻、1 个单刀双掷开关、1 个信号源和 2 个可调电位器，组成电压串联负反馈放大器，同时用双通道示波器、虚拟电压表和万用表来观察仿真结果，如图 9-6-1 所示。

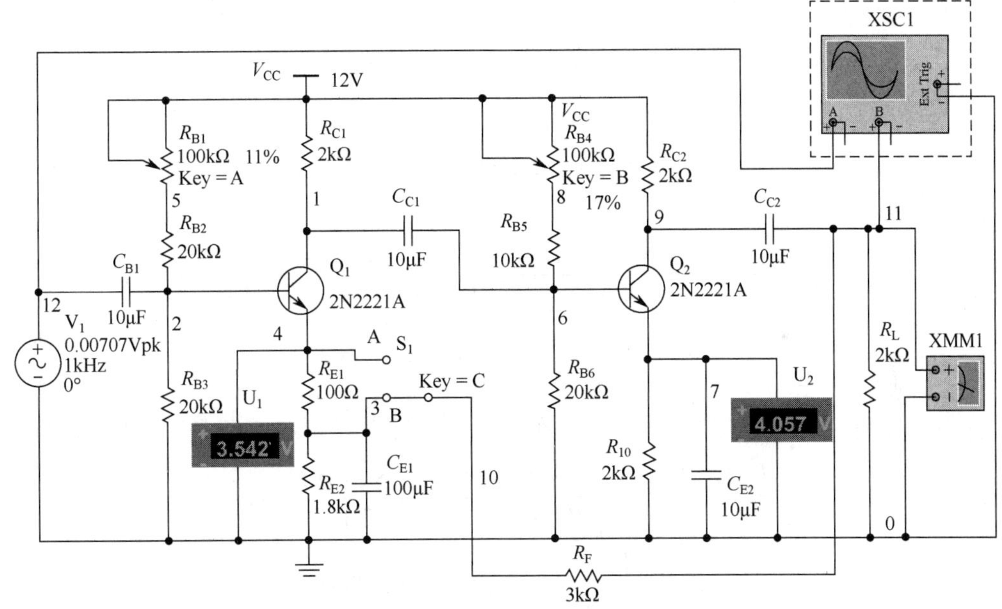

图 9-6-1 负反馈放大器的仿真电路

在图 9-6-1 中，R_{B1} 和 R_{B4} 采用电位器，可以调节 Q_1 和 Q_2 的静态工作点；单刀双掷开关 S_1 作为基本放大器和反馈放大器的拆环切换，当开关连接到图中的 A 端时，电路作为反馈放大器，连接到 B 端时用作基本放大器。

2. Multisim 电路仿真与工作波形测试

设置信号源 V_1 的幅度为 0.00707V（有效值 5mV），单击 Run 按钮，按 A 键调节电位器 R_{B1} 的大小，设置 Q_1 的静态工作点，设置静态电流 I_{C1} 为 2.7mA 左右；按 B 键设置 Q_2 的静态电流 I_{C2} 为 2mA 左右，通过虚拟电压表与三极管发射极电阻进行估算。当开关分别连接到 B 端和 A 端时，单击 Run 按钮分别得到基本放大器（开环）和反馈放大器（闭环）的仿真波形图，如图 9-6-2 所示。

从图 9-6-2 的波形图可以看出，加入反馈后，输出电压信号的幅度明显减小，因为反馈

深度 $F = 1 + AB$ 大于 1，这与反馈放大器的分析是一致的。

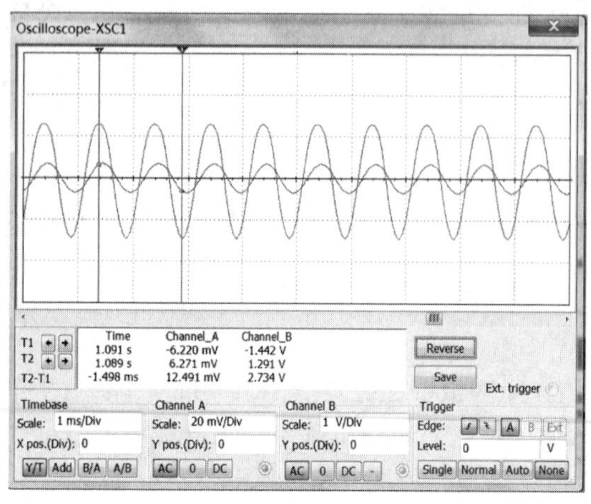

(a) 开环输出波形图

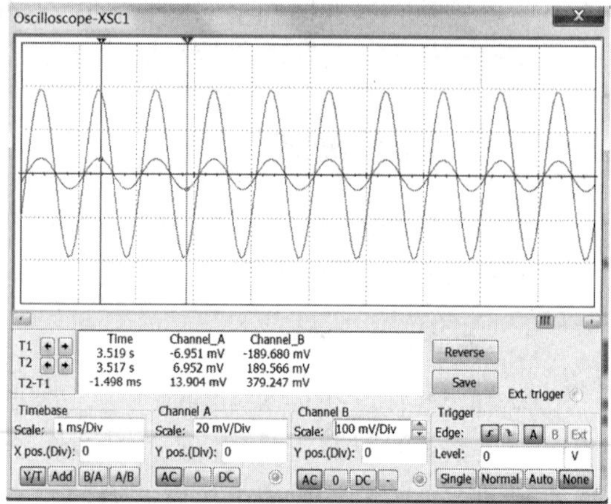

(b) 闭环输出波形图

图 9-6-2　负反馈放大器的仿真输出波形图

3．电路静态工作点的 Multisim 分析

在图 9-6-1 中，将电阻 R_{B1} 调节到 100kΩ 的 11%，即其取值为 11kΩ，查阅 Q_1 的元器件属性，发现其 β 值为 64.8，代入 Q_1 的直流静态电流公式，可得

$$I_{E1} \approx \frac{R_{B3}V_{CC}/(R_{B1}+R_{B2}+R_{B3})-V_{BEQ}}{R_{E1}+R_{E2} \parallel (R_F+R_L)+R'_B/(\beta+1)} = \frac{4.7-0.7}{0.1+1.32+0.185} = 2.49\text{mA}$$

$$I_{C1} \approx \frac{\beta I_{E1}}{1+\beta} = \frac{64.8 \times 2.49}{65.8} = 2.45\text{mA}$$

Q_2 与 Q_1 的静态工作点是独立的，R_{B4} 在 17%时的阻值是 17kΩ，于是 I_{E2} 可表示为

$$I_{E2} \approx \frac{R_{B6}V_{CC}/(R_{B4}+R_{B5}+R_{B6})-V_{BEQ}}{R_{E3}+R_{B2}/(\beta+1)} = \frac{5.1-0.7}{2.177} = 2.02\text{mA}$$

$$I_{C2} = \frac{\beta I_{E2}}{1+\beta} = \frac{64.8 \times 2.02}{65.8} = 1.99\text{mA}$$

采用 DC Operating Point 进行静态工作点分析，可得仿真数据如图 9-6-3 所示，图中的仿真数据与工程近似计算的结果一致。

4．反馈放大倍数的 Multisim 分析

（1）仿真数据分析

设置信号源 V_1 的幅度为 7.07mV（有效值 5mV），运行仿真，在仿真过程中通过按 C 键使电路在开环与闭环之间切换，分别读取开环和闭环时电压表 XMM1 的读数，输出结果如图 9-6-4 所示。

由图 9-6-5 及信号源的输入可得

$$A_\upsilon = \frac{1.013}{0.005} = 202.6\,, \qquad A_{\upsilon f} = \frac{137.891}{5} = 27.6$$

反馈网络的电压反馈系数为

$$B_{\upsilon} = \frac{R_{E1}}{R_F + R_{E1}} = \frac{0.1}{3+0.1} = \frac{1}{31}$$

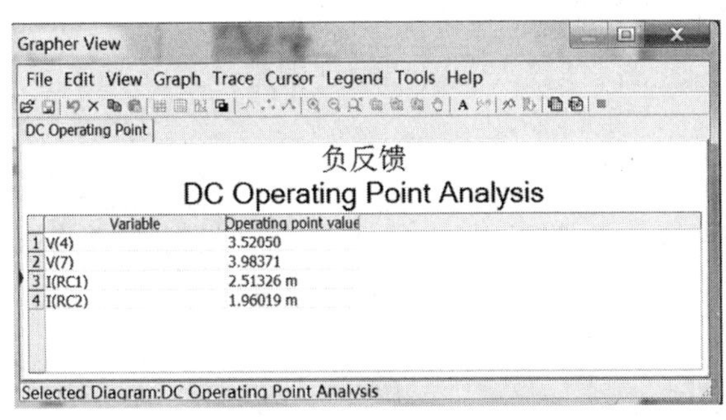

图 9-6-3　负反馈放大器的静态工作点仿真数据

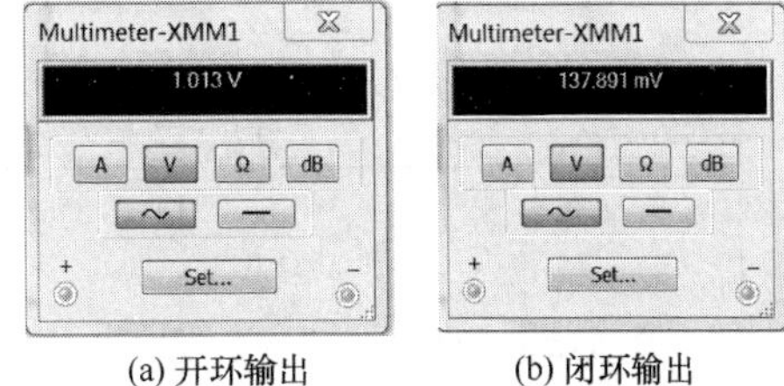

(a) 开环输出　(b) 闭环输出

图 9-6-4　输入 5mV 时开环输出与闭环输出读数

（2）理论分析

在图 9-6-1 所示的元器件参数下，据反馈放大器拆环分析原理，可得基本放大器的增益为

$$A_{\upsilon} = A_{\upsilon 1}A_{\upsilon 2} = \frac{-\beta(R_{C1} \| r_{be2} \| R'_{B2} \| r_{ce1})}{r_{be1} + (1+\beta)R_{E1}} \cdot \frac{-\beta(R_{C2} \| r_{ce2} \| R_L \| R_F)}{r_{be2}} = 4.46 \times 47.88 = 213.5$$

式中，

$$r_{be1} = 9.2 + 26 \times (1+64.8)/2.49 = 696.3\Omega，\quad r_{be2} = 9.2 + 26 \times (1+64.8)/2.02 = 856\Omega$$

$$r_{ce1} = V_A / I_{CQ1} = 10/2.45 = 4.08\text{k}\Omega，\quad r_{ce2} = V_A / I_{CQ1} = 10/1.99 = 5.03\text{k}\Omega$$

$$R'_{B2} = (R_{B4} + R_{B5}) \| R_{B6} = 11.48\text{k}\Omega$$

反馈深度为$1 + A_{\upsilon}B_{\upsilon} = 1 + \frac{213.5}{31} = 7.89$，由此计算得到反馈放大倍数为

$$A_{\upsilon f} = \frac{A}{1 + A_{\upsilon}B_{\upsilon}} = \frac{213.5}{7.89} = 27.1$$

（3）数据对比

由上面的理论分析可以看出，多级放大器级联后，基本放大器的理论计算值与实际仿真值的相对误差为

$$\delta = \frac{213.5 - 202.6}{213.5} \times 100\% = 5.1\%$$

引入反馈后，反馈放大器的理论计算值与实际仿真值基本一致。

5．放大器输入电阻的仿真分析

在图 9-6-1 中增加一个虚拟电压表 U_3 和一个 10kΩ 标准电阻，将 U_3 设为 AC 触发，并将虚拟电压表 U_1 改为 AC 触发，修改连接点到 Q_1 的基极，组成输入电阻的测试电路，如图 9-6-5 所示。

（1）仿真结果

将单刀双掷开关 S_1 连接到 A 端，运行仿真，根据 U_3 的读数可测得流入放大器的输入电流，由 U_1 的读数可得放大器的输入电压。这样，反馈放大器的输入电阻为

$$R_i = \frac{\upsilon_i}{\upsilon_R / R} = \frac{9.659}{0.01/10} = 9659\Omega = 9.659\text{k}\Omega$$

若将标准电阻 R 换成 5kΩ，将 S_1 连接到 B 端，同样可得基本放大器的输入电阻为

$$R_i = \frac{0.875}{1.127/5} = 3.88\text{k}\Omega$$

可见引入串联负反馈后使输入电阻增大，这与反馈放大器的理论分析是一致的。

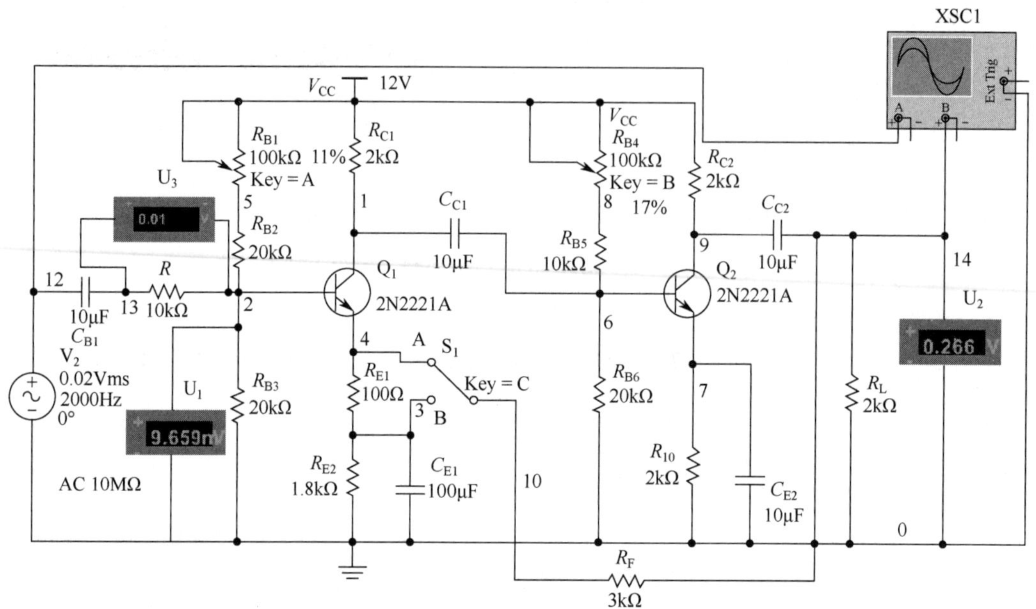

图 9-6-5　负反馈放大器输入电阻的仿真电路

（2）理论近似计算

在图 9-6-1 给定的元器件参数下，反馈拆环的基本放大器的输入电阻为

$$R_{id} = r_{be1} + (1+\beta)R_{E1} = 0.696 + 65.8 \times 0.1 = 7.27\text{k}\Omega$$

串联负反馈使输入电阻增大，R_{if} 为

$$R_{if} = R_{id}(1 + A_\upsilon B_\upsilon) = 7.27 \times 7.89 = 57.4\text{k}\Omega$$

闭环后，整个放大器的输入电阻为

$$R_i = R_{if} \| (R_{B1} + R_{B2}) \| R_{B3} = 57.4 \| 31 \| 20 = 10\text{k}\Omega$$

若采用 B 端接入，则理论分析的基本放大器的输入电阻为

$$R_i = [r_{be1} + (1+\beta)R_{E1}] \| (R_{B1} + R_{B2}) \| R_{B3} = 7.27 \| 31 \| 20 = 4.55\text{k}\Omega$$

（3）相对误差

A 端接入的相对误差（理论分析与实际仿真输入电阻的相对误差）为

$$\delta = \frac{10 - 9.659}{10} \times 100\% = 3.41\%$$

B 端接入的相对误差为

$$\delta = \frac{4.55 - 3.88}{4.55} \times 100\% = 14.7\%$$

三极管小信号模型应包括 $r_{b'e}$, β, r_{ce}, $r_{b'c}$ 和 h_{re} 五个参数。一般情况下，因为实际三极管的厄尔利电压很大，使得 $r_{b'c}$ 很大，一般为几百千欧到几兆欧，而 h_{re} 很小，通常为10^{-4}量级以下，因此在理论分析中通常可不考虑参数 $r_{b'c}$ 和 h_{re} 对电路的影响。在本仿真实例中，采用的三

极管 2N2221A 的厄尔利电压较小，只有 10V，这时忽略 $r_{b'c}$ 和 h_{re} 会导致上述某些性能参数的仿真结果和理论计算产生较大的误差。如果采用五个参数的三极管小信号模型，那么理论分析结果与仿真结果就十分接近，但其过程比较复杂，这里不详细介绍，读者可自行分析。

6. 负反馈放大器频率特性的 Multisim 分析

负反馈放大器的频率响应可用 AC_Sweep 来分析，详细分析过程可以参照前面的章节。这里采用网络分析仪来分析负反馈放大器的频率特性。从仪器中取出网络分析仪，将输入和输出连接到网络分析仪，如图 9-6-6 所示。

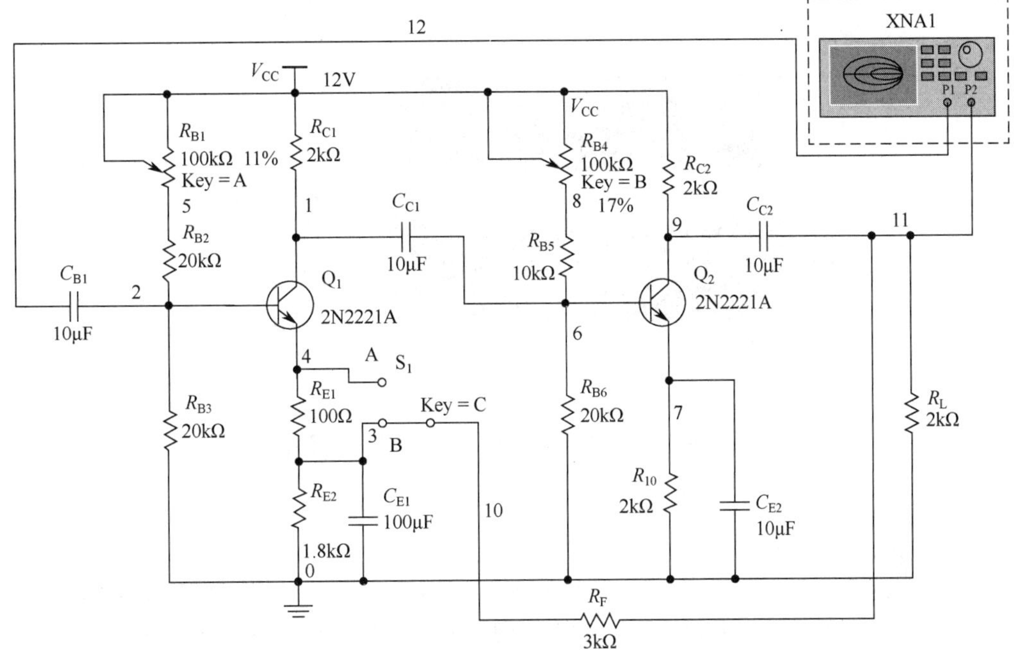

图 9-6-6　负反馈放大器频率响应仿真电路

将开关拨到 B 端，运行仿真。设置网络分析图像参数，选择 S 参数，将频率选择为从 1Hz 到 100MHz，同时修改相关的显示参数，得到图 9-6-7 所示基本放大器的幅频和相频特性曲线。

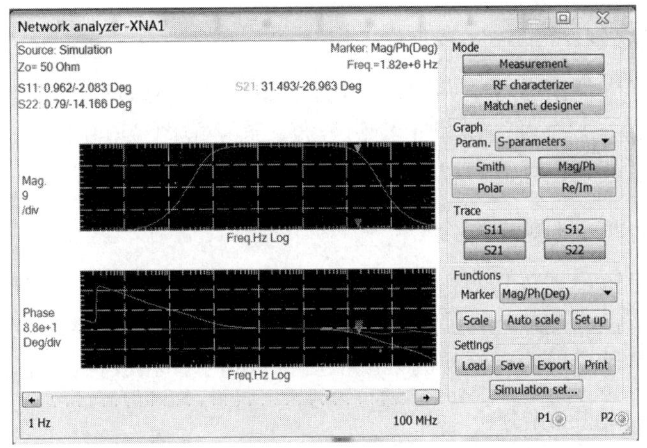

图 9-6-7　反馈放大器的幅频和相频特性曲线

在幅频特性曲线的下面移动游标，可以观察 S21 参数（对应电压增益），读取-3dB 转折频率，可得下限转折频率为 436Hz，上限转折频率为 1.82MHz。

将开关置于 A 端，重复上述操作，得到反馈放大器的频率响应特性曲线，如图 9-6-8 所示。

从图 9-6-8 中可得下限转折频率为 275Hz，上限转折频率为 6.04MHz。对比可知，负反馈使下限转折频率降低，使上限转折频率增加，可见引入反馈可以增大放大器的带宽。

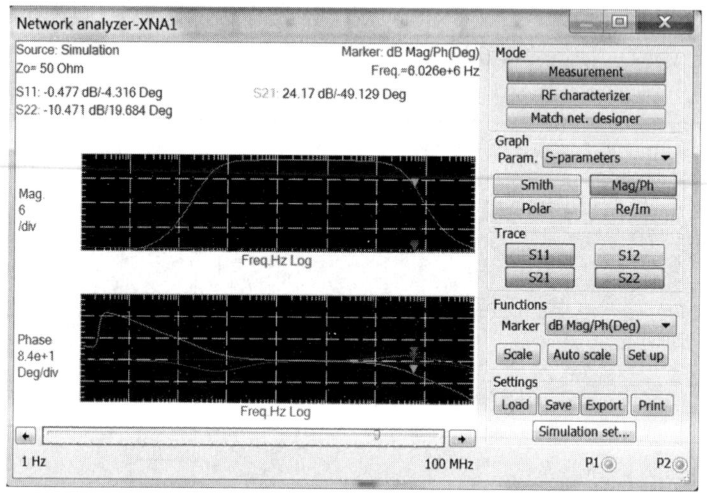

图 9-6-8 负反馈放大器闭环频率响应特性曲线

9.6.2 深度负反馈

上一节仿真的是一般负反馈，一般负反馈的反馈深度不大，其增益不仅与反馈系数有关，而且与基本放大器的放大倍数有关，输入电阻和输出电阻的变化范围也不大。下面以运算放大器为例仿真深度负反馈的情况。由于运算放大器的开环增益很大，导致引入负反馈后，反馈深度远大于 1，这时反馈放大器的增益几乎只与反馈系数有关，而反馈系数一般由线性电阻网络组成，因此，引入深度负反馈后，增加了增益的稳定性；同时，输入和输出电阻的改善也非常明显。

1. Multisim 电路创建

在基本元器件库中调出 3 个电阻和 1 个运算放大器 LM318，组成电压串联负反馈放大器；连接 2 个电压源、1 个示波器和 1 个信号源，连接成图 9-6-9 所示的同相放大电路。由于运算放大器的增益很高，因此可以构成深度负反馈。

2. 工作波形 Multisim 测试

设置信号源的电压，运行仿真，双击示波器，设置水平和垂直分辨率，观察到仿真的波形图如图 9-6-10 所示。从图中所示的波形来看，输出电压信号与输入电压信号的波形同相位，输出信号幅度明显高于输入信号的幅度，信号得到了同相放大。

3. 放大倍数的 Multisim 分析

双击万用表，显示万用表的读数，如图 9-6-11 所示。

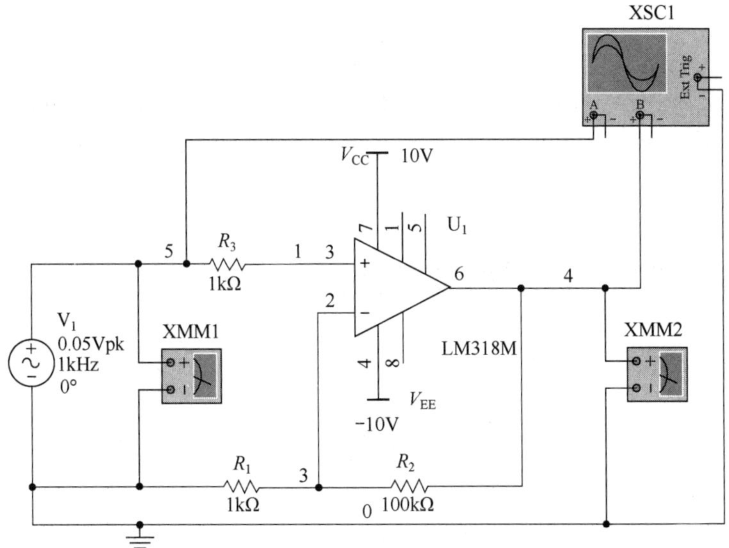

图 9-6-9　深度负反馈仿真电路

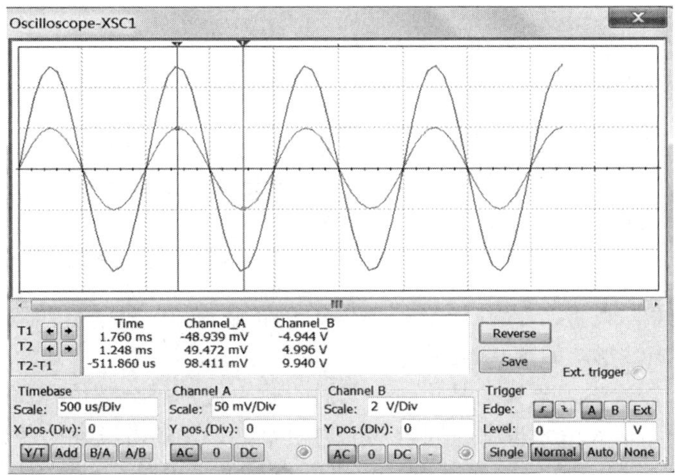

图 9-6-10　同相放大器仿真波形

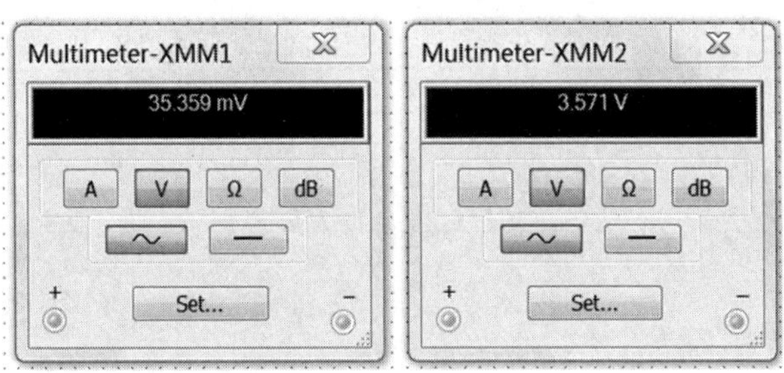

图 9-6-11　同相放大器仿真中万用表读数

由图 9-6-11 可知，同相放大器的电压增益为

$$A_{\upsilon}=\frac{3.571}{0.035359}=100.99$$

由理论分析可知，同相放大器的放大倍数为

$$A_v = 1 + \frac{R_2}{R_1} = 101$$

可见，仿真与工程分析几乎一致，深度负反馈的增益几乎只与反馈网络的参数有关。在深度负反馈条件下，输入和输出电阻也发生了明显改变，读者可以根据输入和输出电阻的仿真自行验证。

9.7 集成运算放大器应用电路仿真

9.7.1 基本运算电路

仿真目标是创建一个积分运算的仿真电路，研究集成运算放大器在波形变换中的作用。

1. Multisim 电路创建

在基本元器件库中，调出 2 个电阻、1 个集成运算放大器 741、1 个电容、2 个电源，并从仪器工具栏中调出 1 个函数发生器、1 个双通道示波器，将函数发生器连接到积分器的输入端，将双通道示波器的两个通道分别连接到积分器的输入端和输出端，如图 9-7-1 所示。

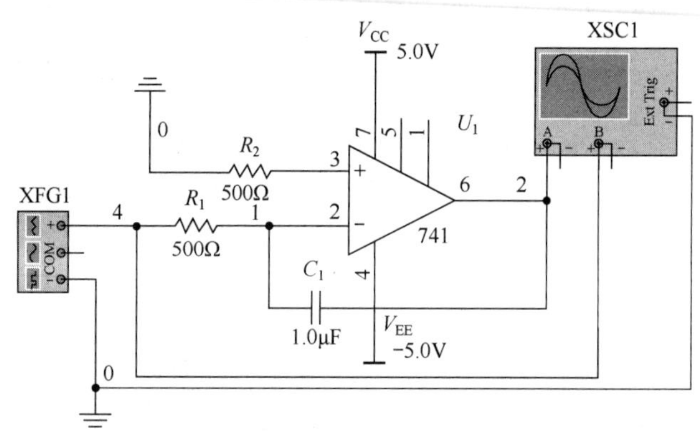

图 9-7-1　积分运算仿真电路

2. Multisim 电路仿真与工作波形测试

双击函数发生器，设置产生 1kHz、峰值 4V 的正弦波，运行仿真，双击双通道示波器可以看到积分器的输出波形，如图 9-7-2 所示。

从图 9-7-2 可以看出，当输入是正弦信号时，输出波形是余弦信号，即使改变输入信号的频率，输出信号和输入信号也存在固定 90°的相差。只是随着频率的变化，输出电压的幅度有一定的变化。当将函数发生器改为正负极性交替的方波信号时，输出波形变成了三角波，如图 9-7-3 所示。

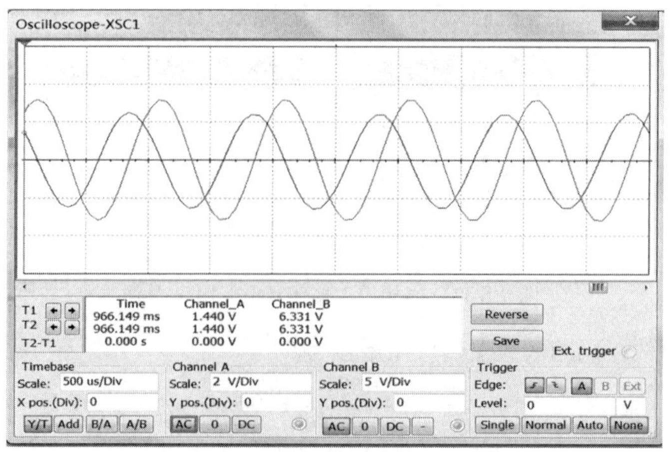

图 9-7-2　积分器输入正弦信号的仿真输出

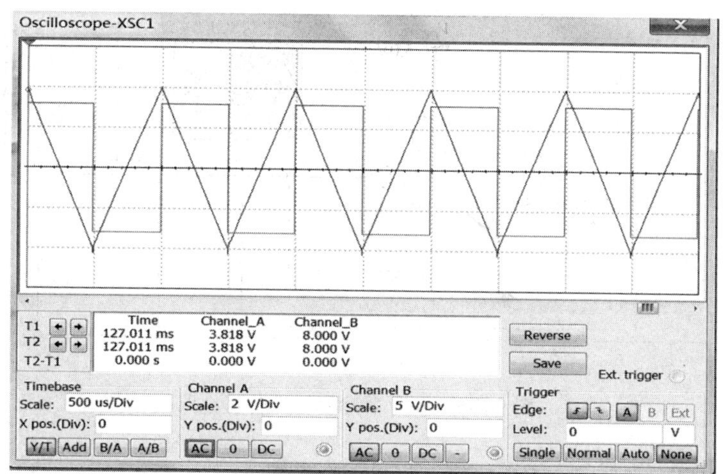

图 9-7-3　积分器输入方波信号的仿真输出

改变输入方波信号的频率，发现当频率较低时，输出的三角波会明显失真；当输入方波信号的频率增大时，输出三角波的幅度会明显下降。这说明在进行波形变换时，有一定的频率限制。

若将函数发生器的波形改成三角波，则输出波形又可变成正弦波，如图 9-7-4 所示。

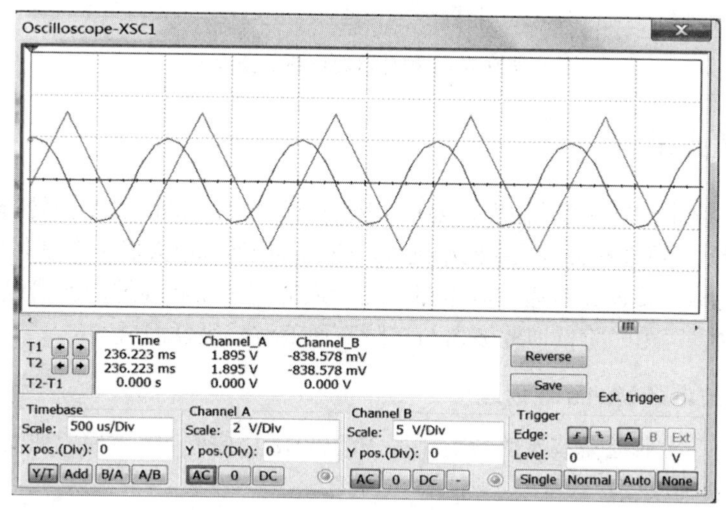

图 9-7-4　积分器输出三角波的仿真输出

3. Multisim 电路频率特性分析

积分电路可将方波变成三角波，将三角波变成正弦波。但当改变输入信号的频率时，有时不能满足波形变化的要求。例如，降低输入信号的频率，方波将不再变成三角波，这时需要研究积分电路的频率特性。

这里使用波特图图示仪来仿真积分器的频率特性，其仿真电路如图 9-7-5 所示。单击 Run 按钮，双击波特图图示仪图标，设置波特仪的水平频率扫描范围、垂直方向的幅度起始电平，可得积分器幅频响应的波特图，如图 9-7-6 所示。

从图 9-7-6 所示的频率特性可以看出，积分器是一个低通滤波器，输入信号的频率应低于积分器的上限转折频率。

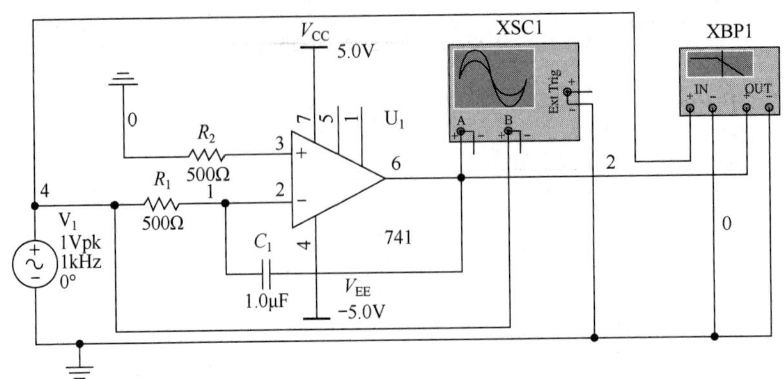

图 9-7-5 积分器频率特性仿真电路

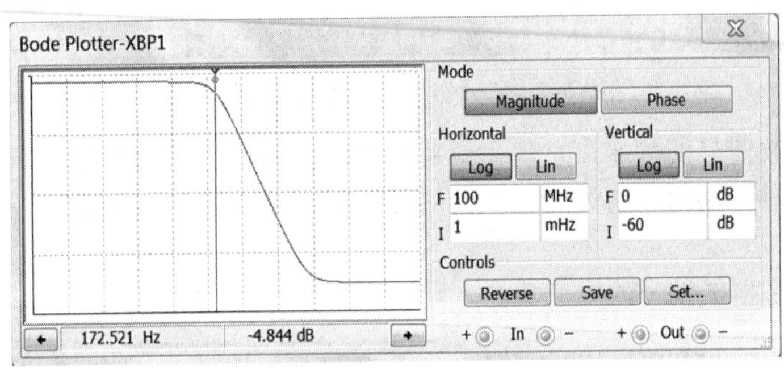

图 9-7-6 积分器波特图仿真输出

9.7.2 有源滤波器

仿真目标是设计一个带通滤波器，要求下限转折频率为 500Hz，上限转折频率为 10kHz，尽可能增加阻带滤波特性和转折频率的精确性，研究集成运算放大器在工程中的应用。

根据仿真目标，要设计带通滤波电路，可由低通滤波器和高通滤波器组合而成，要尽可能增加阻带特性，可由二阶低通滤波器与二阶高通滤波器级联而成。

1. 低通滤波电路 Multisim 创建

需要设计的二阶低通滤波器的转折频率为 10kHz，根据二阶压控低通滤波器的转折频率的计算公式可得

$$RC=\frac{1}{2\pi f}=\frac{1}{2\pi\times 10^4}=1.59\times 10^{-5}$$

根据电阻、电容的标称值，选择电阻为 R = 1kΩ，选择电容为 15nF，基本满足上限转折频率的要求。为了使转折点尽可能接近设定值，低通滤波器的 Q 值应在 0.707 附近。Q 值与中频增益分别为

$$Q=\frac{1}{3-A_{\upsilon m}}=0.707\text{，}\quad A_{\upsilon m}=3-\frac{1}{0.707}=1.58=1+\frac{R_F}{R_1}$$

可见，应选择两个电阻，其比值在 0.58 附近。根据电阻的标称值，选择 R_1 = 1.8kΩ，反馈电阻为 1kΩ，近似满足 Q 值的要求。在基本元器件库中，调出相应的元器件，连接成图 9-7-7 所示的二阶压控低通滤波仿真电路。

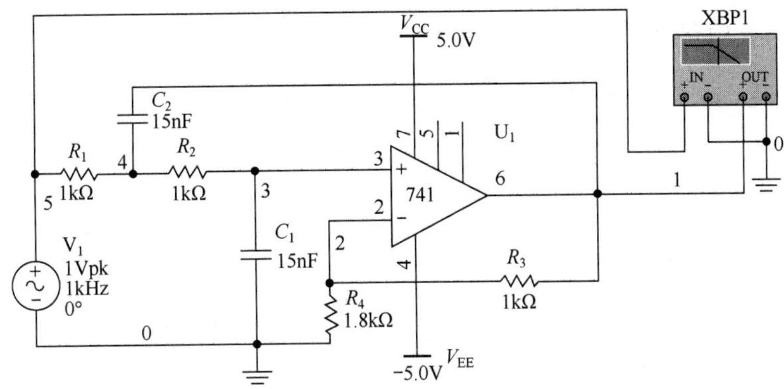

图 9-7-7　二阶压控低通滤波器仿真电路

运行仿真，低通滤波器输出的幅频特性如图 9-7-8 所示。

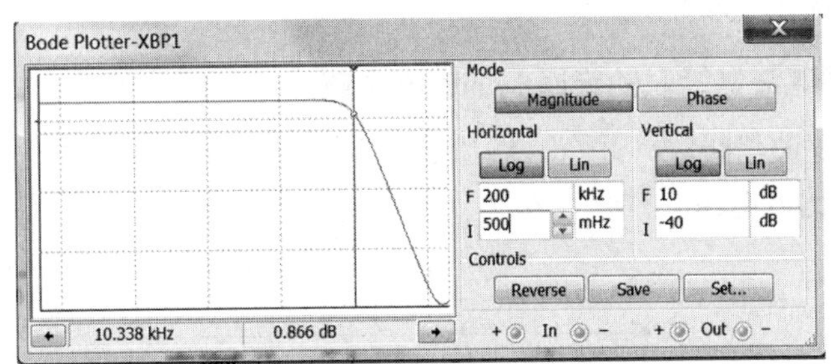

图 9-7-8　低通滤波器幅频特性仿真输出

在波特图左侧的游标处单击，拖动游标线，可以观察到上限转折频率点。由图可以看出，上限转折频率点在 10kHz 附近。

2. 二阶高通滤波电路 Multisim 创建

同低通滤波器的设计思路一样，根据高通滤波器的下限转折频率有

$$RC = \frac{1}{2\pi f} = \frac{1}{2\pi \times 500} = 3.18 \times 10^{-4}$$

分别选 2 个 1kΩ 的电阻和 2 个 330nF 的电容，以及与低通滤波器一样的反馈电阻 R_7 和 R_8，创建二阶高通滤波电路，连接信号源与波特图图示仪，如图 9-7-9 所示。

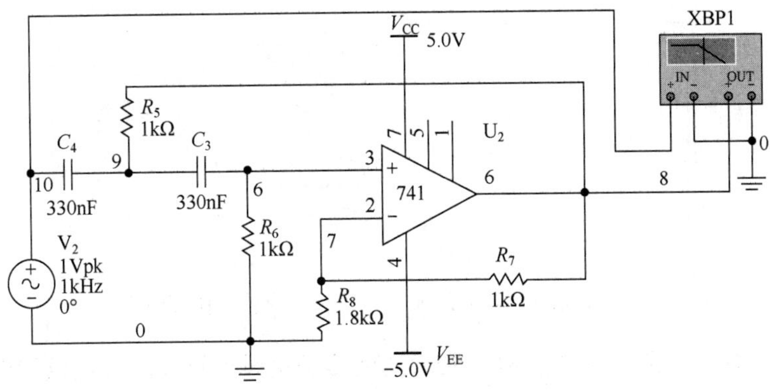

图 9-7-9　二阶高通滤波器仿真电路

运行仿真，二阶高通滤波器的输出幅频特性如图 9-7-10 所示。

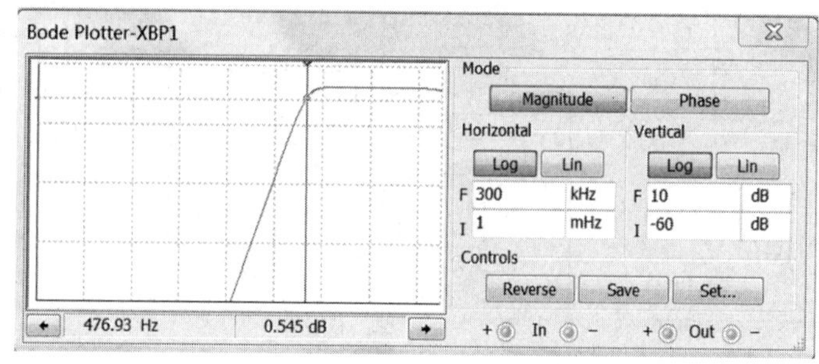

图 9-7-10　二阶高通滤波器幅频特性仿真输出

在波特图左侧的游标处单击，拖动游标线，可以观察到下限转折频率点。由图可以看出，下限转折频率点在 500Hz 附近。

3．低通与高通滤波器级联的带通 Multisim 电路

将低通和高通滤波器级联（注意，低通滤波器在前面，高通滤波器在后面）为如图 9-7-11 所示的四阶带通滤波电路。

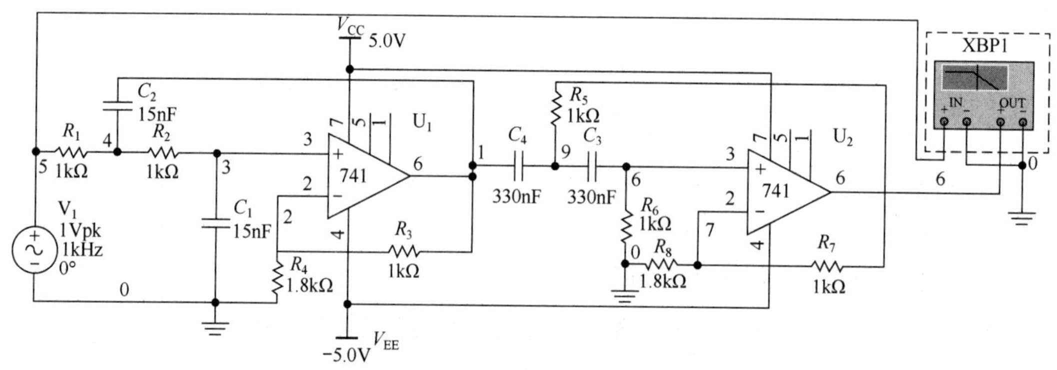

图 9-7-11　四阶带通滤波器仿真电路

运行仿真，可得四阶带通滤波器的幅频响应特性，如图 9-7-12 所示。

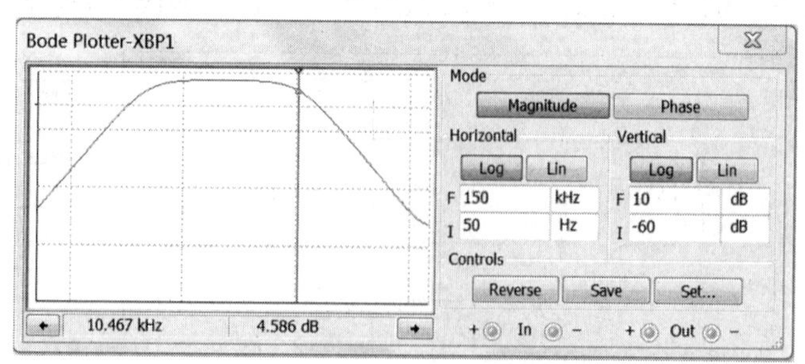

图 9-7-12　四阶带通滤波器幅频响应特性仿真输出

从图中可以看出，图 9-7-11 仿真的带通滤波器满足设计目标。要使设计的转折频率与所要求的频率更加接近，反馈电阻 R_3 和 R_7 可用 510Ω 电阻与 1kΩ 可调电位器串联构成，改变可调电位器，即调节 Q 值，可以获得精确的上限和下限转折频率。

9.8　直流电源仿真

9.8.1　串联稳压电源

仿真目标是创建一个将交流电转换成直流电的串联型稳压电源仿真电路，研究直流电源各单元电路在集成电源中的作用。

1．串联稳压电源的 Multisim 电路创建

将由变压器、整流滤波电路、调整管、稳压电路、取样电路以及误差放大电路组成的直流电源的各元器件连接在一起，构成直流稳压电源，其仿真电路如图 9-8-1 所示。

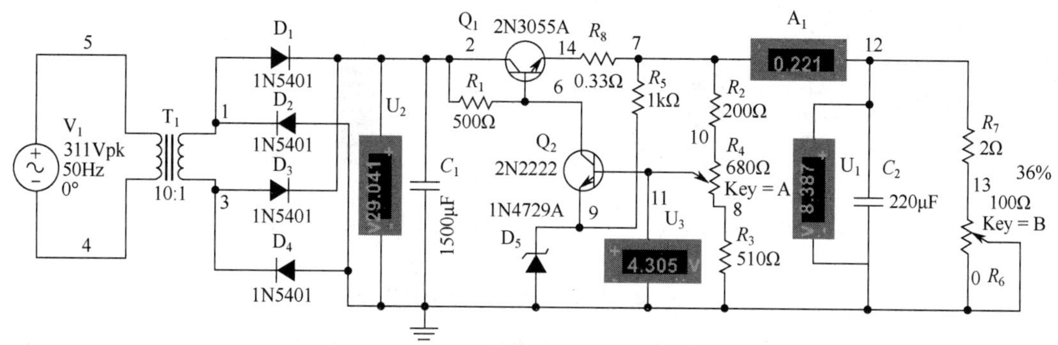

图 9-8-1　串联型直流稳压电源仿真电路

在图 9-8-1 所示的仿真电路中，为了方便观察电路中各点的工作电压和电流，增加了 3 个虚拟电压表和 1 个虚拟电流表，其中 U_1 监测负载上的电压，U_2 监测整流滤波后的电压，U_3 监测取样电压，A_1 监测负载电流，并通过可调电位器 R_6 的变化来模拟负载的变化。注意，该电路中的整流管采用的是 1N5401，其最大整流电流可达 3A，调整管采用的是 2N3055A，它是一个集电极电流最大可达 15A 的 115W 功率管。1N4729A 是一个电压为 3.6V 的稳压二极管，仿真数据可以根据虚拟电压表的数据给出。

2．工程近似计算与 Multisim 电路仿真的对比

在图 9-8-1 中，取样可调电位器 R_4 的中间抽头在 32%的位置，则 R_4 下半部的电阻为 $680\times 0.32 = 217.6\Omega$。

R_4 上半部的电阻为 $680 - 217.6 = 462.4\Omega$，于是取样电压为

$$V_{B2} = \frac{R_3 + R_4'}{R_2 + R_4 + R_3} V_o = \frac{510 + 217.6}{510 + 680 + 200} V_o = 0.523 V_o = V_{REF} + 0.7$$

$$V_o = \frac{V_{REF} + 0.7}{0.523} = \frac{3.6 + 0.7}{0.523} = 8.22\text{V}$$

图 9-8-1 中 U_1 的读数与理论计算结果基本一致。

3．负载和电网电压的变化对输出电压的影响

不改变取样电位器的位置，改变负载电位器 R_6，发现当负载电阻在 4Ω 以上时，输出电压的变化范围不超过 0.2V。改变输入电压的大小，设置交流电压模拟电网电压变化 10%，

仿真测试发现输出电压的变化不超过 0.1V，说明电网电压的波动对稳压电源的影响较小。

9.8.2 三端稳压器

仿真目标是创建一个将交流电转换成直流电的集成三端稳压源仿真电路，研究扩展负载电流的方法。

1. 三端稳压源的 Multisim 电路创建

由变压器、整流滤波电路和三端集成稳压源构成直流稳压电源，仿真电路如图 9-8-2 所示。

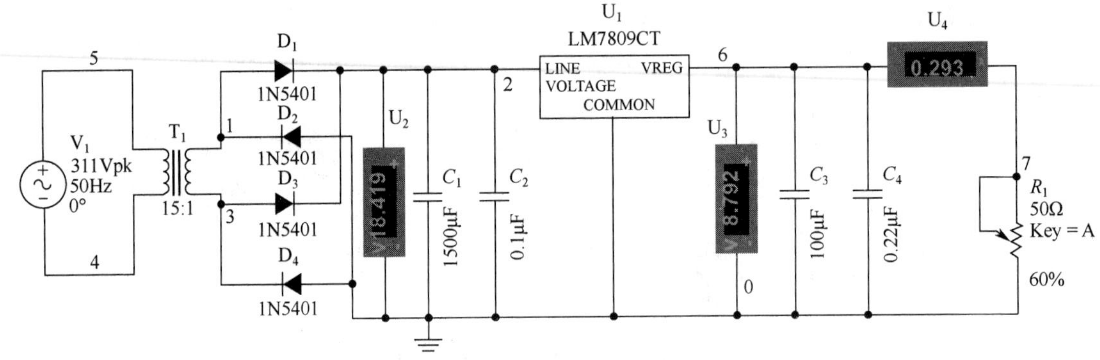

图 9-8-2 集成三端稳压源仿真电路

运行仿真，可以通过虚拟电压表和电流表观察输出电压和负载变化的规律，仿真发现三端稳压源的输出电压在负载电阻较小时，总小于其标称电压 9V。LM7809CT 是一个最大输出电流为 1A 的三端稳压源，仿真发现当其输出电流达到 300mA 时，输出的电压下降到 8.79V 左右，说明三端稳压源的输出驱动能力不够。

2. 三端稳压源扩流仿真电路

根据三端稳压源的调整管与负载串联的原理，可将调整管进行达林顿扩展。在如图 9-8-2 所示的电流中，可以增加两个三极管组成扩流电路，如图 9-8-3 所示。

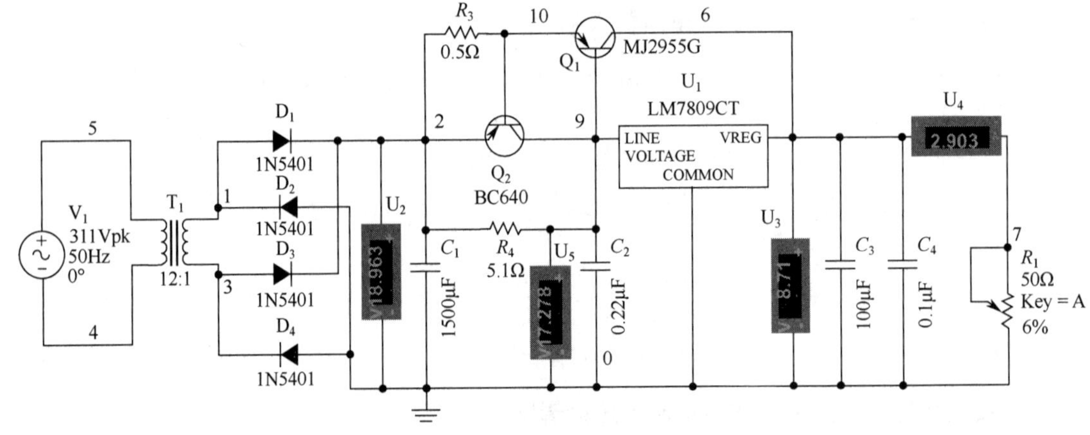

图 9-8-3 集成三端稳压源扩流仿真电路

在图 9-8-3 中，BC640 是一个集电极电流大于 1A、反向击穿电压达到 80V 的 PNP 管，与功放管 MJ2955G 组成扩流模块。改变负载的值，从虚拟电压表和电流表可以观察负载电压与电流的关系。由图 9-8-3 可见，当负载电流达到约 3A 时，输出电压仍维持在 8.7V 左右。

习 题 9

9.1 电路如题图 P9.1 所示，稳压二极管 1N4729 的稳定电压为 3.6V，$R = 1\text{k}\Omega$，输入 υ_i 是幅度为 10V、频率为 1kHz 的正弦电压信号，试用 Multisim 仿真平台求输出 υ_{o1} 和 υ_{o2} 的波形。

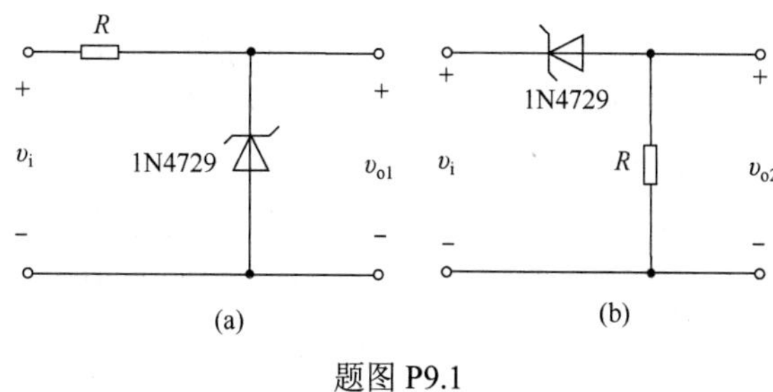

题图 P9.1

9.2 在题图 P9.1 中，将二极管换成电容 C，同时将电容设为 0.1μF，用函数发生器作为输入信号源，设置信号源输出信号的峰值为 5V，波形分别为正弦信号、方波信号、三角波信号，用示波器观察输入和输出的波形，用电压表观察输入和输出的有效值，每种波形的信号频率如下：（1）10Hz；（2）100Hz；（3）5kHz；（4）50kHz；（5）500kHz。

9.3 用 Multisim 仿真平台绘制基本的共基放大电路，三极管选用 2N2222A，设置可调电位器调整三极管的静态工作点，用虚拟电压表、电流表监测静态工作点，用示波器观察输入和输出波形，用波特图图示仪观察放大器的幅频与相频特性。

9.4 用 Multisim 仿真平台设计一个分压式偏置的共射放大器，要求使用三极管 2SC1815，输入电阻不小于 1kΩ，输出电阻为 2kΩ，在负载为 2kΩ、信号源内阻为 50Ω 的条件下，源电压增益大于 50，采用示波器观察输入和输出信号，用波特图图示仪分析电路的频谱特性。

9.5 试用 Multisim 仿真平台设计一个如题图 P9.5 所示的两级阻容耦合放大器，设置三极管的共射电流放大系数均为 80，设置图中的各个节点名，假设信号源输出有效值为 2mV、1kHz 的交流电压信号，分析放大器的静态工作点、电压增益、放大器的频率响应。

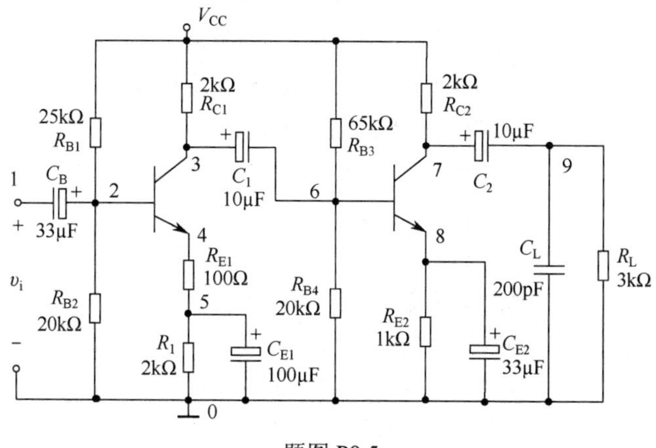

题图 P9.5

9.6 试在 Multisim 仿真平台中，使用电路向导设计一个同相比例运算电路，电源电压为±12V，电路的电压放大倍数等于 100，若输入信号是幅度为 10mV、频率为 2kHz 的正弦波，试用示波器观察输入和输出波形的相位关系，并测量输入信号和输出信号的大小。

9.7 试在 Multisim 仿真平台中，使用电路向导设计一个有源低通滤波器，要求 3.4kHz 以下的信号能够通过，40kHz 的信号衰减 40dB 以上，试用波特图图示仪观察电路的幅频与相频特性。

附录 A　物理量索引

符号	含义
A	放大器
A	放大器增益的模；面积
$\dot{A}=A(\mathrm{j}\omega)=A(\omega)\mathrm{e}^{\mathrm{j}\varphi_{\mathrm{A}}(\omega)}$	增益的复数值；增益频率特性
$A(S)$	增益的拉普拉斯变换；传输函数
A_{m}	中频段放大器增益的模
$A_{\upsilon\mathrm{c}}$	差分放大器的共模电压增益
$A_{\upsilon\mathrm{cl}}$	差分放大器单端输出时的共模电压增益
$A_{\upsilon\mathrm{d}}$	差分放大器的差模电压增益；开环差模电压增益
$A_{\upsilon\mathrm{dl}}$	差分放大器单端输出时的差模电压增益
A_{f}	反馈放大器的增益
A_{fm}	中频段反馈放大器增益的模
$A_{\mathrm{f}}(S)$	反馈放大器增益的拉普拉斯变换
$\dot{A}_{\mathrm{g}}=A_{\mathrm{g}}(\mathrm{j}\omega)$	基本放大器互导增益的复数值
$\dot{A}_{\mathrm{gf}}=A_{\mathrm{gf}}(\mathrm{j}\omega)$	反馈放大器互导增益的复数值
A_{gf}	反馈放大器互导增益的模
$\dot{A}_{\mathrm{gs}}=A_{\mathrm{gs}}(\mathrm{j}\omega)$	基本放大器源互导增益的复数值
A_{gs}	基本放大器源互导增益的模
$A_{\mathrm{g}}(S)$	互导增益的拉普拉斯变换
A_{gsf}	反馈放大器源互导增益的模
$\dot{A}_{\mathrm{gsf}}=A_{\mathrm{gsf}}(\mathrm{j}\omega)$	反馈放大器源互导增益的复数值
$\dot{A}_{\mathrm{gsx}}=A_{\mathrm{gsx}}(\mathrm{j}\omega)$	基本放大器输出端等效负载短路时源互导增益的复数值
$\dot{A}_{\mathrm{H}}=A_{\mathrm{H}}(\mathrm{j}\omega)$	高频段放大器增益的复数值
$\dot{A}_{\mathrm{Hf}}=A_{\mathrm{Hf}}(\mathrm{j}\omega)$	反馈放大器高频段增益的复数值
$\dot{A}_{\mathrm{i}}=A_{\mathrm{i}}(\mathrm{j}\omega)$	基本放大器电流增益的复数值
A_{id}	差模电流增益
$\dot{A}_{\mathrm{if}}=A_{\mathrm{if}}(\mathrm{j}\omega)$	反馈放大器电流增益的复数值
$A_{\mathrm{i}}(S)$	电流增益的拉普拉斯变换
$\dot{A}_{\mathrm{i}}=A_{\mathrm{i}}(\mathrm{j}\omega)$	基本放大器源电流增益的复数值
$\dot{A}_{\mathrm{isf}}=A_{\mathrm{isf}}(\mathrm{j}\omega)$	反馈放大器源电流增益的复数值
$\dot{A}_{\mathrm{isx}}=A_{\mathrm{isx}}(\mathrm{j}\omega)$	基本放大器输出端等效负载电阻短路时源电流增益的复数值
$\dot{A}_{\mathrm{L}}=A_{\mathrm{L}}(\mathrm{j}\omega)$	低频段放大器增益的复数值
$\dot{A}_{\mathrm{Lf}}=A_{\mathrm{Lf}}(\mathrm{j}\omega)$	低频段反馈放大器增益的复数值
A_{P}	功率增益
$\dot{A}_{\mathrm{r}}=A_{\mathrm{r}}(\mathrm{j}\omega)$	基本放大器互阻增益的复数值
$\dot{A}_{\mathrm{rf}}=A_{\mathrm{rf}}(\mathrm{j}\omega)$	反馈放大器互阻增益的复数值

$\dot{A}_{rs}=A_{rs}(j\omega)$	基本放大器源互阻增益的复数值
$\dot{A}_{rsf}=A_{rsf}(j\omega)$	反馈放大器源互阻增益的复数值
$\dot{A}_{rso}=A_{rso}(j\omega)$	基本放大器输出端等效负载电阻开路时源互阻增益的复数值
$A_r(S)$	互阻增益的拉普拉斯变换
$\dot{A}_\upsilon=A_\upsilon(j\omega)$	基本放大器电压增益的复数值
$\dot{A}_{\upsilon f}=A_{\upsilon f}(j\omega)$	反馈放大器电压增益的复数值
$A_{\upsilon m}$	中频段放大器的电压增益
$A_{\upsilon s}$	闭环电压增益
$\dot{A}_{\upsilon s}=A_{\upsilon s}(j\omega)$	基本放大器源电压增益的复数值
$\dot{A}_{\upsilon sf}=A_{\upsilon sf}(j\omega)$	反馈放大器源电压增益的复数值
$\dot{A}_{\upsilon so}=A_{\upsilon so}(j\omega)$	基本放大器输出端等效负载电阻开路时源电压增益的复数值
$A_\upsilon(S)$	电压增益的拉普拉斯变换
$A(\omega_\varphi)$	相位交界频率 ω_φ 处基本放大器的增益
b	半导体三极管的基极
B	反馈系数；场效应管的衬底引线
$\dot{B}=B(j\omega)$	反馈网络传输系数的复数值
$\dot{B}_g=B_g(j\omega)$	反馈网络互导传输系数的复数值
$\dot{B}_i=B_i(j\omega)$	反馈网络电流传输系数的复数值
BJT	双极性晶体管
$\dot{B}_r=B_r(j\omega)$	反馈网络互阻传输系数的复数值
$B(S)$	反馈系数的拉普拉斯变换
$\dot{B}_\upsilon=B_\upsilon(j\omega)$	反馈网络电压传输系数的复数值
BW	放大器的 3dB 带宽
$B(\omega_\varphi)$	相位交界频率 ω_φ 处的反馈系数
c	半导体三极管的集电极
C	库仑；电容；温度系数
C_b, C_B	基极输入端耦合电容
C_e	发射结电容
C_c, C_C	集电极输出端耦合电容
$C_{b'c}$	集电结结电容
C_{ds}	漏源电容
C_D	扩散电容；漏极耦合电容
C_e , C_E	发射极旁路电容
C_{gd}	栅漏电容
C_{gs}	栅源电容
C_j	结电容
C_M	密勒电容
CM	电流镜
CMOS	NOMS 与 PMOS 配合使用所组成的互补 MOS
CMRR	共模抑制比
CW	顺时针排列

CCW	逆时针排列
C_S	单位增益补偿电容；源极电阻 R_S 的旁路电容
C_T	势垒电容
C_t	发射结电容与密勒电容之和
C_φ	补偿电容
d	场效应管的漏极；脉冲占空比
dB	分贝
D	二极管；场效应管的漏极
DMOS	耗尽型 MOS 管
D_n	电子扩散常数
D_p	空穴扩散常数
D_Z	稳压二极管
e	半导体三极管的发射极；自然对数的底
E	电场强度；半导体三极管的发射极
EMOS	增强型 MOS 管
f	频率
f_H	放大器的上限截止频率
f_L	放大器的下限截止频率
f_T	特征频率
f_α	共基极电流传输系数的截止频率
f_β	共发射极电流传输系数的截止频率
F	法拉
$\dot{F}=F(j\omega)$	反馈深度的复数值
FET	场效应管
$\dot{F}_g=F_g(j\omega)$	电流串联负反馈反馈深度的复数值
$\dot{F}_{gs}=F_{gs}(j\omega)$	考虑 R_S 时，电流串联负反馈反馈深度的复数值
F_g	中频段电流串联负反馈反馈深度的模
F_{gs}	中频段考虑 R_S 时，电流串联负反馈反馈深度的模
$\dot{F}_{gsx}=F_{gsx}(j\omega)$	等效负载短路但考虑 R_S 时，电流串联负反馈反馈深度的复数值
$\dot{F}_i=F_i(j\omega)$	电流并联负反馈反馈深度的复数值
$\dot{F}_{is}=F_{is}(j\omega)$	考虑 R_S 时，电流并联负反馈反馈深度的复数值
F_{is}	中频段考虑 R_S 时，电流并联负反馈反馈深度的模
$\dot{F}_{isx}=F_{isx}(j\omega)$	等效负载短路但考虑 R_S 时，电流并联负反馈反馈深度的复数值
$\dot{F}_r=F_r(j\omega)$	电压并联负反馈反馈深度的复数值
F_r	中频段电压并联负反馈反馈深度的模
$\dot{F}_{rs}=F_{rs}(j\omega)$	考虑源内阻时，电压并联负反馈反馈深度的复数值
F_{rs}	中频段考虑 R_S 时，电压并联负反馈反馈深度的模
F_{rso}	等效负载开路但考虑 R_S 时，电压并联负反馈反馈深度的模
$\dot{F}_{\upsilon s}=F_{\upsilon s}(j\omega)$	考虑 R_S 时，电压串联负反馈反馈深度的复数值
$F_{\upsilon s}$	中频段考虑 R_S 时，电压串联负反馈反馈深度的模
$F_{\upsilon so}$	等效负载开路但考虑 R_S 时，电压串联负反馈反馈深度的模

g, G	栅极
g_d	二极管交流电导
g_m	晶体管跨导；低频跨导
GBW	增益带宽乘积
H	亨利；标尺因子
Hz	赫兹
i_b	基极电流交流分量瞬时值
i_B	基极电流瞬时值
i_{Bmax}	基极瞬时电流最大值
i_{Bmin}	基极瞬时电流最小值
i_c	集电极电流交流分量瞬时值
i_C	集电极电流瞬时值
i_{Cmax}	集电极瞬时电流最大值
i_{Cmin}	集电极瞬时电流最小值
i_D	漏极电流瞬时值
i_e	发射极电流交流分量瞬时值
i_E	发射极电流瞬时值
i'_L	电感中的增量电流
i''_L	电感中的负增量电流
I_{adj}	调整端电流
I_{bm}	基极电流交流分量的幅值
$I_b(S)$	基极交流电流的拉普拉斯变换
I_B	输入偏置电流；基极电流
$I_C(S)$	集电极交流电流的拉普拉斯变换
I_{cm}	集电极交流分量的幅值
I_{Cav}	集电极电流平均值
I_{CBO}	基极开路时集射间的反向饱和电流（或穿透电流）
I_{CEO}	集射之间的穿透电流
I_{CES}	基射间短路时集射间的穿透电流
I_{CM}	集电极最大允许电流
I_{CQ}	集电极静态电流
I_{CS}	发射结短路时集电极至基极的反向饱和电流
I_D	二极管整流电流的平均值
I_{DM}	最大漏源允许电流
I_{DQ}	漏极静态电流
I_{DSS}	$V_{GS}=0$ 时漏极的饱和电流
I_{DX}	与某一栅压 V_{GSX} 对应的漏极电流
$I_C(S)$	发射极交流电流的拉普拉斯变换
I_{EQ}	发射极静态电流
I_{ES}	集电结短路时发射极至基极的反向饱和电流
I_f	交流反馈信号电流的有效值
$I_f(S)$	交流反馈信号电流的拉普拉斯变换

IGFET	绝缘栅场效应管
$\dot{I}_i = I_i(j\omega)$	输入正弦电流的复数值
I_i	电流 I_i 的有效值
I_n	电子电流
I_{nC}	集电极电子电流
I_{nE}	发射极电子电流
I_{nD}	电子扩散电流
$\dot{I}_o = I_o(j\omega)$	输出正弦电流的复数值
I'_o	在输出端外加信号电压激励时所产生的电流
I_o	输出电流的有效值；电流源电流；差分放大器公用电阻 R_{EE} 的电流
I_{b0}	基波电流的振幅
I_{OM2}, I_{OM3}	二次、三次谐波电流的振幅
I_{OS}	失调电流
I_P	空穴电流
I_{PE}	发射极空穴电流
I_{PD}	空穴扩散电流
I_S	反向饱和电流
J	焦耳
J_n	电子电流密度
J_p	空穴电流密度
JFET	结型场效应管
K	玻尔兹曼常数；绝缘栅场效应管的一个常数
K_{CMR}	共模抑制比
L	电感；绝缘栅场效应管的沟道长度
L_P	并联补偿电感
L_S	串联补偿电感
MOSFET（或 MOS）	金属氧化物半导体场效应管
n	导电电子浓度；变压器的匝比
n_i	本征载流子浓度
n_p	P 区少子电子的浓度
n_{po}	n_p 的热平衡值
$n_p(0)$	P 区边缘的少子数值
N_A	受主杂质浓度
N_D	施主杂质浓度
N_1	变压器的初级绕组匝数
N_2	变压器的次级绕组匝数
NMOS	N 沟道绝缘栅场效应管
p	空穴浓度
p_i	极点
p_n	N 区的少子（空穴）数值
p_{no}	p_n 的热平衡值
$p_n(0)$	N 区边缘的少子数值

P	功率
P_C	晶体管集电结上的耗散功率
P_{Cmax}	集电极最大耗散功率
P_{CM}	集电极最大允许耗散功率
P_{DM}	场效应管漏极最大允许耗散功率
P_L	负载上的功率
PMOS	P 沟道绝缘栅场效应管
P_o	交流输出功率
P_{o1}	基波输出功率
P_{o2}, P_{o3}	二次、三次谐波输出功率
P_{omax}	最大输出功率
PWM	脉冲宽度调制
PFM	脉冲频率调制
q	电子电荷量
Q	静态工作点；电荷浓度；品质因数
$r_{bb'}$	基区体电阻
$r_{b'e}$	发射结的结层电阻
$r_{b'c}$	集电结的结层电阻
r_{ce}	集电结-发射结电阻
r_d	二极管的交流电阻
r_{ds}	场效应管的漏极输出电阻
r_e	发射结的动态电阻
r_g	场效应管的栅极输入电阻
R_b, R_B	基极偏流电阻
R_c, R_C	集电极偏置电阻
R_D	二极管的直流电阻；漏极电阻
R_E, R_e	发射极串联电阻
R_G, R_g	栅极偏置电阻
R_i	放大器的输入电阻
R_{id}	差模输入电阻；反馈放大器中基本放大器的输入电阻
R_{if}	不考虑偏置电阻影响时，负反馈放大器的输入电阻
R_{GS}	栅源间的直流输入电阻
R_F	反馈电阻
R_L	负载电阻
R'_L	等效负载电阻；负载电阻折合值
R_o	放大器的输出电阻；稳压电路的动态电阻
R_{od}	差分放大器的差模输出电阻；反馈放大器中基本放大器的输出电阻
R'_{of}	从等效负载两端向负反馈放大器内部看去的输出电阻
R_{of}	从负载两端向负反馈放大器内部看去的输出电阻
R_{on}	场效应管的沟道导通电阻
R_S	二极管的等效串联电阻；信号源内阻；源极串联电阻
s	源极

S	复频率；拉普拉斯算子；电源电压灵敏度；脉动系数；西［门子］
$\dot{X}_{id} = X_{id}(j\omega)$	净输入信号（复数值）
$\dot{X}_f = X_f(j\omega)$	反馈信号（复数值）
$\dot{X}_i = X_i(j\omega)$	输入信号（复数值）
$\dot{X}_o = X_o(j\omega)$	输出信号（复数值）
S_R	转换速率
S_T	温度系数
S_υ	输入调整因数
SW	模拟开关
t	时间
t_D	延时时间
t_{ox}	绝缘栅场效应管的栅极绝缘层厚度
t_{on}	导通时间
t_{off}	截止时间
t_R	建立时间
T	晶体管或场效应管；周期；热力学温度
T'	触发器
$\dot{T} = T(j\omega_\varphi)$	环路增益复数值（开环回路增益复数值）
TL	跨导线性回路
Tr	变压器
$T(\omega_\varphi)$	相位交界频率 ω_φ 相对应的环路增益
υ	交流电压瞬时值；速度
υ_{be}	基极到发射极的交流电压瞬时值
υ_B	基极对地的总瞬时电压
υ_{BE}	基极到发射极的总瞬时电压
υ_{BEmax}	基极到发射极的总瞬时电压最大值
υ_{BEmin}	基极到发射极的总瞬时电压最小值
υ_{ce}	集电极到发射极的交流电压瞬时值
υ_C	集电极对地的总瞬时电压
υ_{CE}	集电极到发射极的总瞬时电压
υ_{CEmax}	集电极到发射极的总瞬时电压最大值
υ_{CEmin}	集电极到发射极的总瞬时电压最小值
υ_d	电子平均漂移速度
υ_{DS}	栅源电压的总瞬时电压
υ_G	栅极对地瞬时电压
υ_{GA}	栅极到夹断点 A 之间的电压
υ_{GD}	栅极到漏极的总瞬时电压
υ_i	输入信号电压瞬时值
υ_{ic}	共模输入电压
υ_{id}	差模输入电压
υ_o	输出电压瞬时值
υ_L	负载两端的瞬时电压

υ_s	输入信号源电压
υ_φ	φ 相时钟电压
$\bar{\upsilon}_\varphi$	$\bar{\varphi}$ 相时钟电压
V	伏［特］
V_A	厄尔利电压
$\dot{V}_{be} = V_{be}(j\omega)$	基极到发射极的交流电压复数值
V_{bem}	基极到发射极的交流电压幅值
V_{BB}	基极直流供电电压
V_{BE}	基极至发射极之间的直流电压
$V_{BE(on)}$	基极至发射极之间的导通电压
V_{BEQ}	基极到发射极的静态工作电压
V_{BQ}	基极静态直流电压
V_{ref}, V_{REF}	参考电压
$V_{(BR)CBO}$	发射极开路时，集电极-基极间的反向击穿电压
$V_{(BR)CEO}$	基极开路时，集电极-基极间的反向击穿电压
$V_{(BR)CER}$	基极电路串联电阻 R 时，集电极-发射极间的反向击穿电压
$V_{(BR)CES}$	基极-发射极间短路时，集电极-发射极间的反向击穿电压
$V_{(BR)CEX}$	发射结反向偏置时，集电极-发射极间的反向击穿电压
$V_{(BR)DS}$	最大漏源击穿电压
$V_{(BR)EBO}$	集电极开路时，发射极-基极间的击穿电压
$V_{(BR)GS}$	最大栅源击穿电压
V_{CB}	集电极到基极之间的直流电压
$\dot{V}_{ce} = \dot{V}_{ce}(j\omega)$	集电极到发射极的交流电压复数值
V_{cem}	集电极到发射极的交流电压幅值
V_{CC}	集电极直流电源电压
V_{CEQ}	集电极到发射极的静态工作电压
$V_{CE(sat)}$, V_{CES}	集电极饱和压降
V_{CMM}	共模输入电压范围
V_{CQ}	集电极静态工作电压
V_d	内建电势差；结电压；无反馈放大器输出端的谐波电压有效值
V_{df}	负反馈放大器输出端的谐波电压有效值
V_{DD}	漏极直流电源电压
VDSQ	漏极到源极的静态工作电压
$\dot{V}_{eb'} = -\dot{V}_{b'e}$	基区 b′ 到发射极的交流电压复数值
V_{EE}	发射极直流电源电压
V_f	（交流）反馈信号电压的有效值
$\dot{V}_f = V_f(j\omega)$	（交流）反馈信号电压的复数值
V_{GG}	栅极直流电源电压
V_{GSQ}	栅极到源极的静态工作电压
V_1	门限电平
V_{th1}	窗口电压比较器的上门限电平
V_{th2}	窗口电压比较器的下门限电平

V_{t+}	滞后电压比较器的上门限电平
V_{t-}	滞后电压比较器的下门限电平
$\dot{V}_i = V_i(j\omega)$	输入交流电压的复数值
V_i	输入交流电压的有效值
$V_i(S)$	输入电压的拉普拉斯变换
V_{im}	输入电压的幅值
V_{i1m}	输入电压的基波幅值
V_{i2m}, V_{i3m}	输入电压的二次、三次谐波幅值
V_L	输出电压的平均值
V_m	正弦电压幅值
V_-	反相输入端电压
$\dot{V}_o = V_o(j\omega)$	输出电压的复数值
V_o	输出电压的有效值
$V_o(S)$	输出电压的拉普拉斯变换
V_o'	放大器输出端的外加信号电压
V_{o1m}	输出电压的基波幅值
V_{o2m}, V_{o3m}	输出电压的二次、三次谐波幅值
V_{OS}	失调电压
V_+	同相输入端电压
V_P	耗尽型场效应管的夹断电压
V_M	二极管的最大反向峰值电压
$V_T = KT / q$	热电压
V_{th}	开启电压（临界值电压）
W	瓦［特］；绝缘栅场效应管的沟道宽度
W_B	基区固有的宽度
X	线性系统的输入量
Y	线性系统的输出量
$Y(t)$	响应函数
Z_K	零点
Z_{Bi}	将反馈网络拆环到基本放大器输入端的阻抗效应
Z_{Bo}	将反馈网络拆环到基本放大器输出端的阻抗效应
Z_f	反馈阻抗
Z_i	输入阻抗
Z_{ib}	共基电路的输入阻抗
Z_{ic}	共集电路的输入阻抗
Z_{ie}	共射电路的输入阻抗
Z_o	输出阻抗
Z_{ob}	共基电路的输出阻抗
Z_{oc}	共集电路的输出阻抗
Z_{oe}	共射电路的输出阻抗
Z_1	运放反相输入端的外接阻抗
α	电流传输系数；共基极交流短路电流放大系数；$\dot{\alpha}$ 的模

$\dot{\alpha}$	共基极短路电流传输系数（复数值）
$\bar{\alpha}$	直流传输系数；正向短路电流放大系数
α_F	正向传输电流放大系数
α_0	低频共基极交流短路电流传输（放大）系数
α_R	α 反向传输电流放大系数
$\dot{\beta}$	共发射极短路电流传输系数（复数值）
β	$\dot{\beta}$ 的模；共发射极交流短路电流放大系数
$\bar{\beta}$	共发射极直流短路电流放大系数
γ	发射频率；非线性失真系数；稳压系数；相对误差
γ_1	负反馈放大器的非线性失真系数
γ_g	增益裕量
γ_φ	相位裕量
γ_2, γ_3	二次、三次谐波的非线性失真系数
δ	势垒区（空间电荷区、耗尽层）宽度；绝缘厚度
ε	介电常数；运放的相对误差
ε_{ox}	绝缘栅场效应管中栅极绝缘层的介电常数
η	效率；基区传输效率
λ	发射结面积比例系数
η_B	变压器的效率
μ	载流子迁移率；电压反馈系数
μ_n	电子迁移率
μ_p	空穴迁移率
σ	电导率；衰减系数
σ_i	本征半导体的电导率
τ	载流子漂移时间；时间常数
τ_C	脉宽
$\varphi(\omega)$	总相移
$\varphi_T(\omega)$	环路相移
$\varphi(\omega_R)$	与增益交界频率 ω_R 相对应的环路增益附加相移
ω	角频率
ω_K	增益交界频率
ω_H	基本放大器的上限（角）频率
ω_{Hf}	反馈放大器的上限（角）频率
ω_L	基本放大器的下限（角）频率
ω_{Lf}	反馈放大器的下限（角）频率
ω_0	振荡（角）频率；中心角频率
ω_{pi}	极点（角）频率
ω_{zk}	零点（角）频率
ω_α	α 的截止角频率
ω_β	β 的截止角频率
ω_o	相位交界（角）频率

参 考 文 献

[1] Behzad Razavi，池保勇. 模拟 CMOS 集成电路设计（第 2 版）[M]. 北京：清华大学出版社，2018.

[2] 康华光. 电子技术基础模拟部分[M]. 北京：高等教育出版社，2013.

[3] 童诗白，华成英. 模拟电子技术基础[M]. 北京：高等教育出版社，2001.

[4] 李瀚荪. 电路分析基础（第五版）[M]. 北京：高等教育出版社，2018.

[5] CHEN W-K. *Analog Circuits and Devices* [M]. Taylor and Francis; CRC Press, 2003.

[6] Steven H. Voldman. *ESD*: *Analog Circuits and Design* [M]. John Wiley & Sons, Ltd., 2010.

[7] Paul R. Gray et al. 模拟集成电路的分析与设计（第 4 版）[M]. 北京：高等教育出版社，2005.

[8] 龚绍文，郑君里，于歆杰. 电路课程的历史、现状和前景[J]. 电气电子教学学报，2011, 33(06): 5-12, 40.

[9] 刘秀成，黄松岭，于歆杰，等. 关于最大功率传输问题的讨论[J]. 电气电子教学学报，2008, (01): 19-22.

[10] 谢嘉奎. 电子线路线性部分[M]. 北京：高等教育出版社，1999.

[11] 张肃文. 低频电子线路[M]. 北京：高等教育出版社，2003.

[12] 董尚斌，苏利，代永红. 电子线路（I）[M]. 北京：清华大学出版社，2006.

[13] Aberle J T, Romak R L. *Antennas with Non-Foster Matching Networks* [M]. Morgan & Claypool Publishers, 2007.

[14] Ferernandez-Canque H L. *Analog Electronics Applications* [M]. Taylor and Francis, 2016.

[15] 于歆杰，陆文娟. 直流交流辨[J]. 电气电子教学学报，2005, (05): 101-103.

[16] 于歆杰，汪芙平，陆文娟. 什么是“小信号”[J]. 电气电子教学学报，2005, (06): 22-23, 31.

[17] 程春雨. 模拟电路实验与 Multisim 仿真实例教程[M]. 北京：电子工业出版社，2020.

[18] 储开斌，徐权，何宝祥. 模拟电路及其应用[M]. 北京：清华大学出版社，2017.

[19] 刘彦飞，代永红. β 对称性对差分电路共模抑制比的影响[J]. 电气电子教学学报，2019, 41(01): 57-60.

[20] 陈卉，胡云峰，陈李胜，等. 模拟电路基础课程混合式教学设计与实践[J]. 高教学刊，2021, (09): 137-140.

[21] 程春雨，商云晶. 模拟电路实验与 Multisim 仿真实例教程编写[J]. 实验室科学，2021, 24(04): 223-227.

[22] 胡远奇，王昭昊. 模拟集成电路课程群教学与实训体系的研究[J]. 工业和信息化教育，2021, (12): 74-76, 81.

[23] 黄连帅，莫秋燕，潘南红，等. 仿真技术在模拟电子技术课程教学中的应用探讨[J]. 信息与电脑（理论版），2021, 33(20): 37, 228-230.

[24] 刘明刚，曾维贵. 基于 MATLAB GUI 的模拟电路故障诊断仿真平台研究[J]. 仪表技术，2021, (05): 58-61.

[25] 戎丽丽. Multisim 14 的模拟电路设计分析研究[J]. 信息记录材料，2022, 23(02): 50-52.

[26] 邵辰雪. 电子电气设备的电路隔离技术及运用[J]. 电子技术与软件工程，2021, (16): 245-246.

[27] 王春静，孟丽丽. 模拟电路课程“专创融合”教学模式的研究与实践[J]. 创新创业理论研究与实践，2021, 4(22): 148-150.

[28] 徐洪霞. 模拟电路与数字电路区分及实用知识研究[J]. 长江信息通信，2022，35(02): 67, 159-160.

[29] 张轩毅. 电子电气电路的隔离技术分析[J]. 电子技术，2021, 50(08): 198-199.

[30] Chen W-K. *Analog and VLSI Circuits* [M]. Taylor and Francis, CRC Press, 2009.

[31] 赵全利. Multisim 电路设计与仿真——基于 Multisim 14.0 平台[M]. 北京：机械工业出版社，2022.

[32] 劳五一. 电路分析实用教程——使用 Multisim 仿真与描述[M]. 北京：清华大学出版社，2021.

[33] 于歆杰. 一流课程的两个边界[J]. 中国大学教学，2019, (03): 45-47.

[34] 于歆杰，陆文娟，王树民. 专业基础课教学内容的选材与创新——清华大学电路原理课程案例研究[J]. 电气电子教学学报，2006, (03): 1-5.

[35] 于歆杰，朱桂萍. “电路原理”课程教学改革的理念与实践[J]. 电气电子教学学报，2012, 34(01): 1-8.

[36] 朱桂萍，于歆杰.“电路原理”MOOC 资源的多种应用形式实践[J]. 电气电子教学学报，2017, 39(03): 6-8, 28.

[37] M. C. Sansen. 模拟集成电路设计精粹[M]. 北京：清华大学出版社，2021.

[38] Sergio Franco. 基于运算放大器和模拟集成电路的电路设计（第四版）[M]. 北京：机械工业出版社，2017.

[39] Feucht D. *Designing Amplifier Circuits* (Analog Circuit Design Series: Volume 1) [M]. IET Digital Library; SciTech Publishing Inc., 2010.

[40] Behzad Razavi. 模拟 CMOS 集成电路设计（第 2 版）[M]. 西安：西安交通大学出版社，2019.

[41] IE Opris, GTA Kovacs. *Analog Median Circuit* [J]. Electron Lett, 1994, 30(17): 1369-1370.

[42] Xu J, Siferd R, Ewing R L. *High Performance CMOS Analog Arithmetic Circuits* [J]. Analog Integrated Circuits Process, 1999, 20(3): 193-201.

[43] Variyam P N, Chatterjee A. *Specification-driven Test Generation for Analog Circuits* [J]. IEEE Trans Comput-Aided Des Integr Circuits Syst, 2000, 19(10): 1189-1201.

[44] Vodopivec A. *Synthesis of Analog Integrated Circuits*[J]. Inf Midem-J Microelectron Electron Compon Mater, 2003, 33(1): 57-59.

反侵权盗版声明

举报电话：（010）88254396；（010）88258888

传　　真：（010）88254397

E-mail：　dbqq@phei.com.cn

通信地址：北京市万寿路 173 信箱

　　　　　电子工业出版社总编办公室

邮　　编：100036